《室外给水设计标准》GB 50013—2018 解读

张福先　董志华　主　编
张　峰　于凤庆　唐雨青　副主编
张海宾　王水生　朱晓云　冯　月　马　龙　参　编

中国建筑工业出版社

图书在版编目（CIP）数据

《室外给水设计标准》GB 50013—2018 解读/张福先，董志华主编. —北京：中国建筑工业出版社，2020.3
ISBN 978-7-112-24681-6

Ⅰ.①室… Ⅱ.①张…②董… Ⅲ.①室外场地-给水工程-设计标准-中国 Ⅳ.①TU991.03-65

中国版本图书馆 CIP 数据核字（2020）第 016480 号

本书是对《室外给水设计标准》GB 50013—2018 规范条文的解读及知识的扩展总结。本书涵盖了给水工程和给水处理厂的规划、设计、运行、管理及控制，水处理原理、水处理工艺、水处理构筑物及污泥的处理。本书以问和答的形式列出了勘察设计类注册给水排水专业考生模糊不清的问题的解答，是给水排水专业注册考试人员、设计人员、工程技术人员、在校学生等人员学习和掌握给水工程知识的业内一本覆盖较为全面的用书。

责任编辑：于　莉　王美玲
责任校对：张惠雯

《室外给水设计标准》GB 50013—2018 解读

张福先　董志华　主　编
张　峰　于风庆　唐雨青　副主编
张海宾　王水生　朱晓云　冯　月　马　龙　参　编

*

中国建筑工业出版社出版、发行（北京海淀三里河路 9 号）
各地新华书店、建筑书店经销
北京科地亚盟排版公司制版
大厂回族自治县正兴印务有限公司印刷

*

开本：787×1092 毫米　1/16　印张：27¾　字数：671 千字
2020 年 6 月第一版　2020 年 6 月第一次印刷
定价：**88.00** 元

ISBN 978-7-112-24681-6
（35268）

前　言

本书是对《室外给水设计标准》GB 50013—2018条文的解读及知识的扩展总结。本书编者不仅包括具有多年审图工作经验的资深审图师、水司管理及净水厂改造项目负责人、近二十年教学生涯的大学老师、具有二十多年的给水排水勘察设计经验的设计人员、多年工程施工工作经验人员，而且多数人员在张工教育从事勘察设计类注册给排水专业及供配电、岩土、消防等专业培训。本解读是张工教育继《室外排水设计规范》GB 50014—2006（2016年版）解读的第二本关于对给排水专业国标设计标准的解读。

本解读和《室外给水设计标准》的条文说明有本质上的区别。本解读是对标准条文的引申和扩展，其中涉及：

1. 勘察设计类注册给排水专业考生模糊不清的问题的解答。

2.《室外给水设计标准》中涉及的公式来源、参数含义、计算原理及推导过程。

3. 本书引经据典，每一个问题的提出及解答有理有据，使学习者不仅知其然，而且知其所以然。

4. 本书以问和答的形式列出了数百个常见问题的解答。

5. 本书涵盖了给水工程和给水处理厂的规划、设计、运行、管理及控制；包括水处理原理、水处理工艺、水处理构筑物及污泥的处理。本书是给排水专业注册考试人员、设计人员、工程技术人员、在校学生等人员学习和掌握给水工程知识的业内一本覆盖较为全面的用书。

大家如果遇到《给水工程》或任何水处理方面的问题及对本书的问题反馈及探讨，请大家扫下面二维码直接对接本书作者及高校名师。

由于学无止境，本人水平有限，如书中有不妥之处，恳请大家指正。

编者

2019.10.16

目　录

1 总　　则

1.0.1 为规范给水工程设计，保障工程设计质量，满足水量、水质、水压的要求，做到安全可靠、技术先进、经济合理、管理方便，制定本标准。

问：什么是真正的安全优质供水？

答：城市生活饮用水的安全性有生物安全性和化学安全性两方面，安全优质的饮用水应在生物安全性和化学安全性两方面都进行深度处理，在两方面都获得最优；优质的饮用水还应具有清澈透明、无色无臭无味、无可见异物等感官品质。在水的清澈透明和无可见异物方面，新一代超滤膜能使水的浊度降至0.02NTU，在水的无色无臭无味方面，臭氧-活性炭能做出重要贡献；此外，超滤＋低剂量消毒剂模式大大减少了消毒用量而会显著改善水的感官品质，以上均是优质饮用水所需要的。

——李圭白，李星，瞿芳术，等. 试谈深度处理与超滤历史观 [J]. 给水排水，2017，43（7）：2，49.

1.0.2 本标准适用于新建、扩建和改建的城镇及工业区永久性给水工程设计。

1.0.3 给水工程设计应以批准的城镇总体规划和给水专业规划为主要依据。水源选择、厂站位置、输配水管线路等的确定应符合相关专项规划的要求。

问：水源地不在城市规划范围内如何处理？

答：《城市给水工程规划规范》GB 50282—2016。

3.0.6 城市给水工程规划范围应与相应的城市规划范围一致。

3.0.6 条文说明：城市总体规划中的给水工程规划范围应与城市总体规划的城市规划范围保持一致。而对城市规划区外的其他地区，城市给水工程规划可提出水源选择、给水规模预测等方面的意见。

控制性详细规划中给水工程规划范围应与控制性详细规划范围保持一致。城市给水工程专项规划的范围应与城市总体规划范围保持一致。

3.0.7 当城市给水工程规划中的水源地位于城市规划区以外时，水源地和输水管道应纳入城市给水工程规划范围；当输水管道途经的城镇需由同一水源供水时，应对取水和输水工程规模进行统一规划。

1.0.4 给水工程设计应综合考虑水资源的节约、水生态环境保护和水资源的可持续利用，正确处理各种用水的关系，提高用水效率。

问：建设节水型城镇参考？

答：建设节水型城镇参考《城镇节水工作指南》。国家节水型城市考核标准见《国家节水型城市申报与考核办法》和《国家节水型城市考核标准》（建城〔2018〕25号）。

1.0.5 给水工程设计应贯彻节约用地和土地资源的合理利用。

问：城市给水工程项目建设的征地原则？

答：《城市给水工程项目建设标准》建标 120—2009，第七十三条：城市给水工程项目建设，必须坚持科学合理、节约用地、集约用地的原则，严格执行国家土地管理的有关规定，提高土地利用率。土地征用应以近期为主，对远期的发展用地规划预留，不得先征后用。

1.0.6 给水工程设计应按远期规划、近远期结合、以近期为主的原则。近期设计年限宜采用5年～10年，远期规划设计年限宜采用10年～20年。

问：给水工程规划设计原则？

答：《城市给水工程规划规范》GB 50282—2016。

3.0.5 城市给水工程规划应近、远期结合，并应适宜城市远景发展的需要。(3.0.4条文说明：城市总体规划期限一般为20年。)

3.0.5 条文说明：近期规划通常是马上要实施的，应具备可行性和可操作性。而给水工程是一个长久持续的系统工程，为此，应处理好给水工程规划近期与远期的关系。

给水工程规划宜对城市远景的给水规模及城市远景采用的给水水源进行分析。一则可对城市远景的给水水源尽早地进行控制和保护，二则对城市发展及产业结构起到导向作用。

问：水厂净水构筑物近远期的协调？

答：考虑近远期的协调：当水厂明确分期进行建设时，流程布置应统筹兼顾，既要有近期的完整性，又要有分期的协调性，布置时应避免近期占地过早过大。一般分期实施的水厂，各系列净水构筑物系统应尽量采用平行布置。

注意净水构筑物扩建时的衔接：净水构筑物一般可逐组扩建，但二级泵房、加药间以及某些辅助设施，不宜分组过多，一般宜一次建成。在布置平面时，应慎重考虑远期净水构筑物扩建后的整体性。

水厂布置应避免点状分散，以致增加道路，多用土地。为了节约用地，水厂布置应根据地形，尽量注意构筑物或辅助建筑物采用组合或合并的方式，以便于操作联系，节约造价。

——摘自《给水排水设计手册》P816～818

问：给水工程规划年限？

答：给水工程规划参考《中华人民共和国城乡规划法》和《城市给水工程规划规范》GB 50282—2016。

《城市给水工程规划规范》GB 50282—2016，第3.0.4条：城市给水工程规划的阶段与期限应与城市规划的阶段与期限相一致。

《中华人民共和国城乡规划法》城市规划分为总体规划和详细规划，详细规划分为控制性详细规划和修建性详细规划。城市给水工程规划是城市规划的重要组成部分，相应地可划分为总体规划阶段的给水工程规划和详细规划阶段的给水工程规划。城市总体规划的规划期限一般为20年。而编制城市给水工程专项规划的目的是为了更好地实施城市总体规划，是依据城市总体规划对给水工程规划内容进行细化和深化，因此，城市给水工程专项规划的期限应与城市总体规划保持一致。

1.0.7 给水工程构筑物主体结构和地下输配水干管的结构设计使用年限应符合国家现行国家标准《城镇给水排水技术规范》GB 50788的有关规定。主要设备、器材和其他管道的设计使用年限宜按材质、产品更新周期和更换的便捷性，经技术经济比较确定。

问：城市给水工程的建筑物及构筑物的合理使用年限？

答：《城市给水工程项目建设标准》建标 120—2009，第十一条：城市给水工程的建筑物及构筑物的合理使用年限宜为 50 年，管道及专用设备的合理设计使用年限宜按材质和产品更新周期经技术经济比较确定。

问：不同建筑结构的设计使用年限？

答：不同建筑结构的设计使用年限应按表 1.0.7-1 采用。

建筑结构的设计使用年限 **表 1.0.7-1**

类别	设计使用年限（年）
临时性建筑结构	5
易于替换的结构构件	25
普通房屋和构筑物	50
标志性建筑和特别重要的建筑结构	100

注：本表摘自《建筑结构可靠性设计统一标准》GB 50068—2018，表 3.3.3。

《城市综合管廊工程技术规范》GB 50838—2015，第 8.1.3 条：综合管廊工程的结构设计使用年限应为 100 年。

问：建筑结构的安全等级划分？

答：建筑结构安全等级的划分应符合表 1.0.7-2 的要求。

建筑结构安全等级的划分 **表 1.0.7-2**

安全等级	破坏后果	建筑物类型
一级	很严重：对人的生命、经济、社会或环境影响很大	重要的房屋
二级	严重：对人的生命、经济、社会或环境影响较大	一般的房屋
三级	不严重：对人的生命、经济、社会或环境影响较小	次要的房屋

注：1. 对特殊的建筑物，其安全等级应根据具体情况另行确定。
2. 地基基础设计安全等级及按抗震要求设计时建筑结构的安全等级，尚应符合国家现行有关规范的规定。
3.《建筑结构可靠性设计统一标准》GB 50068—2018，第 3.2.1 条：建筑结构设计时，应根据结构破坏可能产生的后果，即危及人的生命、造成经济损失、对社会或环境产生影响等的严重性，采用不同的安全等级。第 3.2.2 条：建筑结构中各类结构构件的安全等级，宜与结构的安全等级相同，对其中部分结构构件的安全等级可进行调整，但不得低于三级。

问：给水排水构筑物结构设计要求？

答：《给水排水工程构筑物结构设计规范》GB 50069—2002，第 1.0.3 条：贮水或水处理构筑物、地下构筑物，一般宜采用钢筋混凝土结构；当容量较小且安全等级低于二级时，可采用砖石结构。在最冷月平均气温低于－3℃的地区，外露的贮水或水处理构筑物不得采用砖砌结构。

问：给水构筑物的合理使用年限规定原则？

答：《城市给水工程项目建设标准》建标 120—2009，第十一条条文说明：工程的合理使用年限主要包括两个部分，即结构和设备。建筑结构的合理使用年限是工程在规范设计、正常施工、正常使用和维护下所应达到的使用年限，国家目前均有明确的规定，主要还是根据建筑结构物的性质不同进行区分，对城市给水工程建设项目，除临时性建（构）筑物以及道路外，一般按照 50 年考虑，因此本建设标准规定合理使用年限为 50 年。

通用和专用设备的使用年限（设备寿命）可以分为自然寿命、技术寿命、经济寿命。水厂、泵站中专用设备的合理使用年限由于涉及的设备品种不同，其更新周期也不相同，同时设计中所选用的材质也影响使用年限；同样，由于目前给水工程中应用的管道材质品种很多，故也难以作出明确规定。因此，本建设标准中的合理使用年限仅指建（构）筑物，设备只作原则规定。

给水工程构筑物的合理设计使用年限，主要参照现行国家标准《建筑结构可靠性设计统一标准》GB 50068 所规定的设计使用年限；水厂中专用设备的合理使用年限由于涉及的设备品种不同，其更新周期也不相同，同时设计中所选用的材质也影响使用年限，故难以作出统一规定，本条文只作了原则规定。同样，由于目前给水工程中应用的管道材质品种很多，有关使用年限的确切资料不多，故也难以作出明确规定。

《城镇给水排水技术规范》GB 50788—2012，第 6.1.2 条：**城镇给水排水设施中主要构筑物的主体结构和地下干管，其结构设计使用年限不应低于 50 年；安全等级不应低于二级。**

问：给水建筑的抗震设防类别？

答：《建筑工程抗震设防分类标准》GB 50223—2008。

5.1.2　城镇和工矿企业的给水、排水、燃气、热力建筑，应根据其使用功能、规模、修复难易程度和社会影响等划分抗震设防类别。其配套的供电建筑，应与主要建筑的抗震设防类别相同。

5.1.3　给水建筑工程中，20 万人口以上城镇、抗震设防烈度为 7 度及以上的县及县级市的主要取水设施和输水管线、水质净化处理厂的主要水处理建（构）筑物、配水井、送水泵房、中控室、化验室等，抗震设防类别应划为重点设防类（简称乙类）。

问：建筑的抗震设防类别划分？

答：建筑的抗震设防类别划分见表 1.0.7-3。

建筑工程抗震设防类别划分　　**表 1.0.7-3**

建筑工程抗震设防类别	
1　特殊设防类（简称甲类）	指使用上有特殊设施，涉及国家公共安全的重大建筑工程和地震时可能发生严重次生灾害等特别重大灾害后果，需要进行特殊设防的建筑
2　重点设防类（简称乙类）	指地震时使用功能不能中断或需尽快恢复的生命线相关建筑，以及地震时可能导致大量人员伤亡等重大灾害后果，需要提高设防标准的建筑
3　标准设防类（简称丙类）	指大量的除 1、2、4 款以外按标准要求进行设防的建筑
4　适度设防类（简称丁类）	指使用上人员稀少且震损不致产生次生灾害，允许在一定条件下适度降低要求的建筑

问：建筑的抗震设防类别划分的因素？

答：《建筑工程抗震设防分类标准》GB 50223—2008。

3.0.1　建筑抗震设防类别划分，应根据下列因素的综合分析确定：

1　建筑破坏造成的人员伤亡、直接和间接经济损失及社会影响的大小。

2　城镇的大小、行业的特点、工矿企业的规模。

3　建筑使用功能失效后，对全局的影响范围大小、抗震救灾影响及恢复的难易程度。

4　建筑各区段的重要性有显著不同时，可按区段划分抗震设防类别。下部区段的类别不应低于上部区段。

5　不同行业的相同建筑，当所处地位及地震破坏所产生的后果和影响不同时，其抗震设防类别可不相同。

注：区段指由防震缝分开的结构单元、平面内使用功能不同的部分、上下使用功能不同的部分。

问：建筑的抗震设防类别相应的抗震设防标准？

答：各抗震设防类别建筑的抗震设防标准见表 1.0.7-4。

建筑抗震设防标准　　表 1.0.7-4

建筑工程抗震设防类别	
1　标准设防类	应按本地区抗震设防烈度确定其抗震措施和地震作用，达到在遭遇高于当地抗震设防烈度的预估罕遇地震影响时不致倒塌或发生危及生命安全的严重破坏的抗震设防目标
2　重点设防类	应按高于本地区抗震设防烈度一度的要求加强其抗震措施；但抗震设防烈度为 9 度时应按比 9 度更高的要求采取抗震措施；地基基础的抗震措施，应符合有关规定。同时，应按本地区抗震设防烈度确定其地震作用
3　特殊设防类	应按高于本地区抗震设防烈度一度的要求加强其抗震措施；但抗震设防烈度为 9 度时应按比 9 度更高的要求采取抗震措施。同时，应按批准的地震安全性评价的结果且高于本地区抗震设防烈度的要求确定其地震作用
4　适度设防类	允许比本地区抗震设防烈度的要求适当降低其抗震措施，但抗震设防烈度为 6 度时不应降低。一般情况下，仍应按本地区抗震设防烈度确定其地震作用

注：对于划为重点设防类而规模很小的工业建筑，当改用抗震性能较好的材料且符合抗震设计规范对结构体系的要求时，允许按标准设防类设防。

1.0.8　给水工程设计应在不断总结生产实践经验和科学试验的基础上，积极采用行之有效的新技术、新工艺、新材料和新设备。

问：给水工程设计新技术、新工艺、新材料和新设备应用的要求？

答：关于在给水工程设计中采用新技术、新工艺、新材料和新设备以及在设计中体现行业技术进步的原则确定。参照住房城乡建设部组织中国城镇供水协会编制的《城市供水行业 2010 年技术进步发展规划及 2020 年远景目标》，以“保障供水安全、提高供水水质、优化供水成本和改善供水服务”作为技术进步的主要目标，故本条文作了相应规定。另外，对于工程设计而言，节约能源和资源、降低工程造价也是设计的重要内容，故也予以列入。

1.0.9　在保证供水安全的前提下，给水工程设计应合理降低工程造价及运行成本、减少环境影响和便于运行优化及管理。

1.0.10　给水工程设计除应符合本标准的规定外，尚应符合国家现行有关标准的规定。

问：地质特殊地区给水工程设计规范或标准？

答：《建筑抗震设计规范》GB 50011—2010（2016 年版）、《膨胀土地区建筑技术规范》GB 50112—2013、《湿陷性黄土地区建筑标准》GB 50025—2018、《冻土地区建筑地基基础设计规范》JGJ 118—2011、《岩溶地区建筑地基基础技术标准》GB/T 51238—2018 等。

问：湿陷性黄土、非湿陷性黄土?

答：《湿陷性黄土地区建筑标准》GB 50025—2018。

2.1.1 湿陷性黄土：在一定压力下受水浸湿，结构迅速破坏，并产生显著附加下沉的黄土。

2.1.2 非湿陷性黄土：在一定压力下受水浸湿，无显著附加下沉的黄土。

2.1.3 自重湿陷性黄土：在上覆土的自重压力下受水浸湿，发生显著附加下沉的湿陷性黄土。

2.1.4 非自重湿陷性黄土：在上覆土的自重压力下受水浸湿，不发生显著附加下沉的湿陷性黄土。

2 术　　语

2.0.1 复合井：由非完整式大口井和井底下设置一根至数根管井过滤器所组成的地下水取水构筑物。

2.0.2 反滤层：在大口井或渗渠进水处铺设的粒径沿水流方向由细到粗的级配砂砾层。

2.0.3 前池：连接进水管渠和吸水池（井），使进水水流均匀进入吸水池（井）的构筑物。

2.0.4 进水流道：为改善大型水泵吸水条件而设置的连接吸水池与水泵吸入口的水流通道。

2.0.5 生物预处理：主要利用生物作用，去除原水中氨氮、异臭、有机微污染等的净水过程。

2.0.6 翻板滤池：在滤格一侧进水和另一侧采用翻板阀排水，冲洗时不排水、冲洗停止时以翻板阀排水，可设置单层或多层滤料的气水反冲洗滤池。

2.0.7 翻板阀：阀门以长边为转动轴，可在0°～90°范围内翻转形成不同开度的阀门。

2.0.8 铁盐混凝沉淀法除氟：采用在水中投加具有凝聚能力或与氟化物产生沉淀的物质，形成大量脱稳胶体物质或沉淀，氟化物也随之凝聚或沉淀，后续再通过过滤将氟离子从水中除去的过程。

2.0.9 活性氧化铝吸附法除氟：采用活性氧化铝滤料吸附、交换氟离子，将氟化物从水中除去的过程。

2.0.10 再生：离子交换剂或滤料失效后，用再生剂使其恢复到原形态交换能力的工艺过程。

2.0.11 吸附容量：滤料或离子交换剂吸附某种物质或离子的能力。

2.0.12 污染指数：综合表示进料中悬浮物和胶体物质的浓度和过滤特性，表征进料对微孔滤膜堵塞程度的指标。

2.0.13 氯消毒：将液氯或次氯酸钠、漂白粉、漂白精投入水中接触完成氧化和消毒的工艺。

2.0.14 紫外线水消毒设备：通过紫外灯管照射水体而进行消毒的设备，由紫外灯、石英套管、镇流器、紫外线强度传感器和清洗系统等组成。

2.0.15 管式紫外线消毒设备（管式消毒设备）：紫外灯管布置在闭合式的管路中的紫外线消毒设备。

2.0.16 臭氧氧化：利用臭氧在水中的直接氧化和所生成的羟基自由基的氧化能力对水进行净化的方法。

2.0.17 颗粒活性炭吸附池：由单一颗粒活性炭作为吸附填料而兼有生物降解作用的处理构筑物。

2.0.18 炭砂滤池：在下向流颗粒活性炭吸附池炭层下增设较厚的砂滤层，可同时除浊、除有机物的滤池。

2.0.19 内压力式中空纤维膜：在压力驱动下待滤水自膜丝内过滤至膜丝外的中空纤维膜。

2.0.20 外压力式中空纤维膜：在压力驱动下待滤水自膜丝外过滤至膜丝内的中空纤维膜。

2.0.21 压力式膜处理工艺：由正压驱动待滤水进入装填中空纤维膜的柱状压力容器进行过滤的膜处理工艺。

2.0.22 浸没式处理工艺：中空纤维膜置于待滤水水池内并由负压驱动膜产水进行过滤的膜处理工艺。

2.0.23 死端过滤：待滤水全部透过膜滤的过滤方式。

2.0.24 错流过滤：待滤水部分透过膜滤、其他仅流经膜表面的过滤方式。

2.0.25 膜完整性检测：膜系统污染物去除能力及膜破损程度的定期检测。

2.0.26 膜组：压力式膜处理工艺系统中由膜组件、支架、集水配水管、布气管以及各种阀门构成的可独立运行的过滤单元。

2.0.27 膜池：浸没式膜处理工艺系统中可独立运行的过滤单元。

2.0.28 膜箱：膜池中带有膜组件、支架、集水管和布气管的基本过滤模块。

2.0.29 压力衰减测试，基于泡点原理，通过监测膜系统气压衰减速率检测膜系线完整性的方法。

2.0.30 泄漏测试：基于泡点原理，通过气泡定位膜破损点的方法。

2.0.31 设计通量：设计水温的设计流量条件下，系统内所以膜组（膜池）均处于过滤状态时的膜通量。

2.0.32 最大设计通量：设计水温和设计流量条件下，系统内最少数量的膜组（膜池）处于过滤状态时的膜通量。

2.0.33 设计跨膜压差：设计水温和设计通量条件下，系统内所有膜组（膜池）均处于过滤状态时的跨膜压差。

2.0.34 最大设计跨膜压差：设计水温和设计通量条件下，系统内最大允许数量的膜组（膜池）处于未过滤状态时的跨膜压差。

2.0.35 化学稳定性：水中发生的各种化学反应对水质与管道的影响程度，包括水对管道的腐蚀、难溶性物质的沉淀析出、管壁腐蚀产物的溶解释放以及水中消毒副产物的生成积累等。

2.0.36 生物稳定性：出厂水中可生物降解有机物支持异养细菌生长的潜力。

2.0.37 拉森指数：用以相对定量地预测水中氯离子、硫酸根离子对金属管道腐蚀及对管壁腐蚀产物溶解释放倾向性的指数。

2.0.38 调节池：用以调节进、出水流量的构筑物。

2.0.39 排水池：以接纳和调节滤池反冲洗废水为主的调节池，当反冲洗废水回用时，也称回用水池。

2.0.40 排泥池：以接纳和调节沉淀池排泥水为主的调节池。

2.0.41 浮动槽排泥池：设有浮动槽收集上清液的排泥池。

2.0.42 综合排泥池：既接纳和调节沉淀池排泥水，又接纳和调节滤池反冲洗废水的调节池。

2.0.43 原水浊度设计取值：用以确定排泥水处理系统设计规模即处理能力的原水浊度取值。

2.0.44 超量泥渣：原水浊度高于设计取值时，其差值所引起的泥渣量（包括药剂所引起的泥渣量）。

2.0.45 干化场：通过土壤渗滤或自然蒸发，从泥渣中去除大部分含水量的处置设施。

2.0.46 应急供水：当城市发生突发性事件，原有给水系统无法满足城市正常用水需求，需要采取适当减量、减压、间歇供水或使用应急水源和备用水源的供水方式。

2.0.47 备用水源：应对极端干旱气候或周期性咸潮、季节性排涝等水源水量或水质问题导致的常用水源可取水量不足或无法取用而建设，能与常用水源互为备用、切换运行的水源，通常以满足规划期城市供水保证率为目标。

2.0.48 应急水源：为应对突发性水源污染而建设，水源水质基本符合要求，且具备与常用水源快速切换运行能力的水源，通常以最大限度地满足城市居民生存、生活用水为目标。

2.0.49 应急净水：在水源水质受到突发污染影响或采用水质相对较差的应急水源时，为实现水质达标所采取的应急净化处理措施。

注：本书条文中未标识出处的术语摘自《给水排水工程基本术语标准》GB/T 50125—2010。

　　本书中《给水排水设计手册第3册：城镇给水》（第三版）简写为《给水排水设计手册》。

3 给水系统

3.0.1 给水系统的选择应根据当地地形、水源条件、城镇规划、城乡统筹、供水规模、水质、水压及安全供水等要求，结合原有给水工程设施，从全局出发，通过技术经济比较后综合考虑确定。

问：城市给水系统组成？

答：城市给水系统一般由水源地（取水）、水厂（水质处理）、输水管道、配水管网、加压泵站等组成。在满足城市用水各项要求的前提下，合理的给水系统布局对减少基建投资、降低运行费用、提高供水安全性、提升城市抗灾能力等极为重要。规划中应重视结合城市的实际情况，充分利用有利的条件进行给水系统的合理布局。

问：供水方式的划分？

答：供水方式：分区供水、分压供水、分质供水、区域供水。

3.1.12 分区供水：对不同区域实行相对独立供水的方式。

3.1.13 分压供水：根据地形高差或用户对管网水压要求不同，实行不同供水压力分系统供水方式。

3.1.14 分质供水：根据供水水质要求不同，实行不同供水水质分别供水的方式。

3.1.15 区域供水：跨地域界限，向多个城镇和乡村统一供水的方式。

3.0.2 地形高差大的城镇给水系统宜采用分压供水。对于远离水厂或局部地形较高的供水区域，可设置加压泵站，采用分区给水。

问：城市分区供水的条件？

答：《城市给水工程规划规范》GB 50282—2016。

6.1.4 地形起伏大或供水范围广的城市，宜采用分区分压给水系统。

6.1.4 条文说明：分区给水有利于均衡管网压力，降低管网漏损和缩短水力停留时间。一般情况下供水区地形高差大且界线明确宜于分区时，可采用并联分压系统；供水区呈狭长带形，宜采用串联分压系统；大、中城市宜采用分区加压系统。分区供水的规模和范围，应满足分区管网的水压均衡和水质稳定。各分区之间应有适当联系，以保证供水可靠和调度灵活。

问：建筑供水分区原则？

答：1.《民用建筑节水设计标准》GB 50555—2010。

4.1.3 市政管网供水压力不能满足供水要求的多层、高层建筑的给水、中水、热水系统应竖向分区，各分区最低卫生器具配水点处的静水压不宜大于0.45MPa，且分区内低层部分应设减压设施保证各用水点处供水压力不大于0.2MPa。

2.《建筑给水排水设计标准》GB 50015—2019。

3.4.1 建筑物内的给水系统宜按下列要求确定：

1 应充分利用城镇给水管网的水压直接供水；

2 当室外给水管网的水压和（或）水量不足时，应根据卫生安全、经济节能的原则选用贮水调节和加压供水方式；

3　当城镇给水管网水压不足，采用叠压供水系统时，应经当地供水行政主管部门及供水部门批准认可；

4 给水系统的分区应根据建筑物用途、层数、使用要求、材料设备性能、维护管理、节约供水、能耗等因素综合确定；

5　不同使用性质或计费的给水系统，应在引入管后分成各自独立的给水管网。

3.4.2　卫生器具给水配件承受的最大工作压力，不得大于 0.6MPa。

3.4.3　当生活给水系统分区供水时，各分区的静水压力不宜大于 0.45MPa；当设有集中热水系统时，分区静水压力不宜大于 0.55MPa。

3.4.4　生活给水系统用水点处供水压力不宜大于 0.20MPa，并应满足卫生器具工作压力的要求。

3.4.5　住宅入户管供水压力不应大于 0.35MPa，非住宅类居住建筑入户管供水压力不宜大于 0.35MPa。

3.4.6　建筑高度不超过 100m 的建筑的生活给水系统，宜采用垂直分区并联供水或分区减压的供水方式；建筑高度超过 100m 的建筑，宜采用垂直串联供水方式。

3.《住宅设计规范》GB 50096—2011。

8.2.2　入户管的供水压力不应大于 0.35MPa。

8.2.3　套内用水点供水压力不宜大于 0.20MPa，且不应小于用水器具要求的最低压力。

8.2.3　条文说明：套内用水点供水压力不宜大于 0.20MPa，与《民用建筑节水设计标准》GB 50555 一致，其目的都是要通过限制供水的压力，避免无效出流状况造成水的浪费。超过压力限值，则要根据条文规定的严格程度采取系统分区、支管减压等措施。提出最低给水水压的要求是为了确保居民正常用水条件，可根据《建筑给水排水设计规范》GB 50515 提供的卫生器具最低工作压力确定。其大便器延时自闭式冲洗阀最低工作压力 0.15MPa、淋浴器最低工作压力 0.10MPa。

故住宅可利用的压力范围为：0.45－0.1＝0.35MPa，按每层 4m 估算，可供 9 层，故此高层可按 9 层一个分区。

3.0.3　当用水量较大的工业企业相对集中，且有合适水源可利用时，经技术经济比较可独立设置工业用水给水系统，采用分质供水。

问：城市分质供水的条件?

答：在城镇统一供水的情况下，用水量较大的工业企业又相对集中，且有可以利用的合适水源时，在通过技术经济比较后可考虑设置独立的工业用水给水系统，采用低质水供工业用水系统，使水资源得到充分合理的利用。

3.0.4　当水源地与供水区域有地形高差可以利用时，应对重力输配水与加压输配水系统进行技术经济比较，择优选用。

问：重力输水、加压输水?

答：3.1.102　重力输水：利用地形高差、依靠重力的输水方式。

3.1.103　加压输水：通过水泵加压的输水方式。

问：城市重力供水的条件?

答：当水源地高程相对于供水区域较高时，应根据沿程地形状况，对采用重力输水方式和加压输水方式作全面技术经济比较后，加以选定，以便充分利用水源地与供水区域的高程差。在计算加压输水方式的经常运行电费时，应考虑因年内水源水位和需水量变化而使加压流量与扬程发生的相应改变。

3.0.5 当给水系统采用区域供水，向范围较广的多个城镇供水时，应对采用原水输送或清水输送以及输水管路的布置和调节水池、增压泵站等的设置，作多方案技术经济比较后确定。

问：城市区域供水？

答：随着供水普及率的提高、城镇化建设的加速，以及受水源条件的限制和发挥集中管理的优势，在一个较广的范围内，统一取用较好的水源，组成一个跨越地域界限向多个城镇和乡村统一供水的系统（即称之为“区域供水”）已在我国不少地区实施。由于区域供水的范围较为宽广，跨越城镇很多，增加了供水系统的复杂程度，因此在设计区域供水时，必须对各种可能的供水方案作出技术经济比较后综合选定。

3.0.6 采用多水源供水的给水系统应具有原水或管网水相互调度的能力。

问：多水源供水的提出？

答：《城镇给水排水技术规范》GB 50788—2012。

3.2.3 大中城市应规划建设城市备用水源。

3.2.3 条文说明：本条规定大中城市为保障在特殊情况下生活饮用水的安全，应规划建设城市备用水源。国务院办公厅《关于加强饮用水安全保障工作的通知》（国办发〔2005〕45 号）要求：“各省、自治区、直辖市要建立健全水资源战略储备体系，各大中城市要建立特枯年或连续干旱年的供水安全储备，规划建设城市备用水源，制订特殊情况下的区域水资源配置和供水联合调度方案。”对于单一水源的城市，建设备用水源的作用更显著。

3.0.7 城市给水系统的备用水源或应急水源应符合现行国家标准《城镇给水排水技术规范》GB 50788 和《城市给水工程规划规范》GB 50282 的有关规定。

问：国家对备用水源的要求？

答：《水污染防治行动计划》简称“水十条”（国发〔2015〕17 号），第二十四条：强化饮用水水源环境保护。开展饮用水水源规范化建设，依法清理饮用水水源保护区内违法建筑和排污口。单一水源供水的地级及以上城市应于 2020 年底前基本完成备用水源或应急水源建设，有条件的地方可以适当提前。加强农村饮用水水源保护和水质检测。

3.0.8 城镇给水系统中水量调节构筑物的设置，宜对集中设于净水厂内（清水池）或部分设于配水管网内（高位水池、水池泵站）作多方案技术经济比较后确定。

问：水量调节构筑物的设置位置？

答：城镇给水系统的设计，除了对系统总体布局采用统一、分质或分压等供水方式进行分析比较外，水量调节构筑物设置对配水管网的造价和经常运行费用有着决定性的作用，因此还需对水量调节构筑物设置在净水厂内或部分设于配水管网中作多方案的技术经济比较。管网中调节构筑物设置可以采用高位水池或调节水池加增压泵站。设置位置可采用网中设置或对置设置，应根据水量分配和地形条件等分析确定。

3.0.9 生活用水的给水系统供水水质必须符合现行国家标准《生活饮用水卫生标准》GB 5749 的有关规定，专用的工业用水给水系统水质应根据用户的要求确定。

问：生活饮用水水质卫生要求？

答：《生活饮用水卫生标准》GB 5749—2006。

4.1　生活饮用水水质应符合下列基本要求，保证用户饮用安全。

4.1.1　生活饮用水中不得含有病原微生物。

4.1.2　生活饮用水中化学物质不得危害人体健康。

4.1.3　生活饮用水中放射性物质不得危害人体健康。

4.1.4　生活饮用水的感官性状良好。

4.1.5　生活饮用水应经消毒处理。

4.1.6　生活饮用水水质应符合表1（水质常规指标及限值，共38项）和表3（水质非常规指标及限值，其64项）卫生要求。集中式供水出厂水中消毒剂限值、出厂水和管网末梢水中消毒剂余量均应符合表2（饮用水中消毒剂常规指标及要求）要求。

4.1.7　小型集中式供水和分散式供水因条件限制，水质部分指标可暂按照表4（小型集中式供水和分散式供水部分水质指标及限值）执行，其余指标仍按表1、表2、表3执行。

4.1.8　当发生影响水质的突发性公共事件时，经市级以上人民政府批准，感官性状和一般化学指标可适当放宽。

问：用户受水点供水水质要求？

答：供水水质达标标准以用户受水点合格为准。依据如下：

1.《城市供水水质标准》CJ/T 206—2005。

1　范围：城市公共集中式供水企业、自建设施供水和二次供水单位，在其供水和管理范围内的供水水质应达到本标准规定的水质要求。用户受水点的水质也应符合本标准规定的水质要求。

3.6　用户受水点：供水范围内用户的用水点，即水嘴（水龙头）。

6.4　城市公共集中式供水企业应建立水质检验室，配备与供水规模和水质检验项目相适应的检验人员和仪器设备，并负责检验水源水、净化构筑物出水、出厂水和管网水的水质，必要时应抽样检验用户受水点的水质。

7.6　城市公共集中式供水企业、自建设施供水和二次供水单位应依据本标准和国家有关规定，对设施进行维护管理，确保到达用户的供水水质符合本标准要求。

2.《生活饮用水卫生标准》GB 5749—2006，第9.1.2条：城市集中式供水单位水质检测的采样点选择、检验项目和频率、合格率计算按照CJ/T 206执行。

明确规定生活用水给水系统的供水水质应符合现行的生活饮用水卫生标准的要求。由于生活饮用水卫生标准规定的是用户用水点水质要求，因此在确定水厂出水水质目标时，还应考虑水厂至用户用水点水质改变的因素。

3.《城镇供水管网运行、维护及安全技术规程》CJJ 207—2013，第2.0.3条：城镇供水管网：城镇供水单位供水区域范围内自出厂干管至用户进水管之间的公共供水管道及其附属设施和设备，又称市政供水管网。

4.《城镇供水管网漏损控制及评定标准》CJJ 92—2016，第2.0.1条：供水管网：连接水厂和用户水表（含）之间的管道及其附属设施的总称。

3.0.10　给水管网水压按直接供水的建筑层数确定时，用户接管处的最小服务水头，一层应为10m，二层应为12m，二层以上每增加一层应增加4m。当二次供水设施较多采用叠压供水模式时，给水管网水压直接供水用户接管处的最小服务水头宜适当增加。

问：给水管网最小服务水头的规定？

答：给水管网的最小服务水头是指城镇配水管网与居住小区或用户接管点处为满足用水要求所应维持的最小水头，对于城镇给水系统，最小服务水头通常按需要满足直接供水的建筑物层数的要求来确定（不包括设置水箱，利用夜间进水，由水箱供水的层数）。单独的高层建筑或在高地上的个别建筑，其要求的服务水头可设局部加压装置来解决，不宜作为城镇给水系统的控制条件。

问：最小服务水头的估算法适用的建筑层高？

答：最小服务水头的估算，适用于层高不超过 3.5m 的民用建筑，在初定生活给水系统的给水方式时，室内给水系统所需压力（自室外地面算起）。

问：最小服务水头的计算点？

答：《给水排水设计手册第 2 册：建筑给水排水》（第三版）P891。

生活饮用水给水管网的供水压力，应根据建筑物层数和管网阻力损失计算确定。

居住小区生活饮用水给水管网从地面算起的最小服务水压（除卫生器具所需流出水压大于 0.3MPa 时，最小服务水压应按实际要求计算外）可按住宅建筑层数确定：一层为 0.1MPa，二层为 0.12MPa，二层以上每增高一层增加 0.04MPa。

最小服务水压是指建筑物给水引入管和小区接户管连接处地面以上的供水水压。

问：市政配水管网的供水压力？

答：《城市给水工程规划规范》GB 50282—2016。

3.0.3　城市给水工程规划中的水压应根据城市供水分区布局特点确定，并满足城市直接供水建筑层数的最小服务水头。

3.0.3　条文说明：有条件的城市可适当提高供水水压，满足用户接管点处服务水头 28m 的要求，相当于将水送至六层住宅所需的最小水头，以保证六层住宅由城市水厂直接供水或由管网中加压泵站加压供水，从而多层住宅建筑屋顶上可不设置水箱，降低水质污染的风险。

问：二次供水设施设置的条件？

答：《二次供水工程技术规程》CJJ 140—2010。

3.0.1　当民用与工业建筑生活饮用水用户对水压、水量要求超过供水管网的供水能力时，必须建设二次供水设施。

3.0.1　条文说明：如果公共建筑、居住建筑、工业建筑用户对水压、水量的要求超过城镇公共供水或自建设施供水管网的供水服务压力标准和水量时，就必须采用二次加压的供水方式供水，以保证用户对水压、水量的需求：

1　水量不足：当城镇供水管网不能满足建筑物的设计流量供水要求时，或引入管仅一根，而用户供水又不允许停水时，应设置带调节水池（箱）的二次供水设施进行水量调节；

2　水压不足：当城镇供水管网不能满足建筑物最不利配水点的最低工作压力时，应设置二次供水设施加压供水。

由于各地的供水服务压力标准不同，应当根据当地的供水服务压力标准确定是否需要建设二次供水设施和二次供水的起始点。

问：二次供水设施的水质卫生标准？

答：《二次供水设施卫生规范》GB 17051—1997。

7.1 水质指标

7.1.1 必测项目：色度、浊度、嗅味及肉眼可见物、pH、大肠菌群、细菌总数、余氯。

7.1.2 选测项目：总硬度、氯化物、硝酸盐氮、挥发酚、氰化物、砷、六价铬、铁、锰、铅、紫外线强度。

7.1.3 增测项目：氨氮、亚硝酸盐氮、耗氧量。

7.2 水质卫生标准

7.2.1 必测项目、选测项目的标准见 GB 5749。紫外线强度大于 70μW/cm^2。

7.2.2 增测项目标准采用最高容许增加值见表 1（见表 3.0.10）。

增测项目标准采用最高容许增加值 **表 3.0.10**

项目	最高容许增加值（mg/L）
氨氮	0.1
亚硝酸盐氮	0.02
耗氧量	1.0

问：为什么亚硝酸盐能反映供水水质指标的稳定性?

答：上海市《生活饮用水水质标准》制定原则中"增加亚硝酸盐指标，因亚硝酸盐反映了供水水质指标的稳定性"。亚硝酸盐能反映供水水质指标的稳定性理由如下：

世界卫生组织《饮用水水质准则》(第四版)：硝酸盐是更稳定的氧化形态，除非在还原性环境中，否则显著浓度水平的亚硝酸盐（NO_2^-）是不常见的。在输配水管道中，当含有硝酸盐且低溶解氧的饮用水停留在镀锌钢管中，在亚硝化单胞菌的作用下会生成亚硝酸盐；或当使用氯胺消毒以提供消毒剂余量时也会有亚硝酸盐生成。

亚硝酸盐的准则值 3mg/L（以亚硝酸根计）（或 0.9mg/L 亚硝酸盐氮）是根据实验数据制定的。

由于饮用水中可能同时存在硝酸盐和亚硝酸盐，水中硝酸盐和亚硝酸盐浓度（*C*）与各自准值则（*GV*）的比值之和不应超过 1。

上海市《生活饮用水水质标准》：亚硝酸盐氮指标指示水的稳定性，亚硝酸盐高表明水质不稳定，因此将亚硝酸盐氮调整为常规指标，限值根据上海饮用水水质情况及国内外标准定为 0.15mg/L。

亚硝酸盐控制：亚硝酸盐是衡量水质稳定的指标，亚硝酸盐偏高，说明管网水质不稳定，WHO 明确，管网水亚硝酸盐氮如达 0.2mg/L，很有可能管网上有微生物膜或管网水停留时间过长，微生物指标就有可能不合格，需要对该区域管网进行冲洗，上海市 2 年前开始检测管网水亚硝酸盐氮，抽取 20%的管网水样品检测。2 年多来上海采用亚硝酸盐氮检测结果控制管网水质，并将限值提升为 0.15mg/L。上海市出厂水是化合氯，因而控制一定氯胺比很重要，一般氯胺比可控制在 1∶4 左右，出厂水中含有少量游离氯，一般控制在 0.1mg/L 左右较合理，不然出厂水容易生成亚硝酸盐。供水企业抽取 20%的管网水样检测亚硝酸盐。

——陈国光. 上海市《生活饮用水水质标准》制定及实施步骤与措施 [J]. 给水排水，2019，45 (5)：25-30.

问：二次供水与叠加供水的区别？

答：《二次供水工程技术规程》CJJ 140—2010。

2.0.1　二次供水：当民用与工业建筑生活饮用水对水压、水量的要求超过城镇公共供水或自建设施供水管网能力时，通过储存、加压等设施经管道供给用户或自用的供水方式。

2.0.3　叠压供水：利用城镇供水管网压力直接增压的二次供水方式。

问：叠加供水设备进水压力的计算？

答：《天津市叠压供水技术规程》DB29-173—2014。

3.2.2　供水系统设计压力的确定应符合下列要求：

1　设计压力应满足系统最不利配水点用水水压要求。

2　供水系统管道的沿程和局部水头损失的计算应符合现行国家标准《建筑给水排水设计规范》GB 50015 的规定。

3　供水系统设计压力应按下列公式计算：

$$P_s = P_1 + P_2 + P_3$$

式中　P_s——供水系统设计压力值（MPa）；

P_1——水泵出水口处至供水最不利配水点处的几何高差（m 换算为 MPa）；

P_2——水泵出水口处至供水最不利配水点处的管道沿程水头损失及局部水头损失值（m 换算为 MPa）；

P_3——供水最不利配水点处应保证的最低供水压力值（m 换算为 MPa）。

4　设备总进水阀门前压力值应按下列公式计算：

$$P_J = P_4 - P_5 - P_6 - P_7$$

式中　P_J——设备总进水阀门前的压力值（MPa）；

P_4——城镇供水管道的供水压力值（MPa）；

P_5——设备正常运行时对城镇供水管网吸水处允许产生的降压值（≤0.02MPa）；

P_6——城镇供水管道接入处至设备总进水阀门前的管道沿程水头损失及局部水头损失值（m 换算为 MPa）；

P_7——设备总进水阀门前安装压力传感器P_J处的标高与城镇供水管道接入处标高的几何高差（m 换算为 MPa）。

5　水泵吸水口处实际可利用供水压力值应按下列公式计算：

$$P_K = P_J - P_8 - P_9 - P_{10}$$

式中　P_K——水泵吸水口处实际可利用的供水压力值（MPa）；

P_8——水泵吸水口处压力传感器P_K与设备总进水阀门前压力传感器P_J处的几何高差（m 换算为 MPa）；

P_9——设备总进水阀门至水泵吸水口之间的管道及管道过滤器、倒流防止器等的总水头损失值（MPa）；

P_{10}——设备正常运行允许管道过滤器等水头损失的增加值（≤0.01MPa）。

6　水泵扬程计算值应按下列公式计算：

$$P_{11} = P_s - P_K$$

式中　P_{11}——水泵扬程计算值（m 换算为 MPa）。

3.0.11　城镇给水系统的扩建或改建工程设计应充分考虑利用原有给水设施。

问：城镇给水系统设计与老旧设施的衔接？

答：在城镇给水系统设计中，必须对原有给水设施和构筑物做到充分和合理的利用，尽量发挥原有设施能力，节约工程投资，降低运行成本，并做好新、旧构筑物的合理衔接。

《城镇给水排水技术规范》GB 50788—2012。

3.1.10 城镇给水系统进行改、扩建工程时，应保障城镇供水安全，并应对相邻设施实施保护。

3.1.10 条文说明：强调了城镇给水系统进行改、扩建工程时，要对已建供水设施实施保护，不能影响其正常运行和结构稳定。对已建供水设施实施保护主要有两方面：一是不能对已建供水设施的正常运行产生干扰和影响，并要对飘尘、结构状况、排水等进行控制或处置；二是针对邻近构筑物的基础、结构状况，采用合理的施工方法和有效的加固措施，避免邻近构筑物发生位移、沉降、开裂和倒塌。

4 设计水量

4.0.1 设计供水量应由下列各项组成：

1 综合生活用水，包括居民生活用水和公共设施用水；

2 工业企业用水；

3 浇洒市政道路、广场和绿地用水；

4 管网漏损水量；

5 未预见用水；

6 消防用水。

4.0.2 水厂设计规模应按设计年限，规划供水范围内综合生活用水，工业企业用水，浇洒市政道、广场和绿地用水，管网漏损水量，未预见水量的最高日用水量之和确定。当城市供水部分采用再生水直接供水时，水厂设计规模应扣除这部分再生水水量。

问：给水厂设计规模？

答：明确给水厂设计规模是指设计最高日的供水量。

《城镇给水工程规划规范》GB 50282—2016，第2.0.5条：给水规模：规划期末城市所需的最高日用水量。

《城市给水排水技术规范》GB 50788—2012，第3.1.3条：给水工程最高日用水量包括综合生活用水、生产运营用水、公共服务用水、消防用水、管网漏损水和未预见用水，不包括因原水输水损失、厂内自用水而增加的取水量。

给水厂设计规模＝综合生活用水（包括居民生活用水和公共设施用水）＋工业企业用水＋浇洒市政道路、广场和绿地用水＋管网漏损水量＋未预见用水。

问：住宅建筑给水管道设计秒流量计算时每户用水人数？

答：《民用建筑节水设计标准》GB 50555—2010中，居住人数按3人/户～5人/户计算。

2000年第五次全国人口普查的结果，平均每个家庭的人口为3.44人。

2010年第六次全国人口普查的结果，平均每个家庭的人口为3.10人。

原《城市居住区规划设计规范》GB 50180—1993，第3.0.3条注：本表各项指标按每户3.2人计算。

问：设计规模、设计流量？

答：2.0.38 平均日供水量：一年的总供水量除以全年供水天数所得的数值。

2.0.39 最高日供水量：年内最大一日的供水量。

2.0.18 供水量：供水企业或设施输出的水量。

2.0.19 用水量：用户消耗的水量。

2.0.16 设计规模：设计目标年限内应达到的生产能力。其计量单位通常以m^3/d表示。

2.0.17 设计流量：构筑物、设备或管渠在设定工况下的计算流量。其计算单位通常以m^3/s表示。

4.0.3 居民生活用水定额和综合生活用水定额应根据当地国民经济和社会发展、水资源充沛程度、用水习惯，在现有用水定额基础上，结合城市总体规划和给水专业规划，本着节约用水的原则，综合分析确定。在缺乏实际用水资料的情况下，可按表 4.0.3-1～表 4.0.3-4 选用。

最高日居民生活用水定额［L/(人·d)］　　表 4.0.3-1

城市类型	超大城市	特大城市	Ⅰ型大城市	Ⅱ型大城市	中等城市	Ⅰ型小城市	Ⅱ型小城市
一区	180～320	160～300	140～280	130～260	120～240	110～220	100～200
二区	110～190	100～180	90～170	80～160	70～150	60～140	50～130
三区	—	—	—	80～150	70～140	60～130	50～120

平均日居民生活用水定额［L/(人·d)］　　表 4.0.3-2

城市类型	超大城市	特大城市	Ⅰ型大城市	Ⅱ型大城市	中等城市	Ⅰ型小城市	Ⅱ型小城市
一区	140～280	130～250	120～220	110～200	100～180	90～170	80～160
二区	100～150	90～140	80～130	70～120	60～110	50～100	40～90
三区	—	—	—	70～110	60～100	50～90	40～80

最高日综合生活用水定额［L/(人·d)］　　表 4.0.3-3

城市类型	超大城市	特大城市	Ⅰ型大城市	Ⅱ型大城市	中等城市	Ⅰ型小城市	Ⅱ型小城市
一区	250～480	240～450	230～420	220～400	200～380	190～350	180～320
二区	200～300	170～280	160～270	150～260	130～240	120～230	110～220
三区	—	—	—	150～250	130～230	120～220	110～210

平均日综合生活用水定额［L/(人·d)］　　表 4.0.3-4

城市类型	超大城市	特大城市	Ⅰ型大城市	Ⅱ型大城市	中等城市	Ⅰ型小城市	Ⅱ型小城市
一区	210～400	180～360	150～330	140～300	130～280	120～260	110～240
二区	150～230	130～210	110～190	90～170	80～160	70～150	60～140
三区	—	—	—	90～160	80～150	70～140	60～130

问：城市规模的划分？

答：根据国务院印发的《关于调整城市规模划分标准的通知》（国发〔2014〕51 号），新的城市规模划分标准以城区常住人口为统计口径，将城市划分为五类七档，城市规模的划分见表 4.0.3-5。

城市规模的划分　　表 4.0.3-5

城市分类	城市分档		城区常住人口
一	超大城市		≥1000 万
二	特大城市		500 万≤城区常住人口＜1000 万
三	大城市	Ⅰ型大城市	300 万≤城区常住人口＜500 万
		Ⅱ型大城市	100 万≤城区常住人口＜300 万
四	中等城市		50 万≤城区常住人口＜100 万
五	小城市	Ⅰ型小城市	20 万≤城区常住人口＜50 万
		Ⅱ型小城市	城区常住人口＜20 万

问：我国东、中、西部地区划分？

答：摘自《2011 年中国水资源公报》。

东部地区：北京、天津、河北、辽宁、上海、江苏、浙江、福建、山东、广东、海南。

中部地区：山西、吉林、黑龙江、安徽、江西、河南、湖北、湖南。

西部地区：内蒙古、广西、重庆、四川、贵州、云南、西藏、陕西、甘肃、青海、宁夏、新疆。

问：城市用水定额分区？

答：城市用水定额分区见表 4.0.3-6。

城市用水定额分区 **表 4.0.3-6**

城市用水定额分区	代表地区
一区	湖北、湖南、江西、浙江、福建、广东、广西、海南、上海、江苏、安徽
二区	重庆、四川、贵州、云南、黑龙江、吉林、辽宁、北京、天津、河北、山西、河南、山东、宁夏、陕西、内蒙古河套以东和甘肃黄河以东的地区
三区	新疆、青海、西藏、内蒙古河套以西和甘肃黄河以西的地区

问：中国超大城市包括哪几个城市？

答：2014 年国务院发布《关于调整城市规模划分标准的通知》（国发〔2014〕51 号），增设了“超大城市”。

《国家新型城镇化规划（2014—2020 年）》中公布的超大城市有 6 个。按 2010 年数据根据第六次全国人口普查数据整理，超大城市分别是北京、上海、广州、深圳、重庆、天津。

2016 年 10 月，中共中央发布的《长江经济带发展规划纲要》中将武汉列为超大城市。

问：生活用水的几个术语？

答：《用水定额　第 3 部分：生活用水》DB 13/T 1161.3—2016。

3.1　生活用水：包括城镇公共生活用水和居民生活用水。

3.2　城镇公共生活用水：使用公共设施或自建供水设施供水的，服务于城镇公共生活的用水。

3.3　居民生活用水：使用公共供水设施或自建供水设施供水的，居民家庭日常生活用水。居民家庭日常生活用水包括饮用、烹调、洗涤、冲厕、洗澡等。

综合生活用水包括城市居民日常用水和公共设施用水两部分。公共设施用水包括娱乐场所、宾馆、浴室、商业、学校和机关办公楼等用水，但不包括城市浇洒道路、绿地和广场等市政用水。

城市居民：在城市中有固定居住地、非经常流动、相对稳定地在某地居住的自然人。

问：用水定额的编制？

答：用水定额的编制参见《用水定额编制技术导则》GB/T 32716—2016。

3.4　用水定额：一定时期内用水户单位用水量的限定值。

注：包括农业用水定额、工业用水定额、服务业及建筑业用水定额和生活用水定额。

3.11　城镇居民生活用水定额：城镇居民家庭生活每人每日合理用水量的限定值。

4.2.1　基准年：以用水定额报批的前一年为基准年。

4.3.1　资料收集：制定用水定额所依据资料应以基准年前 3 年（含基准年）实际用水为基础，并广泛收集历史资料和省外同类可比地区相关资料，特别是水平衡及相关试验资料。

4.3.2　资料整理：对收集的资料进行整理时，要检查资料的完整性、准确性、代表性，并进行一致性检验。

8　生活用水定额

8.1　编制内容

生活用水定额编制内容包括：

a）城镇居民生活用水定额

b）农村居民生活用水定额

8.2　编制方法

8.2.1　城镇居民生活用水定额

城镇居民生活用水定额应按水资源条件进行分类，并综合考虑当地居民的生活条件、气候、生活习惯等因素，在进行典型调查分析的基础上，按定额通过率60%左右确定，并与GB/T 50331衔接，居民生活用水定额计量单位为L/(人·d)。调查样本应包括各种类型住宅的生活用水情况，每种类型住宅的样本不应少于30个。

注：住宅按别墅、成套住宅、无独立卫生间和洗浴设施的旧式住宅分类。

8.2.2　农村居民生活用水定额

农村生活用水定额按当地农村居民用水需求和水资源条件，在进行典型调查分析的基础上，按定额通过率60%左右确定。居民生活用水定额计量单位为L/(人·d)。调查样本不应少于30个。

问：城市居民生活用水量标准？

答：城市居民生活用水量标准应符合表4.0.3-7的规定。

城市居民生活用水量标准　　　　**表4.0.3-7**

地域分区	日用水量L/(人·d)	适用范围
一	80～135	黑龙江、吉林、辽宁、内蒙古
二	85～140	北京、天津、河北、山东、河南、山西、陕西、宁夏、甘肃
三	120～180	上海、江苏、浙江、福建、江西、湖北、湖南、安徽
四	150～220	广西、广东、海南
五	100～140	重庆、四川、贵州、云南
六	75～125	新疆、西藏、青海

注：1. 表中所列日用水量是满足人们日常生活基本需要的标准值，在核定城市居民用水量时，各地应在标准区间内直接选定。
2. 城市居民生活用水考核不应以日作为考核周期，日用水量指标应作为月度考核周期计算水量指标的基础值。
3. 指标值中的上限值是根据气温变化和用水高峰月变化参数确定的，一个年度当中对居民用水可分段考核，利用区间值进行调整使用。上限值可作为一个年度当中最高月的指标值。
4. 家庭用水人口的计算，由各地根据本地实际情况自行制定管理规则或办法。
5. 以本标准为指导，各地视本地情况可制定地方标准或管理办法组织实施。

——摘自《城市居民生活用水量标准》GB/T 50331—2002

问：用水定额分区划分的依据？

答：《建筑气候区划标准》GB 50178—1993主要根据气候条件将全国分为7个区。由于用水定额不仅同气候有关，还与经济发达程度、水资源状况、居民生活习惯和住房标准等密切相关，故用水定额分区参照气候分区，将用水定额划分为3个区，并按行政区划作了适当调整。即：一区大致相当建筑气候区划标准的Ⅲ、Ⅳ、Ⅴ区；二区大致相当建筑气候区划标准的Ⅰ、Ⅱ区；三区大致相当建筑气候区划标准的Ⅵ、Ⅶ区。

问：建筑气候区划分？

答：《建筑气候区划标准》GB 50178—1993。

2.1.2 建筑气候的区划系统分为一级区和二级区两级：一级区划分为7个区，二级区划分为20个区。

Ⅰ级区：黑龙江、吉林全境、辽宁大部；内蒙古中北部及陕西、山西、河北、北京北部的部分地区。

Ⅱ级区：天津、山东、宁夏全境；北京、河北、山西、陕西大部；辽宁南部；甘肃中东部以及河南、安徽、江苏北部的部分地区。

Ⅲ级区：上海、浙江、江西、湖北、湖南全境；江苏、安徽、四川大部；陕西、河南南部；贵州东部；福建、广东、广西北部和甘肃南部的部分地区。

Ⅳ级区：海南、台湾全境；福建南部；广东、广西大部以及云南西部和无江河谷地区。

Ⅴ级区：云南大部；贵州、四川西南部；西藏南部一小部分地区。

Ⅵ级区：青海全境；西藏大部；四川西部、甘肃西南部；新疆南部部分地区。

Ⅶ级区：新疆大部；甘肃北部；内蒙古西部。

2.2.2 在各一级区内，分别选取能反映该区建筑气候差异性的气候参数或特征作为二级区区划指标，各二级区区划指标应符合表2.2.2的规定（见表4.0.3-8）。

二级区区划指标 **表4.0.3-8**

区名	指标	
Ⅰ$_{A}$ Ⅰ$_{B}$ Ⅰ$_{C}$ Ⅰ$_{D}$	1月平均气温 ≤−28℃ −28℃～−22℃ −22℃～−16℃ −16℃～−10℃	冻土性质 永冻土 岛状冻土 季节冻土 季节冻土
Ⅱ$_{A}$ Ⅱ$_{B}$	7月平均气温 >25℃ <25℃	7月平均气温日较差 <10℃ ≥10℃
Ⅲ$_{A}$ Ⅲ$_{B}$ Ⅲ$_{C}$	最大风速 >25m/s <25m/s <25m/s	7月平均气温日较差 26℃～29℃ ≥28℃ <28℃
Ⅳ$_{A}$ Ⅳ$_{B}$	最大风速 ≥25m/s <25m/s	
Ⅴ$_{A}$ Ⅴ$_{B}$	1月平均气温 ≤5℃ >5℃	
Ⅵ$_{A}$ Ⅵ$_{B}$ Ⅵ$_{C}$	7月平均气温 ≥10℃ <10℃ ≥10℃	1月平均气温 ≤−10℃ ≤−10℃ >−10℃

续表

区名	指标		
	1月平均气温	7月平均气温日较差	年降水量
Ⅶ$_A$	≤−10℃	≥25℃	<200mm
Ⅶ$_B$	≤−10℃	<25℃	200mm～600mm
Ⅶ$_C$	≤−10℃	<25℃	50mm～200mm
Ⅶ$_D$	>−10℃	≥25℃	10mm～200mm

问：什么是岛状冻土？

答：岛状冻土，又称不连续冻土。在连续冻土带外围和中、低纬度的高原和高山区呈岛状分散的冻土。多年冻土从高纬度向低纬度延伸，厚度变薄且由连续的冻土带向不连续的冻土带过渡。这种多年冻土的不连续带是由许多分散的冻土块体组成，这些分散的冻土块体即岛状冻土。

问：国务院关于调整城市规模划分标准的通知？

答：《国务院关于调整城市规模划分标准的通知》（国发〔2014〕51号）。

各省、自治区、直辖市人民政府，国务院各部委、各直属机构：

改革开放以来，伴随着工业化进程加速，我国城镇化取得了巨大成就，城市数量和规模都有了明显增长，原有的城市规模划分标准已难以适应城镇化发展等新形势要求。当前，我国城镇化正处于深入发展的关键时期，为更好地实施人口和城市分类管理，满足经济社会发展需要，现将城市规模划分标准调整为：

以城区常住人口为统计口径，将城市划分为五类七档。城区常住人口50万以下的城市为小城市，其中20万以上50万以下的城市为Ⅰ型小城市，20万以下的城市为Ⅱ型小城市；城区常住人口50万以上100万以下的城市为中等城市；城区常住人口100万以上500万以下的城市为大城市，其中300万以上500万以下的城市为Ⅰ型大城市，100万以上300万以下的城市为Ⅱ型大城市；城区常住人口500万以上1000万以下的城市为特大城市；城区常住人口1000万以上的城市为超大城市。（以上包括本数，以下不包括本数）

城区是指在市辖区和不设区的市，区、市政府驻地的实际建设连接到的居民委员会所辖区域和其他区域。常住人口包括：居住在本乡镇街道，且户口在本乡镇街道或户口待定的人；居住在本乡镇街道，且离开户口登记地所在的乡镇街道半年以上的人；户口在本乡镇街道，且外出不满半年或在境外工作学习的人。

新标准自本通知印发之日起实施。各地区、各部门出台的与城市规模分类相关的政策、标准和规范等要按照新标准进行相应修订。

问：国家节水型城市考核标准？

答：根据住房城乡建设部、国家发展改革委重新修订的《国家节水型城市申报与考核办法》和《国家节水型城市考核标准》（建城〔2018〕25号），新的考核办法和考核标准内容有了很大增加，对国家节水型城市要求更高。

考核办法中现场考核程序将“现场随机抽查节水型企业及一般企业、单位和居民小区的节水措施落实情况，以及节水器具推广应用情况（抽查企业、单位、居民小区各不少于5个）”修改为“专家现场检查，按照考核内容，各类抽查点合计不少于15个”；复查年份的工作总结新增针对最近一次专家组考核意见的整改情况。

考核标准中基本条件方面，新增法规制度：有污水排入排水管网许可制度实施办法。基础管理指标方面，新增海绵城市建设。编制完成海绵城市建设计划，在城市规划建设及管理各个环节落实海绵城市理念，已建成海绵城市的区域内无易涝点；新增城市节水财政投入占本级财政支出的比例≥0.5‰；新增实行取水许可制度，城市公共供水管网覆盖范围内的自备井关停率达100%。技术考核指标方面，将万元地区生产总值（GDP）用水量（单位：m^3/万元）“低于全国平均值的50%或年降低率≥5%”修改为“低于全国平均值的40%或年降低率≥5%”；将城市公共供水管网漏损率低于《城镇供水管网漏损控制及评定标准》CJJ 92规定的修正值指标降低为城市公共供水管网漏损率≤10%；将节水型居民小区覆盖率≥5%增长为≥10%；新增节水型单位覆盖率≥10%；工业用水重复利用率由≥80%提高到≥83%；节水型企业覆盖率比值，调整为≥15%；有关节水器具的普及评分标准也更加具体化，具体评分标准为：禁止生产、销售不符合节水标准的用水器具；定期开展用水器具检查，生活用水器具市场抽检覆盖率达80%以上，市场抽检在售用水器具中节水型器具占比100%；公共建筑节水型器具普及率达100%。鼓励居民家庭淘汰和更换非节水型器具。

问：城市节水评价标准？

答：城市节水评价标准见《城市节水评价标准》GB/T 51083—2015。

问：节水型生活用水器具的用水量？

答：《节水型生活用水器具》CJ/T 164—2014。

3.2　流量均匀性：节水型水嘴、淋浴器在规定的动压下，最高平均流量与最低平均流量之差。

5.1.1.1　水嘴的流量均匀性不应大于0.033L/s。

5.1.1.2　水嘴在动态压力（0.1±0.01）MPa水压下，流量应符合表1的规定（见表4.0.3-9）。

流量等级　　**表4.0.3-9**

流量等级	1级	2级
流量Q(L/s)	Q≤0.100	0.100<Q≤0.125

5.1.6　延时自闭水嘴延时时间

延时自闭水嘴延时时间应符合表2的规定（见表4.0.3-10）。

延时时间　　**表4.0.3-10**

水嘴类型	水压（MPa）	延时时间（s）
洗面器水嘴	0.3±0.02	15±5
淋浴器水嘴	0.3±0.02	30±5

5.2.4.1　坐便器用水量应符合表3的规定（见表4.0.3-11）。双档坐便器的小档排水量不应大于名义用水量的70%。

坐便器用水量分级　　**表4.0.3-11**

用水量等级	1级	2级
用水量（L）	4.0	5.0

5.2.4.2　小便器一次用水量不应大于3.0L。

5.2.4.3　蹲便器一次用水量不应大于6.0L。

4.0.4　工业企业生产过程用水量应根据生产工艺要求确定。大工业用水户或经济开发区的生产过程用水量宜单独计算；一般工业企业的用水量可根据国民经济发展规划，结合现有工业企业用水资料分析确定。

问："水十条"对工业节水的要求？

答：抓好工业节水。制定国家鼓励和淘汰的用水技术、工艺、产品和设备目录，完善高耗水行业取用水定额标准。开展节水诊断、水平衡测试、用水效率评估，严格用水定额管理。到2020年，电力、钢铁、纺织、造纸、石油石化、化工、食品发酵等高耗水行业达到先进定额标准。（工业和信息化部、水利部牵头，国家发展改革委、住房城乡建设部、质检总局等参与）

问：供水价格分类计量的颁布实施？

答：城市供水价格管理办法。

国家计委、建设部关于印发《城市供水价格管理办法》的通知（计价格〔1998〕1810号）第六条：城市供水实行分类水价。根据使用性质可分为居民生活用水、工业用水、行政事业用水、经营服务用水、特种用水等五类。各类水价之间的比价关系由所在城市人民政府价格主管部门会同同级城市供水行政主管部门结合本地实际情况确定。

国家发展改革委、住房城乡建设部《关于做好城市供水价格管理工作有关问题的通知》（发改价格〔2009〕1789号）：四、理顺水价结构。要按照"补偿成本、合理收益、促进节水和公平负担"的原则，综合考虑当地各类用水的结构，逐步将现行城市供水价格分类简化为居民生活用水、非居民生活用水和特种用水三类。其中，非居民生活用水包括工业用水、经营服务用水和行政事业单位用水等。特种用水主要包括洗浴用水、洗车用水等，特种用水范围各地可根据当地实际自行确定。

问：阶梯水价？

答：1. 城镇居民阶梯水价制度

摘自国家发展改革委、住房城乡建设部下发的《关于加快建立完善城镇居民用水阶梯价格制度的指导意见》（发改价格〔2013〕2676号）。

一、加快建立完善居民阶梯水价制度的必要性

我国是水资源短缺的国家，人均水资源占有量仅为世界平均水平的四分之一，城市缺水问题尤为突出。为促进节约用水，近年来，一些地方结合水价调整实行了居民阶梯水价制度（以下简称"居民阶梯水价"），节水效果比较明显。但从实施情况看，还存在各地居民阶梯水价进展不平衡、制度不完善等问题，影响了阶梯水价机制作用的有效发挥。

目前，居民生活用水占全国城镇供水总量的比例接近50%。一方面，随着我国城镇化进程加快，用水人口增加，城镇水资源短缺的形势将更为严峻；另一方面，水资源浪费严重，节水意识不强。加快建立完善居民阶梯水价制度，充分发挥价格机制调节作用，对提高居民节约意识，引导节约用水，促进水资源可持续利用具有十分重要的意义。

二、建立完善居民阶梯水价制度的主要内容

（一）各阶梯水量确定。阶梯设置应不少于三级。第一级水量原则上按覆盖80%居民家庭用户的月均用水量确定，保障居民基本生活用水需求；第二级水量原则上按覆盖95%

居民家庭用户的月均用水量确定，体现改善和提高居民生活质量的合理用水需求；第三级水量为超出第二级水量的用水部分。各地应结合当地实际，根据《城市居民生活用水量标准》GB/T 50331 和近三年居民实际月人均用水量合理确定分级水量。第一、第二级水量可参考《各地城市居民生活用水阶梯水量建议值》（见附件）确定。各地可进一步细化阶梯级数，设置四级或五级阶梯。

（二）各阶梯价格制定。根据不同阶梯的保障功能，第一和第二级要保持适当价差，第三级要反映水资源稀缺程度，拉大价差，抑制不合理消费。原则上，一、二、三级阶梯水价按不低于 1∶1.5∶3 的比例安排；缺水地区，含水质型缺水地区，应进一步加大价差，具体由各地根据当地水资源稀缺状况等因素确定。实行阶梯水价后增加的收入，应用于供水企业实施户表改造、弥补供水成本上涨和保持第一级水价相对稳定等。

（三）计量缴费周期。各地在确定计量缴费周期时，应考虑季节性用水差异，以月或季、年度作为计量缴费周期，具体由各地结合实际确定。实施居民阶梯水价原则上以居民家庭用户为单位，对家庭人口数量较多的，要通过适当增加用水基数等方式妥善解决。

（四）全面推行成本公开。制定和调整居民阶梯水价要按照有关规定和程序，严格实施成本监审和成本公开。切实做到供水企业成本公开和定价成本监审公开，把成本公开作为各级政府价格主管部门制定和调整水价的一项基本制度，主动接受社会监督，不断提高水价调整的科学性和透明度。

2. 城镇非居民阶梯水价制度

2017 年 10 月 12 日，国家发展改革委、住房城乡建设部发布了《关于加快建立健全城镇非居民用水超定额累进加价制度的指导意见》（发改价格〔2017〕1792 号）。文件要求 2020 年底前，各地要全面推行非居民用水超定额累进加价制度。

一、重要意义

我国水资源短缺，人均占有量低。随着城镇化进程的加快，城镇缺水形势日益严峻。目前，非居民用水占全国城镇供水总量的比例约 50%，提高非居民用户节水意识，引导非居民用户，特别是高耗水行业和用水大户节水，是缓解水资源供需矛盾、保障国家水安全的重要举措。建立健全非居民用水超定额累进加价制度，有利于充分发挥价格机制在水资源配置中的调节作用，对促进水资源可持续利用和城镇节水减排，推动供给侧结构性改革，推进绿色发展具有十分重要的意义。

近年来，一些地方结合当地实际，出台了非居民用水超定额累进加价政策，取得了一定成效，但多数地区尚未建立有关制度，出台政策的部分地区在制度设计上也有待完善。为进一步促进节约用水，发挥价格杠杆的调节作用和用水定额的引导作用，必须全面推行非居民用水超定额累进加价制度。

二、总体要求和基本原则

（一）总体要求。建立健全非居民用水超定额累进加价制度，要以严格用水定额管理为依托，以改革完善计价方式为抓手，通过健全制度、完善标准、落实责任、保障措施等手段，提高用水户节水意识，促进水资源节约集约利用和产业结构调整。2020 年底前，各地要全面推行非居民用水超定额累进加价制度。

（二）基本原则。一是坚持因地制宜。根据各地经济社会发展水平、水资源禀赋情况、用户承受能力等因素，制定符合当地实际的政策方案。二是保障合理需求。科学制定定额标准、确定分档水量和加价标准，保障非居民用户合理用水需求。三是积极稳妥推进。率先对条件较为成熟的重点行业和用水大户实行超定额累进加价，不断积累经验，完善政策，逐步全面推开。

三、主要内容

（一）实施范围。非居民用水超定额累进加价实施范围为城镇公共供水管网供水的非居民用水户。

（二）用水定额。各地可选用国家分行业取用水定额标准，也可结合当地非居民用户的生产、经营用水实际情况，制定严于国家标准的分行业用水定额，为建立健全非居民用水超定额累进加价制度奠定基础。已经制定用水定额标准的，要根据经济发展状况、水资源禀赋变化和技术进步等因素，及时修订完善。

（三）分档水量和加价标准。各地要根据用水定额，充分考虑水资源稀缺程度、节水需要和用户承受能力等因素，合理确定分档水量和加价标准。原则上水量分档不少于三档，二档水价加价标准不低于 0.5 倍，三档水价加价标准不低于 1 倍，具体分档水量和加价标准由各地自行确定。对“两高一剩”（高耗能、高污染、产能严重过剩）等行业要实行更高的加价标准，加快淘汰落后产能，减少污水排放，促进产业结构转型升级。缺水地区要根据实际情况加大加价标准，充分反映水资源稀缺程度。

（四）加价项目。非居民用水超定额累进加价原则上仅为自来水价加价，不包含水资源费、污水处理费和各种附加。

（五）计费周期。计量缴费周期由各地在充分考虑非居民用户用水习惯和生产周期性差异等因素的基础上自行确定，可以月、季度或年度作为一个周期进行核定。

（六）资金用途。实行超定额用水累进加价形成的收入要“取之于水，用之于水”，主要作为供水企业收入，用于管网及户表改造、完善计量设施和水质提升等；也可提取一定比例，用于对节水成效突出的企业进行奖励，用于企业节水技术改造、节水技术工艺推广等。资金征收和使用具体管理办法由地方制定。

城镇自备水源用户取水，按照《国家发展改革 委财政 部水利部关于水资源费征收标准有关问题的通知》（发改价格〔2013〕29 号）的有关规定累进收取水资源费。

4.0.5 消防用水量、水压及延续时间等应符合现行国家标准《建筑设计防火规范》GB 50016 和《消防给水及消火栓系统技术规范》GB 50974 的有关规定。

问：《建筑设计防火规范》GB 50016 的适用范围？

答：1.《建筑设计防火规范》GB 50016—2014（2018 年版）。

1.0.2 本规范适用于下列新建、扩建和改建的建筑：

1 厂房；

2 仓库；

3 民用建筑；

4 甲、乙、丙类液体储罐（区）；

5 可燃、助燃气体储罐（区）；

6 可燃材料堆场；

7 城市交通隧道。

人民防空工程、石油和天然气工程、石油化工工程和火力发电厂与变电站等的建筑防火设计，当有专门的国家标准时，宜从其规定。

对于人民防空、石油和天然气、石油化工、酒厂、纺织、钢铁、冶金、煤化工和电力等工程，专业性较强、有些要求比较特殊，特别是其中的工艺防火和生产过程中的本质安全要求部分与一般工业或民用建筑有所不同。本规范只对上述建筑或工程的普遍性防火设计作了原则要求，但难以更详尽地确定这些工程的某些特殊防火要求，因此设计中的相关防火要求可以按照这些工程的专项防火规范执行。

1.0.3 本规范不适用于火药、炸药及其制品厂房（仓库）、花炮厂房（仓库）的建筑防火设计。

具体见《民用爆炸物品工程设计安全标准》GB 50089—2018；《烟花爆竹工程设计安全规范》GB 50161—2009。

1.0.4 同一建筑内设置多种使用功能场所时，不同使用功能场所之间应进行防火分隔，该建筑及其各功能场所的防火设计应根据本规范的相关规定确定。

2. 不同场所的建筑性质、场所的火灾危险性、火灾延续时间、消防用水量见《消防给水及消火栓系统技术规范》GB 50974—2014，第 3.6.1 条～第 3.6.5 条。

问：专业防火设计规范总结？

答：专业防火设计规范总结见表 4.0.5。

专业防火设计规范总结 **表 4.0.5**

序号	标准规范名称	标准规范编号
1	《火力发电厂与变电站设计防火标准》	GB 50229—2019
2	《地铁设计防火标准》	GB 51298—2018
3	《石油化工企业设计防火标准》	GB 50160—2008（2018 年版）
4	《钢铁冶金企业设计防火标准》	GB 50414—2018
5	《民用机场航站楼设计防火规范》	GB 51236—2017
6	《建筑内部装修设计防火规范》	GB 50222—2017
7	《建筑钢结构防火技术规范》	GB 51249—2017
8	《铁路工程设计防火规范》	TB 10063—2016
9	《石油天然气工程设计防火规范》	GB 50183—2015
10	《煤炭矿井设计防火规范》	GB 51078—2015
11	《水利工程设计防火规范》	GB 50987—2014
12	《汽车库、修车库、停车场设计防火规范》	GB 50067—2014
13	《储罐区防火堤设计规范》	GB 50351—2014
14	《核电厂常规岛设计防火规范》	GB 50745—2012
15	《酒厂设计防火规范》	GB 50694—2011
16	《纺织工程设计防火规范》	GB 50565—2010
17	《有色金属工程设计防火规范》	GB 50630—2010
18	《人民防空工程设计防火规范》	GB 50098—2009
19	《核电厂防火设计规范》	GB/T 22158—2008
20	《飞机库设计防火规范》	GB 50284—2008

4.0.6 浇洒市政道路、广场和绿地用水量应根据路面、绿化、气候和土壤等条件确定。浇洒道路和广场用水可根据浇洒面积按 2.0L/(m^2 · d)～3.0L/(m^2 · d) 计算；浇洒绿地

用水可按浇洒面积以 1.0L/(m^2·d)～3.0L/(m^2·d) 计算。

问：浇洒道路和绿地用水量的设计依据？

答：浇洒道路和绿地用水量是参照现行国家标准《建筑给水排水设计标准》GB 50015 作出的规定。

4.0.7 城镇配水管网的基本漏损水量宜按综合生活用水、工业企业用水、浇洒市政道路、广场和绿地用水量之和的10%计算，当单位供水量管长值大或供水压力高时，可按现行行业标准《城镇供水管网漏损控制及评定标准》CJJ 92 的有关规定适当增加。

问：城镇供水管网漏损控制 10%的理由？

答：《城镇供水管网漏损控制及评定标准》CJJ 92—2016。

5.3.1 城镇供水管网基本漏损率分为两级，一级为 10%，二级为 12%，并应根据居民抄表到户水量、单位供水量管长、年平均出厂压力和最大冻土深度进行修正。

5.3.1 条文说明：根据"水十条"的规定，按照适度从严和努力可达的原则，将管网基本漏损率分为两级，分别为 10%、12%。由于供水管网规模、服务压力、贸易结算方式对供水单位的漏损率具有重要影响，因此，城镇供水单位漏损率评定标准应在漏损率基准值的基础上，按照各供水单位的居民抄表到户水量、单位供水量管长、年平均出厂压力及最大冻土深度作相应调整。

根据 2004 年 5 月对 408 个城市的统计，中国城市公共供水系统（自来水）的管网漏损率平均达 21.5%。由于供水管网漏损严重，全国城市供水漏损量近 100 亿 m^3，而当前我国城市缺水量为 60 亿 m^3，倘若城市供水管网漏失问题得到有效解决，管网漏损率控制在 10%以内，我国城市缺水量绝大部分可以由此得到弥补。

——周振民. 城市水务学 [M]. 北京：科学出版社，2013.

问："水十条"对城镇供水管网漏损控制的规定？

答：《水污染防治行动计划》(简称"水十条")，于 2015 年 4 月 2 日颁布：加强城镇节水。禁止生产、销售不符合节水标准的产品、设备。公共建筑必须采用节水器具，限期淘汰公共建筑中不符合节水标准的水嘴、便器水箱等生活用水器具。鼓励居民家庭选用节水器具。对使用超过 50 年和材质落后的供水管网进行更新改造，到 2017 年，全国公共供水管网漏损率控制在 12%以内；到 2020 年，控制在 10%以内。积极推行低影响开发建设模式，建设滞、渗、蓄、用、排相结合的雨水收集利用设施。新建城区硬化地面，可渗透面积要达到 40%以上。到 2020 年，地级及以上缺水城市全部达到国家节水型城市标准要求，京津冀、长三角、珠三角等区域提前一年完成。

问：《城市给水工程项目建设标准》对管网漏损率控制的规定？

答：《城市给水工程项目建设标准》建标 120—2009，第五十四条：输配水管道应备有检漏仪等检测设施及工程抢修车、机械化抢修设备，尽量减小管道漏损率。供水管网漏损率满足：到 2010 年，不应大于 12%；到 2020 年，大中城市应控制在 10%以下。

问：城镇供水管网漏水探测技术？

答：城镇供水管网漏水探测技术：

1. 流量法：可用于判断探测区域是否发生漏水，确定漏水异常发生的范围；还可用于评价其他方法的漏水探测效果。流量法可根据需要选择区域装表法或区域测流法。

(1) 区域装表法：探测时应在同一时间段读出该区域全部用户水表和测算总表。当两者之差小于 5%时，可不再进行漏水探测；当超过 5%时，可判断为有漏水异常，并应采用其他方法探测漏水点。

（2）区域测流法：适用于探测区域内无屋顶水箱、蓄水设备或夜间用水较少区域的供水管网漏水探测。采用区域测流法宜选 0：00～4：00 期间进行探测。探测时应保留一条管径不小于 50mm 的管道进水，并应关闭其他所有进入探测区域管道上的阀门，在进水管道上安装可连续测量的流量仪表。当单位管长流量大于 1.0 $m^3/(km \cdot h)$ 时，可判断为有漏水异常。可选择关闭区域内相应阀门，再观测进水管道流量，根据关闭不同阀门前后的流量对比确定漏水管段。

2. 压力法：可用于判断供水管网是否发生漏水，并确定漏水发生的范围。

压力法通过借助压力测试仪器设备，来监测地下水供水管道供水压力的变化。通过对比管段实测压力坡降曲线和理论坡降曲线的差异，判定是否发生漏水。当某测试点的实测压力值突变，且低于理论压力值时，可判定该测试点附近为漏水异常区域。

3. 噪声法：指利用相应的仪器设备，在一定时间内自动监测、记录地下水供水管道漏水声音，并通过统计分析其强度、频率，间接推断漏水异常管段的方法，适用于漏水点预定位和供水管网漏水监控。当用于长期性的漏水监测与预警时，噪声记录仪宜采用固定设置方式；当用于对供水管网进行漏水点预定位时，宜采用移动设置方式。

4. 听音法：包括阀栓听音法、地面听音法或钻孔听音法。采用听音法应具备下列两个条件：管道供水压力不应小于 0.15MPa；环境噪声不宜大于 30dB。

5. 相关分析法：可用于漏水点预定位和精确定位。要求管道水压力不应小于 0.15MPa。指在漏水管道两端或阀门、消火栓等附属设备上放置传感器，利用漏水噪声传到两端传感器的时间差，推算漏水点位置。

6. 其他方法：

（1）管道内窥法（CCTV 法）：使用闭路电视摄像系统查视供水管道内部缺损，探测漏水点。

（2）探地雷达法（GPR 法）：可用于已形成浸湿区域或脱空区域的管道漏水点的探测。

（3）地表温度测量法：可用于因管道漏水引起漏水点与周围介质之间有明显温度差异时的漏水探测。要求探测环境温度相对稳定；供水管道埋深不大于 1.5m。

（4）气体示踪法：可用于供水管网漏水量小，或采用其他探测方法难以解决时的漏水探测。

具体探测技术见《城镇供水管网漏水探测技术规程》CJJ 159—2011。

问：非金属管道的探测方法？

答：《城镇供水管网运行、维护及安全技术规程》CJJ 207—2013。

4.1.12 条文说明：<u>为便于非金属管道的物理探测，需要在管道上增设金属标识带</u>；在采用水平定向钻进等非开挖施工技术时，在拖进聚乙烯（PE）等非金属管的同时，可拖入一根 *DN*40 的塑料管作为探测导管，且两端做好探测导管的导入出井，导入出井间距最大不超过 200m，内穿金属标识带或精铜线，也可空置，用于日后物理探测。

4.0.8 未预见水量应根据水量预测时难以预见因素的程度确定，宜采用综合生活用水、工业企业用水、浇洒市政道路、广场和绿地用水、管网漏损水量之和的 8%～12%。

问：未预见用水量的取值？

答：未预见用水量是指在给水设计中对难以预见的因素（如规划的变化及流动人口用水等）而预留的水量。因此，未预见水量宜按本规范第 4.0.1 条的 1～4 款用水量之和考虑。

即：未预见水量＝[综合生活用水（包括居民生活用水和公共设施用水）＋工业企业用水＋浇洒市政道路、广场和绿地用水＋管网漏损水量]×(8%～12%)。

4.0.9 城市供水的时变化系数、日变化系数应根据城镇性质和规模、国民经济和社会发展、供水系统布局，结合现状供水曲线和日用水变化分析确定。在缺乏实际用水资料时，最高日城市综合用水的时变化系数宜采用 1.2～1.6；日变化系数宜采用 1.1～1.5。当二次供水设施较多采用叠加供水模式时，时变化系数宜取大值。

问：日变化系数、时变化系数？

答：2.0.40　日变化系数：最高日供水量与平均日供水量的比值。

2.0.41　时变化系数：最高日最高时供水量或用水量与该日平均时供水量或用水量的比值。

在设计规定的年限内，用水量最大的一天的用水量称为最高日用水量，它一般用于确定给水系统中各类给水设施（如取水构筑物、一级泵站、净水构筑物等）的规模。

最高日内，用水量最大一小时的用水量称为最高时用水量，它是确定城镇给水管网管径的基础。

$$K_d = \frac{\text{最高日供水量}}{\text{平均日供水量}};\qquad K_h = \frac{\text{最高日最高时供水量}}{\text{最高日平均时供水量}}$$

$Q_h = K_h Q_d/24$，其中 $Q_d/24$ 为最高日平均时用水量。

问：最高日用水量、平均日用水量、最高时用水量？

答：最高日用水量、平均日用水量、最高时用水量见表 4.0.9-1。

最高日用水量、平均日用水量、最高时用水量　　表 4.0.9-1

项目	描述	应用
最高日用水量	规划年限内，用水量最多一年内，用水量最多一天的总用水量	一般作为取水与水处理工程规划和设计的依据
平均日用水量	规划年限内，用水量最多一年的总用水量除以用水天数	一般作为水资源规划的依据
最高时用水量	规划年限内，用水量最多一年内，用水量最高一天的最大一小时的总用水量	一般作为给水管网规划设计的依据

问：取水构筑物、水源至水厂的原水输水管、一级泵站、净水构筑物的设计流量？

答：取水构筑物、水源至水厂的原水输水管、一级泵站、净水构筑物的设计流量按最高日平均时流量计算，即：

$$Q_1 = \alpha \frac{Q_d}{T}$$

T 为一级泵站每天工作小时数；α 为水厂自用水量（即输水管漏损、沉淀池排泥、滤池冲洗等用水）系数，其值取决于水源种类、原水水质、水处理工艺及构筑物类型等因素，以地表水为水源时一般取 1.05～1.10，以地下水为水源且只需消毒处理而无需其他处理时取 1.0；Q_d 为最高日用水量。

问：二级泵站、从二级泵站到配水管网的清水输水管道、配水管网的设计流量？

答：二级泵站、从二级泵站到配水管网的清水输水管道、配水管网的设计水量，应根据用水量变化曲线和二级泵站的供水曲线确定（见图 4.0.9-1）。

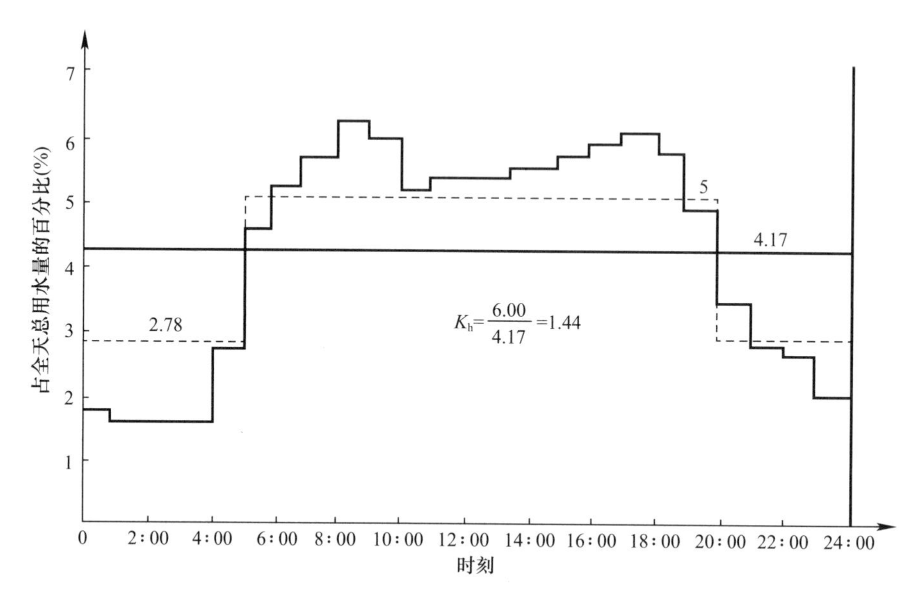

图 4.0.9-1　某城市用水量变化曲线及一、二级泵站供水曲线图

一级泵站按最高日平均时流量均匀供水，二级泵站的最大供水量应按最高日最高时用水量考虑。二级泵站应设置不同出水量的水泵及变频调速泵，以满足不同时段用水量的需求，并最大限度地减少水的浪费，并要求工作泵在高效段内运行。

1. 当管网内设置调节构筑物（水塔或高位水池）时（见图 4.0.9-2），二级泵站的供水量应根据用水量变化曲线确定，采用分级供水（一般分级数不应多于三级，以便于水泵机组的管理），各级供水曲线尽量接近用水曲线，以减小调节构筑物的容积。分级数及分级流量还应考虑能否选到在高效区运行的合适的水泵机组。分级供水量总和要等于最高日用水量。

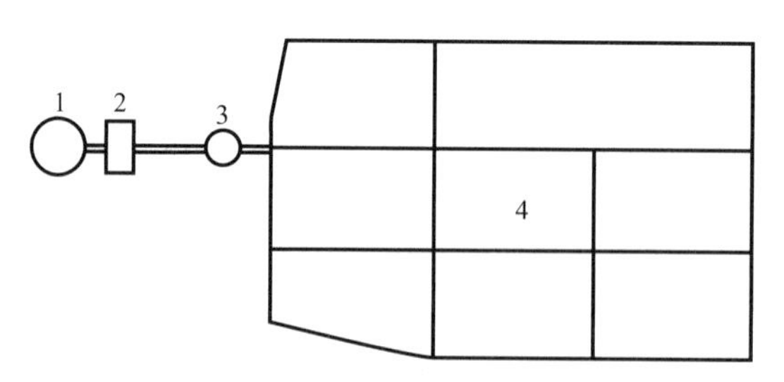

图 4.0.9-2　单水源给水管网系统示意图

1—清水池；2—泵站；3—水塔；4—管网

2. 当管网内无调节构筑物时，二级泵站的供水量就等于或大于用水量，所以二级泵站的最大供水量应按最高日最高时用水量考虑。二级泵站内应设置并配合使用流量大小不同的水泵及变频调速水泵，以满足不同时段的用水需求。要求水泵要在高效段内运行。

问：居住区的分级控制规模？

答：《城市居住区规划设计标准》GB 50180—2018，第 3.0.4 条：居住区按照居民在合理的步行距离内满足基本生活需求的原则，可分为十五分钟生活圈居住区、十分钟生活圈居住区、五分钟生活圈居住区及居住街坊四级，其分级控制规模应符合表 3.0.4 的规定（见表 4.0.9-2）。

居住区分级控制规模 **表 4.0.9-2**

距离与规模	十五分钟生活圈居住区	十分钟生活圈居住区	五分钟生活圈居住区	居住街坊
步行距离（m）	800～1000	500	300	—
居住人口（人）	50000～100000	15000～25000	5000～12000	1000～3000
住宅数量（套）	17000～32000	5000～8000	1500～4000	300～1000

5 取　　水

5.1 水源选择

5.1.1 水源选择前的水资源的勘察和论证应符合现行国家标准《城镇给水排水技术规范》GB 50788的有关规定。

问：《城镇给水排水技术规范》GB 50788对水源选择的要求？

答：《城镇给水排水技术规范》GB 50788—2012。

3.2.1 城镇给水水源的选择应以水资源勘察评价报告为依据，应确保取水量和水质可靠，严禁盲目开发。

3.2.1 条文说明：进行城镇水资源勘察与评价是选择城镇给水水源和确定城镇水源地的基础，也是保障城镇给水安全的前提条件。要选择有资质的单位根据流域的综合规划进行城镇水资源勘察和评价，确定水质、水量安全可靠的水源。水资源属于国家所有，国家对水资源依法实行取水许可证制度和有偿使用制度。不能脱离评价报告和在未得到取水许可时盲目开发水源。

问：为什么水源选择前必须进行水资源的勘察？

答：据调查，一些项目由于在确定水源前，对选择的水源没有进行详细的调研、勘察和评价，以致造成工程失误，有些工程在建成后发现水源水量不足或与农业用水发生矛盾，不得不另选水源。有的工程采用兴建水库作为水源，而在设计前没有对水库汇水情况进行详细勘察，造成水库蓄水量不足。一些拟以地下水为水源的工程，由于没有进行详细的地下水资源勘察，未取得必要的水文资料，而盲目兴建地下水取水构筑物，以致取水量不足，甚至完全失败。因此，在水源选择前，必须进行水资源的勘察。

问：供水水文地质勘察？

答：《供水水文地质勘察规范》GB 50027—2001。

1.0.7 供水水文地质勘察工作划分为地下水普查、详查、勘探和开采四个阶段。不同勘察阶段工作的成果，应满足相应设计阶段的要求。

注：在区域水文地质调查不够，相关资料缺乏的地区进行勘察时，可根据需要开展地下水调查工作。

1.0.8 供水水文地质勘察阶段的任务和深度，应符合下列要求：

1 普查阶段：概略评价区域或需水地区的水文地质条件，提出有无满足设计所需地下水水量可能性的资料。推断的可能富水地段的地下水允许开采量应满足D级精度的要求，为设计前期的城镇规划、建设项目的总体设计或厂址选择提供依据。

2 详查阶段：应在几个可能的富水地段基本查明水文地质条件，初步评价地下水资源，进行水源地方案比较。控制的地下水允许开采量应满足C级精度的要求，为水源地初步设计提供依据。

3 勘探阶段：查明拟建水源地范围的水文地质条件，进一步评价地下水资源，提出合理开采方案。探明的地下水允许开采量应满足B级精度的要求，为水源地施工图设计提供依据。

4　开采阶段：查明水源地扩大开采的可能性，或研究水量减少、水质恶化和不良环境工程地质现象等发生的原因。在开采动态或专门试验研究的基础上，验证的地下水允许开采量应满足A级精度的要求，为合理开采和保护地下水资源，为水源地的改、扩建设计提供依据。

1.0.9　勘察阶段除应与设计阶段相适应外，尚可根据需水量、现有资料和水文地质条件等实际情况，进行简化与合并。勘察阶段简化与合并后提出的允许开采量，应满足其中高阶段精度的要求。

1.0.10　当水文地质条件简单，现有资料较多，水源地已基本确定，少数管井能满足需水要求时，可直接打勘探开采井，对有使用价值的勘探孔，如不影响统一开采布局时，也可结合成井。

1.0.11　在供水水文地质勘察的过程中，应加强对成熟的经验和有科学依据的新技术、新工艺和新方法的推广应用，以不断提高勘察工作的效率和水平。

1.0.12　供水水文地质勘察工作，除应执行本规范规定外，尚应执行国家现行有关标准的规定。

1.0.13　供水水文地质勘察报告编写内容、符号及图例选用应符合本规范附录A、附录B、附录C的规定。

2.1.22　地下水允许开采量（地下水可开采量）

通过技术经济合理的取水方案，在整个开采期内出水量不会减少，动水位不超过设计要求，水质和水温变化在允许范围内，不影响已建水源地正常开采，不发生危害性的环境地质现象的前提下，单位时间内从水文地质单元或取水地段中能够取得的水量。

问：供水水文地质勘察报告编写？

答：供水水文地质勘察报告编写，参见《供水水文地质勘察规范》GB 50027—2001附录A　供水水文地质勘察报告编写提纲。

序言：说明任务的来源及要求。简要评述勘察区以往水文地质工作的程度及地下水开发利用的现状和规划。概述勘察工作的进程以及完成的工作量。

1. 自然地理及地质概况

概述勘察区的地形和地貌条件。

简述气象和水文特征。

叙述地层和主要地质构造的分布及特征。

本部分应侧重叙述与地下水的形成、补给、径流、排泄条件以及与地下水污染有关的内容。

2. 水文地质条件

叙述含水层（带）的空间分布及其水文地质特征。

阐述地下水的补给、径流、排泄条件及其动态变化规律。

叙述地下水的化学特征、污染现状及其变化规律。

说明拟采含水层（带）与相邻含水介质及其他水体之间的水力联系状况。

3. 勘察工作

结合地下水资源评价方法的需要，论述勘察工作的主要内容及其布置，提出本次勘察工作的主要成果，并评述其质量和精度。

4. 地下水资源评价

论述水文地质参数计算的依据，正确计算所需的水文地质参数。论述水文地质条件概化和数学模型的建立。

水量计算：计算地下水的天然补给量和储存量，以及开采条件下的补给增量。根据保护资源、合理开发的原则，提出相应勘察阶段允许开采量，论证其保证程度，并预测其可能的变化趋势。

水质评价：根据任务要求，说明水质的可用性，结合环境水文地质条件，预测开采条件下地下水水质有无遭受污染的可能性，提出保护和改善地下水水质的措施。

预测地下水开采可能引起的环境地质问题。

5. 结论和建议

提出拟建水源地的地段和主要水文地质数据和参数。

评价地下水的允许开采量、水质及其精度。

建议取水构筑物的形式和布局。

指出水源地在施工中和投产后应注意的事项。

建议地下水动态观测网点的设置及要求。

建议水源地卫生防护带的设置及要求。

指出本次工作的不足和存在问题。

主要附件

1 勘察工程平面布置图

2 水文地质图及其剖面图

3 与地下水有关的各种等值线图

4 勘探孔柱状图及抽水试验综合图

5 水文、气象资料图表

6 井（泉）调查表

7 水质分析成果统计表

8 颗粒分析成果统计表

9 地下水动态观测图表

注：编写报告时，应根据需水量大小、水文地质条件的复杂程度和勘察阶段，对本提纲的内容进行合理的增、删。论述应突出资源评价，言简意赅。文字与图表应相互呼应。

问：供水水文地质按复杂程度划分?

答：供水水文地质条件的复杂程度，可划分为简单、中等和复杂三类。其划分原则宜符合表 5.1.1-1 中的规定。

供水水文地质按复杂程度划分 **表 5.1.1-1**

类别	水文地质特征
简单	基岩岩层水平或倾角很缓，构造简单，岩性稳定均一，多为低山丘陵；第四系沉积物均匀分布，河谷平原宽广；含水层埋藏浅，地下水的补给、径流、排泄条件清楚；水质类型较单一
中等	基岩褶皱和断裂变动明显，岩性相不稳定，地貌形态多样；第四系沉积物分布不均匀，有多级阶地且显示不清；含水层埋藏深浅不一，地下水形成条件较复杂，补给和边界条件不易查清；水质类型较复杂

续表

类别	水文地质特征
复杂	基岩褶皱和断裂变动强烈，构造复杂，火成岩大量分布，岩相变化较大，地貌形态多且难鉴别；第四系沉积物分布错综复杂；含水层不稳定，其规模补给和边界难以判定；水质类型复杂

问：供水水源地规模划分？

答：拟建供水水源地按需水量大小可分为四级，见表 5.1.1-2。

供水水源地规模划分 **表 5.1.1-2**

规模	需水量	规模	需水量
特大型	需水量≥15 万m^3/d	中型	1 万m^3/d≤需水量<5 万m^3/d
大型	5 万m^3/d≤需水量<15 万m^3/d	小型	需水量<1 万m^3/d

问：广义水资源、狭义水资源？

答：水资源分为广义水资源和狭义水资源。广义水资源包括地球水圈中各个环节和各种形态的水资源量；狭义水资源是指可供人们取用的水资源量。

问：常规水资源、非常规水资源？

答：《城市给水工程规划规范》GB 50282—2016，第 2.0.6 条：城市水资源：用于城市用水的地表水和地下水、再生水、雨水、海水等。其中，地表水、地下水称为常规水资源，再生水、雨水、海水等称为非常规水资源。

雨水可利用量性受年际和季节性的影响较大，水量不稳定。一般在用水需求的指标中考虑雨水利用的影响，不直接参与城市水资源的供需平衡计算，但再生水、海水作为水资源可参与城市水资源的供需平衡计算。

问：常规水资源、非常规水资源的利用？

答：《民用建筑节水设计标准》GB 50555—2010。

5.1.2 民用建筑采用非传统水源时，处理出水必须保障用水终端的日常供水水质安全可靠，严禁对人体健康和室内卫生环境产生负面影响。

5.1.3 非传统水源的水质处理工艺应根据原水特征、污染物和出水水质要求确定。

5.1.4 雨水和中水利用工程应根据现行国家标准《建筑与小区雨水利用工程技术规范》GB 50400 和《建筑中水设计规范》GB 50336 的有关规定进行设计。

注意：《建筑与小区雨水利用工程技术规范》GB 50400 现行版本为《建筑与小区雨水控制及利用工程技术规范》GB 50400，《建筑中水设计规范》GB 50336 现行版本为《建筑中水设计标准》GB 50336。

5.1.5 雨水和中水等非传统水源可用于景观用水、绿化用水、汽车冲洗用水、路面地面冲洗用水、冲厕用水、消防用水等非与人身接触的生活用水，雨水还可用于建筑空调循环冷却系统的补水。

注意：建筑空调系统的循环冷却水是指用冷却塔降温的循环水，水流经过冷却塔时会产生飘水，有可能经呼吸系统进入居民体内，故中水的用途中不包括用于冷却水补水。

5.1.6 中水、雨水不得用于生活饮用水及游泳池等用水。与人身接触的景观娱乐用水不宜使用中水或城市污水再生水。

问：可作为生活饮用水水源的城市水资源？

答：可作为生活饮用水水源的城市水资源见表5.1.1-3。

可作为生活饮用水水源的城市水资源　　表5.1.1-3

生活饮用水水源类型	可作为生活饮用水水源的城市水资源
地下水	《地下水质量标准》GB/T 14848—2017中 Ⅰ类、Ⅱ类、Ⅲ类、Ⅳ类地下水可作为生活饮用水水源
地表水	《地表水环境质量标准》GB 3838—2002中 Ⅰ类、Ⅱ类、Ⅲ类地表水可作为生活饮用水水源

1.《地下水质量标准》GB/T 14848—2017。

4.1　地下水质量分类

依据我国地下水质量状况和人体健康风险，参照生活饮用水、工业、农业等用水质量要求，依据各组分含量高低（pH除外），分为五类。

Ⅰ类：地下水化学组分含量低，适用于各种用途；

Ⅱ类：地下水化学组分含量较低，适用于各种用途；

Ⅲ类：地下水化学组分含量中等，以GB 5749—2006为依据，主要适用于集中式生活饮用水水源及工农业用水；

Ⅳ类：地下水化学组分含量较高，以农业和工业用水质量要求以及一定水平的人体健康风险为依据，适用于农业和部分工业用水，适当处理后可作生活饮用水；

Ⅴ类：地下水化学组分含量高，不宜作为生活饮用水水源，其他用水可根据使用目的选用。

综上可知，《地下水质量标准》GB/T 14848—2017中Ⅰ类、Ⅱ类、Ⅲ类、Ⅳ类地下水可作为生活饮用水水源。

2.《地表水环境质量标准》GB 3838—2002。

3　水域功能和标准分类

Ⅰ类：主要适用于源头水、国家自然保护区；

Ⅱ类：主要适用于集中式生活饮用水地表水源地一级保护区、珍稀水生生物栖息地、鱼虾类产卵场、仔稚幼鱼的索饵场等；

Ⅲ类：主要适用于集中式生活饮用水地表水源地二级保护区、鱼虾类越冬场、洄游通道、水产养殖区等渔业水域及游泳区；

Ⅳ类：主要适用于一般工业用水区及人体非直接接触的娱乐用水区；

Ⅴ类：主要适用于农业用水区及一般景观要求水域。

综上所述，《地表水环境质量标准》GB 3838—2002中Ⅰ类、Ⅱ类、Ⅲ类地表水可作为生活饮用水水源。

问：自备水源、应急水源、备用水源的区别？

答：《城市给水工程规划规范》GB 50282—2016。

2.0.9　自备水源：城市的用水单位以其自选建设的供水管道及其附属设施主要向本单位的生活、生产和其他各项建设提供用水。

2.0.11　应急水源：在紧急情况下（包括城市遭遇突发性供水风险，如水质污染、自然灾害、恐怖袭击等非常规事件过程中）的供水水源，通常以最大限度满足城市居民生存、生活用水为目标。

2.0.12　备用水源：以提高城市供水保证率为目标，以解决城市水资源相对短缺，或现有主要水源相对单一且受到周期性咸潮或断流影响，或季节性排污影响，建设并具备与现有水源互为备用、切换运行的水源。

问：我国水资源的优化配置顺序？

答：《城镇污水再生利用工程设计规范》GB 50335—2016，3.0.2 条条文说明：我国水资源的优化配置顺序是：本地天然水、再生水、雨水、境外引水、淡化海水。

《城市给水工程规划规范》GB 50282—2016，第 5.2.1 条城市给水水源应根据当地城市水资源条件和给水需求进行技术经济分析，按照优水优用的原则合理选择。

《城市给水工程规划规范》GB 50282—2016，5.2.4 条文说明：非常规水资源包括再生水、雨水、海水等，一般可作为工业用水、市政用水或其他对水质要求较低用水的水源。再生水是指城市污水经过净化处理，达到所要求的水质标准和水量要求，并用于景观环境、城市杂用、工业和农业的用水。再生水具有量大、就近可取、水量受季节性影响小、投资和处理成本低等优点。再生水可利用量同时应纳入城市水资源平衡分析的范围。雨水利用是一种立足本地水资源、解决水资源短缺的现实可行的有效措施。雨水利用减少了市政供水量，缓解了城市供水供需矛盾。从形式上可分为适当处理后的直接利用和强化雨水下渗的间接利用。在缺水地区修建一定的水利工程，形成雨水贮留系统，既可作为城市水源，也可减少水淹之害。雨水可利用量受年际和季节性的影响较大，水量不稳定。一般在用水需求的指标中考虑雨水利用的影响，不直接参与城市水资源供需平衡计算。海水综合利用包括海水的直接利用和海水淡化。沿海淡水资源匮乏地区新建、改建和扩建高耗水工业项目，应优先考虑海水直接利用。缺乏淡水资源的沿海或海岛城市宜将海水直接或经处理后作为城市给水水源。海水综合利用应作为水资源的重要补充，其利用量应纳入城市水资源供需平衡分析的范围。

问：国家对再生水利用率的要求？

答："水十条"促进再生水利用。以缺水及水污染严重地区城市为重点，完善再生水利用设施，工业生产、城市绿化、道路清扫、车辆冲洗、建筑施工以及生态景观等用水，要优先使用再生水。推进高速公路服务区污水处理和利用。具备使用再生水条件但未充分利用的钢铁、火电、化工、制浆造纸、印染等项目，不得批准其新增取水许可。自 2018 年起，单体建筑面积超过 2 万 m^2 的新建公共建筑，北京市 2 万 m^2、天津市 5 万 m^2、河北省 10 万 m^2 以上集中新建的保障性住房，应安装建筑中水设施。积极推动其他新建住房安装建筑中水设施。到 2020 年，缺水城市再生水利用率达到 20%以上，京津冀区域达到 30%以上。

《城市给水工程规划规范》GB 50282—2016，第 5.2.5 条：缺水城市应加强污水收集、处理，再生水利用率不应低于 20%。

问：缺水城市的界定及再生水利用要求？

答：按照国际公认的标准，人均水资源低于 3000 m^3 为轻度缺水；人均水资源低于 2000 m^3 为中度缺水；人均水资源低于 1000 m^3 为重度缺水；人均水资源低于 500 m^3 为极度缺水。

《城市给水工程规划规范》GB 50282—2016，第 5.2.5 条：缺水城市应加强污水收集、处理，再生利用率不应低于 20%。

《2016 年中国水资源公报》（由水利部发布）。

2016 年，在党中央、国务院的坚强领导下，全国水利部门攻坚克难、开拓创新，全面推行河长制，深入落实最严格水资源管理制度，全面启动水资源消耗总量和强度双控行动，持续推进节水型社会和水生态文明建设，各项工作取得积极进展。2016 年全国用水总量较 2015 年略有下降，用水效率进一步提升，用水结构不断优化，水质状况总体有所好转。

公报显示，2016 年全国供水总量为 6040.2 亿 m^3。其中，地表水源供水量 4912.4 亿 m^3，占供水总量的 81.3%；地下水源供水量 1057.0 亿 m^3，占供水总量的 17.5%；其他水源供水量 70.8 亿 m^3，占供水总量的 1.2%。与 2015 年相比，地表水源供水量减少 57.1 亿 m^3，地下水源供水量减少 12.2 亿 m^3，其他水源供水量增加 6.3 亿 m^3。

2016 年全国用水总量为 6040.2 亿 m^3。其中，生活用水 821.6 亿 m^3，占用水总量的 13.6%；工业用水 1308.0 亿 m^3，占用水总量的 21.6%；农业用水 3768.0 亿 m^3，占用水总量的 62.4%；人工生态环境补水 142.6 亿 m^3，占用水总量的 2.4%。与 2015 年相比，农业用水量减少 84.2 亿 m^3，工业用水量减少 26.8 亿 m^3，生活用水量及人工生态环境补水量分别增加 28.1 亿 m^3 和 19.9 亿 m^3。

全国万元国内生产总值（当年价）用水量 81m^3，万元工业增加值（当年价）用水量 52.8m^3，农田灌溉水有效利用系数 0.542。按可比价计算，万元国内生产总值用水量和万元工业增加值用水量分别比 2015 年下降 7.2%和 7.6%。

全国评价河长 23.5 万 km，Ⅰ～Ⅲ类水质河长占 76.9%；评价湖泊 118 个，Ⅰ～Ⅲ类水质湖泊占 23.7%，富营养湖泊占 78.6%；评价水库 943 座，Ⅰ～Ⅲ类水质水库占 87.5%，富营养水库占 28.8%；评价全国重要江河湖泊水功能区 4028 个，达标率 73.4%；评价省界断面 544 个，Ⅰ～Ⅲ类水质断面占 67.1%。

问：水资源紧张的衡量条件？

答：一般，淡水利用超过可再生淡水资源的 10%时，就会出现用水紧张；超过 20%时，则更为明显。目前，许多国家的用水已超过了其淡水资源的 20%。越来越严重的污染又使缺水状况加剧，世界上已经有将近 40%的人口无法获得足够洁净的饮用水。

——何俊仕，林洪孝. 水资源概论 [M]. 北京：中国农业大学出版社，2006.

问：水资源缺乏的类型？

答：我国水资源相当紧缺，水资源缺乏包括三种情况：一是资源型缺水；二是污染型缺水；三是管理型缺水，包括不合理开发及水资源的浪费。

问：最严格水资源管理制度的“三条红线”？

答：“三条红线”：一是确立水资源开发利用控制红线，到 2030 年全国用水总量控制在 7000 亿 m^3 以内。二是确立用水效率控制红线，到 2030 年用水效率达到或接近世界先进水平，万元工业增加值用水量降低到 40m^3 以下，农田灌溉水有效利用系数提高到 0.6 以上。三是确立水功能区限制纳污红线，到 2030 年主要污染物入河湖总量控制在水功能区纳污能力范围之内，水功能区水质达标率提高到 95%以上。为实现上述红线目标，进一步明确了 2015 年和 2020 年水资源管理的阶段性目标。

——摘自水利部官网

问：我国径流地带区划、降水、径流分区情况？

答：我国径流地带区划、降水、径流分区见表 5.1.1-4。

我国径流地带区划、降水、径流分区情况　　表 5.1.1-4

降水分区	年降水深（mm）	年径流深（mm）	径流分区	大致范围
多雨	>1600	>900	丰水	海南、广东、福建、台湾大部、湖南山地、广西南部、云南西南部、西藏东南部、浙江
湿润	800～1600	200～900	多水	广西、云南、贵州、四川、长江中下游地区
半湿润	400～800	50～200	过渡	黄淮海平原、山西、陕西、东北大部、四川西北部、西藏东部
半干旱	200～400	10～50	少水	东北西部、内蒙古、甘肃、宁夏、新疆西部和北部、西藏北部
干旱	<200	<10	缺水（干涸）	内蒙古、宁夏、甘肃的沙漠、柴达木盆地、准噶尔盆地

问：各类水的含盐量？

答：3.1.21　淡水：含盐量小于 500mg/L 的水。

一般淡水含盐量为 0.01%；淡水湖含盐量小于或等于 0.1%；人们用盐度来表示海水中盐类物质的质量分数。世界大洋的平均盐度为 3.5%。

人们通常把湖水含盐量小于 1‰，或者矿化度小于 1g/L 的叫淡水湖；

含盐量在 1‰～3‰，或者矿化度在 1g/L～3g/L 的叫微咸水湖；

含盐量在 3‰～35‰，或者矿化度在 3g/L～35g/L 的叫咸水湖；

含盐量大于 35‰，或者矿化度大于 35g/L 的叫盐湖。

一般海水含盐量为 35‰，而死海的含盐量在 230‰～250‰左右。表层水中的盐分达 227g/kg～275g/kg，深层水中达 327g/kg。由于盐水浓度高，游泳者极易浮起。湖中除细菌外没有其他动植物。涨潮时从约旦河或其他小河中游来的鱼立即死亡。岸边植物也主要是适应盐碱地的盐生植物。死海是很大的盐储藏地。死海湖岸荒芜，固定居民点很少，偶见小片耕地和疗养地等。

问：饮用水水源保护区的划分原则？

答：《饮用水水源保护区划分技术规范》HJ 338—2018。

4.3.1　确定饮用水水源保护区划分应考虑以下因素：水源地的地理位置、水文、气象、地质特征、水动力特征、水域污染类型、污染特征、污染源分布、水源地规模、水量需求、航运资源和需求、社会经济发展规模和环境管理水平等。

地表水饮用水水源保护区范围：应按照不同水域特点进行水质定量预测，并考虑当地具体条件，保证在规划设计的水文条件、污染负荷以及供水量时，保护区的水质能满足相应的标准。

地下水饮用水水源保护区范围：应根据当地的水文地质条件、供水量、开采方式和污染源分布确定，并保证开采规划水量时能达到所要求的水质标准。

4.3.2　划定的饮用水水源一级保护区，应防止水源地附近人类活动对水源的直接污染；划分的饮用水水源二级保护区，应足以使所选定的主要污染物在向取水点（或开采井、井群）输移（或运移）过程中，衰减到所期望的浓度水平；在正常情况下可保证取水水质达到规定要求；一旦出现污染水源的突发事件，有采取紧急补救措施的时间和缓冲地带。

4.3.3　划定的水源保护区范围，应以确保饮用水水源水质不受污染为前提，以便于实施环境管理为原则。

问：河流型饮用水水源保护区的划分？

答：《饮用水水源保护区划分技术规范》HJ/T 338—2018。

5.1　一级保护区

5.1.1　水域范围

采用类比经验法，确定一级保护区水域范围。

5.1.1.1　一般河流水源地，一级保护区水域长度为取水口上游不小于1000m，下游不小于100m范围内的河道水域。

5.1.1.2　潮汐河段水源地，一级保护区上、下游两侧范围相当，其单侧范围不小于1000m。

5.1.1.3　一级保护区水域宽度，为多年平均水位对应的高程线下的水域。枯水期水面宽度不小于500m的通航河道，水域宽度为取水口侧的航道边界线到岸边的范围；枯水期水面宽度小于500m的通航河道，一级保护区水域为除航道外的整个河道取范围；非通航河道为整个河道范围。

5.1.2　陆域范围

采用类比经验法，确定一级保护区陆域范围。

5.1.2.1　陆域沿岸长度不小于相应的一级保护区水域长度。

5.1.2.2　陆域沿岸纵深与一级保护区水域边界的距离一般不小于50m，但不超过流域分水岭范围。对于有防洪堤坝的，可以防洪堤坝为边界；并要采取措施，防止污染物进入保护区。

注：以防洪堤坝为保护区边界需满足以下3个条件：（1）该水源位于城市建成区内；（2）作为保护区边界的防洪堤坝应为本标准发布前已建设完工；（3）该水源水质近年来保持稳定达标。下同。

5.2　二级保护区

5.2.1　水域范围

5.2.1.1　满足条件的水源地，可采用类比经验法确定二级保护区水域范围。

5.2.1.1.1　二级保护区长度从一级保护区的上游边界向上游（包括汇入的上游支流）延伸不小于2000m，下游侧外边界距一级保护区边界不小于200m。

5.2.1.1.2　潮汐河段水源地，二级保护区不宜采用类比经验方法确定。

5.2.1.2　其他水源地，可依据水源地周边污染源的分布和排放特征，采用数值模型计算法或应急响应时间法。

5.2.1.3　二级保护区水域宽度为多年平均水位对应的高程线下的水域。有防洪堤的河段，二级保护区的水域宽度为防洪堤内的水域。枯水期水面宽度不小于500m的通航河道，水域宽度为取水口侧航道边界线到岸边的水域范围；枯水期水面宽度小于500m的通航河道，二级保护区水域为除航道外的整个河道范围；非通航河道为整个河道范围。

5.2.2　陆域范围

以保护水源保护区水域水质为目标，可视情况采用地形边界法、类比经验法和缓冲区法确定二级保护区域范围。

5.2.2.1　二级保护区陆域沿岸长度不小于二级保护区水域长度。

5.2.2.2　二级保护区陆域沿岸纵深范围一般不小于1000m，但不超过流域分水岭范围。对于流域面积小于100km^{2}的小型流域，二级保护区可以是整个集水范围。具体可依据自然地理、环境特征和环境管理需要确定。对于有防洪堤坝的，可以防洪堤坝为边界；并要采取措施，防止污染物进入保护区内。

5.2.2.3　当面源污染为主要水质影响因素时，二级保护区沿岸纵深范围，主要依据自然地理、环境特征和环境管理的需要，通过分析地形、植被、土地利用、地面径流的集水汇流特性、集水域范围等确定。

5.3　准保护区

参照二级保护区的划分方法确定准保护区的范围。

问：湖泊、水库型饮用水水源保护区的划分？

答：《饮用水水源保护区划分技术规范》HJ 338—2018

6.2　一级保护区：

6.2.1　水域范围

采用类比经验法确定一级保护区。

6.2.1.1　小型水库和单一供水功能的湖泊、水库应将多年平均水位对应的高程线以下的全部水域面积划分为一级保护区。

6.2.1.2　小型湖泊、中型水库保护区范围为取水口半径不小于300m范围的区域；

6.2.1.3　大中型湖泊、大型水库保护区范围为取水口半径不小于500m范围的区域。

6.2.2　陆域范围

采用地形边界法、缓冲区法或类比经验法，确定湖泊、水库水源地一级保护区陆域范围。对于有防洪堤坝的，可以防洪堤坝为边界；并要采取措施，防止污染物进入保护区。

6.2.2.1　小型和单一供水功能的湖泊、水库以及中小型水库为一级保护区水域外不小于200m范围内的陆域，或一定高程线以下的陆域，但不超过流域分水岭范围。

6.2.2.2　大中型湖泊、大型水库为一级保护区水域外不小于200m范围内的陆域，但不超过流域分水岭范围。

6.3　二级保护区

6.3.1　水域范围

6.3.1.1　满足条件的水源地，可采用类比经验法确定二级保护区水域范围。

小型湖泊、中小型水库一级保护区边界外的水域面积设定为二级保护区。

大中型湖泊、大型水库以一级保护区外径距离不小于2000m区域为二级保护区水域面积，但不超过水域范围。

二级保护区上游侧边界现状水质浓度水平满足GB 3838规定的一级保护区水质标准要求的水源，其二级保护区水域长度不小于200m，但不超过水域范围。

6.3.2　陆域范围

二级保护区陆域范围，应依据流域内主要环境问题，结合地形条件分析或缓冲区法确定。对于有防洪堤坝的，可以防洪堤坝为边界；并要采取措施，防止污染物进入保护区内。

6.3.2.1　依据环境问题分析方法

当面源污染源为主要污染源时，二级保护区陆域沿岸纵深范围，主要依据自然地理、环境特征和环境管理的需要，通过分析地形、植被、土地利用、森林开发、流域汇流特性、集水域范围等确定。

6.3.2.2　采用地形边界法或类比经验法

小型水库可将上游整个流域（一级保护区陆域外区域）设定为二级保护区。

单一功能的湖泊、水库、小型源泊和平源型中型水库的二级保护区范围是一级保护区以外水平距离不小于2000m区域，山区型中型水库二级保护区的范围为水库周边山脊线以内（一级保护区以外）及入库河流上溯不小于3000m的汇水区域。二级保护区域边界不超过相应的流域分水岭。

大中型湖泊、大型水库可以划定一级保护区外径不小于3000m的区域为二级保护区范围。二级保护区域边界不超过相应的流域分水岭。

6.4　准保护区

参照二级保护区的划分方法划分准保护区。

问：地下水饮用水水源保护区的划分？

答：地下水饮用水水源保护区的划分按地下水含水层介质类型的不同分为孔隙水、基岩裂隙水和岩溶水三类。具体请参见《饮用水水源保护区划分技术规范》HJ/T 338—2018，第7章“地下水型饮用水水源保护区的划分”。

问：饮用水水源保护区对水质的要求？

答：《饮用水水源保护区划分技术规范》HJ 338—2018。

4.2　饮用水水源保护区的水质要求。

4.2.1　地表水饮用水水源保护区及准保护区水质要求

地表水饮用水水源一级保护区的水质基本项目限值不得超过GB 3838的相关要求。

地表水饮用水水源二级保护区的水质基本项目限值不得超过GB 3838的相关要求，并保证流入一级保护区的水质满足一级保护区水质标准的要求（不超过GB 3838的相关要求）。

地表水饮用水源准保护区的水质应保证流入二级保护区的水质满足二级保护区水质的要求。

4.2.2　地下水饮用水源保护区及准保护区水质要求

地下水饮用水源保护区（包括一级保护区、二级保护区）和准保护区水质各项指标不得低于GB/T 14848的相关要求。

问：湖泊、水库的分类？

答：湖泊、水库的分类见表5.1.1-5。

——摘自《饮用水水源保护区划分技术规范》HJ/T 338—2018，6.1湖泊、水库型饮用水水源地分级。

湖泊、水库型饮用水水源地分级表　　**表5.1.1-5**

<table>
<tr><td colspan="4">水源地类型</td></tr>
<tr><td rowspan="3">水库</td><td>小型，$V<0.1$亿m^3</td><td rowspan="3">湖泊</td><td rowspan="2">小型，$S<100$km^2</td></tr>
<tr><td>中型，0.1亿m$^3\leqslant V<1$亿m^3</td></tr>
<tr><td>大型，$V\geqslant1$亿m^3</td><td>大、中型，$S\geqslant100$km^2</td></tr>
</table>

问：生活饮用水选择水源时应注意哪几点？

答：《含藻水给水处理设计规范》CJJ 32—2011。

1.0.3 及 1.0.3 条文说明：

1. 水源水质应符合国家现行标准《地表水环境质量标准》GB 3838 和《生活饮用水水源水质标准》CJ 3020 的有关规定，且应在设计枯水位时能够取到符合水源水质标准的设计水量。选择水源时，应调查水源水的含藻量、富营养化程度和有关水质的变化情况。

2. 水源水选择的重要性：湖泊、水库水的富营养程度是水源选择的一个重要水质条件，它直接影响整个工程的造价和工程投产后的正常运行、出厂水水质以及制水成本。

3. 水源水选择水质方面的要求：水质调查主要对湖泊、水库的受污染和营养程度在近 5 年的状况及变化情况进行分析，同时通过采取卫生防护措施，要求在设计年限内水源水质不低于《地表水环境质量标准》GB 3838 中地表水的Ⅲ类水质标准和《生活饮用水水源水质标准》CJ 3020 的有关规定。

4. 水源水选择水量方面的要求：选择水源时，还必须对水源水量的变化进行分析。在设计年限及水源枯水位时应能取到符合上述水质标准的设计水量，以保证在规划年限内满足供水水量的要求。

问：我国引调水工程？

答：以下内容摘自《南水北调与水利科技》2016 年第 14 卷 1 期。

我国各分区已建或在建引调水工程数量、设计引水量、2011 年实际引水量见图 5.1.1-1～图 5.1.1-3。

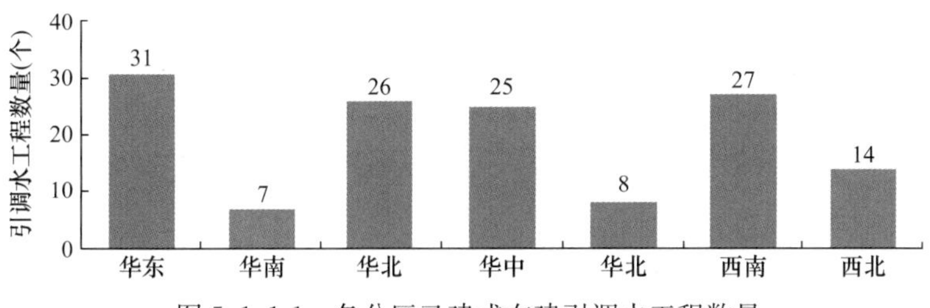

图 5.1.1-1　各分区已建或在建引调水工程数量

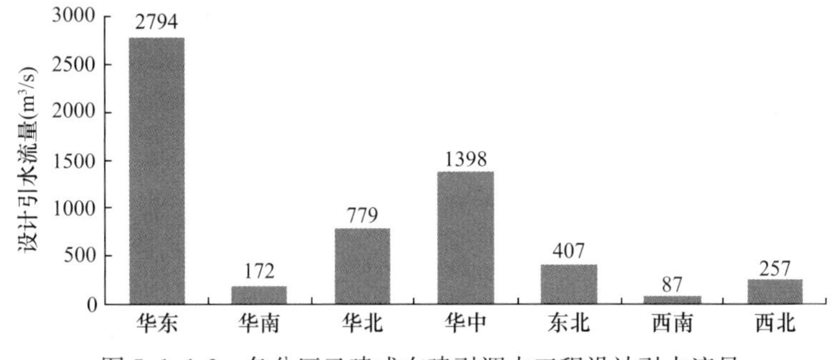

图 5.1.1-2　各分区已建或在建引调水工程设计引水流量

1. 华东地区引调水工程：较大的工程有南水北调东线一期工程、胶东地区引黄调水工程、引黄济青工程、引江济太工程、浙东引水工程、江水北调工程、江水东引工程、青草沙原水工程等；华东地区引调水工程主要集中在山东、浙江、福建及江苏等省份，其中山东 11 项、浙江 7 项、福建 6 项、江苏 3 项。

2. 华南地区引调水工程：较大的工程有东深供水工程、桂林漓江补水五里峡南干渠引调水工程、灵渠等，其中广东 4 项、广西 3 项。

3. 华北地区引调水工程：较大的工程有南水北调中线一期工程、京密引水渠、山西省万家寨引黄入晋工程、引滦入津工程、引滦入唐工程、永定河引水渠等，其中北京 5 项、河北 5 项、山西 12 项、天津和内蒙古各 3 项。

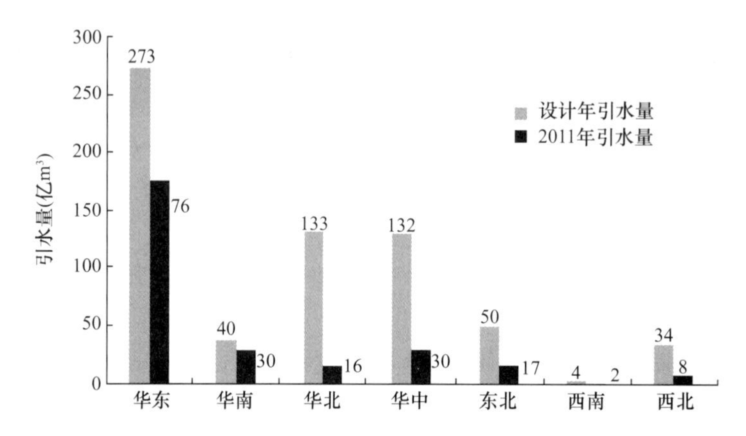

图 5.1.1-3　各分区引调水工程设计年引水量及 2011 年实际引水量

4. 华中地区引调水工程：较大的工程有南水北调中线一期工程、引江济汉工程、大功河引调水工程、汉川二站引调水工程、河南省三义寨引黄灌区供水工程、开封市黑岗口引黄灌区引调水工程、南小堤引黄灌区引调水工程、渠村引黄灌区引调水工程、人民胜利渠渠首引水工程、赵口灌区引黄入淮引水工程等，其中河南 20 项、湖北 4 项、湖南 1 项。

5. 东北地区引调水工程：较大的工程有富尔江引水工程、黑龙江省北部引嫩工程、黑龙江省中部引嫩工程、通辽市引乌入通工程等，其中辽宁 3 项、黑龙江 2 项、吉林 1 项、内蒙古 2 项。

6. 西南地区引调水工程：较大的工程有农大沟引水工程、黄草坪水库引调水工程、康家坝水库、松析山水库灌溉渠道洛坪干渠引调水工程、汤皮亮水库引水工程、五里冲水库引水低沟工程、务坪水库引调水工程、祥云县水官村水库引调水工程、宣威市大型引水济榕工程、杨柳河引水工程、引洱入宾引调水工程、引千入虹工程等，其中云南 19 项、贵州 9 项。

7. 西北地区引调水工程：较大的工程有引大入秦引调水工程、引洮供水一期引调水工程、景电二期延伸向民勤引调水工程、马栏桃曲坡水库引水工程、陕西省引红济石引调水工程、引大济湟工程、引硫济金工程、引乾济石工程等，其中陕西 6 项、甘肃 4 项、新疆 2 项、宁夏和青海各 1 项。

问：我国水资源的开发利用?

答：以下内容摘自《2017 年中国水资源公报》(中华人民共和国水利部)。

1. 供水量

2017 年全国供水总量 6043.4 亿m³，占当年水资源总量的 21.0%。其中，地表水源供水量 4945.5 亿m³，占供水总量的 81.8%；地下水源供水量 1016.7 亿m³，占供水总量的 16.8%；其他水源供水量 81.2 亿m³，占供水总量的 1.4%。与 2016 年相比，供水总量增加 3.2 亿m³，其中，地表水源供水量增加 33.1 亿m³，地下水源供水量减少 40.3 亿m³，其他水源供水量增加 10.4 亿m³。

全国海水直接利用量1022.7亿m^3，主要作为火（核）电的冷却用水。海水直接利用量较多的为广东、福建、浙江、山东、江苏、海南和辽宁，分别为368.0亿m^3、257.7亿m^3、179.9亿m^3、59.0亿m^3、46.6亿m^3、37.8亿m^3和35.0亿m^3，其余沿海省份大都也有一定数量的海水直接利用量。

2. 用水量

2017年全国用水总量6043.4亿m^3。其中，生活用水838.1亿m^3，占用水总量的13.9%；工业用水1277.0亿m^3，占用水总量的21.1%；农业用水3766.4亿m^3，占用水总量的62.3%；人工生态环境补水161.9亿m^3，占用水总量的2.7%。与2016年相比，用水总量增加3.2亿m^3，其中，农业用水量减少1.6亿m^3，工业用水量减少31.0亿m^3，生活用水量及人工生态环境补水量分别增加16.5亿m^3和19.3亿m^3。

3. 耗排水量

2017年全国耗水总量3206.8亿m^3，耗水率53.1%。全国废污水排放总量756亿t。

4. 用水指标

2017年全国人均综合用水量436m^3，万元国内生产总值（当年价）用水量73 m^3。耕地实际灌溉亩均用水量377 m^3，农田灌溉水有效利用系数0.548，万元工业增加值（当年价）用水量45.6 m^3，城镇人均生活用水量（含公共用水）221L/d，农村居民人均生活用水量87L/d。

5.1.2 水源的选用应通过技术经济比较后综合考虑确定，并应满足下列条件：

1 位于水体功能区划所规定的取水地段；

2 不易受污染，便于建立水源保护区；

3 选择次序宜先当地、后过境水，先自然河道、后需调节径流的河道；

4 可取水量充沛可靠；

5 水质符合国家有关现行标准；

6 与农业、水利综合利用；

7 取水、输水、净水设施安全经济和维护方便；

8 具有交通、运输和施工条件。

问：对水源水质要求？

答：水源包括地表水源和地下水源。

1. 地表水水源水质查《地表水环境质量标准》GB 3838—2002。本标准将标准项目分为：地表水环境质量标准基本项目、集中式生活饮用水地表水源地补充项目和集中式生活饮用水地表水源地特定项目。

地表水环境质量标准基本项目适用于全国江河、湖泊、运河、渠道、水库等具有使用功能的地表水水域；集中式生活饮用水地表水源地补充项目和特定项目适用于集中式生活饮用水地表水源地一级保护区和二级保护区。

2. 地下水水源水质查《地下水质量标准》GB/T 14848—2017。本标准规定了地下水质量分类、指标及限值，地下水质量调查与监测，地下水质量评价等内容。

本标准适用于地下水质量调查、监测、评价与管理。

问：生活饮用水水源水质及相应的处理工艺？

答：《生活饮用水水源水质标准》CJ 3020—93。

3.1 一级水源水：水质良好。地下水只需消毒处理，地表水经简易净化处理（如过滤）、消毒后即可供生活饮用者。

3.2 二级水源水：水质受轻度污染。经常规净化处理（如絮凝、沉淀、过滤、消毒等），其水质即可达到 GB 5749 规定，可供生活饮用者。

3.3 水质浓度超过二级标准限值的水源水，不宜作为生活饮用水的水源。若限于条件需加以利用时，应采用相应的净化工艺进行处理。处理后的水质应符合 GB 5749 规定，并取得省、市、自治区卫生厅（局）及主管部门批准。

5.1.3 供水水源采用地下水时，应有与设计阶段相对应的水文地质勘测报告，取水量应符合现行国家标准《城镇给水排水技术规范》GB 50788 的有关规定。

问：地下水饮用水水源地按开采量的分类？

答：地下水饮用水水源地按开采规模分为：中小型水源地（日开采量$<5\times10^4$ m^3）和大型水源地（日开采量$\geq5\times10^4$ m^3）。

问：《城镇给水排水技术规范》GB 50788 对地下水水源的规定？

答：《城镇给水排水技术规范》GB 50788—2012。

3.2.1 城镇给水水源的选择应以水资源勘察评价报告为依据，应确保取水量和水质可靠，严禁盲目开发。

3.2.4 当水源为地下水时，取水量必须小于允许开采量。

3.2.4 条文说明：水源选择地下水时，取水水量要小于允许开采量。首先要经过详细的水文地质勘察，并进行地下水资源评价，科学地确定地下水源的允许开采量，不能盲目开采。并要做到地下水开采后不会引起地下水位持续下降、水质恶化及地面沉降。

问：地下水作为城市给水水源时，取水量与开采量的关系？

答：《城市给水工程规划规范》GB 50282—2016，第 5.2.3 条：地下水作为城市给水水源时，取水量不得大于允许开采量。

2.1.22 地下水允许开采量（地下水可开采量）：通过技术经济合理的取水方案，在整个开采期内出水量不会减少，动水位不超过设计要求，水质和水温变化在允许范围内，不影响已建水源地正常开采，不发生危害性的环境地质现象的前提下，单位时间内从水文地质单元或取水地段中能够取得的水量。

问：地下水超采区的界定？

答：《地下水超采区评价导则》GB/T 34968—2017。

4.1 超采区界定

符合下列条件之一的区域，应划为超采区：

年均地下水开采系数大于 1.0；

因地下水开采造成地下水水位呈持续下降趋势；

因地下水开采引发了一定的生态地质环境问题。

生态地质环境问题指因地下水开采引起的地面沉降、地面塌陷、地裂缝、泉水流量衰减、土地沙化、海（咸）水入侵、地下水水质恶化等现象。

问：地下水超采区分级？

答：《地下水超采区评价导则》GB/T 34968—2017。

4.3 超采区分级

4.3.1 根据地下水超采区面积大小，将其分为特大型、大型、中型和小型超采区。

4.3.2 根据地下水超采区在评价期水位年均下降速率快慢、年均地下水开采系数大小、由于地下水开采引发的生态地质环境问题的严重程度，将地下水超采区分为严重超采区和一般超采区。

4.4 超采区分级标准

4.4.1 不同规模的超采区划分标准如下：

a）面积大于或等于 5000 km^2 的超采区为特大型地下水超采区；

b）面积大于或等于 1000 km^2 小于 5000 km^2 的超采区为大型地下水超采区；

c）面积大于或等于 100 km^2 小于 1000 km^2 的超采区为中型地下水超采区；

d）面积小于 100 km^2 的超采区为小型地下水超采区。

4.4.2 在地下水超采区内，符合下列条件之一的区域应划分为严重超采区，其余区域划为一般超采区，严重超采区划分条件包括：

a）年均地下水开采系数大于 1.3；

b）浅层孔隙水水位年均下降速率大于 1.0m/年；

c）深层孔隙水水位年均下降速率大于 2.0m/年；

d）裂隙水或岩溶水水位年均下降速率大于 1.5m/年；

e）因地下水开采，泉水流量年均衰减比率大于 0.05；

f）因地下水开采引发了地面沉降，年均地面沉降速率大于 10mm/a；

g）因地下水开采引发了地面塌陷，且 100km^2 面积上的年均地面塌陷点多于 2 个，或坍塌岩土的体积大于 2m^3 的地面塌陷点年均多于 1 个；

h）因地下水开采引发了地裂缝，且 100km^2 面积上的年均地裂缝多于 2 条，或同时满足长度大于 10m、地表面撕裂宽度大于 5cm、深度大于 0.5m 的地裂缝年均多于 1 条；

i）因在沿每地区开采地下水引发了海（咸）水入侵，造成氯离子含量大于 1000mg/L。

问："水十条"对地下水超采的严控措施？

答：严控地下水超采。在地面沉降、地裂缝、岩溶塌陷等地质灾害易发区开发利用地下水，应进行地质灾害危险性评估。严格控制开采深层承压水，地热水、矿泉水开发应严格实行取水许可和采矿许可。依法规范机井建设管理，排查登记已建机井，未经批准的和公共供水管网覆盖范围内的自备水井，一律予以关闭。编制地面沉降区、海水入侵区等区域地下水压采方案。开展华北地下水超采区综合治理，超采区内禁止工农业生产及服务业新增取用地下水。京津冀区域实施土地整治、农业开发、扶贫等农业基础设施项目，不得以配套打井为条件。2017 年底前，完成地下水禁采区、限采区和地面沉降控制区范围划定工作，京津冀、长三角、珠三角等区域提前一年完成（水利部、国土资源部牵头，国家发展改革委、工业和信息化部、财政部、住房城乡建设部、农业部等参与）。

问：地下水按开发利用程度分类？

答：《地下水监测工程技术规范》GB/T 51040—2014。

3.1.2 按照地下水开发利用程度，各地下水基本类型区应划分为弱、中等、强三类开发利用程度分区。

3.1.2 条文说明：地下水开发利用程度指地下水总开采量与相应区域地下水可开采

量之比，大于或等于70％为强；30％～70％为中等；小于或等于30％为弱。

问：地下水按开采系数分级？

答：地下水开发利用程度用开采系数（K_c）表示，即开采量与可开采量之比。地下水开发利用程度可划分为4级：

1. 弱开采区：$K_c \leqslant 0.3$；

2. 中等开采区：$K_c = 0.3 \sim 0.7$；

3. 强开采区：$K_c = 0.7 \sim 1.0$；

4. 超采区：$K_c > 1.0$。

问：地下水监测站分类？

答：《地下水监测工程技术规范》GB/T 51040—2014。

3.2.1 地下水监测站应按地下水监测目的分为基本监测站、统测站（为水位统测设立的监测站）和实验站（为不同试验项目的监测站）。

基本监测站可分为水位基本监测站、开采量基本监测站、泉流量基本监测站、水质基本监测站和水温基本监测站。

3.2.2 水位基本监测站和水质基本监测站可按管理级别分为国家级监测站、省级重点监测站和普通基本监测站。

问：再生水回灌地下再利用的要求？

答：《城市污水再生利用 地下水回灌水质》GB/T 19772—2005。

本标准规定了利用城市污水再生水进行地下水回灌时应控制的项目及其限值、取样与监测。

本标准适用于以城市污水再生水为水源，在各级地下水饮用水源保护区外，以非饮用为目的，采用地表回灌和井灌的方式进行地下水回灌。

3.3 地下水回灌：指一种有计划地将地表水、城市污水再生水在内的任何水源，通过井孔、沟、渠、塘等水工构筑物从地面渗入或注入地下补给地下水，增加地下水资源的技术措施。

3.4 地表回灌：指在透水性较好的土层上修建沟、渠、塘等蓄水构筑物，利用这些设施，使水通过包气带渗入含水层，利用水的自重进行回灌，一般包括田间入渗回灌、沟渠河网入渗回灌以及坑塘入渗回灌等。

3.5 井灌：指通过回灌井将水注入地下含水层的回灌方式。

4.1 利用城市污水再生水进行地下水回灌，应根据回灌区水文地质条件确定回灌方式。回灌时，其回灌区入水口的水质控制项目分为基本控制项目和选择控制项目两类。

4.3 回灌水在被抽取利用前，应在地下停留足够的时间，以进一步杀灭病原微生物，保证卫生安全。

4.3.1 采用地表回灌的方式进行回灌，回灌水在被抽取利用前，应在地下停留6个月以上。

4.3.2 采用井灌的方式进行回灌，回灌水在被抽取利用前，应在地下停留12个月以上。

5.1.4 供水水源采用地表水时的设计枯水流量年保证率和设计枯水位的保证率应符合现行国家标准《城镇给水排水技术规范》GB 50788的有关规定。

注：镇的设计枯水流量保证率，可根据具体情况适当降低。

问：地表水设计枯水流量年保证率和设计枯水位的保证率？

答：《城镇给水排水技术规范》GB 50788—2012。

3.2.4　当水源为地表水时，设计枯水流量保证率和设计枯水位保证率不应低于90%。

3.2.4　条文说明：水源选择地表水时，取水保证率要根据供水工程规模、性质及水源条件确定，即重要的工程且水资源较丰富地区取高保证率，干旱地区及山区枯水季节径流量很小的地区可采用低保证率，但不得低于90%。

问：各类城市供水水源保证率？

答：《城市给水工程项目建设标准》建标120—2009。

第八条条文说明：建设部供水规划的技术进步目标中规定，城市供水水源保证率一般应为90%～97%。根据城市规模、性质、水资源条件的不同，城市供水保证率划分如下：

一是直辖市、省会城市、副省级城市、重点文物保护城市以及国家风景名胜旅游城市，供水保证率应达到95%～97%；

二是其他城市可相对低一些，一般应达到95%，但不能低于90%；

三是在水资源较为丰富的地区，水资源保证率不应小于95%；水资源较为贫乏的地区，可视水源条件适当放宽，但不能低于90%。

5.1.5　备用水源或应急水源的选择与构建应结合当地水资源状况、常用水源特点以及备用或应急水源的用途，经技术经济比较后确定。

问：对备用水源或应急水源的要求？

答：1. 备用水源主要是应对极端气候条件或因常用水源相对单一、安全性偏低所引起的取水不足问题，具有影响时间较长的特点，因此备用水源水质标准不应低于常用水源，可取水量应满足备用供水期间的水量需求，并可结合当地地下水、地表水或行政区划外的邻近区域水源条件以及城市给水系统的连通条件等做综合比较后确定。

2. 应急水源主要是应对水源突发污染或水源设施事故的状况，具有影响时间短的特点。因此在采取应急处理后可满足要求的条件下，应急水源水质标准可适度低于常用水源，可取水量应满足供水期间的水量需求，并结合当地非常用水源或行政区划外的邻近区域水源条件以及与城市给水系统的连通条件做综合比较后确定。

问：确定水源、取水地点和取水量应取得哪些部门同意？

答：《取水许可制度实施办法》。

第一条　为加强水资源管理，节约用水，促进水资源合理开发利用，根据《中华人民共和国水法》，制定本办法。

第二条　本办法所称取水，是指利用水工程或者机械提水设施直接从江河、湖泊或者地下取水。一切取水单位和个人，除本办法第三条、第四条规定的情形外，都应当依照本办法申请取水许可证，并依照规定取水。

前款所称水工程包括闸（不含船闸）、坝、跨河流的引水式水电站、渠道、人工河道、虹吸管等取水、引水工程。

取用自来水厂等供水工程的水，不适用本办法。

第三条　下列少量取水不需要申请取水许可证：

（一）为家庭生活、畜禽饮用取水的；

（二）为农业灌溉少量取水的；

（三）用人力、畜力或者其他方法少量取水的。少量取水的限额由省级人民政府规定。

第四条 下列取水免予申请取水许可证：

（一）为农业抗旱应急必须取水的；

（二）为保障矿井等地下工程施工安全和生产安全必须取水的；

（三）为防御和消除对公共安全或者公共利益的危害必须取水的。

第五条 取水许可应当首先保证城乡居民生活用水，统筹兼顾农业、工业用水和航运、环境保护需要。

省级人民政府在指定的水域或者区域可以根据实际情况规定具体的取水顺序。

第六条 取水许可必须符合江河流域的综合规划、全国和地方的水长期供求计划，遵守经批准的水量分配方案或者协议。

第七条 地下水取水许可不得超过本行政区域地下水年度计划可采总量，并应当符合井点总体布局和取水层位的要求。

地下水年度计划可采总量、井点总体布局和取水层位，由县级以上地方人民政府水行政主管部门会同地质矿产行政主管部门确定；对城市规划区地下水年度计划可采总量、井点总体布局和取水层位，还应当会同城市建设行政主管部门确定。

第八条 在地下水超采区，应当严格控制开采地下水，不得扩大取水。禁止在没有回灌措施的地下水严重超采区取水。

地下水超采区和禁止取水区，由省级以上人民政府水行政主管部门会同地质矿产行政主管部门划定，报同级人民政府批准；涉及城市规划区和城市供水水源的，由省级以上人民政府水行政主管部门会同同级人民政府地质矿产行政主管部门和城市建设行政主管部门划定，报同级人民政府批准。

第九条 国务院水行政主管部门负责全国取水许可制度的组织实施和监督管理。

第十条 新建、改建、扩建的建设项目，需要申请或者重新申请取水许可的，建设单位应当在报送建设项目设计任务书前，向县级以上人民政府水行政主管部门提出取水许可预申请；需要取用城市规划区内地下水的，在向水行政主管部门提出取水许可预申请前，须经城市建设行政主管部门审核同意并签署意见。

水行政主管部门收到建设单位提出的取水许可预申请后，应当会同有关部门审议，提出书面意见。

建设单位在报送建设项目设计任务书时，应当附具水行政主管部门的书面意见。

第十一条 建设项目经批准后，建设单位应当持设计任务书等有关批准文件向县级以上人民政府水行政主管部门提出取水许可申请；需要取用城市规划区内地下水的，应当经城市建设行政主管部门审核同意并签署意见后由水行政主管部门审批，水行政主管部门可以授权城市建设行政主管部门或者其他有关部门审批，具体办法由省、自治区、直辖市人民政府规定。

第十二条 国家、集体、个人兴办水工程或者机械提水设施的，由其主办者提出取水许可申请；联合兴办的，由其协商推举的代表提出取水许可申请。

申请的取水量不得超过已批准的水工程、机械提水设施设计所规定的取水量。

问：申请取水许可应提交的文件？

答：《取水许可制度实施办法》。

第十三条 申请取水许可应当提交下列文件：

（一）取水许可申请书；

（二）取水许可申请所依据的有关文件；

（三）取水许可申请与第三者有利害关系时，第三者的承诺书或者其他文件。

第十四条 取水许可申请书应当包括下列事项：

（一）提出取水许可申请的单位或者个人（以下简称申请人）的名称、姓名、地址；

（二）取水起始时间及期限；

（三）取水目的、取水量、年内各月的用水量、保证率等；

（四）申请理由；

（五）水源及取水地点；

（六）取水方式；

（七）节水措施；

（八）退水地点和退水中所含主要污染物以及污水处理措施；

（九）应当具备的其他事项。

问：地表水水源和地下水水源的卫生防护？

答：《生活饮用水集中式供水单位卫生规范》（卫法监发〔2001〕161号文）。

第十条 地表水水源卫生防护必须遵守下列规定：

一、取水点周围半径100m的水域内，严禁捕捞、网箱养殖、停靠船只、游泳和从事其他可能污染水源的任何活动。

二、取水点上游1000m至下游100m的水域不得排入工业废水和生活污水；其沿岸防护范围内不得堆放废渣，不得设立有毒、有害化学物品仓库、堆栈，不得设立装卸垃圾、粪便和有毒有害化学物品的码头，不得使用工业废水或生活污水灌溉及施用难降解或剧毒的农药，不得排放有毒气体、放射性物质，不得从事放牧等有可能污染该段水域水质的活动。

三、以河流为给水水源的集中式供水，由供水单位及其主管部门会同卫生、环保、水利等部门，根据实际需要，可把取水点上游1000m以外的一定范围河段划为水源保护区，严格控制上游污染物排放量。

四、受潮汐影响的河流，其生活饮用水取水点上下游及其沿岸的水源保护区范围应相应扩大，其范围由供水单位及其主管部门会同卫生环保、水利等部门研究确定。

五、作为生活饮用水水源的水库和湖泊，应根据不同情况，将取水点周围部分水域或整个水域及其沿岸划为水源保护区，并按第一、二项的规定执行。

六、对生活饮用水水源的输水明渠、暗渠，应重点保护，严防污染和水量流失。

第十一条 地下水水源卫生防护必须遵守下列规定：

一、生活饮用水地下水水源保护区、构筑物的防护范围及影响半径的范围，应根据生活饮用水水源地所处的地理位置、水文地质条件、供水的数量、开采方式和污染源的分布，由供水单位及其主管部门会同卫生、环保及规划设计、水文地质等部门研究确定。

二、在单井或井群的影响半径范围内，不得使用工业废水或生活污水灌溉和施用难降解或剧毒的农药，不得修建渗水厕所、渗水坑，不得堆放废渣或铺设污水渠道，并不得从事破坏深层土层的活动。

三、工业废水和生活污水严禁排入渗坑或渗井。

四、人工回灌的水质应符合生活饮用水水质要求。

问：深层土层？

答：深层土层指在工程上对建筑物或构筑物的工程性质没有影响的土层。

5.2 地下水取水构筑物

Ⅰ 一般规定

5.2.1 地下水取水构筑物的位置应根据水文地质条件综合选择确定，并应满足下列条件：

1 位于水质好、不易受污染且可设立水源保护区的富水地段；

2 尽量靠近主要用水地区城市或居民区的上游地段；

3 施工、运行和维护方便；

4 尽量避开地震区、地质灾害区、矿产采空区和建筑物密集区。

问：什么是水文地质条件？

答：《地下水监测工程技术规范》GB/T 51040—2014，2.0.2 水文地质条件：地下水的埋藏、分布、补给、径流和排泄条件，水量和水质及其形成地质条件的总称。

问：地下水取水构筑物的种类？

答：地下水取水构筑物一般分为水平的和垂直的两种类型，有时两种类型也可结合使用。常用的取水构筑物有以下几个类型和种类：

1. 垂直取水构筑物：包括管井、大口井等。按过滤器在含水层中的位置或揭露含水层的程度，又可分为完整井和非完整井。

2. 水平取水构筑物：包括渗渠、集水廊道等。根据渗渠在含水层中的埋设位置，又可分为完整式渗渠和非完整式渗渠。

3. 混合取水构筑物：包括辐射井、坎儿井和大口井与渗渠结合的取水构筑物。

4. 泉室：是收集采取泉水的构筑物。其形式因泉的流量、位置及成因的不同而不同，适用于有泉水露头、流量稳定且覆盖层小于5m的取水设计。

——摘自《给水排水设计手册》P98

问：管井完整井和管井非完整井？

答：管井按过滤器是否贯穿整个含水层，分为完整井和非完整井，示意图见图5.2.1。

5.2.2 地下水取水构筑物形式的选择应根据水文地质条件，通过技术经济比较确定，并应满足下列条件：

1 管井适用于含水层厚度大于4m，底板埋藏深度大于8m；

2 大口井适用于含水层厚度在5m左右，底板埋藏深度小于15m；

3 渗渠仅适用于含水层厚度小于5m，渠底埋藏深度小于6m；

4 泉室适用于有泉水露头、流量稳定，且覆盖层厚度小于5m；

5 复合井适用于地下水位较高、含水层厚度较大或含水层透水性较差的场合。

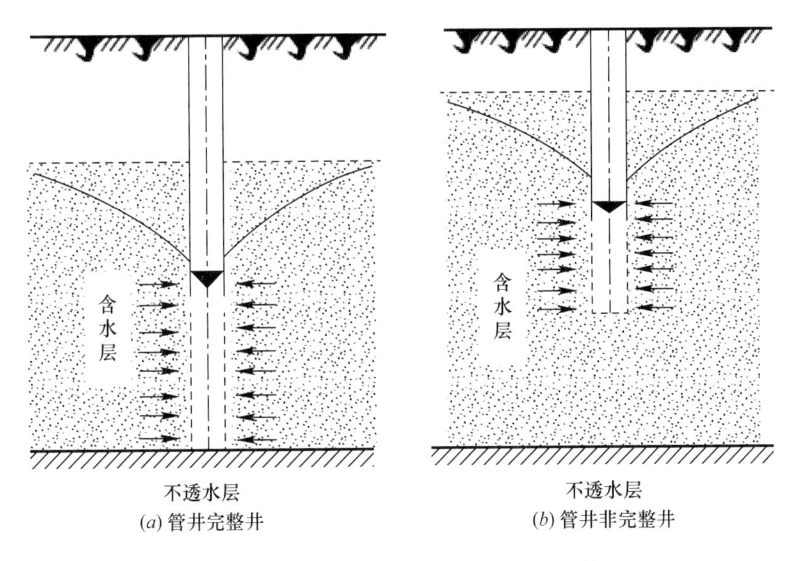

图 5.2.1 管井完整井与管井非完整井

问：管井、大口井、渗渠、泉室、复合井？

答：3.1.36 管井：井管从地面打到含水层抽取地下水的构筑物。

3.1.37 大口井：由人工开挖或沉井法施工，设置井筒，以截取浅层地下水的构筑物。

3.1.38 渗渠：壁上开孔，以集取浅层地下水的水平管渠。

3.1.39 泉室：集取泉水的构筑物。

2.0.1 复合井：由非完整式大口井和井底下设置一根至数根管井过滤器所组成的地下水取水构筑物。

5.2.3 地下水取水构筑物的设计应符合下列规定：

1 应有防止地面污水和非取水层水渗入的措施；

2 在取水构筑物周围的水源保护区范围内应设置警示标志；

3 过滤器有良好的进水条件，结构坚固，抗腐蚀性强，不易堵塞；

4 大口井、渗渠和泉室应有通风设施。

问：地下水的分类？

答：地下水指埋藏于地表以下的各种形式的重力水。

1. 按地下水的埋藏条件可分为：包气带水、潜水、承压水。

2. 按含水岩土中的空隙成因可分为：孔隙水、裂隙水和岩溶水。

地下水的天然露头构成了泉水。

问：地下水开采顺序？

答：地下水应按以下顺序开采：①泉水；②岩溶水；③裂隙水；④潜水；⑤深层地下水和承压水。

——摘自《给水排水设计手册》P96

问：各类水的术语？

答：《岩土工程基本术语标准》GB/T 50279—2014。

3.3 水文地质

1. 地表水：存在于地壳表面、暴露于大气的水，是河流、冰川、湖泊、沼泽四种水体的总称，亦称“陆地水”。

2. 地下水：储存在地面以下岩石和土孔隙、裂隙及溶洞中的水。

3. 上层滞水：包气带中局部隔水层上积聚的重力水。

4. 潜水：地面下第一个稳定隔水层以上饱水带中具有自由水面的地下水。

5. 承压水：充满在上下两个隔水层之间的含水层中，测压水位高出其顶板的地下水。

6. 层间水：存在于上下两个隔水层之间的含水层中，无压或有压的地下水。

7. 岩溶水：赋存在可溶性岩的溶蚀裂隙和溶洞中的地下水。

8. 裂隙水：赋存于岩体裂隙中的地下水。

9. 孔隙水：土体孔隙中储存和运行的水。

10. 自由水：存在于土粒表面电场影响以外的水。

11. 重力水：在重力作用下，能够在孔隙中自由运动并对土粒有浮力作用的水。

12. 毛细管水：由于水的表面张力，土体中受毛细管作用保持在自由水面以上并承受负孔隙水压力的水。

13. 吸着水：受黏土矿物表面静电引力和分子引力作用而被吸附在土粒表面的水。

14. 含水层：赋存地下水并具有导水性能，能够透过并给出一定水量的地层。

15. 不透水层：地下水渗透率小到可以忽略不计的地层，又称隔水层、阻水层。

Ⅱ 管 井

5.2.4 从补给水源充足、透水性良好且厚度在 40m 以上的中、粗砂及砾石含水层中取水。经分段或分层抽水试验并通过技术经济比较，可采用分段取水。

问：可分段或分层取水的含水层？

答：《管井技术规范》GB 50296—2014。

4.1.5 大厚度含水层或多层含水层，且地下水补给充足地区，可分段或分层布置取水井组。

4.1.5 条文说明：大厚度含水层，一般指含水层厚度超过 40m 以上的含水层。分段厚度通过 1982 年在兰州市的供水水源地（马滩、雁伏滩、崔家滩、迎门滩）的试验得出，对大厚度单一含水层，应根据抽水设备能力划分，段长一般为 30m 左右。岩溶地区应根据岩溶发育的垂直分带规律划分，段长一般为强含水带的厚度，至少大于强含水带厚度的 2/3。

问：分段取水井组布置？

答：分段取水井组布置参数见表 5.2.4，井组布置示意图见图 5.2.4。井组的排列应沿地下水的流向。过滤器的设置深度应在动水位（无压水）或隔水层顶板（承压水）以下 1.5m～2.0m。大厚度含水层出水量计算目前尚无完善的算法，生产中以抽水试验法确定开采量比较可靠。

分段取水井组布置参数 **表 5.2.4**

含水层厚度（m）	布置参数			
	管井数（个）	滤水管长（m）	水平间距 r_x(m)	垂直间距 α(m)
40～60	2	20～30	5～10	>5
60～100	2～3	20～25	5～10	≥5
>100	3	20～25	5～10	≥5

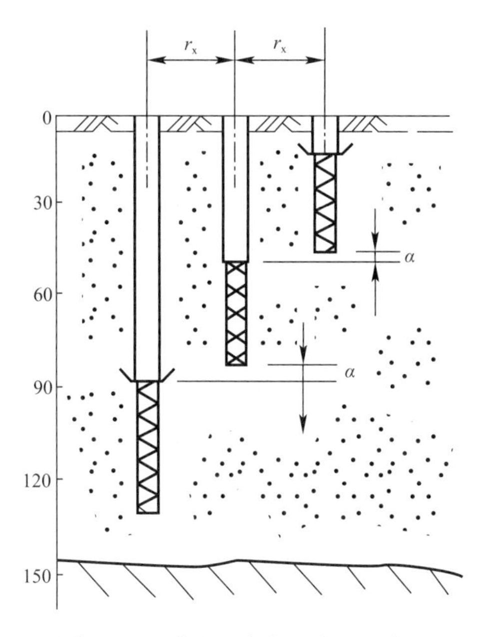

图 5.2.4　分段取水井组布置示意图

问：含水层透水性良好的条件？

答：含水层透水性良好指含水层渗透系数 $K>20$m/d。

问：管井按深度的划分？

答：河北省 2000 年全省共有配套机井 855876 口，其中浅井（一般指深度小于 150m 的井）754388 口，深井（一般指深度大于 150m 的井）101488 口。

——张宗祜，李烈荣. 中国地下水资源（河北卷）[M]. 北京：中国地图出版社，2005.

问：地源热泵系统？

答：《管井技术规范》GB 50296—2014。

2.1.4　热源管井：在地下水地源热泵系统中，用于从地下含水层中取水或向含水层灌注回水的管井。

3.0.7　热源管井设计前，应对项目采用地下水地源热泵系统进行适宜性分析。

3.0.7　条文说明：地下水地源热泵系统是一种利用地下浅层地热资源，既可供热又可制冷的高效节能空调系统，它以地下水作为能量载体，通过压缩系统实现建筑物与含水层间的能量转移，达到建筑物制冷、供暖的目的，抽出的地下水在接收热量或释放热量后回灌进原含水层，形成一个完整的水循环系统。通过定性分析和类比方法，选取含水层岩性、分布、埋深、厚度、富水性、渗透性、地下水温、水质；分析水位动态变化、水源地保护、地质灾害等因素，同时考虑地方政策允许利用地下水，对地下水地源热泵系统应用的适宜性进行分析。该分析有益于系统的长期、稳定、有效运行，避免地热资源浪费和投资损失。

5.2.5　管井的结构、过滤器的设计，应符合现行国家标准《管井技术规范》GB 50296 的有关规定。

问：管井结构图？

答：管井构造图见图 5.2.5。

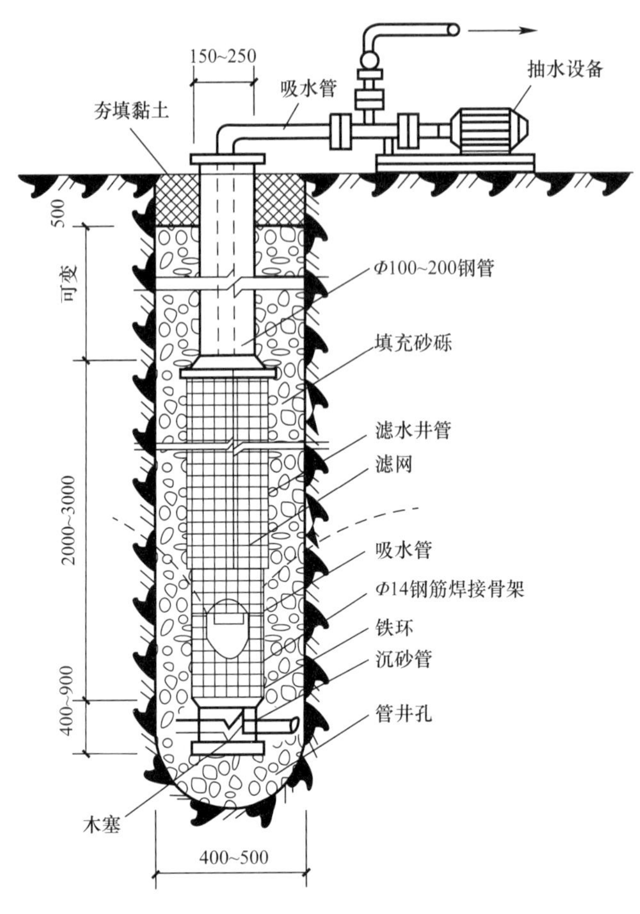

图 5.2.5　管井构造图

问：管井结构、过滤器的设计？

答：《管井技术规范》GB 50296—2014。

2.1.9　井身结构：井径、井段和井深的总称。

2.1.17　过滤管：过滤器的骨架管。单独使用时，亦称过滤器。

2.1.19　过滤器：管井中起滤水、挡砂和护壁作用的装置。

2.1.18　沉淀管：井管底部用以沉积井内砂粒和沉淀物的无孔管。

2.1.20　非填砾过滤器：不填充人工滤料的过滤器。

2.1.21　填砾过滤器：过滤管外周围充填某种规格滤料的过滤器。

5.1.4　管井结构设计应包括井身结构设计、过滤器结构设计和井管配置。

5.1.5　井身结构设计应包括下列内容：

1　不同深度井段的长度及变径位置；

2　开口井径；

3　安泵段井径；

4　开采段井径；

5　终止井径；

6　封闭位置及材料；

7　井的附属设施。

5.1.6　井管配置应包括下列内容：

1　与井身设计相匹配的井管长度和井管管径；

2　合理选择不同用途、不同材质和不同管径的井管；

3　取水目的层中过滤管的配置应与所设计的过滤器类型相适应。

5.1.7　过滤器设计应包括下列内容：

1　过滤器的类型及结构；

2　当为非填砾过滤器时，过滤管的材质、规格、长度和下置位置；

3　当为填砾过滤器时，除应包括本条第2款的内容外，还应有滤料的材质、规格、充填位置和厚度等内容。

问：管井过滤器的分类？

答：《管井技术规范》GB 50296—2014。

5.1.7　条文说明：过滤器按其结构划分，大致可分为三种类型：即骨架过滤器、缠丝（包网）过滤器、填砾过滤器。其中前两种过滤器又称非填砾过滤器。

（1）骨架过滤器是在井管上穿有各种形状（如圆孔、条孔、桥式）的孔或缝隙，其骨架兼有支撑和过滤的作用，因其只有一个过水断面，也就只有一个孔隙率。

（2）缠丝（包网）过滤器。有支撑骨架和在支撑骨架外作为过滤面的缠丝和包网。缠丝或包网过滤器的支撑骨架一般都是穿孔管，在穿孔管与缠丝或包网之间有纵向垫筋相隔，互不接触，所以是两个过水断面，因而有两个孔隙率。

（3）填砾过滤器是由人工填砾构成。与含水层接触的过滤面的孔隙率即为填砾层的孔隙度。填砾过滤器的骨架部分为骨架过滤器和缠丝过滤器或包网过滤器中的任一种。由于作为支撑骨架的过滤器本身有一个或两个孔隙率，所以填砾过滤器有两个或三个过滤面，就存在两种或三种孔隙率。贴砾过滤器和笼状过滤器是其特例。

问：管井过滤器的选择？

答：供水管井过滤器类型选择，应根据含水层的性质按表5.2.5采用。

供水管井过滤器类型选择　　表5.2.5

含水层性质		适宜的过滤器类型
岩体	裂隙、溶洞有充填	非填砾过滤器、填砾过滤器
	裂隙、溶洞无充填	非填砾过滤器或不安装过滤器
碎石土类	d_{20}<2mm	填砾过滤器
	d_{20}≥2mm	非填砾过滤器
砂土类	砾砂、粗砂、中砂	填砾过滤器
	细砂、粉砂	填砾过滤器、双层填砾过滤器

注：1. 供水管井不宜采用包网过滤器，不得包棕皮。
2. 有条件时，宜采用桥式过滤器（管）。
3. 填砾过滤器不包括贴砾过滤器。
4. 本表摘自《管井技术规范》GB 50296—2014，表5.4.7。

问：管井过滤器长度的选择？

答：《管井技术规范》GB 50296—2014。

5.4.10　供水管井过滤器长度的确定应符合下列规定：

1 均质含水层中，过滤器长度应符合下列规定：

1）含水层厚度小于30m时，宜取含水层厚度或设计动水位以下含水层厚度；

2）含水层厚度大于30m时，可采取分段取水方案，布置在不同取水深度的管井，其单井过滤器长度不宜大于30m。

2 非均质含水层中，过滤器应安置在主要含水层部位，其长度应符合下列规定：

1）层状非均质含水层，过滤器累计长度宜为30m；

2）裂隙、溶洞含水层，过滤器累计长度宜为30m～50m。

3 过滤器的长度应按设计动水位以下计算。

问：为什么规定管井过滤器长度？

答：《管井技术规范》GB 50296—2014。

5.4.10 条文说明：据试验和对比资料表明，过滤器长度在一定范围内，管井出水量随过滤器的增加而增大，当过滤器长度增大超过某一阈值后，出水量增大的比例却很小，甚至毫无实际意义，经统计这个阈值为20m～30m。一般将这个阈值称为“过滤器有效长度”，也即占管井出水量90％～95％的过滤器长度。

含水层厚度大于30m，特别是对于含水层很大的所谓“大厚度含水层”，为了充分利用含水层，可根据实际情况考虑采取分段取水方案。

非均质含水层中过滤器的设计，一是层状非均质含水层，可概化为均质含水层，按均质含水层设计过滤器长度；二是裂隙、溶洞含水层，可适当加长过滤器长度。过滤器累计长度宜为30m～50m，且应安置在主要含水层部位。

问：管井出水中含砂量规定？

答：《供水管井技术规范》GB 50296—2014。

7.6.10 抽水试验结束前，应对抽出井水的含砂量进行测定。供水管井含砂量的体积比应小于1/200000。降水管井含砂量的体积比应小于1/100000。

7.6.10 条文说明：本条为强制性条文。管井出水含砂量的大小直接关系到井的正常运行、使用寿命和地面变形。我国许多地区的管井，特别是松散层地区的管井，因井水含砂量过高，导致抽水设备损坏、泵房地基下沉，井管弯曲以至断裂，基坑周边地面严重变形的现象频频发生。因此，本条根据管井的用途、使用寿命、环境条件等对管井出水的含砂量作了明确规定。在管井设计和施工中，控制井水含砂量在允许范围内是保证管井质量的关键之一。

据对新井抽水的观察，管井出水含砂量的变化是有一定规律的。开始一段时间内，含砂量较高且有一个最大值，称为峰值，随着抽水继续，含砂量逐渐减少，但含砂量变化较大，称为波动值，最后，井水含砂量趋于一个稳定的数值，称为稳定值，亦是最小值。这就是井水含砂量特征曲线。

制订井水含砂标准要明确：

（1）对于井水含砂量特征曲线是把“峰值”作为标准还是把“稳定值”作为标准，必须有明确规定。“波动值”由于数据的变化是不能作为标准的。

（2）管井抽水流量对井水含砂量有直接影响，管井抽水流量越大，井壁进水流速也越大，则带入的砂也越多。反之亦然。因此，在测定井水含砂量时，应明确要求流量大小和时间，以避免不同流量测得不同的含砂量。这对洗井不彻底或地层的反滤层未形成的管井，尤为适用。

(3) 吸水管口在井中放入不同位置，会影响含水层垂直方向上进水的不均匀分布，进而也影响到含砂量。这对层状不均匀含水层中的管井更是如此。规范中有关条文已规定，对中、深管井要求吸水管口放置在过滤器上部的井壁管内，以减少这种不均匀性分布带来含砂量的变化。事实上，我国管井的实际情况也是如此。

本条规定了井水含砂量的标准。该规定在条文中明确了两点：一是含砂量测定的时间和流量。所谓“抽水试验结束前”测定，即要求在稳定的出水流量下测出井水含砂量的稳定值，且该水量在本规范第7.6.8条规定为“试验出水量不宜小于管井的设计出水量”。二是供水管井井水含砂量应小于1/200000（体积比），是原规范修订组调研的结果，并经十多年的工程实践证明是可行的、合适的。三是降水管井井水含砂量应小于1/100000（体积比），是本次修订时，搜集、分析国内相关规定和有关文献资料，并结合工程统计资料确定的，是合适的。根据降水管井的用途、使用寿命和环境条件，该指标严于现行国家标准《供水水文地质勘察规范》GB 50027的规定，而宽于供水管井的要求。本条规定与本规范第6.2.3条和第6.3.5条规定的井壁允许进水流速是相匹配的。

本条还明确了含砂量的数量是体积比。关于含砂量数值的计算有体积比和重量比，二者数值之差是重量比约为体积比的两倍。美国一般规定井水含砂量为重量比，但现场实测时仍是测定其体积比。英霍夫取样锥是测量井水含砂量体积比的专用容器，测量后再换算为重量比。就我国习惯做法，在现场测定含砂量为体积比，无需再换算或称重计算，简便易行。因此，本条规定为体积比。

水中存在悬浮物使水浑浊，由浑浊度衡量，详见现行国家标准《地下水质量标准》GB/T 14848。它与井水含砂量是不同的两个概念。有的管井建设单位苛求水的“水清砂净”，把测定的井水含砂量水样以离心法将水中的悬浮物沉淀一并算作含砂量。这显然是由于概念不清而发生的误解。若是地下水中存在悬浮物，从管井过滤器设计和管井施工技术中是无法排除的。因此水中悬浮物的含量不应作为含砂量计算。

5.2.6 管井井口应加设套管，并填入优质黏土或水泥浆等不透水材料封闭。封闭厚度应根据当地水文地质条件确定，一般应自地面算起向下不小于5m。当井上直接有建筑物时，应自基础底起算。

问：供水管井的封闭要求？

答：《管井技术规范》GB 50296—2014。

7.5.6 供水管井的封闭应符合下列规定：

1 应准确掌握隔水层的深度及厚度，并应确定封闭位置；

2 井管外围用黏土封闭时，应选用优质黏土做成球（块）状，大小宜为20mm～30mm，并应在半干状态下缓慢填入；

3 井管外围用水泥封闭的方法应根据地层岩性、地下水水质、管井结构和钻进方法等因素确定；

4 井口管外围应封闭，四周地面应以井管为中心向四周倾斜；

5 井管封闭后应检查效果，当未达到要求时，应重新进行封闭；

6 为井管外围中段地层封闭时，封闭位置应准确确定，上、下偏差不得超过300mm，并应在封闭段上、下各加2m～5m的封闭余量。

7.5.6 条文说明：管井应把被污染或可能被污染的含水层，或不良水质的岩土层进行封闭。供水管井的封闭是永久性的。因此，封闭的材料应选用能永久性隔水的材料。一般在松散层中的管井，多用黏土封闭。基岩中的管井多用水泥封闭，但也有用黏土封闭的。在松散层中的管井用水泥封闭，要避免水泥固结时体积的变化，有时会在水泥和井壁间产生缝隙，从而导致封闭失效的可能。

根据需要，封闭可以在井管下置后进行，也可在钻进过程中进行。本条对此没有具体划分，但其技术要求是一致的。封闭的目的是为了分层止水和阻止地表水下渗。

管井封闭的目的有二：一是加固井管，二是阻隔不良水质水（包括非开采含水层水）的进入和取水层地下水进入其他含水层或透水层。有时两种目的同时兼有。阻隔非开采含水层的要求常由用户或水资源管理部门提出。

5.2.7 采用管井取水时应设至少 1 口备用井，备用井的数量宜按 10%～20%的设计水量所需井数确定。

问：管井备用井数量的规定？

答：据调查，各地对管井水源备用井的数量意见较多，普遍认为 10%备用率的数值偏低，认为井泵检修和事故较频繁，每次检修时间较长，10%的备用率显得不足。因此，对备用井的数量规定为 10%～20%，并提出不少于 1 口井的规定。

《管井技术规范》GB 50296—2014。

6.1.5 管井井群设计时，应设置备用管井。备用管井的数量宜按设计总出水量的 10%～20%确定，且应至少设置一口。

管井应有备用井，其数量按生产井数 10%～20%不使用时，仍能满足设计水量为准，但至少有一口备用井。

——严煦世，范瑾初. 给水工程（第四版）[M]. 北京：中国建筑工业出版社，2011.

问：管井出水量计算？

答：《管井技术规范》GB 50296—2014。

附录 A 管井出水量计算

A.0.1 管井出水量应根据当地水文地质条件和抽水试验成果，选择水文地质计算公式，并应计算管井在设计降深下的出水量。地下水向完整井的稳定流计算可采用下列公式：

1 承压水完整井：

$$Q=\frac{2.73KMS}{\lg R-\lg r_{\mathrm{w}}}$$

2 潜水完整井：

$$Q=\frac{1.366K(2H-S)S}{\lg R-\lg r_{\mathrm{w}}}$$

式中 K——渗透系数（m/d）；

Q——管井出水量（m^3/d）；

S——水位下降值（m）；

M——承压水含水层的厚度（m）；

H——自然条件下潜水含水层的厚度（m）；

R——影响半径（m）；

r_{w}——抽水井过滤器外面层的半径（m）。

A.0.2 布置井群开采地下水时，确定管井流量时的设计降深应进行群井开采干扰下的降深验算，其最大降深应满足使用要求，并应符合下列规定：

1 有补给源的含水层，且抽水后补给量与抽水量平衡，达到稳定状态时，可采用下列稳定流干扰井群计算公式：

1）承压含水层干扰井稳定流降深可按下式计算：

$$s_j = \frac{1}{2\pi KM}\sum_{i=1}^{n}\left(Q_i \ln \frac{R_i}{r_{ij}}\right)$$

2）潜水完整干扰井稳定流降深可按下式计算：

$$s_j = H - \sqrt{H^2 - \frac{1}{\pi K}\sum_{i=1}^{n}\left(Q_j \ln \frac{R_i}{r_{ij}}\right)}$$

式中 Q_i——第 i 眼井的出水量（m^3/d）；

s_j——第 i 眼井抽水时对第 j 眼井或基坑内任意 j 点的干扰水位下降值（m）；

R_i——第 i 眼抽水井影响半径（m）；

r_{ij}——第 i 眼抽水井到第 j 眼抽水井的距离（m）。

2 在无限分布均质各向同性无越流条件下，非稳定流干扰井可采用下列公式计算：

1）承压水非稳定流干扰井可按下列公式计算：

$$S_j = \frac{1}{4\pi T}\sum_{i=1}^{n} Q_i W\left(\frac{{r_i}^2}{4a\,t_i}\right)$$

或

$$S_j = \frac{1}{4\pi T}\sum_{i=1}^{n} Q_i \ln\left(\frac{2.25a\,t_i}{{r_i}^2}\right)(u_i < 0.01\text{时})$$

2）潜水含水层中按任意方式布井的干扰井可按下列公式计算：

$$H^2 - h^2 = \frac{1}{2\pi K}\sum_{i=1}^{n} Q_i W\left(\frac{{r_i}^2}{4a\,t_i}\right)$$

或

$$H^2 - h^2 = \frac{1}{2\pi K}\sum_{i=1}^{n} Q_i \ln\left(\frac{2.25a\,t_i}{{r_i}^2}\right)\quad(u_i < 0.01\text{时})$$

式中 h——潜水含水层在抽水时的厚度（m）；

r_i——到第 i 眼抽水井的距离（m）；

T——导水系数（m^2/d）；

α——压力传导系数（m^2/d）；

t_i——抽水时间（d）。

问：井群布置的影响因素？

答：井群布置的影响因素：

1. 井群布置：当在同一地区的同一含水层中布置井群抽取地下水且各井共同工作时，由于井间距较小，水力联系密切而相互干扰，这样干扰条件下工作的水井称为干扰井群。由于井群干扰影响，实际上处于井群干扰下的井流较难达到稳定状态。井群干扰程度的大小主要受含水层性质、补给条件、排泄条件、水井数量、井间距、距补给和排泄边界的距离、平面上的位置及井的结构等因素影响。

2. 井间距离通常可按影响半径的两倍计算，个别情况下，井群占地有限制时，一般可按相互干扰使单井出水量减少不超过 25%～30%进行计算。

《管井技术规范》GB 50296—2014，第 4.1.1 条 3 款：井群布置应合理，对第四系松散含水层，单井出水量减少系数（干扰系数）不应超过 20%。

问：井群的水源保护区范围的概念模型、抽水井的水源开采影响区的概念模型？

答：井群的水源保护区范围概念模型见图 5.2.7-1；抽水井的水源开采影响区概念模型见图 5.2.7-2。

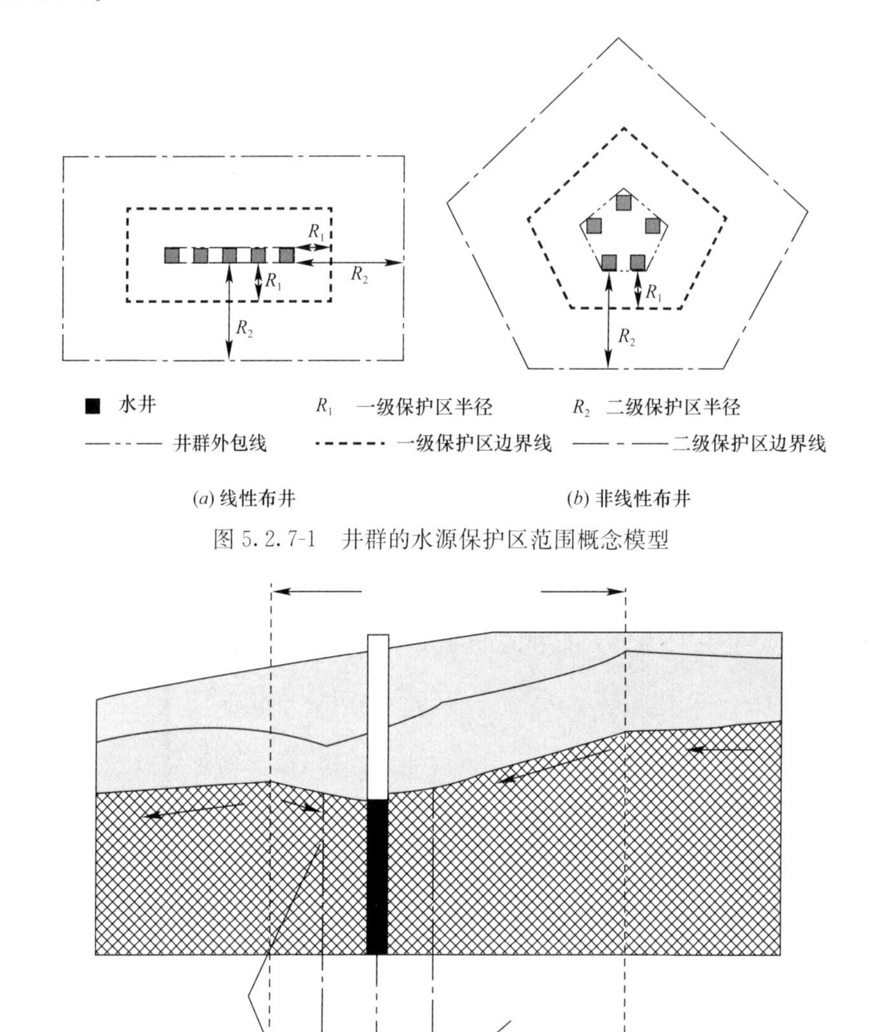

图 5.2.7-1　井群的水源保护区范围概念模型

地下水水位

100d的迁移距离

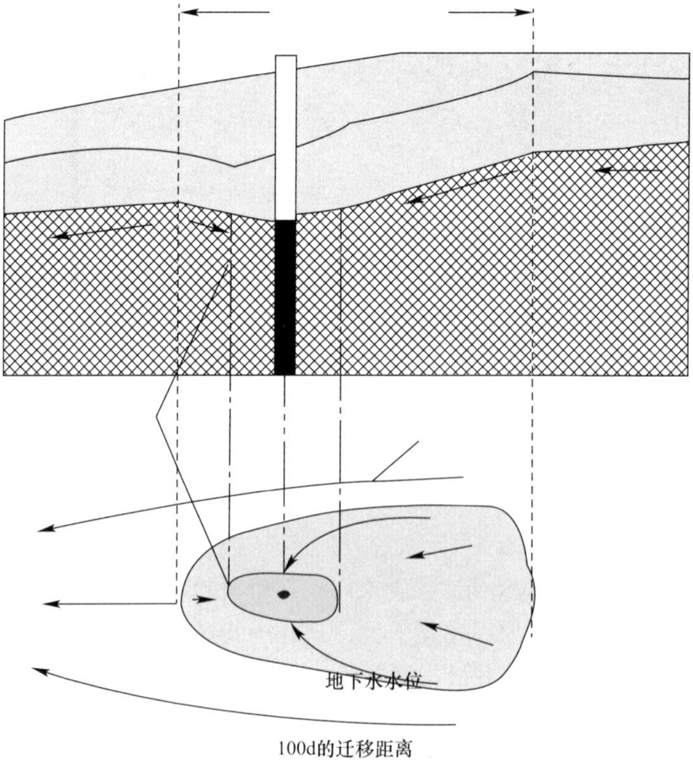

图 5.2.7-2　抽水井的水源开采影响区概念模型

Ⅲ 大 口 井

5.2.8 大口井的深度不宜大于15m。大口井的直径应根据设计水量、抽水设备布置和便于施工等因素确定，但不宜大于10m。

问：大口井施工方法？

答：大口井施工方法有大开槽法和沉井法。

1. 大开槽法：在开挖的基槽中，进行井筒砌筑或浇筑以及铺设反滤层等工作。大开槽法施工的优点是：可以直接采用当地材料（砖、石），便于井底反滤层施工，且可在井壁外围填反滤层，改善进水条件。但此法施工土方量大，施工排水费用高。一般情况有，此法只适用于建造小口径（$D<4$m）、深度浅（$H<9$m）或地质条件不宜采用沉井法施工的大口井。

2. 沉井法：在井位处先开挖基坑，然后在基坑上浇筑带有刃脚的井筒。待井筒达到一定强度后，即可在井筒内挖土。这时井筒靠自重切土下沉。随着井内继续挖土，井筒不断下沉，直至设计标高。如果下沉至一定深度时，由于摩擦力增加而下沉困难时，可外加荷载，克服摩擦力，使井下沉。

沉井法施工的优点是：土方量少；排水费用低；施工安全；对含水层扰动程度轻；对周围建筑物影响小。因此，在地质条件允许时，应尽量采用沉井法施工。

5.2.9 大口井应根据当地水文地质条件，确定采用井底进水、井底井壁同时进水或井壁加辐射管等进水方式。

问：大口井的进水方式？

答：据调查，辽宁、山东、黑龙江等地多采用井底进水的非完整井，运转多年，效果良好。铁道部某设计院曾对东北、华北铁路系统的63个大口井进行调查，其中60口为井底进水。

另据调查，一些地区井壁进水的大口井堵塞严重。例如：甘肃某水源的大口井只有井壁进水，投产2年后，80%的进水孔已被堵塞。辽宁某水源的大口井只有井壁进水，也堵塞严重。而同地另一水源的大口井采用井底进水，经多年运转，效果良好。河南某水源的大口井均为井底井壁同时进水的非完整井，井壁进水孔已有70%被堵塞，其余30%进水孔进水也不均匀，水量不大，主要靠井底进水。

上述运行经验表明，有条件时大口井宜采用井底进水。

5.2.10 大口井井底反滤层宜设计成凹弧形。反滤层可设3层～4层，每层厚度宜为200mm～300mm。与含水层相邻一层的反滤层滤料粒径可按下式计算：

$$d/d_i = 6 \sim 8 \tag{5.2.10}$$

式中 d——反滤层滤料的粒径；

d_i——含水层颗粒的计算粒径；当含水层为细砂或粉砂时，$d_i=d_{40}$；为中砂时，$d_i=d_{30}$；为粗砂时，$d_i=d_{20}$；为砾石或卵石时，$d_i=d_{10}\sim d_{15}$（d_{40}、d_{30}、d_{20}、d_{15}、d_{10}分别为含水层颗粒过筛重量累计百分比为40%、30%、20%、15%、10%时的颗粒粒径）。两相邻反滤层的粒径比宜为2～4。

问：大口井井底反滤层图示？

答：2.0.2 反滤层：在大口井或渗渠进水处铺设的粒径沿水流方向由细到粗的级配砂砾层。

大口井井底反滤层图示见图5.2.10-1。

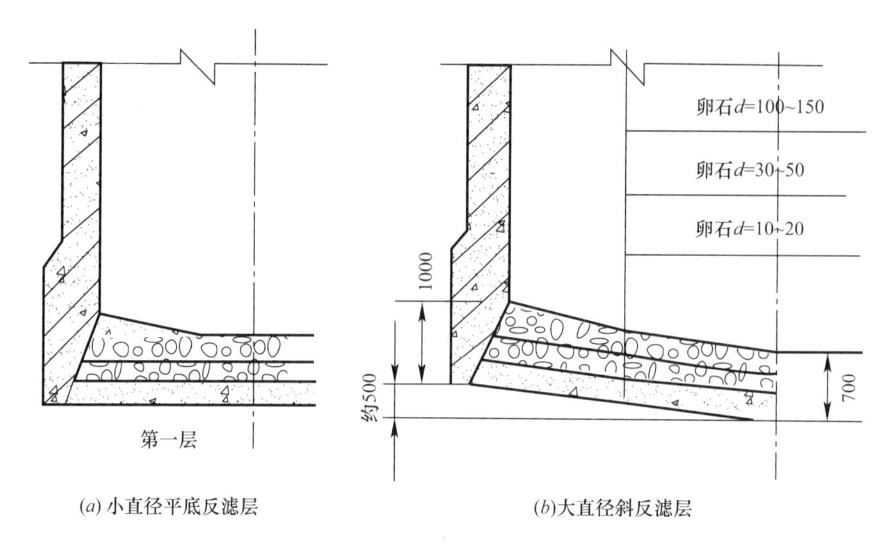

图 5.2.10-1　大口井井底反滤层图示

问：过筛重量累计百分比？

答：过筛重量累计百分比：指漏过某一筛孔后，下面所有筛子上的颗粒重量之和与筛分前含水层颗粒总重的比值。确定计算粒径时，假定含水层颗粒类型唯一，不存在多种颗粒混杂。故细砂比中砂过筛重量累计百分比大，但颗粒粒径却小。如图 5.2.10-2 所示。

图 5.2.10-2　过筛重量累计百分比

5.2.11　大口井井壁进水孔的反滤层可分两层填充，滤料粒径的计算应符合本标准第 5.2.10 条的规定。

问：大口井井壁进水反滤层？

答：大口井井壁进水反滤层图示见图 5.2.11-1；天然反滤层图示见图 5.2.11-2。

5.2.12　无砂混凝土大口井适用于中、粗砂及砾石含水层时，井壁的透水性能、阻砂能力和制作要求等，应通过试验或参照相似条件下的经验确定。

5.2.13　大口井应采取下列防止污染水质的措施：

1　人孔应采用密封的盖板，盖板顶高出地面不得小于 0.5m；

2　井口周围应设不透水的散水坡，宽度宜为 1.5m；在渗透土壤中散水坡下应填厚度不小于 1.5m 的黏土层，或采用其他等效的防渗措施。

问：大口井采取防污染措施的理由？

答：大口井一般设在覆盖层较薄、透水性较好的地段，为了防止雨水和地面污水的直接污染，应采取防止污染水质的措施。

Ⅳ　渗　　渠

5.2.14　渗渠的规模和布置应保证在检修时仍能满足取水要求。

5.2.15　渗渠中管渠的断面尺寸应按下列规定计算确定：

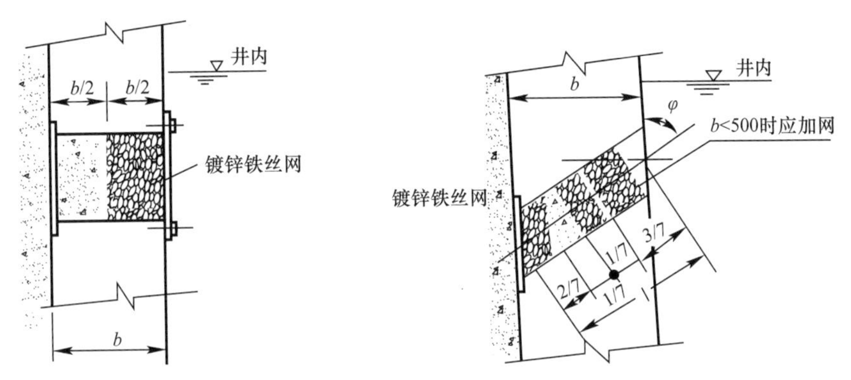

图 5.2.11-1 大口井井壁进水反滤层图示

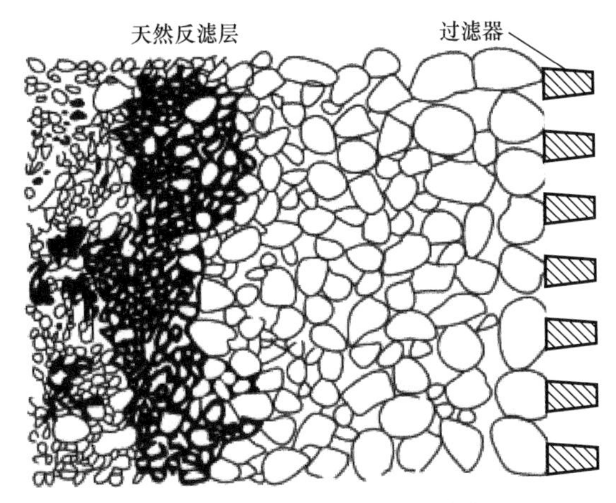

图 5.2.11-2 天然反滤层图示

1 水流速度宜为 0.5m/s～0.8m/s；

2 充满度宜为 0.4～0.8；

3 内径或短边长度不应小于 600mm；

4 管底最小坡度不应小于 0.2%。

5.2.16 水流通过渗渠孔眼的流速，一般不应大于 0.01m/s。

5.2.17 渗渠外侧应做反滤层，层数、厚度和滤料粒径的计算应符合本标准第 5.2.10 条的规定，但最内层滤料的粒径应略大于进水孔孔径。

5.2.18 集取河道表流渗透水的渗渠阻塞系数应根据进水水质并结合使用年限等因素选用。

5.2.19 位于河床及河漫滩的渗渠，反滤层上部应根据河道冲刷情况设置防护措施。

问：渗渠图示？

答：渗渠图示见图 5.2.19-1～图 5.2.19-5；河床下渗渠人工滤层断面见图 5.2.19-6。

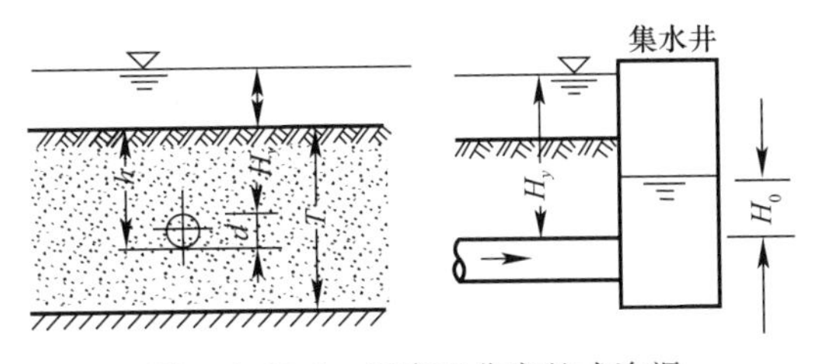

图 5.2.19-1 河床下非完整式渗渠

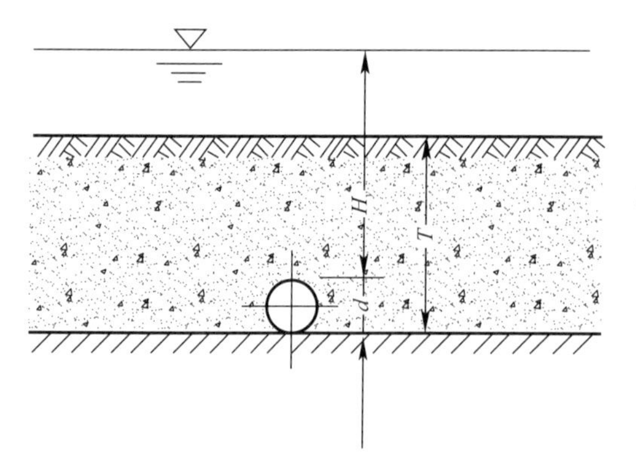

图 5.2.19-2　河床下完整式渗渠

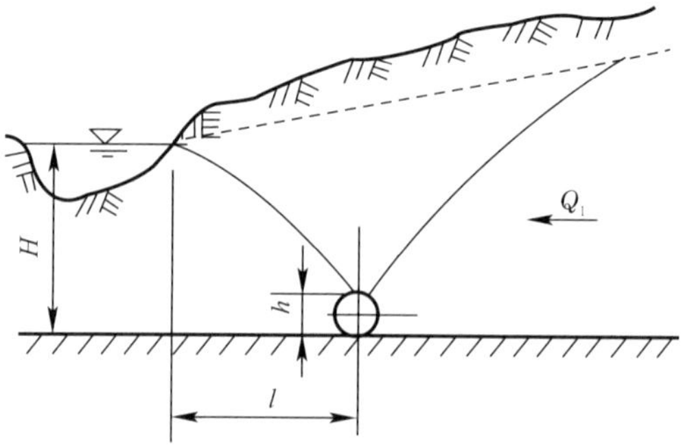

图 5.2.19-3　河滩下完整式渗渠

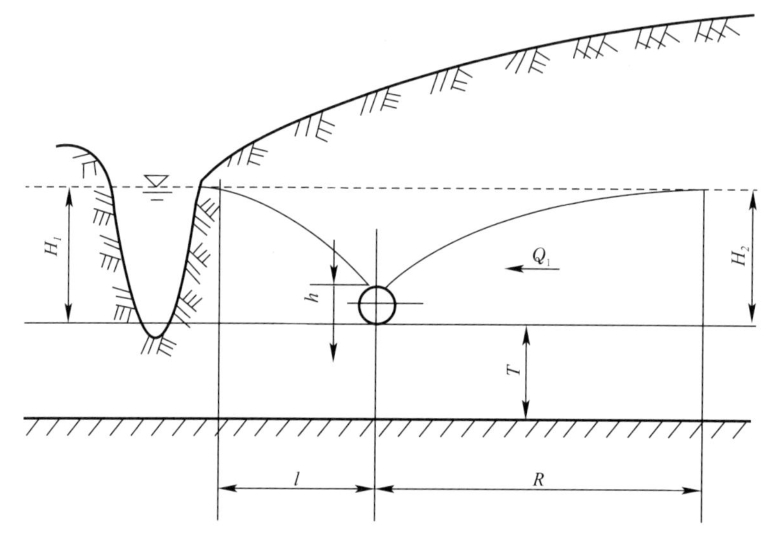

图 5.2.19-4　河滩下非完整式渗渠

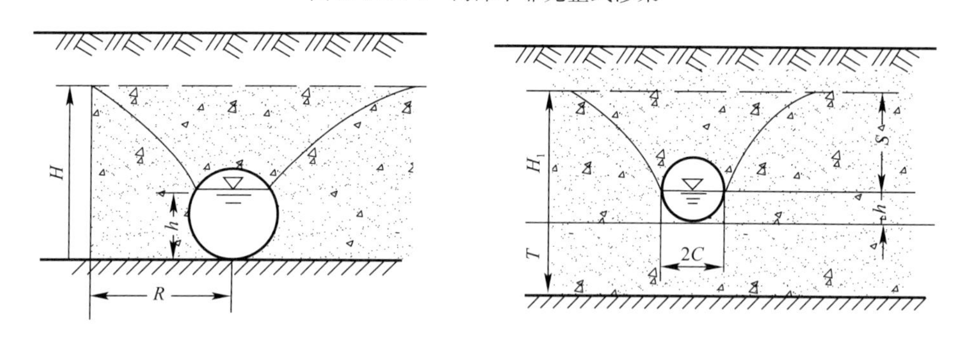

图 5.2.19-5　完整式渗渠与非完整式渗渠

图中：

H_0——吸水井内水位对渗渠出口所施水压（m）；当渗渠内为 100kPa（大气压）时，$H_0=0$，一般采用 $H_0=0.5\text{m}\sim1.0\text{m}$；

H_y——河流水面至渗渠顶深度（m）；

T——含水层厚度（m）；

h——河床至渗渠底的深度（m）；

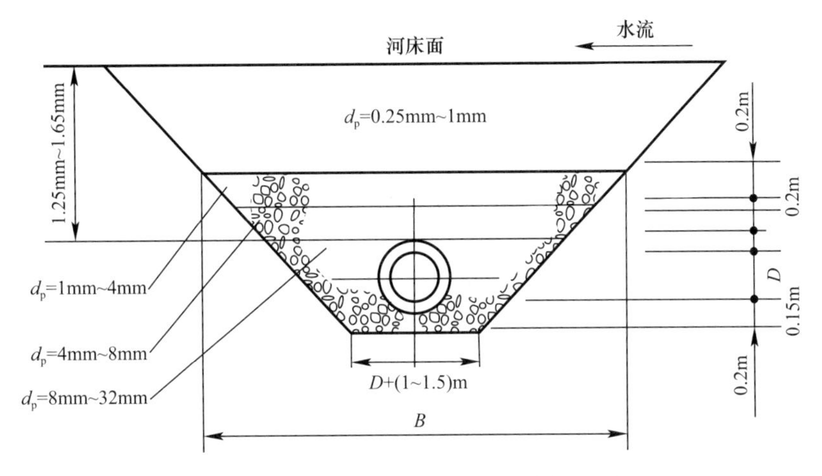

图 5.2.19-6　河床下渗渠人工滤层断面

d——渗渠直径或宽度（m）；

l——渗渠中心至河水边线的距离（m）；

Q_1——从分水岭来的地下水流量（m^3/d），$Q_1=LKHI$；

I——地下水的水力坡降；

L——渗渠长度（m）；

K——渗透系数；

C——渗渠宽度的一半；

R——影响半径（m）；

a、A——系数，$\alpha=\dfrac{1}{1+\dfrac{h}{l}A}A$，$A=1.47\lg\dfrac{1}{\sin\dfrac{\pi d}{2h}}$。

5.2.20　渗渠的端部、转角和断面变换处应设置检查井。直线部分检查井的间距，应视渗渠的长度和断面尺寸而定，宜采用 50m。

5.2.21　检查井宜采用钢筋混凝土结构，宽度宜为 1m～2m，井底宜设 0.5m～1.0m 深的沉沙坑。

5.2.22　地面式检查井应安装封闭式井盖，井顶应高出地面 0.5m，并应有防冲设施。

5.2.23　渗渠出水量较大时，集水井宜分成两格，进水管入口处应设闸门。

5.2.24　集水井宜采用钢筋混凝土结构，其容积可按不小于渗渠 30min 出水量计算，并按最大一台水泵 5min 抽水量校核。

Ⅴ　复　合　井

5.2.25　复合井底部过滤器直径宜为 200mm～300mm。

问：复合井规定底部过滤器直径范围的理由？

答：复合井的结构应根据具体的水文地质条件确定，增加复合井的过滤器直径，可加大管井部分的出水量，但管井部分的水量增加对大口井井底进水量的干扰程度也将增加，故为减少干扰，管井的井径不宜大于 300mm。

5.2.26　当含水层较厚时，宜采用非完整过滤器，且过滤器有效长度应比管井稍长，过滤器长度与含水层厚度的比值应小于0.75。

问：过滤器相关的术语？

答：《管井技术规范》GB 50296—2014。

2.1.19　过滤器：管井中起滤水、挡砂和护壁作用的装置。

2.1.20　非填砾过滤器：不填充人工滤料的过滤器。

2.1.21　填砾过滤器：过滤管外周围充填某种规格滤料的过滤器。

2.1.22　过滤器孔隙率：过滤器外层进水面孔隙率及有效孔隙率的统称。

2.1.23　过滤器有效孔隙率：管井中过滤器实际能够达到的孔隙率。

问：如何界定复合井含水层较厚？

答：含水层厚度较厚指：$\frac{m}{r_0}=3\sim6$（m——含水层厚度，r_0——大口井直径）。

问：复合井过滤的确定原则？

答：复合井中的管井与大口井在取水过程中是相互干扰的，在此情况下过滤器下端过滤强度较大，为减少干扰，复合井内管井的过滤器比单独设置管井的过滤器要稍长一些，一般增长20%，同时靠大口井底下5m范围内的过滤器不宜考虑进水。

当含水层较厚时，以采用非完整过滤器为宜，一般$\frac{l}{m}<0.75$（l——过滤器长度，m——含水层厚度）。由于过滤器与大口井相互干扰，以及在此情况下过滤器下端滤流强度较大，故过滤器的有效长度应比管井稍大。

适当增加过滤器数目可增加复合井出水量。但从模型试验资料可知，过滤器的数量增加到3根以上时复合井的出水量增加甚少，故是否采用多过滤器复合井，应通过技术经济比较确定。

5.2.27　复合井上部大口井部分可按本标准第5.2.8条～第5.2.13条确定，下部管井部分的结构、过滤器的设计应符合现行国家标准《管井技术规范》GB 50296的有关规定。

问：复合井图示？

答：复合井结构图视图5.2.27-1；承压/无压非完整式复合井见图5.2.27-2。

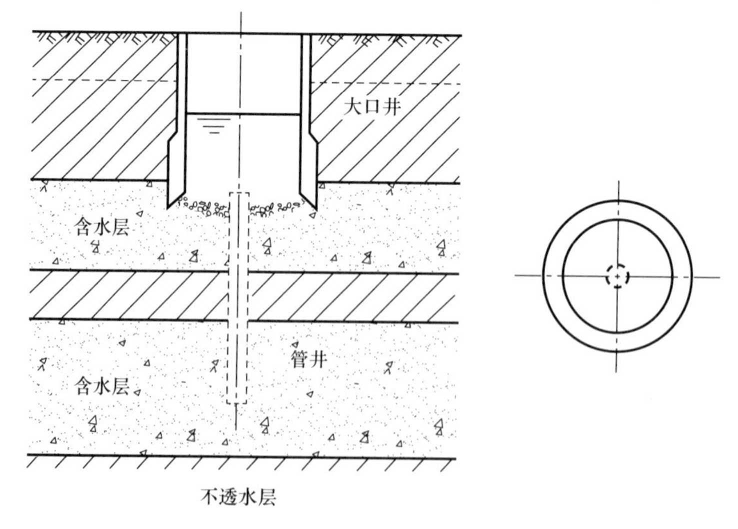

图5.2.27-1　复合井结构图示

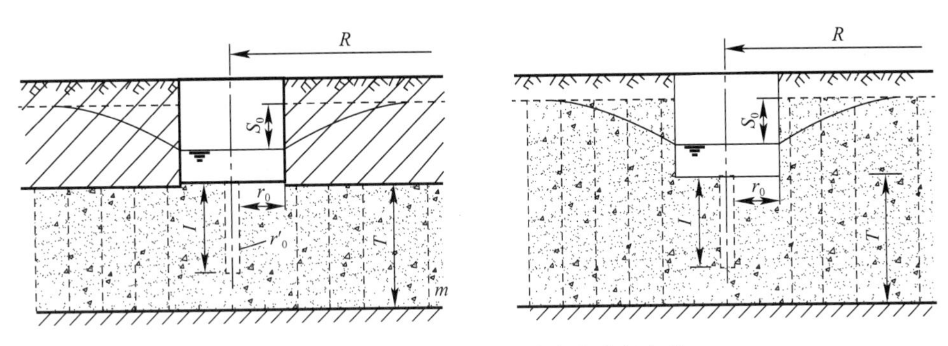

图 5.2.27-2　承压/无压非完整式复合井

5.3　地表水取水构筑物

5.3.1　地表水取水构筑物位置的选择应通过技术经济比较综合确定，并应满足下列条件：

1　位于水质较好的地带；

2　靠近主流，有足够的水深，有稳定的河床及岸边，有良好的工程地质条件；

3　尽可能不受泥沙、漂浮物、冰凌、冰絮等影响；

4　不妨碍航运和排洪，并符合河道、湖泊、水库整治规划的要求；

5　尽量不受河流上的桥梁、码头、丁坝、拦河坝等人工构筑物或天然障碍物的影响；

6　尽量靠近主要用水地区；

7　供生活饮用水的地表水取水构筑物的位置，位于城镇和工业企业上游的清洁河段，且大于工程环评报告规定的与上下游排污口的最小距离。

问：丁坝的术语?

答：丁坝：从河道岸边延伸，在平面上和岸边线形成丁字形的河道整治建筑物。

问：河流上人工构筑物或天然障碍物对取水构筑物布置的影响?

答：1. 取水构筑物宜设在桥前 0.50km～1.00km 或桥后 1.00km 以外的地方。

2. 取水构筑物如与丁坝同岸时（见图 5.3.1-1 有丁坝河道上的取水口位置），则应设在丁坝上游，与坝前浅滩起点相距一定距离（岸边式取水构筑物不小于 150m～200m，河床式取水构筑物可以小些）；取水构筑物也可设在丁坝对岸，但不宜设在丁坝同一岸侧的下游。

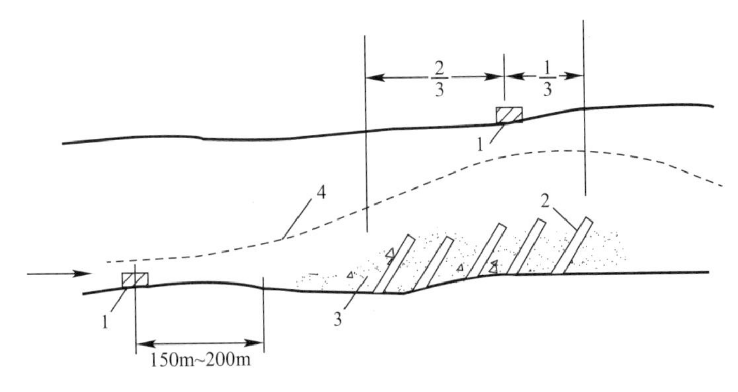

图 5.3.1-1　有丁坝河道上的取水口位置

1—取水口；2—丁坝；3—泥沙淤积区；4—主流

3. 取水构筑物应离开码头一定距离，如必须设在码头附近时，最好伸入江心取水。此外，还应考虑航行安全，与码头的距离应征求航运部门的意见。

4. 拦河坝由于水流流速减缓，泥沙容易淤积，故取水构筑物宜设在其影响范围外。

问：有沙洲河段取水口布置位置？

答：见图 5.3.1-2 两江（河）汇合处取水构筑物位置示意图。

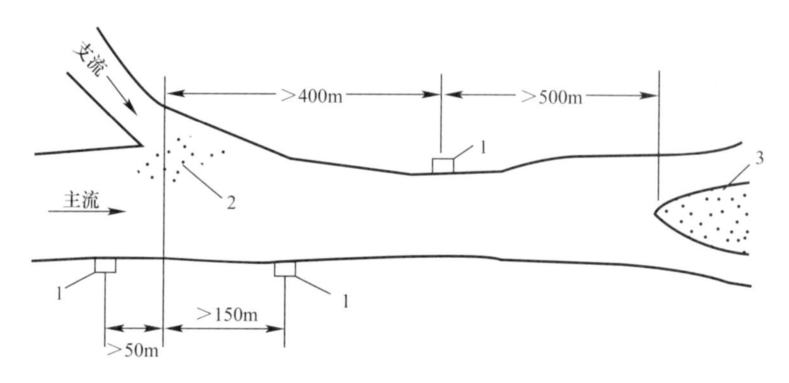

图 5.3.1-2　两江（河）汇合处取水构筑物位置示意图

1—取水中口；2—堆积锥；3—砂洲

问：不宜设置取水口的地段？

答：不宜设置取水口的地段如下：

1. 弯曲河段的凸岸；
2. 弯曲河段成闭锁的河环内；
3. 分岔河道的分岔和汇合段；
4. 河谷收缩的上游河段和河谷展宽后的下游河段；
5. 河流出峡谷的三角洲附近；
6. 河道出海口区域；
7. 顺直河段具有犬牙交错状边滩地段以及沙滩、沙洲上下游附近；
8. 凸入河道的陡崖、石嘴的上下游岸边，往往出现沉积或局部冲深区（影响同丁坝）；
9. 游荡性河段；
10. 易于崩塌和滑动的河岸及其下游的附近河段；
11. 汇入水库或湖泊的河流或支流的汇入段；
12. 芦苇丛生的湖岸浅滩处。

问：河湾凹岸与凸岸的形成过程？

答：河湾凹岸与凸岸的形成过程见图 5.3.1-3。

5.3.2　在沿海地区的内河水系取水，应避免咸潮影响。当在咸潮河段取水时，应根据咸潮特点对采用避咸蓄淡水库取水或在咸潮影响范围以外的上游河段取水，经技术经济比较确定，并应符合下列规定：

1　避咸蓄淡水库的有效调节容积，可根据历年咸潮入侵数据的统计分析所得出的原水氯化物平均浓度超过 25mg/L 时的连续不可取水天数，并应考虑连续不可取水期间必需的原水供应量，计算得出；

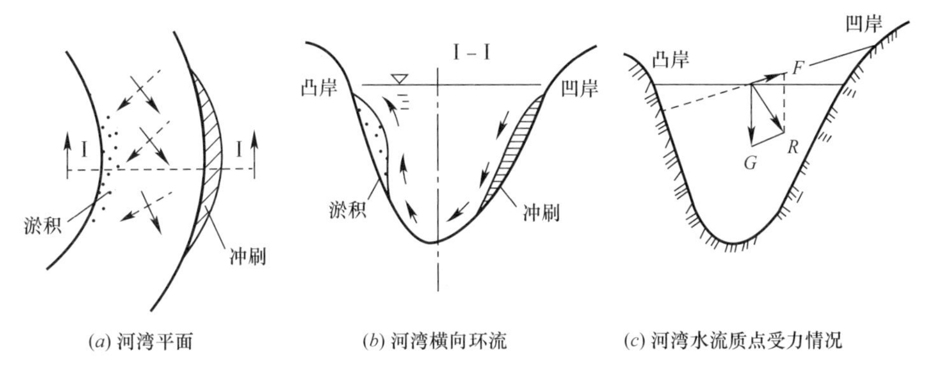

图 5.3.1-3　河湾凹岸与凸岸的形成过程

2　避咸蓄淡水库可利用现有河道容积蓄淡，也可利用沿河滩地筑堤修库蓄淡等，应根据当地具体条件确定。

3　可能发生富营养问题的避咸蓄淡水库，应采取增加水库水流动性和控藻、除藻措施。

5.3.3　在含藻的湖泊、水库或河流取水时，取水口位置的选择应符合现行行业标准《含藻水给水处理设计规范》CJJ 32 的有关规定；在高浊度水源取水时，取水口位置的选择及避沙、避凌调蓄水池的设计应符合现行行业标准《高浊度水给水设计规范》CJJ 40 的有关规定。

问：含藻水给水处理对取水口位置的规定？

答：《含藻水给水处理设计规范》CJJ 32—2011。

3.0.1　取水口应位于含藻量较低、水深较大或水域开阔的位置，不应设在水华频发区域、高藻期间主导下风向的凹岸区。

取水口应远离天然湖岸、泥沙淤积区。取水口的位置应符合现行行业标准《饮用水水源保护区划分技术规范》HJ 338 的规定，一级保护区域范围内不应有排水口和入湖河口。

3.0.2　当湖泊、水库的水深大于 10m 时，应根据季节性水质沿水深的垂直分布规律，在表层水以下分层取水。

3.0.3　设计最低水位时取水口上缘的淹没深度，应根据表层水的含藻量、漂浮物和冰层厚度确定，且不宜小于 1m。

3.0.4　取水口下缘距湖泊、水库底的高度，应根据底部淤泥成分、泥沙沉积和变迁情况以及底层水质等因素确定，且不宜小于 1m。

问：高浊度水给水对取水口位置的规定？

答：《高浊度水给水设计规范》CJJ 40—2011。

4.2.10　取水口位置选择应符合下列条件：

1　游荡性河段的取水口应设于主流深泓线较密集，枯水位有一定水深的位置上；

2　取水口应设在弯曲河段主流顶冲点下游的凹岸，必要时还应于该顶冲点上游采取稳固主流的控导工程；

3　寒冷地区设取水口，应选在冰水分层或冰凌、冰坝危害较轻且浮冰、杂草等能顺流而下的河段；

4　取水口应远离江河中浅滩、江心洲、岛屿的尾部，并应注意其演变趋势；

5　取水口上游有支流汇入时，应设在汇入口下游 1000m 以外；

6　在无基岩出露的顶冲点凹岸可选时，取水口位置也可选在稳固河段的适当位置。

5.3.4　寒冷地区取水口应设在水内冰较少和不易受冰块撞击的地方，不宜设在流冰容易堆积的浅滩、沙洲和桥孔的上游附近；严寒地区的取水口不应设在陡坡、流急、水深小的河段。

问：寒冷和严寒地区的划分？

答：寒冷和严寒地区的划分见表 5.3.4-1。

建筑热工设计一级区划指标及设计原则　　表 5.3.4-1

一级区划名称	区划指标		设计原则
	主要指标	辅助指标	
严寒地区	$t_{min,m} \leqslant -10℃$	$145 \leqslant d_{\leqslant 5}$	必须充分满足冬季保温要求，一般可以不考虑夏季防热
寒冷地区	$-10℃ < t_{min,m} \leqslant 0℃$	$90 \leqslant d_{\leqslant 5} < 145$	应满足冬季保温要求，部分地区兼顾夏季防热
夏热冬冷地区	$0℃ < t_{min,m} \leqslant 10℃$ $25℃ < t_{max,m} \leqslant 30℃$	$0 \leqslant d_{\leqslant 5} < 90$ $40 \leqslant d_{\geqslant 25} < 110$	必须满足夏季防热要求，适当兼顾冬季保温
夏热冬暖地区	$10℃ < t_{min,m}$	$100 \leqslant d_{\geqslant 25} < 200$	必须充分满足夏季防热要求，一般可不考虑冬季保温
温和地区	$0℃ < t_{min,m} \leqslant 13℃$ $18℃ < t_{max,m} \leqslant 25℃$	$0 \leqslant d_{\leqslant 5} < 90$	部分地区应考虑冬季保温，一般可不考虑夏季防热

注：1. $t_{min,m}$——最冷月平均温度；$t_{max,m}$——最热月平均温度；
$d_{\leqslant 5}$——日平均温度≤5℃的天数；$d_{\geqslant 25}$——日平均温度≥25℃的天数。
2. 本表摘自《民用建筑热工设计规范》GB 50176—2016。

问：代表城市建筑热工设计分区？

答：代表城市建筑热工设计分区见表 5.3.4-2。

代表城市建筑热工设计分区　　表 5.3.4-2

气候分区及气候子区		代表城市
严寒地区	严寒 A 区	博克图、伊春、呼玛、海拉尔、满洲里、阿尔山、玛多、黑河、嫩江、海伦、齐齐哈尔、富锦、哈尔滨、牡丹江、大庆、安达、佳木斯、二连浩特、多伦、大柴旦、阿勒泰、那曲
	严寒 B 区	
	严寒 C 区	长春、通化、延吉、通辽、四平、抚顺、阜新、沈阳、本溪、鞍山、呼和浩特、包头、鄂尔多斯、赤峰、额济纳旗、大同、乌鲁木齐、克拉玛依、酒泉、西宁、日喀则、甘孜、康宝
寒冷地区	寒冷 A 区	丹东、大连、张家口、承德、唐山、青岛、洛阳、太原、阳泉、晋城、天水、榆林、延安、宝鸡、银川、平凉、兰州、喀什、伊宁、阿坝、拉萨、林芝、北京、天津、石家庄、保定、邢台、济南、德州、兖州、郑州、安阳、徐州、运城、西安、咸阳、吐鲁番、库尔勒、哈密
	寒冷 B 区	
夏热冬冷地区	夏热冬冷 A 区	南京、蚌埠、盐城、南通、合肥、安庆、九江、武汉、黄石、岳阳、汉中、安康、上海、杭州、宁波、温州、宜昌、长沙、南昌、株洲、永州、赣州、韶关、桂林、重庆、达县、万州、涪陵、南充、宜宾、成都、遵义、凯里、绵阳、南平
	夏热冬冷 B 区	
夏热冬暖地区	夏热冬暖 A 区	福州、莆田、龙岩、梅州、兴宁、英德、河池、柳州、贺州、泉州、厦门、广州、深圳、湛江、汕头、南宁、北海、梧州、海口、三亚
	夏热冬暖 B 区	

续表

<table>
<tr><td colspan="2">气候分区及气候子区</td><td>代表城市</td></tr>
<tr><td rowspan="2">温和地区</td><td>温和A区</td><td>昆明、贵阳、丽江、会泽、腾冲、保山、大理、楚雄、曲靖、泸西、屏边、广南、兴义、独山</td></tr>
<tr><td>温和B区</td><td>瑞丽、耿骊、临沧、澜沧、思茅、江城、蒙自</td></tr>
</table>

注：本表摘自《公共建筑节能设计标准》GB 50189—2015。

5.3.5 从江河取水的大型取水构筑物，当河道及水文条件复杂，或取水量占河道的最枯流量比例较大时，应采用计算机仿真模拟、水工模型试验或两者相结合的方法，对取水构筑物的设计做环境影响与设施安全可靠性的验证与优化。

5.3.6 取水构筑物的形式，应根据取水量和水质要求，结合河床地形及地质、河床冲淤、水深及水位变幅、泥沙及漂浮物、冰情和航运等因素以及施工条件，在保证安全可靠的前提下，通过技术经济比较确定。

问：取水构筑物类型？

答：取水构筑物类型见表5.3.6。

3.1.26 取水头部：河床式取水构筑物的进水部分。

3.1.27 取水构筑物：为取集原水而设置的构筑物总称。

3.1.28 固定式取水构筑物：设置固定构造的取水构筑物，可分为岸边式、河床式、低坝式、底栏栅式等形式。

3.1.29 移动式取水构筑物：设置移动构造的取水构筑物，可分为浮船式、缆车式等形式。

3.1.30 岸边式取水构筑物：设在岸边，原水直接流入进水间的取水构筑物。

3.1.31 河床式取水构筑物：取水头部伸入江河、湖泊中，原水通过进水管流入进水间的取水构筑物。

提示：一般由取水头部、进水管（自流管或虹吸管）、进水间（或集水井）和泵房组成。

3.1.32 低坝式取水构筑物：设置固定式或活动式低坝以提高水位的取水构筑物。

3.1.33 底栏栅式取水构筑物：壅水坝内设置输水廊道，利用设于坝顶进水口的栏栅减少砂石和其他杂物进入的取水构筑物。

3.1.34 浮船式取水构筑物：设置活动式联络管，将浮船上的水泵出水管与岸边输水管道连通的取水构筑物。

3.1.35 缆车式取水构筑物：建造在坡上，设缆车牵引泵车沿斜坡上下移动的取水构筑物。

取水构筑物类型　　表5.3.6

<table>
<tr><td colspan="3">取水构筑物类型</td></tr>
<tr><td rowspan="5">固定式取水构筑物</td><td colspan="2">岸边式取水构筑物（合建式、分建式）</td></tr>
<tr><td colspan="2">河床式取水构筑物（自流管取水、虹吸管取水、水泵直接取水、桥墩式取水）</td></tr>
<tr><td rowspan="2">低坝式取水构筑物</td><td>固定坝</td></tr>
<tr><td>活动坝（水力自动翻板闸、橡胶坝、浮体闸）</td></tr>
<tr><td colspan="2">底栏栅式取水构筑物</td></tr>
<tr><td rowspan="2">移动式取水构筑物</td><td colspan="2">浮船式取水构筑物</td></tr>
<tr><td colspan="2">缆车式取水构筑物</td></tr>
</table>

5.3.7 **江河、湖泊取水构筑物的防洪标准不应低于城市防洪标准。水库取水构筑物的防洪标准应与水库大坝等主要建筑物的防洪标准相同，并应采用设计和校核两级标准。**

问：泵站建筑物防洪标准?

答：水库取水构筑物的防洪标准应与水库大坝等主要建筑物的防洪标准相同，并应采用设计和校核两级标准，见表5.3.7泵站建筑物防洪标准。

泵站建筑物防洪标准 **表5.3.7**

泵站建筑物级别	防洪标准［重现期（年）］	
	设计	校核
1	100	300
2	50	200
3	30	100
4	20	50
5	10	30

注：1. 平原、滨海线区的泵站，校核防洪标准可视具体情况和需要研究确定。
2. 修建在河流、湖泊或平原水库边的与堤坝结合的建筑物，其防洪标准不应低于堤坝防洪标准。

——摘自《泵站设计规范》GB 50265—2010，表2.2.1

问：设计标准和校核标准?

答：设计标准：指当发生小于或等于该标准的洪水时，应保证防护对象的安全或防洪设施的正常运行。校核标准：指遇该标准相应洪水时，采取非常用措施，在保障主要防护对象和主要建筑物安全的前提下，允许次要建筑物局部或不同程度的损坏、允许次要防护对象受到一定的损失。

水库水位图示见图5.3.7。

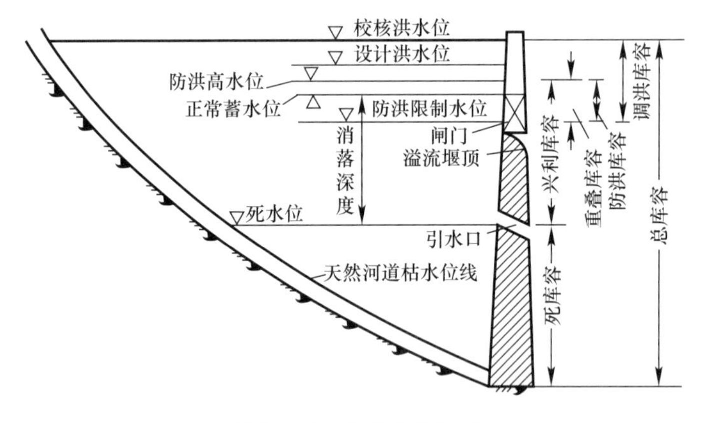

图5.3.7 水库水位图示

问：城市防洪的相关规定?

答：城市防洪相关标准有《城市防洪工程设计规范》GB/T 50805—2012、《城市防洪规划规范》GB 51079—2016、《防洪标准》GB 50201—2014。

1.《城市防洪工程设计规范》GB/T 50805—2012。

1.0.6 城市防洪范围内河、渠、沟道沿岸的土地利用应满足防洪、治涝要求，跨河建筑物和穿堤建筑物的设计标准应与城市的防洪、治涝标准相适应。

2.《城市防洪规划规范》GB 51079—2016。

2.0.1 城市防洪规划期限应与城市总体规划期限相一致，重大防洪设施应考虑更长远的城市发展要求。

2.0.2 城市防洪规划范围应与城市总体规划范围相一致。

2.0.3 城市防洪规划应在流域防洪规划指导下进行。城市防洪规划范围内的防洪工程措施应与流域防洪规划相统一；城市防洪规划范围内的行洪河道的宽度等应满足流域防洪规划要求；与城市防洪有关的上、下游治理方案应与流域防洪规划相协调。

3.《防洪标准》GB 50201—2014。

2.0.1 防护对象：防洪保护对象的简称，指受到洪（潮）水威胁需要进行防洪保护的对象。

3.0.1 防护对象的防洪标准应以防御的洪水或潮水的重现期表示；对于特别重要的防护对象，可采用可能最大洪水表示。防洪标准可根据不同防护对象的需要，采用设计一级或设计、校核两级。

3.0.1 条文说明：目前我国和世界许多国家是根据防护对象的规模、重要性和洪灾损失轻重程度，确定适度的防洪标准，以该标准相应的洪水作为防洪规划、设计、施工和运行管理的依据。

本标准中“防洪标准”是指防护对象防御洪水能力相应的洪水标准。沿海地区的防潮标准用潮位的重现期表示。

国内外表示防护对象防洪标准的方式主要有以下三种：

（1）以洪水的重现期（N）或出现频率（P）表示。它比较科学、直观地反映了洪水出现的几率和防护对象的安全度，目前，包括我国在内的很多国家普遍采用。

（2）以可能最大洪水（PMF）表示。通常有两种做法：一种是按水库失事风险的高低，把标准分为三级：最高一级用 PMF，中间一级用暴雨洪水，最低一级用频率洪水，取 50 年一遇～100 年一遇。这种方法在美国、加拿大、巴西、印度等国应用较多，但该法是分段采用不同的方法确定防洪标准，且准确计算可能最大洪水目前还比较困难。另一种是把 PMF 从高到低分级，如依次采用 PMF、3/4PMF、1/2PMF、1/3PMF 四级。这种对 PMF 打折扣的方法，随意性较大，而且防洪安全度也不明确，目前很少采用。

（3）以调查、实测的某次大洪水或适当加成表示。用这种方式表示防洪标准不很明确，其洪水的大小与调查、实测期的长短和该时期洪水状况有关，适当加成任意性很大。由于历史的原因，我国目前一些较大的河流，如汉江仍采用典型年洪水作为设防标准，但是随着水文、气象资料的积累和洪水分析计算技术水平的提高，这种方式将会较少采用。

根据上述三种表示方式的特点和应用情况，本标准统一采用洪水的重现期表示防护对象的防洪标准，如 50 年一遇、100 年一遇等。对于特别重要的少数防护对象如大型水库等，一旦遭受洪水灾害，损失特别严重或将造成难以挽回的影响，为保证其防洪的绝对安全，本条规定这类防护对象可采用可能最大洪水表示。

我国各部门现行的防洪标准，有的规定设计一级标准，有的规定设计和校核两级标准。考虑上述两种形式在各部门长期运用的实际情况，本标准未加以统一，规定根据不同防护对象的需要，可采用设计一级标准，也可采用设计、校核两级标准。

5.3.8 固定式取水构筑物设计时，应考虑发展的需要与衔接。

问：固定式取水构筑物的设计？

答：根据我国的实践经验，考虑到固定式取水构筑物工程量大、水下施工复杂、扩建困难等因素，设计时，一般都结合发展需要统一考虑，如有些工程土建按远期设计，设备分期安装。

5.3.9 取水构筑物应根据水源情况，采取相应保护措施防止下列情况发生：

1 漂浮物、泥沙、冰凌、冰絮和水生物的阻塞；

2 洪水冲刷、淤积、冰盖层挤压和雷击的破坏；

3 冰凌、木筏和船只的撞击；

4 通航河道上水面浮油的进入。

5.3.10 在通航水域中，取水构筑物应根据现行国家标准《内河交通安全标志》GB 13851的规定并结合航运管理部门的要求设置警示标志。

问：取水构筑物设置警示标志？

答：通常在取水口上游1000m和下游100m的范围内应设置明显的标志板。有航运的河道上还应在取水口中装设信号灯，移动式取水口应加设防护桩及信号灯或其他形式的明显标志，以避免来往船只冲击取水口的事故发生。见《内河交通安全标志》GB 13851—2008，9警示标志。

5.3.11 岸边式取水泵房进口地坪的设计标高应符合下列规定：

1 当泵房在渠道边时，应为设计最高水位加0.5m；

2 当泵房在江河边时，应为设计最高水位加浪高再加0.5m，必要时尚应采取防止浪爬高的措施；

3 泵房在湖泊、水库或海边时，应为设计最高水位加浪高再加0.5m，并应采取防止浪爬高的措施。

问：浪高和浪爬高的计算？

答：波浪示意图见图5.3.11。

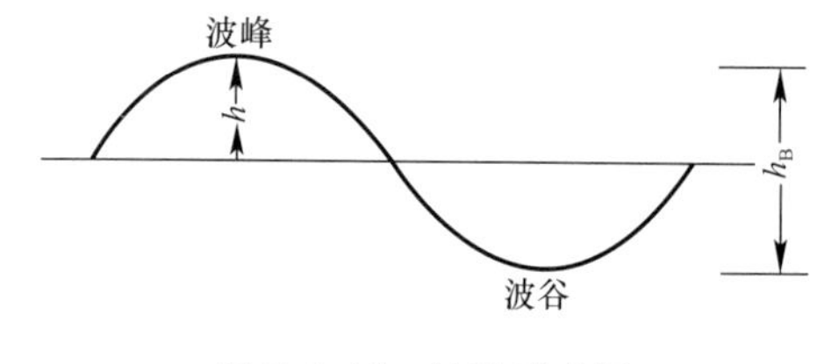

图5.3.11 波浪示意图

波浪全高h_B（波谷到波峰的垂直距离）的经验公式为：

$h_B=0.0208\omega^{5/4}L^{1/3}$（适用于湖泊、水库中波浪的扩度在3km＜L＜30km的范围内）

浪爬高h_H：

$$h_H=3.2h_BK\tan\alpha$$

式中 ω——最大风速（m/s）；

h_B——波浪全高（m）；

h_H——浪爬高（m）；

K——系数，混凝土坡或土坡1.0，铺砌与铺草的边坡0.9，抛石堆成的边坡0.77；

L——波浪顺着风向扩展到对岸的距离（km）；

α——坝坡对水平线的倾角（°）。

5.3.12 位于江河上的取水构筑物最底层进水孔下缘距河床的高度，应根据河流的水文和泥沙特性以及河床稳定程度等因素确定，并应符合下列规定：

1 侧面进水孔不得小于 0.5m；当水深较浅、水质较清、河床稳定、取水量不大时，其高度可减至 0.3m；

2 顶面进水孔不得小于 1.0m；

3 在高浊度江河取水时，应在最底层进水孔以上不同水深处设置多个可交替使用的进水孔。

问：侧面进水孔、顶面进水孔图示？

答：侧面进水孔、顶面进水孔图示见图 5.3.12。

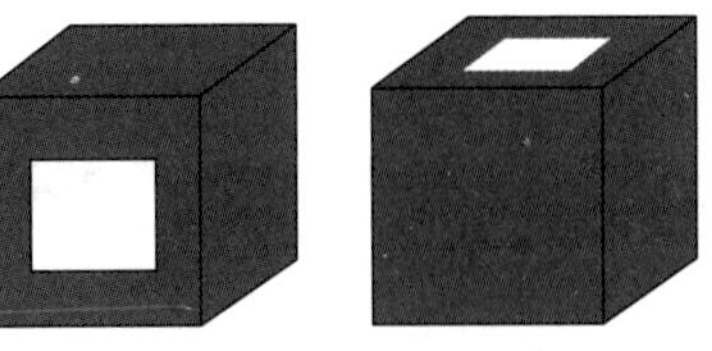

图 5.3.12 侧面进水孔、顶面进水孔图示

问：从江河取水的进水孔下缘距河床最小高度的规定？

答：江河进水孔下缘距河床的高度取决于河床的淤积程度和河床质的性质。根据对中南、西南地区 60 余座固定式泵站取水头部及全国 100 余个地表水取水构筑物进行的调查，现有江河上取水构筑物进水孔下缘距河床的高度，一般都大于 0.5m，而水质清、河床稳定的浅水河床，当取水量较小时，其高度为 0.3m。当进水孔设于取水头部顶面时，由于淤积有造成取水口全部堵死的危险，因此规定了较大的高程差。对于斜板式取水头部，为使从斜板滑下的泥沙能随水冲向下游，确保取水安全，不被泥沙淤积，要加大进水孔下缘距河床的高度。

5.3.13 当湖泊或水库的取水构筑物所处位置水深大于 10m 时，宜采取分层取水方式。

问：分层取水图示？

答：进水孔分层布置时，应根据构筑物内部设备布置及使用条件，采用分层并列布置或分层交错布置。分层取水图示见图 5.3.13。

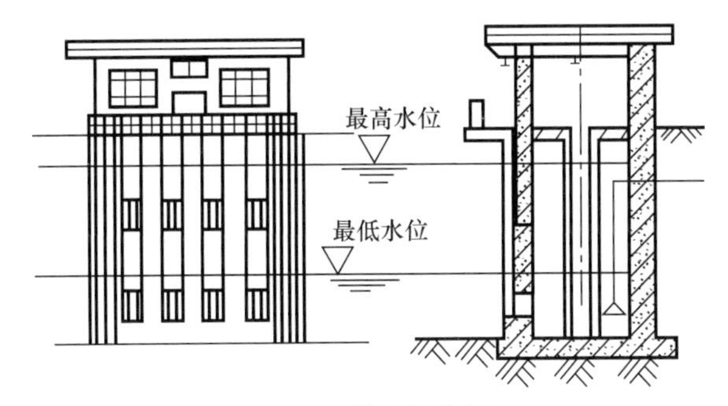

(*a*) 分层并列布置图示

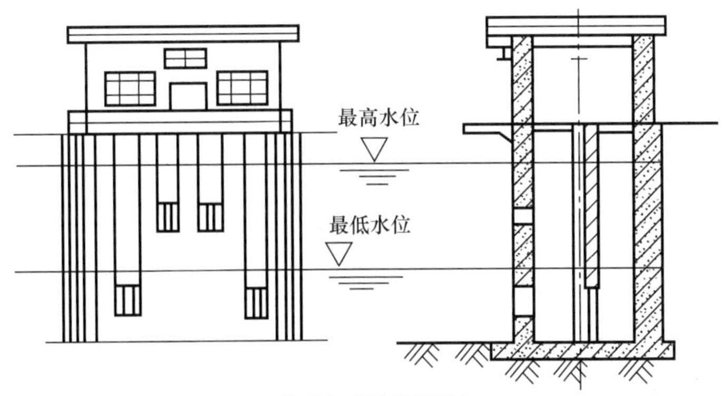

(*b*) 分层交错布置图示

图 5.3.13 分层取水图示

5.3.14 位于湖泊或水库的取水构筑物最底层进水孔下缘距水体底部的高度，应根据水体底部泥沙沉积和变迁情况等因素确定，不宜小于1.0m；当水深较浅、水质较清，且取水量不大时，可减至0.5m。

问：从湖泊或水库取水的进水孔下缘距水体底部最小高度的规定？

答：据调查，某些湖泊水深较浅，但水质较清，故湖底泥沙沉积较缓慢，对于小型取水构筑物，取水口下缘距湖底的高度可从一般的1.0m减小至0.5m。

5.3.15 取水构筑物淹没进水孔上缘在设计最低水位下的深度，应根据河流的水文、冰情、气象和漂浮物等因素通过水力计算确定，并应符合下列规定：

1 顶面进水时，不得小于0.5m；

2 侧面进水时，不得小于0.3m；

3 湖泊、水库取水或虹吸进水时，不宜小于1.0m；当水体封冻时，可减至0.5m。

4 水体封冻情况下，应从冰层下缘起算；

5 湖泊、水库、海边或大江河边的取水构筑物，还应考虑风浪的影响。

问：进水孔上缘最小淹没深度的规定？

答：进水孔淹没水深不足，会形成漩涡，带进大量空气和漂浮物，使取水量大大减少。根据调查已建取水头部进水孔的淹没水深，一般都在0.45m～3.2m，其中大部分在1.0m以上。为了保证虹吸进水时虹吸不被破坏，规定最小淹没深度不宜小于1.0m，但考虑到河流封冻后，水面不受各种因素的干扰，故条文中规定“当水体封冻时，可减至0.5m”。

水泵直接吸水的吸水喇叭口淹没深度与虹吸进水要求相同。

在确定通航区进水孔的最小淹没深度时，应注意船舶通过时引起波浪的影响以及满足船舶航行的要求。进水头部的顶高，同时应满足航运零水位时，船舶吃水深度以下最小富裕水深的要求，并征得航运部门的同意。

5.3.16 取水构筑物的取水头部宜分设两个或分成两格。漂浮物多的河道，相邻头部在沿水流方向宜有较大间距。

问：取水头部及进水间分格的规定？

答：据调查，为取水安全，取水头部常设置2个。有些工程为减少水下工程量，将2个取水头部合成1个，但分成2格。另外，相邻头部之间不宜太近，特别是在漂浮物多的河道，因相隔过近，将加剧水流的扰动及相互干扰，如有条件，应在高程上或伸入河床的距离上彼此错开。某工学院为某厂取水头部进行的水工模型试验指出：“一般两根进水管间距宜不小于头部在水流方向最大尺寸的3倍”。由于各地河道水流特性的不同及挟带漂浮物等情况的差异，头部间距应根据具体情况确定。

5.3.17 取水构筑物进水孔应设置格栅，栅条间净距应根据取水量、冰絮和漂浮物等确定，小型取水构筑物宜为30mm～50mm，大、中型取水构筑物宜为80mm～120mm。当江河中冰絮或漂浮物较多时，栅条间净距宜取大值。

问：栅条间净距的规定？

答：《泵站设计规范》GB 50265—2010。

11.2.4 条文说明：泵站拦污栅栅条净距，国内未见规范明确规定，不少设计单位参照水电站拦污栅净距要求选用。苏联1959年《灌溉系统设计技术规范及标准》抽水站部分第 361 条，对栅条净距的规定和水电站拦污栅栅条净距相同，即轴流泵取 0.05 倍水泵叶轮直径，混流泵和离心泵取 0.03 倍水泵叶轮直径。

栅条净距不宜选得过小（小于 50mm），过小则水头损失增大，清污频繁。据调查资料，我国各地泵站拦污栅栅条净距多数为 50mm～100mm。

5.3.18 进水孔的过栅流速，应根据水中漂浮物数量、有无冰絮、取水地点的水流速度、取水量、水环境生态保护要求以及检查和清理格栅的方便等因素确定。计算进水孔的过栅流速时，格栅的阻塞面积应按 25%确定，并应符合下列规定：

1 岸边式取水构筑物，有冰絮时宜为 0.2m/s～0.6m/s；无冰絮时宜为 0.4m/s～1.0m/s；

2 河床式取水构筑物，有冰絮时宜为 0.1～0.3m/s；无冰絮时为宜 0.2m/s～0.6m/s。

5.3.19 当需要清除通过格栅后水中的漂浮物时，在进水间内可设置平板式格网、旋转式格网或自动清污机。平板式格网的阻塞面积应按 50%确定，通过流速不应大于 0.5m/s；旋转式格网或自动清污机的阻塞面积应按 25%确定，通过流速不应大于 1.0m/s。

问：格网布置形式？

答：格网布置可分为正面进水、网内进水、网外进水三种形式（见图 5.3.19）。

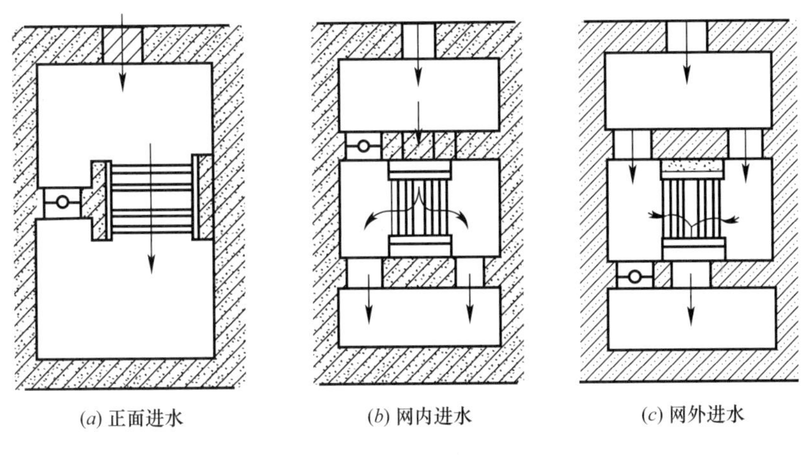

图 5.3.19　格网布置形式

5.3.20 进水自流管或虹吸管的数量及其管径应根据最低水位，通过水力计算确定，其数量不宜少于两条。当一条管道停止工作时，其余管道的通过流量应满足事故用水要求。

问：自流管进水图示？

答：自流管进水图示见图 5.3.20。

5.3.21 进水自流管和虹吸管的设计流速，不宜小于 0.6m/s。必要时，应有清除淤积物的措施。虹吸管宜采用钢管。

5.3.22 取水构筑物进水间平台上应设便于操作的闸阀启闭设备和格网起吊设备，必要时还应设清除泥沙的设施。

5.3.23 当水位变幅大，水位涨落速度小于 2.0m/h，且水流不急、要求施工周期短和建造固定式取水构筑物有困难时，可采用缆车或浮船等活动式取水构筑物。

问：水源水位变化幅度与泵站形式的选择？

答：水源水位变化幅度与泵站形式的选择见表 5.3.23。

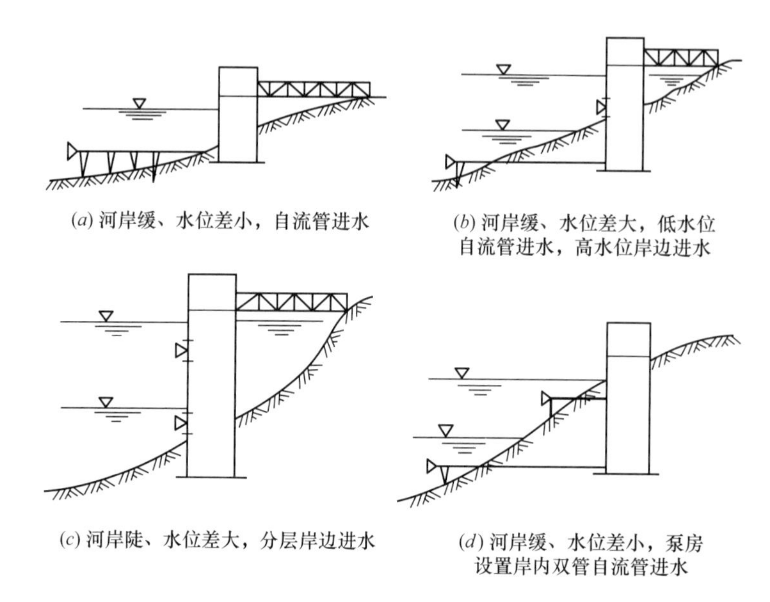

(*a*) 河岸缓、水位差小，自流管进水

(*b*) 河岸缓、水位差大，低水位自流管进水，高水位岸边进水

(*c*) 河岸陡、水位差大，分层岸边进水

(*d*) 河岸缓、水位差小，泵房设置岸内双管自流管进水

图 5.3.20　自流管进水图示

水源水位变化幅度与泵站形式的选择　　**表 5.3.23**

《泵站设计规范》GB 50265—2010，第 8.1.1 条：当水源水位变化幅度在 10m 以上时，可采用竖井式泵站、缆车式泵站、浮船式泵站、潜没式泵站等其他形式泵站	
当水源水位变化幅度＞10m，且水位涨落速度＞2m/h、水流速度又大时，宜采用竖井式泵站	如我国长江上、中游河段的水位变化幅度在 10m～33m 范围内，有些河段每小时水位涨落在 2m 以上，河流流速大，多采用竖井式泵站，多年来，工程运行情况良好，而且管理也比较方便
当水源水位变化幅度＞10m、水位涨落速度≤2m/h、每台泵车日最大取水量为 40000 m^3～60000 m^3 时，可采用缆车式泵站	我国已建缆车式泵站，其水源水位变化幅度多在 10m～35m 范围内；当水源水位变化幅度小于 10m 时，采用缆车式泵站就不经济了；同时，由于泵车容积的限制和对运行的要求，单泵流量宜小，水位涨落速度不宜大
当水源水位变化幅度＞10m 以上、水位涨落速度≤2m/h、水流速度又较小时，可采用浮船式泵站	我国已建浮船式泵站，其水源水位变化幅度多在 10m～20m 范围内；当水源水位变化幅度太大时，联络管及其两端的接头结构较复杂，技术上有一定的难度；同时，由于运行的要求和安全的需要，水流速度和水位涨落速度都不宜大
当水源水位变化幅度＞15m 以上、洪水期较短、含沙量不大时，可采用潜没式泵站	潜没式泵站是泵房潜没在水中的固定式泵站，适用于水源水位变化幅度较大的情况，目前我国已建的潜没式泵站，其水源水位变化幅度多在 15m～40m 范围内；为了防止泥沙淤积，建站处洪水期不宜长，含沙量不宜大

5.3.24　活动式取水构筑物的个数，应根据供水规模、联络管的接头形式及有无安全贮水池等因素，综合考虑确定。

5.3.25　活动式取水构筑物的缆车或浮船应有足够的稳定性和刚度，机组、管道等的布置应考虑缆车或船体的平衡。机组基座的设计应考虑减少机组对缆车或船体的振动，每台机组均宜设在同一基座上。

5.3.26　缆车式和浮船式取水构筑物的设计应符合现行国家标准《泵站设计规范》GB 50265 的有关规定。

问：缆车式取水构筑物设计要点？

答：缆车式取水构筑物设计要点见表5.3.26-1。

缆车式取水构筑物设计要点　　表5.3.26-1

项目	设计要点（《泵站设计规范》GB 50265—2010，8.3缆车式泵站）
1. 位置选择	8.3.1　缆车式泵站的位置应符合下列规定： 1　河流顺直，主流靠岸，岸边水深应不应小于1.2m； 2　应避开回水区或岩坡凸出地段； 3　河岸稳定，地质条件较好，岸坡坡比应在1∶2.5～1∶5之间； 4　漂浮物应少，且不易受漂木，浮筏或船只的撞击
2. 布置	8.3.2　缆车式泵站布置应符合下列规定： 1　泵车数不应少于2台，每台泵车宜布置1条输水管； 2　泵车的供电电缆（或架空线）和输水管不应布置在同一侧； 3　变配电设施、对外交通道路应布置在校核洪水位以上，绞车房的位置应能将泵车上移到校核洪水位以上； 4　坡道坡度应与岸坡坡度接近，对坡道附近的上、下游天然岸坡亦应按所选坡道坡度进行整理，坡道面应高出上、下游岸坡0.3m～0.4m，坡道应有防冲设施； 5　在坡道两侧应设置人行阶梯便道，在岔管处应设工作平台； 6　泵车上宜有拦污、清污设施。从多泥沙河流上取水，宜另设供应清水的技术供水系统。 8.3.2　条文说明：缆车式泵站泵车数不应少于2台，主要是考虑移车时可交替进行，不致影响供水。根据已建缆车式泵站的运行经验，每台泵车宜布置1条输水管道，移车时接管比较方便。泵车的供电电缆（或架空线）与输水管道应分别布置在泵车轨道两侧，这是为了防止移车时供电电缆（或架空线）与输水管道互相干扰的缘故。 变配电房、绞车房是缆车式泵站的固定设施，两者均应布置在校核洪水位以上，且在同一高程上，这样管理较为方便。绞车房的位置应能将泵车上移到校核洪水位以上，这是为了满足泵车车身防洪的需要
3. 取水泵设计	8.3.3　每台泵车上宜装置水泵2台，机组应交错布置。 8.3.3　条文说明：泵车布置要求紧凑合理，便于操作检修，同时要求车架受力均匀，以保证运行安全。已建的缆车式泵站泵车内，机组平面布置大致有三种形式：一是两台机组正反布置；二是两台机组平行布置；三是三台机组呈“品”字形布置。从运行情况看，两台机组正反布置形式较好，其优点是泵车受力均匀、运行时产生振动小，近年来新建的缆车式泵站均采用此种布置形式。因此本规范规定，每台泵车上宜装置水泵2台，机组应交错即正反布置
4. 泵车设计	8.3.4　泵车车体竖向布置宜成阶梯形。泵车房的净高应满足设备布置和起吊的要求。泵车每排桁架下面的滚轮数宜为2个～6个（取双数），车轮宜选用双凸缘形。泵车上应设减振器。 8.3.4　条文说明：泵车车型竖向布置宜采用阶梯形，这样可减少三角形纵向车架腹杆高度，增加车体刚度和降低车体重心，有利于车体的整体稳定。 8.3.5　泵车的结构设计除应进行静力计算外，还应进行动力分析，验算共振和振幅。结构的强迫振动频率与自振频率之差和自振频率的比值不应小于30%；振幅应符合现行行业标准《机器动荷载作用下建筑物承重结构的振动计算和隔振设计规程》YSJ 009的有关规定。 8.3.5　条文说明：根据调查资料，已建缆车式泵站的泵车车架较普遍存在的主要问题是：在动荷载影响下，强度和稳定性不够，车架结构的变形和振动偏大等，从而影响到泵车的正常运行。其中有少部分泵车已不得不进行必要的加固改造。经分析认为，车架结构产生较大变形和振动的主要原因是由于轨道下地基产生不均匀沉降，致使轨道出现纵向弯曲，车架下弦支点悬空，引起车架杆件内力加剧，造成车架结构的变形；车架承压竖杆和空间刚架的刚度不足而引起变形；平台梁挑出过长结构按自由端处理，在动荷载作用下，振动严重。因此，在设计泵车结构时，除应进行静力（强度、稳定）计算外，还应进行动力计算，验算振幅和共振等，并应对纵向车架杆件按最不利的支承方式进行验算。 8.3.6　泵车应设保险装置。根据牵引力大小，可采用挂钩式或螺栓夹板式保险装置。 8.3.6　条文说明：由于泵车一直是在斜坡道上上、下移动的，如果操作稍有不当，或绞车失灵，或钢丝绳断裂，容易造成下滑事故，因此泵车应设保险装置以保证运行安全

续表

项目	设计要点(《泵站设计规范》GB 50265—2010，8.3缆车式泵站)
5. 吸水管	8.3.7 水泵吸水管可根据坡道形式和坡度进行布置。采用桥式坡道时，吸水管可布置在车体的两侧；采用岸坡式坡道时，吸水管宜布置在车体迎水的正面
6. 出水管	8.3.8 水泵出水管道应沿坡道布置。岸坡式坡道可采用埋设方式；桥式坡道可采用架设方式。水泵出水管均应装设闸阀。出水管并联后应与联络管相接。联络管宜采用曲臂式，管径小于400mm时，可采用橡胶管。出水管上还应设置若干个接头岔管，最低、最高岔管位置应满足设计取水要求。接头岔管间的高差：当采用曲臂联络管时，可取2.0m～3.0m；当采用其他联络管时，可取1.0m～2.0m。 8.3.8 条文说明：泵车出水管与输水管的连接方式对泵车的运行影响很大。目前已建缆车式泵站的泵车接管大致有三种：柔性橡胶管、曲臂式联络管和活动套管。泵车出水管直径小于400mm时，多采用柔性橡胶管；大于400mm时，多采用曲臂式联络管；而活动套管则很少采用。在水位变化幅度较大的情况下，尤其适宜采用曲臂式联络管。因此本规范规定，联络管宜采用曲臂式；管径小于400mm时，可采用橡胶管。 出水管应沿坡道铺设。对于岸坡式坡道，管道可埋设在地下，宜采用预应力钢筋混凝土管；对于桥式坡道，管道可架设，应采用钢管。 沿出水管应设置若干个接头岔管，供泵车出水管与输水管连接输水用。接头岔管的间距和高差，主要取决于水泵允许吸上真空高度、水位涨落幅度和出水管与输水管的连接方式。当采用柔性橡胶管时，接头岔管间的高差可取1.0m～2.0m；当采用曲臂式联络管时，接头岔管间的高差可取2.0m～3.0m

问：浮船式取水构筑物设计要点？

答：浮船式取水构筑物设计要点见表5.3.26-2。

浮船式取水构筑物设计要点 **表5.3.26-2**

项目	设计要点(《泵站设计规范》GB 50265—2010，8.4浮船式泵站)
1. 位置	8.4.1 浮船式泵站的位置应符合下列规定： 1 水流应平稳，河面宽阔，且枯水期水深不应小于1.0m； 2 应避开顶冲、急流、大回流和大风浪区以及与支流交汇处，且与主航道保持一定距离； 3 河岸应稳定，岸坡坡度应在1∶1.5～1∶4之间； 4 漂浮物应少，且不易受漂木、浮筏或船只的撞击； 5 附近应有可利用作检修场地的平坦河岸
2. 浮船的形式	8.4.2 浮船的形式应根据泵站的重要性、运行要求、材料供应及施工条件等因素，经技术经济比较选定
3. 浮船的布置	8.4.3 浮船布置应包括机组设备间、船首和船尾等部分。当机组容量较大、台数较多时，宜采用下承式机组设备间。浮船首尾甲板长度应根据安全操作管理的需要确定，且不应小于2.0m。首尾舱应封闭，封闭容积应根据船体安全要求确定。 8.4.3 条文说明：机组设备间布置有上承式与下承式两种：上承式机组设备间，即将水泵机组安装在浮船甲板上。这种布置便于运行管理且通风条件好，适用于木船、钢丝网水泥船或钢船，但缺点是重心高、稳定性差、振动大。下承式机组设备间，即将水泵机组安装在船舱底部骨架上。这种布置重心低、稳定性好、振动小，但运行管理和通风条件差，加上吸水管要穿过船舷，因此仅适用于钢船。不论采用何种布置形式，均应力求船体重心低、振动小，并保证在各种不利条件下运行的稳定性。特别是机组容量较大、台数较多时，宜采用下承式布置。为了确保浮船的安全，防止沉船事故，首尾舱还应封闭，封闭容积应根据浮船船体的安全要求确定。 8.4.4 浮船的设备布置应紧凑合理，满足船体平衡与稳定的要求。不能满足要求时，应采取平衡措施
4. 浮船稳定性	8.4.5 浮船的型线和主尺度（包括吃水深、型宽、船长、型深）应按最大排水量及设备布置的要求选定，其设计应符合内河航运船舶设计规定。在任何情况下，浮船的稳性衡准系数不应小于1.0。

续表

项目	设计要点(《泵站设计规范》GB 50265—2010，8.4 浮船式泵站)
4. 浮船稳定性	8.4.5　条文说明：浮船的稳性衡准系数 K 即回复力矩 M_q 与倾覆力矩 M_f 的比值。浮船设计时，要求在任何情况下均应满足 $K \geqslant 1.0$，方可确保浮船不致倾覆。 8.4.6　浮船的锚固方式及锚固设备应根据停泊处的地形、水流状况、航运要求及气象条件等因素确定。当流速较大时，浮船上游方向固定索不应少于 3 根。 8.4.6　条文说明：浮船的锚固方式关系到浮船运行的安全。锚固的主要方式有岸边系缆，船首、尾抛锚与岸边系缆相结合，船首、尾抛锚并增设角锚与岸边系缆相结合等。采用何种锚固方式，应根据浮船安全运行要求，结合停泊处的地形、水流状况及气象条件等因素确定。 8.4.7　联络管及其两端接头形式应根据河流水位变化幅度、流速、取水量及河岸坡度等因素，经技术经济比较选定
5. 输水管坡度	8.4.8　输水管的坡度宜与岸坡坡度一致。当地质条件能满足管道基础要求时，输水管可沿岸坡敷设；不能满足要求时，应进行地基处理，并设置支墩固定。当输水管设置接头岔管时，其位置应按水位变化幅度及河岸坡度确定。接头岔管间的高差可取 0.6m～2.0m

问：移动式取水构筑物形式？

答：移动式取水构筑物形式见表 5.3.26-3。

移动式取水构筑物形式　　表 5.3.26-3

移动式取水构筑物	
缆车	浮船
按坡道形式：斜坡式、斜桥式、斜坡式+斜桥式	按水泵位置：上承式、下承式
	按接头形式：阶梯式连接、摇臂式连接、带活动钢引桥的摇臂式连接及综合式
	按船体材料：钢船、钢丝网水泥船（钢筋混凝土船）、木船

问：缆车式取水构筑物的图示？

答：缆车式取水构筑物的图示见图 5.3.26-1～图 15.3.26-3。

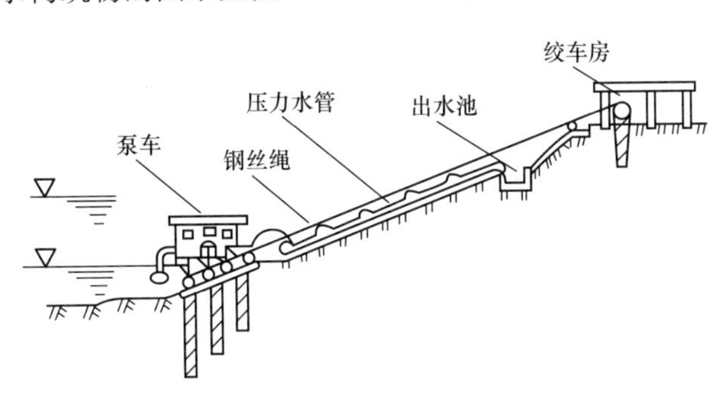

图 5.3.26-1　缆车取水图示

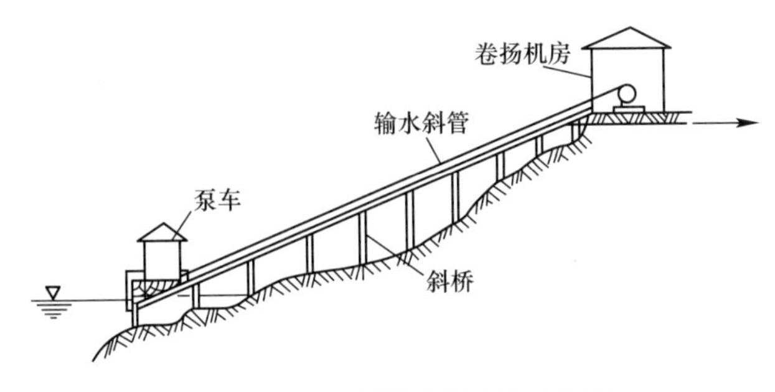

图 5.3.26-2　斜桥式缆车取水图示

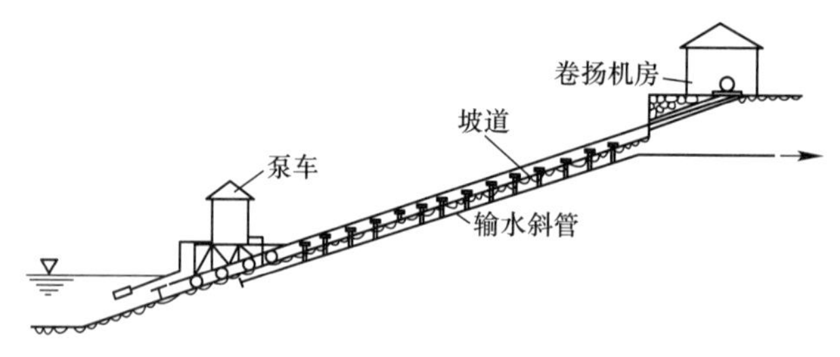

图 5.3.26-3　斜坡式缆车取水图示

问：浮船式取水构筑物的图示？

答：浮船式取水构筑物的图示见图 5.3.26-4～图 5.3.26-8。

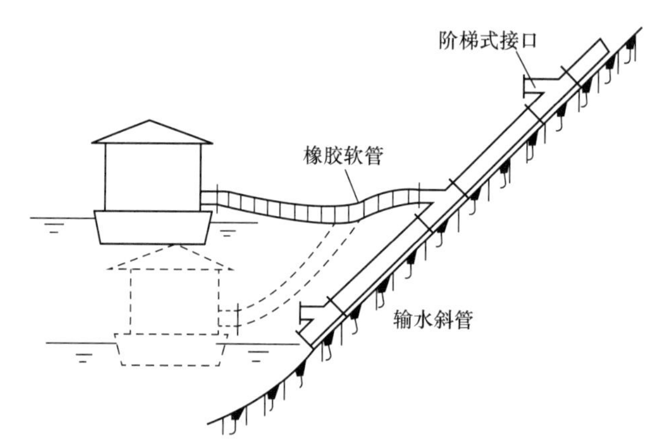

图 5.3.26-4　柔性联络管阶梯式连接取水浮船

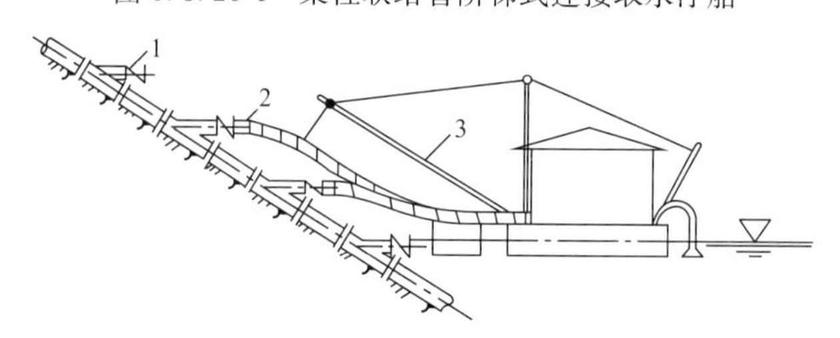

图 5.3.26-5　柔性联络管阶梯式活动连接

1—止回阀；2—橡胶联络管；3—吊杆

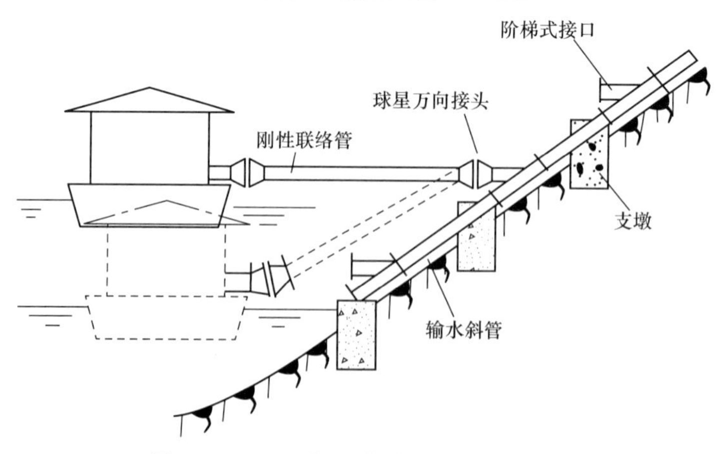

图 5.3.26-6　刚性联络管阶梯式活动连接

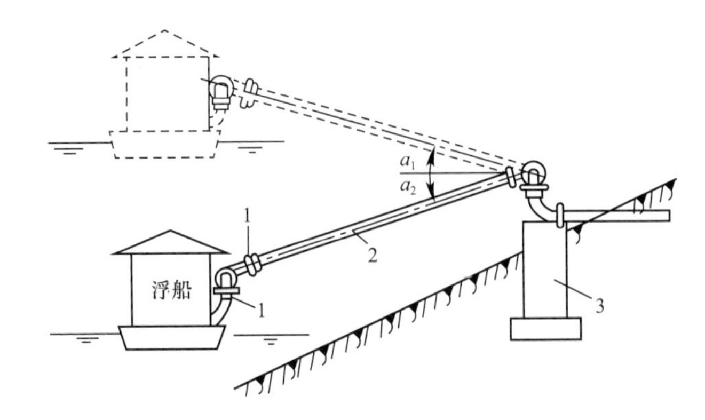

图 5.3.26-7　单摇臂联络套筒式活动连接取水浮船

1—船端活动支座与套筒接头；2—摇臂管；3—支墩

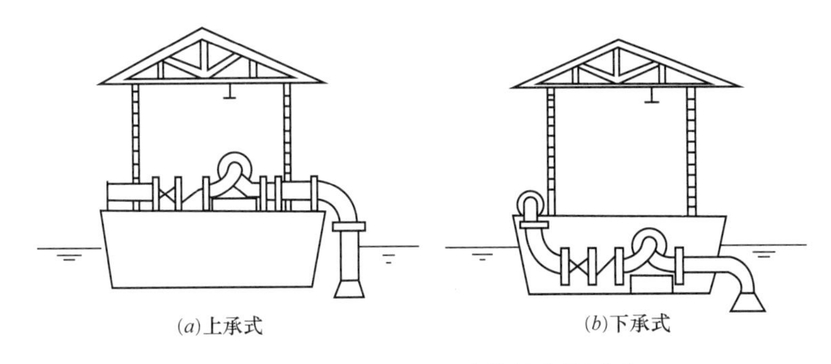

图 5.3.26-8　浮船式取水构筑物的图示

5.3.27　山区浅水河流的取水构筑物可采用低坝式（活动坝或固定坝）或底栏栅式。低坝式取水构筑物宜用于推移质不多的山区浅水河流；底栏栅式取水构筑物宜用于大颗粒推移质较多的山区浅水河流。

问：山区浅水河流取水构筑物的适用条件?

答：山区浅水河流取水构筑物的适用条件：

山区河流水量丰富，但属浅水河床，水深不够使取水困难。

低坝取水形式：推移质不多的山区河流常采用低坝取水形式。低坝可分为活动坝及固定坝。活动坝除一般的拦河闸外还有橡胶坝、浮体闸、水力自动翻板闸等新型活动坝，洪水来时能自动迅速开启泄洪、排沙，水退时又能迅速关闭蓄水，以满足取水要求。

底拦栅取水形式：山溪河道的河床坡度较陡，当水流中带有大量的卵石、砾石及粗沙推移质时，常采用底拦栅取水形式。

问：固定式低坝取水图示?

答：固定式低坝取水图示见图 5.3.27-1。

问：活动式低坝取水图示?

答：活动式低坝取水图示见图 5.3.27-2 和图 5.3.27-3。

封闭的橡胶袋内充一定压力的水或气体使其保持一定形状，承受上游的水压而起挡水作用。当需要泄水时，放出一部分水或空气。

问：底栏栅式取水构筑物图示?

答：底栏栅式取水构筑物图示见图 5.3.27-4。

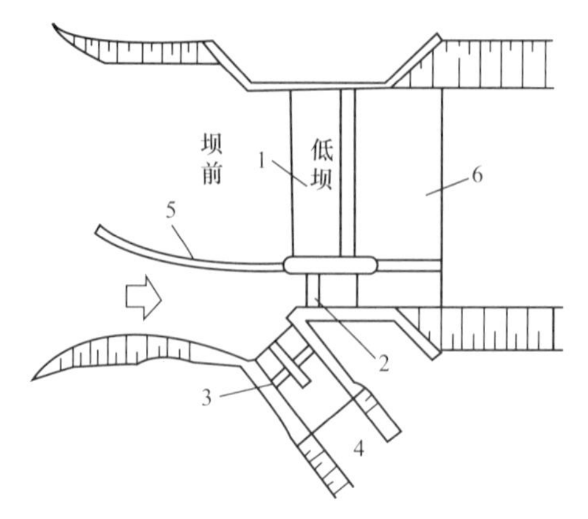

图 5.3.27-1 固定式低坝取水图示

1—溢流坝（低坝）；2—冲砂闸；3—进水闸；4—引水明渠；5—导流堤；6—护坦

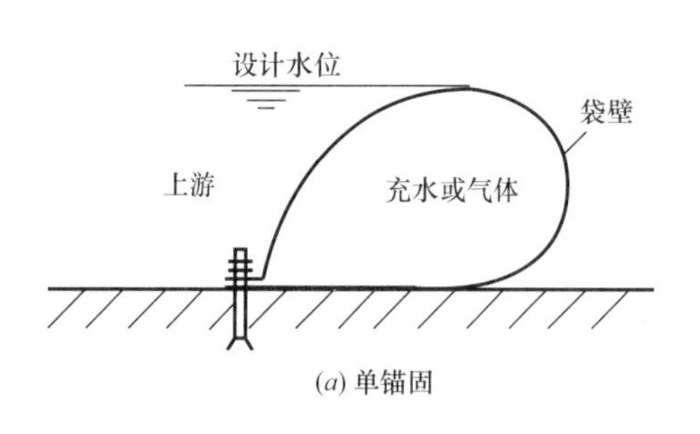

(a) 单锚固

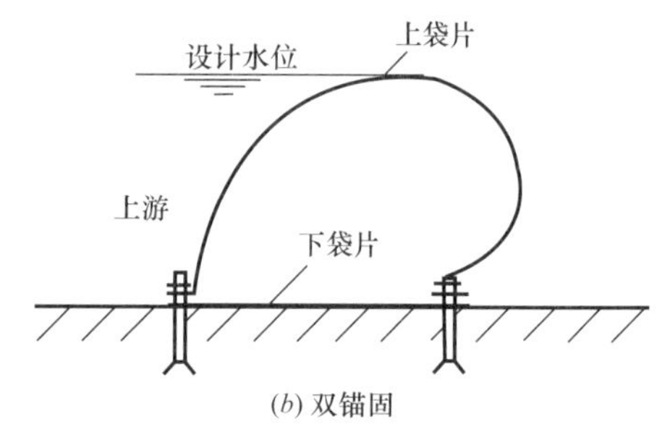

(b) 双锚固

图 5.3.27-2 袋形橡胶坝

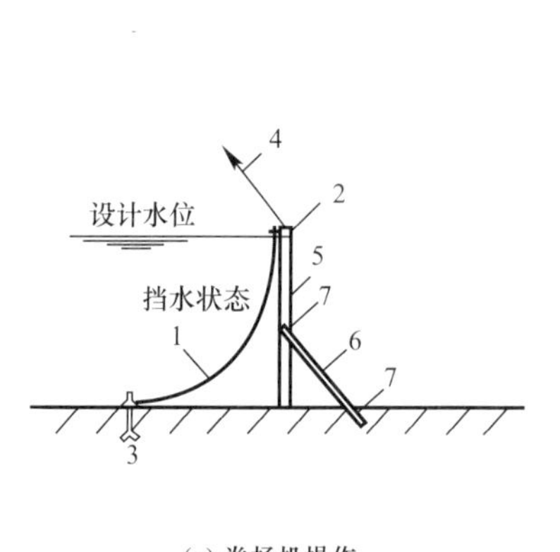

(a) 卷扬机操作

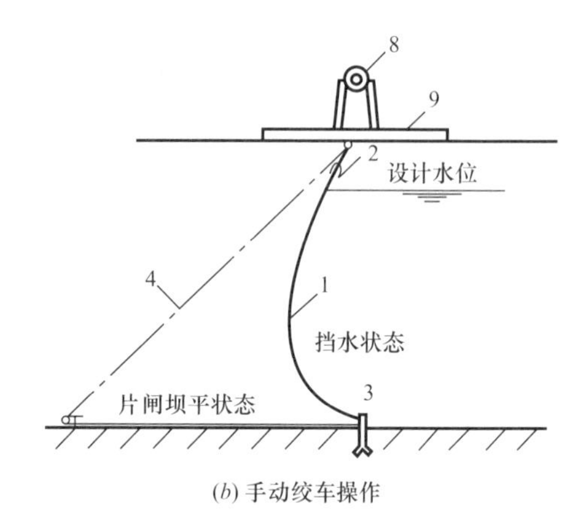

(b) 手动绞车操作

图 5.3.27-3 片形橡胶坝（橡胶片闸）

1—胶布片；2—活动横梁；3—锚固螺丝；4—钢丝绳；5—立柱；6—导向杆；7—轴；8—手动绞车；9—工作平台

5.3.28 低坝位置应选择在稳定河段上。坝的设置不应影响原河床的稳定性。取水口宜布置在坝前河床凹岸处。

问：低坝及其取水口位置的选择原则？

答：为确保坝基的安全稳定，低坝应建在河床稳定、地质较好的河段，并通过一些水工设施，使坝下游处的河床保持稳定。

选择低坝位置时，尚应注意河道宽窄要适宜，并在支流入口上游，以免泥沙影响。

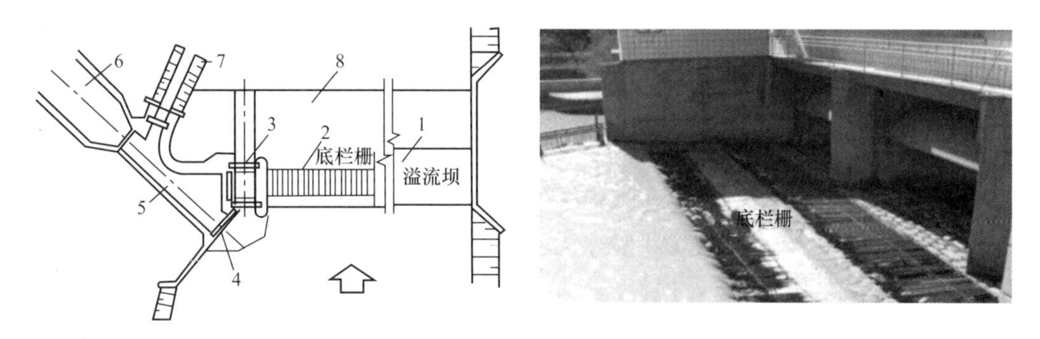

图 5.3.27-4 底栏栅式取水构筑物图示

1—溢流坝（低坝）；2—底栏栅；3—冲砂室；4—进水闸；
5—第二冲砂室；6—沉砂池；7—排砂渠；8—防洪护坦

取水口设在凹岸可防止泥沙淤积，确保安全取水。寒冷地区修建取水口应选在向阳一侧，以减少冰冻影响。

5.3.29 低坝的坝高应满足取水深度的要求。坝的泄水宽度，应根据河道比降、洪水流量、河床地质以及河道平面形态等因素，综合研究确定。冲沙闸的位置及过水能力，应按将主槽稳定在取水口前，并能冲走淤积泥沙的要求确定。

问：低坝、冲砂闸？

答：低坝、冲沙闸图示见图 5.3.29。

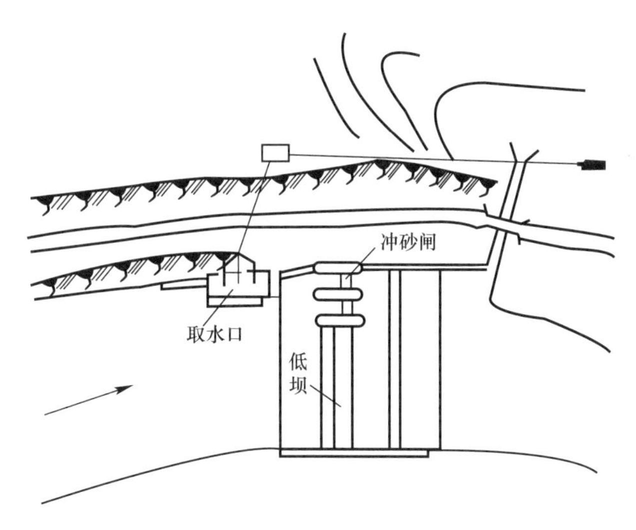

图 5.3.29 低坝、冲砂闸图示

问：低坝、冲砂闸的设计原则？

答：低坝取水枢纽一般由溢流坝、进水闸、导砂坎、沉砂槽、冲砂闸、导水墙及防洪堤等组成。

溢流坝的主要作用是抬高水位满足取水要求，同时也应满足泄洪要求。因此，坝顶应有足够的溢流长度。如其长度受到限制或上游不允许壅水过高时，可采用带有闸门的溢流坝或拦河闸，以增大泄水能力，降低上游壅水位。如成都六水厂每天 180 万m^3 取水口，采用了拦河闸形式。

进水闸一般位于坝侧，其引水角对含砂量小的河道为90°。新建灌溉工程一般采用30°～40°，以减少进砂量。

冲砂闸布置在坝端与进水闸相邻，其作用是满足冲砂及稳定主槽。据统计，运用良好的冲砂闸总宽约为取水工程总宽的1/10～1/3。

5.3.30 底栏栅的位置应选择在河床稳定、纵坡大、水流集中和山洪影响较小的河段。

问：关于底栏栅式取水构筑物位置选择的原则？

答：根据新疆的实践经验，底栏栅式取水构筑物宜建在山溪河流出口处或出山口以上的峡谷河段。该处河床稳定、水流集中、纵坡较陡（要求在1/50～1/20）、流速大、推移质颗粒大、含细颗粒较少，有利于引水排沙。曾有初期修建在出口以下冲积扇河段上的底栏栅，由于泥沙淤积被迫上迁至出口处后运行良好的实例。

5.3.31 底栏栅式取水构筑物的栏栅宜组成活动分块形式，间隙宽度应根据河流泥沙粒径和数量、廊道排沙能力、取水水质要求等因素确定。栏栅长度应按进水要求确定。底栏栅式取水构筑物应有沉沙和冲沙以及必要的防冰絮堵塞设施。

问：底栏栅式取水构筑物的设计要点？

答：底栏栅式取水构筑物一般由溢流坝、进水栏栅及引水廊道组成的底栏栅坝、进水闸、导沙坎和冲沙闸及冲沙廊道组成的泄洪冲沙系统以及沉沙系统等组成。

栅条做成活动分块形式，便于检修和清理，便于更换。为减少卡塞及便于清除，栅条一般做成钢制梯形断面，顺水流方向布置，栅面向下游倾斜，底坡为0.1～0.2。栅隙根据河道沙砾组成确定，一般为10mm～15mm。

冲沙闸在汛期用来泄洪排沙，稳定主槽位置，平时关闭壅水。故冲沙闸一般设于河床主流，其闸底应高出河床0.5m～1.5m，防止闸板被淤。

设置沉沙池可以去除进入廊道的小颗粒推移质，避免集水井淤积，改善水泵运行条件。

6 泵　房

问：泵房位置设置要求？

答：《泵站设计规范》GB 50265—2010，第 5.1.8 条：泵房与铁路、高压输电线路、地下压力管道、高速公路及一、二级公路之间的距离不宜小于 100m。

问：泵站等别的划分？

答：《泵站设计规范》GB 50265—2010，第 2.1.2 条表 2.1.2 泵站等别指标（见表 6-1）。

泵站等别指标　　**表 6-1**

泵站等别	泵站规模	灌溉、排水泵站		工业、城镇供水泵站
		设计流量（m^3/s）	装机功率（MW）	
Ⅰ	大（1）型	≥200	≥30	特别重要
Ⅱ	大（2）型	200～50	30～10	重要
Ⅲ	中型	50～10	10～1	中等
Ⅳ	小（1）型	10～2	1～0.1	一般
Ⅴ	小（2）型	＜2	＜0.1	—

注：1. 装机功率系指单站指标，包括备用机组在内。
2. 由多级或多座泵站联合组成的泵站工程的等别，可按其整个系统的分等指标确定。
3. 当泵站按分等指标分属两个不同等别时，应以其中的高等别为准。

问：泵站在给水系统中电耗的占比？

答：一般，泵站电耗占给水系统总电耗的 70％以上，在给水系统的运行费用构成中居第一位。

——崔福义，彭永臻，南军. 给排水工程仪表与控制（第二版）[M]. 北京：中国建筑工业出版社，2006.

问：自来水厂运行数据汇总？

答：上海自来水公司电耗平均为 210kW·h/1000m^3，远低于国内平均水平 340kW·h/1000m^3。

实践表明，泵站的经常运行费用（主要是电费）占水厂制水成本的 50％左右，甚至更大。根据上海自来水公司的统计，其所属水厂中的五个水厂三十余年的电费支出，即相当于全市自来水企业的大部分投资。

——姜乃昌. 泵与泵站（第五版）[M]. 北京：中国建筑工业出版社，2007：146、150.

问：叶片泵对液体的提升原理？

答：叶片泵对液体的抽送是靠装有叶片的叶轮的高速旋转来实现的。根据叶轮出水的水流方向可以将叶片式水泵分为径向流、轴向流、斜向流三种。有径向流叶轮的水泵称为离心泵，液体在叶轮中流动主要受到离心力作用；有轴向流叶轮的水泵称为轴流泵，液体在叶轮中流动时，主要受到轴向升力的作用；有斜向流叶轮的水泵称为混流泵，它是上述两种叶轮的过渡形式，液体质点在叶轮中流动时，既受到离心力作用，又受到轴向升力作用。

——张景成，张立秋．水泵与水泵站（第 3 版）[M]．哈尔滨：哈尔滨工业大学出版社，2010.

问：如何用图解法求水泵工况点？

答：如图 6-1、图 6-2 所示。首先将水泵样本提供的水泵的（$Q-H$）曲线画下来，再根据公式 $H=H_{ST}+SQ^2$ 画出管路特性曲线（$Q-H$）$_G$，二者的交点 M 点就是水泵提供的比能与管路系统所需求的比能相等的点，即水泵提供的比能与管路所需的比能相平衡的点，也称为平衡工况点（工作点）。只要条件不变化，水泵将稳定工作，工况点不发生变化，此时水泵的出水量为 Q_M，扬程为 H_M。

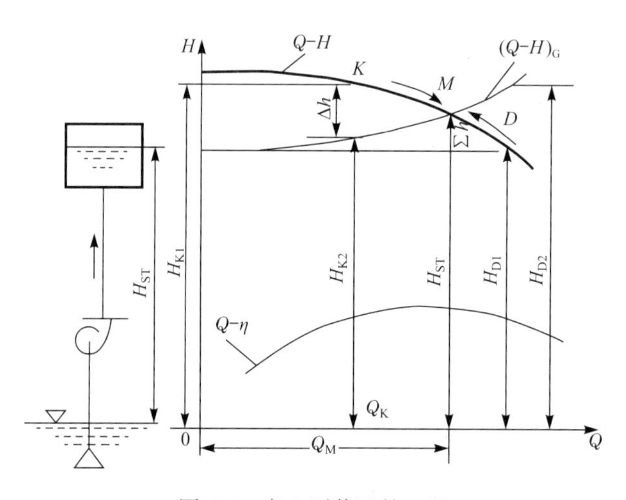

图 6-1　离心泵装置的工况

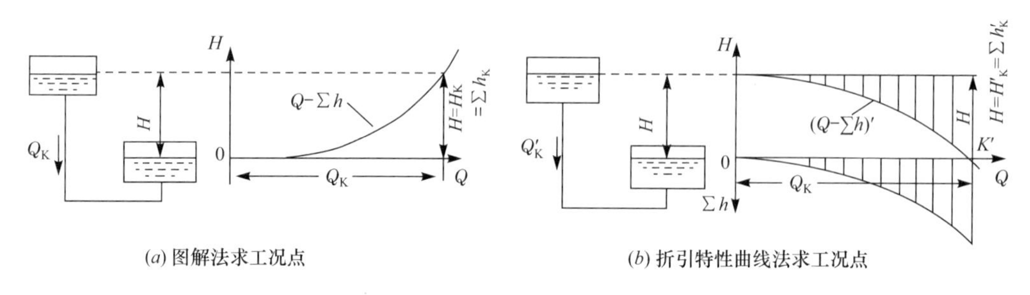

(a) 图解法求工况点　　(b) 折引特性曲线法求工况点

图 6-2　图解法求水泵工况点

当水泵在 M 点左侧的 K 点工作时，此时水泵提供的比能 H_{K1} 大于管路需求的比能 H_{K2}，即 $H_{供}>H_{需}$，多余的能量将以动能的形式，使水流速度加快，即流量 Q 增加，工况点右移，一直到 $H_{供}=H_{需}$，达到 M 点为止。同理，水泵在 M 点右侧的 D 点工作的，最终也达到 $H_{供}=H_{需}$ 为止。所以，工况点只能在 M 点工作，M 点是能量平衡点，只有外界条件改变，工况点才能改变。

——张景成，张立秋．水泵与水泵站（第 3 版）[M]．哈尔滨：哈尔滨工业大学出版社，2010：36.

问：水泵工况调节方法？

答：水泵的工况点由水泵特性曲线和管路特性曲线共同决定，是能量供给与消耗平衡的结果，符合能量守恒定律，若二者之一改变，工况点就会改变。

通过改变管路特性曲线来改变工况点的方法有自动调节（水位变化）、阀门调节（节流调节）等。通过改变水泵特性曲线来改变工况点的方法有变速调节（调速运行）、切削调节（换轮运行）、变角调节（改变轴流泵的叶片安装角）、摘段调节（对于多级泵来说，增减叶轮级数），以及水泵并联和串联工作等。

问：水泵关阀调节能量浪费的计算？

答：阀门调节是以增加阀门阻力（阻抗 S 增大）、多消耗能量为前提的。如水泵在 C 点工作时，水泵提供的扬程比管路所需要的最小扬程多 ΔH，多出的扬程就是浪费的扬程。浪费的扬程为 $\Delta H = H_C - H_D$，即在关小阀门上浪费（多消耗）的功率为：$\Delta N = \rho g Q \Delta H/\eta$。如图 6-3 所示。

——张景成，张立秋. 水泵与水泵站（第 3 版）[M]. 哈尔滨：哈尔滨工业大学出版社，2010：46.

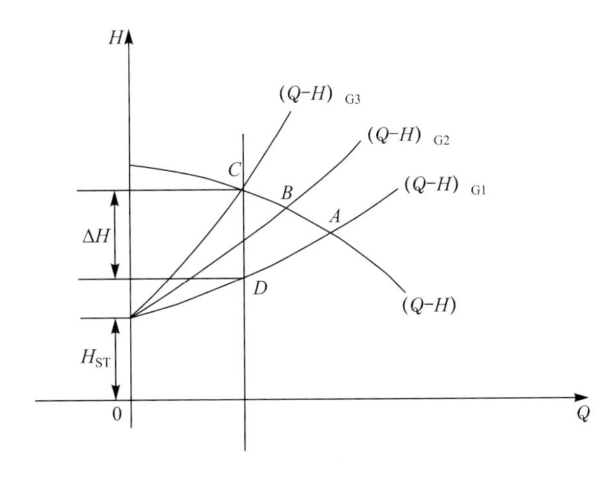

图 6-3　阀门调节工况点

问：水泵叶轮切削限量表？

答：叶轮切削前后的效率总是有些变化的，但是在规定的切削限量内，效率变化很小，可以认为近似不变，不同水泵的切削限量下表 6-2。本表是试验总结。

水泵叶轮切削量　　**表 6-2**

比转数 n_s	最大允许切削量（%）	效率下降值
60	20	每切削 10%，效率下降 1%
120	15	
200	11	每切削 4%，效率下降 1%
300	9	
350	7	
350 以上	0	

$$切削量 = \frac{D_2 - D_2'}{D_2}\%$$

目前，叶轮切削一般用于清水泵中，水泵厂常对同一台水泵配上 2～3 个外径不一样的叶轮以便用户采用。为选泵方便，厂方通常将样本中某种型号的高效率方框图成系列地绘在同一张坐标纸上，称为性能曲线型谱图，图中每一个小方框表示一种水泵的高效工作区域。框内注明该水泵的型号、转速及叶轮直径。用户在使用这种型谱图选择水泵时，只需看所需要的工况点落在哪一块方框内，即选用哪一台水泵，简单方便。如图 6-4 所示。

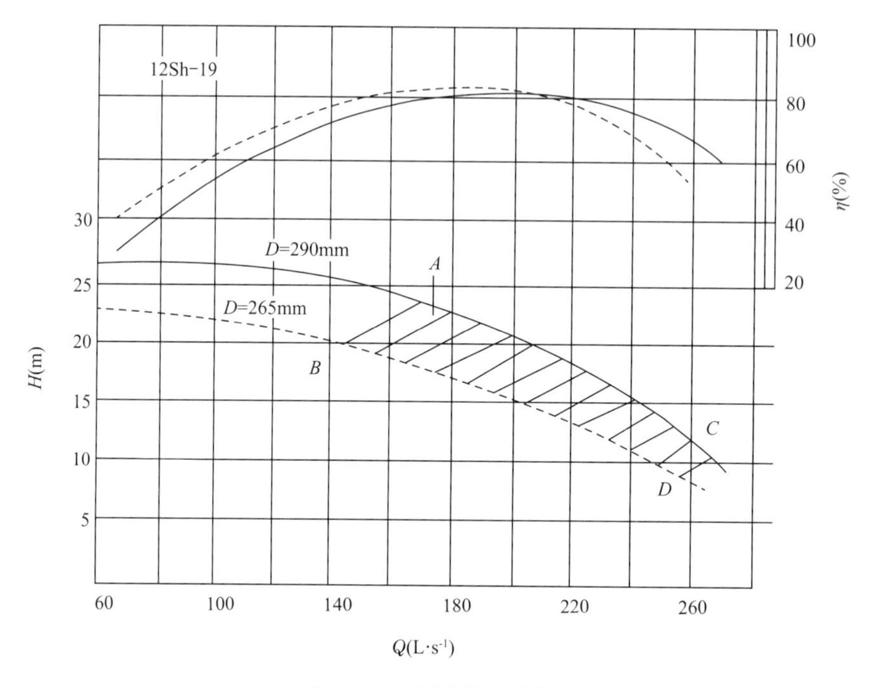

图 6-4 水泵高效率方框

不同构造的叶轮其切削方式也不同。低比转数的叶轮，切削量对叶轮前后盖板和叶片都是一样的；高比转数的离心泵叶轮，前后盖板切削量不同，后盖板的切削量应大于前盖板。混流泵不适合切削，必须切削时，只应切削前盖板的外缘直径，在轮毂处的叶片完全不切削，以保持水流的流线等长，如果叶轮出口处有导流器或减漏环，则切削时可只切削叶片，而不切削盖板。轴流泵不能切削。

问：水泵叶轮直径切削量与水泵比转速的关系？

答：水泵叶轮直径切削量与水泵比转速的关系（见表 6-3）：水泵叶轮切削后，须使水泵仍处在高效率范围内工作，不同类型水泵各有一定的切削极限，其切削量与水泵比转数有关。

——摘自《给水排水设计手册》P306

水泵叶轮直径切削量与水泵比转速的关系 **表 6-3**

水泵比转数	叶轮许可切削范围（%）	每切削 10%时，水泵效率概略减少值（%）
40～120	20～15	1.0～1.5
120～200	15～11	1.5～2.0
200～300	11～9	2.0～2.5
300～350	9～7	
350 以上	0	

注：叶轮切削的最大值不应超过 20%

问：水泵流量、扬程、功率与水泵叶轮切削前、后的关系？

答：水泵流量、扬程、功率与水泵叶轮切削前、后的关系如下：

$$\frac{Q}{Q_1}=\frac{D}{D_1};\qquad \frac{H}{H_1}=\left(\frac{D}{D_1}\right)^2;\qquad \frac{N}{N_1}=\left(\frac{D}{D_1}\right)^3$$

式中　Q、H、N——水泵叶轮切削前水泵的流量、扬程、轴功率；

Q_1、H_1、N_1——水泵叶轮切削后水泵的流量、扬程、轴功率。

问：电机转速与级数的关系？

答：电机转速应与水泵的设计转速基本一致，不同级数的电机转速见表6-4。

电机转速与级数的关系　　**表6-4**

级数	转速（r/min）		级数	转速（r/min）	
	同步电动机	异步电动机		同步电动机	异步电动机
2	3000	2900	8	750	720
4	1500	1450	10	600	590
6	1000	960	12	500	490

问：多台同型号水泵并联工作流量增加图示法？

答：多台同型号水泵并联工作的特性曲线可以用横加法求得。水泵并联工作时，每增加一台水泵所增加的水量 ΔQ 就越少。当两台水泵并联时，流量比单泵工作流量增加90%，三台泵并联工作比两台泵并联工作流量增加61%，四台泵并联工作比三台泵并联工作流量增加33%，五台泵并联工作比四台泵并联工作流量仅增加16%（见图6-5）。所以，是否通过增加并联工作的水泵台数来增加水量，要通过工况分析和计算决定，不能简单地理解成水泵台数增加，水量就成倍增加。

——张景成，张立秋. 水泵与水泵站（第3版）[M]. 哈尔滨：哈尔滨工业大学出版社，2010：58.

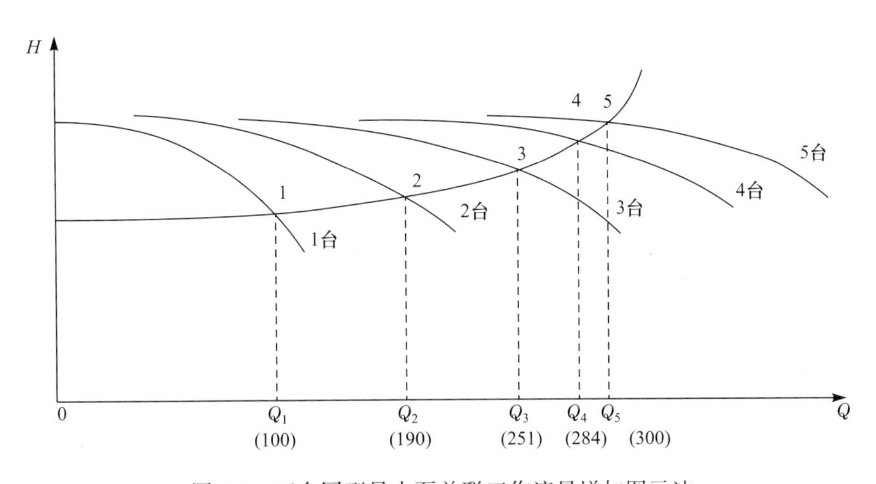

图6-5　五台同型号水泵并联工作流量增加图示法

并联水泵工作时，其静扬程是相同的，如果不考虑水头损失，并联水泵的扬程也是相同的。

$$H_1 = H_2 = H_{总}$$
$$Q_1 + Q_2 = Q_{总}$$

假定水泵并联后扬程不变，流量等于各并联水泵流量之和，从而并联水泵的特性曲线（假设的水泵并联特性曲线）就可以用“横加法”求出。横加法就是在相同扬程下将流量叠加。横加法只适用于管路布置相同的并联水泵（静扬程相同、水头损失相同），但在实际工程中管路布置往往是不相同的，水头损失也不相同，因而并联工作的各水泵扬程也就不同，所以就不能直接采用横加法求并联特性曲线，只能用“折引特性曲线法”求出折引并联特性曲线。

调速运行泵的台数越多，每台泵调速范围就越小，效率下降得就越小，但工程造价会提高。

问：泵站串联工作比水泵串联工作更节能？

答：目前生产的各种型号的水泵扬程已经能够满足给水排水工程对扬程的要求；目前生产的多级水泵实际上就是水泵串联，工程中常用多级水泵代替水泵串联；在工程中，当需长距离、高扬程输水时，并不采用水泵串联工作，而是在一定距离处设置中途加压泵站，采用泵站串联工作的方法。泵站串联工作要比水泵串联工作节省能量，并减少泄漏量。

如图 6-6 所示，加压泵站串联工作要比水泵串联工作总扬程降低 ΔH，减少能量 ΔE。由于泵站串联扬程要比水泵串联总扬程低得多，管道内水压也低，所以管道泄漏量要小得多。

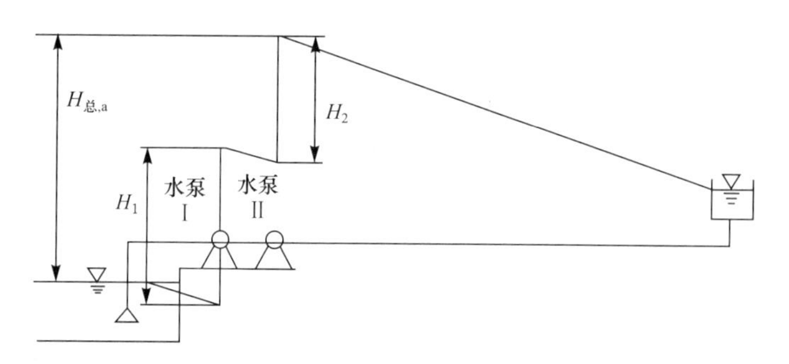

(a) 水泵串联工作图示

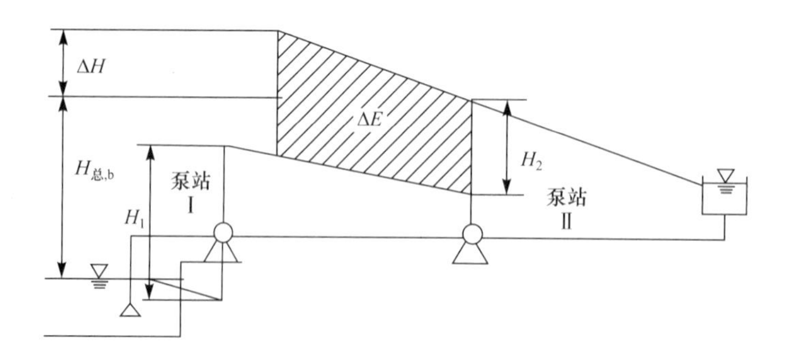

(b) 泵站串联工作图示

图 6-6　水泵串联工作图示和泵站串联工作图示

问：离心泵型号说明？

答：例如：IS 80-65-160（A）

IS——采用ISO国际标准的单级单吸清水离心泵；

80——水泵入口直径（mm）；

65——水泵出口直径（mm）；

160 叶轮名义直径（mm）；

A——叶轮外径经第一次切削。

问：离心泵的调节方式？

答：离心泵的调节可以采用变速调节或阀门调节。变速调节改变水泵的特性曲线，阀门调节改变管路的特性曲线。在某种特定的条件下，相应的水泵特性曲线与管路特性曲线的交点，即为水泵的工作点。

问：如何根据水泵的运行扬程求水泵的运行流量？

答：根据扬程的定义，用单位重量的液体，通过水泵后其能量的增量来计算。

$$H=\Delta Z+\frac{P_{d}+P_{V}}{r}+\frac{V_{2}^{2}-V_{1}^{2}}{2g}$$

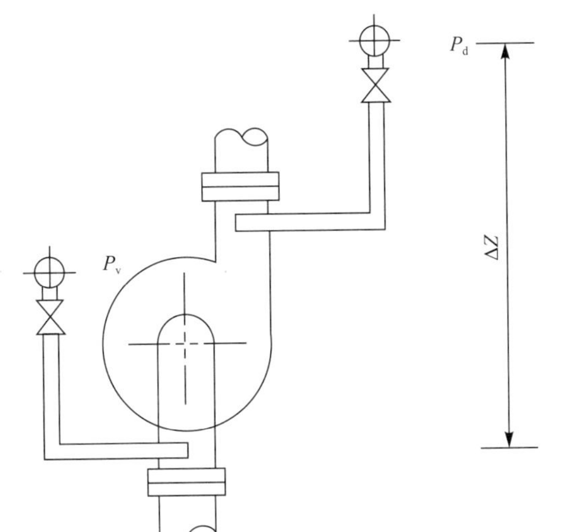

图 6-7 真空表与压力表安装位置

式中 ΔZ——真空表与压力表的高度差（见图 6-7）；

P_d——泵出口压力表读数；

P_V——泵入口真空表读数；

r——污水或雨水的密度；

V_1——吸水管中的流速；

V_2——压水管中的流速。

在实际工程中，由于水泵的型号和管径等几何尺寸都是特定的，因此可用下式计算：

$$H=\Delta Z+\frac{P_{d}}{r}+AQ^{2}$$

式中 ΔZ——水泵出口压力表中心到水池水面的高差；

A——系数，通过实验确定。

上式右侧含有未知量，通过计算机逐渐逼近至所要求的精度，最后求出扬程 H。

用最小二乘法拟合水泵特性曲线，分别表达为：

$$Q_{雨}=3326.156+157.118H-30.299H^{2}$$

$$Q_{污}=542.502-23.220H-0.161H^{2}$$

存入微机，运行时根据扬程适时计算出流量。

——崔福义，彭永臻，南军. 给排水工程仪表与控制（第二版）[M]. 北京：中国建筑工业出版社，2006：352.

6.1 一 般 规 定

6.1.1 泵房应根据规模、功能、位置、机组数量和选型、水力条件、工程场地状况、结构布置、施工技术以及安装与运行维护要求等因素进行整体考虑布置。平面布置上应采用矩形或圆形，高程布置上可采用地面式、半地下式和全地下式。

6.1.2 水泵的选型及台数应满足泵房设计流量、设计扬程的要求，并应根据供水水量和水压变化、运行水位、水质情况、泵型及水泵特性、场地条件、工程投资和运行维护等，综合考虑确定。同一泵房内的泵型宜一致，规格不宜过多，机组供电电压宜一致。

6.1.3 水泵泵型的选择应根据水泵性能、布置条件、安装、维护和工程投资等因素择优确定。

6.1.4 水泵性能的选择应遵循高效、安全和稳定运行的原则。当供水水量和水压变化较大时，经过技术经济比较，可采用大小规格搭配、机组调速、更换叶轮、调节叶片角度等措施。

问：水泵调节方法？

答：给水排水工程中应用的水泵多为离心泵。离心泵的调节方法有两类：一类是通过调节水泵出口管路上的阀门来改变管路特性，实现水泵工况点的调节；另一类是改变水泵的转速，从而改变水泵的特性曲线，实现水泵工况点的调节。前者节能效益较低，部分多余能量消耗在了阀门上；后者是一种高效节能的调节方式。

问：水泵调速方法与能耗？

答：水泵调速方法与能耗见表6.1.4-1。

水泵调速方法与能耗 **表6.1.4-1**

水泵调节类型	
1. 恒压调速	恒压调速属于二级泵站、建筑与小区给水系统水泵调节的典型情况。 以二级泵站为例。二级泵站水泵自水厂清水池吸水，担负向城市管网供水的任务，要求保证用户的自由水压不低于某规定值，即最小自由水压。城市用水情况是时刻变化的，在设计上为了保证供水的安全可靠性，要按最大时流量与扬程条件设计。然而，最大时是一种极端的用水情况，更为经常的是处于用水量较少的条件下，水泵供水能力会有富余，供水压力高于用户要求的自由水压，造成能量的浪费。传统的解决办法是采用分级供水，视用水情况将二级泵站的工作制度定为二级或三级，每一级选择不同规格、不同台数的水泵组合运行，这种运行方式只需对水泵进行开停泵控制，实际上就是双位控制技术。这种控制方式的结果是，在某一级的运行范围内，随用水的波动，水泵工况点仍有一定幅度的变化，有可能导致：水泵长期工作在低效率点，浪费能量；在用水较多时用户水压难以保证，或在用水较少时水压过高造成浪费。供水系统用水量变化越大（变化系数大），问题就越严重。据文献报导，即使在上海地区这种用水均匀性较强的大型给水系统中，由于水压波动、水泵长期在较低效率下运转等原因导致多耗电大约20%。因此，有必要以保证用户水压恒定为目标进行水泵调速。这种调节方式应用较广泛
2. 恒流调速	恒流调速是给水系统一级泵站的典型运行情况。 二级泵站水泵自江、河、湖泊、水库取水，加压送水到水厂。为保证取水安全，二级泵站往往按恒定取水水位设计，以水源某一概率下最低水位为设计依据。这也是一种极端情况，对水泵的扬程要求最高。常年运行中多数时间内水源水位高于最低水位，经常处于常水位附近，实际需要水泵扬程低于设计扬程，偏离设计工况，水泵设计扬程过剩，浪费能量。由于水厂运行多是按恒定流量设计的，要求二级泵站也应按恒流方式运行。为此在传统方式中，有的泵站根据水位的变动，更换水泵叶轮，在一定程度上实现流量调节并节能。这是一种阶段式的调节，而且操作起来很不方便。更为经常的是当水位高于设计水位时，采取关小管路阀门的方式消耗多余的水头，保证二级泵站取水流量恒定。因此，二级泵站水泵也会长期运行在耗能高、效率低的工况下。图6.1.4-1中曲线①、②分别为水源水位在常水位、设计水位（最低水位）时的管路特性曲线。随着水源水位高于设计水位，水泵供水量有增大的趋势，为保证设计流量Q不变，就要关小水泵阀门，改变管路特性曲线（如曲线③）。为了避免这种水源水位变化产生的能量浪费，现在已经有泵站开始进行水泵工况的变速调节。这是以水量恒定为目的的水泵调速。水源水位变幅越大，这种调节就越为必要。当然，也有的水厂清水池调节能力不足，二级泵站也要有一定的水量调节功能，这就更有必要进行水泵的调速。恒流调节速可以有效地节约能耗。据介绍，上海某水厂有一台取水泵，恒流调速后，平均功耗由200kW下降到145kW

续表

水泵调节类型	
3. 其他调节情况	给水排水系统中，还有许多水泵工况调节的情况，较为典型的有各种水处理药剂投加泵的调节。投药泵一般按最大投药量设计选择，因此，其长期在低投药量下运转，传统上是以阀门调节，耗能高、调节精度差。这种用途的水泵特别要求有良好的调节精度，保证药量按需投加。往往采用调速的方法能收到较好的效果。这是一种非恒压、非恒流的水泵调节情况

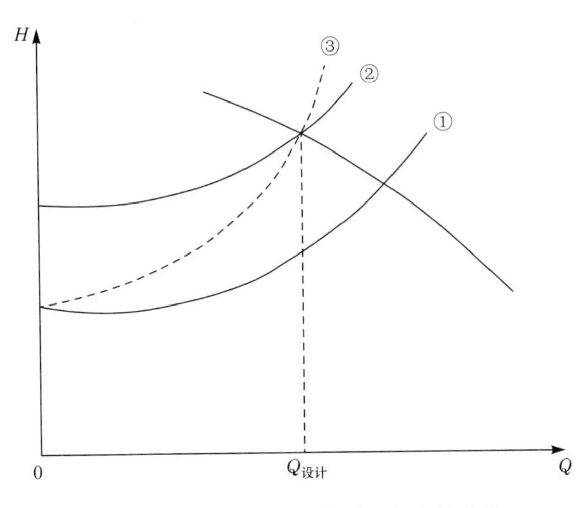

图 6.1.4-1　一级泵站水泵工况点的变化

问：水泵的调速方法？

答：水泵的调速方法有多种，主要分为两类：第一类是电机转速不变，通过附加装置改变水泵的转速，如液力耦合器调速、电磁离合器调速、变速箱调速等，都属于这种类型；第二类是直接改变电机的转速，如可控硅串级调速、变频调速等。后者是水泵站应用较多的调速形式。

1. 串级调速

异步电动机的转子绕组外接一个可变反电势，可以改变电动机的转速。为使反电势的频率与转子绕组的感应电势相符合，通常把转子绕组的感应电势通过三相轿式整流变为直流电，用直流电动机实现反电势的方法，称为机组串级调速。根据电能反馈的方式，串级调速可分为下列三种方式：

（1）机械反馈机组串级调速。如果直流电动机与异步电动机同轴，使它所吸取的电能从转矩回馈到主轴，这种调速称为机械反馈机组串级调速。

（2）电气反馈机组串级调速。如果直流电动机拖动另一台异步发电机把电能反馈到电网，这种调速称为电气反馈机组串级调速。

（3）可控硅串级调速。用可控硅逆变器实现反电势的调速方法，称为可控硅串级调速。这种调速方式可用于大型水泵的调速。这种方法可靠性低，要求有较高的维护水平；而且可产生高次谐波，污染电网，对其他用电设备造成干扰；该调速方式投资大，新产品有很大改进。

2. 液力耦合器调速

液力耦合器调速是一种机械调速方式，可以实现无级调速。液力耦合器是由主动轴、从动轴、泵轮、涡轮、旋转外壳、导流管、循环油泵等组成的。泵轮在电机一侧，与电机同步；涡轮在水泵一侧，与水泵同步。液力耦合器通过导流管控制，其调速原理是：泵轮与涡轮之间有一间隙，泵轮随主电机以 n_0 的额定转速旋转，若略去空气阻力不计，当流道未充油时，涡轮与水泵转速 $n \approx 0$；当循环油泵向流道供油后，旋转的泵轮叶片将动能通过油传给涡轮叶片，因而带动涡轮与水泵旋转，耦合器处于工作状态。涡轮的旋转速度由流道内因离心力旋转的油环厚度而定，油环越厚旋转速度越高。设计使导流管的排油量大于循环泵的供水量，只要调节导流管的行程，便可改变耦合器的充油度，从而实现水泵无级变速运行，控制水泵出口的流量。

这种调速方式一次性投资小，操作简便，但在低速时效率低、节能效果差，其原因是机械耗能较大，循环油泵需要耗用一部分能量。况且还需要配备一套油泵和耦合设备，占地面积较大，液力耦合器调速只宜在较小型水泵上使用。

——崔福义，彭永臻，南军. 给排水工程仪表与控制（第三版）[M]. 北京：中国建筑工业出版社，2006.

问：变频调速？

答：变频调速就是通过改变水泵工作电源频率的方式改变水泵的转速。

$$N = \frac{120f}{P} \quad (1-s)$$

式中 N——水泵电机转速；

f——电源频率；

P——电机级数；

s——电机转差率。

如果均匀地改变电机定子供电频率 f，则可平滑地改变电机的转速。为了保持调速时电机最大转矩不变，需维持电机的磁通量恒定，因此，要求定子供电电压应作相应的调节，所以变频设备兼有调频和调压两种功能。变频调速通过变频调速器实现，可以将输入的固定频率的电源（我国为 50Hz）转换为频率可调的电源输出，供给水泵电机等需要调频的设备的工作电源。变频调速具有很高的调节精度。

问：变频调速的优点及应用？

答：变频调速的优点及应用：

1. 实现水泵的软启动。水泵从低频电源开始运转，即由低速逐渐升速，直至达到预定工况，而不是按照常规一启动就迅速达到额定转速。软启动的工作方式对电网的干扰小，无冲击电流，也适合于在几台水泵之间进行频繁的切换操作。变频调速方式在恒压供水等情况下有独特优点。

2. 变频调速应用很广。调节水厂投药泵的转速，实现投药量的高精度调节；建筑或小区给水系统中用于恒压给水控制；在大型给水泵站，变频调节供水泵的转速，实现城市供水的恒压或恒流调节等。

问：水泵调速运行的方式？

答：以变频调速为例，通常以微电脑为控制中心，构成水泵的变频调速控制系统。最典型的控制系统形式是反馈控制系统，控制中心根据控制点输入信号（如水压）与给定值比较，调节变频器的输出，改变水泵工作电源的频率，使水泵转速相应改变。一般为减少控制设备台数、降低投资，常采用变速与定速水泵配合工作方式。即一个泵站内只有1台～2台水泵变速运行，其余水泵为定速运行，变速泵与定速泵组合一起工作，通过对变速泵的调节，得到要求的各种工况。

问：变频调速对频率调节有限制吗？如果有限值是多少？

答：变频器对电源的要求主要有电压/频率、允许电压变动率和允许频率变动率三个方面。其中电压/频率指输入电源的相数（即单相、三相）以及电源电压的范围（200V～230V、380V～460V）和频率要求（50Hz、60Hz）。允许电压变动率和允许频率变动率为输入电压幅值和频率的允许波动范围，前者一般为额定电压的±10%左右，而后者则一般为额定频率的±5%左右。

变频器输出频率范围：变频器可控制的输出频率范围。最低启动频率一般为0.1Hz，最高频率则因变频器性能指标而异。

变频器允许过载能力：变频器所允许的过载电流，以额定电流的百分数和允许的时间来表示。一般变频器的过载能力为额定电流的150%、持续60s（小容量型也有120s），或者130%、60s。如果瞬时负载超过了变频器的过载耐量，即变频器与电机的额定容量相符，也应该选择大一档的变频器。

变频器的调速范围：一般来说，通用型变频器的调速范围可以达到1∶10以上，而当采用矢量控制方式的变频器对异步电动机进行调速控制时，还可以直接控制电动机的输出转矩。因此，高性能矢量控制变频器与变频器专用电动机的组合在控制性能方面可以达到和超过高精度直流伺服电动机的控制性能。

——原魁，刘伟强，邹伟，等. 变频器基础及应用［M］. 北京：冶金工业出版社，2005.

问：常用交流调速方式比较？

答：常用交流调速方式比较见表6.1.4-2。

常用交流调速方式比较 **表6.1.4-2**

比较项目	调整方式						
	变极调速	电磁较差调速	串级调速	内反馈串级调速	变频调速	液力耦合器调速	液体黏性调速器调速
基本原理	用接触器切换，改变定子绕组接线，可获得2～4的倍数转速	调节离合器励磁，以实现传动机械的调速	在转子回路中通以可控直流比较电压，以改变电动机的转差率，达到平滑调整的目的	同串级调速，但转差功率不经逆变变压器，而直接反馈到定子的反馈绕组协同传动	控制电动机定子频率和电压，以调节电动机的转速	调节液力耦合器工作腔里的油量，实现传动机械的调速	靠液体黏性来传递动力，改变黏性液体油膜厚度与压力，以改变油膜的剪切力进行无级调速
调速范围（%）	有2、3、4的倍数转速	97～20	100～50	100～50	100～5	97～30	100～20
调速精度（%）	有级	±2	±1	±1	±0.5	±1	±1
电动机类型	变极电动机	电磁调速异步电动机	绕线型异步电动机	具有双定子绕组的绕线型异步电动机	同步电动机或笼型异步电动机	同步电动机或异步电动机	同步电动机或异步电动机

续表

比较项目	调整方式						
	变极调速	电磁较差调速	串级调速	内反馈串级调速	变频调速	液力耦合器调速	液体黏性调速器调速
控制装置	极数变换器	励磁调节装置	硅整流—晶闸管逆变	硅整流—晶闸管逆变	晶闸管变频器	调速型液力耦合器	液体黏性调速器
装置出现故障后的处理方法	停车处理	停车处理	不停车，全速运行	不停车，全速运行	不停车，工频运行	停车处理	停车处理
对电网干扰程度	无	无	较大	有	有	无	无
特点	简单，有级调速，恒转矩或恒功率，无附加转差损耗，故效率较高	恒转矩，无级调速，效率随转速降低而成比例下降，离合器有较大转差损失，使最高转速仅为同步转速的 80%～90%，离合器故障时，无法切换运行，影响正常工作	无级调速，有转差损耗，功率因数低，恒转矩，对电网有谐波污染，调速装置故障时，可切换到全速运行	无级调速，系统简单，效率高，功率因数高，恒功率调速，设备少，定子电流中谐波分量小	无级调速，恒转矩，效率高，系统较复杂，价格高，比串调装置功率因数高，存在高次谐波污染	平滑启动，无级调速，效率随转速降低而成比例下降，由于存在转差，负载无法达到额定转速，转差功率释放的热能损耗，需采取冷却措施解决。耦合器故障时，不能切换运行，影响工作	尺寸及占地面积均较液力耦合器小，且可全速运行，调速范围宽，价格比液力耦合器便宜，故采用机械调速时，其技术经济指标比液力耦合器优越
适用场合	适用于仅需要分级调速的机械，如搅拌机、行车等	适用于中、小功率要求平滑启动、短时间低速运行的机械，如搅拌机、曝气机、小型水泵及风机等	适用于中大功率的水泵、鼓风机等，装置容量随调速比的加大而增大，调速比不宜太大，可靠性欠佳	适用于中大功率的水泵、风机等设备的调速节能	适用于各种不同功率的水泵、风机等	适用于中大功率的水泵、风机等短时低速运行的机械	适用于中大功率的水泵、风机等设备的调速节能，是液力耦合器的换代产品
维护保养	最易	较易	较难	较难	易	较易	较易

注：本表摘自《给水排水设计手册　第 8 册：电气与自控》(第三版) P294～295。

问：恒压给水系统控制技术？

答：恒压给水系统控制技术包括以下两类：

1. 双位控制系统：按水位（水压）的高低两个界限值控制水泵的开停。当高低水位相差不大、水压波动较小时，可近似看作恒压给水系统，如高位水箱给水系统以及气压给水系统。这种控制方式精度低，水压波动较大，是较传统的给水系统控制技术。

2. 定值给水控制系统：按某一压力（水位）控制点的水压（水位）目标值进行调节控制。可以采用变频调速等技术，改变水泵特性，对水泵工况连续调节，将水压控制在很小的波动范围内，是较为先进的给水系统控制技术。

问：恒压给水系统压力控制点位置？

答：恒压给水系统以满足用户水压恒定为目标。但在具体的系统设计上，按压力控制点不同，可分为两大类：一类是将控制点设在最不利点处，直接按最不利点水压进行工况调节；另一类是将控制点设于水泵出口处，按水泵出口水压进行工况调节，间接地保证最不利点的水压稳定。现在恒压给水系统多采用后一种方式。在后一种方式中，可按压力设定值的不同分为恒压控制和变压控制。

问：恒压给水控制点设在水泵出口的优缺点？

答：1. 恒压给水控制点设在水泵出口，事先给定一个压力设定值，按此值变速调节水泵工况是现在常用的方式，其工作特性曲线如图 6.1.4-2 所示。管路特性曲线与水泵特性曲线的交点水压代表水泵出口水压。通过此交点的管路特性曲线与纵坐标轴相交，该水压值代表用户最不利点水压。H'为水泵出口压力控制线，按用户水压要求，并由管路特性曲线推求确定。设在最大用水量 Q_{max}时，管路特性曲线 A_0、水泵特性曲线 B_0 与压力控制线 H'交于 a 点，对应用户最不利点的水压标高 H_0 即为要求的最低水压，没有水压浪费。当用水量降低时，控制系统降低水泵转速来改变其特性，水泵特性曲线下移。但由于采用水泵出口水压恒定方式工作，所以其工作点始终在 H'上移动，如 b 点即为相应于 Q' 的新工作点，相应的水泵特性曲线为 B_1，对应的管路特性曲线必然由 A_0 向上平移至 A。其结果导致最不利点水压由 H_0 上升为 H_1，二者的差值为多余的水头，用户用水量越少时，水头浪费的越大。图中阴影部分即表示用水量在 $0 \sim Q_{max}$之间变动时的水头浪费情况。显然水泵出口处恒压对用户而言是变压，水压波动范围为 $H_0 \sim H'$，可能给用户带来不便。另外，这种控制方式虽然管理方便，但不能直接反映用户的水压情况，如果管路上发生某种情况，管路特性变化而使管路特性曲线形状变化，就可能影响用户的水压，因此在水压可靠性保证上存在问题，其技术经济性不是十分理想。

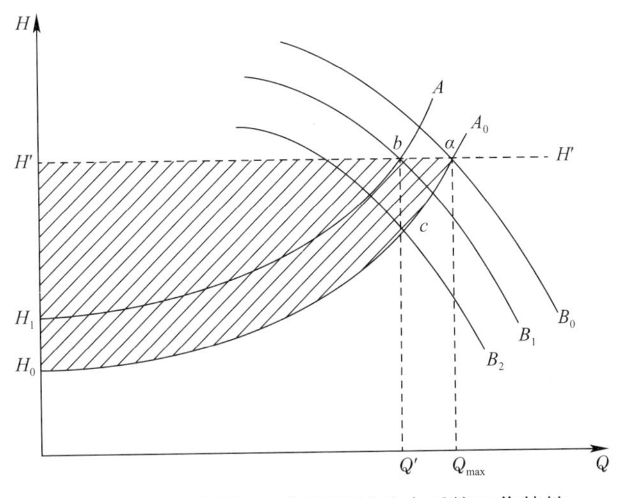

图 6.1.4-2　水泵出口恒压调速给水系统工作特性

为了克服水泵出口恒压控制浪费能量、用户水压波动的缺点，可以采用水泵出口变压控制方式，即将压力控制点设于水泵出口处，采用变压力控制，从而间接保证用户处基本为恒压。如图 6.1.4-3 所示，为了保证用户处的压力恒定为 H_0，水泵出口处的压力就应该沿管路特性曲线 A_0 变化，其规律可以由管路特性曲线方程确定：

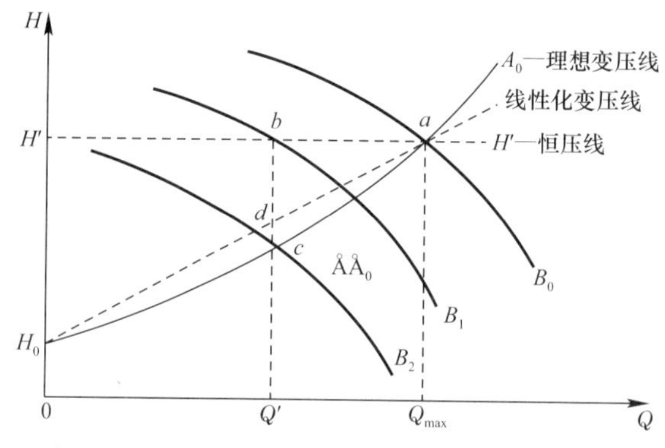

图 6.1.4-3 水泵出口变压调速给水系统工作特性

$$H = H_0 + sQ^2 \quad (6.1.4\text{-}1)$$

式中 H——水泵出口水压设定值；

H_0——用户处水压要求；

s——管路摩阻；

Q——用水量。

上式各项中，用水量 Q 为当前工作状况参数，可测；H_0 也为可知参数。若能确定管路摩阻 s，则 H 可知。因此，在水泵出口处除设压力传感器外，再加一台流量传感器，控制系统依流量值按公式（6.1.4-1）计算确定当前的压力设定值，再依此压力设定值调节水泵转速，间接地保证用户水压恒定。这就构成了水泵出口变压控制系统。在理论上，这一系统的压力控制线沿管路特性曲线变化，供水压力和要求的水压相等，可以满足节能供水、用户水压恒定的要求。

上述水泵出口变压控制的方式较为理想。在实践中，有时难以准确确定供水管路摩阻 s，因此，可以采用一种简化的水泵出口变压控制模式。在图 6.1.4-3 中，取两点的流量和相应的水泵出口压力——（0，H_0）和（Q_{max}，H'），过此两点的直线为：

$$H = H_0 + kQ \quad (6.1.4\text{-}2)$$

按水力计算或经验确定系数 k，则控制系统就可依公式（6.1.4-2）决定当前压力设定值 H，即该设定值按线性规律变化。这种水泵出口线性变压的方式在应用中较易实现，可靠性也较高。

图 6.1.4-3 中的 b、c、d 三点分别代表水泵出口恒压、理想变压、线性化变压三种控制方式在某一供水量 Q'时的工作点。显然，以水泵出口恒压线控制能量浪费最大，以理想变压线控制节能效果最好，以线性变压线控制为一种易于实现的简化方式。

2. 控制点设在最不利点处：这种控制方式是将控制点设于最不利点，以该点水压标高 H_0（见图 6.1.4-2）定值作为控制系统的调节目标。在该种方式下，随用水量大小的变化调节水泵转速，使水泵特性曲线变化，而管路特性曲线 A_0 恒定不变，水泵工作点始终在 A_0 上移动，最不利点水压不变保持为 H_0。例如供水量为 Q'时，水泵特性曲线为 B_2，工作点为 c，供水水压等于需要的水压，没有能量的浪费。与水泵出口恒压控制相比，在同样供水量时将使水泵以较低的转速工作，消除了图中阴影部分的能量浪费，实现最大限度的节能供水。同水泵出口变压控制相比，将控制点直接设在用户处，控制系统简单，不需要流量传感器，控制准确。无论管路特性曲线等条件发生什么变化，最不利点的水压是恒定的，保证水压的可靠性高。因此将压力控制点设在最不利点更合理，技术经济性能更佳，而且技术上不难实现。但是这种控压方式改变了压力传感器的安装位置，相应增加信号线的长度，特别是压力控制点的环境可能是复杂的，在工程上与管理上有时会带来一些困难。

实践中，可以根据具体情况，灵活地将控制点设在水泵出口至用户之间的任何位置。基本规律是控制点越靠近用户，则节能效果越好、用户水压越稳定、可靠性越高。

6.1.5 并联运行水泵的设计扬程宜相近，并联台数应通过各种运行工况下水泵特性的适应性分析确定。

6.1.6 泵房应设置备用泵1台～2台，且应与所备用的所有工作泵能互为备用。当泵房设有不同规格水泵且规格差异不大时，备用水泵的规格宜与大泵一致；当水泵规格差异较大时，宜分别设置备用水泵。

问：泵房备用泵的设置原则？

答：备用机组数应根据供水的重要性及年利用小时数确定，并应满足机组正常检修要求。

1. 对于重要的城市供水泵站，当工作机组为三台及三台以下时，应设一台备用机组；多于三台时，宜设两台备用机组。

2. 对于一般的城市供水泵房可设一台备用泵，备用泵型号与泵房内最大一台水泵相同。

3. 高含砂量水源的取水泵房，由于叶轮磨损严重，维修频繁，故一般备用率较高，常按供水量的30％～50％设置备用泵。

4. 大型工矿企业应根据供水重要性及安全要求确定。

5. 对于多水源的城市供水，或建有足够调蓄水量的高位水池时，可不设置备用泵。

问：水泵配套阀门控制方式的选用原则？

答：阀门的驱动方式需根据阀门的直径、工作压力、启闭的时间要求及操作自动化等因素确定。根据对泵房内阀门驱动方式的调查，近年来给水泵站多为自动化或半自动化控制，人工控制的泵站已很少见，故规定泵房内直径300mm及300mm以上的阀门宜采用以电动或液压驱动为主，但应配有手动的功能。

问：潜水泵的使用原则？

答：潜水泵的使用原则：

1. 要求水泵在高效率区内运行。

2. 在满足泵站设计流量和设计扬程的同时，要求在整个运行范围内，机组安全、稳定运行，并有较高效率，配套电动机不超载。

3. 由于电动机绝缘保护的原因，潜水泵配套电动机一般为低压，如电动机功率过大，会导致动力电缆截面过大或电缆条数过多，安装不便，故作此规定。

4. 由于水泵间水流扰动的原因，已有多起工程实例发生了潜水泵动力、信号电缆与潜水泵起吊铁链互相碰撞、摩擦，致使动力或信号电缆破损渗水的事故。实践经验证明，采取适当措施可以避免类似事故。

5. 近年来有使用潜水泵直接置于滤后水中作为滤池反冲洗泵的实例，经过征询自来水企业和潜水泵制造企业的意见，认为潜水泵的这种使用方式是不妥的。为确保饮用水安全，防止污染，建议尽量不采用。

6.1.7 泵房用电负荷分级应符合下列规定：

1 一、二类城市的主要泵房应采用一级负荷；

2　一、二类城市的非主要泵房及三类城市的配水泵房可采用二级负荷；

3　当不能满足要求时，应设置备用动力设施。

6.1.8　泵房的防洪标准应符合下列规定：

1　位于江河、湖泊、水库的江心式或岸边式取水泵房以及岸上取水泵房的开放式前池和吸水池（井）的防洪标准应符合本标准第5.3.7条的规定；

2　岸上取水泵房其他建筑的防洪标准不应低于城市防洪标准；

3　水厂和输配管道系统中的泵房防洪标准不应低于所处区域的城市防洪标准。

问：城市防洪标准？

答：城市防洪标准见表6.1.8-1。

城市防洪标准　　表6.1.8-1

防护等级	重要性	常住人口（万人）	当量经济规模（万人）	防洪标准［重现期（年）］
Ⅰ	特别重要	≥150	≥300	≥200
Ⅱ	重要	<150，≥50	<300，≥100	200～100
Ⅲ	比较重要	<50，≥20	<100，≥40	100～50
Ⅳ	一般	<20	<40	50～20

注：当量经济规模为城市防护区人均GDP指数与人口的乘积，人均GDP指数为城市防护区人均GDP与同期全国人均GDP的比值。

问：供水工程等别划分？

答：供水工程等别划分见表6.1.8-2。

供水工程等别划分　　表6.1.8-2

工程等别	工程规模	供水		
		供水对象的重要性	引水流量（m^3/s）	年引水量（亿m^3）
Ⅰ	特大型	特别重要	≥50	≥10
Ⅱ	大型	重要	<50，≥10	<10，≥3
Ⅲ	中型	比较重要	<10，≥3	<3，≥1
Ⅳ	小型	一般	<3，≥1	<1，≥0.3
Ⅴ			<1	<0.3

注：1. 跨流域、水系、区域的调水工程纳入供水工程统一确定。
2. 供水工程的引水流量指渠首设计引水流量，年引水量指渠首多年平均年引水量。
3. 以城市供水为主的工程，应按供水对象的重要性、引水流量和年引水量三个指标拟定工程等别，确定等别时应至少有两项指标符合要求。

问：供水工程水工建筑物的防洪标准？

答：供水工程水工建筑物的防洪标准见表6.1.8-3。

供水工程水工建筑物的防洪标准　　表6.1.8-3

水工建筑物级别	防洪标准［重现期（年）］	
	设计	校核
1	100～50	300～200
2	50～30	200～100
3	30～20	100～50
4	20～10	50～30
5	10	30～20

注：本表适用于供水工程中引水枢纽、输水工程、泵站等水工建筑物的防洪标准。

6.1.9 泵房应根据气候和环境条件采取相应的采暖、通风和降噪措施。泵房的供暖和通风设计应按现行国家标准《工业建筑供暖通风与空气调节设计规范》GB 50019 和《泵站设计规范》GB 50265 的有关规定执行。泵房的噪声控制应符合现行国家标准《声环境质量标准》GB 3096 的规定，并应按现行国家标准《工业企业噪声控制设计规范》GB/T 50087 的规定设计。

问：泵房适用的噪声标准？

答：1.《声环境质量标准》GB 3096—2008。

1 适用范围

本标准规定了五类声环境功能区的环境噪声限值及测量方法。

本标准适用于声环境质量评价与管理。

机场周围区域受飞机通过（起飞、降落、低空飞越）噪声的影响，不适用于本标准。

2.《工业企业噪声控制设计规范》GB/T 50087—2013。

1.0.2 本规范适用于工业企业的新建、改建、扩建与技术改造工程的噪声控制设计。

问：泵房的噪声控制限值？

答：《声环境质量标准》GB 3096—2008。

4 声环境功能区分类

按区域的使用功能特点和环境质量要求，声环境功能区分为以下五种类型：

0 类声环境功能区：指康复疗养区等特别需要安静的区域。

1 类声环境功能区：指以居民住宅、医疗卫生、文化教育、科研设计、行政办公为主要功能，需要保持安静的区域。

2 类声环境功能区：指以商业金融、集市贸易为主要功能，或者居住、商业、工业混杂，需要维护住宅安静的区域。

3 类声环境功能区：指以工业生产、仓储物流为主要功能，需要防止工业噪声对周围环境产生严重影响的区域。

4 类声环境功能区：指交通干线两侧一定距离之内，需要防止交通噪声对周围环境产生严重影响的区域，包括 4a 类和 4b 类两种类型。4a 类为高速公路、一级公路、二级公路、城市快速路、城市主干路、城市次干路、城市轨道交通（地面段）、内河航道两侧区域；4b 类为铁路干线两侧区域。

各类声环境功能区环境噪声限值见表 6.1.9-1。

环境噪声限值 [dB(A)] **表 6.1.9-1**

声环境功能区类别		时段	
		昼间（6：00—22：00）	夜间（22：00—6：00）
0 类		50	40
1 类		55	45
2 类		60	50
3 类		65	55
4 类	4a 类	70	55
	4b 类	70	60

根据《声环境质量标准》GB 3096—2008，泵房属于3类环境功能区，昼间噪声限值65dBA，夜间噪声限值55dBA。

各类工作场所噪声限值见表6.1.9-2。

各类工作场所噪声限值 **表6.1.9-2**

工作场所	噪声限值［dB（A）］
生产车间	85
车间内值班室、观察室、休息室、办公室、实验室、设计室室内背景噪声级	70
正常工作状态下精密装配线、精密加工车间、计算机房	70
主控室、集中控制室、通信室、电话总机室、消防值班室、一般办公室、会议室、设计室、实验室室内背景噪声级	60
医务室、教室、值班宿舍室内背景噪声级	55

注：1. 生产车间噪声限值为每周5d，每天工作8h等效声级；对于每周工作5d，每天工作时间不是8h，需计算8h等效声级；对于每周工作日不是5d，需计算40h等效声级。
2. 室内背景噪声级指室外传入室内的噪声级。
3. 本表摘自《工业企业噪声控制设计规范》GB/T 50087—2013。

6.1.10 可能产生水锤危害的泵房，设计中应进行事故停泵水锤计算。当事故停泵瞬时态特性不符合现行国家标准《泵站设计规范》GB 50265的规定时，应采取保护措施。

问：事故停泵水锤计算的条件？

答：《泵站设计规范》GB 50265—2010。

9.4 过渡过程及产生危害的防护

9.4.1 有可能产生水锤危害的泵站，在各设计阶段均应进行事故停泵水锤计算。

9.4.2 当事故停泵瞬态特性参数不能满足下列要求时，应采取防护措施：

1 离心泵最高反转速度不应超过额定转速的1.2倍，超过额定转速的持续时间不应超过2min；

2 立式机组在低于额定转速40%的持续运行时间不应超过2min；

3 最高压力不应超过水泵出口额定压力的1.3倍～1.5倍；

4 输水系统任何部位不应出现水柱断裂。

9.4.3 真空破坏阀应有足够的过流面积，动作应准确可靠；用拍门或快速闸门作为断流设施时，其断流时间应满足控制反转转速和水锤防护的要求。

9.4.4 高扬程、长压力管道的泵站，工作阀门宜选用两阶段关闭的液压操作阀。

问：常用的水锤防护措施及方法？

答：常用的水锤防护措施及方法有：双向稳压塔（调压室、调压塔）防护；单向稳压塔（单向调压室）防护；空气罐（空气室）防护；空气阀防护；阀门防护。

双向稳压塔与空气罐既可防负水锤，也可防正水锤；单向稳压塔与空气阀虽然理论上仅可防负水锤，但在泵站供水系统中的正水锤多因负水锤引起，负水锤越低产生的正水锤越大，单向稳压塔与空气阀可通过控制负水锤下降抑制正水锤的抬升；阀门防护的主要目的是保护泵机组，因阀门防护属于机械防护，除正常运行时会增加管道水头损失外，还存在控制失灵的危险，最好与其他四种措施联合使用。

6.1.11 泵房前池和吸水池（井）周围应控制和防范可能污染水质的污染源，并应符合本标准第7.6.11条的规定。

6.1.12 泵房的消防设计应符合现行国家标准《建筑设计防火规范》GB 50016 及《消防给水及消火栓系统技术规范》GB 50974 的有关规定。

问：泵站建筑物、构筑物生产的火灾危险性类别和耐火等级？

答：泵站建筑物、构筑物生产的火灾危险性类别和耐火等级见表 6.1.12。

泵站建筑物、构筑物生产的火灾危险性类别和耐火等级　　表 6.1.12

建筑物、构筑物名称			火灾危险性类别	耐火等级
主要建筑物、构筑物	1　主泵房、辅机房及安装间		丁	二
	2　油浸式变压器室		丙	一
	3　干式变压器室		丁	二
	4　配电装置室	单台设备充油量大于或等于 100kg	丙	二
		单台设备充油量小于 100kg	丁	二
	5　母线室、母线廊道和竖井		丁	二
	6　中控室（含照明夹层）、继电保护屏室、自动和远动装置室、通信室		丙	二
	7　屋外变压器场		丙	二
	8　屋外开关站、配电装置构架		丁	二
	9　组合电气开关站		丁	二
	10　高压充油电缆隧道和竖井		丙	二
	11　高压干式电力电缆隧道和竖井		丁	二
	12　电力电缆室、控制电缆室、电缆隧道和竖井		丁	二
	13　蓄电池室	防酸隔爆型铅酸蓄电池室	丙	二
		碱性蓄电池室	丁	二
	14　贮酸室、套间及通风机室		丙	二
	15　充放电盘室		丁	二
	16　通风机室、空气调节设备室		戊	二
	17　供排水泵房		戊	三
	18　消防水泵室		戊	二
辅助生产建筑物	1　油处理室		丙	二
	2　继电保护和自动装置试验室		丙	二
	3　高压试验室、仪表试验室		丁	二
	4　机械试验室		丁	三
	5　电工试验室		丁	三
	6　机械修配厂		丁	三
	7　水工观测仪表室		丁	二
附属建筑物、构筑物	1　一般器材仓库		—	三
	2　警卫室		—	三
	3　汽车库（含消防仓库）		—	三

6.2 泵房前池、吸水池（井）与水泵吸水条件

6.2.1 泵房前池与吸水池（井）的布置应根据泵房用途、泵型、机组台数、拦污与清污设备、输水水质、启动方式和安装维护要求等因素综合确定。当泵房仅设一个吸水池（井）时，应分格布置。

问：泵房吸水井、进水流道及安装高度等方面的原则规定？

答：水泵吸水条件良好与否，直接影响水泵的运行效率和使用寿命。各种水泵对吸水条件的要求差异很大，同时机组台数及当地的水文、气候、海拔等自然条件的影响也不可忽视。

前池、吸水井是泵站的重要组成部分。吸水井内水流状态对水泵的性能，特别是对水泵的吸水性能影响很大。如果流速分布不均匀，可能出现死水区、回流区及各种漩涡，发生淤积，造成部分机组进水量不足，严重时漩涡将空气带入进水流道（或吸水管），使水泵效率大为降低，并导致水泵汽蚀和机组振动等。

吸水井分格有利于吸水井内设备的检修和清理。

6.2.2 与取水构筑物合建的取水泵房，进水口应设置拦污格栅，前池或吸水池（井）内应设拦污格网或格栅清污机，并应符合本标准第5.3.18条和第5.3.19条的规定。

6.2.3 前池布置应满足池内水流顺畅、流速均匀和不产生涡流的要求。吸水池（井）布置应使井内流态良好，满足水泵进水要求，且便于维护。

6.2.4 经管（渠）自流进水且采用大型混流泵、轴流泵的原水泵房，前池宜采用正向进水，前池扩散角不应大于40°。侧向进水时，宜设分水导流设施，并宜通过计算机仿真模拟或水工模型进行效果验证。

问：吸水井（前池）布置原则？

答：泵站前池布置应满足水流顺畅、流速均匀、池内不得产生涡流的要求，宜采用正向进水方式。正向进水的前池，扩散角应小于40°，底坡不宜陡于1∶4。侧向进水的前池，宜设分水导流设施，可通过水工模型试验验证。

前池、进水池是泵站的重要组成部分。池内水流状态对泵站装置性能，特别是对水泵吸水性能影响很大。如流速分布不均匀，可能出现死水区、回流区及各种漩涡，发生池中淤积，造成部分机组进水量不足，严重时漩涡将空气带入进水流道（或吸水管），使水泵效率大为降低，并导致水泵汽蚀和机组振动等。

前池有正向进水和侧向进水两种形式。正向进水的前池流态较好。例如某泵站前池采用正向进水，进口前的引渠直线段较长，且引渠和前池在同一中心线上。运行情况证明，水流很平稳，即使在最低运行水位时（此时水泵叶轮中心线淹没深度只有0.7m），前池水流仍较为平稳，无回流和漩涡现象。又如某泵站前池采用侧向进水，模型试验资料表明，池内出现大范围回水区和机组前局部回水区，流态很不好，流速分布极不均匀。为改善侧向进水前池流态，结合进水池的隔墩设置分水导流设施是有效的。因此，在泵站设计中，应尽量采用正向进水方式，如因条件限制必须采用侧向进水时，宜在前池内增设分水导流设施，必要时应通过水工模型试验验证。

前池理想的扩散角为9°～11°，而工程中常难以做到。扩散角越大，越易在前池产生脱壁回流及死水区，所以规定扩散角不宜大于40°。当上述要求难以达到时，采取在前池适当部位加设1～2道底坎或再加设若干分水立柱等措施，也能有效地改善流态，使机组运行平稳，提高效率。

——摘自《泵站设计规范》GB 50265—2010

6.2.5 吸水池（井）的尺寸应满足水泵进水管喇叭口的布置要求。离心泵进水管喇叭口的直径以及离心泵或小口径混流泵、轴流泵进水管喇叭口在吸水池（井）的布置应符合现行国家标准《泵站设计规范》GB 50265的有关规定。

大口径混流泵、轴流泵的布置应满足水泵制造商的规定要求，或经计算机仿真模拟或水工模型验证确定。

问：离心泵或小口径轴流泵、混流泵的进水管喇叭口在吸水井的布置？

答：《泵站设计规范》GB 50265—2010。

9.3.3　离心泵或小口径轴流泵、混流泵的进水管喇叭口与建筑物距离应符合下列规定：

1　喇叭口中心的悬空高度应符合下列规定：

1）喇叭管垂直布置时，宜取（0.6～0.8）D（D 为喇叭管进口直径）；

2）喇叭管倾斜布置时，宜取（0.8～1.0）D；

3）喇叭管水平布置时，宜取（1.0～1.25）D；

4）喇叭口最低点悬空高度不应小于 0.5m。

2　喇叭口中心的淹没深度应符合下列规定：

1）喇叭管垂直布置时，宜大于（1.0～1.25）D；

2）喇叭管倾斜布置时，宜大于（1.5～1.8）D；

3）喇叭管水平布置时，宜大于（1.8～2.0）D。

3　喇叭管中心与后墙距离宜取（0.8～1.0）D，同时应满足管道安装的要求。

4　喇叭管中心与侧墙距离宜取 1.5D。

5　喇叭管中心至进水室进口距离应大于 4D。

6　流量较大，且采用喇叭口进水的水泵装置，应采取适当的消涡措施。

问：离心泵进水喇叭管的布置？

答：离心泵进水喇叭管的布置见图 6.2.5。

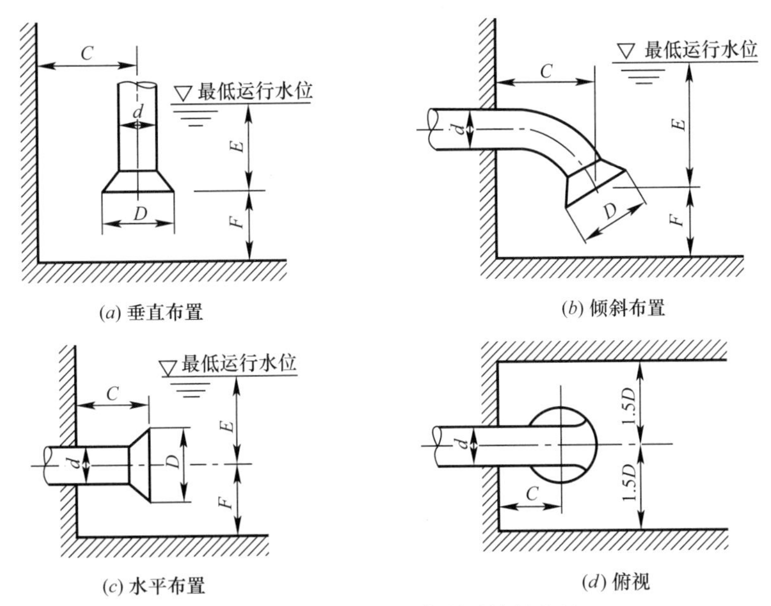

图 6.2.5　离心泵进水喇叭管的布置

C—喇叭管中心与后墙的距离；d—进水管直径；D—喇叭管进口直径；E—喇叭口中心的淹没深度；F—喇叭口中心的悬空高度

6.2.6　吸水池（井）最低运行水位下的容积，应在符合最小尺寸布置要求的前提下满足共用吸水池（井）的水泵 30 倍～50 倍的设计秒流量要求。

6.2.7 当进水自流管长度大于1000m时，宜根据自流管流速、前池与吸水池（井）面积以及水泵机组的配置情况，验算泵房事故失电或最大水泵机组启停时前池与吸水池（井）壅水或超降状况，并根据验算结果采取应对措施。

问：水泵安装高度的影响因素？

答：水泵安装高度必须满足不同工况下必需气蚀余量的要求。同时应考虑电机与水泵额定转速差、水中的泥沙含量、水温以及当地的大气压等因素的影响，对水泵的允许吸上真空高度或必需气蚀余量进行修正。轴流泵或混流泵立式安装时，其基准面最小淹没深度应大于0.5m。深井泵必须使叶轮处于最低动水位以下，安装要求应满足水泵制造厂的规定。水泵安装高度合理与否，影响到水泵的使用寿命及运行的稳定性，所以水泵安装高度的确定需要详细论证。

问：泥沙含量对水泵吸上真空高度的影响及修正？

答：以往对泥沙影响水泵汽蚀余量的严重程度认识不足，导致水泵安装高程确定得不够合理。近年来我国学者进行了不少实验与研究，所得的结论是一致的：泥沙含量对水泵汽蚀性能有很大的影响。室内实验证明，泥沙含量5kg/m³～10kg/m³时，水泵的允许吸上真空高度降低0.5m～0.8m；泥沙含量100kg/m³时，水泵的允许吸上真空高度降低1.2m～2.6m；泥沙含量200kg/m³时，水泵的允许吸上真空高度降低2.75m～3.15m。所以水泵安装高程应根据水源设计含沙量进行校核修正。

问：水泵工作转速不同于额定转速时，汽蚀余量的修正？

答：由于水泵额定转速与配套电动机转速不一致而引起汽蚀余量的变化往往被忽视。当水泵的工作转速不同于额定转速时，汽蚀余量应按下式换算：

$$[\mathrm{NPSH}]'=\mathrm{NPSH}\quad(n'/n)$$

轴流泵、带导叶的立式混流泵和深井泵，叶轮应淹没在水下，其安装高度通常不进行计算，直接按产品样本规定设计。

6.3 水泵进出水管道

6.3.1 水泵进水管及出水管的设计流速宜符合表6.3.1的规定。

水泵进水管及出水管设计流速 **表6.3.1**

管径（mm）	进水管流速（m/s）	出水管流速（m/s）
$D<250$	1.0～1.2	1.5～2.0
$250\leqslant D<1000$	1.2～1.6	2.0～2.5
$D\geqslant1000$	1.5～2.0	2.0～3.0

问：水泵吸水管和出水管为什么要规定流速范围？

答：水泵吸水管和出水管规定流速范围是根据技术经济因素考虑的，流速越大，则水头损失越大，相应电耗越大。

问：经济流速？

答：经济流速：采用一定的流速使得供水的总成本（包括铺筑管路的建筑费、水泵站的建筑费、水塔建筑费、水泵抽水的经常运营费之和）最低，这种流速称为经济流速。

在数学上表现为求一定年限t（称为投资偿还期）内管网造价和管理费用（主要是电

费）之和为最小的流速，称为经济流速。

管道流量与流速的关系：$v=\frac{4Q}{\pi d^2}$

经济流速涉及的因素很多，综合实际的设计经验及技术经济资料，对于中小直径的给水管路，常采用平均经济流速来选择管径，选出的管径是近似经济管径。平均经济流速如下：

当 d=100mm～400mm，采用 v=0.6m/s～1.0m/s；

当 d>400mm，采用 v=1.0m/s～1.4m/s。

一般大管径可取较大值，小管径可取较小值。

消防或事故时管中的流速不需要按经济流速考虑，但不应超过管道允许的最大流速。

问：各类消防管道最大流速的总结?

答：各类消防管道最大流速的总结见表 6.3.1-1。

各类消防管道最大流速的总结 **表 6.3.1-1**

规范名称	流速要求
《消防给水及消火栓系统技术规范》GB 50974—2014	8.1.8 消防给水管道的设计流速不宜大于 2.5m/s，自动水灭火系统管道设计流速，应符合现行国家标准《自动喷水灭火系统设计规范》GB 50084、《泡沫灭火系统设计规范》GB 50151、《水喷雾灭火系统设计规范》GB 50219 和《固定消防炮灭火系统设计规范》GB 50338 的有关规定，但任何消防管道的给水流速不应大于 7m/s
《自动喷水灭火系统设计规范》GB 50084—2017	9.2.1 管道内的水流速度宜采用经济流速，必要时可超过 5m/s，但不应大于 10m/s
《水喷雾灭火系统技术规范》GB 50219—2014	7.2.1 管道内水的平均流速不宜大于 5m/s
《细水雾灭火系统技术规范》GB 50898—2013	3.4.14 系统管道内的水流速度不宜大于 10m/s，不应超过 20m/s
《固定消防炮灭火系统设计规范》GB 50338—2003	4.1.6 水炮系统和泡沫炮系统从启动至炮口喷射水或泡沫的时间不应大于 5min，干粉炮系统从启动至炮口喷射干粉的时间不应大于 2min

问：输、配水管道的流速?

答：输、配水管道的流速应按经济流速选取。但为了防止管网因水锤现象出现事故，最大设计流速不应超过 2.5m/s～3.0m/s；输送浑浊的原水时，为了避免水中悬浮物质在水管内沉积，最低流速通常不小于 0.6m/s。

问：经济流量?

答：压力输水管道的经济流量 Q_e：

$$Q_e=\left(\frac{D^{\alpha+\beta}}{f}\right)^{\frac{1}{m+1}}\quad (L/s)$$

式中 D——管道直径（m）；

m、β——分别为水头损失计算公式 $i=\frac{kQ^m}{D^\beta}$ 中的指数；

f——经济因数，$f=\frac{86\gamma Ek\beta}{(A+p)\alpha b\eta}$；

γ——设计年限中，供水量的变化系数；

E——电费（分/kWh）；

η——水泵站总效率；

p——年平均维修费用的费率（%）；

A——资金回收系数，其值等于$\frac{I_c(1+I_c)^t}{(1+I_c)^t-1}$，其中 I_c 为基准收益率（%），t 为项目计算期（年）；

k——水头损失计算公式 $i=\frac{kQ^n}{D^\beta}$中的系数；

b、a——敷管单位公式 $C=a+bD^\alpha$ 中的系数和指数，用当地敷管单位在对数坐标纸中点绘求出。

对于非满流输水管的管径选择，应根据管道埋设坡度和允许的流速确定。

重力供水时，由于水源水位高于给水区所需水压，两者的标高差 H 可使水在管内重力流动。此时，各管段的经济管径或经济流速，应按输水管（渠）和管网通过设计流量时的水头损失总和等于或略小于可以利用的标高差来确定。

6.3.2 离心泵进水管在平面布置上靠近水泵入口段应顺直，在高程布置上应避免局部隆起。

6.3.3 最高进水液位高于离心泵进水管时，应设置手动检修阀门。

6.3.4 离心泵进水管应符合下列规定：

1 自灌充水的每台离心泵应分别设置进水管；

2 自灌充水启动或采用叠压增压方式的离心泵时，可采用合并吸水总管，分段数不应少于 2 个；

3 吸水总管的设计流速宜采用与其相连的最大水泵吸水管设计流速的 50%；

4 每条吸水总管应分别从可独立工作的不同吸水井（池）吸水或与上游管道连接；当一条吸水总管发生事故时，其余吸水总管应能通过设计水量；

5 每条吸水总管及相互间联络管上应设隔离阀。

6.3.5 离心泵出水管应设置工作阀和检修阀。工作阀门的额定工作压力及操作压力矩应满足水泵启停的要求。出水管不应采用无缓闭功能的普通逆止阀。

问：泵站设计对离心泵出水管件的要求？

答：《泵站设计规范》GB 50265—2010。

9.3.4 离心泵出水管件应符合下列规定：

1 水泵出口应设工作阀门和检修阀门；

2 出水管工作阀门的额定工作压力及操作力矩，应满足水泵关阀启动的要求；

3 出水管不宜安装普通逆止阀；

4 出水管应安装伸缩节，其安装位置应便于水泵和管路、阀门的安装和拆卸；

5 进水钢管穿墙时，宜采用刚性穿墙管，出水钢管穿墙时宜采用柔性穿墙管。

9.3.4 条文说明：离心泵必须关阀启动，所以出水管路上应设工作阀门，为使工作阀门出现故障需检修时能截断水流，还需设检修阀门。

离心泵关阀启动时的扬程即零流量时的扬程，一般达到设计扬程 1.3 倍～1.4 倍，所以，水泵出口操作阀门的工作压力应按零流量时压力选定。

普通止回阀阻力损失大，能耗高，关闭速度不易控制，势必造成水锤压力过大，故不宜装设。当管道直径小于 500mm 时，可装微阻缓闭止回阀。

《蝶形缓闭止回阀》CJ/T 282—2016。本标准适用于公称直径 DN300～2000，公称压力不大于 PN16，介质为水，水温不大于 55℃，用以防止破坏性停泵水锤、控制水泵反向转速的止回阀。

6.3.6 混流泵、轴流泵出水管道隔离设施的设计应符合下列规定：

1 当采用虹吸出水方式时，虹吸出水管驼峰顶部应设置真空破坏阀；

2 当采用自由跌水出水方式时，可不设隔离设施；

3 当采用压力管道出水、管道很短且就近连接开口水池（井）时，应设置拍门或普通逆止阀；

4 当混流泵的设计扬程较高，且直接与压力输水管道系统连接时，出水管道的阀门设置应符合本标准第 6.3.5 条的规定。

6.3.7 水泵进、出水管及阀门应安装伸缩节，安装位置应便于水泵阀门和管路的安装和拆卸，伸缩接头应采用传力式带限位的形式。

6.3.8 水泵进、出水管道上的阀门、伸缩节、三通、弯头、堵板等处应根据受力条件设置支撑设施。

6.3.9 泵房出水管不宜少于 2 条，每条出水管应能独立工作。

6.3.10 驱动水泵进出水管路阀门的液压或压缩空气系统应满足泵房各种运行工况下阀门启闭的要求。

6.4 起重设备

6.4.1 泵房内的起重设备额定起重量应根据最重吊运部件和吊具的总重量确定，提升高度应从最低起吊部件所处位置的地坪起算。

6.4.2 起重设备吊钩在平面上应覆盖所有拟起吊的部件及整个吊运路径，吊运部件在吊运过程中与周边相邻固定物的水平方向净距不应小于 0.4m。

6.4.3 起重机形式宜按下列规定选用：

1 起重量小于 0.5t 时，宜采用固定吊钩或移动吊架；

2 起重量在 0.5t～3t 时，宜采用手动或电动起重设备；

3 起重量在 3t 以上时，宜采用电动起重设备；

4 起吊高度大、吊运距离长或起吊次数多的泵房，采宜用电动起重设备。

6.4.4 电动起重机及其制动器与电气设备的工作制、跨度级差以及轨道阻进器（车档）的设置应符合现行国家标准《泵站设计规范》GB 50265 的有关规定。

问：泵房内起重设备操作水平的规定?

答：泵房内起重设备的操作水平，在征求各地意见过程中，一般认为考虑方便安装、检修和减轻工人劳动强度，泵房内起重设备的操作水平宜适当提高。但也有部分单位认为，泵房内的起重设备仅在检修时用，设置手动起重设备就可满足使用要求。

6.5 水泵机组布置

6.5.1 水泵机组的布置应满足设备的运行、维护、安装和检修的要求。

6.5.2 卧式水泵及小型立式离心泵机组的平面布置应符合下列规定：

1 单排布置时，相邻两个机组及机组至墙壁间的净距：电动机容量不大于 55kW 时，不应小于1.0m；电动机容量大于55kW时，不应小于1.2m。当机组进出水管道不在同一平面轴线上时，相邻机组进出水管道间净距不应小于0.6m。

2 双排布置时，进、出水管道与相邻机组间的净距宜为0.6m～1.2m。

3 当考虑就地检修时，应保证泵轴和电动机转子在检修时能拆卸。

4 地下式泵房或活动式取水泵房以及电动机容量小于20kW时，水泵机组间距可适当减小。

问：地下式泵房水泵机组间距可适当减小的理由？

答：考虑到地下式泵房平面尺寸的限制，以及对于小容量电机，水泵机组的间距可适当减小。

6.5.3 混流泵、轴流泵及大型立式离心泵机组的水平净距不应小于1.5m，并应满足水泵吸水进水流道的布置要求。当水泵电机采用风道抽风降温时，相邻两台电动机风道盖板间的水平净距不应小于1.5m。

6.5.4 靠近泵房设备入口端的机组与墙壁之间的水平距离应满足设备运输、吊装以及楼梯、交通通道布置的要求。

6.5.5 水泵高程布置应符合下列规定：

1 较小汽蚀余量的水泵采用自灌式或非自灌充水布置方式应经技术经济比较后确定，气蚀余量大、高原低气压地区或要求启动快的大型水泵，应采用自灌充水布置方式；

2 各种运行工况下水泵的可用气蚀余量应大于必需气蚀余量；

3 湿式安装的潜水泵最低水位应满足电机干运转的要求。

6.6 泵房布置

6.6.1 泵房的主要通道宽度不应小于1.2m。当一侧布置有操作柜时，其净宽不宜小于2.0m。

6.6.2 泵房内的架空管道，不得阻碍通道和跨越电气设备。

6.6.3 泵房地面层的净高，除应考虑通风、采光等条件外，尚应符合下列规定：

1 当采用固定吊钩或移动吊架时，净高不应小于3.0m；

2 吊起设备底部与其吊运所越过的物体顶部之间的净距不应小于0.5m；

3 桁架式起重机最高点与屋面大梁底部距离不应小于0.3m；

4 地下式泵房，吊运时设备底部与地面层地坪间净距不应小于0.3m；

5 当采用立式水泵时，应满足水泵轴或电动机转子联轴的吊运要求；当叶轮调节机构为机械操作时，尚应满足调节杆吊装的要求；

6 管井泵房的设备吊装可采用屋盖上设吊装孔的方式，净高应满足设备安装和人员巡检的要求。

6.6.4 立式水泵与电机分层布置的泵房除应符合本标准第6.6.1条～第6.6.3条的规定，尚应符合下列规定：

1 水泵层的楼盖上应设吊装孔。吊装孔的位置应在起重机的工作范围之内。吊装孔的尺寸应按吊运的最大部件或设备外形尺寸各边加0.2m的安全距离确定。

2 必要时设置通向中间轴承的平台和爬梯。

问：装有立式水泵的泵房应考虑的特殊要求？

答：若立式水泵的传动轴过长，轴的底部摆动大，易造成泵轴填料函处大量漏水，且需增加中间轴承及其支架的数量，检修安装也较麻烦。因此应尽量缩短传动轴长度，降低电动机层楼板高程。

问：立式长轴泵及长轴的含义？

答：《立式长轴泵》CJ/T 235—2017。

3.1　长轴：三个及以上支承点的单根轴或多根轴组成的串联轴系。

3.2　立式长轴泵：立式安装的长轴式空间导叶泵。

标准中并没有规定长轴的限定长度，排水工程中规定泵传动轴长度大于 1.8m 时，必须设置中间轴承。

6.6.5　采用非自灌充水启动或抽真空虹吸出水的泵房，应设置真空泵引水装置。真空泵应有备用，真空泵引水装置的能力应符合下列规定：

1　离心泵单泵进水管抽气充水时间不宜大于 5min；

2　轴流泵和混流泵抽除进水流道或虹吸出水管道内空气的时间宜为 10min～20min；

3　水泵启闭频繁的泵房，离心泵抽气充水的真空泵引水装置宜采用常吊真空形式。

问：真空泵引水装置？

答：真空充水（习惯称真空引水）的目的是使水流满泵体，以满足水泵启动的要求。

常用的真空充水方式见表 6.6.5。

常用的真空充水方式　　　　**表 6.6.5**

引水方式			适用条件	优缺点
有底阀	水下底阀	压力管充水	1. 小型水泵（水泵吸水管直径在 300mm 以下）； 2. 压水管路内经常有水	缺点：1. 水头损失较大；2. 底阀需经常清洗和修理；尤其当用于取水泵时，易被杂草、石块等堵塞，使底阀关不严密影响灌水启动。 优点：引水简单
		高架水箱灌水	1. 小型水泵（水泵吸水管直径在 300mm 以下）； 2. 压水管路内经常因停泵而泄空无水时； 3. 吸水管较短，所需注入水量不多	缺点：1. 水头损失较大；2. 底阀需经常清洗和修理；尤其当用于取水泵时，易被杂草、石块等堵塞，使底阀关不严密影响灌水启动；3. 底阀在水下检修麻烦。 优点：引水简单
	水上底阀		小型水泵（水泵吸水管直径在 400mm 以下）	缺点：底阀安装于吸水管上端 90°弯头处，拆装检修方便 优点：水头损失较水下底阀小
无底阀	液（气）射流泵、水射器		小型水泵	缺点：效率较低，并需供给大量压力水。 优点：1. 水头损失小；2. 结构简单，占地少，安装方便，工作可靠，维护简单
	真空泵	直接充水	适用于启动各种规模型号的水泵，尤其适合于大中型水泵及吸水管道较长时	缺点：需要设置真空泵等设备和管路；水泵启动、操作麻烦，自动控制（一步化操作）较复杂。 优点：1. 水头损失小；2. 启动迅速，效率较高
		常吊真空充水	常用于中小型水泵启动，大型水泵使用较少；适用于虹吸进水系统	缺点：真空泵装置和真空管路复杂，真空泵自动启动频繁，初始运行抽气时间较长。 优点：1. 水头损失小；2. 长期真空吊水，使水泵启动方便迅速，便于一步化自动化操作
	自吸泵		适用于大泵频繁启动的场合	缺点：由于采用了球阀控制的回流切换机构，使泵效率接近普通离心泵，但水泵价格较贵。 优点：1. 吸水管路无底阀，水头损失小；2. 启动方便，仅需灌一次水即可自动启动水泵

问：真空泵引水装置图示？

答：真空泵引水装置图示见图 6.6.5-1～图 6.6.5-6。

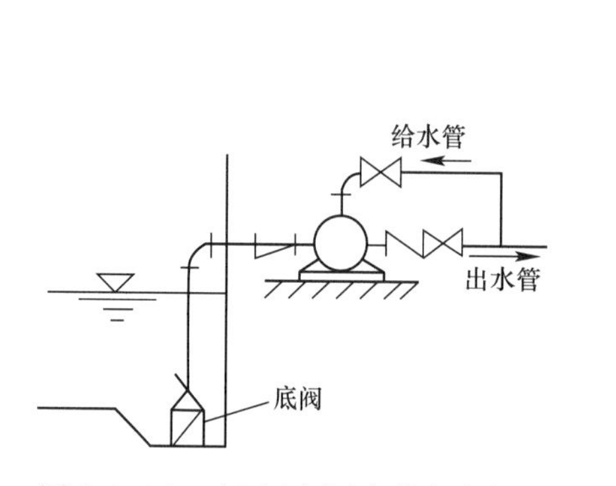

图 6.6.5-1　水下底阀压力管充水方式

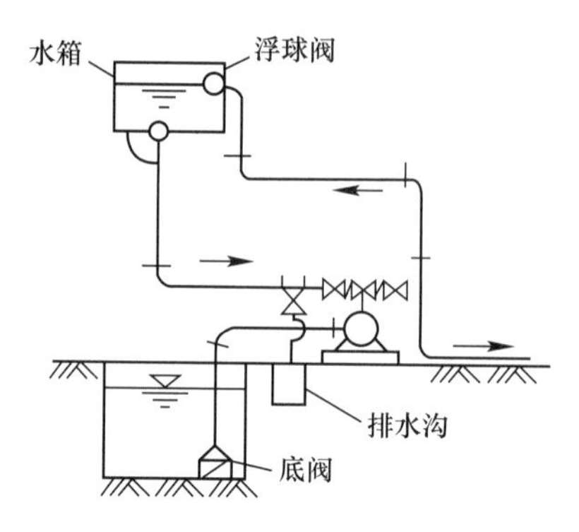

图 6.6.5-2　水下底阀水箱充水方式

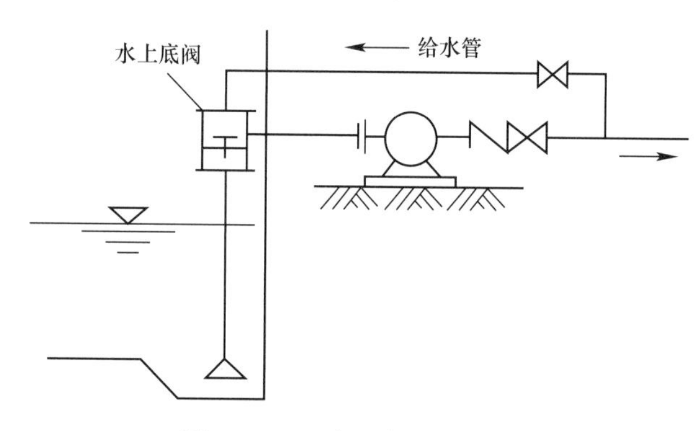

图 6.6.5-3　水上底阀充水方式

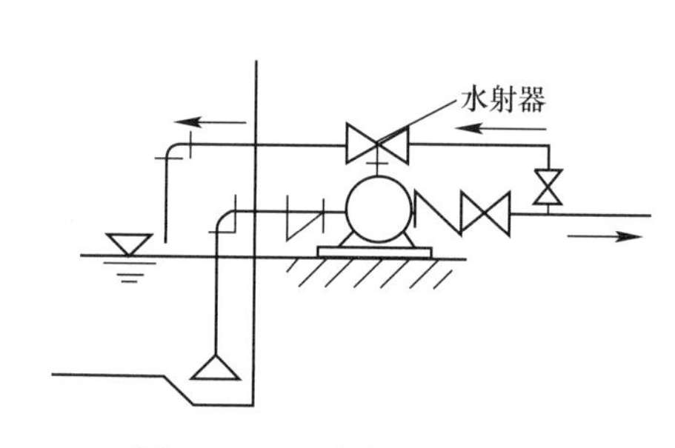

图 6.6.5-4　水射器充水方式

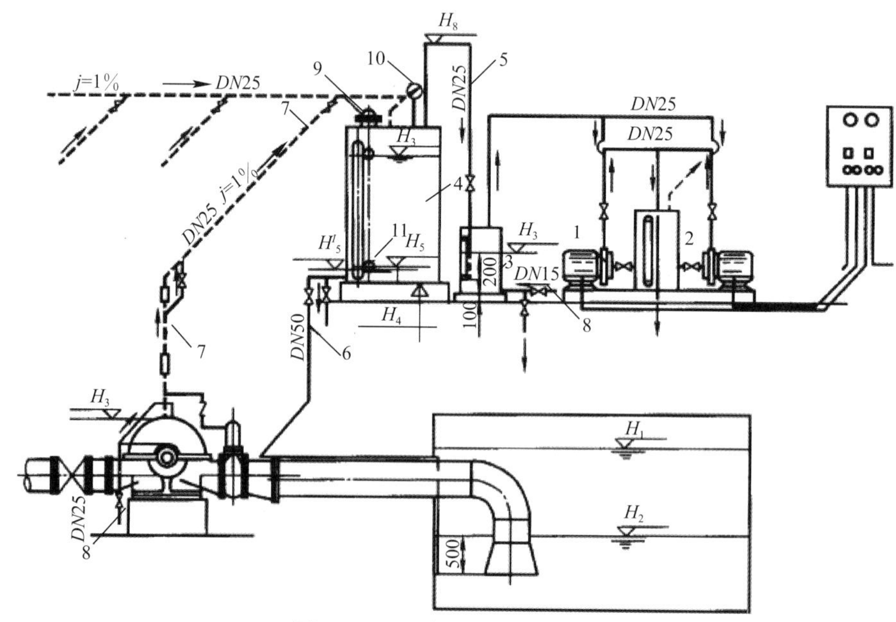

图 6.6.5-5　常吊真空充水方式

1—真空泵；2—气水分离箱；3—水封罐；4—真空罐；5—水封抽气管；6—连通管；7—吊水真空管；8—给水管；9—干舌簧液位信号器；10—真空表；11—浮标

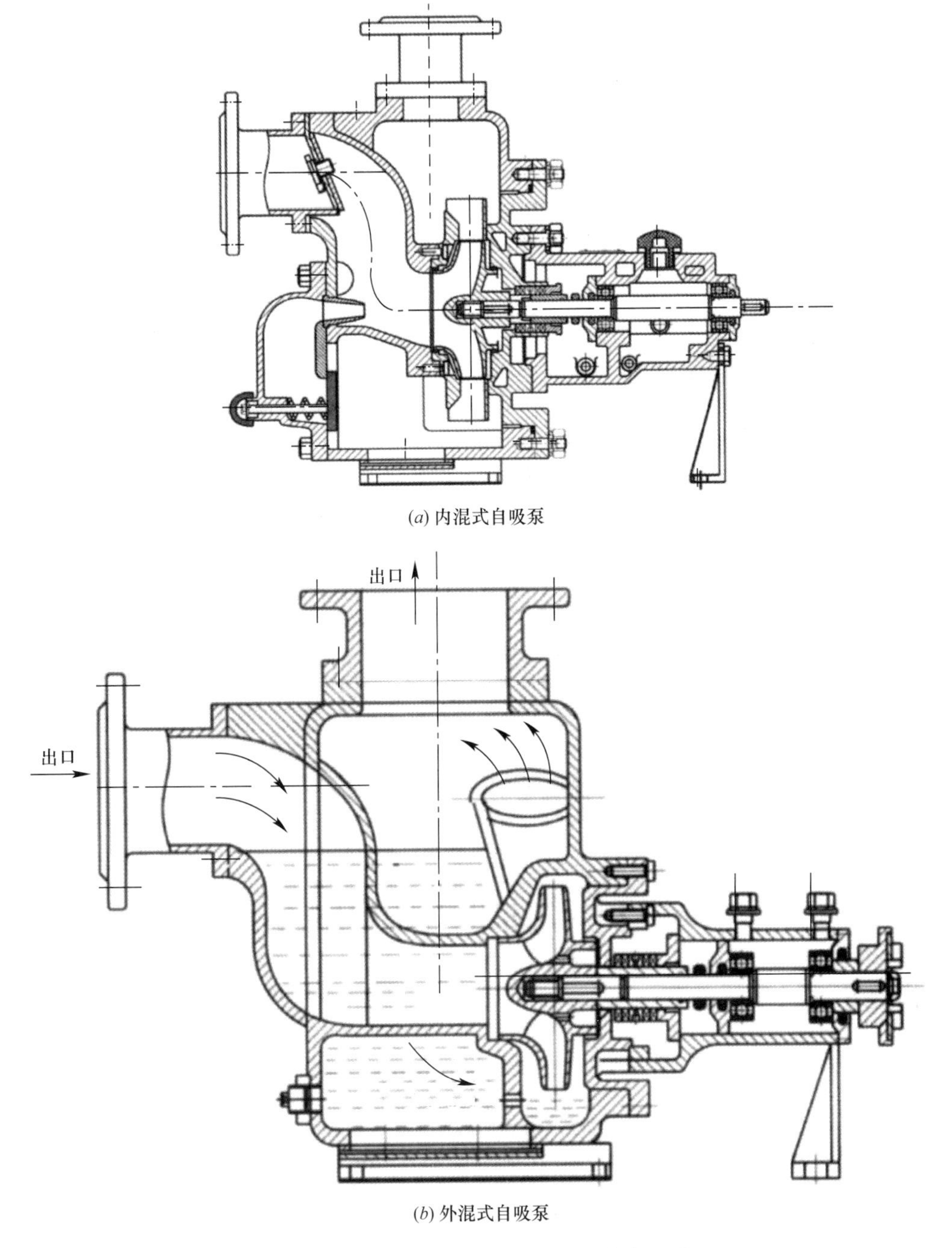

(*a*) 内混式自吸泵

(*b*) 外混式自吸泵

图 6.6.5-6　内混式自吸泵和外混式自吸泵

6.6.6　水泵需预润滑启动或常润滑运行的泵房，应设置水质、水量和水压满足水泵启动或运行要求的润滑供水系统。水泵常润滑运行时，润滑水供水系统宜采用双母管或多母管分段供水方式。

6.6.7　水泵电机或变频器采用水冷却的泵房，应设置水质、水量、水温和水压满足设备冷却要求的冷却水供水系统。大型重要泵房的冷却水供应系统应采用双母管或多母管分段供水方式，并应为具有冷却、净化、补水功能以及双回路供电模式的闭式循环系统。

6.6.8 当泵房同时需要润滑和冷却水时，经技术经济比较后，可采用一套供水系统，但其水质、水量、水温和水压应同时满足设备润滑和冷却的要求。

6.6.9 泵房内应设排除积水的措施。当积水不能自流排除时，应设集水坑和排水泵，排水泵不得少于2台，并应根据集水坑水位自动启停。

6.6.10 泵房至少应设一个可以搬运最大设备的门。

问：水泵轴功率与所需动力机额定功率的关系？

答：1. 水泵轴功率计算式：$N=\frac{\gamma QH}{102\eta}$（kW）

2. 所需动力机之额定功率：$N'=KN$（kW）

式中 γ——水的密度（kg/m^3）；

Q——水泵的流量（m^3/s）；

H——水泵的扬程（m）；

η——水泵的效率，即有效功率与轴功率之比值（%）；

K——动力机的超负荷安全系数，见表6.6.10。

动力机的超负荷安全系数 **表6.6.10**

水泵轴功率（kW）	1～2	2～5	5～10	10～25	25～60	60～100以上
K	1.7～1.5	1.5～1.3	1.3～1.25	1.25～1.15	1.15～1.1	1.1～1.05

7 输 配 水

7.1 一般规定

7.1.1 输水管（渠）线路的选择，应根据下列要求确定：

1 尽量缩短管线的长度，尽量避开不良地质构造（地质断层、滑坡等）处，尽量沿现有或规划道路敷设；

2 减少拆迁，少占良田，少毁植被，保护环境；

3 施工、维护方便，节省造价，运行安全可靠。

问：输配水管线路选择的原则？

答：输配水管线路选择的原则：

1. 输配水管道应选择经济合理的线路。应尽量做到线路短、起伏小、土石方工程量少、减少跨（穿）越障碍次数、避免沿途重大拆迁、少占农田和不占农田。

2. 输配水管道走向和位置应符合城市和工业企业的规划要求，并尽可能沿现有道路或规划道路敷设，以利施工和维护。城市配水干管宜尽量避开城市交通干道。

3. 输配水管道应尽量避免穿越河谷、山脊、沼泽、重要铁路和泄洪地区，并注意避开地震断裂带、沉陷、滑坡、塌方以及易发生泥石流和高侵蚀性土壤地区。

4. 生活饮用水输配水管道应避免穿过毒物污染及腐蚀性等地区，必须穿过时应采取防护措施。

5. 输配水管道线路和位置的选择应考虑近远期结合和分期实施的可能。

6. 输配水管道走向与布置应考虑与城市现状及规划的地下铁道、地下通道、人防工程等地下隐蔽性工程的协调与配合。

7. 当地形起伏较大时，采用压力输水的输水管线的竖向高程布置，在不同工况输水条件下，原水管应尽可能位于输水水力坡降线以下，清水管应位于输水水力坡降线以下。

8. 在进行输配水管道线路选择时，应尽量利用现有管道，减少工程投资，充分发挥现有设施的作用。

9. 在规划和建有城市综合管廊的区域，应优先将输配水管道纳入综合管廊。

问：输水管（渠）？

答：输水管是指从水源输送原水至净水厂或净水厂输送清水至配水厂的管道。当净水厂远离供水区时，从净水厂至配水管网间的干管也可作为输水管。

问：配水管（渠）？

答：配水管是指由净水厂、配水厂或由水塔、高位水池等调节构筑物直接向用户配水的管道。配水管按其布置形式分为树枝状和环网状，配水管分为配水干管和配水支管。

问：输水管（渠）线路选择的原则？

答：输水管（渠）的长度，特别是断面较大的管（渠），对投资的影响很大。缩短管线的长度，既可有效地节省工程造价，又能减少水头损失。管线敷设处的地质构造，直接影响到管道的设计、施工、投资及安全，因此增加了选线时应尽量避开不良地质构造地带（如地质断层、滑坡、泥石流等处）。管线经过地质情况复杂地区时，应进行地质灾害的评价。

7.1.2 从水源至城镇净水厂的原水输水管（渠）的设计流量，应按最高日平均时供水量确定，并计入输水管（渠）的漏损水量和净水厂自用水量。从净水厂至管网的清水输水管道的设计流量，应按最高日最高时用水条件下，由净水厂负担的供水量计算确定。

问：输水管（渠）设计流量的规定？

答：输水管（渠）的沿程漏损水量与管材、管径、长度、压力和施工质量等有关。计算原水输水管道的漏损水量时，可根据工程的具体情况，参照有关资料和已建工程的数据确定。

原水输水管（渠）设计流量包含净水厂自用水量，其数值一般可取水厂供水量的5%～10%。

由于水厂的供水量中已包括了管网漏损水量，故向管网输水的清水管道设计水量不再另计管道漏损水量。

多水源供水的城镇，各水厂至管网的清水输水管道的设计水量应按最高日最高时条件下综合考虑配水管网设计水量、各个水源的分配水量、管网调节构筑物的设置情况后确定。

7.1.3 城镇供水的事故水量应为设计水量的70%。原水输水管道应采用2条以上，并应按事故用水量设置连通管。多水源或设置了调蓄设施并能保证事故用水量的条件下，可采用单管输水。

问：输水干管根数和安全供水措施？

答：在输水工程中，安全供水非常重要，因此制定了严格规定。

本条文规定“输水干管不宜少于两条，当有安全贮水池或其他安全措施时，也可修建一条”。采用一条输水干管的规定，适用于输水管道距离较长，建两条管道的投资较大，而且在供水区域输水干管断管维修期间，有满足事故水量的贮水池或者其他安全供水措施的情况。采用一条输水干管也仅是在安全贮水池前，在安全贮水池后，仍应敷设两条管道，互为备用。当有其他安全措施时，也可修建一条输水干管，一般常见的为多水源，即可由其他水源在事故时补充。

输水干管事故期间，允许降低供水量，按事故水量供水，事故水量是城镇供水系统设计水量的70%。因此，无论输水干管采用一根或者两根，都应进行事故期供水量的核算，都应满足安全供水的要求。

《城市给水工程规划规范》GB 50282—2016，第6.2.2条：规划长距离输水管道时，输水管不宜少于2根。当城市为多水源或具备应急备用水源等条件时，也可采用单管输水。

问：输水管道根数？

答：输水管道根数的确定。

1. 输水管道的根数应根据给水系统的重要性、输水规模、系统布局、分期建设的安排以及是否设置有备用供水安全设施等因素进行全面考虑确定。

2. 不得间断供水的给水工程，输水管道一般不宜少于两条。当有安全贮水池或其他安全供水措施时，也可建设一条输水管道。

安全贮水池容积按下式计算：

$$W=(Q_1-Q_2)T$$

式中 Q_1——事故用水量（m^3/h）；

Q_2——事故时其他水源最大供水量（m^3/h）；

T——事故连续时间（h），应根据管道长度、选用管材、地形、气候、交通和维修水量等因素确定。

3. 对于多水源城镇供水工程，当某一水源中止供水，仍能保证整个供水区域达到事故设计供水能力时，该水源可设置一条输水管道。

4. 输水管穿过河流时，可采用管桥或河底穿越等形式。

5. 工业用水的输水管根数应根据生产安全需要，依据有关规定确定。

问：连通管及检修阀门布置？

答：连通管及检修阀门布置要求：

1. 两条以上的输水管一般应设连通管，连通管的根数可根据断管时满足事故用水量的要求，通过计算确定。

2. 连通管直径一般与输水管相同，或较输水管直径小20%～30%，但应考虑任何一段输水管发生事故时仍能通过事故水量；城镇为设计水量的70%，工业企业按有关规定。

当输水管负有消防给水任务时，事故水量中还应包括消防水量。

3. 设有连通管的输水管道上，应设置必要的阀门，以保证任何管段发生事故或检修阀门时的切换。

连通管直径一般与输水管直径相同，当输水管管径较大时，可通过水力计算和经济比较确定是否缩小连通管直径，但不得小于输水管直径的80%。

4. 连通管及阀门的布置一般可参照图7.1.3-1的方式选用。

图（*a*）为常用布置形式；

图（*b*）布置的阀门较少，但管道需立体交叉、配件较多，故较少采用；

图（*c*）当供水要求安全极高，包括检修任一阀门都不得中断供水时采用，在连通管上增设阀门一只。

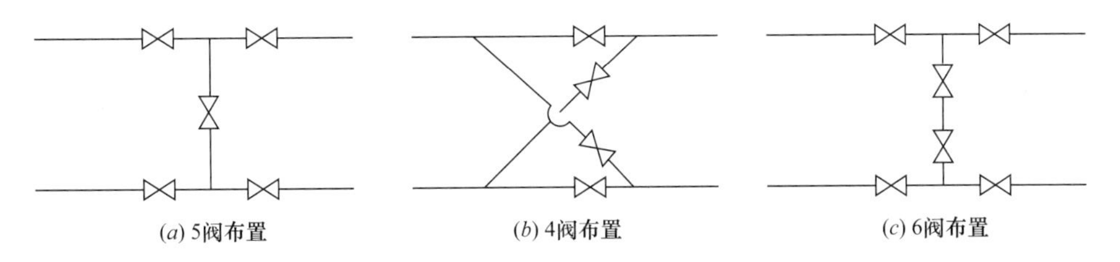

图7.1.3-1　连通管及阀门的布置

问：两条输水管道上连通管间距？

答：两条输水管道上连通管间距见表7.1.3。

连通管布置间距　　**表7.1.3**

输水管长度（km）	<3	3～10	10～20
连通管间距（km）	1.0～1.5	2.0～2.5	3.0～4.0

问：城镇事故水量的保证方式?

答：城镇的事故水量为设计水量的70%。

1. 重力输水管

重力输水管连通管个数的计算图示见图7.1.3-2。

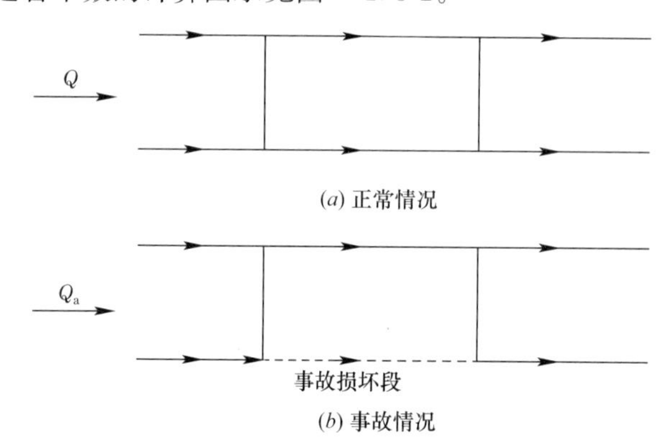

图7.1.3-2 重力输水管连通管个数的计算图示

事故时和正常工作时流量比：

设敷设两条输水管，连通管根数为n，输水管摩阻为s，因为事故前后水头损失相等，故：

正常供水时水头损失：$h=s(n+1)\left(\frac{Q}{2}\right)^2=\frac{n+1}{4}sQ^2$

某一段损坏事故供水时水头损失：$h_a=ns\left(\frac{Q_a}{2}\right)^2+s(Q_a)^2=\frac{n+4}{4}sQ_a^2$

$$h=h_a=\frac{n+1}{4}sQ^2=\frac{n+4}{4}sQ_a^2$$

$$\frac{Q_a}{Q}=\alpha=\sqrt{\frac{n+1}{n+4}}=0.7\Rightarrow n=1.9\text{，取 } n=2$$

城市的事故用水量规定为设计水量的70%，即$\alpha=0.7$，为保证输水管损坏时的事故流量，敷设两条平行输水管时，至少设置两条连通管才能保证事故水量为设计水量的70%。

2. 压力输水管

设敷设两条输水管，连通管根数为n，s为水泵的摩阻、s_p为泵站内部管线的摩阻、s_d为两条输水管的当量摩阻、s_1和s_2为每条输水管的摩阻，其中s_1为未损坏输水管的摩阻。

（1）当事故时供水量保证率$\alpha=0.7$时：

$$s_d=\frac{s_1\cdot s_2}{(\sqrt{s_1}+\sqrt{s_2})^2}$$

$$n+1=\frac{(s_1-s_d)\alpha^2}{(s+s_p+s_d)(1-\alpha^2)}=\frac{0.96(s_1-s_d)}{s+s_p+s_d}$$

（2）当水塔为对置水塔时，输水管的分段数可近似地按下式计算：

$$n+1=\frac{(s_1-s_d)\alpha^2}{(s+s_p+s_d+s_c)(1-\alpha^2)}=\frac{0.96(s_1-s_d)}{s+s_p+s_d+s_c}$$

式中　s_c——管网的当量摩阻。

7.1.4 在各种设计工况下运行时，管道不应出现负压。

7.1.5 原水输送宜选用管道或暗渠（隧洞）；当采用明渠输送原水时，应有可靠的防止水质污染和水量流失的安全措施。清水输送应采用有压管道（隧洞）。

问：输水方式的选择？

答：原水输送可采用有压输水和无压（非满流）输水，且一般应采用全封闭方式输水；有压输水时管道一般采用圆形断面，当压力较低时（最大内水压小于0.1MPa）也可采用马鞍形或矩形断面；无压（非满流）输水时一般采用梯形、矩形或马鞍形断面，当采用梯形或矩形断面非封闭明渠输水时，应采用保护水质或减少水量损失的措施。

清水输送必须采用有压且全封闭方式输水，其管道断面应采用圆形。

问：明渠输送原水存在的问题？

答：采用明渠输送原水主要存在两方面的问题：一是水质易被污染；二是城镇用水容易发生与工农业争水，导致水量流失。因此规定原水输送宜选用管道或暗渠（隧洞）；采用明渠输水宜采用专用渠道，如天津"引滦入津"工程。

问：采用明渠输送原水防止水质污染的措施？

答：为防止水质污染，保证供水安全，本条文中规定清水输送应选用管道。若采用暗渠或隧洞，必须保证混凝土密实、伸缩缝处不透水，且一般情况是暗渠或隧洞内压大于外压，防止外水渗入。

7.1.6 原水输水管道系统的输水方式可采用重力式、加压式或两种并用方式，应通过技术经济比较后选定。

问：压强的表示方法？

答：绝对压强 P'：以绝对真空为零点而计量的压强。

相对压强 P：压力表测得的压强，也称表压，$P=P'-P_a$。

真空压强 P_v：真空表测得的压强，$P_v=P_a-P'$。

真空度：$h=\frac{P_v}{\rho g}=\frac{P_a-P'}{\gamma}$，单位为m。

各种压强的关系见图7.1.6。

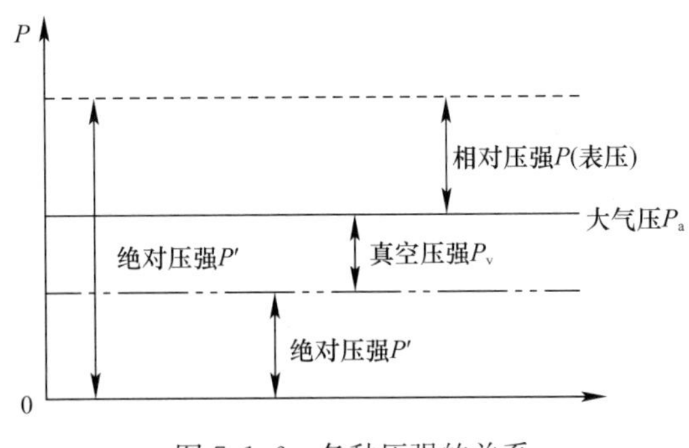

图7.1.6 各种压强的关系

7.1.7 城镇公共供水管网严禁与非生活饮用水管网连接，严禁擅自与自建供水设施连接。

问：严禁与城镇生活饮用水管网连接的总结？

答：严禁与城镇生活饮用水管网连接的总结：

1.《城市供水条例》第三十二条：禁止擅自将自建的设施供水管网系统与城市公共供

水管网系统连接；因特殊情况确需连接的，必须经城市自来水供水企业同意，报城市供水行政主管部门和卫生行政主管部门批准，并在管道连接处采取必要的防护措施。

禁止产生或者使用有毒有害物质的单位将其生产用水管网系统与城市公共供水管网系统直接连接。

2.《城市给水工程规划规范》GB 50282—2016，第8.1.6条：自备水源或非常规水源给水系统严禁与公共给水系统连接。

3.《建筑给水排水设计标准》GB 50015—2019，第3.1.2条：自备水源的供水管道。严禁与城镇给水管道直接连接。

4.《城镇给水排水技术规范》GB 50788—2012，第3.4.7条：供水管网严禁与非生活饮用水管道连通，严禁擅自与自建供水设施连接，严禁穿过毒物污染区；通过腐蚀地段的管道应采取安全保护措施。

5.《二次供水工程技术规程》CJJ 140—2010，第6.4.4条：严禁二次供水管道与非饮用水管道连接。

问：什么是自备水源供水管道？

答：所谓自备水源供水管道，即设计工程基地内设有一套从水源（非城镇给水管网，可以是地表水或地下水）取水，经水质处理后供基地内生活、生产和消防用水的供水系统。

城市给水管道（即城市自来水管道）严禁与用户的自备水源的供水管道直接连接，这是国际上通用的规定。当用户需要将城市给水作为自备水源的备用水或补充水时，只能将城市给水管道的水放入自备水源的贮水（或调节）池，经自备系统加压后使用。放水口与水池溢流水位之间必须有有效的空气隔断。

本规定与自备水源水质是否符合或优于城市给水水质无关。

——摘自《建筑给水排水设计标准》GB 50015—2019

7.1.8 配水管网宜采用环状布置。当允许间断供水时，可采用枝状布置，但应考虑将来连成环状管网的可能。

问：配水管网、环状管网、枝状管网？

答：2.0.30 配水管网：向用户配水的管道系统。

2.0.31 环状管网：配水管网的一种布置形式，管道纵横相互接通，形成环状。

2.0.32 枝状管网：配水管网的一种布置形式，干管和支管分明，形成树枝状。

提示：小区环状管道的管径宜相同。

问：环状管网与枝状管网的比较？

答：环状管网与枝状管网的比较见表7.1.8-1。

环状管网与枝状管网的比较 **表7.1.8-1**

比较项目	管网分类	
	枝状管网	环状管网
供水可靠性	低	高
事故影响范围	大	小
受水锤影响程度	强	弱
末端水质	较差	较好
建设投资	较低	较高
适用范围	小城镇、工业企业建设初期	城镇配水管网

问：环状管网、枝状管网应用总结？

答：环状管网、枝状管网应用总结见表 7.1.8-2。

环状管网、枝状管网应用总结 **表 7.1.8-2**

管网形式	应用总结
环状管网	《室外给水设计标准》GB 50013—2018 7.1.8 城镇配水管网宜设计成环状，当允许间断供水时，可设计为枝状，但应考虑将来连成环状管网的可能
	《消防给水及消火栓系统技术规范》GB 50974—2014 8.1.2 下列消防给水应采用环状给水管网： 1 向两栋或两座及以上建筑供水时； 2 向两种及以上水灭火系统供水时； 3 采用设有高位消防水箱的临时高压消防给水系统时； 4 向两个及以上报警阀控制的自动水灭火系统供水时。 8.1.4 室外消防给水管网应符合下列规定： 1 室外消防给水采用两路消防供水时应采用环状管网，但当采用一路消防供水时可采用枝状管网
	《自动喷水灭火系统设计规范》GB 50084—2017 10.1.4 当自动喷水灭火系统中设有 2 个及以上报警阀组时，报警阀组前宜设环状供水管道
	《建筑给水排水设计标准》GB 50015—2019，3.13.15 由城镇管网直接供水的小区室外给水管网应布置成环状网，或与城镇给水管连接成环状网。环状给水管网与城镇给水管的连接管不宜少于 2 条。
	《城镇给水排水技术规范》GB 50788—2012 3.4.5 城镇配水管网干管应成环状布置
	《城镇供热管网设计规范》CJJ 34—2010 5.0.8 技术经济合理时，热力网干线宜连接成环状管网
	《人民防空工程设计防火规范》GB 50098—2009 7.6.1-2 当室内消火栓总数大于 10 个时，其给水管道应布置成环状，环状管网的进水管宜设置两条，当其中一条进水管发生故障时，另一条应仍能供应全部消火栓的消防用水量
	《给水排水设计手册》P829 为保证用水的安全并满足消防要求，水厂自用管线干管应尽量布置成环网
	《水喷雾灭火系统技术规范》GB 50219—2014 5.1.4 当系统设置两个及以上雨淋报警阀时，雨淋报警阀前宜设置环状供水管道
枝状管网	《二次供水工程技术规程》CJJ 140—2010 5.4.5 二次供水的室内生活给水管道宜布置成枝状管网，单向供水
	《消防给水及消火栓系统技术规范》GB 50974—2014 8.1.1 当市政给水管网设有市政消火栓时，应符合下列规定： 1 设有市政消火栓的市政给水管网宜为环状管网，但当城镇人口小于 2.5 万人时，可为枝状管网； 2 接市政消火栓的环状给水管网的管径不应小于 *DN*150，枝状管网的管径不宜小于 *DN*200。当城镇人口小于 2.5 万人时，接市政消火栓的给水管网的管径可适当减少，环状管网时不应小于 *DN*100，枝状管网时不宜小于 *DN*150； 8.1.5 室内消防给水管网应符合下列规定： 1 室内消火栓系统管网应布置成环状，当室外消火栓设计流量不大于 20L/s，且室内消火栓不超过 10 个时，除本规范第 8.1.2 条外，可布置成枝状
	《建筑给水排水设计标准》GB 50015—2019 3.6.1 室内生活给水管道可布置成枝状管网
	《排水工程》上册（第四版）P32 污水由支管流入干管，由干管流入主干管，由主干管流入污水处理厂，管道由小到大，分布类似河流，呈树状，与给水管网的环流贯通情况完全不同

7.1.9 规模较大的供水管网系统的布置宜考虑供水分区计量管理的可能。

7.1.10 配水管网应按最高日最高时供水量及设计水压进行水力计算，并应按下列3种工况校核：

1 消防时的流量和水压的要求；

2 最大转输时的流量和水压的要求；

3 最不利管段发生故障时的事故用水量和水压要求。

问：配水管网管径的确定？

答：《城市给水工程规划规范》GB 50282—2016。

8.1.5 配水管网管径宜按近期、远期给水规模进行管网平差计算确定。

8.1.5 条文说明：由于管道使用年限较长，确定管径时，既要满足远期给水规模的需求，也要避免近期给水规模状况下，因管径偏大造成管道流速较低，带来水质变差的问题。因此，宜按照近、远期给水规模进行综合分析后确定管径。

问：配水管网的校核？

答：为选择安全可靠的配水系统和确定配水管网的管径、水泵扬程及高位水池的标高等，必须进行配水管网的水力平差计算。为确保管网在任何情况下均能满足用水要求，配水管网除按最高日最高时的水量及控制点的设计水压进行计算外，还应按发生消防时的水量和水压的要求、最不利管段发生故障时的事故用水量和水压要求、最大转输时的流量和水压的要求三种情况进行校核；如校核结果不能满足要求，则需要调整某些管段的管径或另选合适的水泵。

控制点：管网中控制水压的点。该点一般位于距水厂最远或地形最高处，只要该点的压力在最高用水时能够达到城市管网的最小服务水头的要求，整个管网各供水点的水压就均能满足要求。

1. 消防时的流量和水压校核

（1）校核的理由

室外消防给水一般采用低压给水系统，即管道的压力应保证灭火时最不利点消火栓的水压力不小于10m水柱（从地面算起）。因此，一般消防时比最高用水时所需的服务水头小得多。但由于消防时通过管网的流量增大，各管段的水头损失也相应增大，因此，用按最高用水时确定的水泵扬程可能不满足消防时的扬程需求，所以要对消防供水时的管网进行核算。

【10m水柱出自《消防给水及消火栓系统技术规范》GB 50974—2014，第7.2.8条：当市政给水管网设有市政消火栓时，其平时运行工作压力不应小于0.14MPa，火灾时水力最不利市政消火栓的出流量不应小于15L/s，且供水压力从地面算起不应小于0.10MPa。】

（2）校核的方法

消防时的管网校核，是以最高时用水量确定的管径为基础，然后按最高用水时另行增加消防的流量进行流量分配，求出消防时的管段流量和水头损失。计算时只是在控制点另外增加一个集中的消防流量，如按照消防要求同时有两处失火时，则可从经济和安全等方面考虑，将消防流量一处放在控制点，另一处放在离二级泵站较远或靠近大用户和工业企业的节点处。虽然消防时比最高用水时所需服务水头要小得多，但因消防时通过管网的流量增大，各管段的水头损失相应增加，按最高用水时确定的水泵扬程有可能达不到消防时的需要，这时须放大个别管段的直径，以减小水头损失。个别情况下因最高用水时和消防时的水泵扬程相差很大，须设专用消防泵供消防时使用。

$$Q_{gx} = Q_m + Q_x$$

式中　Q_m——管网设计最大秒流量（L/s）；

Q_x——消防用水量（L/s），$Q_x = \sum q_x N$，即同一时间内的火灾次数乘以一次灭火用水量（L/s），根据消防规范执行。

2. 最大转输时的流量和水压校核

（1）校核的理由

设置对置水塔的管网，在最高用水时，由泵站和水塔同时向管网供水，但在一天内抽水量大于用水量的一段时间里，多余的水经过管网送入水塔内贮存，最大转输时管网的水头损失有可能比最高用水时的水头损失大。因此，设置对置水塔的管网，应按最大转输时的流量进行管网校核，以确定水泵能否将水送进水塔。

（2）校核的方法

校核算，在某些节点出流的集中流量按实际情况确定，然后求出最大转输时各节点的生活用水量。由于节点生活用水量随用水量的变化成比例增减（最大转输时的流量分配和计算，其方法与最高用水时相同），所以最大转输时各节点的流量可按下式计算：

$$最大转输时节点流量=\frac{最大转输时生活用水量}{最高时生活用水量}\times 最高用水时该节点的流量$$

节点流量确定后，按管网最大转输时的流量进行分配和管网平差，求出各管段流量、水头损失和所需要的水泵扬程，并对原来选择的水泵进行校核。

最大转输时的校核流量为

$$Q_{zs} = Q_m K_{zs} + Q_{zw}$$

式中　K_{zs}——最大转输时用水量与最高时用水量之比，可根据城市用水量逐时变化曲线而定；

Q_{zw}——最大转输入调节构筑物的转输水量（L/s）。

3. 最不利管段发生故障时的事故用水量和水压校核

（1）校核的理由

管网管线损坏时必须及时检修，在检修时间内供水量允许减少。至于事故时应有的流量，在城市为设计用水量的70%，工业企业的事故流量按有关规定。发生事故时管网流量虽然减少，但因某个管段损坏不能通过流量，故加大了其他管段的负担，因此，管网的总水头损失有可能增大，所以也必须进行管网校核。

（2）校核的方法

一般按最不利管段损坏而需断水检修的条件，校核事故时的流量和水压是否满足要求。经过校核不符合要求时，应在技术上采取措施，可放大某些连通管的管径，或重新选择水泵。如当地给水管理部门有较强的检修力量，损坏的管段能迅速修复，且断水产生的损失较小时，事故时管网校核要求可适当降低。

最不利管段发生事故时的校核水量为Q_{sk}。

对于城镇：$Q_{sk}=70\%Q_m$。

工矿企业，按有关规定计算。

控制点的水压不得低于10m。（考虑消防车补水水压要求）

管网中任一管段损坏时，供给城市生活饮用水的量必然降低，但减少的水量不允许多于最高用水时流量的30%。因为事故时流量比最高用水时小，管网的水头损失相应减小，因而流量可期得到保证。管段损坏时的管网计算，是求出任一管段损坏情况下的真实流量分配。因损坏管段的位置可能不同，因而有多种方案可进行比较。损坏管段不应选在流量很小的支管上，而应选损坏时会使管网出现最不利工作情况的管段；换言之，应选在正常工作时通过大流量的管段，管网中的干管就是这类管段。

管网某一管段损坏时，流量由其他管线供给，引起管网水头损失增大，以致损坏管段附近的管网压力大幅度下降；但是在损坏管段和配水源（如泵站、水塔等）之间的用户，所受到的影响很小，基本上和正常用水时相近。

管段损坏时的节点流量 Q_t 和正常用水时不同，应以水压 H 的函数来表示，即 $Q_t=f(H)$。因计算工作量大，必须使用计算机，因为手工计算只能得到近似结果。一般采用的简化方法是，假定节点流量和配水源供水量成正比变化，因此可根据最高用水量的节点流量，按照管段损坏时必须保证的流量比例折算出该时的节点流量，据以分析管段损坏时的管网工作情况，并为满足用户的水量和水压要求，提供必要的措施。

——赵洪宾. 给水管网系统理论与分析. [M]. 北京：中国建筑工业出版社，2003.

7.1.11 配水管网应进行优化设计，在保证水质安全和设计水量、水压满足用户要求的条件下，应进行不同方案的技术、经济比选优化。

问：配水管网优化比选方案？

答：管网优化设计是在保证水质、水量、水压安全可靠的条件下，选择最经济的供水方案及最优的管径或水头损失。管网是一个很复杂的供水系统，管网的布置、调节水池及加压泵站的设置和运行都会影响管网的经济指标。

1. 对管网主要干管及控制出厂压力的沿线管道校核其流速的技术经济性、合理性；

2. 对供水距离较长或地形起伏较大的管网进行设置加压泵站的比选；

3. 对昼夜用水量变幅较大、供水距离较远的管网比较设置调节水池及加压泵站的合理性。

7.1.12 压力输水管应防止水流速度剧烈变化产生的水锤危害，并应采取有效的水锤防护措施。

问：压力管道、无压管道？

答：《给水排水管道工程施工及验收规范》GB 50268—2008。

2.0.1 压力管道：指工作压力大于或等于0.1MPa的给水排水管道。

2.0.2 无压管道：指工作压力小于0.1MPa的给水排水管道。

问：压力输水管道削减水锤的原则？

答：压力输水管道由于急速的开泵、停泵、开阀、关阀和流量调节等，会造成管内水流速度的急剧变化，从而产生水锤，危及管道安全，因此压力输水管道应进行水锤分析计算，采取措施削减开关泵（阀）产生的水锤；防止在管道隆起处与压力较低的部位水柱拉断，产生的水柱弥合水锤。工艺设计一般应采取削减水锤的有效措施，使在残余水锤作用下的管道设计压力小于管道试验压力，以保证输水安全。

3.1.108 水锤：压力管道中，由于流速剧烈变化而引起压力交替升降的水力冲击现象。又称水击。

3.1.109　水锤压力：由于水锤作用，在管道内产生的瞬时压力。

2.0.123　管道设计压力：设计中采用的作用在管内壁的最大瞬时压力。

4.2.15　管道试验压力：管道耐压强度和气密性试验时，规定所要达到的压力。

问：给水管道压力的总结？

答：给水管道压力的总结如下：

1. 管道工作压力：管道在正常工作状态下，作用在管内壁的最大持续压力。

2. 最大允许工作压力（PMA）：部件在使用中可安全承受的最大内部压力，包括冲击压力。

3. 允许工作压力（PFA）：部件可长时间安全承受的最大内部压力，不包括冲击压力。

注：该压力为 PMA＝1.2PFA 时，理想状态下的理论计算压力。

4. 现场允许试验压力（PEA）：用以检测管线的完整性和密封性，新近安装在地面上或掩埋在地下的部件在相对短时间内可承受的最大内部压力。

注：该试验压力与系统试验压力不同，但同管线的设计压力有关。压力管道验收现场水压试验执行《给水排水管道工程施工及验收规范》GB 50268 的规定。

5. 试验压力：管道、容器或设备进行耐压强度和气密性试验时，规定所要达到的压力。

6. 公称压力（PN）：用于设计参考的指定字母和数字，表示压力，修约为整数。

注：由字母 PN 后接无量纲整数组成，具有相同公称直径 DN 和公称压力 PN 的部件具有相互匹配的尺寸。

7. 初始失效压力：管材试件在内水压力均匀连续升压的过程中，出现失效现象（爆破或渗漏）时的压力值。

8. 管道设计压力：设计中采用的作用在管内壁的最大瞬时压力。

问：《泵站设计规范》GB/T 50265 关于水锤防护的规定？

答：《泵站设计规范》GB/T 50265—2010。

9.3.4　离心泵出水管件应符合下列规定：

1　水泵出口应设工作阀门和检修阀门；

2　出水管工作阀门的额定工作压力及操作力矩，应满足水泵关阀启动的要求；

3　出水管不宜安装普通逆止阀；

4　出水管应安装伸缩节，其安装位置应便于水泵和管路、阀门的安装和拆卸；

5　进水钢管穿墙时宜采用刚性穿墙管，出水钢管穿墙时宜采用柔性穿墙管。

9.3.4　条文说明：离心泵必须关阀启动，所以出水管路上应设工作阀门，为使工作阀门出现故障需检修时能截断水流，还需设检修阀门。

离心泵关阀启动时的扬程即零流量时的扬程，一般达到设计扬程的 1.3 倍～1.4 倍。所以，水泵出水操作阀门的工作压力应按零流量时压力选定。

普通止回阀阻力损失大，能耗高，关闭速度不易控制，势必造成水锤压力过大，故不宜装设。当管道直径小于 500mm 时，可装微阻缓闭止回阀。

9.4　过渡过程及产生危害的防护

9.4.1　有可能产生水锤危害的泵站，在各设计阶段均应进行事故停泵水锤计算。

9.4.1　条文说明：当水泵机组事故失电时，管道系统将产生水锤（包括正压水锤和负压水锤）以及机组逆转。水锤压力的大小是管路系统的重要设计依据之一。计算水泵在失去动力后管路系统各参数的变化情况，并采取必要的防护措施，确保机组及管路系统的安全，是泵站设计的重要内容。

9.4.2　当事故停泵瞬态特性参数不能满足下列要求时，应采取防护措施：

1　离心泵最高反转速度不应超过额定转速的1.2倍，超过额定转速的持续时间不应超过2min。

2　立式机组在低于额定转速40%的持续运行时间不应超过2min。

3　最高压力不应超过水泵出口额定压力的1.3倍～1.5倍。

4　输水系统任何部位不应出现水柱断裂。

9.4.2　条文说明：事故停泵水锤防护的主要内容应包括以下几方面：

① 防止最大水锤压力对管道及管道附件的破坏；②防止压力管道内水柱断裂或出现不允许的负压；③防止机组反转造成水泵和电动机的破坏；④防止流道内压力波动对水泵机组的破坏。

本条规定的反转速度不超过额定转速的1.2倍，是根据电动机的有关技术标准制定的。事实上，只要水锤防护设施（如两阶段关闭蝶阀）选择得当，完全有可能将反转速度限制在很小的范围，甚至不发生反转。从机组的结构特点看，机组反转属于不正常的运行方式，容易造成某些部件损坏，所以希望反转速度愈小愈好，但也应避免出现长时间的低速旋转。

最大水锤压力限制在水泵额定工作压力的1.3倍～1.5倍，主要考虑两方面因素：一是输水系统的经济性；二是采取适当的防护措施，最大水锤压力完全可以限制在此范围内。例如某提灌二期工程最大水锤压力只有额定压力的1.2倍～1.25倍。

由于各地区的海拔高度不同，出现水柱分裂的负压值是不同的，在计算上应注意修正。为了减少输水系统工程费用，确保输水系统安全，应采取措施限制输水系统负压值，当负压达到2.0m水柱时，宜装真空破坏阀。

9.4.3　真空破坏阀应有足够的过流面积，动作应准确可靠；用拍门或快速闸门作为断流设施时，其断流时间应满足控制反转转速和水锤防护的要求。

9.4.3　条文说明：轴流泵和混流泵出水流道的断流设施主要有拍门和快速闸门。采用虹吸式出水流道时，用真空破坏阀断流。

采用真空破坏阀作为断流设施时，其动作应准确可靠。通过真空破坏阀的空气流速宜按50m/s～60m/s选取。采用拍门作为断流设施时，其断流时间应满足水锤防护要求，撞击力不能太大，不能危及建筑物和机组的安全运行。

采用快速闸门作为断流设施时，应保证操作机构动作的可靠性。其断流时间满足设计要求，同时要对其经济性进行论证。

9.4.4　高扬程、长压力管道的泵站，工作阀门宜选用两阶段关闭的液压操作阀。

9.4.4　条文说明：扬程高、管道长的大、中型泵站，事故停泵可能导致机组长时间超速反转或造成水锤压力过大，因而推荐在水泵出口安装两阶段关闭的液压缓闭阀门。根据水泵过渡过程理论分析，水泵从事故失电至逆流开始的这个时段，如果阀门以比较快的速度关闭至某一角度（65°～75°），不至于造成过大的水锤压力升高或降低。管道出现逆流或稍后的某一时刻（如半相时间），阀门必须以缓慢的速度关闭至全关。由于阀门开始慢关时，阀瓣已关至某一角度，作用于水泵叶轮的压力已很小，虽然慢关时段较长，也不会使机组产生大的反转速度。两阶段关闭阀门可以减少水锤压力，减小机组反转速度，又能动水启闭，有一阀多用的特点。

问：水锤压力的计算公式？

答：《消防给水及消火栓系统技术规范》GB 50974—2014。

5.5.11 消防水泵出水管应进行停泵水锤压力计算，并宜按下列公式计算，当计算所得的水锤压力值超过管道试验压力值时，应采取消除停泵水锤的技术措施。停泵水锤消除装置应装设在消防水泵出水总管上，以及消防给水系统管网其他适当的位置：

$$\Delta p = \rho c v$$

$$c = \frac{c_0}{\sqrt{1+\frac{K}{E}\frac{d_i}{\delta}}}$$

式中 Δp——水锤最大压力（Pa）；

ρ——水的密度（kg/m^3）；

c——水击波的传播速度（m/s）；

v——管道中水流速度（m/s）；

c_0——水中声波的传播速度，宜取 c_0＝1435m/s（压强 0.10MPa～2.50MPa，水温 10℃）；

K——水的体积弹性模量，宜取 $K=2.1\times10^9$ Pa；

E——管道的材料弹性模量，钢管 $E=20.6\times10^{10}$ Pa，铸铁管 $E=9.8\times10^{10}$ Pa，钢丝网骨架塑料（PE）复合管 $E=6.5\times10^{10}$ Pa；

d_i——管道的公称直径（mm）；

δ——管道壁厚（mm）。

7.1.13 负有消防给水任务管道的最小直径和室外消火栓的间距应符合现行国家标准《消防给水及消火栓系统技术规范》GB 50794 的有关规定。

问：消火栓、消防水鹤的安装？

答：消火栓、消防水鹤的安装参见标准图集《室外消火栓及消防水鹤安装》13S201。

3 适用范围

3.1 本图集适用于市政、建筑小区与厂区等室外消火栓、消防水鹤及相关设施的选用与施工安装。

3.2 消防水鹤安装适用于消防给水支管管径不大于 *DN*200，季节性冻土深度不大于 2.6m 的情况。

3.3 本图集如用于湿陷性黄土地区、永久性冻土地区、其他特殊性地区及地震设计烈度为 8 度以上地区的工程时，应根据有关标准规范和规程的规定另做处理。

4 室外消火栓

4.1 本图集编制的室外消火栓的形式和规格

4.1.1 室外消火栓按其安装场合可分为地上式（SS）、地下式（SA）。

4.1.2 室外消火栓按其用途可分为普通型和特殊型，特殊型分为泡沫型（P）、防撞型（F）等。

4.1.3　室外消火栓按其进水口的公称直径可分为100mm和150mm两种。

4.1.4　室外消火栓的公称压力可分为1.0MPa和1.6MPa两种。

4.1.5　室外消火栓按其进水口连接形式可分为承插式和法兰式。其中承插式室外消火栓公称压力为1.0MPa，法兰式室外消火栓公称压力为1.6MPa。

4.1.6　室外消火栓型号编制方法如下图所示（见图7.1.13-1）：

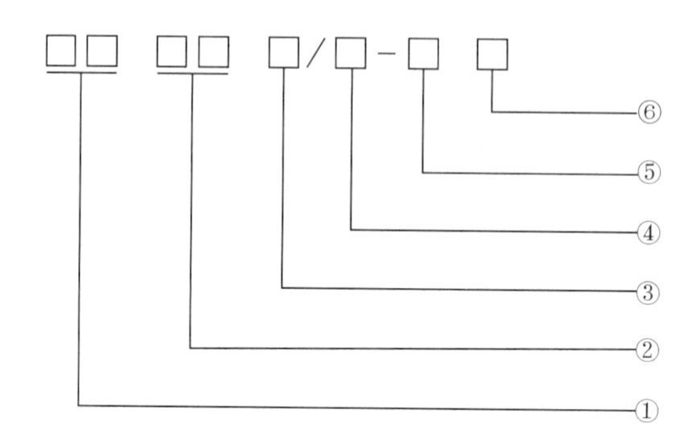

① 形式代号(SS表示地上式，SA表示地下式)；
② 特殊型代号(排列次序为：P表示泡沫消火栓；F表示防撞型；普通型省略)；
③ 吸水口连接管规格(mm)；
④ 出水口水带规格(mm)；
⑤ 公称压力(MPa)；
⑥ 厂方自定义。

图7.1.13-1　室外消火栓型号编制方法图示

5　消防水鹤

5.1　消防水鹤的分类和规格

5.1.1　消防水鹤按出水管调节方式可分为直通式（Z）、可伸缩式（S）。

5.1.2　消防水鹤进水口公称直径分为100mm、150mm、200mm三种。消防接口分为65mm、80mm两种。

5.1.3　消防水鹤的公称压力分为1.0MPa、1.6MPa两种。

5.1.4　消防水鹤按进水口连接方式可分为承插式（C）和法兰式（F）。其中承插式消防水鹤的公称压力为1.0MPa、法兰式消防水鹤的公称压力为1.6MPa。

5.1.5　消防水鹤型号编制方法如下图所示（见图7.1.13-2）：

5.3　消防水鹤的结构特点及安装

5.3.1　消防水鹤一般由地下部分（主控水阀、排放余水装置、启闭联动机构）和地上部分（引水导流管道和护套、消防水带接口、旋转机构、伸缩机构等）组成，具有可摆动、可伸缩、防冻、启闭快速等特点，多用于消防车快速上水。

5.3.2　消防水鹤应至少配置一个消防水带接口，接口的形式和性能应符合《消防接口　第1部分：消防接口通用技术条件》GB 12514.1的规定。

5.3.3　伸缩机构和消防水带接口不同时出水，由消防水带接口处控制阀控制。消防水带处控制阀通常处于关闭状态，当处于关闭状态时，消防水带接口关闭，伸缩机构开启；当处于开启状态时，消防水带接口开启，伸缩机构关闭。

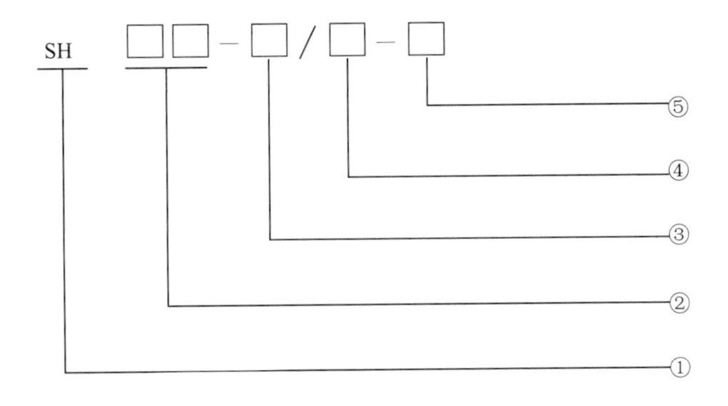

①“水鹤”汉语拼音字头；
② 类别形式代号；
③ 进水口直径(mm)；
④ 接口直径(mm)；
⑤ 公称压力(MPa)。

图 7.1.13-2　消防水鹤型号编制方法图示

5.3.4　消防水鹤简图详见图 2（见图 7.1.13-3）。

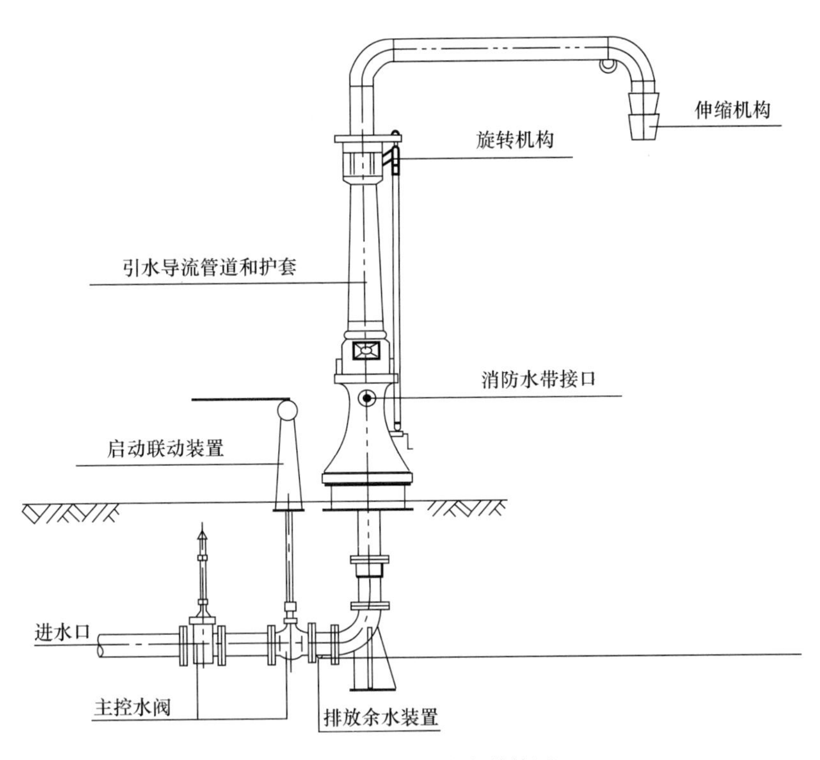

图 7.1.13-3　消防水鹤简图

问：消防站的服务半径？

答：《城市消防站建设标准》建标 152—2017。

第十四条 消防站的辖区面积按下列原则确定：

一、设在城市的消防站，一级站不宜大于 $7km^2$，二级站不宜大于 $4km^2$，小型站不宜大于 $2km^2$，设在近郊区的普通站不应大于 $15km^2$。也可针对城市的火灾风险，通过评估方法确定消防站辖区面积。

二、特勤站兼有辖区灭火救援任务的，其辖区面积同一级站。

三、战勤保障站不宜单独划分辖区面积。

问：给水管网维护站点的服务半径？

答：《城镇供水管网运行、维护及安全技术规程》CJJ 207—2013。

7.2.1 条文说明：维护站点服务半径不宜超过 5km，宜选在交通方便、有通信及后勤保障的区域内。维护站点的人员宜按照每 6km～8km 管道配维修人员 1 名的数量配备。维护站点服务半径与范围内的管网密度、服务人口数量有关。

7.2 水力计算

7.2.1 管（渠）道总水头损失宜按下式计算：

$$h_z = h_y + h_j \quad (7.2.1)$$

式中 h_z——管（渠）道总水头损失（m）；

h_y——管（渠）道沿程水头损失（m）；

h_j——管（渠）道局部水头损失（m）。

7.2.2 管（渠）道沿程水头损失，可分别按下式计算：

1 塑料管及采用塑料内衬的管道：

$$h_y = \lambda \cdot \frac{l}{d_j} \cdot \frac{v^2}{2g} \quad (7.2.2\text{-}1)$$

$$\frac{1}{\sqrt{\lambda}} = -2\lg\left(\frac{\Delta}{3.7d_j} \cdot \frac{2.51}{Re\sqrt{\lambda}}\right) \quad (7.2.2\text{-}2)$$

式中 λ——沿程阻力系数；

l——管段长度（m）；

d_j——管道计算内径（m）；

v——过水断面平均流速（m/s）；

g——重力加速度（m/s^2）；

Δ——当量粗糙度；

Re——雷诺数。

2 混凝土管（渠）及采用水泥砂浆内衬的管道：

$$h_y = \frac{v^2}{C^2R}l \quad (7.2.2\text{-}3)$$

$$C = \frac{1}{n}R^y \quad (7.2.2\text{-}4)$$

当 $0.1 \leqslant R \leqslant 3.0$，$0.011 \leqslant n \leqslant 0.040$ 时，y 可按下式计算，管道水力计算时，y 也可取 $\frac{1}{6}$，即 C 按公式 $C=\frac{1}{n}R^{1/6}$ 计算。

$$y = 2.5\sqrt{n} - 0.13 - 0.75\sqrt{R}(\sqrt{n} - 0.1) \quad (7.2.2\text{-}5)$$

式中　C——流速系数；

R——水力半径（m）；

n——粗糙系数；

y——指数。

3　输配水管道：

$$h_y = \frac{10.67q^{1.852}}{C_h^{1.852} d_j^{4.87}} l \tag{7.2.2-6}$$

式中　q——设计流量（m^3/s）；

C_h——海曾-威廉系数。

Δ（当量粗糙度）、n（粗糙系数）、C_h（海曾-威廉系数）3 个摩阻系数，可采用水力物理模型试验检测相关参数值，再进行推算获得；没有试验值时，可根据管道的管材种类，按本标准附录 A 表 A.0.1 选用。

问：海曾-威廉公式中 *C* 值与粗糙系数 *n* 值的转换？

答：《给水排水设计手册》P32。海曾-威廉公式中 C 值与粗糙系数 n 值的转换。

目前应用的管网水力计算软件中，管道水头损失公式较多采用海曾-威廉公式，即公式（7.2.2-7）。

$$C_h = \frac{1.01958}{n^{1.08}} \cdot \frac{D^{0.248}}{q^{0.08}} \tag{7.2.2-7}$$

由此可见，C_h 值不仅与 n 值有关，还与管径和流量值有关。

当管径 D 为 1.0m，流量 q 为 $1m^3/s$ 时，C_0 值与 n 值之间转换关系见表 7.2.2-1。

C_0 值与 n 值之间转换关系　　　　**表 7.2.2-1**

n	0.010	0.011	0.012	0.013	0.014	0.015	0.016	0.017	0.018	0.019	0.020
C_0	147.4	133.0	121.0	111.0	102.5	95.1	88.7	83.1	78.1	73.7	69.7

当管道设计流量在常用范围时，根据管径不同，C_h 值可近似采用校正系数 r 修正：

$$C_h = rC_0$$

式中　C_0——管径为 1m、流量为 $1m^3/s$ 时的 C_h 值；

r——校正系数。

不同管径的校正系数 r 值见表 7.2.2-2

校正系数 *r* 值　　　　**表 7.2.2-2**

管径 D(m)	0.30	0.35	0.40	0.45	0.50	0.60	0.70	0.80	1.00	1.20	1.40	1.60	1.80
r	0.907	0.915	0.923	0.929	0.935	0.945	0.945	0.961	0.974	0.985	0.994	1.002	1.012

《消防给水及消火栓系统技术规范》GB 50974—2014，室内外输配水管道可按下式计算：

$$i = 2.9660 \times 10^{-7} \left[\frac{q^{1.852}}{C^{1.852} d_i^{4.87}} \right] \tag{7.2.2-8}$$

式中　C——海曾-威廉系数，可按表 7.2.2-3 取值；

q——管段消防给水设计流量（L/s）。

各种管道水头损失计算参数 ε、n_{ε}、C　　表 7.2.2-3

管材名称	当量粗糙度 ε(m)	管道粗糙系数 n_{ε}	海曾-威廉系数 C
球墨铸铁管（内衬水泥）	0.0001	0.011～0.012	130
钢管（旧）	0.0005～0.001	0.014～0.018	100
镀锌钢管	0.00015	0.014	120
钢管/不锈钢管	0.00001	—	140
钢丝网骨架 PE 塑料管	0.00001～0.00003	—	140

问：不同材质管道水头损失计算方法？

答：输配水管道水流流态基本处于紊流过渡区和粗糙区，水流阻力与水的黏滞力、水流速度、管壁粗糙度有关，不同管材内壁光滑度差异较大，管道水力计算时一般根据不同品种的管材选用不同的水力计算公式。

1. 塑料管和采用塑料内衬的管道，管内壁较光滑，水流一般处于紊流过渡区，水力计算采用半理论半经验的达西公式，即 $h_y=\lambda\Delta\frac{l}{d_j}\cdot\frac{v^2}{2g}$；而公式中的 λ 采用柯尔勃洛克-怀特紊流过渡区公式，即 $\frac{1}{\sqrt{\lambda}}=-2\lg\left(\frac{\Delta}{3.7d_j}\cdot\frac{2.51}{Re\sqrt{\lambda}}\right)$，其中 Δ 可采用本标准附录 A 表 A.0.1 中的建议值。

2. 混凝土管及采用水泥砂浆内衬的管道，管内壁较粗糙，水流一般处于紊流粗糙区，水力计算宜采用谢才经验公式，即 $h_y=\frac{v^2}{C^2R}l$；其中 C 可按巴普洛夫斯基公式 $C=\frac{1}{n}R^y$ 计算，$y=2.5\sqrt{n}-0.13-0.75\sqrt{R}$（$\sqrt{n}-0.1$）；为了方便计算 y 常采用 1/6，这时 $C=\frac{1}{n}R^{1/6}$，这就演变成了曼宁公式。摩阻系数 n 可按照本标准附录 A 表 A.0.1 中的建议值选用。

3. 输配水管道水力计算常采用海曾-威廉公式（7.2.2-6）计算。该公式适用于管壁较光滑、水流处于紊流过渡区的管道。$h_y=\frac{10.67q^{1.852}}{C_h^{1.852}d_j^{4.87}}l$，其中 C_h 可按照本标准附录 A 表 A.0.1 中的建议值选用。

4. 管道局部水头损失计算可根据管道水流的边界条件，按照相关实测的局部水头阻力系数计算，管线水平向和竖向顺直时，局部水头损失一般按沿程水头损失的 5%～10% 计算。

5. 管网水力平差计算宜选用海曾-威廉公式，即 $h_y=\frac{10.67q^{1.852}}{C_h^{1.852}d_j^{4.87}}l$。

问：《建筑给水排水设计标准》GB 50015 中的海曾-威廉公式？

答：《建筑给水排水设计标准》GB 50015—2019。

3.7.14　给水管道的沿程水头损失可按下式计算：

$$i=\frac{105q_g^{1.85}}{C_h^{1.85}d_j^{4.87}}$$

式中　i——管道单位长度水头损失（kPa/m）；

d_j——管道计算内径（m）；

q_g——给水设计流量（m^3/s）；

C_h——海曾-威廉系数。各种塑料管、内衬（涂）塑管 $C_h=140$；铜管、不锈钢管 $C_h=130$；内衬水泥、树脂的铸铁管 $C_h=130$；普通钢管、铸铁管 $C_h=100$。

海曾-威廉公式是目前许多国家用于供水管道水力计算的公式。它的主要特点是，可以利用海曾-威廉系数的调整，适应不同粗糙系数管道的水力计算。

问：管道计算内径（d_j）的计算方法？

答：钢管及铸铁管水力计算表采用管道计算内径（d_j）的尺寸。在确定计算内径（d_j）时：

1. 直径小于 300mm 的钢管及铸铁管，考虑锈蚀和沉垢的影响，其内径应减去 1mm 计算。

2. 对于直径 300mm 和 300mm 以上的管子，这种直径的减小，没有实际意义，可以不必考虑。

注意：同一公称直径的钢管与铸铁管的计算内径不同，因此，同一公称直径的钢管与铸铁管的比阻 A 值不同。

钢管和铸铁管的计算内径尺寸可参见《给水排水设计手册》钢管和铸铁管水力计算部分。

7.2.3 管（渠）道的局部水头损失宜按下式计算：

$$h_j=\sum\xi\frac{v^2}{2g} \tag{7.2.3}$$

式中 ξ——管（渠）道局部水头损失系数，可根据水流边界形状、大小、方向的变化等选用。

7.2.4 配水管网水力平差计算宜按本标准式（7.2.2-6）计算。

问：管道局部水头损失计算的规定？

答：管道局部水头损失与管线的水平及竖向平顺等情况有关。调查国内几项大型输水工程的管道局部水头损失数值，一般占沿程水头损失的 5%～10%。所以一些工程在可研阶段，根据管线的敷设情况，管道局部水头损失可按沿程水头损失的 5%～10%计算。

配水管网水力平差计算，一般不考虑局部水头损失。

问：给水管道的水流流态？

答：给水管道的水流流态分 3 种情况：

1. 阻力平方区，此时，比阻 α 值仅和管径及水管内壁粗糙度有关，而和 Re 数无关。例如：旧铸铁管和旧钢管在流速≥1.2m/s 时或金属管内壁无特殊防腐措施时，就属于这种情况。

2. 过渡区，此时，比阻 α 值和管径、水管内壁粗糙度、Re 数有关。例如：旧铸铁管和旧钢管在流速<1.2m/s 时，以及石棉水泥管在各种流速时的情况。

3. 水力光滑区，此时，比阻 α 值和 Re 有关，但和水管内壁粗糙度无关。例如：塑料管和玻璃管。

问：长管和短管及其应用？

答：短管：沿程损失和局部损失都占相当比重，两者都不可忽略的管道。

应用：水泵吸水管、虹吸管、铁路涵管、送风管。

长管：水头损失以沿程损失为主，局部损失和流速水头的总和同沿程损失相比很小，按沿程损失的某一百分数估算或忽略不计，仍能满足工程要求的管道，如城市室外给水、建筑给水工程。

问：给水管道某点的压力与该点流量的关系？

答：给水管道某点的压力与该点流量并无直接关系。

城市配水管道按长管计算，长管计算中，局部水头损失 h_j 与流速水头忽略不计。

$$H = h_f = \lambda \frac{l}{d} \frac{v^2}{2g}$$

$$V = \frac{4Q}{\pi d^2}$$

联解上式得：$H = h_f = \frac{8\lambda}{g\pi^2 d^5} LQ^2 = ALQ^2$

式中　A——管道的比阻，即 $A = \frac{8\lambda}{g\pi^2 d^5}$

比阻 A 是指单位流量通过单位长度管道所需水头，它取决于管路沿程阻力系数 λ 和管径 d 的大小。

所以，管道压力越高不一定流量越大，流量的平方与压差成正比，在管径不变的情况下管道的入口和出口压差越大流量就越大，在压差不变的情况下管径越大流量也越大。

问：各类管材管径表达方法？

答：各类管材管径表达方法，参见《建筑给水排水制图标准》GB/T 50106—2010。

2.4　管径

2.4.1　管径的单位应为 mm。

2.4.2　管径的表达方法应符合下列规定：

1　水煤气输送钢管（镀锌或非镀锌）、铸铁管等管材，管径宜以公称直径 DN 表示；

2　无缝钢管、焊接钢管（直缝或螺旋缝）等管材，管径宜以外径 $D\times$壁厚表示；

3　铜管、薄壁不锈钢管等管材，管径宜以公称外径 Dw 表示；

4　建筑给水排水塑料管材，管径宜以公称外径 dn 表示；

5　钢筋混凝土（或混凝土）管，管径宜以内径 d 表示；

6　复合管、结构壁塑料管等管材，管径应按产品标准的方法表示；

7　当设计中均采用公称直径 DN 表示管径时，应有公称直径 DN 与相应产品规格对照表。

2.4.3　管径的标方法应符合下列规定：

1　单根管道时，管径应按图 2.4.3-1 的方式标注（见图 7.2.4-1）；

2　多根管道时，管径应按图 2.4.3-2 的方式标注（见图 7.2.4-2）。

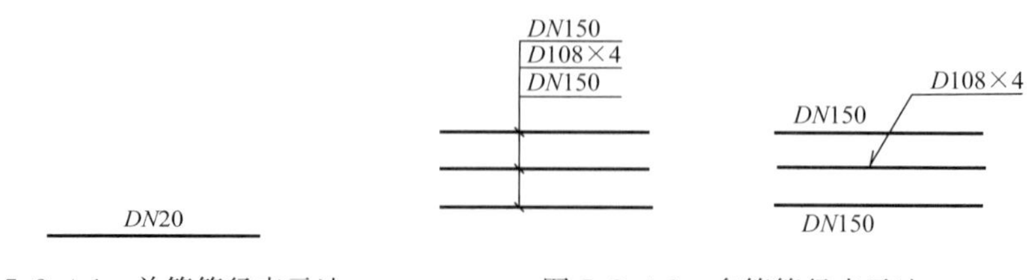

图 7.2.4-1　单管管径表示法　　　图 7.2.4-2　多管管径表示法

问：给水用相关管道标准汇总？

答：《给水用聚乙烯（PE）管道系统　第1部分：总则》GB/T 13663.1—2017；

《给水用聚乙烯（PE）管道系统　第2部分：管材》GB/T 13663.2—2018；

《给水用聚乙烯（PE）管道系统　第3部分：管件》GB/T 13663.3—2018；

《给水用聚乙烯（PE）管道系统　第4部分：阀门》GB/T 13663.4—2018；

《给水用聚乙烯（PE）管道系统　第5部分：系统适用性》GB/T 13663.5—2018；

《给水用钢骨架聚乙烯塑料复合管件》CJ/T 124—2016；

《给水用钢丝网增强聚乙烯复合管道》GB/T 32439—2015；

《给水用丙烯酸共聚聚氯乙烯管材及管件》CJ/T 218—2010；

《给水涂塑复合钢管》CJ/T 120—2016；

《建筑用不锈钢焊接管材》JG/T 539—2017；

《预应力钢筒混凝土管》GB/T 19685—2017；

《工业金属管道工程施工规范》GB 50235—2010；

《玻璃纤维增强塑料夹砂管》GB/T 21238—2016；

《埋地塑料给水管道工程技术规程》CJJ 101—2016；

《水及燃气用球墨铸铁管、管件和附件》GB/T 13295—2013；

《预应力混凝土管》GB 5696—2006。

7.3　长距离输水

问：什么是长距离输水？

答：距离超过10km的管渠输水方式。

7.3.1　管（渠）线线路应在深入进行实地踏勘和线路方案比选优化后确定。

7.3.2　输水系统应在保证水质安全、可靠和各种运行工况设计水量、水压均满足用水要求的前提下，进行重力流、加压、调压、调蓄等输水方式的技术、经济比选优化。

7.3.3　经济管径应根据投资、运行成本等采用折算成现值的动态年计算费用方法，计算比选确定。

问：如何估算经济管径？

答：给水排水管道经济管径可按下式估算：

$$d = xQ^{0.42}$$

式中　d——直径（m）；

Q——流量（m^3/s）；

x——系数，可取0.8～1.2。

——吴持恭．水力学：下册（第4版）[M]．北京：高等教育出版社，2013：175.

7.3.4　管道各种设计工况应进行水力计算，确定水力坡降线和工作压力。

7.3.5　输水管道系统中管道阀门的位置，除应满足正常调度、切换、维修和维护保养外，尚应满足管道事故时非事故管道通过设计事故流量的需要。

7.3.6　输水管道系统水锤程度和水锤防护后的控制效果应采用瞬态水力过渡计算方法进行分析。采取水锤综合防护设计后的输水管道系统不应出现水柱分离，瞬时最高压力不应大于工作压力的1.3倍～1.5倍。

7.3.7 输水管道系统的水锤防护设计宜综合采用防止负压和减轻升压的措施。

7.3.8 输水管道系统中用于水锤控制的管道空气阀的位置、形式和口径，应根据瞬态水力过渡过程分析计算和本标准第7.5.7条规定，综合考虑确定。

7.4 管道布置和敷设

7.4.1 输配水管道线路位置的选择应近远期结合，分期建设时预留位置应确保远期实施过程中不影响已建管道的正常运行。

7.4.2 输配水管道走向与布置应与城市现状及规划的地下铁道、地下通道、人防工程等地下隐蔽工程协调和配合。

7.4.3 地下管道的埋设深度，应根据冰冻情况、外部荷载、管材性能、抗浮要求及与其他管道交叉等因素确定。

问：管道埋设深度及有关规定？

答：管道埋设深度一般应在冰冻线以下，管道浅埋时应进行热力计算。露天铺设的管道，为消除温度变化引起管道伸缩变形，应设置伸缩器等。但近年来由于露天管道加设伸缩器后，忽略管道整体稳定，从而造成管道在伸缩器处拉脱的事故时有发生，因此，要求保证管道整体稳定。

问：管道埋深要求？

答：1. 非冰冻地区管道的管顶埋深，主要由外部荷载、管材变形、管道交叉以及场地地基等因素决定。金属管道的覆土深度一般不小于0.7m；当管道强度足够或者采取相当措施时，也可小于0.7m；为保证非金属管道管体不因动荷载的冲击而降低强度，应根据选用的管材材质适当加大覆土深度。对于大型管道应根据地下水位情况进行管道放空时的抗浮计算，以确定其覆土深度，确保管道的整体稳定性。

2. 冰冻地区管道的管顶埋深除取决于上述因素外，还需考虑土壤的冰冻深度，应通过热力计算确定。如果通过管道热力计算，能满足各种条件（如停水时的冻结时间等），可适当减小管道埋深。

当无实际资料时，可参照表7.4.3采用。

管底在冰冻线以下的距离 **表7.4.3**

管径（mm）	$DN \leqslant 300$	$300 < DN \leqslant 600$	$DN > 600$
管底埋深（mm）	$DN+200$	$0.75DN$	$0.50DN$

问：塑料管道的覆土深度要求？

答：《埋地塑料给水管道工程技术规程》CJJ 101—2016。

1 埋设在机动车道下，不宜小于1.0m；

2 埋设在非机动车道和人行道下，不宜小于0.6m。

由于塑料管道特性，为防止塑料管道压坏，其中车行道下埋设覆土深度由0.7m提高到1.0m，防止塑料管道损坏。

7.4.4 架空或露天管道应设置空气阀、调节管道伸缩设施、保证管道整体稳定的措施和防止攀爬（包括警示标识）等安全措施，并应根据需要采取防冻保温措施。

7.4.5 城镇给水管道的平面布置和竖向位置，应保证供水安全并符合现行国家标准《城市工程管线综合规划规范》GB 50289 的有关规定，且应符合城市综合管廊规划的要求。

问：工程管线的规划位置？

答：《城市工程管线综合规划规范》GB 50289—2016，第 4.1.2 条：工程管线应根据道路的规划横断面布置在人行道或非机动车道下面。位置受限时，可布置在机动车道或绿化带下面。

问：工程管线在道路下面的规划位置？

答：《城市工程管线综合规划规范》GB 50289—2016。

4.1.3 工程管线在道路下面的规划位置宜相对固定，分支线少、埋深大、检修周期短和损坏时对建筑物基础安全有影响的工程管线应远离建筑物。工程管线从道路红线向道路中心线方向平行布置的次序宜为：电力通信、给水（配水）、燃气（配气）、热力、燃气（输气）、给水（输水）、再生水、污水、雨水。

4.1.5 沿城市道路规划的工程管线应与道路中心线平行，其主干线应靠近分支管线多的一侧。工程管线不宜从道路一侧转到另一侧。

道路红线宽度超过 40m 的城市干道宜两侧布置配水、配气、通信、电力和排水管线。

问：工程管线在庭院建筑线内的布置顺序？

答：《城市工程管线综合规划规范》GB 50289—2016，第 4.1.4 条：工程管线在庭院内由建筑线向外方向平行布置的顺序，应根据工程管线的性质和埋设深度确定，其布置次序宜为：电力、通信、污水、雨水、给水、燃气、热力、再生水。

7.4.6 城镇给水管道与建（构）筑物、铁路以及和其他工程管道的水平净距应根据建（构）筑物基础、路面种类、卫生安全、管道埋深、管径、管材、施工方法、管道设计压力、管道附属构筑物的大小等确定，最小水平净距应符合国家现行标准《城市工程管线综合规划规范》GB 50289 的有关规定。

问：给水管与其他管线及建（构）筑物之间的最小水平净距？

答：工程管线之间及与建（构）筑之间的最小水平净距应符合表 7.4.6 的规定。当受道路宽度、断面以及现状工程管线位置等因素限制难以满足要求时，应根据实际情况采用安全措施后减少其最小水平净距。

给水管与其他管线及建（构）筑物之间的最小水平净距　　表 7.4.6

序号	管线名称及建（构）筑物名称	与给水管线的最小水平净距（m）	
		$D \leqslant 200$mm	$D > 200$mm
1	给水管线	—	
2	建（构）筑物	1.0	3.0
3	污水、雨水管线	1.0	1.5
4	再生水管线	0.5	

续表

<table>
<tr><th rowspan="2">序号</th><th colspan="4" rowspan="2">管线名称及建（构）筑物名称</th><th colspan="2">与给水管线的最小水平净距（m）</th></tr>
<tr><th>$D\leq 200$mm</th><th>$D>200$mm</th></tr>
<tr><td rowspan="5">5</td><td rowspan="5">燃气管线</td><td colspan="2">低压</td><td>$P\lt 0.01$MPa</td><td colspan="2" rowspan="3">0.5</td></tr>
<tr><td rowspan="2">中压</td><td>B</td><td>$0.01\text{MPa}\leq P\leq 0.2$MPa</td></tr>
<tr><td>A</td><td>$0.2\text{MPa}\lt P\leq 0.4$MPa</td></tr>
<tr><td rowspan="2">次高压</td><td>B</td><td>$0.4\text{MPa}\lt P\leq 0.8$MPa</td><td colspan="2">1.0</td></tr>
<tr><td>A</td><td>$0.8\text{MPa}\lt P\leq 1.6$MPa</td><td colspan="2">1.5</td></tr>
<tr><td>6</td><td colspan="4">直埋热力管线</td><td colspan="2">1.5</td></tr>
<tr><td rowspan="2">7</td><td colspan="3" rowspan="2">电力电缆</td><td>直埋</td><td colspan="2" rowspan="2">0.5</td></tr>
<tr><td>保护管</td></tr>
<tr><td rowspan="2">8</td><td colspan="3" rowspan="2">通信电缆</td><td>直埋</td><td colspan="2" rowspan="2">1.0</td></tr>
<tr><td>管道、通道</td></tr>
<tr><td>9</td><td colspan="4">管沟</td><td colspan="2">1.5</td></tr>
<tr><td>10</td><td colspan="4">乔木</td><td colspan="2">1.5</td></tr>
<tr><td>11</td><td colspan="4">灌木</td><td colspan="2">1.0</td></tr>
<tr><td rowspan="3">12</td><td rowspan="3">地上杆柱</td><td colspan="3">通信照明及<10kV</td><td colspan="2">0.5</td></tr>
<tr><td colspan="2" rowspan="2">高压铁塔基础边</td><td>≤35kV</td><td colspan="2" rowspan="2">3.0</td></tr>
<tr><td>>35kV</td></tr>
<tr><td>13</td><td colspan="4">道路侧石边缘</td><td colspan="2">1.5</td></tr>
<tr><td>14</td><td colspan="4">有轨电车钢轨</td><td colspan="2">2.0</td></tr>
<tr><td>15</td><td colspan="4">铁路钢轨（或坡脚）</td><td colspan="2">5.0</td></tr>
</table>

注：大于1.6MPa的燃气管线与给水管线的水平净距应按现行国家标准《城镇燃气设计规范》GB 50028执行。

问：工程管线交叉敷设时自地表向下的排列顺序？

答：《城市工程管线综合规划规范》GB 50289—2016。

4.1.6 各种工程管线不应在垂直方向上重叠敷设。

4.1.12 当工程管线交叉敷设时，管线自地表面向下的排列顺序宜为：通信、电力、燃气、热力、给水、再生水、雨水、污水。给水、再生水和排水管线应按自上而下的顺序敷设。

4.1.13 工程管线交叉点高程应根据排水等重力流管线的高程确定。

问：埋深大于建筑物基础的配水管，开挖施工时，管道与基础的间距要求？

答：埋深大于建（构）筑物基础的配水管，若采用开挖施工，与建（构）筑物之间的最小水平距离，应按下式计算，并折算成水平净距后与表7.4.6的相应数值比较，采用较大值。

$$L=\frac{H-h}{\tan\alpha}+\frac{a}{2}$$

式中 L——管线中心至建（构）物基础边的水平距离（m）；

H——管线敷设深度（m）；

h——建（构）筑物基础底砌置深度（m）；

a——开挖管沟宽度（m）；

α——土壤内摩擦角（°）。

7.4.7 给水管道与其他管线交叉时的最小垂直净距，应符合国家现行标准《城市工程管线综合规划规范》GB 50289 的有关规定。

问：给水管道与其他管线交叉时的最小垂直净距？

答：给水管道与其他管线交叉时的最小垂直净距见表 7.4.7。

给水管道与其他管线交叉时的最小垂直净距 **表 7.4.7**

序号	管线名称		与给水管线的最小垂直净距（m）
1	给水管线		0.15
2	污水、雨水管线		0.40
3	热力管线		0.15
4	燃气管线		0.15
5	通信管线	直埋	0.50（用隔板分隔时不得小于 0.25）
		保护管、通道	0.15
6	电力管线	直埋	0.50
		保护管	0.25
7	再生水管线		0.50
8	管沟		0.15
9	涵洞（基底）		0.15
10	电车（轨底）		1.00
11	铁路（轨底）		1.00

问：输配水管道与其他管道发生位置矛盾时，如何处理？

答：输配水管道布置时，应尽量减少与其他管道的交叉。当竖向位置发生矛盾时，宜按下列规定处理：

1. 压力管线让重力管线；
2. 可弯曲管线让不宜弯曲管线；
3. 分支管线让干管线；
4. 小管径管线让大管径管线；
5. 一般给水管在上，废水、污水管线在下部通过。

问：地下工程竖向位置发生矛盾时宜遵循的原则？

答：1. 地下工程竖向位置发生矛盾时宜遵循的原则：

（1）新建管线让已建管线；

（2）临时管线让永久管线；

（3）小管径管线让大管径管线；

（4）压力管线让重力管线；

（5）可弯曲管线让不可弯曲管线；

（6）检修次数少的管线让检修次数多的管线；

（7）分支管线让主干管线。

2. 当地下管道多时，不仅应考虑到排水管道不应与其他管道互相影响，而且要考虑经常维护方便。

3. 重力流排水管道严禁采用上跨障碍物的敷设方式。

7.4.8 给水管道遇到有毒污染区和腐蚀地段时，应符合《城镇给水排水技术规范》GB 50788 的有关规定。

问：GB 50788 对给水管道遇有毒污染区和腐蚀地段的规定？

答：《城镇给水排水技术规范》GB 50788—2012，第 3.4.7 条：供水管网严禁与非生活饮用水管道连通，严禁擅自与自建供水设施连接，严禁穿过毒物污染区；通过腐蚀地段的管道应采取安全保护措施。

7.4.9 给水管道与污水管道或输送有毒液体管道交叉时，给水管道应敷设在上面，且不应有接口重叠；当给水管道敷设在下面时，应采用钢管或钢套管，钢套管伸出交叉管的长度，每端不得小于 3m，钢套管的两端应采用防水材料封闭。

问：给水管道敷设在污水管道下面的处理措施？

答：《建筑给水排水设计标准》GB 50015—2019，第 3.13.18 条：室外给水管道与污水管道交叉时，给水管道应敷设在上面，且接口不应重叠；当给水管道敷设在下面时，应设置钢套管，钢套管的两端应采用防水材料封闭。

问：防水套管的做法？

答：防水套管做法可参照国标图集《防水套管》07MS101-5。防水套管类型及其适用条件见表 7.4.9。

防水套管类型及其适用条件 **表 7.4.9**

防水套管类型	适用条件
柔性防水套管（A、B 型）	柔性防水套管适用于管道穿墙处承受振动和管道伸缩变形或有严密防水要求的构（建）筑物。 A 型一般用于水池或穿内墙，B 型用于穿构（建）筑物外墙。 Ⅰ型密封圈适用于一般防水要求，Ⅱ型密封圈适用于较严密的防水要求
钢性防水套管（A、B、C 型）	刚性防水套管适用于管道穿墙处不承受管道振动和伸缩变形的构（建）筑物，对于有地震设防要求的地区，如采用钢性防水套管，应在进入池壁或建筑物外墙的管道上就近设置柔性连接。A 型适用于钢管，B、C 型适用于球墨铸铁管及铸铁管
刚性防水翼环	刚性防水翼环适用于管道穿墙处不承受管道振动和伸缩变形的构（建）筑物，适用于管道穿墙处空间有限或管道安装先于构（建）筑物的更新改造。对于有地震设防要求的地区，如采用刚性防水翼环，应在进入池壁或建筑物外墙的管道上就近设置柔性连接

7.4.10 给水管道穿越铁路、重要公路和城市重要道路等重要公共设施，应采取措施保障重要公共设施安全。

问：给水管道与铁路交叉时的敷设要求？

答：1.《城市工程管线综合规划规范》50289—2016。

4.1.7 沿铁路、公路敷设的工程管线应与铁路、公路线路平行。工程管线与铁路、公路交叉时宜采用垂直交叉方式布置；受条件限制时，其交叉角宜大于 60°。

2.《城镇给水排水技术规范》GB 50788—2012。

3.4.10 当输配水管道穿越铁路、公路和城市道路时，应保证设施安全；当埋设在河底时，管内水流速度应大于不淤流速，并应防止管道被洪水冲刷破坏和影响航运。

3.4.10 条文说明：本条规定了输配水管道穿过铁路、公路、城市道路、河流时的安全要求。当穿过河流采用倒虹方式时，管内水流速度要大于不淤流速，防止泥沙淤积管道；管道埋设河底的深度要防止被洪水冲刷和满足航运的相关规定。

问：铁路行业给水排水设计及施工标准？

答：《铁路给水排水设计规范》TB 10010—2016，《铁路给水排水施工技术规程》Q/CR 9221—2015。

7.4.11 管道穿过河道时，可采用管桥或河底穿越等方式，并应符合下列规定：

1 管道采用管桥穿越河道时，管桥高度应符合现行国家标准《内河通航标准》GB 50139 的有关规定，并应按现行国家标准《内河交通安全标志》GB 13851 的规定在河两岸设立标志。

2 穿越河底的给水管道应避开锚地，管内流速应大于不淤流速。管道应有检修和防止冲刷破坏的保护设施。管道的埋设深度应同时满足相应防洪标准（根据管道等级确定）洪水冲刷深度和规划疏浚深度，并应预留不小于 1m 的安全埋深；河道为通航河道时，管道埋深尚应符合现行国家标准《内河通航标准》GB 50139 的有关规定。

问：给水管道穿越通航河底的要求？

答：《内河通航标准》GB 50139—2014。

5.3.1 穿越航道的水下电缆、管道、涵管和隧道等水下过河建筑物必须布设在远离滩险、港口和锚地的稳定河段。

5.3.2 在航道和可能通航的水域内布置水下过河建筑物，应埋置于河床内，其顶部设置深度，Ⅰ级～Ⅴ级航道不应小于远期规划航道底标高以下 2m，Ⅵ级和Ⅶ级航道不应小于 1m。

5.3.3 设置沉管隧道、尺度较大的管道时，应避免造成不利的河床变化和碍航水流。必要时应通过模拟试验研究，确定改善措施。

问：内河航道等级？

答：内河航道应按可通航内河船舶的吨级划分为 7 级，具体等级划分应符合表 7.4.11 的规定。

航道等级划分 **表 7.4.11**

航道等级	Ⅰ	Ⅱ	Ⅲ	Ⅳ	Ⅴ	Ⅵ	Ⅶ
船舶吨级（t）	3000	2000	1000	500	300	100	50

注：1. 船舶吨级按船舶设计载重吨确定。
2. 通航 3000t 以上的船舶的航道列入Ⅰ级航道。

问：管道穿过河道时敷设要求？

答：《城市工程管线综合规划规范》GB 50289—2016。

4.1.8 河底敷设的工程管线应选择在稳定河段，管线高程应按不妨碍河道的整治和管线安全的原则确定，并应符合下列规定：

1 在Ⅰ级～Ⅴ级航道下面敷设，其顶部高程应在远期规划航道底标高 2.0m 以下；

2 在Ⅵ级、Ⅶ级航道下面敷设，其顶部高程应在远期规划航道底标高 1.0m 以下；

3 在其他河道下面敷设，其顶部高程应在河道底设计高程 0.5m 以下。

问：输水渠道防洪要求？

答：《防洪标准》GB 50201—2014，第11.7.3条：供水工程利用现有河道输水时，其防洪标准应根据工程等别、原河道防洪标准、输水位抬高可能造成的影响等因素综合确定，但不得低于原河道的防洪标准。新开挖输水渠的防洪标准可按供水工程等别、所经过区域的防洪标准及洪水特性等综合确定。

7.4.12 管道的地基、基础、垫层、回填土压实密度等的要求，应根据管材的性质（刚性管或柔性管），结合管道埋设处的具体地质情况，按现行国家标准《给水排水工程管道结构设计规范》GB 50332的有关规定确定。

问：刚性管道与柔性管道？

答：刚性管道：主要依靠管体材料强度来支撑外力的管道，在外荷载作用下其变形很小，管道的失效是由于管壁强度的控制。刚性管道有钢筋混凝土管道、预（自）应力混凝土管道和预应力钢筒混凝土管道。对于埋设于地下的矩形或拱形管道结构，均应属刚性管道。

柔性管道：在外荷载作用下变形显著的管道，竖向荷载大部分由管道两侧土体所产生的弹性抗力所平衡，管道的失效通常是由变形造成的而不是管壁的破坏。主要有钢管、化学建材管和柔性接口的球墨铸铁管。

柔性管道：柔性管受外压负载时，首先横向外扩变形，如"柔性管"周围有密实的回填土壤，在同样外压负载下，"柔性管"管壁承受应力比较小，它和周围的回填土壤共同承受负载，工程上被称为"管—土共同作用"。因此，"柔性管"铺设时回填土的设计和施工就显得尤为重要。所以塑料埋地管不需要达到"钢性管"如混凝土管一样的强度和刚性就可以满足埋地使用中的力学性能的要求。

问：柔性基础和刚性基础？

答：刚性基础：是指由砖、毛石、混凝土或毛石混凝土等抗压强度大而抗弯、抗剪强度小的材料做基础（受刚性角的限制），不需配置钢筋的墙下条形基础或柱下独立基础，也称为无筋扩展基础。用于地基承载力较好、压缩性较小的中小型民用建筑。刚性基础受刚性角限制。

柔性基础：能承受一定弯曲变形的基础。用抗拉、抗压、抗弯、抗剪均较好的钢筋混凝土材料做基础（不受刚性角的限制），这样的就是柔性基础了。

问：如何判断管道及管道基础的刚性、柔性？

答：《城镇给水排水技术规范》GB 50788—2012。

6.3.2 条文说明：本条要求在进行管道结构设计时，应判别所采用管道结构的刚、柔性。刚、柔性管的鉴别，要根据管道结构刚度与管周土体刚度的比值确定。通常矩形管道、混凝土圆管属于刚性管道；钢管、铸铁（灰口铸铁除外，现已很少采用）管和各种塑料管均属于柔性管；仅当预应力钢筒混凝土管壁厚较小时，可能成为柔性管。

刚、柔性两种管道在受力、承载和破坏形态等方面均不相同，刚性管承受的土压力要大些，但其变形很小；柔性管的变形大，进行承载力的核算时，尚需作环向稳定计算，同时进行正常使用验算时，还需作允许变形量计算。据此条文规定对柔性管进行结构设计时，应按管结构与土体共同工作的结构模式计算。

6.3.3 条文说明：埋设在地下的管道，必然要承受土压力，对刚性管道可靠的侧向土压力可抵消竖向土压力产生的部分内力；对柔性管道则更需侧土压力提供弹抗作用；因此，需要对管周土的压实密度提出要求，作为埋地管道结构的一项重要的设计内容。通常应该对管两侧回填土的密实度严格要求，尤其对柔性圆管需控制不低于95%最大密实度；对刚性圆管和矩形管道可适当降低。管底回填土的密度，对圆管不要过高，可控制在85%～95%，以免管底受力过于集中而导致管体应力剧增。管顶回填土的密实度不需过高，要视地面条件确定，如修道路，则按路基要求的密实度控制。但在有条件时，管顶最好留出一定厚度的缓冲层，控制密实度不高于85%。

问：如何判定管材的刚性、柔性？

答：《给水排水工程管道结构设计规范》GB 50332—2002。

4.1.3 管道结构的计算分析模型应按下列原则确定：

1 对于埋设于地下的矩形或拱形管道结构，均应属刚性管道；当其净宽大于3.0m时，应按管道结构与地基土共同作用的模型进行静力计算。

2 对于埋设于地下的圆形管道结构，应根据管道结构刚度与管周土体刚度的比值 α_s，判别为刚性管道或柔性管道，以此确定管道结构的计算分析模型：

当 $\alpha_s \geqslant 1$ 时，应按刚性管道计算；

当 $\alpha_s < 1$ 时，应按柔性管道计算。

4.1.4 圆形管道结构与管周土体刚度的比值 α_s，可按下式确定：

$$\alpha_s = \frac{E_p}{E_d}\left(\frac{t}{r_0}\right)^3$$

式中 E_p——管材的弹性模量（MPa）；

E_d——管侧土的变形综合模量（MPa），应由试验确定，如无试验数据时，可按附录A采用；

t——圆管的管壁厚（mm）；

r_0——圆管结构的计算半径（mm），即自管中心至管壁中线的距离。

附录A 管侧回填土的综合变形模量

A.0.1 管侧土的综合变形模量应根据管侧回填土的土质、压实密度和基槽两侧原状土的土质综合评价确定。

A.0.2 管侧土的综合变形模量 E_d 可按下列公式计算：

$$E_d = \xi \cdot E_e$$

$$\xi = \frac{1}{\alpha_1 + \alpha_2\left(\frac{E_e}{E_n}\right)}$$

式中 E_e——管侧回填土在要求压实密度时相应的变形模量（MPa），应根据试验确定；当缺乏试验数据时，可参照表A.0.2-1采用（见表7.4.12）；

E_n——基槽两侧原状土的变形模量（MPa），应根据试验确定；与缺乏试验数据时，可参照表A.0.2-1采用；

ξ——综合修正系数；

α_1、α_2——与 B_r（管中心处槽宽）和 D_1（管外径）的比值有关的计算参数，可按表A.0.2-2确定。

管侧回填土和槽侧原状土的变形模量（MPa）　　**表 7.4.12**

回填土压实系数（%）		85	90	95	100
原状土标准贯入锤击数 $N_{63.5}$		$4<N\leqslant14$	$14<N\leqslant24$	$24<N\leqslant50$	$N>50$
土的类别	砾石、碎石	5	7	10	20
	砂砾、砂卵石、细粒土含量不大于 12%	3	5	7	14
	砂砾、砂卵石、细粒土含量大于 12%	1	3	5	10
	黏性土或粉土（$W_L<50\%$）砂粒含量大于 25%	1	3	5	10
	黏性土或粉土（$W_L<50\%$）砂粒含量小于 25%		1	3	7

注：1. 表中数值适用于 10m 以内覆土，对覆土超过 10m 时，上表数值偏低。
2. 回填土的变形模量 E_e 可按要求的压实系数采用；表中的压实系数（%）系指设计要求回填土压实后的干密度与该土在相同压实能量下的最大干密度的比值。
3. 基槽两侧原状土的变形模量 E_n 可按标准贯入度试验的锤击数确定。
4. W_L 为黏性土的液限。
5. 细黏土系指粒径小于 0.075mm 的土。
6. 砂粒系指粒径为 0.075mm～2.0mm 的土。

问：管道结构上作用力？

答：《给水排水工程管道结构设计规范》GB 50332—2002。

3.1.1　管道结构上的作用，按其性质可分为永久作用和可变作用两类：

1　永久作用应包括结构自重、土压力（竖向和侧向）、预加应力、管道内的水重、地基的不均匀沉降。

2　可变作用应包括地面人群荷载、地面堆积荷载、地面车辆荷载、温度变化、压力管道内的静水压（运行工作压力或设计内水压力）、管道运行时可能出现的真空压力、地表水或地下水的作用。

7.4.13　管道功能性试验要求应符合现行国家标准《给水排水管道工程施工及验收规范》GB 50268 的有关规定。

问：给水管道对试压介质的要求？

答：市政给水管道强度及严密性试验应采用水压试验法，当管道的设计压力小于或等于 0.6MPa 时，也可采用气压试验法，但应采取有效的安全措施。当管道的设计压力大于 0.6MPa，设计和建设单位认为液压试验不切实际时，可按要求规定的气压试验来代替液压试验。脆性材料严禁使用气体进行压力试验。压力试验温度严禁接近金属材料的脆性转变温度。

注：“不切实际”指设计未考虑充水载荷或生产中不允许残留微量水迹的情况。

问：脆性材料严禁使用气体进行压力试验的理由？

答：因为脆性材料的破坏是无塑性变形的过程，且该材料的脆性转变温度较高，而气压试验的最大风险在于温度过低。

问：气压试验要求？

答：气压试验应符合下列规定：

1. 承受内压的钢管及有色金属管的试验压力应为设计压力的 1.15 倍。真空管道的试验压力应为 0.2MPa。

2. 试验介质应采用干燥洁净的空气、氮气或其他不易燃和无毒的气体。

3. 试验时应装有压力泄放装置，其设计压力不得高于试验压力的 1.1 倍。

4. 试验前，应用空气进行预试验，试验压力宜为 0.2MPa。

5. 试验时，应缓慢升压，当压力升至试验压力的 50％时，如未发现异状或泄漏，应继续按试验压力的 10％逐级升压，每级稳定 3min，直至试验压力。应在试验压力下稳压 10min，再将压力降至设计压力，采用发泡剂检验应无泄漏，停压时间应根据查漏工作需要确定。

问：给水管道水压试验的规定？

答：给水管道水压试验的规定见表 7.4.13-1。

给水管道水压试验的规定　　　　表 7.4.13-1

<table>
<tr><th>序号</th><th>项目</th><th>内容</th></tr>
<tr><td rowspan="3">1</td><td rowspan="3">管段长度</td><td>《给水排水管道工程施工及验收规范》GB 50268—2008
9.1.8　管道采用两种（或两种以上）管材时，宜按不同管材分别进行试验；不具备分别试验的条件必须组合试验，且设计无具体要求时，应采用不同管材的管段中试验控制最严的标准进行试验。
9.1.9　管道的试验长度除本规范规定和设计另有要求外，压力管道水压试验的管段长度不宜大于 1.0km；无压力管道的闭水试验，条件允许时可一次试验不超过 5 个连续井段；对于无法分段试验的管道，应由工程有关方面根据工程具体情况确定。
9.1.10　给水管道必须水压试验合格，并网运行前进行冲洗与消毒，经检验水质达到标准后，方可允许并网通水投入运行。
9.2.4　水压试验管道内径大于或等于 600mm 时，试验管段端部的第一个接口应采用柔性接口，或采用特制的柔性接口堵板</td></tr>
<tr><td>《球墨铸铁管及管件技术手册》
8.1.3.1　试验管段长度的确定：
（1）根据现场的水源、地势以及组成管线的管件及附件数量等情况进行确定。
（2）对有压管线，一般情况下（无特殊说明），试验管段长度不得超过 1500m</td></tr>
<tr><td>《埋地塑料给水管道工程技术规程》CJJ 101—2016
6.1.3　水压试验分段长度不宜大于 1.0km。对中间设有附件的管道，水压试验分段长度不宜大于 0.5km</td></tr>
<tr><td>2</td><td>压力管道水压浸泡时间</td><td>《给水排水管道工程施工及验收规范》GB 50268—2008
9.2.9　试验管段注满水后，宜在不大于工作压力条件下充分浸泡后再进行水压试验。浸泡时间应符合下表的规定。
压力管道水压试验前浸泡时间
<table>
<tr><th>管材种类</th><th>管道内径 D_i(mm)</th><th>浸泡时间（h）</th></tr>
<tr><td>球墨铸铁管（有水泥砂浆衬里）</td><td>D_i</td><td>≥24</td></tr>
<tr><td>钢管（有水泥砂浆衬里）</td><td>D_i</td><td>≥24</td></tr>
<tr><td>化学建材管</td><td>D_i</td><td>≥24</td></tr>
<tr><td rowspan="2">现浇钢筋混凝土管渠</td><td>$D_i \leqslant 1000$</td><td>≥48</td></tr>
<tr><td>$D_i > 1000$</td><td>≥72</td></tr>
<tr><td rowspan="2">预（自）应力混凝土管、预应力钢筒混凝土管</td><td>$D_i \leqslant 1000$</td><td>≥48</td></tr>
<tr><td>$D_i > 1000$</td><td>≥72</td></tr>
</table></td></tr>
</table>

续表

<table>
<tr><th>序号</th><th>项目</th><th>内容</th></tr>
<tr><td>3</td><td>试验压力</td><td>
压力管道水压试验的试验压力（MPa）
<table>
<tr><th>管材种类</th><th>工作压力</th><th>试验压力</th></tr>
<tr><td>钢管（有水泥砂浆衬里）</td><td>P</td><td>P+0.5，且不小于0.8</td></tr>
<tr><td>钢管（有水泥砂浆衬里）</td><td>≤0.5</td><td>2P</td></tr>
<tr><td rowspan="2">现浇钢筋混凝土管渠</td><td>≤0.6</td><td>1.5P</td></tr>
<tr><td>>0.6</td><td>P+0.3</td></tr>
<tr><td>预（自）应力混凝土管、
预应力钢筒混凝土管</td><td>≥0.1</td><td>1.5P</td></tr>
<tr><td>化学建材管</td><td>≥0.1</td><td>1.5P，且不小于0.8</td></tr>
</table>
</td></tr>
<tr><td rowspan="3">4</td><td rowspan="3">时间要求</td><td>《给水排水管道工程施工及验收规范》GB 50268—2008
9.2.3　采用钢管、化学建材管的压力管道，管道中最后一个焊接接口完毕1h以上方可进行水压试验</td></tr>
<tr><td>《埋地塑料给水管道工程技术规程》CJJ 101—2016
6.2.10　重新试压应在试验管段压力释放8h后方可重新开始</td></tr>
<tr><td>《二次供水工程技术规程》CJJ 140—2010
10.1.3　暗装管道必须在隐蔽前试压及验收。热熔连接管道水压试验应在连接完成24h后进行
10.1.2　条文说明：完善的施工设计对二次供水系统的工作压力、试验压力有具体要求。在试压时，需要对不同材质的管道分别试压，以符合各自的安装规程。在试压时决不允许用气压试验代替水压试验，以免损坏供水设备</td></tr>
</table>

问：压力管道水压试验允许渗水量?

答：压力管道水压试验允许渗水量见表7.4.13-2。

压力管道水压试验允许渗水量　　**表7.4.13-2**

管道内径（mm）	允许渗水量［L/(min·km)］		
	焊接接口钢管	球墨铸铁管、玻璃钢管	预（自）应力混凝土管、预应力钢筒混凝土管
100	0.28	0.70	1.40
150	0.42	1.05	1.72
200	0.56	1.40	1.98
300	0.85	1.70	2.42
400	1.00	1.95	2.80
600	1.20	2.40	3.04
800	1.35	2.70	3.96
900	1.45	2.90	4.20
1000	1.50	3.00	4.42
1200	1.65	3.30	4.70
1400	1.75	—	5.00

1. 当管道内径大于表7.4.13-2规定时，实测渗水量应小于或等于按下列公式计算的允许渗水量：

钢管：

$$q = 0.05\sqrt{D} \tag{7.4.13-1}$$

球墨铸铁管（玻璃钢管）：

$$q = 0.1\sqrt{D} \tag{7.4.13-2}$$

预（自）应力混凝土管、预应力钢筒混凝土管：

$$q = 0.14\sqrt{D} \tag{7.4.13-3}$$

2. 现浇钢筋混凝土管渠实测渗水量应小于或等于按下式计算的允许渗水量：

$$q = 0.014D \tag{7.4.13-4}$$

3. 硬聚氯乙烯管实测渗水量应小于或等于按下式计算的允许渗水量：

$$q = 3 \cdot \frac{D}{25} \cdot \frac{P}{0.3\alpha} \cdot \frac{1}{1440} \tag{7.4.13-5}$$

式中 q——允许渗水量［L/(min·km)］；

D——管道内径（mm）；

P——压力管道的工作压力（MPa）；

α——温度-压力折减系数；当试验水温为0℃～25℃时，α取1；当试验水温为25℃～35℃时，α取0.8；当试验水温为35℃～45℃时，α取0.63。

4. 聚乙烯管及复合管的预试验、主试验阶段应按下列规定执行：

（1）预试验阶段：将管道内水压缓缓地升至试验压力并稳压30min；30min后压力下降不超过试验压力的70%，则预试验结束；否则重新注水补压并稳定30min再进行观测，直至30min后压力下降不超过试验压力的70%。

（2）主试验阶段应符合下列规定：

1）在预试验阶段结束后，迅速将管道泄水降压，降压量为试验压力的10%～15%；期间应准确计量降压所泄出的水量（ΔV），并按下式计算允许泄出的最大水量ΔV_{max}：

$$\Delta V_{max} = 1.2V\Delta P\left(\frac{1}{E_W} + \frac{D}{e_n E_P}\right) \tag{7.4.13-6}$$

式中 ΔV_{max}——允许最大泄水量（L）；

V——试压管段总容积（L）；

ΔP——降压量（MPa）；

E_W——水的体积模量（MPa），不同水温时的E_W值可按表7.4.13-3采用；

E_P——管材弹性模量（MPa），与水温及试压时间有关，按表7.4.13-4采用；

D——管材内径（m）；

e_n——管材公称壁厚（m）。

$\Delta V \leqslant \Delta V_{max}$时，则按本条第2）、3）、4）项进行作业；$\Delta V > \Delta V_{max}$时，应停止试压，排除管内过量空气再从预试验阶段开始重新试验。

水温与体积模量的关系　　表7.4.13-3

水温（℃）	5	10	15	20	25	30
体积模量（MPa）	2080	2110	2140	2170	2210	2230

聚乙烯管材弹性模量　　表 7.4.13-4

温度（℃）	PE80 弹性模量 E_P（MPa）			PE100 弹性模量 E_P（MPa）		
	试验时间			试验时间		
	1h	2h	3h	1h	2h	3h
5	740	700	680	990	930	900
10	670	630	610	900	850	820
15	600	570	550	820	780	750
20	550	520	510	750	710	680
25	510	490	470	690	650	630
30	470	450	430	640	610	600

2）每隔 3min 记录一次管道剩余压力，应记录 30min；30min 内管道剩余压力有上升趋势时，则水压试验结果合格。

3）30min 内管道剩余压力无上升趋势时，则应持续观察 60min；整个 90min 内压力下降不超过 0.02MPa，则水压试验结果合格。

4）主试验阶段上述两条均不能满足时，则水压试验结果不合格，应查明原因并采取相应措施后再重新组织试压。

5. 大口径球墨铸铁管、玻璃钢管及预应力钢筒混凝土管的接口单口水压试验应符合下列规定：

（1）安装时应注意将单口水压试验用的进水口（管材出厂时已加工）置于管道顶部；

（2）管道接口连接完毕后进行单口水压试验，试验压力为管道设计压力的 2 倍，且不得小于 0.2MPa；

（3）试压采用手提式打压泵，管道连接后将试压嘴固定在管道承口的试压孔上，连接打压泵，将压力升至试验压力，恒压 2min，无压力降为合格；

（4）试压合格后，取下试压嘴，在试压孔上拧上 M10×20 不锈钢螺栓并拧紧；

（5）水压试验时应先排净水压腔内的空气；

（6）单口试压不合格且确认是接口漏水时，应马上拔出管节，找出原因，重新安装，直至符合要求。

问：给水管道施工验收执行标准汇总？

答：给水管道施工验收执行标准汇总见表 7.4.13-5。

给水管道施工验收执行标准汇总　　表 7.4.13-5

序号	标准	适用范围
1	《给水排水管道工程施工及验收规范》GB 50268—2008	1.0.1 为加强给水、排水（以下简称给排水）管道工程施工管理，规范施工技术，统一施工质量检验、验收标准，确保工程质量，制定本规范。 1.0.1 条文说明：本规范定位于指导全国各地区进行给排水管道工程施工与验收工作的通用性标准，需要明确施工（含技术、质量、安全）要求，对检验与验收的工程项目划分、检验与验收合格标准及组织程序作出具体规定。 1.0.2 本规范适用于新建、扩建和改建城镇公共设施和工业企业的室外给排水管道工程的施工及验收；不适用于工业企业中具有特殊要求的给排水管道施工及验收。 1.0.2 条文说明：本规范适用于房屋建筑外部的给排水管道工程，其主要针对城镇和工业区常用的开槽施工的管道，不开槽施工的管道、桥管、沉管管道及附属构筑物等工程的施工要求及验收标准进行规定。

续表

序号	标准	适用范围
1	《给水排水管道工程施工及验收规范》GB 50268—2008	1.0.4　给排水管道工程施工与验收，除应符合本规范的规定外，尚应符合国家现行有关标准的规定。 1.0.4　条文说明：给排水管道工程建设与施工必须遵守国家的法令法规。当工程有具体要求而本规范又无规定时，应执行国家相关规范、标准，或由建设、设计、施工、监理等有关方面协商解决
2	《建筑工程施工质量验收统一标准》GB 50300—2013	1.0.1　为了加强建筑工程质量管理，统一建筑工程施工质量的验收，保证工程质量，制定本标准。 1.0.1　条文说明：本标准适用于施工质量的验收，设计和使用中的质量问题不属于本标准的范畴。 1.0.2　本标准适用于建筑工程施工质量的验收，并作为建筑工程各专业验收规范编制的统一准则。 1.0.2　条文说明：本标准主要包括两部分内容，第一部分规定了建筑工程各专业验收规范编制的统一准则。为了统一建筑工程各专业规范的编制，对检验批、分项工程、分部工程、单位工程的划分、质量指标的设置和要求、验收的程序与组织都提出了原则性的要求，以指导和协调本系列标准各专业验收规范的编制。 第二部分规定了单位工程的验收，从单位工程的划分和组成，质量指标的设置到验收程序都作了具体规定。 1.0.3　条文说明：建筑工程施工质量验收，除应符合本标准外，尚应符合国家现行有关标准的规定。 1.0.3　条文说明：建筑工程施工质量验收的有关标准还包括各专业验收规范、专业技术规程、施工技术标准、试验方法标准、检测技术标准、施工质量评介标准等。 2.0.1 建筑工程：通过对各类房屋建筑及其附属设施的建造和与其配套线路、管道、设备等的安装所形成的工程实体
3	《建筑给水排水及采暖工程施工质量验收规范》GB 50242—2002	1.0.1　为了加强建筑工程质量管理，统一建筑给水、排水及采暖工程施工质量的验收，保证工程质量，制定本规范。 1.0.2　本规范适用于建筑给水、排水及采暖工程施工质量的验收。 1.0.3　建筑给水、排水及采暖工程施工中采用的工程技术文件、承包合同文件对施工质量验收的要求不得低于本规范的规定。 1.0.4　本规范应与国家标准《建筑工程施工质量验收统一标准》GB 50300 配套使用。 1.0.5　建筑给水、排水及采暖工程施工质量的验收除应执行本规范外，尚应符合国家现行有关标准、规范的规定。 9.1.1　本章适用于民用建筑群（住宅小区）及厂区的室外给水管网安装工程的质量检验与验收
4	《给水排水构筑物工程施工及验收规范》GB 50141—2008	1.0.2　本规范适用于新建、扩建和改建城镇公用设施和工业企业中常规的给排水构筑物工程的施工与验收。不适用于工业企业中具有特殊要求的给排水构筑物工程施工与验收。 1.0.2　条文说明：本规范适用于新建、扩建和改建的城镇公用设施和工业区常用给排水构筑物工程施工及验收，工业企业中具有特殊要求的给排水构筑工程施工及验收，除特殊要求部分外，可参照本规范的规定执行。 1.0.4　给排水构筑物工程施工与验收，除应符合本规范的规定外，尚应符合国家现行有关标准的规定。 1.0.4　条文说明：给排水构筑物工程建设与施工必须遵守国家的法令法规。工程有具体要求而本规范又无规定时，应执行国家相关规范、标准，或由建设、设计、施工、监理等有关方面协商解决
5	《建筑与小区管道直饮水系统技术规程》CJJ/T 110—2017	11.1.1　管道安装完成后，应分别对室内及室外管段进行水压试验。水压试验必须符合设计要求。不得用气压试验代替水压试验。 11.1.2　当设计未注明时，各种材质的管道系统试验压力应为管道工作压力的 1.5 倍。且不得小于 0.60MPa。暗装管道应在隐蔽前进行试压及验收。 11.1.3　金属管道系统在试验压力下观察 10min，压力降不应大于 0.02MPa。降到工作压力后进行检查，管道及各连接处不得渗漏。 11.1.4　水罐（箱）应做满水试验

问：给水管道冲洗与消毒的要求？

答：《城镇供水管网运行、维护及安全技术规程》CJJ 207—2013。

给水管道冲洗与消毒的要求：

1. 冲洗时，应避开用水高峰，冲洗流速不小于 1.0m/s，连续冲洗。

2. 管道冲洗分两次，第一次冲洗应用清洁水冲洗至出水口水样浊度小于 3NTU 为止，冲洗流速应大于 1.0m/s。

3. 管道第二次冲洗应在第一次冲洗后，用有效氯离子含量不低于 20mg/L 的清洁水浸泡 24h 后，再用清洁水进行第二次冲洗直至水质检测、管理部门取样化验合格为止。

4.2.3　管道冲洗消毒应符合下列要求：

1　应制定管道完工后的冲洗方案，内容包括对管网供水影响的评估及保障供水的措施，应合理设置冲排口、铺设临时冲排管道，必要时可利用运行中的管道设置冲排口进行排水；

2　管道冲洗应在管道试压合格、完成管道现场竣工验收后进行，管道冲洗主要工序包括初冲洗、消毒、再冲洗、水质检验和并网；

3　初冲洗可选用水力、气水脉冲、高压射流或弹性清管器等冲洗方式；

4　初冲洗后应取样测定，当出水浊度小于 3.0NTU 时方可进行消毒；

5　消毒宜选用次氯酸钠等安全的液态消毒剂，并应按规定浓度使用；

6　消毒后应进行再冲洗，当出水浊度小于 1.0NTU 时应进行生物取样培养测定，合格后方可并网连接。

4.3.5　输配水干管并网前，宜通过管网数学模型等方法对并网后水流方向、水质变化等情况进行评估，如对管网水质影响较大时应对原有管道进行冲洗。

问：给水管道冲洗要求及冲洗水量估算？

答：《城镇供水管网运行、维护及安全技术规程》CJJ 207—2013。

6.3.3　管道冲洗应符合下列要求：

1　配水管可与消火栓同时进行冲洗；

2　用户支管可在水表周期换表时进行冲洗；

3　应根据实际情况选择节水高效的冲洗工艺；

4　高寒地区不宜在冬季进行管道冲洗；

5　运行管道的冲洗不宜影响用户用水。干管冲洗流速宜大于 1.2m/s，当管道的水质浊度小于 1.0NTU 时方可结束冲洗。

6.3.3　条文说明：管道清洗水排出管上应安装计量设备记录清洗用水量，计入用水量统计。计量设备可采用便携式流量计，也可在排水口前安装压力计，根据压力进行流量估算。

在管道冲排支管阀井内设压力计，当冲排阀门全开时，按下式估算排水量：

$$Q = 10000TD^2\sqrt{H}$$

式中　Q——排水阀门排出的总水量（m^3）；

T——开启排水阀门排水的小时数（h）；

D——排水口内径（m）；

H——排水口前管道的水头值（m）。

注：该算式是按管孔出流公式推算而得，在排放阀门后安装一压力表，实测水头值。

问：如何选取城镇供水管网水质检测点？

答：《城镇供水管网运行、维护及安全技术规程》CJJ 207—2013。

6.2.1 供水单位应按有关规定在管网末梢和居民用水点设立一定数量具有代表性的管网水质检测采样点，对管网水质实施监测，检测项目和频率应符合国家现行标准《生活饮用水卫生标准》GB 5749、《二次供水工程技术规程》CJJ 140 和《城市供水水质标准》CJ/T 206 的有关规定。

6.2.1 条文说明：水质检测采样点是指人工采集水样并进行检测的管网点位。水质检测采样点的设立应考虑水流方向等因素对水质的影响，应设置在输水管线的近端、中端、远端和管网末梢、供水分界线及大用户点附近，检测点的配置应与人口的密度和分布相关，并兼顾全面性和具有代表性。

问：如何确定供水管网水质检测采样点数？

答：《生活饮用水集中式供水单位卫生规范》（卫法监发〔2001〕161 号）。

第三十二条 采样点的选择应符合下列要求：采样点的设置应有代表性，应分别设在水源取水口、集中式供水单位出水口和居民经常用水点处。管网水的采样点数，一般按供水人口每两万人设一个点计算，供水人口在 20 万以下、100 万以上时，可酌量增减。在全部采样点中，应有一定的点数选在水质易受污染的地点和管网系统陈旧部位。具体采样点的选择，应由供水单位和当地卫生行政部门根据本地区具体情况确定。

问：供水管道修复时间要求？

答：《城镇供水管网运行、维护及安全技术规程》CJJ 207—2013。

7.4.1 供水管道发生漏水，应及时维修，宜在 24h 之内修复。

7.4.2 发生爆管事故，维修人员应在 4h 内止水并开始抢修，修复时间宜符合下列要求：

1 管道直径 *DN* 小于或等于 600mm 的管道应少于 24h；

2 管道直径 *DN* 大于 600mm，且小于或等于 1200mm 的管道宜少于 36h；

3 管道直径 *DN* 大于 1200mm 的管道宜少于 48h。

7.4.14 敷设在城市综合管廊中的给水管道应符合现行国家标准《城市综合管廊工程技术规范》GB 50383 的规定，并应符合下列规定：

1 输配水管道在管廊中占用的空间，应便于管道工程的施工和维护管理，与其他管道的净距不应小于 0.5m；

2 管廊内管线应进行抗震设计；

3 管廊内金属管道应进行防腐设计；

4 管线引出管廊沟壁处应增加适应不均匀沉降的措施；

5 非整体连接型给水管道的三通、弯头等部位，应与管廊主体设计结合，并应增加保护管道稳定的措施；

6 输配水给水管道宜与热力管道分舱设置。

问：城市综合管廊对给水管道的相关规定？

答：《城市综合管廊工程技术规范》GB 50838—2015。

4.3.8 给水管道与热力管道同侧布置时，给水管道宜布置在热力管道下方。

5.1.7 压力管道进出综合管廊时，应在综合管廊外部设置阀门。

5.1.8 综合管廊设计时，应预留管道排气阀、补偿器、阀门等附件安装、运行、维护作业所需要的空间。

5.1.9 管道的三通、弯头等部位应设置支撑或预埋件。

5.1.10 综合管廊顶板处，应设置供管道及附件安装用的吊钩、拉环或导轨。吊钩、拉环相邻间距不宜大于10m。

6.2.1 给水、再生水管道设计应符合现行国家标准《室外给水设计规范》GB 50013和《污水再生利用工程设计规范》GB 50335的有关规定（注：《污水再生利用工程设计规范》GB 50335现行版本为《城镇污水再生利用工程设计规范》GB 50335）。

6.2.2 给水、再生水管道可选用钢管、球墨铸铁管、塑料管等。接口宜采用刚性连接，钢管可采用沟槽式连接。

6.2.3 管道支撑的形式、间距、固定方式应通过计算确定，并应符合现行国家标准《给水排水工程管道结构设计规范》GB 50332的有关规定。

问：综合管廊与相邻地下管线及地下构筑物的最小净距？

答：综合管廊与相邻地下管线及地下构筑物的最小净距应根据地质条件和相邻构筑物性质确定，且不得小于表7.4.14的规定。

综合管廊与相邻地下管线及地下构筑物的最小净距 **表7.4.14**

相邻情况	施工方法	
	明挖施工	顶管、盾构施工
综合管廊与地下构筑物的水平净距	1.0m	综合管廊外径
综合管廊与地下管线的水平净距	1.0m	综合管廊外径
综合管廊与地下管线交叉垂直净距	0.5m	1.0m

问：不宜建设地下综合管廊的城市？

答：以下城市不宜建设地下综合管廊：

1. 地形复杂、地质结构脆弱的城市

部分城市地形复杂、地质结构脆弱，由于目前中国的管廊建设没有足够成熟和丰富的案例，且相关的设计标准、施工标准、质量控制标准、竣工验收标准都尚未建立，所以对于地形复杂、地质结构脆弱的城市，综合管廊的施工难度过大，不宜建设综合管廊，而应该应用已有的成熟的管线、管网施工技术，首先满足社会大众对管线管网的使用要求。但是，为了给后期留下综合管理的施工空间，可以优先在类似城市建设500m～1000m的综合管廊试验段，为以后施工技术和施工经验成熟后的综合管廊施工提供充足的依据和参考。

2. 人口规模发展前景有限的城市

中国的城市是分规模的，不同规模的城市的发展方向和道路应该是不同的。从世界城市的发展历史和经验来看，未来人类城市的发展方向是人口向大城市或大的城市群流入，小城市或者小规模城市群主要起到疏解养老人群、旅游人群、度假人群的作用。因此，人口密度小且没有明显的人口净流入的城市，人口规模发展前景有限，从长期来看，会依然维持在一个小城市的规模，或者属于小规模城市群，此类城市的管线和管网密度预期不会很大，一个专业的管廊运营单位同时运营十条管线和同时运营一条管线，对于运营成本和运营效率而言，影响是很大的。如果管廊的建设不能使管线和管网形成规模效应，既是对综合管廊庞大的建设成本的浪费，也是对后期运营成本的浪费。对于此类城市，应该着眼于国家力推的特色小镇建设方向，从文化、养生、旅游品牌建设角度出发，切实可行地选择适合本地的管网建设方案，节约建设成本和运营成本。同时，预留一定的建设空间，为后期综合管廊的改扩建提供基础，当城市规模真正有扩大趋势的时候，再行建设也是可以的。地方财政应该把钱花在“刀刃”上，避免资金的时空错配，进而影响城市的发展速度。

3. 管廊建设拆迁成本过高的城市

管廊的建设首先需要进行土方开挖工作，而土方开挖一般选择放坡的形式，所以占用的施工区域面积极大。例如，建设一条 20m 宽的管廊，实际施工区域可能达到 40m 宽，这就要涉及两边建筑物的拆迁工作。对于改扩建区域，一般都是城市中成熟的老城区，甚至黄金地段，那么拆迁成本就极高，就算是建设完成后原地回迁，安置费用也是一笔很大的支出，这种情况下改扩建综合管廊是极其不经济的。

4. 管廊改扩建对城市经济影响大的城市

管廊的改扩建必然导致管线的暂停使用，对周围居民的正常生活和对企业的正常运营都影响极大。管线一旦暂停使用，自来水、污水、电力、热力、燃气、通信网络都将暂停使用，并且管廊的建设工期不可预见的问题极多，一旦工期受影响，管网长期得不到恢复，将对当地的经济造成极大的损失，并且还要给周围居民和企业巨额的补偿费用。所以在改扩建综合管廊前，对此类费用做好充足的调研和预估，充分考虑经济性后才可开始实施，否则不宜贸然启动综合管廊的改扩建工作。

5. 已有管网情况复杂的城市

有些改扩建区域的地下管网建设时间久远，建设资料不全，一旦开始管廊建设，势必要移动、拆除和改造已有管网，如果不能掌握充足、真实的地下管网建设资料，贸然施工的危险性极大，不仅影响施工单位的人员生命安全，并且影响管廊建成后的管网使用效果。因此在改扩建前，就需要跟地下已有管线对应的多家管线单位提前沟通，确保掌握充分、真实的地下管网建设资料。但是这样的话，前期沟通成本极大。如果不能保证资料的充足和真实，也不宜启动综合管廊的改扩建工作。

6. 已有管网运营情况良好的城市

对于前期严格按照标准规范设计和建设的管网，因为前期规划、调研等工作做得比较扎实，所以管网的运营情况良好。并且对于前期工作做得好且设计和施工规范的管网，预留的检修井等附属检修设施设计的也比较合理，能够完全满足目前管网状态的使用和维修。对于此类管网，仅仅为了做管廊而做管廊，就有些得不偿失了，不宜建设管廊。

综上所述，因中国地域广阔，不同地域、不同经济发展水平的城市，对管廊的需求是不一样的，例如南方的很多管廊就不需要预留热力管线的位置。在管廊建设之前，一定要做好相关的规划和充分的调研，以经过充分论证的工程可行性研究报告为基础，充分考虑所在城市的地形特点、地质情况、城市的人口规模和发展方向，以及管廊建设过程中拆迁成本、经济影响、已有管网的复杂性、已有管网的运营情况后，才能谨慎地得出所在城市是否适合建设综合管廊的结论。

7.4.15 原有管道设施的改造与更新应对现状情况进行评估，经综合技术经济分析确定。

7.4.16 管网中设置增压泵站或配水池时，应符合下列规定：

1 增压泵站的增压方式应结合市政供水管网压力、实际可利用供水压力，经综合技术经济分析 确定；

2 应采取稳压限流措施，保证上游市政供水管网供水压力不低于当地供水服务水头；

3 必要时应设置补充消毒措施。

7.5 管渠材料及附属设施

7.5.1 输配水管道材质的选择，应根据管径、内压、外部荷载和管道敷设区的地形、地质、管材的供应，按照运行安全、耐久、减少漏损、施工和维护方便、经济合理以及清水管道防止二次污染的原则，对钢管（SP）、球墨铸铁管（DIP）、预应力钢筒混凝土管（PCCP）、化学建材管等经技术、经济、安全等综合分析确定。

问：输配水管道管材的选择？

答：近年来国内管材发展较快，新型管材较多，设计中应根据工程具体情况，通过技术经济比较，选择安全可靠的管材。

目前，国内输水管道管材一般采用预应力钢筒混凝土管、钢管、球墨铸铁管、预应力混凝土管、玻璃纤维增强树脂夹砂管等。配水管道管材一般采用球墨铸铁管、钢管、聚乙烯管、硬质聚氯乙烯管等。

问：输配水管的相关标准汇总？

答：输配水管的相关标准汇总见表7.5.1-1。

输配水管的相关标准汇总 **表 7.5.1-1**

管材品种	规范名称	现行规范号
金属管	《水及燃气用球墨铸铁管、管件和附件》	GB/T 13295—2019
	《低压流体输送用焊接钢管》	GB/T 3091—2015
	《给水涂塑复合钢管》	CJ/T 120—2016
化学建材管	《玻璃纤维增强塑料夹砂管》	GB/T 21238—2016
	《给水用聚乙烯（PE）管道系统　第1部分：总则》	GB/T 13663.1—2017
	《给水用聚乙烯（PE）管道系统　第2部分：管材》	GB/T 13663.2—2018
	《给水用聚乙烯（PE）管道系统　第3部分：管件》	GB/T 13663.3—2018
	《给水用聚乙烯（PE）管道系统　第4部分：阀门》	GB/T 13663.4—2017
	《给水用聚乙烯（PE）管道系统　第5部分：系统适用性》	GB/T 13663.5—2018
	《大口径聚乙烯（PE）给水管道工程技术规程》	DB13T 2162—2014
	《埋地塑料给水管道工程技术规程》	CJJ 101—2016
	《给水用钢骨架聚乙烯塑料复合管》	CJ/T 123—2016
	《给水用高性能硬聚氯乙烯管材及连接件》	CJ/T 493—2016
混凝土管	《自应力混凝土管》	GB/T 4084—2018
	《预应力钢筒混凝土管》	GB/T 19685—2017
	《预应力混凝土管》	GB/T 5696—2006

问：球墨铸铁管壁厚的计算公式？

答：《水及燃气用球墨铸铁管、管件和附件》GB/T 13295—2019。

公称壁厚按公称直径 DN 的函数关系，通过下式计算：

$$e_{nom} = K(0.5 + 0.001DN)$$

式中 e_{nom}——公称壁厚（mm）；

DN——公称直径（mm）；

K——壁厚级别系数，取…9、10、11、12…

离心铸造管的最小公称壁厚为 6mm，公称壁厚为 6mm 时，最小壁厚为 4.7mm，公称壁厚大于 6mm 时，最小壁厚 $e_{mim}=e_{nom}-(1.3+0.001DN)$。非离心铸造管的最小公称壁厚为 7mm，公称壁厚为 7mm 时，最小壁厚为 4.7mm；公称壁厚大于 7mm 时，最小壁厚 $e_{mim}=e_{nom}-(2.3+0.001DN)$。

壁厚级别系数 K 应在合同中注明，凡合同中不注明的均按 K9 级供货。

问：给水用球墨铸铁管的允许工作压力、最大允许工作压力、最大现场允许试验压力?

答：《水及燃气用球墨铸铁管、管件和附件》GB/T 13295—2019。

依据壁厚级别系数 K 进行分级时，用于输水时其 PFA、PMA、PEA，可通过下列公式计算。

允许工作压力 PFA：

$$\text{PFA} = \frac{2 \times e_{nom} \times R_m}{D \times SF}$$

式中 PFA——允许工作压力（MPa）；

e_{nom}——球墨铸铁管最小壁厚（mm）；

D——球墨铸铁管平均直径（$DE-e_{nom}$）（mm）；

R_m——球墨铸铁管最小抗拉强度（MPa）（R_m=420MPa）；

SF——安全系数，取 3。

最大允许工作压力 PMA 同 PFA，但 SF=2.5，因此，PMA=1.2PFA。

最大现场允许试验压力 PEA：PEA=1.2 PFA+0.5。

管件依据壁厚级别系数 K 进行分级时，管件的最小公称壁厚为 7mm，公称壁厚为 7mm 时，最小壁厚为 4.7mm；公称壁厚大于 7mm 时，管件的最小壁厚 e_{mim}通过下式计算：

$$e_{mim} = e_{nom} - (2.3 + 0.001DN)$$

问：球墨铸铁管是否需要伸缩节?

答：球墨铸铁管不需要设置伸缩节。柔性接口的特点之一：球墨铸铁管具有良好的伸缩性。由于温度的变化，球墨铸铁管产生的伸缩能够容易地被其吸收，不需要特殊的伸缩接头。

——范英俊. 球墨铸铁管及管件技术手册 [M]. 北京：冶金工业出版社，2006：36.

问：埋地塑料管是否需要设置伸缩补偿器?

答：《埋地塑料给水管道工程技术规程》CJJ 101—2016。

5.6.1 伸缩补偿器安装应符合下列规定：

1 伸缩补偿器可采用套筒、卡箍、活箍等形式，伸缩量不宜小于 12mm。当采用伸缩量大的补偿器时，补偿器之间的距离应按设计计算确定。

2 补偿器安装时应与管道保持同轴，不得用补偿器的轴向、径向、扭转等变形来调整管位的安装误差。

3　安装时应设置临时约束装置，等管道安装固定后再拆除临时约束装置，并应解除限位装置。

4　管道插入深度可按伸缩量确定，上下游管端插入补偿器长度应相等，其管端间距不宜小于 4mm。

5　管道转弯处，补偿器宜等距离设置在弯头两侧。

5.6.1　条文说明：伸缩补偿器是针对塑料管道随环境温度变化产生的纵向形变量，考虑释放形变量的措施。对于胶圈密封承插式管道一般不设置伸缩节，采用粘结刚性连接的管道应设置伸缩节。伸缩节之间的距离根据施工闭合温度与管道敷设过程中或运行后管道介质可能出现的最高温差计算后确定。

问：球墨铸铁管电化学腐蚀、阴极保护问题？

答：球墨铸铁管能防止电化学腐蚀的影响。接口的橡胶圈使每根铸管之间互相绝缘，因而电化学腐蚀的影响小。

离心球墨铸铁管由于连接系统使用橡胶圈密封而使其具有很高的电阻，所以一般情况下不需要做阴极防腐保护。即使对于一些需要做阴极防腐保护的地区，只要使用了聚乙烯套保护，也不需要做阴极防腐保护，而且聚乙烯套保护比做阴极防腐保护的效果更好。

问：胶圈接口球墨铸铁管的转角？

答：胶圈接口球墨铸铁管的转角可参照以下两本书。

1.《给水排水管道工程施工及验收规范》GB 50268—2008。管道沿曲线安装时，接口的允许转角应符合表 7.5.1-2 的规定。

沿曲线安装接口的允许转角　　　　**表 7.5.1-2**

管径 D_i(mm)	允许转角（°）
75～600	3
700～800	2
≥900	1

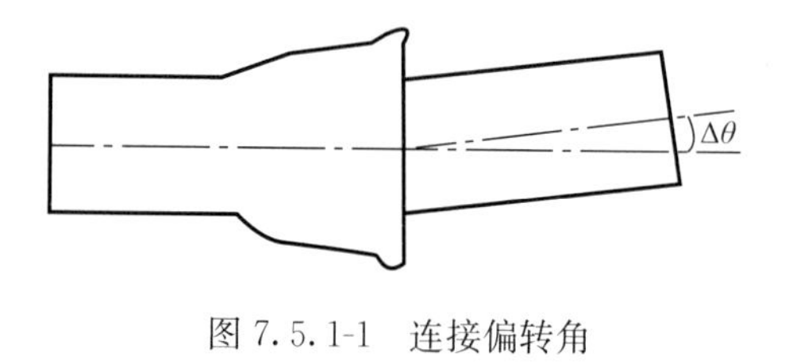

图 7.5.1-1　连接偏转角

2.《球墨铸铁管及管件技术手册》（范英俊主编）8.12 连接偏转。

球墨铸铁管连接允许有一定的偏转角，偏转角度可以使大半径的管线拐弯不依赖于使用管件，还能吸收一定的基础变形和位移。见图 7.5.1-1 和表 7.5.1-3。

球墨铸铁管连接允许偏转角　　　　**表 7.5.1-3**

DN(mm)	偏转角度 θ	管端位移（mm）	最小弯曲半径（m）
80～150	5°	525	69
200～300	4°	420	86
350～600	3°	314	115
700～800	2°	210	200
900～1000	1°30′	210	267
1100～1200	1°30′	157	267
1400～2600	1°30′	209	305

借助铸铁管连接的偏转角，可以较为方便地实现管道的大拐弯。

大拐弯的计算如图 7.5.1-2 所示。

拐弯半径：$R=\frac{L}{2}\sin\left(\frac{\Delta\theta}{2}\right)$

所需铸铁管的根数：$N=\frac{\theta}{\Delta\theta}$

方向改变的长度：$C=NL$

式中 Δd——管端部位移；

L——管长；

θ——偏转角度；

C——偏转长度。

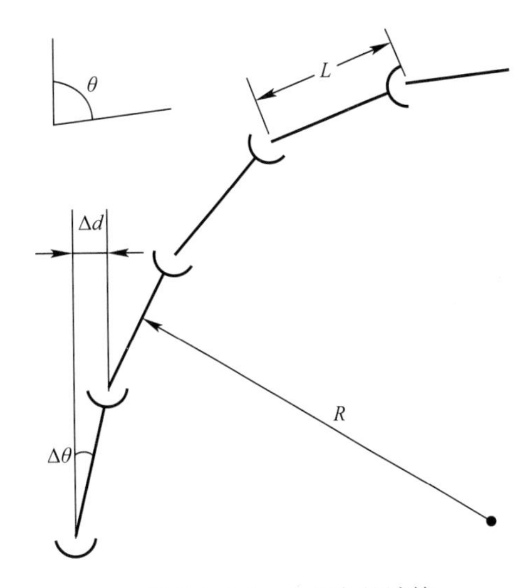

图 7.5.1-2　大拐角的计算

问：球墨铸铁管的爆破水压？

答：表示管体强度的另一个指标是爆破水压 p，其计算公式为：

$$p=\frac{2eR_m}{D}$$

式中 p——爆破水压（MPa）；

e——铸铁管最小壁厚，（mm）；

R_m——最小抗拉强度，取 R_m=420MPa；

D——铸铁管公称直径（mm）。

K9 级各种规格离心球墨铸铁管的爆破水压值　　**表 7.5.1-4**

规格（mm）	爆破水压（MPa）	规格（mm）	爆破水压（MPa）	规格（mm）	爆破水压（MPa）
*DN*40	97.9	*DN*300	16.7	*DN*40	9.2
*DN*50	78.1	*DN*350	14.4	*DN*1100	9.0
*DN*60	65.0	*DN*400	13.4	*DN*1200	8.6
*DN*65	59.9	*DN*450	12.7	*DN*1500	8.5
*DN*80	49.4	*DN*500	12.1	*DN*1600	8.4
*DN*100	39.5	*DN*600	11.2	*DN*1800	8.2
*DN*125	31.6	*DN*700	10.6	*DN*2000	8.1
*DN*150	26.3	*DN*800	10.1	*DN*2200	7.9
*DN*200	20.2	*DN*900	9.7	*DN*2400	7.8
*DN*250	17.5	*DN*1000	9.4	*DN*2600	7.8

问：球墨铸铁管的水泥砂浆内衬厚度？

答：《球墨铸铁管和管件　水泥砂浆内衬》GB/T 17457—2009，本标准等同采用《压力和无压力管道用球墨铸铁管和管件　水泥砂浆内衬》ISO 4179.3—2005。球墨铸铁管的水泥砂浆内衬厚度见表 7.5.1-5。

球墨铸铁管的水泥砂浆内衬厚度　　表 7.5.1-5

公称直径（mm）	水泥砂浆厚度（mm）	局部最小厚度（mm）
DN40～300	3	2
DN350～600	5	3
DN700～1200	6	3.5
DN1400～2000	9	6.0
DN2200～2600	12	7.0

问：预（自）应力混凝土管沿曲线安装接口的允许转角？

答：预（自）应力混凝土管沿曲线安装接口的允许转角见有 7.5.1-6。

预（自）应力混凝土管沿曲线安装接口的允许转角　　表 7.5.1-6

管材种类	管径（mm）	允许转角（°）
预应力混凝土管	500～700	1.5
	800～1400	1.0
自应力混凝土管	500～800	1.5
	1600～3000	0.5

问：预应力钢筒混凝土管接头允许转角？

答：《预应力钢筒混凝土管》GB/T 19685—2017。

6.3.6　成品管接头允许相对转角应符合表 6 的规定（见表 7.5.1-7）。接头转角试验在设计确定的工作压力下恒压 5min，达到标准规定的允许相对转角时管子接头不应出现渗漏水。

预应力钢筒混凝土管接头允许相对转角　　表 7.5.1-7

<table>
<tr><th rowspan="2">管子品种</th><th rowspan="2">公称内径（mm）</th><th colspan="2">接头允许相对转角（°）</th></tr>
<tr><th>单胶圈接头</th><th>双胶圈接头</th></tr>
<tr><td rowspan="4">内衬式预应力钢筒混凝土管（PCCPL）</td><td>400～500</td><td rowspan="2">1.5</td><td>—</td></tr>
<tr><td>600～800</td><td rowspan="3">1.0</td></tr>
<tr><td>900～1000</td><td>1.0</td></tr>
<tr><td>1200～1400</td><td>0.7</td></tr>
<tr><td rowspan="4">埋置式预应力钢筒混凝土管（PCCPE）</td><td>1000～1600</td><td>1.0</td><td rowspan="2">1.0</td></tr>
<tr><td>1800～2400</td><td>0.7</td></tr>
<tr><td>2600～3400</td><td rowspan="2">0.5</td><td>0.7</td></tr>
<tr><td>3600～4000</td><td>0.5</td></tr>
</table>

注：依管线工程实际情况，在进行管子接头设计时允许增大接头允许相对转角。

问：玻璃纤维增强塑料夹砂管道接头允许偏转角？

答：玻璃纤维增强塑料夹砂管道接头允许偏转角见表 7.5.1-8。

玻璃纤维增强塑料夹砂管道接头允许偏转角　　表 7.5.1-8

公称直径 DN(mm)	接头允许偏转角（°）	
	承插式接口	套筒式接口
$DN \leqslant 500$	1.5	3
$500 < DN \leqslant 900$	1.0	2
$900 < DN \leqslant 1800$	1.0	1
$DN > 1800$	0.5	0.5

7.5.2 金属管道应考虑防腐措施。金属管道内防腐宜采用水泥砂浆衬里。金属管道外防腐宜采用环氧煤沥青、胶粘带等涂料。

金属管道敷设在腐蚀性土中以及电气化铁路附近或其他有杂散电流存在的地区时，应采取防止发生电化学腐蚀的外加电流阴极保护或牺牲阳极的阴极保护措施。

问：金属管道防腐措施?

答：金属管道防腐处理非常重要，它将直接影响水体的卫生安全以及管道使用寿命和运行可靠。

金属管道表面除锈的质量、防腐涂料的性能、防腐层等级与构造要求、涂料涂装的施工质量以及验收标准等，应遵守现行国家标准《给水排水管道工程施工及验收规范》GB 50268—2008 中“5.4 钢管内外防腐”的规定。

非开挖施工给水管道（如顶管、夯管等）防腐层的设计与要求，应根据工程的具体情况确定。

问：输配水管道中球墨铸铁管与钢管的选择比较?

答：球墨铸铁管管材延展性和防腐能力优于钢管，且采用柔性胶圈密封接口，施工方便，不需要现场进行焊接及防腐操作，加上产量及口径的增加、管配件的配套供应等，目前在国内广泛应用，是配水管道的首选管材。作为输水管道管材，与钢管相比口径在1200mm 以下具有较高的性价比。

钢管用于城市输水管道的管径一般宜大于 *DN*800，国内最大钢管直径可达 *DN*4000。

《水及燃气用球墨铸铁管、管件和附件》GB/T 13295—2019，尺寸范围从公称直径 *DN*400～*DN*2600，液体温度为 0℃～50℃。

问：钢管水泥砂浆内防腐层厚度要求?

答：钢管水泥砂浆内防腐层厚度应符合《给水排水管道工程施工及验收规范》GB 50268—2008 的规定（见表 7.5.2-1）。

钢管水泥砂浆内防腐层厚度要求 **表 7.5.2-1**

管径 *DN*(mm)	厚度（mm）	
	机械喷涂	手工涂抹
500～700	8	—
800～1000	10	—
1100～1500	12	14
1600～1800	14	16
2000～2200	15	17
2400～2600	16	18
2600 以上	18	20

问：如何判断球墨铸铁管和管件是否有水泥砂浆内衬密封涂层?

答：《球墨铸铁管和管件　水泥砂浆内衬密封涂层》GB/T 32488—2016。

本标准给出了在工厂内涂覆在球墨铸铁管和管件水泥砂浆内衬表面的密封涂层的要求，水泥砂浆内衬也是在工厂内进行涂衬的。

本标准适用于输送水的水泥砂浆内衬密封涂层球墨铸铁管和管件。

注：密封涂层的作用是减少水泥砂浆内衬与供水管道中水的接触，限制无机材料渗透到水中，同时

减小输水阻力，提高输水能力。

标识：涂覆过密封涂层的管或管件应符合 GB/T 13295 有关标记的要求。另外，管外表面还应清晰、持久地标识上本标准的编号和年份。

问：金属管道阴极保护？

答：《埋地钢质管道阴极保护技术规范》GB/T 21448—2017。

本标准规定了陆上埋地钢质管道外表面阴极保护系统设计、施工、测试、管理与维护的最低技术要求。

本标准适用于陆上埋地钢质油、气、水管道。

4.1.1 埋地油气长输管道、油气田外输管道和油气田内埋地集输干线管道应采用阴极保护；其他埋地管道宜采用阴极保护。

4.1.4 埋地管道阴极保护可采用强制电流法、牺牲阳极法或两种方法结合的方式，应视工程规模、土壤环境、管道防腐层绝缘性能等因素，经济合理地选用。

4.1.5 对于高温、防腐层剥离、隔热保温层、屏蔽、细菌侵蚀及电解质的异常污染等特殊条件下，阴极保护可能无效或部分无效，在设计时应予以考虑。

4.1.6 站场埋地管道阴极保护应符合 SY/T 6964 的规定。

问：电化学腐蚀、强制电流法、牺牲阳极法？

答：《金属和合金的腐蚀 基本术语和定义》GB/T 10123—2001。

3.1 电化学腐蚀：至少包含一种阳极反应和一种阴极反应的腐蚀。

3.2 化学腐蚀：不包含电化学反应的腐蚀。

3.6 土壤腐蚀：以土壤作为腐蚀环境的腐蚀。

注：土壤不仅包括天然存在的物质，也包括其他物质，如常用于覆盖结构件的石渣、回填土等。

6.1.18 电极电位：与同一电解质接触的电极和参比电极间，在外电路中测得的电压。

6.1.21 腐蚀电位：金属在给定腐蚀体系中的电极电位。

注：不管是否有净电流（外部）从研究金属表面流入或流出，本术语均适用。

6.3.3 钝态：金属由于钝化所导致的状态。

6.3.4 钝化电位：对应于最大腐蚀电流的腐蚀电位值，超过该值，在一定电位区段内，金属处于钝态。

6.4.1 电化学保护：通过腐蚀电位的电化学控制实现的腐蚀保护。

6.4.2 阳极保护：通过提高腐蚀电位到钝态电位区实现的电化学保护。

6.4.3 阴极保护：通过降低腐蚀电位到使金属腐蚀速率显著减小的电位值而达到电化学保护。

6.4.4 伽伐尼保护：从连接辅助电极与被保护金属构成的腐蚀电池中获得保护电流所实现的电化学保护。

注：伽伐尼保护可以是阴极或阳极。

6.4.5 外加电流保护（强制电流保护）：由外部电源提供保护电流所达到的电化学保护。

注：外加电流保护可以是阴极或阳极。

6.4.10 牺牲阳极：伽伐尼阴极保护中用作阳极的金属组元。

注：伽伐尼阳极应具有比被保护金属负的腐蚀电位。

问：不同阴极保护方法优缺点比较？

答：牺牲阳极：利用一种比被保护金属电位更低的金属或合金（称阳极）与被保护金属连接，使其构成大地电池，以牺牲阳极来防止地下金属腐蚀的方法。见图 7.5.2-1。

外加电流：由外部的直流电源直接向被保护金属通以阴极电流，使之阴极极化，达到阴极保护的目的，它由辅助阳极、参比电极、直流电源和连接电缆组成。见图 7.5.2-2。

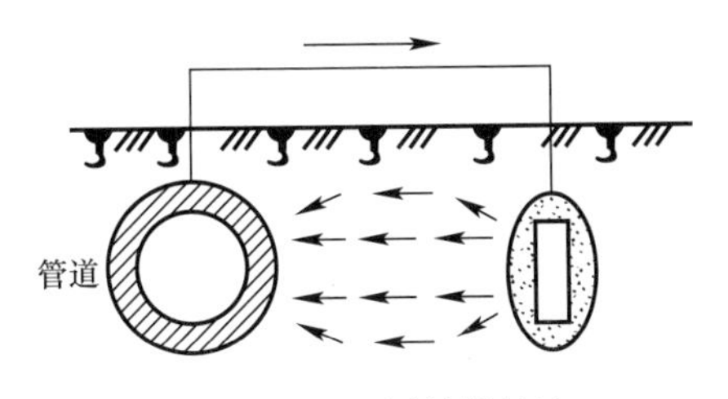

图 7.5.2-1　牺牲阳极法

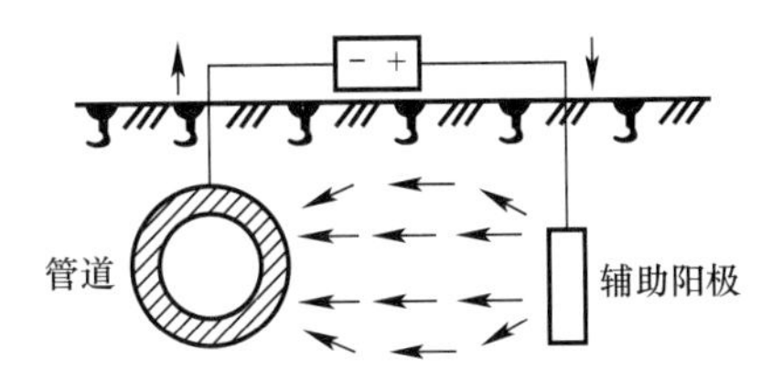

图 7.5.2-2　外加电流法

不同阴极保护方法优缺点比较见表 7.5.2-2。

不同阴极保护方法优缺点比较　　表 7.5.2-2

阴极保护方法	优点	缺点
牺牲阳极	1. 对邻近管道、电缆等干扰很小； 2. 不需要外部电源； 3. 保护电流分布均匀，利用率高； 4. 管理方便，施工简单； 5. 不需要支付经常费用	1. 土壤电阻率大时不宜直接使用； 2. 管道外防腐涂层质量要好； 3. 保护电流几乎不可调； 4. 保护范围大时不经济
外加电流	1. 可连续调节输出电流、电压； 2. 保护电流密度大； 3. 不受土壤电阻率限制； 4. 保护范围越大越经济； 5. 保护装置寿命较长	1. 对邻近金属构筑物干扰大； 2. 需要外部电源； 3. 维护管理工作量大； 4. 需要支付日常费用

问：土壤腐蚀性的不同评价指标？

答：土壤腐蚀性的不同评价指标见表 7.5.2-3。

土壤腐蚀性的不同评价指标　　表 7.5.2-3

土壤腐蚀性	微	弱	中	强
平均腐蚀速率（失重法）[g/(dm^2·年)]	＜1	1～5	5～7	＞7
最大点蚀速率（mm/年）	＜0.305	0.305～0.611	0.611～2.438	＞2.438
土壤电阻率（Ω·m）	＞100	50～100	20～50	＜20
氧化还原电位（mV）	＞400	200～400	100～200	＜100
评价指数总和	＞0	0～−4	−5～−10	＜−10

注：具体内容参见《接地网土壤腐蚀性评价导则》DL/T 1554—2016。

7.5.3　输配水管道的管材及金属管道内防腐材料和承插管接口处填充料应符合现行国家标准《生活饮用水输配水设备及防护材料的安全性评价标准》GB/T 17219 的有关规定。

问：生活饮用水输配水设备及防护材料的安全性评价标准？

答：《生活饮用水输配水设备及防护材料的安全性评价标准》GB/T 17219—1998。

本标准规定了饮用水输配水设备（供水系统的输配水管、设备、机械部件）和防护材料的卫生安全性评价标准。

本标准适用于与饮用水以及饮用水处理剂直接接触的物质和产品，这些物质和产品系指用于供水系统的输配水管、设备、机械部件（如阀门、加氯设备、水处理剂加入器等）以及防护材料（如涂料、内衬等）。

7.5.4 非整体连接管道在垂直和水平方向转弯处、分叉处、管道端部堵头处，以及管径截面变化处支墩的设置，应根据管径、转弯角度、管道设计内水压力和接口摩擦力，以及管道埋设处的地基和周围土质的物理力学指标等因素计算确定。

问：什么是非整体连接管道？

答：非整体连接管道一般指承插式管道（包括整体连接管道设有伸缩节又不能承受管道轴向力的情况）。

问：刚性接口、柔性接口？

答：刚性接口：不能承受一定量的轴向线变位和相对角度变位的管道接口，如用水泥类材料密封或用法兰连接的管道接口。

柔性接口：能承受一定量的轴向线变位和相对角度变位的管道接口，如用橡胶圈等材料密封连接的管道接口。

问：给水管道加设支墩的口径及加设方式？

答：1.《给水排水设计手册》。

当管道内水流通过承插接头的弯头、丁字支管顶端、管堵顶端等处产生的外推力大于接口所能承受的拉力时，应设置支墩，以防止接口松动脱节。

支墩设置条件：

（1）采用水泥填料接口的球墨铸铁管，当管道口径≤350mm 且试验压力≯1.0MPa 时，在一般土壤地区使用石棉接头的弯头、三通处可不设支墩；但在松软地基中，则应根据管中试验压力和地质条件，计算确定是否需要设置支墩。

（2）采用其他形式的承插接口管道，应根据其接口允许承受的内压力和管配件形式，按试验压力进行支墩计算。

（3）在管径＞700mm 的管线上选用弯管，若水平敷设，应尽量避免使用 90°弯管；若垂直敷设，应尽量避免使用 45°以上的弯管。

（4）支墩不应修筑在松土上；利用土体被动土压力承受推力的水平支墩的后背必须为原状土，并保证支墩和土体紧密接触，如有空隙需用与支墩相同的材料填实。

（5）水平支墩后背土壤的最小厚度应大于墩底在设计地面以下深度的 3 倍。

2.《城镇供水管网运行、维护及安全技术规程》CJJ 207—2013。

4.1.7 柔性接口的管道在弯管、三通和管端等容易位移处，应根据情况分别加设支墩或采取管道接口防脱措施。

4.1.7 条文说明：柔性接口的管道，应在易位移处加设支墩，但限于管道施工现场的铺设条件，在大口径管道的易位移处加设支墩难度较大，因此，可考虑采用防脱卡箍或防脱密封胶圈等措施减小支墩尺寸。

3.《柔性接口给水管道支墩》10S505，本图集适用于给水管道采用橡胶圈作为止水件的承插式接口和套管式柔性接口。

7.5.5 输水管（渠）道的始点、终点、分叉处以及穿越河道、铁路、公路段，应根据工程的具体情况和有关部门的规定设置阀（闸）门。输水管道尚应按事故检修的需要设置阀门。配水管网上两个阀门之间独立管段内消火栓的数量不宜超过5个。

问：给水管道附属构筑物主要控制尺寸?

答：以下内容摘自《室外给水管道附属构筑物》07MS 101-2（见表7.5.5-1～表7.5.5-4和图7.5.5-1）。

法兰面与平行法兰的井壁间垂直距离　　表7.5.5-1

管径（mm）	距离（mm）
*DN*50～300	≥400
*DN*350～1000	≥600
*DN*1100～1800	≥800

注：法兰边距垂直法兰面的井壁间距离应≥400mm。

给水管管底距井底距离　　表7.5.5-2

管径（mm）	距离（mm）
*DN*15～40	≥150
*DN*50～300	≥300
*DN*350～1000	≥400
*DN*1100～1800	≥500

阀门井井径及接管直径一（mm）　　表7.5.5-3

*DN*2 / 井径 / *DN*1	75(80)	100	150	200	250	300
75(80)	1400	—	—	—	—	—
100	1400	1400	—	—	—	—
150	1400	1400	1400	—	—	—
200	—	1800	1800	1800	—	—
250	—	1800	1800	1800	1800	—
300	—	1800	1800	2000	2000	2000

阀门井井径及接管直径二（mm）　　表7.5.5-4

*DN*2 / 井径 / *DN*1	75(80)	100	150	200	250	300
75(80)	1400	—	—	—	—	—
100	1400	1400	—	—	—	—
150	1800	1800	1800	—	—	—
200	—	1800	1800	1800	—	—
250	—	2000	2000	2000	2000	—
300	—	2400	2400	2400	2400	2400

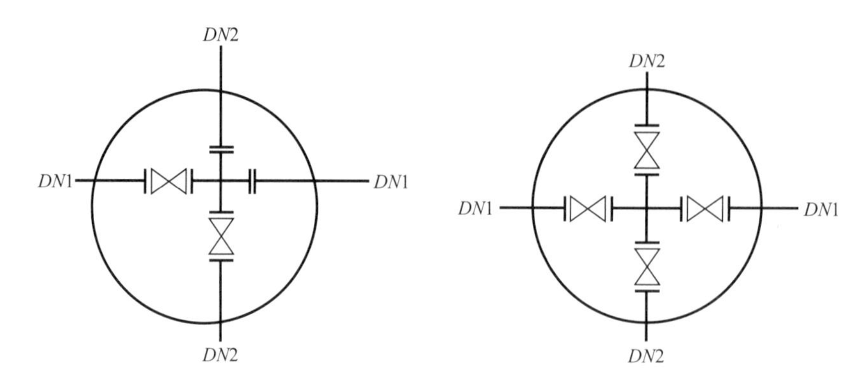

图 7.5.5-1　阀门井示意图

设备顶端距盖板内顶距离：排气阀≥300mm；阀门≥300mm；蝶阀≥600mm。

问：非整体连接管道支墩设置的规定?

答：非整体连接管道在管道的垂直和水平方向转弯点、分叉处、管道端部堵头处，以及管径截面变化处都会产生轴向力。埋地管道一般设置支墩支撑。支墩的设计应根据管道设计内水压力、接口摩擦力，以及地基和周围土质的物理力学指标，根据现行国家标准《给水排水工程管道结构设计规范》GB 50332 的规定计算确定。

问：输水管道上阀门设置位置?

答：输水管道的始点、终点、分叉处一般设置阀门；输水管道穿越大型河道、铁路主干线、高速公路和公路的主干线，根据有关部门的规定结合工程的具体情况设置阀门。输水管道还应考虑自身检修和事故时维修所需要设置的阀门，并考虑阀门拆卸方便。

问：输水管道检查井设置间距?

答：无压（非满流）输水管道应根据具体情况设置检查井。检查井间距：当管径为 *DN*700 以下时，不宜大于 200m；当管径为 *DN*700～1400 时，不宜大于 400m。当输送含砂量较多的原水时，可参照排水管道的要求设置检查井。

——摘自《给水排水设计手册》P13

问：输水管道阀门设置间距?

答：输水管道阀门设置间距，一般可参考表 7.5.5-5 选用。

输水管道阀门设置间距　　**表 7.5.5-5**

输水管长度（km）	＜3	3～10	10～20 及以上
间距（km）	1.0～1.5	2.0～2.5	3.0～5.0

问：配水管道上阀门布置原则?

答：配水管道上阀门布置原则：

1. 配水管网中的阀门布置，应能满足事故管段的切断需要。其位置可结合连接管以及重要供水支管的节点位置，干管上的阀门间距一般为 500m～1000m。

2. 一般情况下干管上的阀门可设在连接管的下游，以使阀门关闭时，尽可能少影响支管的供水。如设置对置水塔时，则应视具体情况考虑。

3. 支管与干管相接处，一般在支管上设置阀门，以使支管的检修不影响干管供水。干管上的阀门应根据配水管网分段、分区检修的需要设置。

4. 配水管道上阀门最大间距：根据消防的要求，配水管网支管、干管上两个阀门之间消火栓数量不宜超过 5 个。

问：阀门口径与给水管道口径的关系？

答：阀门口径一般与给水管道的直径相同，但当管径较大，而阀门价格过高时，为了降低造价，可安装给水管道口径 0.8 倍的阀门。

——龙兴灿. 给排水与管网工程 [M]. 北京：人民交通出版社，2008.

问：给水排水用蝶阀？

答：《给水排水用蝶阀》CJ/T 261—2015。

单向密封：只能在阀体上标示的水流动方向密封。

双向密封：在阀体上标示的水主流动方向（正向）和与水主流动方向的相反的方向（反向）均能密封。

中线蝶阀：阀杆轴线位于蝶板密封截面中心线上的蝶阀。

单偏心蝶阀：阀杆轴线与密封副中心截面在阀体轴线上形成尺寸偏置量的蝶阀。

双偏心蝶阀：除阀杆轴线与密封副中心截面在阀体轴线上形成尺寸偏置量，尚有阀杆轴线与阀体轴线在径向形成的第二个尺寸偏置量的蝶阀。

蝶阀按蝶板位置可分为中线型和偏心型；按连接形式可分为法兰连接、对夹连接和承插口连接。

问：城镇供水管网设置防倒流设施的总结？

答：《城镇供水管网运行、维护及安全技术规程》CJJ 207—2013。

4.1.11 条文说明：为了确保城镇供水管网的安全，对于存在倒流污染可能的用户管道，有必要在用户管道和城镇供水管网之间设置物理隔断，对化工、印染、造纸、制药等一些特殊用户应采取强制物理隔断措施。

从供水管网上接出用水管道时，应在以下用水管道上设置满足《减压型倒流防止器》GB/T 25178 和《双止回阀倒流防止器》CJ/T 160 等国家和行业标准要求的防止倒流污染的装置：

1 从城镇供水管网多路进水的用户供水管道；

2 有锅炉、热水机组、水加热器、气压水罐等有压容器或密闭容器的用户供水管道；

3 垃圾处理站、动物养殖场等用户供水管道；

4 其他可能产生倒流污染的用户供水管道。

问：倒流防止器的设置总结？

答：《建筑给水排水设计标准》GB 50015—2019。

3.3.7 从生活饮用水管道上直接供下列用水管道时，应在用水管道的下列部位设置倒流防止器：

1 从城镇给水管网的不同管段接出两路及两路以上至小区或建筑物，且与城镇给水管形成连通管网的引入管上；

2 从城镇生活给水管网直接抽水的生活供水加压设备进水管上；

3 利用城镇给水管网直接连接且小区引入管无防回流设施时，向气压水罐、热水锅炉、热水机组、水加热器等有压容器或密闭容器注水的进水管上。

3.3.8 从小区或建筑物内的生活饮用水管道系统上接下列用水管道或设备时，应设置倒流防止器：

1 单独接出消防用水管道时，在消防用水管道的起端；

2 从生活用水与消防用水合用贮水池中抽水的消防水泵出水管上。

3.3.9 生活饮用水管道系统上连接下列含有有害健康物质等有害有毒场所或设备时，必须设置倒流防止设备：

1 贮存池（罐）、装置、设备的连接管上；

2 化工剂罐区、化工车间、三级及三级以上的生物安全实验室除本条第 1 款设置外，还应在其引入管上设置有空气间隙的水箱，设置位置应在防护区外。

问：给水管道上伸缩节的设置位置？

答：给水管道上伸缩节设置在顺水流方向，阀门的上游位置。如图 7.5.5-2 所示。

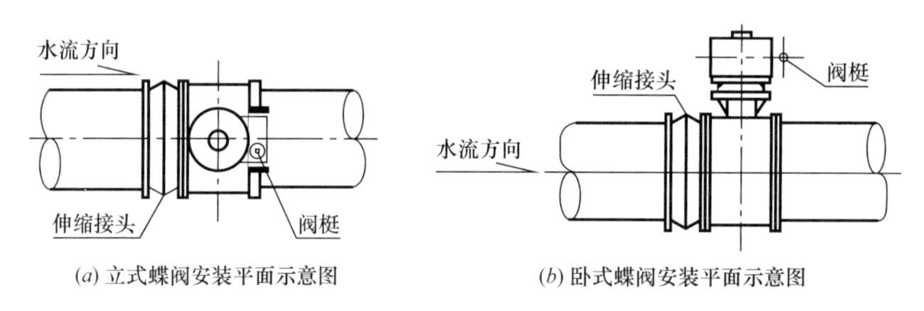

图 7.5.5-2 立式/卧式蝶阀安装平面示意图

问：给水系统中加止回阀的情况？

答：在不允许倒流的给水系统中，应在水泵压水管上设置止回阀。

1. 井群给水系统。

2. 输水管路较长，突然停电后，无法立即关闭操作闸阀的送水泵站（或取水泵站）

3. 吸入式启动的泵站，管道放空以后，再抽真空比较困难。

4. 遥控泵站无法关阀。

5. 多水源、多泵站系统。

6. 管网布置位置高于泵站，如无止回阀时，在管网中可能出现负压。

止回阀常装于泵与压水闸阀之间，因为止回阀经常损坏，所以当需要检修、更换止回阀时，可用闸阀把它与压水管路隔开，以免水倒流入泵站内。这样装设的另一优点是，泵每次启动时，阀板两边受力均衡便于开启。缺点是压水闸阀需要检修时，必须将压水管路中的水放空，造成浪费。因此，也有的泵站将止回阀放在压水闸阀后面。这样布置的缺点是当止回阀外壳因发生水锤而损坏时，水流迅速倒灌入泵站，有可能使泵站被淹。故此，只有当水锤现象不严重，且为地面式泵站时，才允许这样布置。或者将止回阀装设于泵站外特设的切换井中。

旋启式止回阀，常用于 200mm～600mm 的管路中。缺点是关闭时会产生关阀水锤。

压水管路上的闸阀，因为承受高压，所以启闭都比较困难。当直径 $D \geqslant 400$mm 时，大都采用电动或水力闸阀。

泵站内压水管路采用的设计流速可比吸水管路大些，因为压水管路允许的水头损失较大。又因压水管路上管件较多，这样做减少了管件的直径，也就减小了它们的重量、造价并且缩小了泵房的建筑面积。

——姜乃昌. 泵与泵站（第五版）[M]. 北京：中国建筑工业出版社，2007：170.

7.5.6 需要进行较大的压力和流量调节的输配水管道系统宜设有调压（流）装置。

7.5.7 输水管（渠）道隆起点上应设通气设施，管线竖向布置平缓时，宜间隔 1000m 左右设一处通气设施。配水管道可根据工程需要设置空气阀。

问：输配水管道空气阀设置要求？

答：输水管（渠）、配水管道的通气设施是管道安全运行的重要措施。通气设施一般采用空气阀，其设置（位置、数量、形式、口径）可根据管线纵向布置等分析研究确定，一般在管道的隆起点上必须设置空气阀，在管道的平缓段，根据管道安全运行的要求，一般也宜间隔 1000m 左右设一处空气阀。

配水管道空气阀设置可根据工程需要确定。

问：输水管线通气设施的设置？

答：输水管的最小坡度应大于 1∶5*D*，*D* 为管径，以 mm 计。输水管线坡度小于 1∶1000 时，应每隔 0.5km～1.0km 装置排气阀。即使在平坦地区，埋管时也应做成上升和下降的坡度，以便在管坡顶点设排气阀，管坡低处设泄水阀。排气阀一般以每千米设一个为宜，在管线起伏处适当增设。

——严煦世，刘遂庆. 给水排水管网系统（第三版）[M]. 北京：中国建筑工业出版社，2014：32.

《城镇污水再生利用工程设计规范》GB 50335—2016，第 6.3.3 条：输配水管道的隆起点及平直段每 1000m 应设置排气阀。

问：配水管道空气阀的设置？

答：在输配水管道隆起点和平直段的必要位置上，应装设排（进）气设施，以便及时排除管内空气，不使发生气阻，在放空管道时防止管道产生负压。

在输配水管道中，倒虹管和平管桥处均需设置排（进）气设施。排气设施一般设置于倒虹管上游和平管桥下游靠近下降段的直管段上；当管道具有双向输配水功能时，应在倒虹管和平管桥两端均设置排（进）气设施；上弓形管桥应在管道最高点设置排气阀。

——摘自《给水排水设计手册》P13

问：空气阀的选用？

答：空气阀的规格、型号及排（进）气功能和细部构造详见《给水排水设计手册第 12 册：器材与装置》（第三版）和阀门制造商的产品信息。

空气阀适用于工作压力≤1.6MPa 的工作管道。一般根据主管道直径选择空气阀的直径，仅考虑排气功能的空气阀直径宜取主管道直径的 1/12～1/8；兼有注气功能的空气阀宜选用主管道直径的 1/8～1/5。对于长距离输水管道空气阀的选用应通过水锤计算确定。

问：进排气阀相关标准？

答：1.《供水管道复合式高速排气进气阀》GB/T 36523—2018。适用范围：本标准适用于公称压力不大于 *PN*25，公称尺寸 *DN*50～300，介质水温不高于 55℃的排气阀。

2.《给水管道进排气阀》JB/T 12386—2015。适用范围：本标准适用于公称尺寸 *DN*15～25、公称压力不大于 *PN*25 的微量进排气阀，以及公称尺寸 *DN*25～300、公称压力不大于 *PN*25 的快速进排气阀和组合式快速进排气阀，介质水温 0℃～65℃。

问：排气阀井做法？

答：排气阀井做法参见《室外给水管道附属构筑物》07MS101-2。

问：输水管道和配水管网设置泄水阀和排水阀的规定？

答：泄水阀（排水阀）的作用是考虑管道排泥和管道检修排水以及管道爆管维修的需要而设置的，一般输水管（渠）、配水管网低洼处及两个阀门间管段的低处，应根据工程的需要设置泄水阀（排水阀）。泄水阀（排水阀）的直径可根据放空管道中水所需要的时间计算确定。

根据一些自来水公司反馈的意见，配水管网在事故修复后，由于缺少必要的冲洗设施，造成用户水质污染的事例时有发生，故环状管网在两个阀门间宜设置泄水阀（排水阀），在枝状管网的末端应设置泄水阀（排水阀）。

排水阀和排水管的直径应根据要求的放空时间由计算确定，一般情况下，排水管及排水阀的布置及安装，可参见标准图集《室外给水管道附属构筑物》07MS101-2。

7.5.8 输水管（渠）道、配水管网低洼处、阀门间管段低处、环状管网阀门之间，可根据工程的需要设置泄（排）水阀。枝状管网的末端应设置泄（排）水阀。泄（排）水阀的直径，可根据放空管道中泄（排）水所需要的时间计算确定。

问：泄水管直径选择？

答：泄水管直径一般为输水管直径的1/5～1/3。大型管渠，泄水管直径应根据管渠具体布置以及提水机具设备，结合排水要求计算确定。

——摘自《给水排水设计手册》P13

7.5.9 输水管（渠）需要进人检修处，宜在必要的位置设置人孔。

7.5.10 非满流的重力输水管（渠）道，必要时应设置跌水井或控制水位的措施。

问：给水阀门井井盖及踏步？

答：井盖及踏步参见图集《井盖及踏步》06MS201-6。

3.1 本图集所列的井盖及踏步，适用于给水排水管道工程中的给水井（阀门井、消火栓井、水表井）排水井、（雨水井、污水井）及给排水构筑物的各种出入口井口。

3.2 本图集中的井盖分重型及轻型两种，重型适用于车行道、停车场等场所；轻型适用于人行便道、绿地、小区内部甬道等。

3.3 保温井盖适用于采暖室外计算温度低于－20℃的地区。

4.3 井盖应优先选用球墨铸铁井盖，踏步应优先使用塑钢踏步或球墨铸铁踏步。

给水阀门井盖见表7.5.10。

给水阀门井盖 **表7.5.10**

规格	球墨铸铁		灰口铸铁	
	轻型	重型	轻型	重型
Ø500	√	√	√	√
Ø600	√	√	√	√
Ø700	√	√	√	—
Ø800	√	√	√	—

7.5.11 消火栓、空气阀和阀门井等设备及设施应有防止水质二次污染的措施，严寒和寒冷地区应采取防冻措施。

问：消火栓防冻措施？

答：图集《室外消火栓及消防水鹤安装》13S201。

4.2.4　为适应冰冻深度的需要，在室外消火栓栓体中间、内置出水阀之上，可按档加设法兰接管，接长长度 $l \geqslant 150$mm，每档长度宜为 250mm，法兰接管与消火栓配套供应，根据冻土深度由设计确定短管长度，覆土深度不得大于 4m。

4.2.5　室外消火栓设有自动泄水装置，当内置出水阀关闭时自动放空室外消火栓内留存的积水，以防消火栓冻裂。

4.2.6　室外消火栓泄水装置与弯管底座采用法兰连接。

4.4.4　当泄水口位于井室之外时，应在泄水口处做卵石泄水层，卵石粒径为 20mm～30mm。铺设半径不小于 500mm，铺设深度自泄水口以上 200mm 至槽底。铺设卵石时，应注意保护好泄水装置。

4.4.5　寒冷地区选用室外地上式消火栓阀门井式支管深装及有检修阀干管安装，阀门井的井盖应选用保温井口及井盖。

消火栓泄水吸卵石泄水层安装示意图见图 7.5.11。

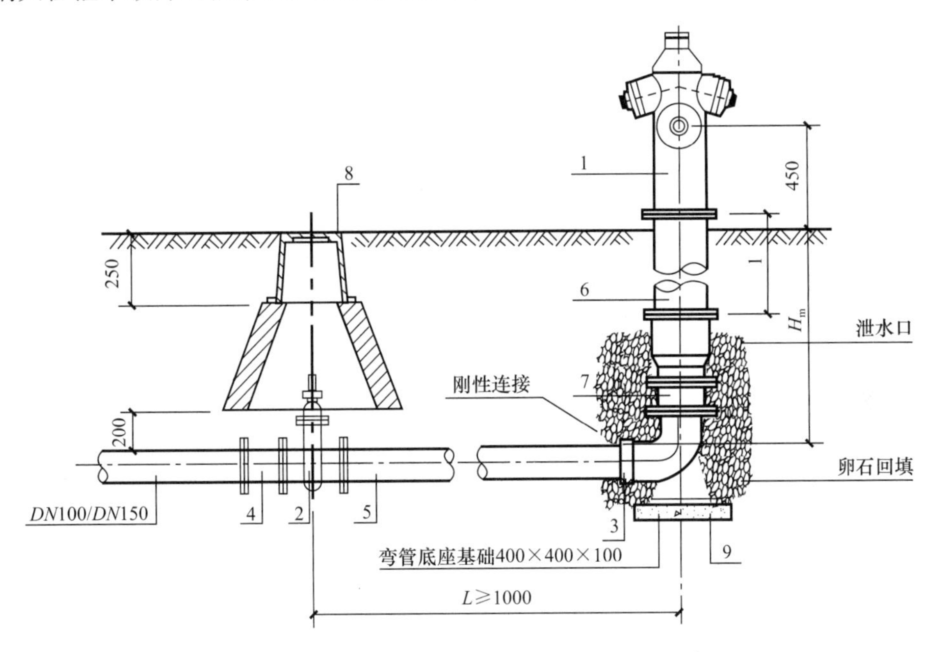

图 7.5.11　消火栓泄水口及卵石泄水层安装示意图

1—地上式消火栓；2—闸阀；3—弯管底座；4—双盘短管；5—法兰直管；6—法兰接管；7—法兰短管；8—闸阀套筒；9—弯管底座基础

7.5.12　管道沿线应设置管道标志，城区外的地下管道应在地面上设置标志桩，城区内的管道应在顶部上方 300mm 处设警示带。

问：给水管道标志和警示带做法？

答：为辨明管道位置及防止由于其他施工造成地下管道的损坏，输配水管道在地下敷设完成后沿线应做标记。长距离输水管道和城区外的配水管道，可在地面上适当的位置埋设混凝土标志桩。城区内道路下的管道，在其上方 300mm 处设置 400mm 宽的塑料标识带，回填时一同埋设，以便再次开挖时辨明位置。

《埋地塑料给水管道工程技术规程》CJJ 101—2016。

4.1.11 管道敷设时应随走向设置示踪装置；距管顶不小于300mm处宜设置警示带（板），并应用“给水管道”等醒目提示字样。

4.1.1 条文说明：由于塑料管道本身不导电、不导磁，目前没有十分有效的方法直接探测其地下的空间位置，为避免施工机械挖断、挖漏管道由此造成工程事故，也为了便于后期维护，国内外常采用在铺设过程中，将金属示踪装置置于管道正上方与塑料管道一起埋入，为间接探测管道位置提供物理前提。因此本条规定，在管道设计时需同时考虑示踪装置。

第一层：PE外保护层，绝缘、防腐、防水、抗老化；
第二层：铜层，增强导电性，提高电信号；
第三层：钢芯，增强线体强度。
双线连体结构，可以使两条线同等受力，受力均匀。

图 7.5.12 HX-13Ⅱ金属示踪线结构

为保护管线在日后运行中，不受人为的意外损坏，防止土方开挖时误挖管段，造成事故，因此规定在塑料管道管顶处需要埋设警示带起警示作用。警示带与管道一样，应具有不低于50年的寿命，同时标有醒目的提示字样。

HX-13Ⅱ金属示踪线结构见图 7.5.12。

7.6 调蓄构筑物

7.6.1 单管（渠）输水系统应设置事故调蓄水池，调蓄容积应根据其他水源补充能力、管道检修或事故抢修时间、输水水质以及水质保持等因素综合考虑确定。调蓄池的个数或分格数不宜小于2个，并应能单独工作和分别泄空。

输送原水时，调蓄容积不宜大于7d的输水量，并应采取防止富营养、软体动物、甲壳浮游动物滋生堵塞管道和减缓积泥的措施。输送清水时，调蓄容积不应大于1d的输水量，并应满足本标准第7.6.6条、第7.6.7条的规定和设置补充消毒的设施。

7.6.2 兼有水质改善或应急处理功能的原水调蓄构筑物，其容积除应满足调蓄需求外，尚应满足水质改善或应急处理所需的水力停留时间要求。

7.6.3 用于水源地避咸、避沙、避凌的原水调蓄构筑物的设置及容积的确定应符合本标准第5.3.2条和第5.3.3条的规定。

7.6.4 水厂清水池的有效容积，应根据产水曲线、送水曲线、自用水量及消防储备水量等确定，并满足消毒接触时间的要求。当管网无调节构筑物时，在缺乏资料情况下，可按水厂最高日设计水量的10%～20%确定。

问：什么是清水池？

答：3.1.112 调节水厂制水量与供水量之间差额设置的水池。

问：如何估算清水池容积？

答：根据多年来水厂的运行经验及设计单位的实践经验，管网无调节构筑物时，净水厂内清水池的有效容积为最高日设计水量的10%～20%，可满足调节要求。对于小型水厂，建议采用大值。

问：净水厂清水池调节容量比率的选取？

答：净水厂清水池调节容量比率选取见表 7.6.4-1。

净水厂清水池调节容量比率选取　　表 7.6.4-1

用水对象	水厂规模（万 m^3/d）	调节容量比率（%）
大城市	＞20	10
中等城市	5～20	15
小城镇	＜5	20
工业企业用水		2～3

——钟淳昌. 净水厂设计［M］. 北京：中国建筑工业出版社，1986：321.

问：净水厂清水池有效容积计算？

答：《给水排水设计手册》P34。

净水厂清水池有效容积：

1. 清水池有效容积计算公式：

$$W_c = W_1 + W_2 + W_3 + W_4 \tag{7.6.4-1}$$

式中 W_c——清水池有效容积（m^3）；

W_1——调节容量（m^3），一般根据制水曲线和供水曲线求得；

W_2——净水构筑物冲洗用水及其他厂内用水的调节水量（当滤池采用水泵冲洗并由清水池供水时可按一次冲洗的水量考虑，当滤池采用水塔冲洗时，一般可不考虑）；

W_3——安全贮量（m^3），为了避免清水池抽空，威胁供水安全，清水池可保留一定水深的容量作为安全贮量；

W_4——消防贮量（m^3）。

$$W_4 = T(Q_1 + Q_T + Q_l)$$

式中 T——消防历时（h），可视城镇规模、人口多少采用 3h 或 2h；

Q_x——消防用水量（m^3/h）；

Q_T——最高日平均时生活与生产用水量之和（m^3/h）；

Q_l——消防时一级泵房供水量（m^3/h），如消防时允许净水厂强制提高制水量，则 $Q_l > Q_T$。

当缺乏制水曲线和供水曲线资料时，对于配水管网中无调节构筑物的清水池有效容量 W_c，可按最高日用水量的 10%～20%考虑。

2. 设有网前调节水塔或高位水池的小城镇，当消防时关闭水塔和高位水池时，清水池容量计算同公式（7.6.4-1）。

3. 清水池的容量尚需复核必要的消毒接触容量（复核时可利用消防贮量和安全贮量），或设独立的消毒接触区（池）。

4. 清水池的池数或分格数，一般不少于两个，并能单独工作和分别放空。如有特殊措施能保证供水要求时，亦可采用一个。当考虑近远期结合，近期只建一个清水池时，一般应设超越清水池的管道，以便消洗时不影响供水。

问：清水池贮水量中消防时间的确定？

答：《消防给水及消火栓系统技术规范》GB 50974—2014。

3.2.1 市政消防给水设计流量，应根据当地火灾统计资料、火灾扑救用水量统计资料、灭火用水量保证率、建筑的组成和市政给水管网运行合理性等因素综合分析计算确定。

注：具体数据可由当地消防局提供。

3.2.2 城镇市政消防给水设计流量，应按同一时间内的火灾起数和一起火灾灭火设计流量经计算确定。同一时间内的火灾起数和一起火灾灭火设计流量不应小于表 3.2.2 的规定（见表 7.6.4-2）。

城镇同一时间内的火灾起数和一起火灾灭火设计流量 **表 7.6.4-2**

人数（万人）	同一时间内的火灾起数（起）	一起火灾灭火设计流量（L/s）
$N \leqslant 1.0$	1	15
$1.0 < N \leqslant 2.5$		20
$2.5 < N \leqslant 5.0$	2	30
$5.0 < N \leqslant 10.0$		35
$10.0 < N \leqslant 20.0$		45
$20.0 < N \leqslant 30.0$		60
$30.0 < N \leqslant 40.0$		75
$40.0 < N \leqslant 50.0$	3	
$50.0 < N \leqslant 70.0$		90
$N > 70.0$		100

问：城镇净水厂内清水池进、出水设计流量?

答：城镇净水厂内的清水池：进水设计流量按服务对象的最高日平均时用水量计；出水设计流量一般按服务对象的最大时用水量计；还应保证消防对供水的要求。

——摘自图集《给水排水构筑物设计选用图》(水池、水塔、化粪池、小型排水构筑物) 07S906

问：城镇净水厂清水池的清洗周期?

答：《城镇供水厂运行、维护及安全技术规程》CJJ 58—2009，第 6.13.2 条第 1 款：清水池每 1 年～2 年清洗一次，当水质良好时可适当延长，但不得超过 5 年。

问：二次供水水池（箱）的清洗周期?

答：《二次供水工程技术规程》CJJ 140—2010，第 11.3.6 条：水池（箱）必须定期清洗消毒，每半年不得少于一次，并应同时对水质进行检测。

问：不同蓄水池的容积总结?

答：不同蓄水池的容积总结见表 7.6.4-3。

不同蓄水池的容积总结 **表 7.6.4-3**

1. 城镇净水厂的清水池容积	《室外给水设计标准》GB 50013—2018 **7.6.4** 水厂清水池的有效容积，应根据产水曲线、送水曲线、自用水量及消防储备水量等确定。当管网无调节构筑物时，在缺乏资料情况下，可按水厂最高日设计水量的 10%～20%确定。(当管网供水区域较大，距离较远，有条件时也可设置贮水调节池，其调节容积应根据用水区域供需情况及消防储备水量等确定，当缺乏资料时，亦可参照相似条件下的经验数据) **7.6.5** 当水厂未设置专用消毒接触池时，清水池的有效容积宜增加消毒接触所需的容积。游离氯消毒时应按接触时间不小于 30min 的增加容积考虑，氯胺消毒时应按接触时间不小于 120min 的增加容积考虑

续表

2. 城镇净水厂外的高位水池、水塔、调节水池泵站容积	《室外给水设计标准》GB 50013—2018 **7.6.6** 管网供水区域较大，距离净水厂较远，且供水区域有合适的位置和适宜的地形，可考虑在水厂外建高位水池、水塔或调节水池泵站。调节容积应根据用水区域供需情况及消防储备水量等确定
3. 居住小区的贮水池	《建筑给水排水设计标准》GB 50015—2019，3.13.9 小区生活用贮水池设计应符合下列规定： 1 小区生活用贮水池的有效容积应根据生活用水调节量和安全贮水量等确定，并应符合下列规定： 1）生活用水调节量应按流入量和供出量的变化曲线经计算确定，资料不足时可按小区最高日生活用水量的15%～20%确定； 2）安全贮水量应根据城镇供水制度。供水可靠程度及小区供水的保证要求确定； 3）当生活用水贮水池贮存消防用水时，消防贮水量应符合现行国家标准《消防给水及消火栓给水系统技术规范》GB 50974的规定。 2 贮水池大于50m^{3}宜分成容积基本相等的两格。 3 小区贮水池设计应符合国家现行相关二次供水安全技术规程的要求。
4. 建筑物内的贮水池	《建筑给水排水设计标准》GB 50015—2019，3.7.3 建筑物内的生活用水低位贮水池（箱）应符合下列规定： 1 贮水池（箱）的有效容积应按进水量与用水量变化曲线经计算确定；当资料不足时，宜按建筑物最高日用水量的20%～25%确定；
5. 生活高位水箱贮水容积	《建筑给水排水设计标准》GB 50015—2019，3.8.4 生活用水高位水箱应符合下列规定： 1 由城镇给水管网夜间直接进水的高位水箱的生活用水调节容积，宜按用水人数和最高日用水定额确定；由水泵联动提升进水的水箱的生活用水调节容积，不宜小于最大用水时水量的50%；
6. 生活用水中间水箱容积	《建筑给水排水设计标准》GB 50015—2019，3.8.5 生活用水中间水箱应符合下列规定： 2 生活用水调节容积应按水箱供水部分和转输部分水量之和确定；供水水量的调节容积，不宜小于供水服务区域楼层最大时用水量的50%；转输水量的调节容积，应按提升水泵3min～5min的流量确定；当中间水箱无供水部分生活调节容积时，转输水量的调节容积宜按提升水泵5min～10min的流量确定。
7. 消防水池容积	《消防给水及消火栓系统技术规范》GB 50974—2014 **4.3.1** 符合下列规定之一时，应设置消防水池： 1 当生产、生活用水量达到最大时，市政给水管网或入户引入管不能满足室内、室外消防给水设计流量； 2 当采用一路消防供水或只有一条入户引入管，且室外消火栓设计流量大于20L/s或建筑高度大于50m时； 3 市政消防给水设计流量小于建筑室内外消防给水设计流量。 **4.3.2** 消防水池有效容积的计算应符合下列规定： 1 当市政给水管网能保证室外消防给水设计流量时，消防水池的有效容积应满足在火灾延续时间内室内消防用水量的要求； 2 当市政给水管网不能保证室外消防给水设计流量时，消防水池的有效容积应满足火灾延续时间内室内消防用水量和室外消防用水量不足部分之和的要求。 **4.3.3** 消防水池进水管应根据其有效容积和补水时间确定，补水时间不宜大于48h，但当消防水池有效总容积大于2000m^{3}时，不应大于96h。消防水池进水管管径应经计算确定，且不应小于*DN*100。 **4.3.4** 当消防水池采用两路消防供水且在火灾情况下连续补水能满足消防要求时，消防水池的有效容积应根据计算确定，但不应小于100m^3。当仅设有消火栓系统时不应小于50m^3。

续表

	4.3.5 火灾时消防水池连续补水应符合下列规定： 1 消防水池应采用两路消防给水； 2 火灾延续时间内的连续补水流量应按消防水池最不利进水管供水量计算，并可按下式计算：$q_f = 3600Av$ 式中 q_f——火灾时消防水池的补水流量（m^3/h）； A——消防水池进水管断面面积（m^2）； v——管道内水的平均流速（m/s）。 3 消防水池进水管管径和流量应根据市政给水管网或其他给水管网的压力、入户引入管管径、消防水池进水管管径，以及火灾时其他用水量等经水力计算确定，当计算条件不具备时，给水管的平均流速不宜大于1.5m/s。 **4.3.6** 消防水池的总蓄水有效容积大于500m^3时，宜设两格能独立使用的消防水池；当大于1000m^3时，应设置能独立使用的两座消防水池。每格（或座）消防水池应设置独立的出水管，并应设置满足最低有效水位的连通管，且其管径应能满足消防给水设计流量的要求。 **4.3.11** 高位消防水池的最低有效水位应能满足其所服务的水灭火设施所需的工作压力和流量，且其有效容积应满足火灾延续时间内所需消防用水量，并应符合下列规定： 4 当高层民用建筑采用高位消防水池供水的高压消防给水系统时，高位消防水池储存室内消防用水量确有困难，但火灾时补水可靠，其总有效容积不应小于室内消防用水量的50%； 5 高层民用建筑高压消防给水系统的高位消防水池总有效容积大于200m^3时，宜设置蓄水有效容积相等且可独立使用的两格；当建筑高度大于100m时应设置独立的两座。每格或座应有一条独立的出水管向消防给水系统供水
8. 高位消防水箱容积	《消防给水及消火栓系统技术规范》GB 50974—2014 **5.2.1** 临时高压消防给水系统的高位消防水箱的有效容积应满足初期火灾消防用水量的要求，并应符合下列规定： 1 一类高层公共建筑，不应小于36m^3，但当建筑高度大于100m时，不应小于50m^3，当建筑高度大于150m时，不应小于100m^3； 2 多层公共建筑、二类高层公共建筑和一类高层住宅，不应小于18m^3，当一类高层住宅建筑高度超过100m时，不应小于36m^3； 3 二类高层住宅，不应小于12m^3； 4 建筑高度大于21m的多层住宅，不应小于6m^3； 5 工业建筑室内消防给水设计流量当小于或等于25L/s时，不应小于12m^3，大于25L/s时，不应小于18m^3； 6 总建筑面积大于10000m^2且小于30000m^2的商店建筑，不应小于36m^3，总建筑面积大于30000m^2的商店，不应小于50m^3，当与本条第1款规定不一致时应取其较大值

7.6.5 当水厂未设置专用消毒接触池时，清水池的有效容积宜增加消毒接触所需的容积。游离氯消毒时应按接触时间不小于30min的增加容积考虑，氯胺消毒时应按接触时间不小于120min的增加容积考虑。

7.6.6 管网供水区域较大，距离净水厂较远，且供水区域有合适的位置和适宜的地形，可考虑在水厂外建高位水池、水塔或调节水池泵站。其调节容积应根据用水区域供需情况及消防储备水量等确定。

问：水厂外设置调蓄构筑物的规定？

答：大中城市供水区域较大，供水距离远，为降低水厂送水泵房扬程，节省能耗，当供水区域有合适的位置和适宜的地形可建调节构筑物时，应进行技术经济比较，确定是否需要建调节构筑物（如高位水池、水塔、调节水池泵站等）。调节构筑物的容积应根据用水区域供需情况及消防储备水量等确定。当缺乏资料时，亦可参照相似条件下的经验数据确定。

问：城市供水管网加压泵站的设置方式？

答：加压泵站一般有两种设置方式：

1. 采用在输水管上直接串联加压方式。这种方式，水厂内送水泵站和加压泵站同步工作，一般用于水厂位置远离城市管网的长距离输水场合。

2. 采用清水池及泵站加压供水方式。即水厂内送水泵站将水送入远离水厂、接近管网起端处的清水池内，由加压泵站将水输入管网。这种方式，城市中用水负荷可借助于加压泵站的清水池调节，从而使水厂的送水泵站工作制度比较均匀，有利于调度管理。此外，水厂送水泵站的出厂输水干管因时变化系数降低或均匀输水，从而使输水干管管径可减小。当输水干管越长时，其经济效益就越可观。

——姜乃昌. 泵与泵站（第五版）[M]. 北京：中国建筑工业出版社，2007：146.

问：城市给水加压站的设置位置？

答：《城市给水工程规划规范》GB 50282—2016。

8.2.1　对供水距离较长或地形起伏较大的城市，宜在配水管网中设置加压泵站。

8.2.2　加压泵站的位置应进行技术经济比较后确定，其位置宜为配水管网水压较低处，并靠近用水集中区域。

8.2.2　条文说明：一般应通过管网平差分析，确定合理的加压泵站位置。城市配水管网中的加压泵站靠近用水水压较低且集中的区域设置，可以减少输水管长度，保证供水水压，使配水管网的压力趋于平均，以降低能耗和减少管网漏损率。

问：城市供水加压泵站用地面积？

答：《城市给水工程规划规范》GB 50282—2016。

8.2.3　加压泵站用地应按给水规模确定，用地形状应满足功能布局要求，其用地面积宜按表8.2.3采用（见表7.6.6）。泵站周围应设置宽度不小于10m的绿化带，并宜与城市绿化用地相结合。

加压泵站用地面积　　**表7.6.6**

给水规模（万 m^3/d）	加压泵站用地面积（m^2）
5～10	2750～4000
10～30	4000～7500
30～50	7500～10000

注：1. 规模大于50万 m^3/d 的用地面积可按50万 m^3/d 用地面积适当增加，小于5万 m^3/d 的用地面积可按5万 m^3/d 用地面积适当减少。
2. 加压泵有水量调节池时，可根据需要增加用地面积。
3. 本指标未包括站区周围绿化带用地。

8.2.3　条文说明：泵站在运行中可能对周围造成噪声干扰，因此宜与绿地结合。若无绿地可利用时，应在泵站周围设绿化带，既有利于泵站的安全防护，又可降低泵站的噪声对周围环境的影响。

问：城市给水系统中调蓄水量的计算？

答：《城市给水工程规划规范》GB 50282—2016。

6.2.4　城市给水系统中的调蓄水量宜为给水规模的10%～20%。

6.2.4　条文说明：本条提出了给水系统中调蓄设施的容量要求。给水系统的调蓄水量包括水厂清水池和管网调蓄池。水厂清水池与管网调蓄池作用不同，水厂清水池为调节水厂生产，管网调蓄池为调节管网高峰水量。调蓄水量越高，给水系统运行越平稳。发生突发事故时，调蓄水量往往是度过事故初期的重要保障。管网调蓄水池可分为加压泵站调节水池、高位水池及水塔等。

7.6.7 清水池的个数或分格数不得少于2个，并应能单独工作和分别泄空；有特殊措施能保证供水要求时，可修建1个。

7.6.8 清水池内壁宜采用防水、防腐蚀措施，防水、防腐材料应符合现行国家标准《生活饮用水输配水设备及防护材料的安全性评价标准》GB/T 17219的有关规定。

问：GB/T 17219的主题内容与适用范围？

答：《生活饮用水输配水设备及防护材料的安全性评价标准》GB/T 17219—1998。

1 范围

本标准规定了饮用水输配水设备（供水系统的输配水管、设备、机械部件）和防护材料的卫生安全性评价标准。

本标准适用于与饮用水以及饮用水处理剂直接接触的物质和产品，这些物质和产品系指用于供水系统的输配水管、设备、机械部件（如阀门、加氯设备、水处理剂加入器等）以及防护材料（如涂料、内衬等）。

3 卫生要求

3.1 凡与饮用水接触的输配水设备和防护材料不得污染水质，管网末梢水水质必须符合GB 5749的要求。

3.2 饮用水输配水设备和防护材料必须按附录A和附录B的规定分别进行浸泡试验。

3.3 浸泡水需按附录A和附录B的方法进行检测。检测结果必须分别符合表1和表2的规定。

7.6.9 生活饮用水的清水池排空、溢流等管道严禁直接与下水道连通。生活饮用水的清水池四周应排水畅通，严禁污水倒灌和渗漏。

7.6.10 生活饮用水的清水池、调节水池、水塔，应有保证水的流动，避免死角，防止污染，便于清洗和通气等措施。

7.6.11 调蓄构筑物周围10m以内不得有化粪池、污水处理构筑物、渗水井、垃圾堆放场等污染源；周围2m以内不得有污水管道和污染物。当达不到上述要求时，应采取防止污染的措施。

问：生活饮用水生产构筑物的卫生防护距离？

答：《生活饮用水集中式供水单位卫生规范》（卫生监发〔2001〕161号）。

第二十五条 集中式供水单位不得将未经处理的污泥水直接排入地表生活饮用水水源一级保护区水域。

第二十六条 集中式供水单位应划定生产区的范围。生产区外围30m范围内应保持良好的卫生状况，不得设置生活居住区，不得修建渗水厕所和渗水坑，不得堆放垃圾、粪便、废渣和铺设污水渠道。

第二十七条 单独设立的泵站、沉淀池和清水池的外围30m的范围内，其卫生要求与集中式供水单位生产区相同。

第二十八条 集中式供水单位应针对取水、输水、净水、蓄水和配水等可能发生污染的环节，制订和落实防范措施，加强检查，严防污染事件发生。

7.6.12 水塔应根据防雷要求设置防雷装置。

8 水厂总体设计

8.0.1 水厂厂址的选择，应符合城镇总体规划和相关专项规划，通过技术经济比较综合确定，并应满足下列条件：

1 合理布局给水系统；

2 不受洪涝灾害水威胁；

3 有较好的排水和污泥处置条件；

4 有良好的工程地质条件；

5 有便于远期发展控制用地的条件；

6 有良好的卫生环境，并便于设立防护地带；

7 少拆迁，不占或少占良田；

8 有方便的交通、运输和供电条件；

9 尽量靠近主要用水区域；

10 有沉沙特殊处理要求的水厂，有条件时设在水源附近。

问：净水厂、配水厂？

答：2.0.82 净水厂：对原水进行给水处理并向用户供水的工厂，又称水厂。

2.0.84 配水厂：将水厂出水加压输配到用户的泵站。

问：城市供水普及率和供水水量的要求？

答：《城市给水工程项目建设标准》建标 120—2009。

第十六条 条文说明：建设部供水规划中关于规模的目标包括供水普及率、供水水量，具体如下：

一、供水普及率。

全国城市平均供水普及率，到 2010 年底应达到 92%，2020 年应达到 98%；人口较多，经济相对比较发达的大中城市应当高于全国平均水平；其他城市可略低于全国平均水平，但到 2010 年应不低于 85%，到 2020 年不低于 90%。

二、供水水量。

城市供水应当满足城市合理的最高日用水量需求。

供水能力建设目标应当在科学分析、研究后确定的规划用水量的基础上，将城市供水的综合生产能力再增加 10%～15%的后备，到 2010 年，设市城市都应当具备后备能力，到 2020 年建制镇也应具有后备能力。

8.0.2 水厂应按实现终期规划目标的用地需求进行用地规划控制，并应在总体规划布局和分期建设安排的基础上，合理确定近期用地面积。

8.0.3 水厂总体布置应符合下列规定：

1 应结合工程目标和建设条件，在确定的工艺组成和处理构筑物形式的基础上，兼顾水厂附属建筑和设施的实际设置需求；

2 在满足水厂工艺流程顺畅的前提下，平面布置应力求功能分区明确、交通联络便捷和建筑朝向合理；

3 在满足水厂生产构筑物水力高程布置要求的前提下，竖向布置应综合生产排水、土方平衡和建筑景观等因素统筹确定；

4 对已有水厂总体规划的扩建水厂，应在维持总体规划布局基本框架不变的基础上，结合现实需求进行布置，对没有水厂总体规划的改建、扩建水厂，应在满足现实需求的前提下，结合原有设施的合理利用、水厂生产维持和安全运行、水平衡等因素，统筹考虑布置。

8.0.4 水厂生产构筑物的布置应符合下列规定：

1 高程布置应满足水力流程通畅的要求并留有合理的余量，减少无谓的水头和能耗；应结合地质条件并合理利用地形条件，力求土方平衡；

2 在满足各构筑物和管线施工要求以及方便生产管理的前提下，生产构筑物平面上应紧凑布置，且相互之间通行方便，有条件时宜合建；

3 生产构筑物间连接管道的布置，宜水流顺直、避免迂回；构筑物之间宜根据工艺要求设置连通管、超越管；

4 并联运行的净水构筑物间应配水和集水均匀；

5 排泥水处理系统中的水收集构筑物宜设置在排泥水生产构筑物附近，处理构筑物宜集中布置。

问：水厂超越管线的布置方式？

答：在进行水厂构筑物的管线设计时，应设有超越措施，以便水厂某一环节事故检修或停用时，水厂仍能正常运行。超越管线可包括超越澄清（沉淀）池、超越滤池、超越清水池、超越配水井。如水厂设有预处理设施或深度处理设施，亦应考虑预处理设施或深度处理设施的超越管道。

生产超越管线上安装了较多阀门，采用焊接钢管为宜。

净水厂超越管布置方式见图8.0.4。

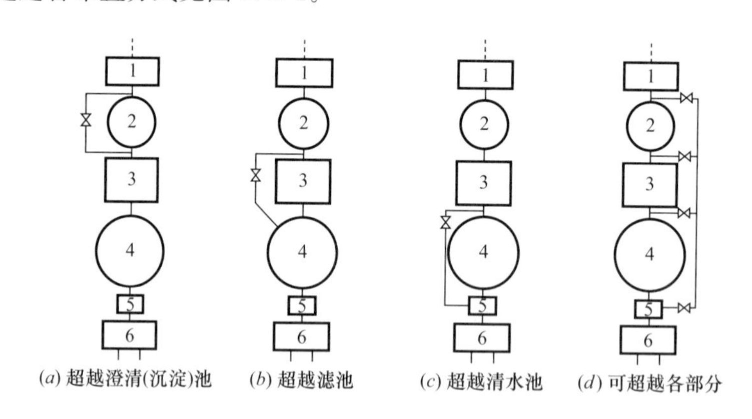

图8.0.4 净水厂超越管布置方式

1—一级泵房；2—澄清（沉淀）池；3—滤池；4—清水池；5—吸水井；6—二级泵房

问：水厂总体布置？

答：水厂总体设计应根据水质要求、建设条件，在已确定的工艺组成和各工序功能目标以及处理构筑物形式的基础上，通过技术经济比较确定水厂总体布置方案。

水厂平面布置依据各建（构）筑物的功能和流程综合确定，通过道路、绿地等进行适当的功能分区。竖向设计应满足流程要求并兼顾生产排水及厂区土方平衡，并考虑预处理和深度处理、排泥水处理及回用水建设等可能的发展余地。

水厂附属建筑和附属设施应以满足正常生产需要为主，非经常性使用设备应充分利用当地条件，坚持专业化协作、社会化服务的原则，尽量减少配套工程设施和生活福利设施。

问：水厂工艺流程布置类型？

答：水厂工艺流程布置类型见表 8.0.4。

水厂工艺流程布置类型 **表 8.0.4**

水厂工艺流程布置类型	布置说明
直线型	直线型是最常见的布置方式，从进水到出水流程呈直线。直线型布置，生产联络管线短，管理方便，有利于日后逐组扩建，特别适用于大型水厂的布置
折角型	当进出水管受地形条件限制，可将流程布置为折角型。折角型的转折点一般选在清水池或吸水井。由于沉淀（澄清）池和滤池间工作联系较为密切，因此布置时应尽可能靠近，成为一个组合体。采用折角型流程时，应注意日后水厂进一步扩建时的衔接
回转型	回转型流程布置适用于进出水管在一个方向的水厂。回转型可以有多种方式，但布置时近远期结合较为困难

注：本表摘自《给水排水设计手册》P817。

8.0.5 水厂附属建筑和设施的设置应根据水厂规模、工艺、监控水平和管理体制，结合当地实际情况确定。

8.0.6 机修间、电修间、仓库等附属生产构筑物应结合生产要求布置，并宜集中布置和适当合建。

8.0.7 生产管理建筑物和生活设施宜集中布置，力求位置和朝向合理，并与生产构筑物保持一定距离。采暖地区锅炉房宜布置在水厂最小频率风向的上风向。

问：全年（夏季）最小频率风向、夏季主导风向？

答：《工业企业设计卫生标准》GBZ 1—2010。

3.8 全年（夏季）最小频率风向：全年（或夏季）各风向中频率出现最少的风向。

3.9 夏季主导风向：累年夏季各风向中最高频率的风向。

问：建筑立面朝向的划分？

答：建筑立面朝向的划分见表 8.0.7。

建筑立面朝向的划分 **表 8.0.7**

序号	建筑立面朝向的划分
1	北向应为北偏西 60°至北偏东 60°
2	南向应为南偏西 30°至南偏东 30°
3	西向应为西偏北 30°至西偏南 60°（包括西偏北 30°和西偏南 60°）
4	东向应为东偏北 30°至东偏南 60°（包括东偏北 30°和东偏南 60°）

问：水厂建筑物及净水构筑物的朝向要求？

答：水厂净水构筑物一般无朝向要求，但如滤池的操作廊、二级泵房、加药间、化验室、检修间、办公室则有朝向要求，尤其散发大量热量的二级泵房对朝向和通风的要求更应注意。实践表明，水厂建筑物以接近南北向布置较为理想。

——摘自《给水排水设计手册》P816

8.0.8 水厂内各种管线应综合安排，避免互相干扰，满足施工要求，有适当的维护条件；管线密集区或有分期建设要求可采用综合管廊，综合管廊的设计可按现行国家标准《城市综合管廊工程技术规范》GB 50838 的规定执行。

8.0.9 水厂的防洪标准不应低于城市防洪标准，并应留有适当的安全裕度。

问：水厂防洪目的？

答：当水厂可能遭受洪水威胁时，应采取必要的防洪设施，且其防洪标准不应低于该城市的防洪标准，并应留有适当的安全裕度，以确保发生设计洪水时水厂能够正常运行。

问：城市防洪标准？

答：1.《城市防洪规划规范》GB 51079—2016。

3.0.1 城市防洪标准应符合现行国家标准《防洪标准》GB 50201 的规定。确定城市防洪标准应考虑下列因素：

1 城市总体规划确定的中心城区集中防洪保护区或独立防洪保护区内的常住人口规模；

2 城市的社会经济地位；

3 洪水类型及其对城市安全的影响；

4 城市历史洪灾成因、自然及技术经济条件；

5 流域防洪规划对城市防洪的安排。

2.《防洪标准》GB 50201—2014。

4.2.1 城市防护区应根据政治、经济地位的重要性、常住人口或当量经济规模指标分为四个防护等级，其防护等级和防洪标准应按表 4.2.1 确定（见表 8.0.9）。

城市防护区的防护等级和防洪标准 **表 8.0.9**

防护等级	重要性	常住人口（万人）	当量经济规模（万人）	防洪标准［重现期（年）］
Ⅰ	特别重要	≥150	≥300	≥200
Ⅱ	重要	<150，≥50	<300，≥100	200～100
Ⅲ	比较重要	<50，≥20	<100，≥40	100～50
Ⅳ	一般	<20	<40	50～20

注：当量经济规模为城市防护区人均 GDP 指数与人口的乘积，人均 GDP 指数为城市防护区人均 GDP 与同期全国人均 GDP 的比值。

8.0.10 一、二类城市主要水厂的供电应采用一级负荷。一、二类城市非主要水厂及三类城市的水厂可采用二级负荷。当不能满足时，应设置备用动力设施。

问：城市的分类及建设规模划分？

答：城市分类及建设规模划分见表 8.0.10-1。

城市分类及建设规模划分　　表 8.0.10-1

《城市给水工程项目建设标准》建标 120—2009 第十五条城市给水工程项目建设标准，应根据城市类别、建设规模、水源水和供水的水质合理确定。	
1. 城市分类	一类城市：直辖市、特大城市、经济特区以及重点旅游城市； 二类城市：省会城市、大城市、重要中等城市； 三类城市：一般中等城市、小城市
2. 建设规模（以水量计）	Ⅰ类：30 万 m^3/d～50 万 m^3/d； Ⅱ类：10 万 m^3/d～30 万 m^3/d； Ⅲ类：5 万 m^3/d～10 万 m^3/d

注：1. 规模分类含下限值，不含上限值；Ⅰ类规模含上限值；
2. 规模大于 50 万 m^3/d 参照Ⅰ类规模适当降低单位水量指标，小于 5 万 m^3/d 规模的参照Ⅲ类规模执行；
3. 建设规模指城市给水工程中的水厂及泵站的规模

问：水厂等级的划分？

答：水厂的等级应根据设计近期处理量或处理程度划分，其级别应符合表 8.0.10-2 的规定。

水厂等级划分指标　　表 8.0.10-2

建设规模	分级指标
	处理量 Q（万 m^3/d）
Ⅰ类	30～50
Ⅱ类	10～30
Ⅲ类	5～10
中型（Ⅳ）	$5 \leqslant Q < 10$
小型（Ⅴ）	$1 \leqslant Q < 5$
超小型（Ⅵ）	$Q < 1$

注：1. 项目分类含下限值，不含上限值。
2. 规模大于 50 万 m^3/d 参照Ⅰ类规模执行，小于 5 万 m^3/d 参照Ⅲ类规模执行。

问：水司的分类？

答：1992 年建设部根据我国各地区发展不平衡这一情况，将各地自来水公司按供水量的大小及城市的现状分为 4 类，水司的分类见表 8.0.10-3。

水司的分类　　表 8.0.10-3

水司的分类	最高日供水量及城市现状
第 1 类水司	最高日供水量超过 100 万 m^3 的直辖市、对外开放城市、重点旅游城市和国家一级企业的水司
第 2 类水司	最高日供水量超过 50 万 m^3 的城市、省会城市和国家二级企业的水司
第 3 类水司	最高日供水量超过 10 万 m^3 以上 50 万 m^3 以下的水司
第 4 类水司	最高日供水量小于 10 万 m^3 的水司

问：城市给水系统供电负荷？

答：1.《城市给水工程规划规范》GB 50282—2016。

6.2.6　城市给水系统主要工程设施供电等级应为一级负荷。

2.《城市给水工程项目建设标准》建标 120—2009。

第六十三条　一、二类城市的主要取水工程、净（配）水厂、泵站的供电应采用一级供电负荷。一、二类城市非主要净（配）水厂、泵站以及三类城市的净（配）水厂可采用二级供电负荷。当不能满足要求时，应设置备用动力设施。

第六十三条 条文说明：供电负荷等级是根据负荷的重要性和断电所造成的损失或影响确定的。一、二类城市的主要取水工程、净（配）水厂、泵站突然中断供电，导致停止供水，将给城市经济带来严重损失，并可能使城市居民生活和工业生产混乱，所以规定为一级负荷，要求有两个独立的电源，当一个电源发生故障时，另一个电源能够正常供电。

一、二类城市的非主要净（配）水厂、泵站对城市供水的影响稍低，所以规定为二级负荷。当电力变压器或线路发生故障时不会长时间中断供电或能迅速恢复供电。

有条件的城市给水工程的重要供水设备可根据实际情况设置备用电源。

8.0.11 生产构筑物应设置栏杆、防滑梯、检修爬梯、安全护栏等安全措施。

8.0.12 水厂内可设置滤料、管配件等露天堆放场地。

8.0.13 水厂建筑物的造型宜简洁美观，材料选择适当，并考虑建筑的群体效果及与周围环境的协调。

8.0.14 严寒地区的净水构筑物应建在室内；寒冷地区的净水构筑物是否建在室内或采取加盖措施应根据当地的实际气候条件确定。

8.0.15 水厂生产和附属生产及生活等建筑物的防火设计应符合现行国家标准《建筑设计防火规范》GB 50016 的有关规定。

问：水厂消防设计要求?

答：《城市给水工程项目建设标准》建标 120—2009，第六十七条：净（配）水厂、泵站必须设置消防设施。消防设施的设置应满足国家现行有关标准、规范的规定。

防火设计应符合现行国家标准《建筑设计防火规范》GB 50016 的要求。

8.0.16 水厂内应设置通向各构筑物和附属建筑物的道路，并应符合下列规定：

1 水厂的主要交通车辆道路应环行设置；

2 建设规模Ⅰ类水厂可设双车道，建设规模Ⅱ类和Ⅲ类水厂可设单车道；

3 主要车行道的宽度：单车道应为 3.5m，双车道应为 6m～7m，支道和车间引道不应小于 3m；

4 车行道尽头处和材料装卸处应根据需要设置回车道；

5 车行道转弯半径 6m～10m，其中主要物料运输道路转弯半径不应小于 9m；

6 人行道路的宽度应为 1.5m～2.0m；

7 通向构筑物的室外扶梯倾角不宜大于 45°；

8 人行天桥宽度不宜小于 1.2m。

问：水厂内道路设计参考标准?

答：车行道宽度和转弯半径应符合现行国家标准《厂矿道路设计规范》GBJ 22 的规定。

8.0.17 水厂雨水管道应单独设置，水厂雨水管道设计降雨重现期宜选用 2 年～5 年，雨水排除应根据周边城市雨水管道的排水标准确定采用自排或强排水方式。有条件时，雨水宜收集利用。

8.0.18 水厂生产废水与排泥水、脱水污泥、生产与生活污水的处置与排放应符合项目环评报告及其批复的要求。

问：水厂排泥水的特性?

答：1. 沉淀池排泥水：主要由混凝剂形成的金属化合物和泥沙、淤泥以及无机物、有机物等组成。其特点是随原水水质变化而有较大的变化。原水水质的季节变化可能对污泥的量和浓缩、脱水性能产生很大的影响。高浊度原水产生的污泥具有较好的浓缩和脱水性能；低浊度原水产生的污泥，其浓缩和脱水较困难。一般铁盐混凝形成的污泥较铝盐形成的污泥更容易浓缩，投加聚合物或石灰可提高浓缩性能。沉淀污泥的生物活性不强，pH 值接近中性。铝盐或铁盐形成的污泥，当含固率为 0～5%时呈流态；含固率为 8%～12%时呈海绵状；含固率为 18%～25%时呈软泥状；含固率为 40%～50%时为密实状。

2. 滤池反冲洗水：含泥浓度低，含固率小。由于进入滤池的浊度相对稳定，因此其废水排放量的变化较小。滤池反冲洗水形成污泥的特性基本上与沉淀污泥类同。

3. 生物预处理：生物预处理（生物接触氧化池或生物滤池）也需要定期排放一定量的排泥水，其性质与沉淀池排泥水相近，但含大量生物絮体、藻类和原生动物，一般可与沉淀池排泥水一起处理。

4. 活性炭滤池反冲洗水：与滤池反冲洗水特点类似。含固率更低，但可能包含部分从活性炭颗粒上脱落的生物絮体。根据其水质情况，一般可考虑回用，而不进入排泥水处理系统。

问：水厂排泥水的排放要求?

答：《城市给水工程项目建设标准》建标 120—2009。

第七十七条 条文说明：净水厂的排泥水主要为沉淀池排泥、滤池反冲洗水等，水中含原水杂质和残余净水药剂等直接排入水体时，将对水环境造成影响，因此，排泥水排入水体前应按照环境评价的要求进行处理。

根据国家有关标准规定，河流水源地卫生防护带在取水点上游 1000m 至下游 100m 的水域，不得排入工业废水和生活污水，净水厂废水排放应符合上述规定。

净水厂排出的污泥、气浮池浮渣或除氟废渣，进入垃圾填埋场的应符合现行国家标准《生活垃圾填埋场污染控制标准》GB 16889 的规定，进入农田的应符合现行国家标准《农用污泥污染物控制标准》GB 4284 的规定。

问：城镇水厂工艺排水的处置?

答：《城镇给水排水技术规范》GB 50788—2012（本规范全部为强制性条文）。

3.5.5 城镇水厂的工艺排水应回收利用。

3.5.5 条文说明：城镇给水厂的工艺排水一般主要有滤池反冲洗排水和泥浆处理系统排水。滤池反冲洗排水量很大，要均匀回流到处理工艺的前端，但要注意其对水质的冲击。泥浆处理系统排水，由于前处理投加的药物不同，而使得各工序排水的水质差别很大，有的尚需再处理才能利用。

3.5.6 城镇水厂产生的泥浆应进行处理并合理处置。

3.5.6 条文说明：水厂的排泥水量约占水厂制水量的 3%～5%，若水厂排泥水直接排入河中会造成河道淤堵，而且由于泥中有机成分的腐烂，会直接影响河流水质的安全。水厂所排泥浆要认真处理，并合理处置。

水厂泥浆通常的处理工艺为：调解—浓缩—脱水。脱水后的泥饼要达到相应的环保要求并合理处置，杜绝二次污染。泥饼的处置有多种途径：综合利用、填埋、地地施泥等。

8.0.19 水厂应设置大门和围墙。围墙高度不宜小于 2.5m。有排泥水处理的水厂，宜设置脱水泥渣专用通道及出入口。

8.0.20 水厂宜设置电视监控系统等安全保护措施，并应符合当地有关部门和水厂管理的要求。

8.0.21 水厂应进行绿化。

问：水厂的绿化要求？

答：《城市给水工程规划规范》GB 50282—2016，第 7.0.6 条：水厂用地应按给水规模确定，用地指标宜按表 7.0.6（见表 8.0.21）采用，水厂厂区周围应设置宽度不小于10m 的绿化带。

问：水厂的用地指标？

答：《城市给水工程规划规范》GB 50282—2016。

7.0.6 水厂用地应按给水规模确定，用地指标宜按表 7.0.6 采用（见表 8.0.21），水厂厂区周围应设置宽度不小于 10m 的绿化带。

水厂的用地指标 **表 8.0.21**

给水规模（万 m^3/d）	地表水水厂		地下水水厂 [m^2/（m^3·d^{-1}）]
	常规处理工艺 [m^2/（m^3·d^{-1}）]	预处理＋常规处理＋深度处理工艺 [m^2/（m^3·d^{-1}）]	
5～10	0.50～0.40	0.70～0.60	0.40～0.30
10～30	0.40～0.30	0.60～0.45	0.30～0.20
30～50	0.30～0.20	0.45～0.30	0.20～0.12

注：1. 给水规模大的取下限，给水规模小的取上限，中间值采用插入法确定。
2. 给水规模大于 50 万 m^3/d 的指标可按 50 万 m^3/d 指标适当下调，小于 5 万 m^3/d 的指标可按 5 万 m^3/d 指标适当上调。
3. 地下水水厂建设用地按消毒工艺控制，厂内若需设置除铁、除锰、除氟等特殊水质处理工艺时，可根据需要增加用地。
4. 本表指标未包括厂区周围绿化带用地。

7.0.6 条文说明：本条提出地表水、地下水水厂的控制用地指标。此指标根据现行行业标准《城市给水工程项目建设标准》建标 120—2009 中规定的净配水厂用地控制指标和实际调查后综合制定。表 7.0.6 中用地控制指标包含了水厂围墙内所有设施的用地面积，包括绿化、道路以及排泥水处理设施等用地，但未包括高浊度水预沉用地。

问：水厂自用管线供水范围？

答：水厂内自用管线主要提供厂内生活用水、药剂制备、水池清洗以及消防等用水，一般由二级泵房出水管上接出。管材一般采用球墨铸铁管、PE 管等。

为保证用水的安全并满足消防要求，干管应尽量布置成环网。

——摘自《给水排水设计手册》P829

9 水 处 理

问：水处理术语？

答：2.0.75 常规处理：给水处理中以去除浊度和灭活细菌病毒为目的的处理，一般包括混凝、沉淀、过滤、消毒。

2.0.76 预处理：

1 给水常规处理前的处理。

2 进入膜处理装置前的处理。

2.0.77 深度处理：常规处理后设置的处理。

1987年成立了深度处理研究会后，才使深度处理的称呼在国内得到流行。

——李圭白，李星，翟芳术，等. 试谈深度处理与超滤历史观 [J]. 给水排水，2017，43 (7)：2，49.

9.1 一 般 规 定

9.1.1 水处理工艺流程的选用及主要构筑物的组成，应根据原水水质、设计生产能力、处理后水质要求，经过调查研究以及不同工艺组合的试验或参照相似条件下已有水厂的运行经验，结合当地操作管理条件，通过技术经济比较综合研究确定。

问：净水工艺的选择与水源水质的关系？

答：《城市给水工程规划规范》GB 50282—2016。

7.0.4 条文说明：符合现行行业标准《生活饮用水水源水质标准》CJ 3020中规定的一级和二级水源水可以作为生活饮用水的水源，经常规处理工艺（混凝、沉淀、过滤、消毒），其水质可达到现行国家标准《生活饮用水卫生标准》GB 5749的规定，可供生活饮用；水质比二级水源标准差的水，不宜作为生活饮用水的水源。若限于条件需利用时，在毒理性指标未超过二级水源标准的情况下，应采用相应的净化处理工艺进行处理（如在常规处理工艺前或后增加预处理或深度处理）。

如果水源为特殊原水，水厂内应增加相对应的处理设施。如含藻水和高浊度水可根据相应规范的要求增设预处理设施，使原水水质满足现行行业标准《生活饮用水水源水质标准》CJ 3020的要求；原水存在不定期污染情况时，宜在常规处理前增加预处理设施或在常规处理后增加深度处理设施，以保证水厂的出水水质。

问：城市给水工程净（配）水厂的生产工艺选择？

答：《城市给水工程项目建设标准》建标 120—2009。

第二十一条 城市给水工程的净（配）水厂的生产设施宜包括以下内容：

一、常规处理水厂

生产设施包括水处理和污泥处理两部分。水处理的生产设施主要由混合、絮凝、沉淀（或澄清）、过滤、消毒、清水池以及送水泵房等构成。污泥处理的生产设施主要由调节、浓缩、脱水等构成。水资源紧缺以及技术经济可行的地区可包括废水回收设施。

二、预处理＋常规处理水厂

在常规处理生产设施基础上，增加预处理以及配套设施，对高浊度水还包括沉砂或预沉设施等。

三、常规处理＋深度处理水厂

在常规处理生产设施基础上，增加水质深度处理以及配套设施。

深度处理工艺有活性炭吸附、臭氧生物活性炭以及膜处理工艺等。

四、预处理＋常规处理＋深度处理水厂

在常规处理的前后分别增加预处理和深度处理工艺的净水厂。

五、配水厂

直接供原水的地下水配水厂，应有消毒设施；当地下水含铁、锰、氟超过标准时应有相应的处理设施。

问：城市给水工程净（配）水厂的净水工艺流程？

答：《城市给水工程项目建设标准》建标 120—2009。

第三十四条 地表水原水为一般水质时，宜采用常规处理工艺，包括：投加混凝剂、混合、絮凝、沉淀（澄清）、过滤、消毒。

第三十五条 当地表水原水的含砂量、色度、有机物、致突变前体物等含量较高、臭味明显或为改善絮凝效果，可在常规处理前增加预处理。高含砂量的预沉方式宜采用沉砂、自然沉淀或混凝沉淀。原水的氨氮臭味、藻的浓度较高，可生物降解性较好时，可采用生物预处理。微污染水可采用臭氧、液氯和高锰酸钾等预氧化，出厂水的副产物浓度应符合国家现行水质标准。原水在短时间内含较高浓度溶解性有机物、具有异嗅异味时，宜采用粉末活性炭吸附。

第三十五条 条文说明：本条规定了含砂量高、微污染地表水的预处理工艺。含砂量高的地表水宜先进行预沉淀，以保证后续水净化设施的运行安全，保护有关的设备。地表水的氨氮、有机微污染物浓度高，可生物降解性好时，宜采用生物预处理。生物预处理方式有人工填料接触氧化和颗粒填料生物过滤等。对水源水中短时间内的高含量有机物污染，采用投加粉末活性炭能够吸附水中的有机物，而且投资较省，管理简单。

第三十六条 常规处理或预处理＋常规处理后，水质仍不符合供水水质标准时，应进行深度处理。深度处理一般采用粒状活性炭或臭氧-生物活性炭处理。

第三十七条 地表水原水未受污染，浊度常年低于 20NTU、色度常年低于 25 度、含藻量低时，可采用直接过滤、消毒工艺，必要时宜通过试验确定。直接过滤滤池一般采用深床均粒滤料或多层滤料。考虑远期原水水质可能变化，可预留沉淀池或混凝沉淀池的建设条件。

第三十七条 条文说明：地表水的常年水质较好，无污染源，且浊度、色度、藻属于持续性低含量时，可以考虑采用直接过滤工艺，这样可以降低初期的工程投资。如果远期地表水质量可能变化，可预留配套常规处理设施的条件。

第三十八条 原水与供水的饱和指数 I_L 小于－1.0 和稳定指数 I_R 大于 9 时，宜加碱处理，碱剂一般采用石灰、氢氧化钠或碳酸钠。I_L 大于 0.4 和 I_R 小于 6 时，应通过试验和技术经济比较，确定酸化处理工艺。

第三十八条 条文说明：本条规定了原水、供水水质稳定性的判断及处理方法。供水的水质稳定性是城市给水管网产生腐蚀或结垢的直接原因，但在城市给水工程设计阶段可根据原水水质对管网水质稳定性进行判断。

I_L 小于－1.0 和 I_R 大于 9 的管网水，具有腐蚀性。我国沿海城市属于这种水质。广州、深圳等地的净水厂一般加石灰处理，日本很多大中型水厂加氢氧化钠。侵蚀性二氧化碳浓度高时，可用淋洒曝气法去除。

I_L 较高和 I_R 较低时，容易导致结垢。处理方法应经过试验和技术经济比较确定。

问：净水厂净水构筑物水头损失估算表？

答：净水厂净水构筑物水头损失估算见表 9.1.1-1。

净水构筑物水头损失 **表 9.1.1-1**

构筑物名称	水头损失（m）	构筑物名称	水头损失（m）
进水井格栅	0.15～0.3	快滤池（普通）	2.0～2.5
生物接触氧化池	0.2～0.4	V 型滤池	2.0～2.5
生物滤池	0.5～1.0	接触滤池	2.5～3.0
水力絮凝池	0.4～0.6	无阀滤池/虹吸滤池	1.5～2.0
机械絮凝池	0.05～0.1	翻板滤池	2.0～2.5
沉淀池	0.15～0.3	臭氧接触池	0.7～1.0
澄清池	0.6～0.8	活性炭吸附池	1.5～2.0

注：1. 无阀滤池用作接触过滤时水头损失为 2.0～2.5m。
2. 本表摘自《给水排水设计手册》17.3.1 净水构筑物水头损失。

问：净水厂连接管道设计流速？

答：连接管道设计流速应通过经济比较决定，当有地形高差可以利用时可采用较大流速。一般情况下采用的连接管道设计流速见表 9.1.1-2。

连接管道设计流速 **表 9.1.1-2**

连接管道	设计流速（m/s）	备注
一级泵房至混合池	1.0～1.2	
混合池至絮凝池	1.0～1.5	
絮凝池至沉淀池	0.10～0.15	防止胶粒破坏
混合池至澄清池	1.0～1.5	
沉淀池或澄清池至滤池	0.6～1.0	流速宜取下限以留有余地
滤池至清水池	0.8～1.2	流速宜取下限以留有余地
滤池冲洗水的压力管道	2.0～2.5	因间歇运用，流速可大些
排水管道（排除冲洗水）	1.0～1.2	

注：本表摘自《给水排水设计手册》17.3.1.2 连接管线水头损失。

9.1.2 生活饮用水处理工艺流程中，必须设置消毒工艺。

问：消毒的汇总？

答：消毒的汇总见表 9.1.2。

消毒的汇总　　表 9.1.2

规范、标准	消毒的条文
《城镇给水排水技术规范》CCGB 50788—2012	3.4.12　压力管道竣工验收前应进行水压试验。生活饮用水管道运行前应冲洗、消毒。 3.5.3　生活饮用水必须消毒。 3.6.7　生活饮用水的水池（箱）应配置消毒设施，供水设施在交付使用前必须清洗和消毒。 4.2.6　医疗机构的污水应根据污水性质、排放条件采取相应的处理工艺，并必须进行消毒处理。 4.5.6　城镇污水处理厂出水应消毒后排放，污水消毒场所应有安全防护措施。 5.4.5　根据雨水收集回用的用途，当有细菌学指标要求时，必须消毒后再利用
《生活饮用水卫生标准》GB 5749—2006	4.1.5　生活饮用水应经消毒处理
《室外给水设计标准》GB 50013—2018	9.1.2　生活饮用水处理工艺流程中，必须设置消毒工艺
《二次供水工程技术规程》CJJ 140—2010	6.5.1　二次供水设施的水池（箱）应设置消毒设备。 10.1.11　调试后必须对供水设备、管道进行冲洗和消毒
《建筑与小区管道直饮水系统技术规程》CJJ/T 110—2017	11.2.1　建筑与小区管道直饮水系统试压合格后应对整个系统进行清洗和消毒
《游泳池给水排水工程技术规程》CJJ 122—2017	6.1.1　游泳池的循环水净化处理系统必须设置池水消毒工艺工序
《城镇污水再生利用工程设计规范》GB 50335—2016	5.12.1　再生水应进行消毒处理
《建筑中水设计标准》GB 50336—2018	6.2.17　中水处理必须设有消毒设施
《室外排水设计规范》GB 50014—2006（2016年版）	6.12.10　深度处理的再生水必须进行消毒。 6.13.1　城镇污水处理应设置消毒设施
《建筑给水排水及采暖工程施工质量验收规范》GB 50242—2002	4.2.3　生活给水系统管道在交付使用前必须冲洗和消毒，并经有关部门取样检验，符合国家《生活饮用水标准》方可使用
《给水排水管道工程施工及验收规范》GB 50268—2008	9.5.1　给水管道冲洗与消毒应符合下列要求： 1　给水管道严禁取用污染水源进行水压试验、冲洗，施工管段处于污染水水域较近时，必须严格控制污染水进入管道；如不慎污染管道，应由水质检测部门对管道污染水进行化验，并按其要求在管道并网运行前进行冲洗与消毒

9.1.3　水处理构筑物的设计水量，应按最高日供水量加水厂自用水量确定。水厂自用水量应根据原水水质、处理工艺和构筑物类型等因素通过计算确定，自用水率可采用设计规模的5%～10%。

问：水厂自用水量？

答：3.1.9 自用水量：水厂内部生产工艺过程和其他用途所需用的水量。

水厂的自用水量包括：水厂内沉淀池或澄清池的排泥水、溶解药剂所需用水、滤池冲洗水以及各种处理构筑物的清洗用水等。

问：与水厂自用水率相关的因素？

答：自用水率与构筑物类型、原水水质和处理方法等因素有关。根据我国各地水厂经验，当滤池反冲洗水不回用时，一般自用水率为5%～10%。上限用于原水浊度较高和排泥频繁的水厂；下限用于原水浊度较低、排泥不频繁的水厂。当水厂采用滤池反冲洗水回用时，自用水率约可减少 1.5%～3.0%。

9.1.4 水处理构筑物的设计参数必要时应按原水水质最不利情况（如沙峰、低温、低浊等）下所需最大供水量进行校核。

问：水处理构筑物设计与校核条件？

答：通常水处理构筑物按最高日供水量加自用水量进行设计。但当遇到低温、低浊或高含沙量而处理较困难时，尚需对这种情况下所要求的最大供水量的相应设计指标进行校核，保证安全、保证水质。

问：什么是低温低浊水？

答：3.1.23 低温低浊水：水温在 4℃以下，浊度在 15NTU 以下的水源水。

问：低温低浊水处理工艺流程选择？

答：《低温低浊水给水处理设计规程》CECS 110：2000。

4.1.1 低温低浊水处理工艺流程的选择及构筑物的组合，应根据原水条件，通过技术经济比较后确定，宜采用下列工艺流程：

1 原水常年浊度较高，只在冬季短期内出现低温低浊水质，处理工艺可采用图 4.1.1a 流程 1（见图 9.1.4-1）。

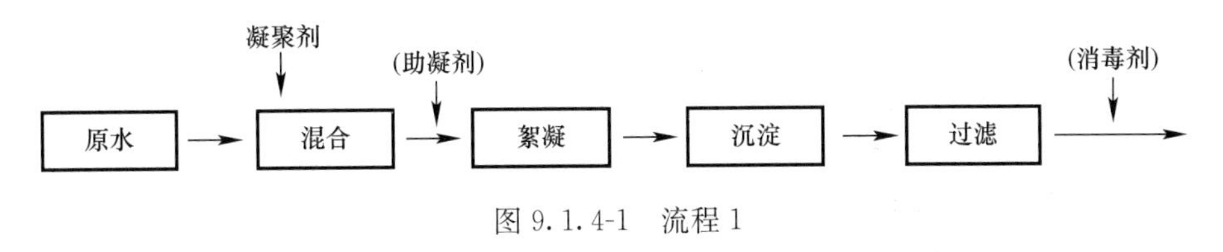

图 9.1.4-1 流程 1

2 原水常年浊度小于 50 度，而暴雨季节可能大于 100 度或更高，其处理工艺可采用图 4.1.1b 流程 2 或图 4.1.1c 流程 3（见图 9.1.4-2 和图 9.1.4-3）。

注：① 当原水浊度小于 50 度，水厂规模较小时，可不设絮凝、沉淀池，采用微絮凝过滤。

② 如按微絮凝过滤工艺运行时，需加助滤剂，此时投加凝聚剂的原水经快速混合直接超越至滤池，且不加助凝剂。

③ 助滤剂投加点应靠近滤池进口处。

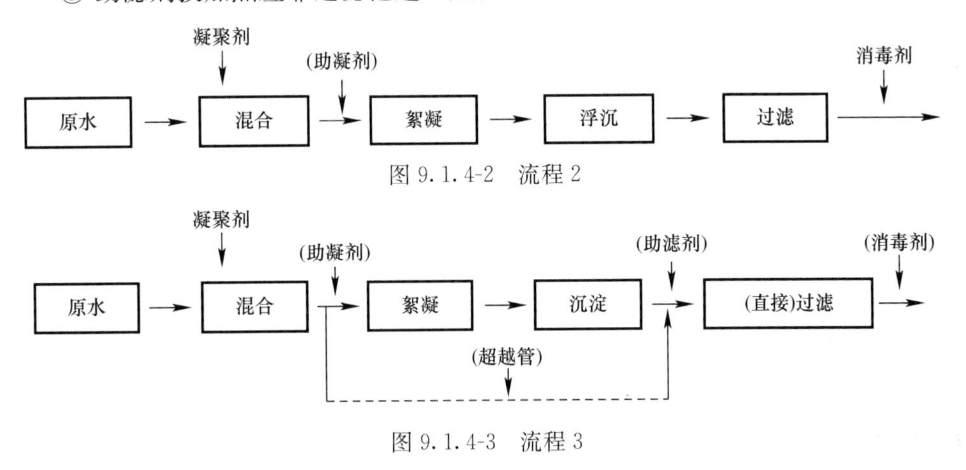

图 9.1.4-2 流程 2

图 9.1.4-3 流程 3

9.1.5 水厂设计时，应考虑任一构筑物或设备进行检修、清洗而停运时仍能满足生产需求。

问：净水构筑物和设备清洗、检修？

答：净水构筑物和设备常因清洗、检修而停运。通常清洗和检修都安排在一年中非高峰供水期进行，但净水构筑物和设备的供水能力仍应满足此时的用户用水需要，不可因某一构筑物或设备停止运行而影响供水，否则应设置足够的备用构筑物或设备，以满足水厂安全供水的要求。

9.1.6 净水构筑物应根据需要设置排泥管、排空管、溢流管或压力冲洗设施等。

9.1.7 用于生活饮用水处理的氧化剂、混凝剂、助凝剂、消毒剂、稳定剂和清洗剂等化学药剂产品必须符合卫生要求。

问：用于生活饮用水处理的药剂必须符合卫生要求，具体指什么？

答：卫生要求具体指对人体无毒，对生产用水无害。

生活饮用水采用的絮凝、助凝、消毒、氧化、吸附、pH调节、防锈、阻垢等化学处理剂不应污染生活饮用水，应符合《饮用水化学处理剂卫生安全性评价》GB/T 17218的要求。

氧化剂、混凝剂、助凝剂、消毒剂、稳定剂和清洗剂等化学药剂是水处理工艺中添加和使用的化学物质，其成分将直接影响生活饮用水的水质，所以必须要符合卫生要求，从法律上保证对人体无毒，对生产用水无害的要求。

9.1.8 当原水含沙量、浊度、色度、藻类和有机污染物等较高或pH值异常，导致水厂运行困难或出水水质下降甚至超标时，可在常规处理前增设预处理。

问：预处理和常规处理？

答：2.0.76 预处理：给水常规处理前的处理；进入膜处理装置前的处理。

2.0.75 常规处理：给水处理中去除浊度和灭活细菌病毒为目的的处理，一般包括混凝、沉淀、过滤、消毒。

问：常规处理工艺适用的水源水质？

答：《地表水环境质量标准》GB 3838—2002。

3 水域功能和标准分级

Ⅱ类 主要适用于集中式生活饮用水地表水源地一级保护区、珍稀水生生物栖息地、鱼虾类产卵场、仔稚幼鱼的索饵场等；

Ⅲ类 主要适用于集中式生活饮用水地表水源地二级保护区、鱼虾类越冬场、洄游通道、水产养殖区等渔业水域及游泳区。

问：预处理的适用范围？

答：常规处理或常规处理＋深度处理的出水不能符合生活饮用水水质要求时，可先进行预处理。根据原水水质条件，预处理设施可分为连续运行构筑物和间歇性、应急性处理装置两类。

9.2 预 处 理

Ⅰ 预沉处理

9.2.1 当原水含沙量和浊度较高时，宜采取预沉处理。

问：预沉及预沉去除的泥沙粒径范围？

答：3.1.40　预沉：在混凝沉淀前设置的沉淀措施，去除粒径较大或浓度较高泥沙的过程。

《高浊度水给水设计规范》CJJ 40—2011。

7.2.1　当高浊度水泥沙颗粒组成较粗时，可设置沉沙（预沉）池，首先去除 0.1mm 以上粒径的泥沙。

7.2.1　条文说明：在本规范第 7.2.5 条和第 7.2.6 条的设计条件下，自然沉淀的沉沙池可基本去除粒径 0.1mm 以上的泥沙，泥沙的总去除率可达到 20%～30%。

问：水按浊度高低的划分？

答：1.《给水排水工程基本术语标准》GB/T 50125—2010。

3.1.23　低温低浊水：水温在 4℃以下，浊度在 15NTU 以下的水源水。

3.1.25　高浊度水：含砂量为 10kg/m^3 及以上、沉降后呈现泥水界面清晰的水源水。

2.《高浊度水给水设计规范》CJJ 40—2011。

2.1.1　高浊度水：含沙量或浊度较高，水中泥沙具有分选、干扰和约制沉降特征的原水。按照是否出现清晰的沉降界面，又分为界面沉降高浊度水和非界面沉降高浊度水两类。

2.1.2　界面沉降高浊度水：在沉降过程中分选、干扰和约制沉降作用明显，出现清晰浑液面的高浊度水。含沙量一般大于 10kg/m^3，以黄河流域的高浊度水为典型代表。

2.1.3　非界面沉降高浊度水：在沉降过程中虽有分选、干扰和约制沉降作用，但不出现清晰浑液面的高浊度水。浊度一般大于 3000NTU，以长江上游高浊度水为典型代表。

2.1.4　分选、干扰和约制沉降：水中泥沙在下沉过程中，存在粗、细颗粒的分选下沉，颗粒之间产生水力干扰，互相制约，随着浓度的增加，最终呈现水中泥沙颗粒群整体下沉的现象。

问：浊度对其他水质指标的影响？

答：天津市自来水公司与天津市医科大学合作的试验表明，滦河的水经处理后把浊度降到 1NTU 以下，水中挥发性有机物降低 50%，半挥发性有机物降低 30%～70%，Ames 试验致突变活性下降 42.9%～47.8%，致温血动物细胞染色体畸变活性下降 27%～40%，对降低致癌物质也有相当效果。

高浊度可保护病原微生物免受消毒剂的影响，促进管网系统中细菌的生长繁殖，并增加需氯量。有报导滤后水浊度与病毒性传染病发病率（肝炎和小儿麻痹症）有很好的相关性，有资料证明降低浊度对去除水中病原微生物如大肠杆菌、变形虫孢囊、贾第鞭毛虫孢囊、隐孢子虫等有作用。水厂不可能通过氯消毒杀灭隐孢子虫，所以通过控制浊度去除隐孢子虫成为最有效及切实可行的方法。美国环保局（USEPA）进行的研究表时，如果滤后水浊度低于 0.3NTU，则隐孢子虫去除率至少在 99%以上。即使浊度很低的饮用水，也不能确保其中不存在一定数量的原生动物病原体。

浊度对 COD_{Mn}的影响：高浊水中，浊度与有机物的含量表现出正相关关系。若出水浊度越高，则有机物的含量也越高，降低浊度也就降低了水中 COD_{Mn}含量。

9.2.2　预沉方式的选择，应根据原水含沙量及其粒径组成、沙峰持续时间、排泥要求、处理水量和水质要求等因素，结合地形条件采用沉沙、自然沉淀或凝聚沉淀。

问：预沉方式的选择？

答：一般预沉方式有沉沙池、沉淀池、澄清池等自然沉淀或凝聚沉淀等多种形式。当原水中的悬浮物大多为沙性大颗粒时，一般可采取沉沙池等自然沉淀方式；当原水中含有较多黏土性颗粒时，一般采用混凝沉淀池、澄清池等凝聚沉淀方式。

9.2.3 预沉池的设计含沙量应通过对典型年沙峰曲线的分析，结合避沙蓄水设施的设置条件，合理选取。

问：预沉池设计数据的原则？

答：因原水泥沙沉降形态随泥沙含量和颗粒组成的不同而各不相同，故本条规定了设计数据应根据通过对设计典型年沙峰曲线的分析并结合避沙蓄水池的设置综合考虑后确定。

9.2.4 预沉处理工艺、设计参数可按现行行业标准《高浊度水给水设计规范》CJJ 40 的有关规定选取，也可通过试验或参照类似水厂的运行经验确定。

问：《高浊度水给水设计规范》CJJ 40 关于预沉工艺和设计参数？

答：《高浊度水给水设计规范》CJJ 40—2011。

7.2.2 对于原水含沙量高，冬季冰絮时间较长，冰水不分层的北方地区高浊度水，可采用降沙兼防冰的双向斗槽或条渠除沙构筑物。

7.2.3 大中型高浊度水处理工程，宜采用自然沉淀平流式沉沙池或上向斜管沉沙池；也可利用渠道或附近洼地、池塘等作为自然沉淀的大型沉沙池。小型给水工程可采用立式圆形旋流沉沙池。

7.2.4 沉沙池的设计参数应根据原水含沙量、泥沙颗粒组成、去除率和排沙等因素，通过模型试验或参照相似条件下的运行经验确定。

7.2.5 界面沉降高浊度水平流式沉沙池的水平流速可取 15mm/s～25mm/s，上向流斜管沉沙池的上升流速可取 2.0m/s～3.0m/s。沉沙池内水流停留时间可取 20min～30min。

7.2.6 非界面沉降高浊度水处理宜采用平流或斜管式沉沙池。平流式沉沙池的水平流速可取 10mm/s～20mm/s，停留时间可取 15min～30min；上向流斜管沉沙池的上升流速可取 2.5m/s～5.0m/s，立式旋流沉水池的切线流速可取 3.0m/s。

7.2.7 沉沙池应采用机械或水力排沙，池内应设有高压水反冲洗系统。

问：预沉池应采用机械排泥的原因？

答：由于预沉池的沉泥多为无机质颗粒，沉速较大，当沉淀区面积较大时，为保证池内泥沙及时排除，应采取机械排泥方式。

Ⅱ 生物预处理

问：生物预处理部分的编写依据？

答：本标准中的生物预处理部分参照“《城镇给水微污染水预处理技术规程》CJJ/T 229—2015，3.5 生物预处理”部分编写的。

9.2.5 当原水氨氮含量较高，或同时存在可生物降解有机污染物或藻含量较高时，可采用生物预处理。

问：生物预处理的适用范围和使用条件？

答：《城镇给水微污染水预处理技术规程》CJJ/T 229—2015，第 3.5.1 条：生物预处理可用于含铁、锰、氨氮、臭和味、可生物降解有机物、藻类等污染物的微污染水预处理。进入生物预处理池的水温不宜低于5℃。

在下述情况下可以采用生物预处理：生活饮用水原水中氨氮、有机微污染物浓度较高或嗅阈值较大，常规处理后的出水难以符合饮用水的水质标准；进水中藻类含量高，造成滤池容易堵塞，过滤周期缩短。

9.2.6 生物预处理设施应设置生物接触填料和曝气装置，进水水温宜高于5℃；生物预处理设施前不宜投加除臭氧之外的其他氧化剂；生物预处理设施的设计参数宜通过试验或参照相似条件下的经验确定，当无试验数据或经验可参照时，可按本标准第9.2.9条的规定选取。

问：生物预处理工程设计前的试验？

答：在进行生物预处理工程设计之前，宜先用原水做该工艺的试验，试验时间宜经历冬夏两季。原水的可生物降解性可根据BDOC或BOD_5/COD_{Cr}比值鉴别。国内5座水厂长期试验结果表明，BOD_5/COD_{Cr}比值宜大于0.2。

问：为什么生物预处理设施前不宜投加除臭氧之外的其他氧化剂？

答：高锰酸钾、液氯或二氧化氯等药剂对生物预处理的微生物有杀害或抑制作用。

9.2.7 生物预处理的工艺形式可采用生物接触氧化池或颗粒填料生物滤池。

9.2.8 生物接触氧化池的设计应符合下列规定：

1 水力停留时间宜为1h～2h，曝气气水比宜为0.8∶1～2∶1，曝气系统可采用穿孔曝气系统和微孔曝气系统；

2 进出水可采用池底进水、上部出水或一侧进水、另一侧出水等方式，进水配水方式宜采用穿孔花墙，出水方式宜采用堰式；

3 可布置成单段式或多段式，有效水深宜为3m～5m，多段式宜采用分段曝气；

4 填料可采用硬性填料、弹性填料和悬浮填料等；硬性填料宜采用分层布置；弹性填料宜利用池体空间紧凑布置，可采用梅花形布置方式，单层填料高度宜为2m～4m；悬浮填料可按池有效体积的30%～50%投配，并应采取防止填料堆积及流失的措施；

5 应设置冲洗、排泥和放空设施。

问：第9.2.8条的参数依据？

答：第9.2.8条的参数源自《城镇给水微污染水预处理技术规程》CJJ/T 229—2015，第3.5.12条～第3.5.19条。

问：硬性填料、弹性填料和悬浮填料？

答：《城镇给水微污染水预处理技术规程》CJJ/T 229—2015。

2.0.5 硬性填料：采用刚性材料制成如蜂窝、波纹等形状，用作生物膜生长的载体。

2.0.6 弹性填料：由中心绳和弹性丝制成，在水中呈均匀辐射伸展状，用作生物膜生长的载体。

2.0.7 悬浮填料：采用密度与水相近的塑料制成类似球形或其他形状，在气水扰动状态下悬浮在水中用作生物膜生长的载体。

问：穿孔花墙图示？

答：穿孔花墙见图9.2.8。

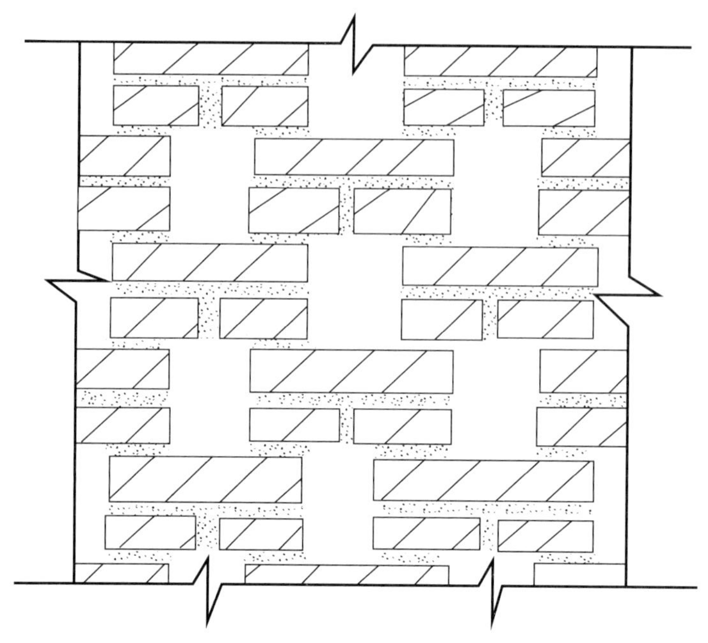

图 9.2.8　穿孔花墙

问：生物预处理的填料选择与原水浊度的关系？

答：1. 当采用陶粒填料、轻质填料生物接触氧化预处理工艺时，允许直接进入池中的原水经常浊度不能过高，否则将堵塞滤床并影响生物作用。

当原水浊度低于40NTU时，生物接触氧化池可设在混凝沉淀之前；当原水浊度高于40NTU时，生物接触氧化池可设在混凝沉淀之后，但混凝之前的预氧化不宜采用氯。

2. 当采用弹性填料生物接触氧化预处理工艺，填料悬挂在池中不易堵塞水流通道，允许进入的原水浊度可略高些，一般以小于60NTU为宜。

3. 当采用悬浮填料生物接触氧化预处理工艺时，填料在池内为流化状态不易堵塞，允许进水经常浊度在100NTU以内为宜。

问：人工填料生物接触氧化池的水力停留时间和曝气气水比？

答：人工填料生物接触氧化池的水力停留时间和曝气气水比，是根据国内实际工程以及日本某水厂的运行数据作出的规定。其上限值一般用于去除率要求较高或有机微污染物浓度较高时。

9.2.9　颗粒填料生物滤池的设计应符合下列规定：

1　可为下向流或上向流，下向流滤池可参照普通快滤池布置，上向流滤池可参照上向流颗粒活性炭吸附池布置；当采用上向流时，应采取防止进水配水系统堵塞和出水系统填料流失的措施；

2　填料粒径宜为3mm～5mm，填料厚度宜为2m～2.5m；空床停留时间宜为15min～45min；曝气气水比宜为0.5∶1～1.5∶1；滤层终期过滤水头下向流宜为1.0m～1.5m，上向流宜为0.5m～1.0m，

3　下向流滤池布置方式可参照砂滤池，冲洗方式应采用气水反冲洗，并应依次进行气冲、气水联合冲、水漂洗；气冲强度宜为10L/(m^2・s)～15L/(m^2・s)；气水联合冲时水冲强度宜为4L/(m^2・s)～8L/(m^2・s)，单水冲洗方式时水冲强度宜为12L/(m^2・s)～

17L/(m² · s)；

4 填料宜选用轻质多孔球形陶粒或轻质塑料球形颗粒填料；

5 宜采用穿孔管曝气，穿孔管位于配水配气系统的上部。

问：颗粒填料生物滤池的设计依据？

答：颗粒填料生物滤池的设计参数源自《城镇给水微污染水预处理技术规程》CJJ/T 229—2015，第3.5.20条～第3.5.26条。

问：气水比、空床停留时间？

答：《城镇给水微污染水预处理技术规程》CJJ/T 229—2015。

2.0.3 气水比：在预曝气或生物预处理设施中，曝气系统所供曝气流量与待处理水的平均流量之比。

2.0.4 空床停留时间：不考虑填料体积，水在生物过滤填料层中的表观停留时间。

问：曝气充氧系统的设置？

答：曝气充氧系统与反冲洗供气系统分开设置。曝气充氧管道系统宜布置在反冲洗供气系统上方。曝气充氧宜采用一台曝气鼓风机对应一格滤池的布置方式，曝气充氧布气可采用穿孔管形式。

Ⅲ 化学预处理

9.2.10 采用氯预氧化处理工艺时，加氯点和加氯量应合理确定，并应减少消毒副产物的产生。

问：氯预氧化处理工艺，三卤甲烷生成量的相关因素？

答：处理水加氯后，三卤甲烷等消毒副产物的生成量与前体物浓度、加氯量、接触时间成正相关。研究表明，在预沉池之前投氯，三卤甲烷等生成量最高；快速混合池次之；絮凝池再次；混凝沉淀池后更少。三卤甲烷等生成量还与氯碳比值成正比；加氯量大、游离性余氯量高则三卤甲烷等浓度也高。为了减少消毒副产物的生成量，氯预氧化的加氯点和加氯量应合理确定。

9.2.11 采用臭氧预氧化时，应符合本标准第9.10节的有关规定。

问：采用臭氧预氧化消毒副产物？

答：臭氧可与水中的溴离子（Br^-）反应生成溴酸根（BrO_3^-），系致癌物。美国水质标准的溴酸根浓度为10μg/L，以后还可能降低标准值；世界卫生组织标准值为25μg/L。水中溴离子浓度愈高或臭氧投加量愈大，则溴酸根生成量愈大。

臭氧预氧化接触时间的长短，与接触装置类型有关。深圳某2座水厂臭氧预氧化接触时间分别为2min、8min。目前国内的设计参数一般为1min～10min。美国某3座水厂臭氧预氧化接触时间为4min～9min，加拿大某水厂为8min，瑞士某水厂为11min～58min。为使原水与预臭氧充分混合，臭氧预氧化的接触时间可为2min～5min。

9.2.12 采用高锰酸钾预氧化时，应符合下列规定：

1 高锰酸钾宜在水厂取水口加入；当在水处理流程中投加时，先于其他水处理药剂投加的时间不宜少于3min；

2 经过高锰酸钾预氧化的水应通过砂滤池过滤；

3 高锰酸钾预氧化的药剂用量应通过试验确定并应精确控制；

4 用于去除有机微污染物、藻和控制臭味的高锰酸钾投加量可为 0.5mg/L～2.5mg/L；

5 高锰酸钾宜采用湿式投加，投加溶液浓度宜为 1%～4%；

6 高锰酸钾投加量控制宜采用出水色度或氧化还原电位的检测反馈结合人工观察的方法；

7 高锰酸钾的储存、输送和投加车间应按防爆建筑设计，并应有防尘和集尘设施。

问：为什么高锰酸钾要精确控制投加量？

答：《城市供水系统应急净水技术指导手册（试行）》P49。

对于水源水中含有较高的耗氧量、致嗅致味物质等，可采用加强预氧化的方法去除。

对于含有较高浓度的突发有机污染物，饮用水应急处理首选方案建议考虑吸附法。只有在吸附法不适用，或者污染物超标不很严重的条件下，才考虑采用化学氧化法。

高锰酸钾对有机污染物有一定的效果，一般投加量在 1mg/L～2mg/L 以下，过高投加（如超过 3mg/L）可能会产生锰过量问题，需要精确控制。此外，高锰酸钾的氧化能力较弱，不能氧化化学性能较为稳定的有机物，如硝基苯等。

问：不同书籍对高锰酸钾与其他药剂投加时间间隔的规定？

答：不同书籍对高锰酸钾与其他药剂投加时间间隔的规定见表 9.2.12。

不同书籍对高锰酸钾与其他药剂投加时间间隔的规定　　表 9.2.12

规范、手册	相关规定
《室外给水设计标准》GB 50013—2018	9.2.12 采用高锰酸钾预氧化时，应符合下列规定： 1 高锰酸钾宜在水厂取水口加入；当在水处理流程中投加时，先于其他水处理药剂投加的时间不宜少于 3min。 通常取水泵站与水厂都有一定距离，在取水泵站投加高锰酸钾后，经过与原水充分混合反应，再与其他药剂混合，可有效提高其净水作用和防止水厂出现红水现象。如果只能在水厂内投加，出于同样目的，也应先于其他药剂投加，且在条件允许的情况下尽可能与其他药剂投加点之间有至少 3min 的间隔时间
《含藻水给水处理设计规范》CJJ 32—2011	4.2.3 预氧化药剂投加点可选择在水源厂（站）、净水厂。宜优先选择在水源厂（站）投加预氧化药剂，并充分利用原水输送的接触时间。当在水厂内投加预氧化药剂时，应避免各种药剂之间的相互影响。 4.2.3 条文说明：预氧化药剂投加点关系到净化效果。选择投加点时，要考虑工程的具体情况。为节省药剂投加量，应考虑药剂的接触时间，能够利用水源厂（站）和净水厂之间的管道容量时，投加点可设置在水源厂（站）。各种预氧化药剂与混凝剂、吸附剂等有相互抵消的作用，反而降低除嗅味、除藻及助凝的效果，应考虑药剂之间投加的时间间隔，充分发挥各种药剂的作用
《给水排水设计手册》P438	高锰酸钾及 PPC 宜在水厂取水口投加，经过与原水充分混合反应后经过较长时间再与其他氧化、吸附和混凝剂接触，其间一般不宜小于 3min，受水厂条件限制无法满足时也应尽量保证在 30s 以上

问：为什么经高锰酸钾预氧化后的水必须过滤？

答：经高锰酸钾预氧化后的水，会把水中的二价锰氧化成不溶性二氧化锰，只有通过后续过滤才能去除，否则出厂水色度会增加甚至超标。

问：高锰酸钾投加量？

答：高锰酸钾预氧化投加量取决于原水水质。高锰酸钾投加量一般通过烧杯试验确定。投加量过高可使滤后水锰的浓度增高而增加色度。国内外研究资料表明，去除部分臭味可为 0.5mg/L～2.5mg/L，去除有机污染物可为 0.5mg/L～2.0mg/L，去除藻类可为

0.5mg/L～1.5mg/L，替代预加氯控制水的致突变活性可为2.0mg/L。

高锰酸钾的投加可采用干投或湿投两种方式。用量较大时，以干粉式投加为宜。用量较小时，可配制成1%～4%的溶液后用计量泵投加到管道中与待处理水混合，超过5%的高锰酸钾易在管路中结晶沉积。

问：高锰酸钾预氧化除藻？

答：预氧化强化混凝的弊端之一就是细胞破裂导致胞内有机物释放会影响混凝的效果，高锰酸钾相较于其他一些预氧化试剂（如臭氧等）能更好地保证细胞的完整性。研究表明，高锰酸钾的投加量在2mg/L～3mg/L以下时可以保证细胞的完整性，所需的接触时间一般为1h左右。在实地的研究中还发现，高锰酸钾预氧化能显著地控制氯化消毒副产物，并有效地降低后续氯化消毒过程中氯仿和四氯化碳等致癌物质的生成量、减少后续氯化消毒中的投氯量。

为了进一步减少细胞破损导致的胞内代谢物质释放，近期一些研究提出了高锰酸钾与二价铁离子联用的方法，二价铁的存在可以避免高锰酸钾对藻细胞的过度氧化，且新生成的三价铁可以作为优质的混凝剂，与铝混凝剂联用除藻效果更好。

高锰酸钾具有较重的颜色，加大投加量后容易增加出水的色度，也会导致水体中锰的升高，所以在实际应用时应严格控制其投加量。

问：高锰酸钾拉蒂默氧化还原电位图？

答：pH值是影响高锰酸钾形态的主要因素之一。高锰酸钾的氧化还原电位随pH值的升高而降低，即在酸性介质中具有强氧化性，而在中性和碱性介质中氧化能力减弱。虽然，在给水处理条件下，即中性条件下，高锰酸钾氧化能力不处于最强状态，但其氧化还原产物二氧化锰在水中溶解度小，易于固液分离，不会在处理后的水中引入溶解性锰而造成污染。一般认为，高锰酸钾是通过氧化和吸附的共同作用去除饮有水中的微量有机污染物。不同pH值下锰的拉蒂默氧化还原电位见图9.2.12-1～图9.2.12-3。

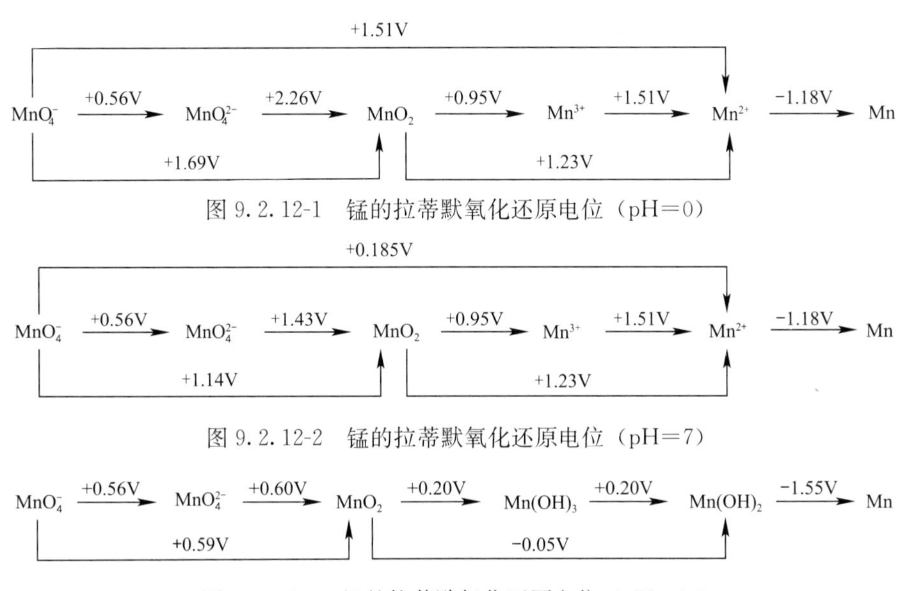

图9.2.12-1　锰的拉蒂默氧化还原电位（pH=0）

图9.2.12-2　锰的拉蒂默氧化还原电位（pH=7）

图9.2.12-3　锰的拉蒂默氧化还原电位（pH=14）

注：图9.2.12-1～图9.2.12-3摘自《城镇净水厂改扩建技术与应用》（朱丽楠编）P55。

问：高锰酸钾复合药剂？

答：高锰酸钾复合药剂（PPC）是由高锰酸钾作为主剂，多种化学物质为辅剂，通过特殊工艺复配而成，其强化混凝主要依靠高锰酸钾的强氧化作用。同时复合药剂中的辅剂还能提高主剂高锰酸钾的净水效能，李圭白等人进行了一系列的研究，并提出了一整套的高锰酸钾复合药剂预处理技术。

高锰酸钾复合药剂的氧化作用主要体现在：对水中的藻类和微生物具有显著的抑制作用，使藻类运动失去活性；在高锰酸钾复合药剂的氧化作用下，这些藻类和微生物细胞可以分泌出生化聚合物，这些藻类胞外有机物起到类似于阴离子或非阴子型聚电解质的作用。高锰酸钾复合药剂对水中微生物的氧化作用，使微生物可以分泌出生化聚合物参与混凝过程，达到强化混凝的目的。

高锰酸钾复合药剂在氧化水中的有机物和还原性物质时，能够产生新生态的水合二氧化锰，可以吸附溶解于水中的有机物和胶体颗粒表面有机涂层上的有机物，进而吸附胶体颗粒、直接作用于胶体颗粒表面吸附胶体。Petruserski 等人用高分辨率扫描电镜观察高锰酸钾对藻类的作用发现，水合二氧化锰吸附在藻类表面，明显改变了藻类的特性，增加了藻类的比重，改善了藻类的沉降性能，从而有利于沉降和过滤的去除。新生态水合二氧化锰的吸附作用可以促进和加快絮体的形成和长大，有利于混凝和后续工艺对有机物和浊度的去除。

问：新生态二氧化锰？

答：新生态二氧化锰的制备：室温下，取一定体积的 0.070mol/L 的 $MnSO_4$ 溶液，加入等体积的 0.050mol/L 的 $KMnO_4$ 溶液，振荡混合形成棕黑色沉淀，不经分离直接用悬浊液作吸附剂。

高锰酸钾的还原产物新生态二氧化锰的羟基表面很大，可以与含羟基、氨基等的有机物生成氢键，从而使有机物与二氧化锰一起被后续沉淀过滤工艺去除，或者是有机物在新生态二氧化锰形成的过程中被吸附包夹在胶体颗粒内部，从而被共沉去除。同时研究发现，新生态二氧化锰对高锰酸钾有一定的催化氧化作用。

哈尔滨工业大学在高锰酸钾氧化预处理研究基础上，研制了高锰酸钾复合药剂（PCC）。该药剂以高锰酸钾为核心、由多种组分复合而成，其充分利用了高锰酸钾与复合药剂中其他组分的协同作用，具有很强的氧化能力，且利于除污染的中间价态稳定产物和具有很强吸附能力的新生态水合二氧化锰的形成，将氧化和吸附作用有机地结合起来，并利用此药剂对典型受污染水源，如松花江水、黄河中游水库水、巢湖水、太湖水、嫩江水等进行了系统的基础研究与应用研究。研究表明，PCC 预氧化处理，可强化去除水中有机污染物、强化除藻、除臭味、除色、降低三氯甲烷生成势和水的致突变活性等。与其他预处理工艺进行对比研究发现，PCC 预氧化对有机污染物的去除效果要明显优于单独高锰酸钾预氧化，也远优于单独投加氧化铝或预氯化工艺。采用 PCC 预氧化代替预氯化，能够强化去除藻类以及难去除的臭味物质；从很大程度上改善混凝处理效果，降低滤后水色度和浊度；对于预氯化处理过程出现的副产物，能起到一定程度的控制作用，且能够提高对氯化消毒副产物前体物和致突变物质的去除效果，显著降低三氯甲烷的生成势和水的致突变活性；同时，使用 PCC 预氧化也不存在臭氧化出现的溴酸盐副产物问题；对水中存在的少量重金属，PCC 投加量在 1.0mg/L～2.0mg/L 时，去除率即可达到 90%以上，对微量铅可达 100%去除。PCC 的核心组分在氧化过程中被还原为胶体二氧化锰，在混凝剂的作用下会形成密实絮体，可通过沉淀与过滤进行分离，在通常给水处理条件与高锰酸盐投加量范围内，可以保证较低的滤后水剩余锰浓度，满足国家生活饮用水卫生标准。

可见，使用PCC进行化学预处理，能够显著强化常规处理出水水质，并且处理工艺不需要增加过多的设备，易于投加运行管理，特别适于改善目前水厂的处理效果，因而具有较大的应用潜力。

问：药剂联合投加顺序？

答：《高浊度水给水设计规范》CJJ 40—2011。

6.4.1 条文说明：只采用单一药剂，已不适应当前水污染加剧和供水水质标准不断提高的要求。尤其在高浊度水处理中，采用普通金属盐混凝剂时形成的絮体小而较松散，达不到提高沉速和高效除浊的要求；而单独投加阴离子聚丙烯酰胺絮凝剂时对水中胶体脱稳功能较弱，使处理后出水的余浊偏高。

随着絮凝剂和絮凝技术的不断创新，为在提高沉速的同时，又能降低出水浊度，生产中多采用两种药剂功能互补的联合投加技术。两种药剂的投加顺序、投加时间间隔、投加剂量和投加点的选择，对处理效果均有较大影响。采用两种药剂两次投加的混凝效果主要由后投加的药剂性质所决定。当采用复配药剂一次混合投加时，其两种药剂的特性，不同功能基团的复配比例和不同电性的制约条件等因素，对处理效果有直接影响。因此应根据试验和相似条件的水厂运行经验，合理确定投加方式。

6.4.2 条文说明：高浊度水处理生产实践表明，先投加高分子絮凝剂，后投加混凝剂，对抽高絮凝效果、降低出水浊度较为有利。但也有先投加混凝剂，后投加高分子絮凝剂的报道，在有条件时应通过试验确定最佳的投加方式。

问：复配药剂的投加？

答：采用复配药剂可一次投加。随着地表水源有机污染的加剧，高浊度水源水水质的多变，采用单一混凝剂的常规处理工艺后出水水质往往不能达标，近年来高浊度水处理较多地采用了不同功能两种药剂复配混合投加技术，提高了对水中各类有机污染物的净化效率。根据调查，高浊度水处理目前采用的复配药剂有：阳离子型聚丙烯酰胺与聚合氯化铁复配药剂、阴离子型聚丙烯酰胺与聚合铝复配药剂、阴阳离子混合型聚丙烯酰胺复配药剂、高锰（铁）酸盐复合药剂、铝铁盐复合药剂等。

复配药剂一次投加，简化了投配设备，在处理受污染高浊度水除浊的同时，对原水中有机污染物也有较化的净化效果。

Ⅳ 粉末活性炭吸附预处理

9.2.13 原水在短时间内含较高浓度溶解性有机物、具有异臭异味时，可采用粉末活性炭吸附。采用粉末活性炭吸附应符合下列规定：

1 粉末活性炭投加点宜根据水处理工艺流程综合考虑确定，并宜加于原水中，经过与水充分混合、接触后，再投加混凝剂或氯。

2 粉末活性炭的用量宜根据试验确定，可为5mg/L～30mg/L。

3 湿投的粉末活性炭炭浆浓度可采用5%～10%（按重量计）。

4 粉末活性炭粒径应按现行行业标准《生活饮用水净水厂煤质活性炭》CJ/T 345的规定选择或通过选炭试验确定，一般可采用200目。

5 粉末活性炭的储存、输送和投加车间，应按防爆建筑设计，并应有防尘、集尘设施。

问：粉末活性炭吸附？

答：2.0.42 粉末活性炭吸附：投加粉末活性炭，用以吸附溶解性物质和改善嗅、味的净水工序。

问：粉末活性炭标准？

答：生活饮用水净化用粉末活性炭通常分为 200 目（90%以上通过 200 目筛网）和 325 目（90%以上通过 325 目筛网）两个规格，从用量和经济性角度出发，主要选用煤质气体法粉末活性炭。根据原料来源，粉末活性炭是将各种活性炭的筛下物经磨粉而得，其中压块（片）破碎炭、圆柱破碎炭和烟煤活性炭制造的粉末活性炭，比圆柱状活性炭和活化无烟煤制造的粉末活性炭碘值和亚甲蓝值要高。

《生活饮用水净水厂用煤质活性炭》CJ/T 345—2010。

4.3 技术指标

生活饮用水净水厂用煤质活性炭技术指标应符合表 1（见表 9.2.13-1）的要求。

活性炭技术指标 **表 9.2.13-1**

序号	项目			指标要求		
				颗粒活性炭		粉末活性炭
1	孔容积（mL/g）			≥0.65		≥0.65
2	比表面积（m²/g）			≥950		≥900
3	漂浮率（%）			柱状颗粒活性炭	≤2	—
				不规则状颗粒活性炭	≤3	
4	水分（%）			≤5		≤10
5	强度（%）			≥90		—
6	装填密度（g/L）			≥380		≥200
7	pH 值			6～10		6～10
8	碘吸附值（mg/g）			≥950		≥900
9	亚甲蓝吸附值（mg/g）			≥180		≥150
10	酚值（mg/g）			≤25		≤25
11	2-甲基异莰醇吸附值（μg/g）			—		≥4.5
12	水溶物（%）			≤0.4		≤0.4
13	粒度（%）	Φ1.5mm	＞2.50mm	≤2		≤200 目[a]
			1.25mm～2.50mm	≥83		
			1.00mm～1.25mm	≤14		
			＜1.00mm	≤1		
		8 目×30 目	＞2.50mm	≤5		
			0.60mm～2.50mm	≥90		
			＜0.60mm	≤5		
		12 目×40 目	＞1.60mm	≤5		
			0.45mm～1.60mm	≥90		
			＜0.45mm	≤5		
		30 目×60 目	＞0.60mm	≤5		
			0.60mm～0.25mm	≥90		
			＜0.25mm	≤5		

续表

序号	项目	指标要求	
		颗粒活性炭	粉末状活性炭
14	有效粒径（mm）	0.35～1.5[b]	—
15	均匀系数	≤2.1[b]	—
16	锌（Zn）（μg/g）	<500	<500
17	砷（As）（μg/g）	<2	<2
18	镉（Cd）（μg/g）	<1	<1
19	铅（Pb）（μg/g）	<10	<10

[a] 200 目对应尺寸为 75μm，通过筛网的产品大于或等于 90%。
[b] 适用于降流式固定床使用的不规则状颗粒活性炭。

问：活性炭孔径的划分？

答：活性炭孔径的划分见表 9.2.13-2。

活性炭孔径的划分 **表 9.2.13-2**

孔隙名称	孔隙半径（nm）	水蒸气活化活性炭		
		孔容积（mL/g）	比表面积（m^2/g）	比表面积比率（%）
微孔	<2	0.25～0.6	700～1400	95
中孔（过渡孔）	2～100	0.02～2	1～200	5
大孔	100～10000	0.2～0.5	0.5～2	甚微

注：比表面积比率$=\frac{\text{孔隙的比表面积}}{\text{孔隙的全部比表面积}}\times 100$。

问：活性炭粒径的选取？

答：活性炭的规格理论上越细处理效果越好，但过细会穿透滤池，增加浊度，且实际试验效果证明也并非越细越好，因此，粉末活性炭常用粒径一般以 200 目左右为宜。

问：粉末活性炭吸附预处理的应用？

答：当原水中有机物污染程度较低，或原水在短时间内含较高浓度溶解性有机物、含有异臭或异味等时，可采用预加粉末活性炭作为常态或应急处理措施。

在饮用水净化中，活性炭是常用的吸附剂，对改善水质起着重要作用。水经活性炭吸附可去除水中异臭、异味及有机污染物，同时可降低出水的致突变活性。由于粉末活性炭吸附的投加运行灵活，特别适用于短时间内原水水质较差的应急处理。

问：粉末活性炭的投加量？

答：粉末活性炭的用量宜通过试验确定。当无试验数据时，常态投加可采用 5mg/L～20mg/L，应急投加可采用 20mg/L～50mg/L。活性炭的吸附作用随水温变化有较大差异，需测定不同温度的最佳投加量，得不到同温度下的最佳吸附等温线。

问：水体突发污染事件，粉末活性炭投加量？

答：水体突发污染事件，粉末活性炭的投加量可参考《给水排水设计手册》P428 表 7-7 有机化合物的 Freundlich 参数表（吸附数据库）。

表 7-7 根据 Freundlich 方程$\frac{x}{m}=KC^{\frac{1}{n}}$进行计算，列出了 172 种有机化合物的 $\log K$ 值、$1/n$ 值及浓度范围（mg/L）。

问：粉末活性炭的投加管道？

答：粉末活性炭投加管道应采用无毒、耐腐蚀、内壁光滑、给水用管道，并应符合现行国家标准《生活饮用水输配水设备及防护材料的安全性评价标准》GB/T 17219 的有关规定。可采用聚丙烯管（PP-R）、聚乙烯管（PE）、聚氯乙烯管（PVC-U）、硬聚氯乙烯管或工程塑料管（ABS）。流速宜为 1.0m/s～2.0m/s。由于粉末活性炭在投加管道内易沉积，因此在管道布置时应考虑设压力水冲洗的措施。

问：粉末活性炭投加方式？

答：粉末活性炭宜采用湿式投加，也可采用干式投加。投加方式宜采用自动控制投加，也可采用人工控制投加。粉末活性炭投加应符合下列规定：

1. 湿式投加法调配后的粉末活性炭悬浮液质量百分比浓度宜为 3.0%～8.0%，干式投加法射流混合后的粉末活性炭悬浮液质量百分比浓度宜为 0.5%～2.0%。

粉末活性炭干式投加法在我国工程上较少采用。因为粉末活性炭相对密度小，不易与水混合，常浮于水面，甚至扬尘，因此通常调制成浆液进行湿式投加。

2. 自动投加系统所有组成部分宜密闭。

粉末活性炭产生的粉尘对自动控制系统的设备易造成损伤，故自动投加系统中所有与粉末活性炭接触的组成部分宜采用密闭形式。

3. 自动湿式投加系统宜由粉末活性炭干粉进料、储存与定量投加装置，水与干粉混合调配装置以及炭浆投加装置组成，并应配备自动化控制系统。

湿式投加为避免活性炭从浆液中沉降析出，混合调配装置应设搅拌机连续搅拌调制。炭液池格数需设两格以上，交替使用。炭浆投加可采用重力或压力加注。一般采用加注泵或水射器进行压力加注。加注泵应耐磨损、不易堵塞，可采用螺杆泵、凸轮泵等。

4. 人工湿式投加系统宜由粉末活性炭干粉储存区域、水与干粉混合调配池、炭浆池及炭浆投加装置组成，并应采取防止粉末活性炭粉尘溢出的措施。

人工投加粉末活性炭，拆包投加时粉尘飞扬，工作环境差，应采取设置吸尘回收装置等解决扬尘的措施。

5. 自动干式投加系统宜由粉末活性炭干粉进料、储存与定量投加装置以及高速水力射流混合投加装置组成，并应配备自动化控制系统。

问：粉末活性炭的储存量及储存时间？

答：粉末活性炭的储存方式宜根据供货形式和投加方式等因素确定。通常袋装供货和人工投加时采用车间内专用储存区域储存的方式，槽车供货或袋装供货和自动投加时采用储罐储存。储存时间不宜超过一年。

问：粉末活性炭的投加？

答：《含藻水给水处理设计规范》CJJ 32—2011。

4.2.6　条文说明：投加粉末活性炭，能有效地去除含藻水的异嗅、异味、藻毒素以及氯消毒副产物，能明显地提高常规工艺的除藻效率。我国有多座湖泊、水库水厂已经积累使用粉末活性炭的经验。美国的一百多座常规水处理工艺水厂、日本的湖泊及水库常规工艺水厂都采用投加粉末活性炭。粉末活性炭的投加时间，一年大约为几天至几十天。因此，规定粉末活性炭作为短时间的吸附剂。

由于水源的水质条件差异较大，因此，在确定粉末活性炭投加点和投加量时，可以进行相应的试验。

粉末活性炭宜加于原水中，进行充分混合，接触10min～15min以上之后，再加氯或混凝剂。除在取水口投加以外，根据试验结果也可在混合池、絮凝池、沉淀池中投加。粉末活性炭的用量范围是根据国内外生产实践及试验资料规定的。

问：粉末活性炭的储存、输送和投加车间的防爆设计？

答：活性炭是一种能导电的可燃物质，储存和投加车间应采用耐火材料砌筑，并满足现行国家标准《建筑防火设计规范》GB 50016关于耐火等级和防火间距的要求。粉末活性炭（火灾危险等级为乙级）在搬运中会飞扬在空气中，因此，活性炭储存和投加车间内的电气设备应加设防护罩，并采取防爆措施。

应采用封闭投加方式，在人工投加情况下，应具有防止粉末活性炭粉尘向四周飞扬的措施和拆包点活性炭粉尘的收集措施。

粉末活性炭易黏附在人的皮肤和衣物上，故要求设置淋浴室。活性炭长期存放，效用会下降，购入炭要先到的先用，因此储存车间应满足周转布置要求。

问：活性炭对不同分子量有机物的去除作用？

答：活性炭是具有弱极性的多孔性吸附剂，具有发达的细孔结构和巨大的比表面积，是目前微污染水源水深度处理最有效的手段，尤其是去除水中农药、杀草剂、除草剂等微污染物质和臭味、消毒副产物等。主要受有机物的极性和分子大小的影响。同样大小的有机物，溶解度愈大、亲水性愈强，活性炭对其吸附性愈差，反之对溶解度小、亲水性差、极性弱的有机物如苯类化合物、酚类化合物、石油和石油产品等具有较强的吸附能力，对生化法和其他化学法难以去除的有机物如形成色度和异嗅的物质、亚甲基蓝表面活性剂、除草剂、杀虫剂、农药、合成洗涤剂、合成染料、胺类物质及其他人工合成有机物有好的去除效果。

除了有机物的极性以外，活性炭的孔径特点也决定了活性炭对不同分子大小的有机物的去除效果。活性炭的孔隙按大小一般分成微孔、过渡孔和大孔，但微孔占绝对数量。以国内常用的ZJ-15型活性炭为例，其孔隙分布如表9.2.13-3所示。活性炭中大孔主要分布在炭表面，对有机物的吸附作用很小，过渡孔是水中大分子有机物的吸附场所和小分子有机物进入微孔的通道，而占95%的微孔则是活性炭吸附有机物的主要区域。按照立体效应，活性炭所能吸附的分子直径大约是孔道直径的1/2～1/10，也有人认为活性炭起吸附作用的孔道直径（D）是吸附质分子直径（d）的1.7倍～21倍，最佳范围是$D/d=1.7\sim6$。张晓健提出有机物分子量与分子平均直径的关系为$d=M^{1/3}$，式中分子直径d单位为埃，M为分子量。由此计算出分子量为100、1000、5000、10000和100000的有机物直径分别为6埃、13埃、23埃、29埃、62埃。Stokes-Einstein也提出了确定不同分子量有机物的动力学直径或有效扩散尺寸，如下表9.2.13-4所示。按照活性炭微孔直径最大40埃考虑，可吸附的分子量直径按活性炭孔道直径的1/2计，则活性炭微孔能吸附的最大分子量直径为40/2（埃），据此算出活性炭可吸附有机物的最大分子量大约为5000。大于5000的有机物由于空间位阻效应而难以进入活性炭的微孔，因而其吸附效率较低。（见表9.2.13-5）

——王占生，刘文君．微污染水源饮用水处理［M］．北京：中国建筑工业出版社，2001：54.

ZL-15 型活性炭的孔隙特征 **表 9.2.13-3**

孔隙类型	孔直径（埃）	孔容积（mL/g）	占总比表面积比例（%）	比表面积（m^2/g）
大孔	>1000	0.31	<5%	0.5～2
过渡孔	10～1000	0.07		
微孔	<40	0.4	>95%	1000～1500

不同分子量有机物的动力学直径（Stokes-Einstein） **表 9.2.13-4**

分子量	温度（℃）		
	1	20	41
	有机物分子动力学直径（埃）		
500～1000	13.20	17.78	22.20
1000～5000	19.04	23.80	27.60
5000～10000	—	28.00	—
10000～50000	29.80	35.40	38.60
50000～100000	36.80	42.00	44.60
100000～300000	—	50.00	—

活性炭对不同分子量有机物去除比较 **表 9.2.13-5**

水厂	分子量范围	活性炭进水 TOC（mg/L）	活性炭出水 TOC（mg/L）	去除率（%）
蚌埠第二水厂	<500	0.81	1.39	—
	500～1000	1.66	0.59	64.46
	1000～3000	0.90	0.48	46.67
	3000～10000	0.06	0.58	—
北京第九水厂	<500	0.49	0.49	—
	500～1000	0.50	0.15	70.00
	1000～3000	1.36	1.15	15.44
	3000～10000	0.25	0.23	8.00

9.3 混凝剂和助凝剂的投配

问：混凝剂、助凝剂、助滤剂？

答：2.0.103 混凝剂：为使胶体失去稳定性和脱稳胶体相互聚集所投加的药剂。

2.0.104 助凝剂：为改善絮凝效果所投加的辅助药剂。

2.0.105 助滤剂：有助于改善滤料过滤性能和效率的药剂。

问：助凝剂的作用？

答：水处理中，当单独使用混凝剂不能取得良好效果时，需投加辅助药剂以提高混凝效果，这种辅助药剂称助凝剂。采用助凝剂的目的是改善混凝条件或絮凝结构，加速悬浮颗粒脱稳、絮体聚集、絮体沉降，提高出水水质。特别是对于低温低浊水以及高浊度水处理，助凝剂更具明显作用。设计中对是否采用助凝剂及其品种选择应通过试验确定。缺乏试验条件或类似水源已有成熟的水处理经验时，则可根据相似条件下的水厂运行经验来选择。

9.3.1 混凝剂和助凝剂品种的选择及其用量应根据原水混凝沉淀试验结果或参照相似条件下的水厂运行经验等，经综合比较确定。聚丙烯酰胺加注量应控制出厂水中的聚丙烯酰胺单体含量不超过现行国家标准《生活饮用水卫生标准》GB 5749 规定的限值。

问：常用的混凝剂和助凝剂?

答：铝盐、铁盐是常用的混凝剂，酸、碱、氧化剂（氯、高锰酸钾）、石灰和聚丙烯酰胺为常用的助凝剂。

问：生活饮用水处理的混凝剂和助凝剂产品质量要求的规定?

答：生活饮用水处理的混凝剂和助凝剂产品质量要求的规定：

混凝剂和助凝剂是水处理工艺中添加的化学物质，其成分将直接影响生活饮用水水质。选用的产品必须符合卫生要求，从法律上保证对人体无毒，对生产用水无害的要求。

聚丙烯酰胺常被用作处理高浊度水的混凝剂或助凝剂。聚丙烯酰胺是由丙烯酰胺聚合而成，其中还剩有少量未聚合的丙烯酰胺单体，这种单体是有毒的。饮用水处理用聚丙烯酰胺的单体丙烯酰胺含量应符合现行国家标准《水处理剂 阴离子和非离子型聚丙烯酰胺》GB/T 17514 规定的 0.05%以下。

注：丙烯酰胺单体含量（干基）：一等品≤0.02%；合格品≤0.05%。

问：水处理剂聚丙烯酰胺的适用标准?

答：《水处理剂 阴离子和非离子型聚丙烯酰胺》GB/T 17514—2017。本标准适用于阴离子和非离子型聚丙烯酰胺产品，该产品主要用作饮用水、工业用水及废水、污水处理的絮凝剂和污泥脱水剂。

阴离子和非离子型聚丙烯酰胺化学式见图 9.3.1-1。

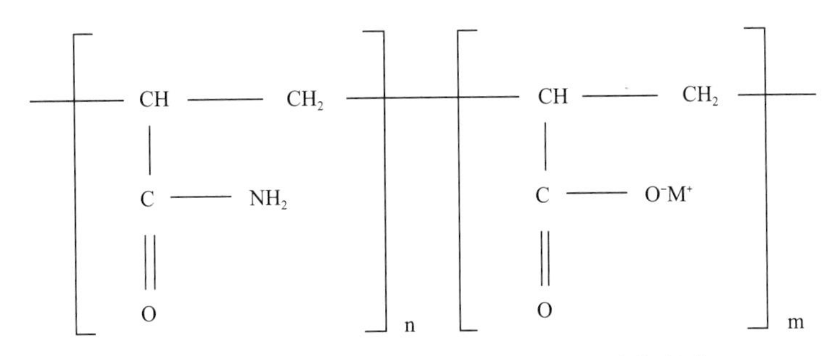

图 9.3.1-1　阴离子和非离子型聚丙烯酰胺化学式

注：其中 M 为 H、NH_4 或 Na 等。

《水处理剂 阳离子型聚丙烯酰胺的技术条件和试验方法》GB/T 31246—2014。本标准适用于水处理剂用阳离子型聚丙烯酰胺产品，该产品主要用作工业用水、废水和污水处理及污泥处理的絮凝。

阳离子型聚丙烯酰胺化学式见图 9.3.1-2。

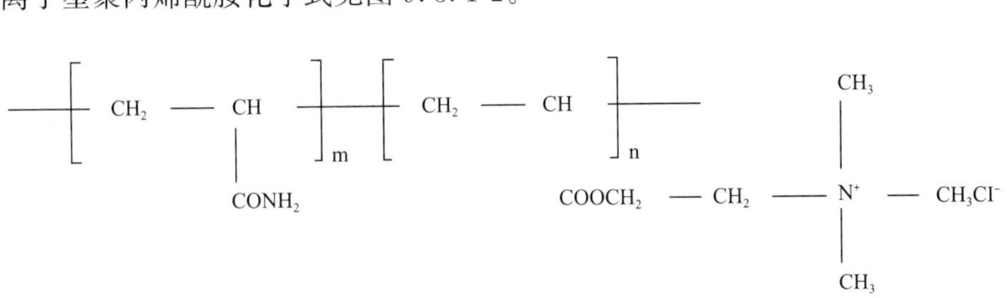

$$-[CH_2-CH(CONH_2)]_m-[CH_2-CH(COOCH_2-CH_2-N^+(CH_3)_2-CH_3Cl^-)]_n-$$

图 9.3.1-2　阳离子型聚丙烯酰胺化学式

问：阳离子型聚丙烯酰胺可用于生活饮用水处理？

答：标准规范对聚丙烯酰胺的使用规定如下：

1.《水处理剂 阳离子型聚丙烯酰胺的技术条件和试验方法》GB/T 31246—2014。

本标准规定了阳离子型聚丙烯酰胺的要求、试验方法、检验规则以及标志、包装、运输和贮存。

本标准适用于水处理剂用阳离子型聚丙烯酰胺产品，该产品主要用作工业用水、废水和污水处理及污泥脱水处理的絮凝。

2.《水处理剂 阴离子和非离子型聚丙烯酰胺》GB/T 17514—2017。

本标准规定了水处理剂阴离子和非离子型聚丙烯酰胺产品的要求、试验方法、检验规则以及标志、包装、运输、贮存等。

本标准适用于阴离子和非离子型聚丙烯酰胺产品，该产品主要用作饮用水、工业用水及废水、污水处理的絮凝剂和污泥脱水剂。

3.《高浊度水给水设计规范》CJJ 40—2011。

6.1.4 条文说明：目前采用的阳离子型有机高分子絮凝剂，系丙烯酰胺（AM）与二甲基二烯丙基季铵盐的共聚物，具有除浊和提高沉速的双重功能。阳离子型有机高分子絮凝剂处理黄河高浊度水试验表明，在一定原水含沙量的条件下，比阴离子聚丙烯酰胺絮凝剂有更明显的技术经济优势。

对于阳离子型有机高分子絮凝剂在水中残余单体二甲基二烯丙基氯化铵含量的毒理问题，目前看法不一。基本上认为该单体含量控制在 0.05mg/L 以下，可用于给水处理；但也有的则认为该产品有一定的毒性，在生活用水处理中应慎重使用。

必须指出，目前我国新的水处理药剂国标中仍未将阳离子型有机高分子絮凝剂列入，国家水处理药剂委员会正在组织国内有关单位进行毒理卫生指标的试验和鉴定工作。

问：聚丙烯酰胺用于生活饮用水处理时的安全投量？

答：聚丙烯酰胺用于生活饮用水处理时的安全投量≯2mg/L。

《高浊度水给水设计规范》CJJ 40—2011。

6.3.5 当投加聚丙烯酰胺进行生活饮用水处理时，出厂水中丙烯酰胺单体的残留浓度必须符合现行国家标准《生活饮用水卫生标准》GB 5749 的规定。

6.3.5 条文说明：根据《水处理剂 聚丙烯酰胺》GB 17514—2008 的规定，用于饮用水处理的Ⅰ类产品，丙烯酰胺单体含量应≤0.025%；又根据《生活饮用水卫生标准》GB 5749—2006 的规定，生活饮用水中丙烯酰胺单体含量的限值是 0.0005mg/L；假定投入水中的聚丙烯酰胺中所含丙烯酰胺单体，全部溶解并随出水逸出，则聚丙烯酰胺的最大投加量应不大于 2mg/L（丙烯酰胺单体残留剂量≤2mg/L×0.025%＝0.0005mg/L）。因此，符合国家标准的饮用水处理用聚丙烯酰胺，最大投加量按 2mg/L 控制，对生活饮用水是安全的。

控制聚丙烯酰胺投加量的目的是控制丙烯酰胺单体的残留量，一切以出厂水中丙烯酰胺单体残留浓度达标为依据。聚丙烯酰胺投加量和出厂水中丙烯酰胺单体残留量的对应关系，与原水的水质和采用的净水工艺过程相关，可通过实验和运行监测来确定。

9.3.2 混凝剂和助凝剂的储备量应按当地供应、运输等条件确定，宜按最大投加量的 7d～15d 计算。

9.3.3 混凝剂和助凝剂的投配应采用溶液投加方式。有条件的水厂应采用液体原料经稀释配制后或直接投加。

问：混凝剂和助凝剂的投配方式？

答：为减轻水厂操作人员劳动强度和消除粉尘污染，目前全国大部分水厂一般都采用液体原料经稀释后进行投加。因此，货源可靠、供应条件具备的水厂都应直接采用液体原料混凝剂。而固体混凝剂因占地小，又可长期存放，可作为应急备份。

石灰不宜干投，应制成石灰乳投加，以免粉尘飞扬，造成工作环境的污染。

9.3.4 混凝剂和助凝剂的原料储存和溶液配制设计应符合下列规定：

1 计算固体混凝剂和助凝剂仓库面积时其堆放高度可为1.5m～2.0m，有运输设备时堆放高度可适当增加；

2 液体原料混凝剂宜储存在地下储液池中，储液池不应少于2个；

3 混凝剂和助凝剂溶液配制应包括稀释配制投加溶液的溶液池和与投加设备相连的投加池，当混凝剂和助凝剂为固体时应设置溶解池；当设置2个及以上溶液池时，溶液池可兼作投加池，并互为备用和交替使用；

4 混凝剂和助凝剂的溶解和稀释配制应按投加量、混凝剂性质，选用水力、机械或压缩空气等搅拌、稀释方式；

5 混凝剂和助凝剂溶解和稀释配制次数应根据混凝投加量和配制条件等因素确定，每日不宜大于3次；

6 混凝剂和助凝剂溶解池不宜少于2个，溶液池和投加池的总数不应少于2个；溶解池宜设在地下，溶液池和投加池宜设在地上；

7 采用聚丙烯酰胺为助凝剂时，聚丙烯酰胺的原料储存和溶液配制应符合现行行业标准《高浊度水给水设计规范》CJJ 40的有关规定；

8 混凝剂和助凝剂的溶解池、溶液池、投加池和原料储存池应采用耐腐蚀的化学储罐或混凝土池；采用酸、碱为助凝剂时，原料储存和溶液配制应采用耐腐蚀的化学储罐；化学储罐宜设在地上，储罐下方周边应设药剂泄漏的收集槽；

9 采用氯为助凝剂时，应符合本标准第9.9节的有关规定；

10 采用石灰、高锰酸钾、聚丙烯酰胺为助凝剂时，宜采用成套配制与投加设备。

问：固体混凝剂和助凝剂溶解和稀释方式？

答：固体混凝剂和助凝剂溶解和稀释方式取决于所选用药剂的易溶程度，液体原料的稀释配制方式则主要依据投加量的大小来选择。当固体药剂易溶解时，可采用水力搅拌方式。当药剂难以溶解时，则宜采用机械或压缩空气进行搅拌。此外，投加量的大小也影响搅拌方式的选择，投加量小可采用水力搅拌方式，投加量大宜采用机械或压缩空气进行搅拌。水力搅拌一般通过在池外设循环泵来实现，机械搅拌一般通过在池内设叶轮或桨板搅拌设备来实现，压缩空气搅拌一般通过设空压机与池底曝气管来实现。

问：溶解池设置在地下、溶液池和投加池设置在地上的理由？

答：混凝剂和助凝剂的溶解池设置在地下主要是便于拆包卸料，混凝剂和助凝剂的溶液池和投加池设置在地上可使吸程有限的加注泵自灌启动，同时也可为加注泵安装在地面层以方便维护创造条件。考虑到溶解池不需要连续工作，故规定不宜少于2个。而投加池因需要连续工作，故规定溶解池与投加池的总数不应少于2个。

问：聚丙烯酰胺在生活饮用水处理中作絮凝剂的投加量？

答：聚丙烯酰胺广泛应用于工业给水和生活给水中，作为絮凝剂或助凝剂（如非离子型和阳离子型），阳离子型也可作为絮凝剂单独使用。作为助凝剂，处理高浊度水时，应先加聚丙烯酰胺，经充分混合后再投加普通絮凝剂。作为絮凝剂用于工业给水处理时的投加量一般为1mg/L～5mg/L，饮用水处理时一般<1mg/L。

在使用中未水解的聚丙烯酰胺应水解后使用，常用的最佳水解度为28%～35%，水解或未水解的聚丙烯酰胺溶液的配制浓度宜为1%，投加浓度宜为0.1%。

——祁鲁梁，李永存，张莉．水处理药剂及材料实用手册［M］．北京：中国石化出版社，2006：10.

问：常规水处理工艺能否去除丙烯酰胺？

答：用聚丙烯酰胺絮凝剂处理饮用水时会造成丙烯酰胺单体的残留。通常，水中该聚合物的最大允许用量为1mg/L。当聚合物中单体的含量占0.05%时，水中相对应的单体的最大理论浓度相当于0.5g/L。实际使用中，浓度可能比上述还要低2倍～3倍。这个浓度适用于阴离子和非离子聚丙烯酰胺，而阳离子聚丙烯酰胺中单体的残留水平可能会高些。聚丙烯酰胺还可以用作建造饮用水蓄水池和水井的灌浆剂。人对其摄入源于食物的可能性多于源于饮用水，这是因为食物加工过程中使用聚丙烯酰胺，而高温烹调食物（例如面包、油炸的和烤的食物）可能生成丙烯酰胺单体。

常规的水处理方法不能去除丙烯酰胺。在饮用水中丙烯酰胺浓度的控制可通过限制聚丙烯酰胺絮凝剂中丙烯酰胺的含量或限制聚丙烯酰胺絮凝剂的用量，或者两者兼用来实现。

备注：尽管在大多数试验室中丙烯酰胺实际定量水平高于准则值（通常约1μg/L），饮用水中丙烯酰胺浓度可以通过产品规格或用量来控制。

问：药剂投加量与处理最大含沙量的关系？

答：药剂单独投加所能处理最大含沙量，可参照表9.3.4-1的数值选用。

药剂单独投加所能处理最大含沙量　　表9.3.4-1

药剂种类	处理最大含沙量（kg/m^3）
硫酸铝	10
三氯化铁	25
聚合氯化铝（铁）	40
聚丙烯酰胺	80～100

注：本表摘自《高浊度水给水设计规范》CJJ 40—2011，表6.1.2。

问：聚丙烯酰胺在生活饮用水处理中作助凝剂？

答：聚丙烯酰胺作为助凝剂，是利用它的强烈吸附架桥作用，使细小松散絮体变得粗大而紧密，提高絮凝效果。使用时为提高助凝效果一般用其水解产物。使用浓度以稀溶液为宜，一般先配成10%浓度，使用时稀释到0.1%～1%。配制时搅拌强度要适当，避免破坏分子链，禁止通入蒸汽加速溶解。应设单独的加药系统，不可与其他加药系统共用。

——祁鲁梁，李永存，张莉．水处理药剂及材料实用手册［M］．北京：中国石化出版社，2006.

阳离子型聚丙烯酰胺，在处理高浓度水时可单独作为絮凝剂使用。在浊度为10NTU～

60NTU时作为助凝剂与无机混凝剂配合使用，可达到最优的絮凝效果，并大幅度降低用药量。

阴离子型聚丙烯酰胺是一种常用的高分子助凝剂，具有强烈的吸附架桥作用，将细小分散的絮体变得致密而粗大，进而提高絮凝效果。使用时一般需调配成1%～2%的溶液，计量投加。

问：聚丙烯酰胺溶液的配制？

答：《高浊度水给水设计规范》CJJ 40—2011。

6.2　聚丙烯酰胺溶液的配制

6.2.1　高浊度水处理应采用固含量为90%、二次水解的白色或微黄色颗粒或粉末状聚丙烯酰胺产品，使用时应先经20目～40目格网筛分散均匀，投入药剂搅拌池（罐）中加水快速搅拌60min～90min即可注入药剂溶液池（罐）中，配制成浓度为1%～2%的溶液。

6.2.2　当使用胶状聚丙烯酰胺时，应先经栅条分割成条状或碎块状后，再投入搅拌池（罐）中注水搅拌60min～120min，配制成浓度为1%～2%的溶液。

问：聚丙烯酰胺溶液的投加？

答：《高浊度水给水设计规范》CJJ 40—2011。

6.3.1　聚丙烯酰胺药液可采用计量泵或水射器投加；投加浓度宜为0.1%～0.2%。当采用水射器投加时，药剂投加浓度应为水射器后混合溶液的浓度。

6.3.2　投加聚丙烯酰胺药液的计量设备必须采用聚丙烯酰胺药液进行标定。

6.4.2　当两种药剂联合投加时，宜先投加聚丙烯酰胺或其他高分子絮凝剂，经快速混合后，间隔30～60s再投加混凝剂。原水的浊度和水温越低，两次投加的时间间隔应越长。

6.4.3　当采用聚丙烯酰胺和聚合氯化铝（铁）的联合投加时，必须使先投加的药剂经过充分混合后，再投加第二种药剂。

6.4.3条文说明：聚丙烯酰胺混合的G（速度梯度）值一般不小于$500s^{-1}$，原水含沙量越高则G值应越大。两次投加的间隔时间，应随原水含沙量和水温的降低而适当延长。

聚丙烯酰胺混合的最佳GT值为1500～2000，聚合氯化铝（铁）混合的最佳GT值为2500～3000。

铝盐、铁盐混合时间通常在10s～30s，至多不超过2min。

——严煦世，范瑾初. 给水工程（第四版）[M]. 北京：中国建筑工业出版社，1999：269.

问：提高低浊水混凝效果的措施？

答：从混凝动力学方程可知，水中悬浮物浓度很低时，颗粒碰撞速率大大减小，混凝效果差。为提高低浊水的混凝效果的措施有以下几种：

1. 在投加铝盐或铁盐的同时，投加高分子助凝剂（聚丙烯酰胺或活化硅酸等）。

2. 投加矿物颗粒（如黏土等）以增加混凝剂水解产物的凝结中心，提高颗粒碰撞速率并增加絮凝体密度。如果矿物颗粒能吸附水中的有机物，效果更好，能同时收到部分去除有机物的效果。

3. 直接过滤法。即原水投加混凝剂后经过混合直接进入滤池过滤。滤料（砂和无烟煤）即成为絮凝中心。

——严煦世，范瑾初. 给水工程（第四版）[M]. 北京：中国建筑工业出版社，1999.

问：生活饮用水出水中丙烯酰胺指标要求？

答：聚丙烯酰胺的投加：

1. 聚丙烯酰胺絮凝剂在处理不同浊度原水时的投加量，一般以原水混凝试验或相似水厂的生产运行经验确定。

2. 允许最大投加量：

（1）聚丙烯酰胺本体是无害的，而聚丙烯酰胺产品有极微弱的毒性，主要由于产品中含未聚合的丙烯酰胺单体和游离丙烯腈所致。

经过十余年的毒理试验表明，如采用丙烯酰胺单体含量以干重计小于1%（相当于以商品重量计，小于0.08%）的产品，并控制投加量，对人体是无害的。

（2）生活饮用水处理的聚丙烯酰胺允许投加量不能超过表9.3.4-2。

聚丙烯酰胺最高容许浓度　　表9.3.4-2

聚丙烯酰胺最高容许浓度（mg/L）	
经常使用1.0	非经常使用2.0
指每年使用时间超过1个月	指每年使用时间不超过1个月

（3）《生活饮用水卫生标准》GB 5749—2006，丙烯酰胺限值0.0005mg/L。

3. 投加浓度

水解或未水解的聚丙烯酰胺溶液的配制浓度宜为1%左右；其投加浓度宜为0.1%，个别情况可提高到0.2%。投加聚丙烯酰胺溶液的计量设备都必须用聚丙烯酰胺溶液进行标定。

——摘自《给水排水设计手册》P481

《高浊度水给水设计规范》CJJ 40—2011，第6.3.5条：当投加聚丙烯酰胺进行生活饮用水处理时，出厂水中丙烯酰胺单体的残留浓度必须符合现行国家标准《生活饮用水卫生标准》GB 5749的规定。

问：什么是高浊度水？

答：《高浊度水给水设计规范》CJJ 40—2011。

2.1.1　高浊度水：含沙量或浊度较高，水中泥沙具有分选、干扰和约制沉降特征的原水。按照是否出现清晰的沉降界面，又分为界面沉降高浊度水和非界面沉降高浊度水两类。

2.1.2　界面沉降高浊度水：在沉降过程中分选、干扰和约制沉降作用明显，出现清晰浑液面的高浊度水。含沙量一般大于10kg/m³，以黄河流域的高浊度水为典型代表。

2.1.3　非界面沉降高浊度水：在沉降过程中虽有分选、干扰和约制沉降作用，但不出现清晰浑液面的高浊度水。温度一般大于3000NTU，以长江上游高浊度水为典型代表。

2.1.4　分选、干扰和约制沉降：水中泥沙在下沉过程中，存在粗、细颗粒的分选下沉，颗粒之间产生水力干扰，互相制约，随着浓度的增加，最终呈现水中泥沙颗粒群整体下沉的现象。

问：液体投加混凝剂时溶解次数？

答：据调查，各地水厂一般均采用每日3次，即每班1次。

为使固体混凝剂投入溶解池操作方便及减轻劳动强度，混凝剂投加量较大时，宜设机械运输设备或采用溶解池放在地下的布置形式，以避免固体混凝剂在投放时的垂直提升。

9.3.5 混凝剂和助凝剂投配的溶液浓度可采用5%～20%；固体原料按固体重量或有效成分计算，液体原料按有效成分计算。酸、碱可采用原液投加。聚丙烯酰胺投配的溶液浓度应符合现行行业标准《高浊度水给水设计规范》CJJ 40 的有关规定。

问：混凝剂投加浓度?

答：溶液浓度是指固体重量浓度，即按包括结晶水的商品固体重量计算的浓度。

混凝剂的投加应具有适宜的浓度，在不影响投加精确度的前提下，宜高不宜低。浓度过低，则设备体积大，液体混凝剂还会发生水解。例如三氯化铁在浓度小于6.5%时就会发生水解，易造成输水管道结垢。无机盐混凝剂和无机高分子混凝剂的投加浓度一般为5%～7%（扣除结晶水的重量）。有些混凝剂当浓度太高时容易对溶液池造成较强腐蚀，故溶液浓度宜适当降低。

9.3.6 混凝剂和助凝剂的投加应符合下列规定：

1 应采用计量泵加注或流量调节阀加注，且应设置计量设备并采取稳定加注量的措施；

2 加注设备宜按一对一加注配置，且每一种规格的加注设备应至少配置1套备用设备；当1台加注设备同时服务1个以上加注点时，加注点的设计加注量应一致，加注管道宜同程布置，同时服务的加注点不宜超过2个；

3 应采用自动控制投加，有反馈控制要求的加注设备应具备相应的功能；

4 聚丙烯酰胺的加注应符合现行行业标准《高浊度水给水设计规范》CJJ 40 的有关规定。

问：混凝剂计量和稳定加注量?

答：按要求正确投加混凝剂量并保持加注量的稳定是混凝处理的关键。根据对全国31个自来水公司近50个水厂的函调，大多采用柱塞计量泵或隔膜计量泵投加，其优点是运行可靠，并可通过改变计量泵行程或变频调节混凝剂投加量，既可人工控制也可自动控制。设计中可根据具体条件选用。

有条件的水厂，设计中应采用混凝剂（包括助凝剂）投加量自动控制系统，其方法目前有特性参数法、数学模型法、现场模拟实验法等。无论采用何种自动控制方法，其目的是为达到最佳投加量且能即时调节、准确投加。

9.3.7 与混凝剂和助凝剂接触的池内壁、设备、管道和地坪，应根据混凝剂或助凝剂性质采取相应的防腐措施。

问：与混凝剂接触的防腐措施?

答：常用的混凝剂或助凝剂一般对混凝土及水泥砂浆等都具有一定的腐蚀性，因此对与混凝剂或助凝剂接触的池内壁、设备、管道和地坪，应根据混凝剂或助凝剂性质采取相应的防腐措施。混凝剂不同，其腐蚀性能也不同。如三氯化铁腐蚀性较强，应采用较高标准的防腐措施。而且三氯化铁溶解时会释放大量的热，当溶液浓度为20%时，溶解温度可达70℃左右。一般池内壁可采用涂刷防腐涂料等措施，也可采用大理石贴面砖、花岗岩贴面砖等措施。

9.3.8 加药间宜靠近投药点并应尽量设置在通风良好的地段。室内应设置每小时换气8次～12次的机械通风设备，入口处的室外应设置应急水冲淋设施。

问：加药间劳动保护措施？

答：加药间是水厂中劳动强度较大和操作环境较差的部门，因此对于卫生安全的劳动保护需特别注意。有些混凝剂在溶解过程中将产生异臭和热量，影响人体健康和操作环境，故必须考虑有良好的通风条件等劳动保护措施。

问：为什么加药间宜靠近投药点？

答：为便于操作管理，加药间应与药剂仓库（或药剂储备池）毗连。加药间（或药剂储备池）应尽量靠近投药点，以缩短加药管长度，确保混凝效果。

问：药剂仓库及加药间设置计量工具和搬运设备的规定？

答：药剂仓库内一般可设磅秤作为计量设备。固体药剂的搬运是劳动强度较大的工作，故应考虑必要的搬运设备。一般大中型水厂的加药间内可设悬挂式或单轨起吊设备和皮带运输机。

问：影响混凝效果的因素？

答：影响混凝效果的因素包括水温、水化学特性、水中杂质性质和浓度、水力条件等。

1. 水温的影响

（1）水温对混凝有明显影响：无机盐混凝剂水解是吸热反应，低温水混凝剂水解困难。例如硫酸铝，水温降低10℃，水解速度常数约降低2倍～4倍。当水温在5℃左右时，硫酸铝水解速度已极其缓慢。

（2）低温水的黏度大，使水中杂质颗粒布朗运动强度减弱，碰撞机会减少，不利于颗粒脱稳凝聚。同时水的黏度大时，水流剪力增大，影响絮凝体的成长。

（3）水温低时，胶体颗粒水化作用增强。

（4）水温与水的pH值有关，水温低时，水的pH值提高，相应地混凝最佳pH值不能提高。

为提高低温水混凝效果，常用方法是增加混凝剂投加量和投加高分子助凝剂。常用的助凝剂是活化硅酸，对胶体起吸附架桥作用。它与硫酸铝或三氯化铁配合使用时，可提高絮凝体密度和强度，节省混凝剂用量。

2. 水的pH值和碱度的影响

水的pH值对混凝效果的影响程度，视混凝剂品种而异。对硫酸铝而言，水的pH值直接影响Al^{3+}的水解聚合反应，亦即影响铝盐水解产物的存在形态。去除浊度时，最佳pH值在6.5～7.5之间，絮凝作用主要是氢氧化铝聚合物的吸附架桥和羟基配合物的电性中和作用。

有资料指出，在相同絮凝效果下，原水pH＝7.0时的硫酸铝投加量，约比pH＝5.5时的投加量增加1倍。

采用三价铁盐混凝剂时，由于Fe^{3+}水解产物溶解度比Al^{3+}水解产物溶解度小，且氢氧化铁并非典型的两性化合物，故适用的pH值较宽。用于去除浊度时，pH值在6.0～8.4之间；去除色度时，pH值在3.5～5.0之间。使用二价的硫酸亚铁盐时，应先将二价铁氧化成三价铁，将水的pH值提高至8.5以上（天然水的pH值一般小于8.5）且水中有充足的溶解氧时可完成二价铁氧化过程，但这种方法会使设备和操作复杂化，故通常用氯化法，反应式如下：

$$6FeSO_4 \cdot 7H_2O + 3Cl_2 = 2Fe_2(SO_4)_3 + 2FeCl_3 + 7H_2O$$

从铝盐（铁盐类似）的水解反应可知，反应过程产生 H^+（见表 9.3.8-1），从而导致水的 pH 值下降。要使 pH 值保持在最佳范围内，水中应有足够的碱性物质与 H^+ 中和。天然水中均含一定的碱度（通常是 HCO_3^-）对 pH 值有缓冲作用：

$$HCO_3^- + H^+ \cdot CO_2 + H_2O$$

铝离子水解平衡常数（25℃） **表 9.3.8-1**

反应式	平衡常数（lgK）
$Al^{3+} + H_2O \rightleftharpoons [Al(OH)]^{2+} + H^+$	−4.97
$Al^{3+} + 2H_2O \rightleftharpoons [Al(OH)_2]^+ + 2H^+$	−9.3
$Al^{3+} + 3H_2O \rightleftharpoons Al(OH)_3 + 3H^+$	−15.0
$Al^{3+} + 4H_2O \rightleftharpoons [Al(OH)_4]^- + 4H^+$	−23.0
$2Al^{3+} + 2H_2O \rightleftharpoons [Al_2(OH)_2]^{4+} + 2H^+$	−7.7
$3Al^{3+} + 4H_2O \rightleftharpoons [Al_3(OH)_4]^{5+} + 4H^+$	−13.94
$Al(OH)_3$（无定形）$\rightleftharpoons Al^+ + 3OH^-$	−31.2

注：各组分含量多少以至存在与否，取决于铝离子水解时的条件，包括水温、pH 值（见表 9.38-2）、铝盐投加量等。

pH 值与水解产物 **表 9.3.8-2**

pH 值	水解产物
pH<3	水中铝以 $[Al(H_2O)_6]^{3+}$ 形态存在
pH=5	铝浓度为 0.1mol/L 时，主要产物为 $[Al_{13}(OH)_{32}]^{7+}$
pH=5	铝浓度为 10^{-5}mol/L 时，主要产物为 Al^{3+} 和 $[Al(OH)_2]^+$ 等
pH=4～5	按给水处理一般铝盐投加量，水中将产生较多的多核羟基配合物，如 $[Al_2(OH)_2]^{4+}$、$[Al_3(OH)_4]^{5+}$ 等
pH=6.5～7.5	水解产物以 $Al(OH)_3$ 沉淀物为主
pH>8.5	水解产物以负离子形态 $[Al(OH)_4]^-$ 出现

高分子混凝剂的混凝效果受 pH 值影响较小。

饮用水处理用硫酸铝指标要求采用《水处理剂 硫酸铝》GB 31060—2014 中Ⅰ类。

3. 水中悬浮物浓度的影响

（1）低浊水：从混凝动力学方程可知，水中悬浮物浓度很低时，颗粒碰撞速率大大减小，混凝效果差。为提高低浊水的混凝效果的措施有以下几种：

1）在投加铝盐或铁盐的同时，投加高分子助凝剂（聚丙烯酰胺或活化硅酸等）。

2）投加矿物颗粒（如黏土等）以增加混凝剂水解产物的凝结中心，提高颗粒碰撞速率并增加絮凝体密度。如果矿物颗粒能吸附水中的有机物，效果更好，能同时收到部分去除有机物的效果。

3）直接过滤法。即原水投加混凝剂后经过混合直接进入滤池过滤。滤料（砂和无烟煤）即成为絮凝中心。

（2）高浊水：如我国西北、西南等地区的高浊度水源，为使悬浮物达到吸附电中和脱稳作用，所需铝盐或铁盐混凝剂量将相应地大大增加。为减少混凝剂用量，通常投加高分子助凝剂，如聚丙烯酰胺及活性硅酸等。聚合氯化铝处理高浊度水的混凝效果也挺好。

问：絮凝过程中絮凝体颗粒变化情况？

答：在絮凝过程中，絮凝体尺寸逐渐增大，粒径变化可以从微米级增到毫米级，变化幅度达几个数量级。

——严煦世，范瑾初. 给水工程（第四版）[M]. 北京：中国建筑工业出版社，1999：269.

问：水处理混凝剂的相关标准汇总？

答：水处理混凝剂的相关标准汇总见表 9.3.8-3。

水处理混凝剂的相关标准汇总　　表 9.3.8-3

标准	适用范围
《生活饮用水用聚氯化铝》GB 15892—2009	主要用于生活饮用水的净化
《水处理剂 聚氯化铝》GB/T 22627—2014	主要用于工业给水、废水和污水及污泥处理
《水处理剂 硫酸铝》GB 31060—2014	本标准适用于水处理剂用硫酸铝，该产品主要用于饮用水及工业用水、废水和污水处理，其中用于饮用水的原料硫酸应采用工业硫酸，含铝原料应采用工业氢氧化铝。硫酸铝按用途分两类：Ⅰ类：饮用水用；Ⅱ类：工业用水、废水和污水用
《水处理剂 氯化铁》GB/T 4482—2018	主要用于饮用水、工业用水、废污水处理及污泥脱水处理
《水处理剂 硫酸亚铁》GB/T 10531—2016	本标准适用于硫酸亚铁水处理剂。该产品主要作为铁系水处理剂的生产原料使用，也可用于工业用水的处理，其中Ⅰ类产品指钛白粉生产的副产硫酸亚铁。Ⅰ类：铁系水处理剂的生产原料用；Ⅱ类：工业用水、废水和污水处理用
《水处理剂 聚合硫酸铁》GB/T 14591—2016	本标准适用于水处理剂聚合硫酸铁。该产品主要用于生活饮用水、工业用水、污水及污泥的处理。其中一等品可用于生活饮用水处理，其原料应为硫酸亚铁（Ⅰ类产品）和工业硫酸

问：混凝剂投加对有机物的去除率？

答：常规处理对水中不同分子量有机物的去除效果不同。混凝剂投加量以最佳有机物去除效果决定。混凝结果表明，对于分子量 10000 以上的有机物混凝能全部去除，对于分子量在 1000～10000 的有机物能去除 33%左右，分子量低于 1000 的有机物去除率为 27%，低于 500 的有机物反而有增加。

实际生产运行是以出水的浊度为工艺控制目标，混凝剂投加量低于烧杯试验。滤后水浊度约 5NTU 以下。常规处理对非溶解性有机物去除率 94%左右，对分子量 10000 以上的溶解性有机碳去除率 80%左右，对分子量 1000～10000 的有机碳只去除 30%左右，低于 1000 的有机碳反而增加。结果同烧杯试验一致。因此常规处理对分子量大于 10000 的有机物是十分有效的，对低于 1000 的有机物没有去除效果，反而会引起增加。根据水源水中一般的有机物分子量特点，常规处理对 TOC 去除基本在 40%以下，一般为 30%。简而言之，常规处理去除的有机物主要为分子量大于 10000 的部分，对低分子量有机物去除作用很小。因此，如果想提高给水处理中对有机物的去除率，单纯依靠常规处理不可能实现。

——王占生，刘文君. 微污染饮用水水源处理 [M]. 北京：中国建筑工业出版社，2001：49.

9.4 混凝、沉淀和澄清

问：凝聚、絮凝、混凝？

答：2.0.88 凝聚：为削弱胶体颗粒间的排斥或破坏其亲水性，使颗粒易于相互接触而吸附的过程。

2.0.89　絮凝：水中细小颗粒在外力扰动下相互碰撞、聚结，形成较大絮状颗粒的过程。

2.0.90　混凝：凝聚和絮凝的总称。

问：沉淀及沉淀池？

答：沉淀及沉淀池类型见表9.4-1。

沉淀及沉淀池类型　　**表9.4-1**

沉淀	2.0.91　沉淀：利用重力沉降作用去除水中杂物的过程
	3.1.51　自然沉淀：不投加混凝剂的沉淀过程
	3.1.52　混凝沉淀：投加混凝剂的沉淀过程
沉淀池	3.1.53　平流沉淀池：水沿水平方向流动的狭长形沉淀池
	3.1.54　上向流斜管沉淀池：池内设置斜管，水流自下而上经斜管进行沉淀，沉泥沿斜管向下滑动的沉淀池
	3.1.55　侧向流斜板沉淀池：池内设置斜板，水流由侧向通过斜板，沉泥沿斜板滑下的沉淀池
	3.1.56　竖流沉淀池：水流向上、颗粒向下沉降完成沉淀过程的构筑物

问：水处理强化混凝效果的工艺方法？

答：沉淀分离是常规给水处理工艺的重要组成部分，强化沉淀分离主要采用新型高效高分子絮凝剂，强化和增加絮凝体的净化、改善沉淀水流状态、减小沉降距离，提高沉淀效率、提高絮凝颗粒的有效浓度，促进絮凝体整体网状结构的快速形成。目前，我国水厂中采用的高密度澄清池，可大幅降低沉淀池的出水浊度，有效降低水中微生物污染，但难以去除水中溶解性有机物。

高密度沉淀池将混合区、絮凝区与沉淀池分离，在浓缩区与混合部分之间设污泥外部循环，通过机械絮凝形成高浓度混合絮凝体，采用有机高分子絮凝剂和助凝剂，提高矾花凝聚效果，沉淀区下部按浓缩池设计，大大提高污泥浓缩效果。其优点是水质适应性和抗冲击性强，出水水质更好。2002年上海市政工程设计研究院通过对混凝剂和助凝剂的投加、混合、絮凝方式，污泥与原水的配比和污泥循环回用，絮凝区与沉淀区的有机结合，进出沉淀区的水力条件和布置等8个技术点进行优化，开发了中置式高密度沉淀池，此池型具有占地小、施工简单、絮凝沉淀时间短、矾耗少、布水均匀等优点。高密度沉淀池所代表的强化混凝沉淀是当前发展的主流之一。

问：自然沉淀（澄清）与混凝沉淀（澄清）的区别？

答：本节所述沉淀和澄清均指通过投加混凝剂后的混凝沉淀和澄清。自然沉淀（澄清）与混凝沉淀（澄清）有较大区别，本节规定的各项指标不适用于自然沉淀（澄清）。

Ⅰ　一般规定

9.4.1　沉淀池或澄清池类型应根据原水水质、设计生产能力、处理后水质要求，并考虑原水水温变化、制水均匀程度以及是否连续运转等因素，结合当地条件通过技术经济比较确定。

问：沉淀池和澄清池类型选择的原则？

答：随着净水技术的发展，沉淀和澄清构筑物的类型越来越多，各地均有不少经验。

在不同情况下，各类池型有其各自的适用范围。正确选择沉淀池、澄清池型，不仅对保证出水水质、降低工程造价有重大影响，而且对投产后长期运行管理等方面也有重大影响。设计时应根据原水水质、处理水量和水质要求等主要因素，并考虑水质、水温和水量的变化以及是否间歇运行等情况，结合当地成熟经验和管理水平等条件，通过技术经济比较确定。

9.4.2 沉淀池和澄清池的个数或能够单独排空的分格数不应少于 2 个。

问：沉淀池和澄清池的个数?

答：在运行过程中，有时需要停池清洗或检修，为不致造成水厂停产，故规定沉淀池和澄清池的个数或能够单独排空的分格数不应少于 2 个。

9.4.3 设计沉淀池和澄清池时应考虑均匀配水和集水。

问：沉淀池和澄清池均匀配水和集水的目的?

答：沉淀池和澄清池均匀配水和集水，对于减少短流、提高处理效果有很大影响。因此，设计中必须注意配水和集水的均匀。对于大直径的圆形澄清池，为达到集水均匀，还应考虑设置辐射槽集水的措施。

9.4.4 沉淀池积泥区和澄清池沉泥浓缩室（斗）的容积，应根据进出水的悬浮物含量、处理水量、加药量、排泥周期和浓度等因素通过计算确定。

9.4.5 沉淀池和澄清池应采用机械化排泥装置。有条件时，可对机械化排泥装置实施自动化控制。

问：沉淀池或澄清池设置机械化和自动化排泥的原则?

答：沉淀池或澄清池沉泥的及时排除对提高出水水质有较大影响。当沉淀池或澄清池排泥较频繁时，若采用人工开启阀门，则劳动强度较大，故宜考虑采用机械化和自动化排泥装置。平流沉淀池和斜管沉淀池一般可采用机械吸泥机或刮泥机；澄清池则可采用底部转盘式机械刮泥装置。

考虑到各地加工条件及设备供应条件不一，故条文中并不要求所有水厂都应达到机械化、自动化排泥，仅规定了在规模较大或排泥次数较多时，宜采用机械化和自动化排泥装置。

9.4.6 澄清池絮凝区应设取样装置。

问：为什么澄清池絮凝区应设取样装置?

答：为保持澄清池的正常运行，澄清池需经常检测沉渣的沉降比，为此规定了澄清池絮凝区应设取样装置。

9.4.7 沉淀池宜采用穿孔墙配水，穿孔墙孔口流速不宜大于 0.1m/s。

问：穿孔墙孔口流速的规定原则?

答：沉淀池进水与出水均匀与否是影响沉淀效率的重要因素之一。为使进水能达到在整个水流断面上配水均匀，一般宜采用穿孔墙，但应避免絮粒在通过穿孔墙处破碎。穿孔墙过孔流速不应超过絮凝池末端流速，一般应在 0.1m/s 以下。

9.4.8 沉淀池和澄清池宜采用集水槽集水，集水槽溢流率不宜大于 $250m^3/(m\cdot d)$。

Ⅱ 混　　合

问：混合及混合方式?

答：2.0.87　混合：使投入的药剂迅速均匀扩散到水中的过程。

3.1.42　机械混合：通过机械装置扰动水体进行混合的过程。

3.1.43　水力混合：通过消耗自身能量扰动水体进行混合的过程。

3.1.44　水泵混合：在水泵吸水管中投加药剂，通过水泵叶轮高速转动进行混合的过程。

9.4.9　混合设备应根据所采用的混凝剂品种，使药剂与水进行恰当的急剧、充分混合。

问：不同药剂混合方式不同？

答：1. 混合是指投入的混凝剂被迅速均匀地分布于整个水体的过程。在混合阶段胶体颗粒间的排斥力被消除或其亲水性被破坏，使颗粒具有相互接触而吸附的性能。据有关资料显示，对金属盐混凝剂普遍采用急剧、快速的混合方法，而对高分子聚合物的混合则不宜过分急剧。故本条规定“使药剂与水进行恰当的急剧、充分混合”。

2. 混合时间一般为 10s～60s，搅拌速度梯度 G 一般为 $600s^{-1}$～$1000s^{-1}$。

3. 混合设施与后续处理构筑物的距离越近越好，尽可能采用直接连接方式，连接管道的流速可采用 0.8m/s～1.0m/s，管道内停留时间不宜超过 2min。

9.4.10　混合方式的选择应考虑处理水量、水质变化，可采用机械混合或水力混合。

问：混合方式总结？

答：混合方式主要分为水力混合和机械混合。给水工程常用的混合方式有水泵混合、管式混合、机械混合以及管道静态混合等，其中水泵混合属于机械混合的特殊形式，水力混合包括静态混合、管式混合。目前国内应用较多的混合方式为管道静态混合和机械混合。混合方式总结见表 9.4.10。

混合方式总结　　**表 9.4.10**

混合方式	优缺点	适用条件
水泵混合	优点： 1. 设备简单； 2. 混合充分，效果较好； 3. 不另消耗动能。 缺点： 1. 吸水管较多时，投药设备要增加，安装、管理较麻烦； 2. 配合加药自动控制较困难； 3. G 值相对较低	水泵混合通常用于取水泵房靠近水厂处理构筑物的场合，两者间距不宜大于150m。 取水泵房距水厂处理构筑物较远时，不宜采用水泵混合，因为经水泵混合后的原水在长距离管道输送过程中，可能过早地在管中形成絮凝体。已形成的絮凝体在管道中一经破碎，往往难于重新聚集，不利于后续絮凝，且当管中流速低时，絮凝体还可能沉积管中
管式静态混合	优点： 1. 设备简单，维护管理方便； 2. 不需土建构筑物； 3. 在设计流量范围内混合效果较好； 4. 不需外加动力设备。 缺点： 1. 运行水量变化影响效果； 2. 水头损失较大	适用于水量变化不大的各种规模的水厂
管式扩散混合	优点： 1. 不需外加动力设备； 2. 不需土建构筑物； 3. 不占地。 缺点： 混合效果受水量变化的影响	适用于中等规模的水厂

续表

混合方式	优缺点	适用条件
机械混合	优点： 1. 混合效果较好； 2. 水头损失较小； 3. 混合效果基本不受水量变化影响。 缺点： 1. 需耗动能； 2. 管理维护较复杂； 3. 需建混合池	适用于各种规模的水厂。 搅拌器可以是桨板式、螺旋桨式或透平式。桨板式适用于容积较小的混合池（一般在 $2m^3$ 以下），其余可用于容积较大的混合池。搅拌功率按产生的速度梯度为 $700s^{-1}$～$1000s^{-1}$ 计算确定，混合时间 10s～30s，最大不超过 2min。 机械混合池在设计中应避免水流同步旋转而降低混合效果。机械混合池的优点是混合效果好，且不受水量变化影响

扩散混合器是在管式孔板混合器前加装一个锥形帽，水流和药剂冲撞锥形帽后扩散形成剧烈紊流，使药剂和水达到快速混合（见图 9.4.10）。锥形帽夹角 90°。锥形帽顺水流方向的投影面积为进水管总截面积的 1/4，孔板的开孔面积为进水管截面面积的 3/4。孔板流速一般采用 1.0m/s～1.5m/s，混合时间约 2s～3s，混合器节管长度不小于 0.5m，水流通过混合器的水头损失约为 0.3m～0.4m，混合器直径在 DN200～1200。

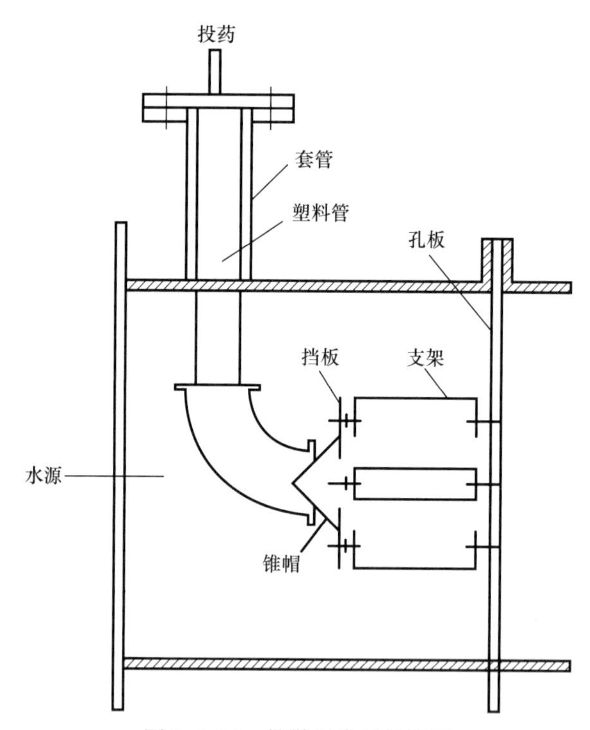

图 9.4.10　扩散混合器构造图

静态混合器可参见《静态混合器》JB/T 7660—2016。

Ⅲ　絮　　凝

问：絮凝作用？

答：投加混凝剂并经充分混合后的原水，在外力作用下使微絮粒相互接触碰撞，形成更大絮粒的过程称作絮凝。完成絮凝过程的构筑物为絮凝池，习惯上也称作反应池。

问：絮凝池类型？

答：3.1.45　机械絮凝池：通过机械装置搅动水体进行絮凝的构筑物。

3.1.46　隔板絮凝池：水体通过不同间距隔板进行絮凝的构筑物。

3.1.47　折板絮凝池：水体通过折板多次转弯、曲折流动进行絮凝的构筑物。

3.1.48　波纹板絮凝池：水体通过波纹板多次收缩扩大，改变流速进行絮凝的构筑物。

3.1.49　栅条（网格）絮凝池：水体通过栅条或网格相继收缩扩大，形成蜗旋进行絮凝的构筑物。

3.1.50　穿孔旋流絮凝池：水体沿池壁切线方向进入交错布置的多格孔洞，形成旋流进行絮凝的构筑物。

问：各类絮凝池的应用？

答：各类絮凝池的应用见表9.4-2。

各类絮凝池的应用　　表9.4-2

絮凝池类型	动力	优缺点	应用
机械絮凝池（水平轴式、垂直轴式）	机械	优点：可随水质、水量变化而随时改变转速以保证絮凝效果，能应用于任何规模水厂。 缺点：因机械设备而增加机械维修工作	水平轴式通常用于大型水厂；垂直轴式一般用于中、小型水厂。 为适应絮凝体形成规律，第一格内搅拌强度最大，而后逐格减小，从而速度梯度 G 值也相应由大至小
隔板絮凝池（往复式、回转式）	水力	优点：构造简单，管理方便。 缺点：流量变化大者，絮凝效果不稳定，与折板絮凝池及网格絮凝池相比，因水流条件不甚理想，能量消耗（即水头损失）中的无效部分比例较大，故需较长絮凝时间，池子容积较大。 絮凝时间一般采用20min～30min	用于大、中型水厂。 目前往往把往复式、回转式两种组合使用，前为往复式，后为回转式。因絮凝初期，絮凝体尺寸小，无破碎之虑，采用往复式较好；絮凝后期，絮凝体尺寸较大，采用回转式较好
折板絮凝池（平流折板、竖流折板、竖流波纹板絮凝池）竖流折板（多用）分同步、异步两种	水力	优点：水流在同波折板之间曲折流动或在异波折板之间缩放流动且连续不断，以至形成众多的小涡旋，提高了颗粒碰撞絮凝效果。总体上看，折板絮凝池接近于推流型。与隔板絮凝池相比，水流条件大大改善，亦即在总的水流能量消耗中，有效能量消耗比例提高，故所需絮凝时间可以缩短，池子体积减小。絮凝时间一般采用10min～15min。 缺点：折板絮凝池因板距小，安装维修较困难，折板费用较高	水量变化不大的水厂
穿孔旋流絮凝池	水力	优点：构造简单，施工方便，造价低	可用于中、小型水厂或与其他形式的絮凝池组合应用
栅条（网格）絮凝池	水力	优点：网格絮凝池效果好，水头损失小，絮凝时间较短。 缺点：存在末端池底积泥现象，少数水厂发现网格上滋生藻类、堵塞网眼现象	絮凝池宜与沉淀池合建，一般布置成两组并联形式。每组水量一般在1.0万 m^3/d～2.5万 m^3/d 之间

问：絮凝剂聚合氯化铝？

答：聚氯化铝又名聚合氯化铝或羟基氯化铝，简称PAC，是三氯化铝和氢氧化铝的复合盐。聚氯化铝是一种无机高分子化合物，由各种络合物混合组成，其分子量较一般凝聚剂大，比有机高分子絮凝剂的分子量小。

液体产品为无色或淡黄色、棕褐色透明半透明液体，无沉淀。固体产品为黄色粉末状。产品易溶于水，固体产品易吸潮结块。对各种水质适应性较强，混凝过程 pH 范围广（1%水溶液 pH 值 3.5～5.0），对低温水处理效果好，是目前国内外研究和使用最为广泛的无机高分子絮凝剂。

该产品属于阳离子无机高分子絮凝剂，是目前生活给水、工业给水处理中应用最为广泛的絮凝剂，适用于低温低浊水及高浊水的净化处理，产品的有效投加量为 20mg/L～50mg/L。液体产品可直接计量投加，固体产品需先在溶解池中配成 10%～15%的溶液后，按所需浓度计量投加，产品腐蚀性强，投加设备需进行防腐处理，操作人员需配备劳动保护设施。

——祁鲁梁，李永存，张莉. 水处理药剂及材料实用手册［M］. 北京：中国石化出版社，2006：9.（也可参见《水处理剂 聚氯化铝》GB/T 22627—2014）

问：水处理剂聚氯化铝相关标准？

答：《水处理剂 聚氯化铝》GB/T 22627—2014。本标准适用于水处理剂用聚氯化铝，该产品主要用于工业给水、废水和污水及污泥处理。

《生活饮用水用聚氯化铝》GB 15892—2009。本标准适用于生活饮用水用聚氯化铝。该产品主要用于生活饮用水的净化。

问：生活饮用水对铝的限值？

答：《生活饮用水卫生标准》GB 5749—2016，铝的限值：0.2mg/L。

铝基于健康的基准值为 0.9mg/L。不过这一浓度已经超过了使用含铝混凝剂的饮用水处理中最优化运行的混凝工艺中实际使用水平：大型水厂≤0.1mg/L，小型水厂≤0.2mg/L。

——世界卫生组织. 饮用水水质准则（第四版）［M］. 上海市供水调度监测中心，上海交通大学译. 上海：上海交通大学出版社，2014.

自然界的铝和饮用水处理混凝剂中的铝盐是饮用水中铝的主要来源。当铝的含量超过 0.1mg/L～0.2mg/L 时，会生成氢氧化铝絮状沉淀。在铁存在的情况下水的变色会进一步加重，因此，减少输配水系统中铝的残留，优化处理工艺非常重要。在良好的运行条件下，铝的浓度低于 0.1mg/L 在很多情况下是可以实现的。现有的证据并不支持设立饮用水中铝的健康准则值。

问：饮用水铝超标的原因？

答：由于饮用水处理多用铝盐混凝剂，铝盐混凝剂在 pH 值高于 9.5 时会产生偏铝酸根，可能会产生滤后水铝超标。（注：生活饮用水标准铝的限值为 0.2mg/L）

从食物中摄入铝，是公众摄入铝的主要途径。在经口摄入的铝总量中，经饮用水摄入的部分通常小于 5%。

铝不设置准则值的原因：从 JECFA 的暂定每周耐受摄入量（PTWI）可推断出一个以健康为基础的浓度——0.9mg/L，这个值已经超过了水处理中使用含铝混凝剂的最优用量，即大型水处理设施中为 0.1mg/L 或者更少，小型水处理设施中为 0.2mg/L 或者更少。

自然界的铝和饮用水处理混凝剂中的铝盐是饮用水中铝的主要来源。当铝的含量超过 0.1mg/L～0.2mg/L 时，会生成氢氧化铝絮状沉淀。在铁存在的情况下水的变色会进一步加重，这常常导致用户的投诉。因此，为减少输配水系统中铝的残留，优化处理工艺非常重要。在良好的运行条件下，铝的浓度低于 0.1mg/L 在很多情况下是可以实现的。

问：出厂水铝偏高的风险控制？

答：1. 2012 年 7 月 16 日，某水厂检测到出厂水铝高达 0.18mg/L，接近标准规范限值要求。厂内开始自查，并采取了如下应对措施：

（1）减少石灰投加量，将反应阶段的 pH 值控制在 7.5 以下。

（2）适当投加助凝剂 PAM，停加滤前二次投加微絮凝剂 PAC。

（3）调整石灰投加点，将设在进水总管上的单一石灰投加点，调整至反应池末端，分 8 个点投加；避免石灰与混凝剂投加点距离过近带来溶解性铝增加的风险。

（4）对混凝剂投加管道进行改造，提高混凝剂投加的均匀性。

（5）暂停回收排泥水及滤池反冲洗水。

通过采用应对措施，出厂水铝逐渐降低并恢复至正常水平。

2. 原因分析

（1）当时正值雨季，原水 pH 值由正常时的 6.6～6.8 增至 7.1～7.2，浊度也有明显增加。此外，原水碱度偏低，导致 pH 值控制难度加大。

（2）该厂使用的铝检测方法与国标检测方法不一致，导致检测结果偏差。

（3）原水 pH 值上升，而石灰投加量未及时调整，导致反应池 pH 值偏高。

（4）工艺条件存在缺陷，包括：混合池缺乏搅拌设备，导致药剂混合效果不好，反应不充分；水厂各构筑物停留时间短，影响混合、反应、沉淀效果。

3. 应对措施

（1）规范铝的检测方法，确保检测数据的准确性。

（2）每年雨季开始后，加强对原水、出厂水铝的监控，及时发现铝的变化趋势，并采取应对措施。

（3）编制水厂铝控制技术指引，明确铝的日常工艺控制方法，包括：合理控制混凝剂的一次投加、二次投加；适当投加助凝剂 PAM 以改善混凝效果；反应过程中的 pH 值动态调整、控制；在必要的情况下停止生产废水回收等。

——深圳市水务（集团）有限公司. 供排水典型案例汇编［M］. 北京：中国建筑工业出版社，2014.

问：铝与阿尔茨海默病的关系？

答：阿尔茨海默病也称老年性痴呆。1997 年对来自英格兰和威尔士的近 1000 名男性的研究发现，阿尔茨海默病的发病率与通过饮用水而摄入的铝量并无太大联系。但是，一项为期十五年，针对 1925 名法国男性和女性的研究表明，铝的高摄入有可能是阿尔茨海默病的一个致病因素。2003 年，世界卫生组织进行了六项关于铝是否是阿尔茨海默病的致病因素的研究。三项结果表明两者有积极的关联，而另外三项结果则显示两者并无关联。

南佛罗里达大学公共卫生学院教授 Amy Borenstein 表示，这些不同的结果是由于流行病学研究本身存在困难造成的。

由于受各种因素的困扰，研究者至今也无法证明铝的摄入量绝对和阿尔茨海默病有关。

9.4.11 絮凝池宜与沉淀池合建。

问：絮凝池与沉淀池合建的作用？

答：为使完成絮凝过程所形成的絮粒不致破碎，宜将絮凝池与沉淀池合建成一个整体构筑物。

9.4.12 絮凝池形式和絮凝时间应根据原水水质情况和相似条件下的运行经验或通过试验确定。

9.4.13 隔板絮凝池宜符合下列规定：

1 絮凝时间一般宜为 20min～30min；

2 絮凝池廊道的流速应由大到小渐变，起端流速宜为 0.5m/s～0.6m/s，末端流速宜为 0.2m/s～0.3m/s；

3 隔板间净距宜大于 0.5m；

4 絮凝池内宜有排泥设施。

9.4.14 机械絮凝池应符合下列规定：

1 絮凝时间宜为 15min～20min；

2 池内设 3 级～4 级搅拌机；

3 搅拌机的转速应根据桨板边缘处的线速度通过计算确定，线速度宜自第一级的 0.5m/s 逐渐变小至末档的 0.2m/s；

4 池内宜设防止水体短流的设施；

5 絮凝池内应有放空设施。

9.4.15 折板絮凝池应符合下列规定：

1 絮凝时间宜为 15min～20min，第一段和第二段絮凝时间宜大于 5min；低温低浊水处理絮凝时间宜为 20min～30min；

2 絮凝过程中的速度应逐段降低，分段数不宜小于三段，第一段流速宜为 0.25m/s～0.35m/s，第二段流速宜为 0.15m/s～0.25m/s；第三段流速宜为 0.10m/s～0.15m/s；

3 折板夹角宜采用 90°～120°；

4 第三段宜采用直板

5 絮凝池内应有排泥设施。

问：折板絮凝池各段折板的设置？

答：异波折板水流断面不断收缩和放大，水流速度和方向不断变化，流速水头较大。同波折板仅水流方向改变，水头损失较小，所以工程上常把异波折板设在絮凝池前段，同波折板设在中段，最后一段安装竖流直板。这样能使絮凝池分段具有不同的水头损失和速度梯度。

问：平（竖）流单（多）通道异（同）波折板图示？

答：平（竖）流单（多）通道异（同）波折板图示见图 9.4.15-1～图 9.4.15-3。

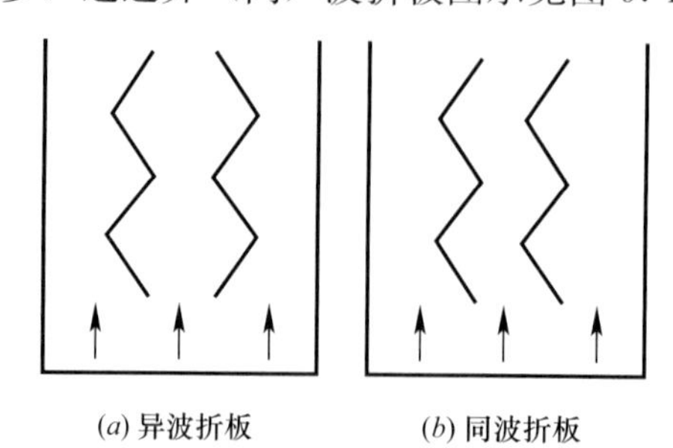

(*a*) 异波折板　　(*b*) 同波折板

图 9.4.15-1　平流多通道折板

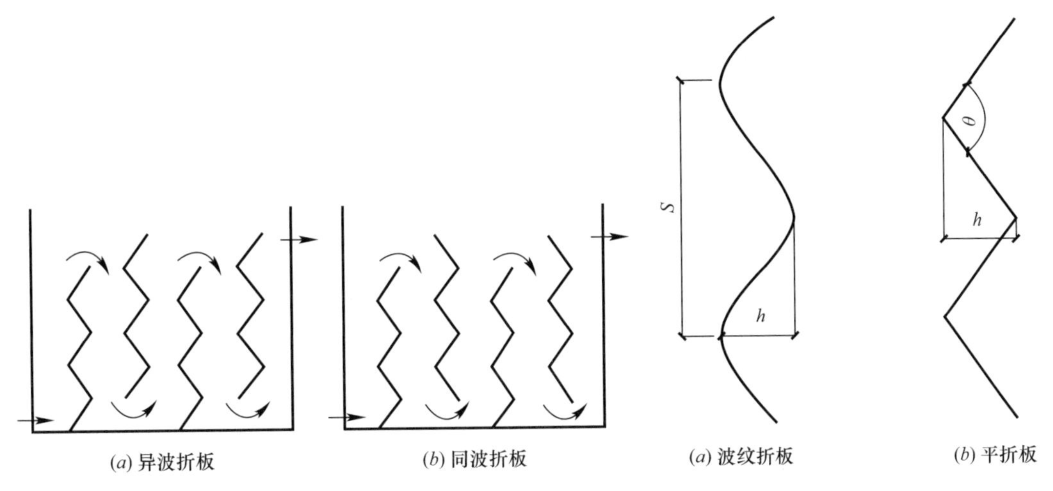

(a) 异波折板　　(b) 同波折板

图 9.4.15-2　竖流单通道折板

(a) 波纹折板　　(b) 平折板

图 9.4.15-3　波纹折板和平折板

9.4.16　栅条（网格）絮凝池应符合下列规定：

1　絮凝池宜采用多格竖流式。

2　絮凝时间宜为 12min～20min，处理低温低浊水时，絮凝时间可延长至 20min～30min；处理高浊水时，絮凝时间可采用 10min～15min。

3　絮凝池竖井流速、过栅（过网）和过孔流速应逐段递减，分段数宜分三段，流速宜符合下列规定：

1）竖井平均流速：前段和中段宜为 0.14m/s～0.12m/s，末段宜为 0.14m/s～0.10m/s；

2）过栅（过网）流速：前段宜为 0.30m/s～0.25m/s，中段宜为 0.25m/s～0.22m/s，末段不宜安放栅条（网格）；

3）竖井之间孔洞流速：前段宜为 0.30m/s～0.20m/s，中段宜为 0.20m/s～0.15m/s，末段宜为 0.14m/s～0.10m/s；

4）用于处理高浊水时，过网眼流速宜控制在 0.6m/s～0.2m/s，并宜自前到末递减。

4　絮凝池宜布置成 2 组或多组并联形式。

5　絮凝池内应有排泥设施。

问：网格、栅条示意图？

答：网格、栅条示意图见图 9.4.16。

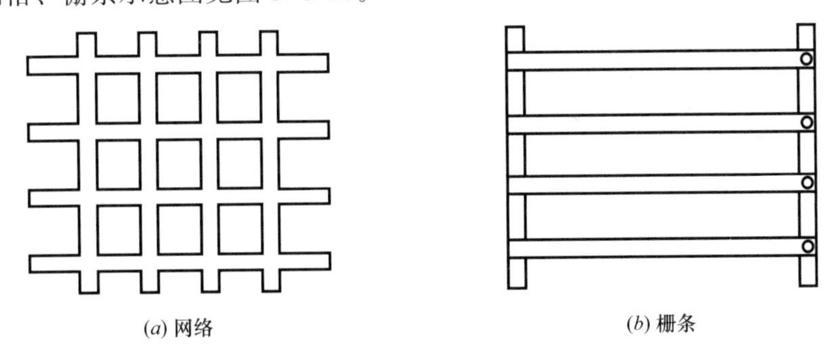

(a) 网络　　(b) 栅条

图 9.4.16　网格、栅条示意图

Ⅳ 平流沉淀池

9.4.17 平流沉淀池的沉淀时间和水平流速宜通过试验或参照相似条件下的水厂运行经验确定，沉淀时间可为1.5h～3.0h，低温低浊水处理沉淀时间宜为2.5h～3.5h，水平流速可采用10mm/s～25mm/s。

问：平流沉淀池沉淀时间的规定？

答：沉淀时间是平流沉淀池设计中的一项主要指标，它不仅影响造价，而且对出厂水水质和投药量也有较大影响。根据实际调查，我国现采用的沉淀时间大多低于3h，出水水质均能符合进入滤池的要求。近年来，由于出厂水水质的进一步提高，在平流沉淀池设计中，采用的停留时间一般都大于1.5h。据此，条文中规定平流沉淀池沉淀时间一般宜为1.5h～3.0h。

设计大型平流沉淀池时，为满足长宽比的要求，水平流速可采用高值，处理低温低浊水时，水平流速可采用低值。

问：平流沉淀池出水浊度？

答：用于生活饮用水处理的平流沉淀池，其出水浊度一般控制在5NTU以下。

9.4.18 平流沉淀池水应避免过多转折。

9.4.19 平流沉淀池的有效水深可采用3.0m～3.5m。沉淀池的每格宽度（数值等同于导流墙间距），宜为3m～8m，不应大于15m；长度与宽度之比不应小于4，长度与深度之比不应小于10。

问：平流沉淀池的长宽比指什么？

答：平流沉淀池的长宽比指的是平流沉淀池池长与每格池宽的比值。

平流沉淀池的池长取决于停留时间和水平流速，即$L=v\cdot t$，而与处理规模无关，当水量增大时，仅需增加池宽即可，因此单位水量的造价指标随着处理规模的增加而明显减小，所以平流沉淀池更适合规模较大的水厂。

问：平流沉淀池配水和集水形式？

答：平流沉淀池进水与出水均匀与否是影响沉淀效率的重要因素之一。为使进水能达到在整个水流断面上配水均匀，一般宜采用穿孔墙，但应避免絮粒在通过穿孔墙处破碎。穿孔墙过孔流速不应超过絮凝池末端流速，一般在0.1m/s以下。根据实践经验，平流沉淀池出水一般采用溢流堰，为不致因堰负荷的溢流率过高而使已沉降的絮粒被出水水流带出，规定溢流率不宜超过300m³/（m·d）。为降低出水堰负荷的溢流率，出水可采用指形集水槽的布置形式（见图9.4.19-1）。

图9.4.19-1 指形集水槽

问：平流沉淀池剖视图？

答：平流沉淀池剖视图见图9.4.19-2。

Ⅴ 上向流斜管沉淀池

9.4.20 斜管沉淀池清水区液面负荷宜通过试验或参照相似条件下的水厂确定，可采用

5.0m³/(m²·h)～9.0m³/(m²·h)，低温低浊水处理液面负荷可采用3.6m³/(m²·h)～7.2m³/(m²·h)。

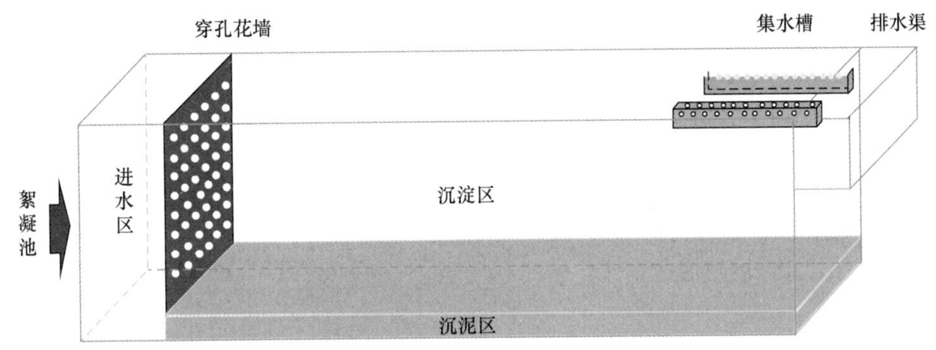

图9.4.19-2 平流沉淀池剖视图

问：斜管沉淀区液面负荷的影响因素？

答：液面负荷值与原水水质、出水浊度、水温、药剂品种、投药量以及选用的斜管直径、长度、温度等有关。北方寒冷地区液面负荷宜取低值。

9.4.21 斜管管径宜为25mm～40mm；斜长宜为1.0m；倾角宜为60°。

问：斜管沉淀池斜管的几何尺寸及倾角？

答：斜管沉淀池斜管的常用形式一般有正六边形、山形、矩形及正方形等，而以正六边形斜管最为普遍。条文中的斜管管径是指正六边形的内切圆直径或矩形、正方形的高。国内上向流斜管的管径一般为30mm～40mm。

据调查，全国各水厂的上向流斜管沉淀池斜管的斜长一般多采用1m；斜管倾角，考虑能使沉泥自然滑下，大多采用60°。

问：斜管沉淀池的有效系数？

答：斜管沉淀池的有效系数是指斜管沉淀池在实际生产运转中因受进水条件、斜板结构等影响而使沉淀效率降低的系数，一般在0.7～0.8之间。

9.4.22 斜管沉淀池的清水区保护高度不宜小于1.2m；底部配水区高度不宜小于2.0m。

问：清水区保护高度及底部配水区高度？

答：斜管沉淀池的集水多采用集水槽或集水管，其间距一般为1.5m～2.0m。为使整个斜管区的出水达到均匀，清水区的保护高度不宜小于1.2m。

斜管以下底部配水区的高度需满足进入斜管区的水量达到均匀，并考虑排泥设施检修的可能。据调查，其高度一般在1.5m～1.7m之间。据此，规定底部配水区高度不宜小于2.0m。

问：上向流斜管沉淀池结构？

答：上向流斜管沉淀池结构见图9.4.22。

Ⅵ 侧向流斜板沉淀池

9.4.23 侧向流斜板沉淀池的设计应符合下列规定：

1 斜板沉淀区的设计颗粒沉降速度、液面负荷宜通过试验或参照相似条件下的水厂运行经验确定，无数据时，设计颗粒沉降速度可采用0.16mm/s～0.3mm/s，清水区液面负荷可采用6.0m³/(m²·h)～12m³/(m²·h)，低温低浊水宜采用下限值；

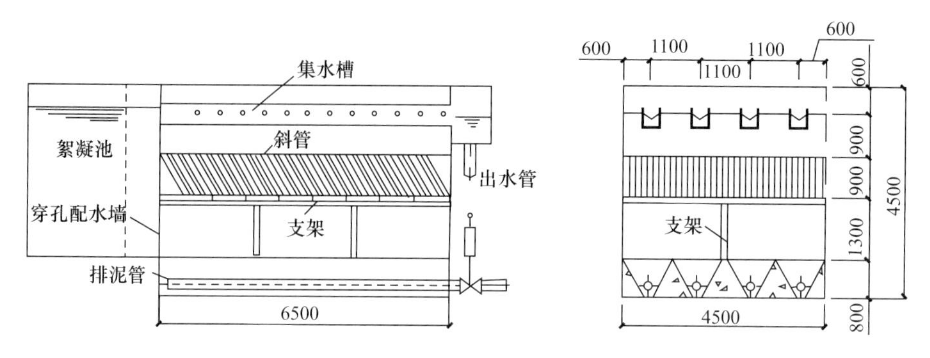

图 9.4.22 上向流斜管沉淀池结构

2 斜板板距宜采用 80mm～100mm；

3 斜板倾斜角度宜采用 60°；

4 单层斜板板长不宜大于 1.0m。

问：几种沉淀池出水浊度比较?

答：斜管沉淀池出水浊度：1NTU 左右；

平流沉淀池出水浊度：1NTU～2NTU；

高密度沉淀池出水浊度均小于 1NTU。

——朱丽楠. 城镇净水厂改扩建技术与应用 [M]. 北京：化学工业出版社，2013.

问：高密度沉淀池与普通斜管沉淀池相比优点?

答：对于低温低浊水，仅依靠水力絮凝很难形成大的矾花，故现状沉淀池除浊效果一般。提高混凝沉淀的除浊效果，可采用高密度沉淀工艺。该工艺混合、絮凝均采用机械形式，混凝效果不受水量影响。采用投加助凝剂和污泥回流工艺，增加与絮体的碰撞概率，使矾花结大，更易在分离区沉淀。在提高产水量方面，高密度沉淀池由于采用了高效的混凝工艺和污泥回流工艺，因此，在相同的分离区面积条件下，产水量比普通斜管沉淀池至少提高 30%以上，且出水浊度可稳定在 1NTU 左右。

问：斜管（板）沉淀池按流向划分?

答：斜管（板）沉淀池按进水方向与污泥方向关系划分为：异向流、同向流、横向流（见图 9.4.23-1、图 9.4.23-2）。

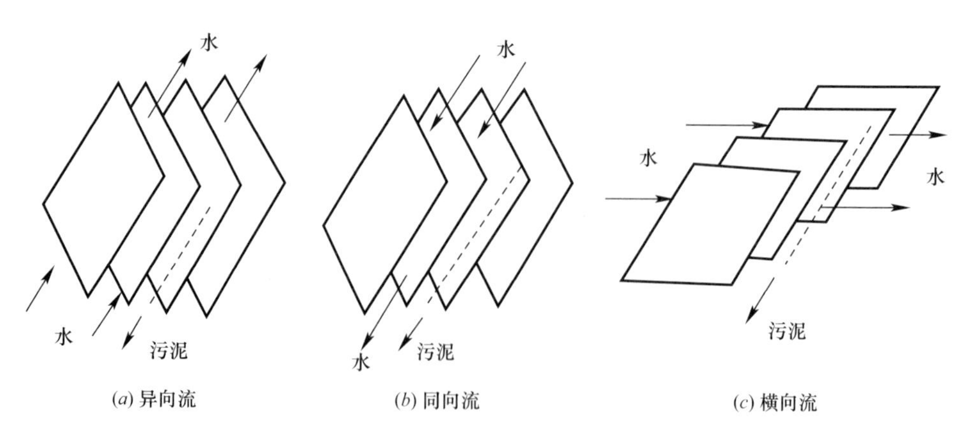

图 9.4.23-1 斜管（板）沉淀池结构形式

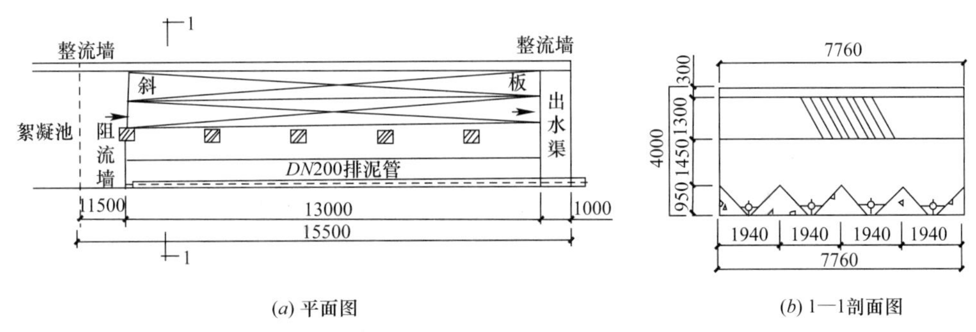

(a) 平面图　　(b) 1—1剖面图

图 9.4.23-2　侧向流斜板沉淀池结构

Ⅶ　高速澄清池

9.4.24　高速澄清池的设计应符合下列规定：

1　高速澄清池应同时投加混凝剂和高分子助凝剂；沉淀区宜设置斜管，清水区液面负荷应根据原水水质和出水要求，按类似条件下的运行经验确定，有条件时应试验验证，可采用 $12m^3/(m^2 \cdot h)$～$25m^3/(m^2 \cdot h)$；用于高浊度水处理时可采用 $7.2m^3/(m^2 \cdot h)$～$15.0m^3/(m^2 \cdot h)$；

2　斜管管径宜为 30mm～60mm；斜长宜为 0.6m～1.0m；倾角为 60°；

3　斜管区上部清水区保护高度不宜小于 1.0m，底部配水区高度不宜小于 1.5m，污泥浓缩区高度不宜小于 2.0m；

4　斜管下部的分离区宜每隔 30cm～50cm 设取样管；

5　絮凝区提升循环水量应可调节，宜为设计流量的 5 倍～10 倍；

6　污泥回流量应可调节，宜为高速澄清池设计水量的 3%～5%。

问：高速澄清池设计要点？

答：1. 高速澄清池同时投加混凝剂和高分子助凝剂，其絮凝效果明显强于传统澄清池，形成的絮粒沉速较高，因此其分离区的上升流速可达普通澄清池的 2 倍～5 倍，但用于高浊度水处理时，应视原水水质条件和出水要求确定分离区的上升流速，当原水含砂量大、出水水质要求较高时应适当降低上升流速。

2. 斜管的设计要求与普通斜管沉淀池类似，也可与国外引进工艺所采用的类似。

3. 清水区及配水区布置要求与普通斜管沉淀池类似。斜管上部清水区高度应保证集水区出水的均匀性，此高度还与集水槽的布置间距有关。配水区高度应保证配水均匀性及不对下部污泥浓缩造成干扰。

4. 分离区对污泥浓度控制要求较高，取样管的设置可协助污泥浓度计控制池内污泥泥面不影响斜管区的分离。

5. 絮凝提升设备应采取变频措施，按水量不同可调。

6. 污泥回流量一般取高速澄清池设计水量的 3%～5%，污泥回流量应可调。

高效澄清池如图 9.4.24-1 所示。

问：Actiflo 澄清池特点？

答：1. 采用高分子絮凝剂助凝提高了絮凝效果；

2. 投加细砂，提高了絮凝沉淀效果；

3. 沉淀部分采用斜管沉淀池，提高了沉淀效果；

4. 出水水质好，运行稳定，耐冲击负荷，处理后出水浊度可控制在 1NTU 以内。

Actiflo 澄清池如图 9.4.24-2 所示。

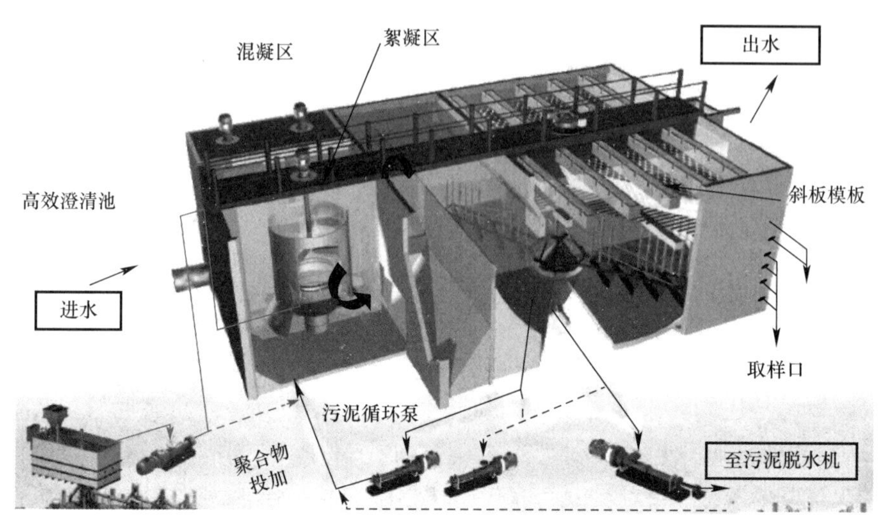

图 9.4.24-1　高效澄清池

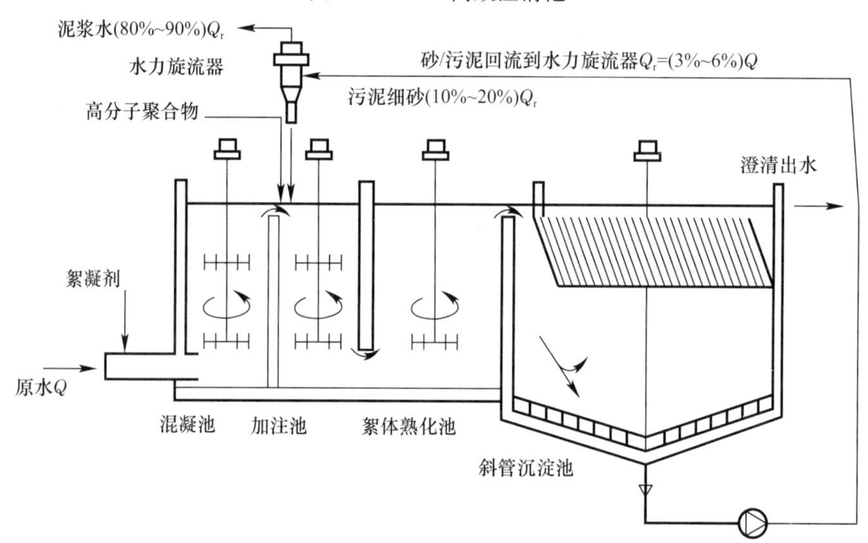

图 9.4.24-2　Actiflo 澄清池

问：澄清及澄清池？

答：2.0.92　澄清：通过与高浓度泥渣接触而去除水中悬浮物的过程。

3.1.57　机械搅拌澄清池：利用机械搅拌和提升作用，促成泥渣循环、接触絮凝，集混凝和泥水分离于一体的构筑物。

3.1.58　水力循环澄清池：利用水力提升作用，促成泥渣循环、接触絮凝，集混凝和泥水分离于一体的构筑物。

3.1.59　脉冲澄清池：处于悬浮状态的泥渣层不断产生周期性的压缩和膨胀，促使原水中悬浮颗粒和已形成的泥渣层进行接触凝聚和泥水分离的构筑物。

问：澄清池的划分？

答：澄清池按形成的泥渣（大絮凝）颗粒的运动状态划分见表 9.4.24。

澄清池的划分　　表 9.4.24

泥渣循环型	机械搅拌澄清池
	水力循环澄清池
	高密度澄清池
泥渣悬浮型	悬浮澄清池
	脉冲澄清池

Ⅷ　机械搅拌澄清池

9.4.25　机械搅拌澄清池清水区的液面负荷应按相似条件下的运行经验确定，可采用 $2.9m^3/(m^2 \cdot h)$～$3.6m^3/(m^2 \cdot h)$。低温低浊水时，液面负荷宜采用较低值，且宜加设斜管。

9.4.26　水在机械搅拌澄清池中的总停留时间可采用 1.2h～1.5h。

9.4.27　搅拌叶轮提升流量可为进水流量的 3 倍～5 倍，叶轮直径可为第二絮凝室内径的 70%～80%，并应设调整叶轮转速和开启度的装置。

问：机械搅拌澄清池搅拌叶轮提升流量及叶轮直径？

答：搅拌叶轮提升流量即第一絮凝室的回流量，对循环泥渣的形成有较大影响。参照国外资料及国内实践经验确定“搅拌叶轮提升流量可为进水流量的 3 倍～5 倍”。

机械搅拌澄清池剖面图见图 9.4.27。

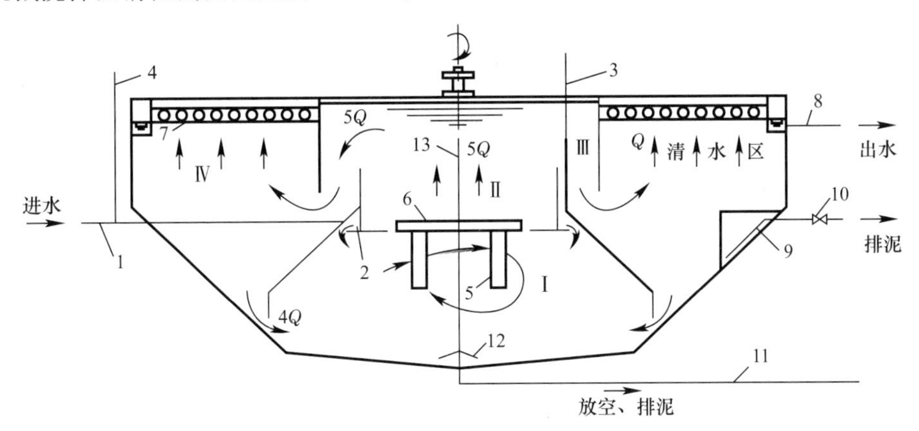

图 9.4.27　机械搅拌澄清池剖面图

1—进水管；2—三角形配水槽；3—透气管；4—投药管；5—搅拌桨；6—提升叶轮；7—集水槽；8—出水管；9—泥渣浓缩室；10—排泥阀；11—放空管；12—排泥罩；13—搅拌轴；Ⅰ—第一絮凝室；Ⅱ——第二絮凝室；Ⅲ—导流室；Ⅳ—分离室

9.4.28　机械搅拌澄清池是否设置机械刮泥装置，应根据水池直径、底坡、进水悬浮物含量及其颗粒组成等因素确定。

问：机械搅拌澄清池设置机械刮泥装置的原则？

答：机械搅拌澄清池是否设置机械刮泥装置，主要取决于池子直径大小和进水悬浮物含量及其颗粒组成等因素，设计时应根据上述因素通过分析确定。

对于澄清池直径较小（一般在 15m 以内），原水悬浮物含量又不太高，并将池底做成不小于 45°的斜坡时，可考虑不设置机械刮泥装置。但当原水悬浮物含量较高时，为确保排泥通畅，一般应设置机械刮泥装置。对原水悬浮物含量虽不高，但因池子直径较大，为了降低池深宜将池子底部坡度减小，并增设机械刮泥装置来防止池底积泥，以确保出水水质的稳定性。

问：机械搅拌澄清池搅拌机与刮泥机示意图？

答：《机械搅拌澄清池搅拌机》CJ/T 81—2015，3.2 机械搅拌澄清池搅拌机：用于机械搅拌澄清池的搅拌设备，主要由驱动、主轴和叶轮组成，工作时通过叶轮旋转进行搅拌和提升。刮泥机参见《机械搅拌澄清池刮泥机》CJ/T 82—2015。机械搅拌澄清池搅拌机与刮泥机示意图见图 9.4.28-1～图 9.4.28-4。

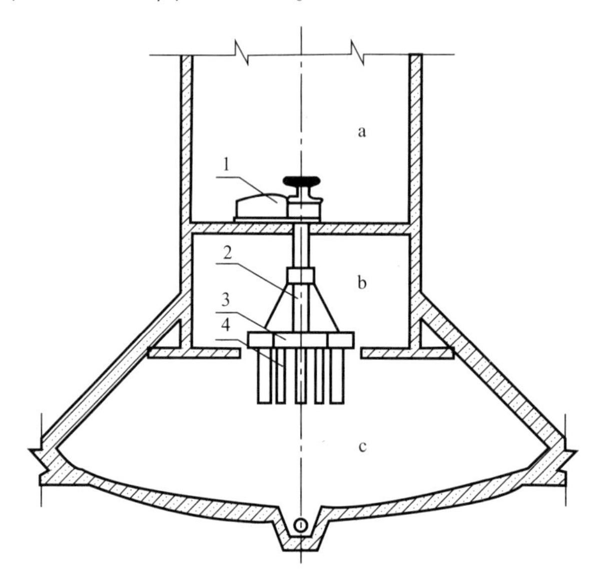

图 9.4.28-1　搅拌型叶轮搅拌机基本形式示意图

1—驱动装置；2—主轴；3—叶轮；4—搅拌桨；
a—机器间；b—第二反应室；c—第一反应室

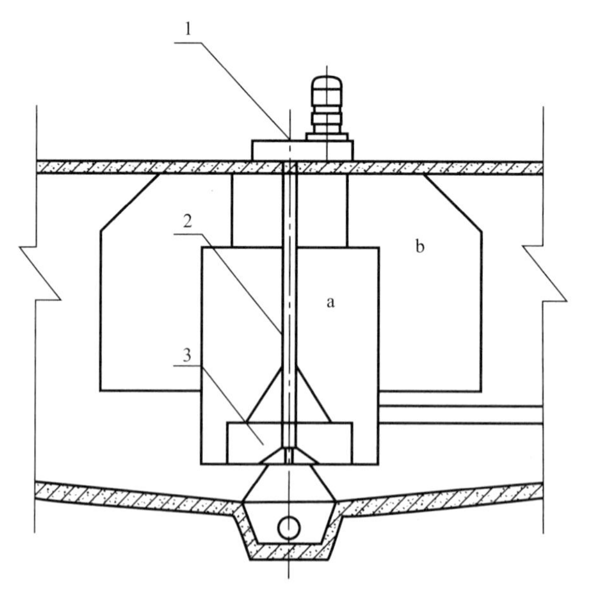

图 9.4.28-2　加速型叶轮搅拌机基本形式示意图

1—驱动装置；2—主轴；3—叶轮；
a—第一反应室；b—第二反应室

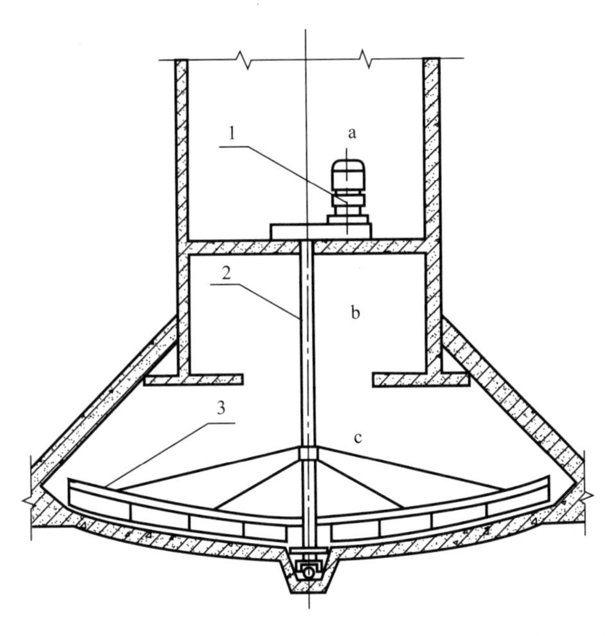

图 9.4.28-3　弧线形池底中心传动式刮泥机基本形式示意图

1—驱动装置；2—主轴；3—刮泥耙；

a—机器间；b—第二反应室；c—第一反应室

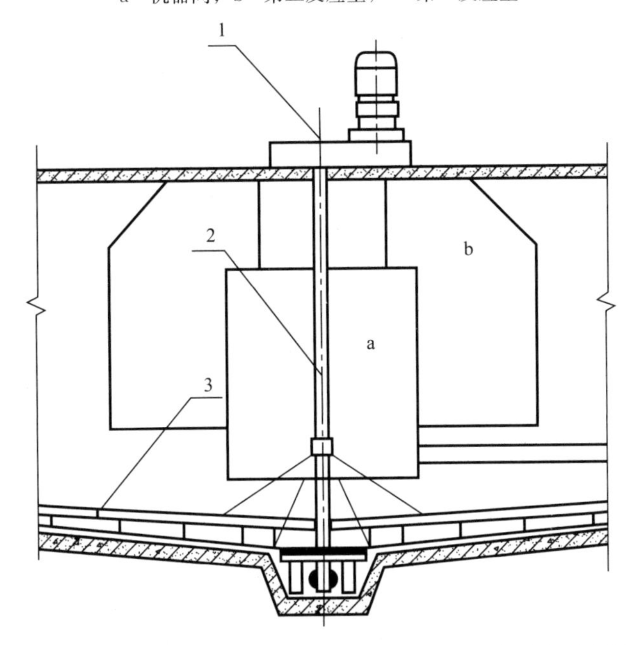

图 9.4.28-4　直线形池底中心传动式刮泥机基本形式示意图

1—驱动装置；2—主轴；3—刮泥耙；

a—第一反应室；b—第二反应室

Ⅸ　脉冲澄清池

9.4.29　脉冲澄清池清水区的液面负荷，应按相似条件下的运行经验确定，可采用 $2.5m^3/(m^2 \cdot h)$～$3.2m^3/(m^2 \cdot h)$。

9.4.30 脉冲周期可采用30s～40s，充放时间比为3∶1～4∶1。

问：脉冲发生器？

答：脉冲发生器有真空式、S型虹吸式、钟罩式、浮筒切门式、皮膜式、脉冲阀切门式等形式。

脉冲澄清池剖面图见图9.4.30-1、图9.4.30-2。

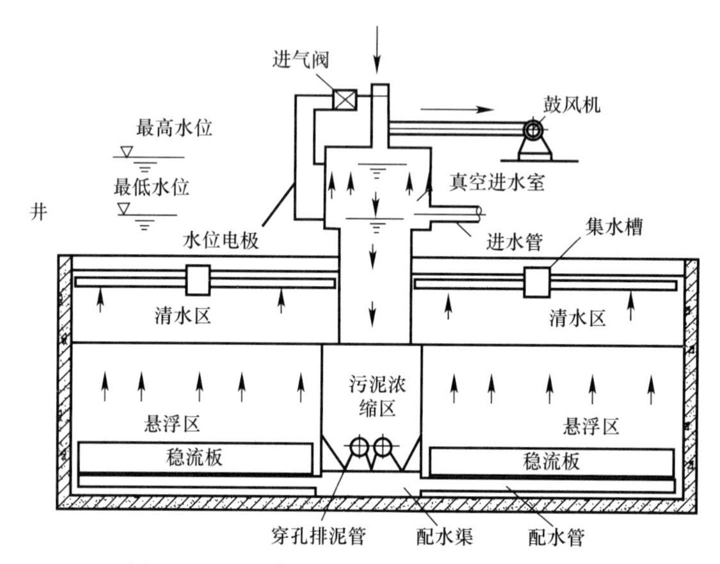

图9.4.30-1 真空泵脉冲发生器澄清池剖面图

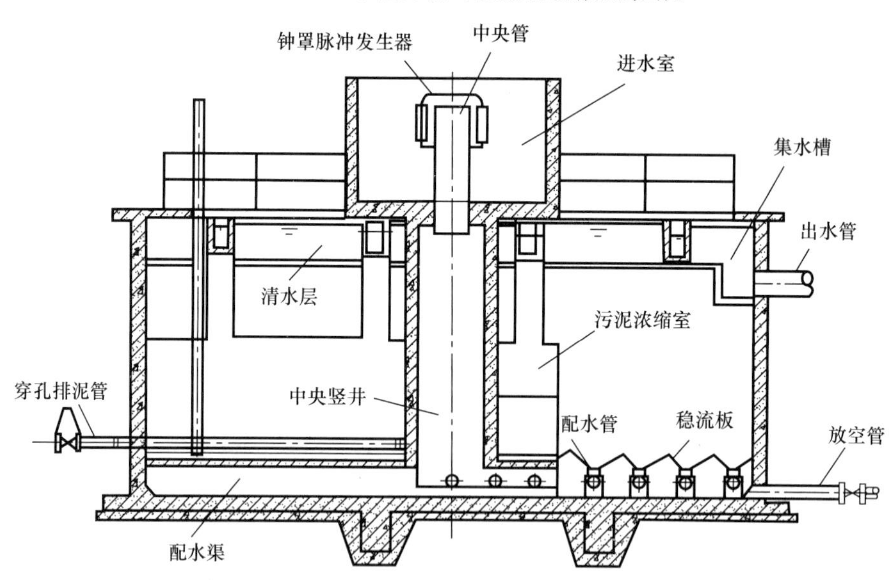

图9.4.30-2 钟罩虹吸式脉冲澄清池剖面图

9.4.31 脉冲澄清池的悬浮层高度和清水区高度，可分别采用1.5m和2.0m。

9.4.32 脉冲澄清池应采用穿孔管配水，上设人字形稳流板。

9.4.33 虹吸式脉冲澄清池的配水总管，应设排气装置。

问：水力循环（悬浮型）澄清池剖面图？

答：水力循环（悬浮型）澄清池剖面图见图9.4.33-1～图9.4.33-3。

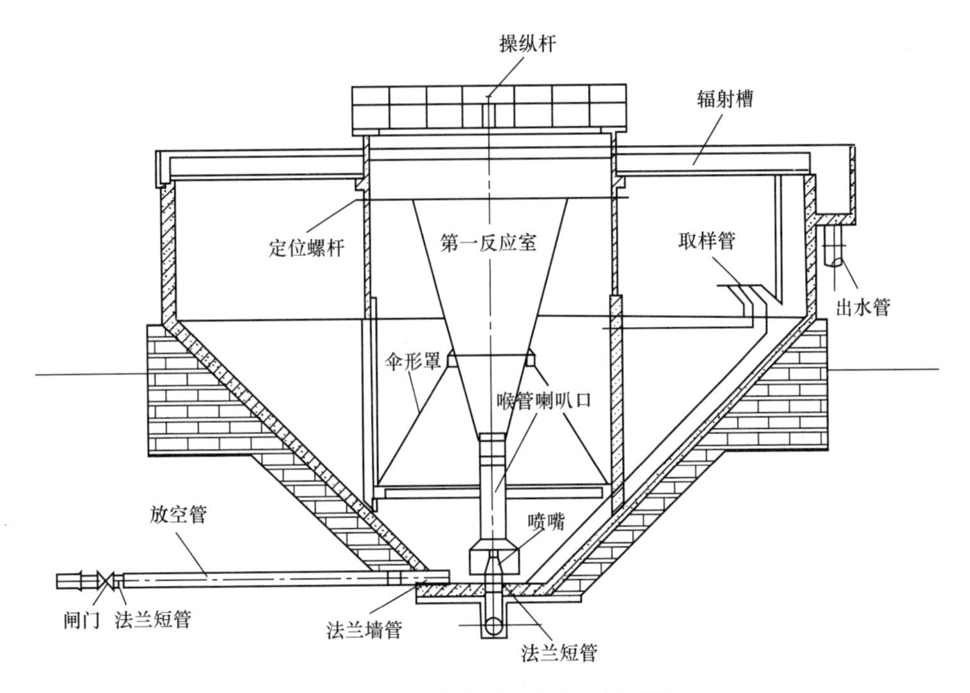

图 9.4.33-1 水力循环澄清池剖面图一

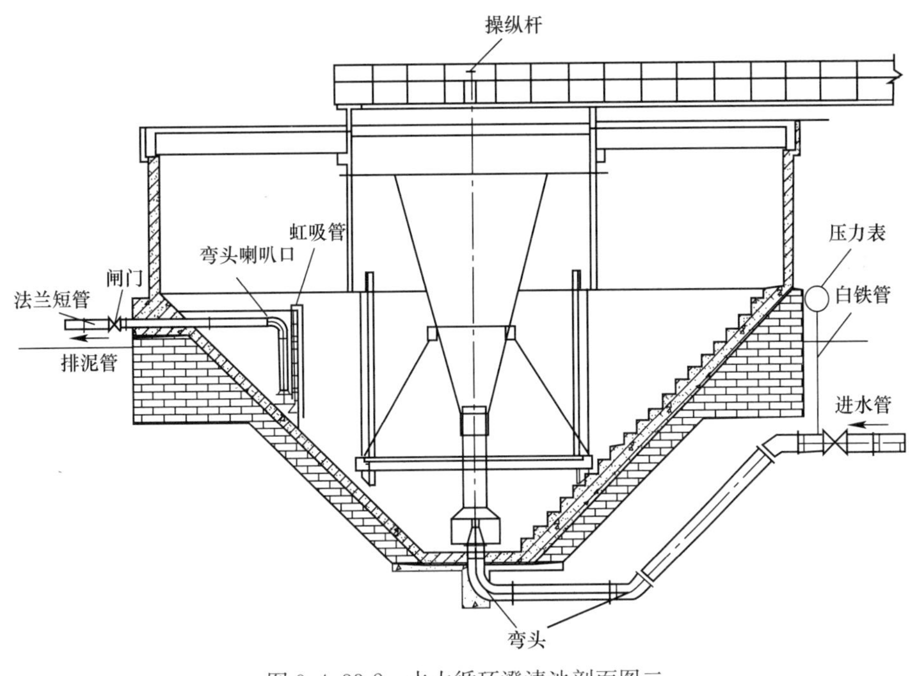

图 9.4.33-2 水力循环澄清池剖面图二

X 气 浮 池

问：气浮池？

答：3.1.60 气浮池：通过絮凝和浮选，使液体中的杂质分离上浮而去除的构筑物。

9.4.34 气浮池宜用于浑浊度小于 100NTU 及含有藻类等密度小的悬浮物质的原水。

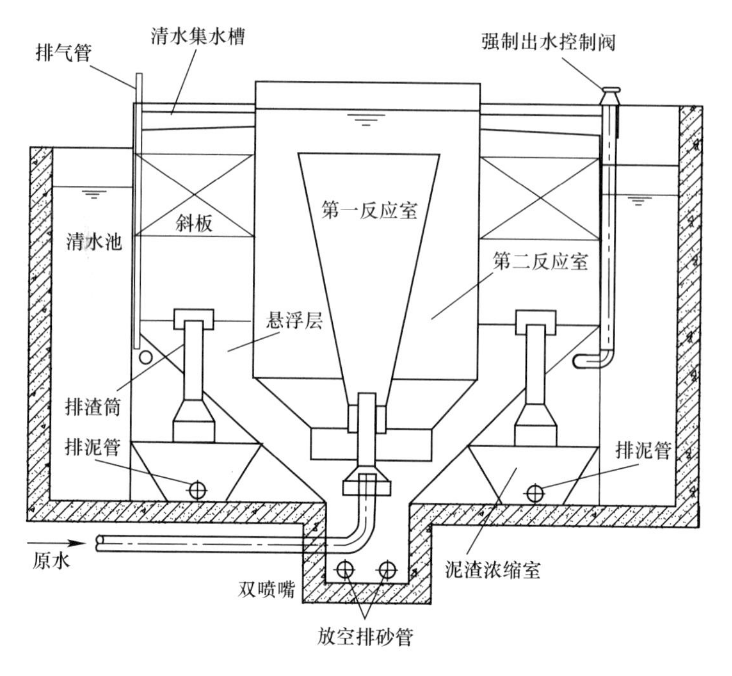

图 9.4.33-3　水力悬浮型澄清池剖面图

问：气浮法的分类？

答：本节所指气浮是指压力溶气气浮法中的部分回流溶气工艺（见图 9.4.34）。其他类型的气浮法包括分散空气气浮法、电解凝聚气浮法、全溶气气浮法、全自动内循环射流气浮法等，一般不适用于城市给水处理。

部分溶气：指将部分入流污水进行加压溶气，再经过减压释放进入气浮池进行固液分离的一种工艺。

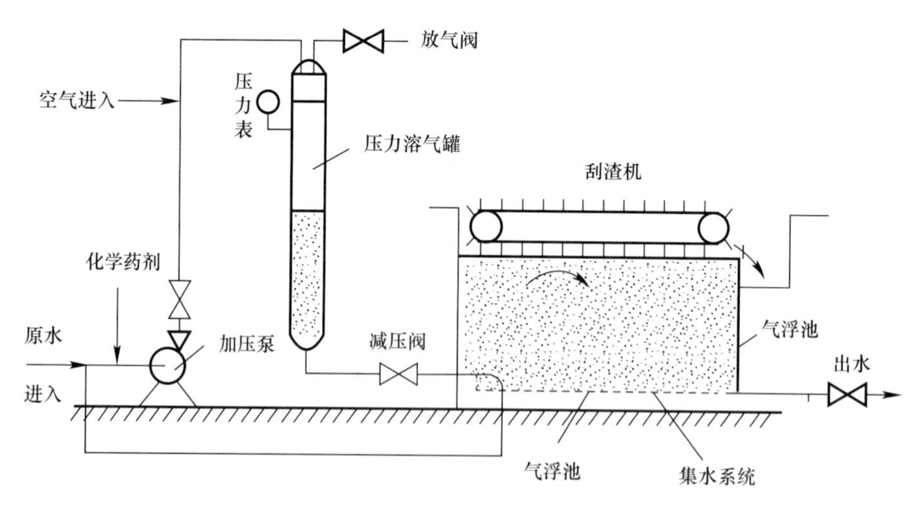

图 9.4.34　部分回流溶气气浮示意图

问：气浮池适用范围？

答：气浮池适宜于处理：

1. 低浊度原水，气浮池宜用于浑浊度小于 100NTU 的原水。

2. 含藻类及有机杂质较多的原水。

3. 低温水，包括因冬季水温较低而用沉淀、澄清处理效果不好的原水。

4. 水源受到污染，色度高、溶解氧低的原水。

问：给水处理对含藻量的安全限值？

答：《含藻水给水处理设计规范》CJJ 32—2011。

2.0.1 含藻水：藻类及其他浮游生物过量繁殖、藻数量大于100万个/L或足以妨碍混凝、沉淀和过滤正常运行的水源水。

1.0.3 条文说明：席藻10×10^4个/L或蓝藻$(15\sim30)\times10^4$个/L时，水即产生嗅味。有些藻产生藻毒素，对人体更具危害；卫生部推荐饮用水源中藻类卫生标准警戒限值为21×10^4个/L。不同季节，同一水源的含藻量变化很大；因此，调查不同季节和不同时期含藻水水源水质的变化，对含藻水给水处理设计十分重要。

问：含藻水给水处理流程选择？

答：《含藻水给水处理设计规范》CJJ 32—2011。

4.1.3 含藻水给水处理宜按下列工艺流程选择：

1 原水—预处理—混凝—沉淀（澄清）—气浮—过滤—消毒；

2 原水—预处理—混凝—气浮或沉淀（澄清）—过滤—消毒；

3 原水—预处理—常规处理（混凝、气浮或沉淀（澄清）、过滤）—深度处理（活性炭吸附）、臭氧—生物活性炭、超（微）滤—消毒；

4 原水—预处理—混凝—气浮或沉淀（澄清）—超（微）滤—消毒。

问：各国对含藻水过滤的规定？

答：《含藻水给水处理设计规范》CJJ 32—2011。

4.1.4 条文说明：湖泊、水库水源由于浑浊度较低，过去国内一些水厂采用微絮凝直接过滤。但是，由于水耗损在不同季节以及随着环境变化会影响水源水质，尤其是水温、大风等的影响，会降低直接过滤工艺的出水水质，有的甚至影响工艺的正常运行。目前，原直接过滤工艺大多都增加了混凝沉淀工艺。

美国要求直接过滤的进水，常年浑浊度应小于25NTU、色度应小于25度、硅藻应少于20×10^4个/L；多数直接过滤水厂的进水浑浊度小于10NTU。

日本的生活饮用水处理不用直接过滤工艺。因此，规定含藻水水源的水厂不宜采用微絮凝直接过滤工艺。

问：藻毒素的产生及去除方法？

答：某些藻类能分泌藻毒素，对人体健康构成危害。在已发现的各种不同藻毒素种类中，微囊藻毒素（Microcystins，MCs）是一种在蓝藻水华污染中出现频率最高、产生量最大和造成危害最严重的藻毒素。调查发现，饮用水中MCs的存在与人群中原发性肝癌和肠癌的发病率有明显的相关性。

微囊藻毒素是具有生物活性的七肽单环肝毒素，性质稳定，具有水溶性和耐热性。不论常规水处理工艺，还是将水煮沸，都难以有效去除微囊藻毒素。研究显示，即使在300℃高温下微囊毒素仍然可以保留一部分活性。

我国现行《生活饮用水卫生标准》GB 5749—2006和《地表水环境质量标准》GB 3838—2002中规定微囊藻毒素-LR≤1μg/L等指标。蓝绿藻水华产生的微囊藻毒素在水体中已经被广泛发现，传统的水处理工艺不能将其去除，混凝、沉淀过程由于管道内部湍流和滤池内压力梯度的作用可能破坏藻类细胞壁，造成藻毒素的释放，所以传统的水处理工艺反而会加重藻毒素的危害。目前去除藻毒素的方法主要有物理法、化学法和生物法。因此，在进行含藻水给水处理工艺选择时，应尽量避免对藻类细胞壁的破坏，控制藻毒素的生成。

问：微囊藻毒素的测定方法？

答：《水中微囊藻毒素的测定》GB/T 20446—2006。

微囊藻毒素-RR：$C_{49}H_{75}N_{13}O_{12}$、微囊藻毒素-YR：$C_{52}H_{72}N_{10}O_{13}$、微囊藻毒素-LR：$C_{49}H_{74}N_{10}O_{12}$。

高效液相色谱法测水中微囊藻毒素。微囊藻毒素在波长 238nm 下有特异吸收峰。不同的微囊藻毒素异构体在高效液相色谱中有不同的保留时间，与标准微囊藻毒素的保留时间相比较，可确定样品中微囊藻毒素的组成。依据出峰面积，计算水样中微囊藻毒素的含量。

水产品中微囊藻毒素的测定见《食品安全国家标准 水产品中微囊藻毒素的测定》GB 5009.273—2016。

9.4.35 接触室的上升流速可采用 10mm/s～20mm/s，分离室的向下流速，可采用 1.5mm/s～2.0mm/s，分离室液面负荷可为 $5.4m^3/(m^2 \cdot h)$～$7.2m^3/(m^2 \cdot h)$。

9.4.36 气浮池的单格宽度不宜大于 10m；池长不宜大于 15m；有效水深可采用 2.0m～3.0m。

问：气浮池的单格宽度、池长及水深的规定？

答：为考虑布气的均匀性及水流的稳定性，减少风对渣面的干扰，气浮池的单格宽度不宜超过 10m。

气浮池的泥渣上浮分离较快，一般在水平距离 10m 范围内即可完成。为防止池末端因无气泡顶托池面浮渣而造成浮渣下落，影响水质，规定池长不宜超过 15m。

9.4.37 溶气罐的压力及回流比应根据原水气浮试验情况或参照相似条件下的运行经验确定，溶气压力可采用 0.2MPa～0.4MPa；回流比可采用 5%～10%。溶气释放器的型号及个数应根据单个释放器在选定压力下的出流量及作用范围确定。

问：溶气罐压力及回流比的规定？

答：国外资料中的溶气压力多采用 0.4MPa～0.6MPa。根据我国的试验成果，提高溶气罐的溶气量及释放器的释气性能后，可适当降低溶气压力，以减少电耗。因此，按国内试验及生产运行情况，规定溶气压力一般可采用 0.2MPa～0.4MPa，回流比一般可采用 5%～10%。

9.4.38 压力溶气罐的总高度可采用 3.0m，罐内填料高度宜为 1.0m～1.5m，罐的截面水力负荷可采用 $100m^3/(m^2 \cdot h)$～$150m^3/(m^2 \cdot h)$。

9.4.39 气浮池宜采用刮渣机排渣。刮渣机的行车速度不宜大于 5m/min。

问：气浮池排渣设备的规定？

答：由于采用刮渣机刮出的浮渣浓度较高，耗用水量少，设备也较简单，操作条件较好，故各地一般均采用刮渣机排渣。根据试验，刮渣机行车速度不宜过大，以免浮渣因扰动剧烈而落下，影响出水水质。据调查，以采用 5m/min 以下为宜。

9.4.40 多雨、多风地区的气浮池宜设棚。

9.4.41 气浮池出水宜采用穿孔管集水，穿孔管孔口流速不宜大于 0.5m/s。

9.5 过　　滤

问：什么是强化过滤？

答：强化过滤是指快速过滤过程中，既能去除浊度，又能降解污染物。国内外先后开发了各种改性滤料，如改性石英砂、活性氧化铝滤料（AA）和惰性氧化铝滤料（MA）等。通过在滤料表面增加比表面积，并强化其吸附氧化功能，以达到大量吸附和氧化水中各种有机物，改善水质的目的，但这些技术对溶解性有机物去除能力有限，同时滤料生产和再生困难。

问：过滤及滤料相关的术语？

答：3.1.62　快滤：滤料粒径较大、滤速较快的过滤。

3.1.63　慢滤：滤料粒径较小、滤速较慢的过滤。

3.1.64　微絮凝过滤：原水中投加混凝剂和助凝剂并快速混合后进行的直接过滤。

3.1.65　滤料：用以进行过滤的具有孔隙的物料。又称过滤介质。

3.1.66　滤料有效粒径（d_{10}）：滤料通过筛孔累积重量百分比为10%时的滤料粒径。

3.1.67　滤料不均匀系数（K_{80}）：滤料通过筛孔累积重量百分比为80%时的滤料粒径与有效粒径的比值。

3.1.68　均匀级配滤料：粒径比较均匀，不均匀系数（K_{80}）一般为1.3～1.4，不超过1.6的滤料。

3.1.69　滤料承托层：在配水系统与滤料层之间铺垫的粒状材料。

Ⅰ　一 般 规 定

9.5.1　滤料应具有足够的机械强度和抗蚀性能，可采用石英砂、无烟煤和重质矿石等。

9.5.2　滤池形式应根据设计生产能力、运行管理要求、进出水水质和净水构筑物高程布置等因素，结合厂址地形条件，通过技术经济比较确定。

问：滤池池型选择的影响因素？

答：影响滤池池型选择的因素有很多，主要取决于生产能力、运行管理要求、出水水质和净水工艺流程布置。对于生产能力较大的滤池，不宜选用单池面积受限制的池型；在滤池进水水质可能出现较高浊度或含藻类较多的情况下，不宜选用翻砂检修困难或冲洗强度受限制的池型。选择池型还应考虑滤池进、出水水位和水厂地坪高程间的关系以及滤池冲洗水排放的条件等因素。

9.5.3　滤池的分格数，应根据滤池形式、生产规模、操作运行和维护检修等条件通过技术经济比较确定。除无阀滤池和虹吸滤池外不得少于4格。

问：滤池分格数如何确定？

答：为避免滤池中一格滤池在冲洗时对其余各格滤池的滤速产生过大影响，滤池应有一定的分格数。为满足一格滤池检修、翻砂时不致影响整个水厂的正常运行，原条文规定滤池格数不得少于两格。本次修订，根据滤池运行的实际需要，将滤池的分格数规定为不得少于4格（日本规定每10格滤池备用1格，包括备用至少2格以上；英国规定理想的应有3格同时停运，即一格排水、一格冲洗、一格检修，分格数最少为6格，但当维修时可降低水厂出水量的则可为4格；美国规定至少4格，如滤速在10/h，同时冲洗强度为

10.8L/(m^2·s) 时，最少要 6 格，如滤速更低而冲洗强度较高，甚至需要更多滤池格数)。

9.5.4 滤池的单格面积应根据滤池形式、生产规模、操作运行、滤后水收集及冲洗水分配的均匀性，通过技术经济比较确定。

问：滤池单格面积的影响因素？

答：滤池的单格面积与滤池的池型、生产规模、操作运行方式等有关，而且也与滤后水汇集和冲洗水分配的均匀性有较大关系。单格面积小则分格数多，会增加土建工程量及管道阀门等设备数量，但冲洗设备能力小，冲洗泵房工程量小。反之则相反。因此，滤池的单格面积是影响滤池造价的主要因素之一。在设计中应根据各地土建、设备的价格作技术经济比较后确定。

9.5.5 滤料层厚度与有效粒径之比（L/d_{10}值）：细砂及双层滤料过滤应大于 1000；粗砂滤料过滤应大于 1250。

问：滤料层厚度与有效粒径比值的含义？

答：滤池的过滤效果主要取决于滤料层的构成，滤料越细，要求滤层厚度越小；滤料越粗，则要求滤层厚度越大。因此，滤料粒径与厚度之间存在着一定的组合关系。根据藤田贤二等人的理论研究，滤料层厚度 L 与有效粒径 d_e 存在一定的比例关系。

美国认为，常规细砂和双层滤料 L/d_e 应大于或等于 1000；三层滤料和深床单层滤料（d_e=1mm～1.5mm）L/d_e 应大于或等于 1250。英国认为，L/d_e 应大于或等于 1000。日本规定 $L/d_{平均}$ 大于或等于 800。

本标准参照上述规定，结合目前应用的滤料组成和出水水质要求，对 L/d_e 作了规定：细砂及双层滤料过滤 L/d_{10}（d_e）应大于 1000；粗砂及三层滤料过滤 L/d_{10}（d_e）应大于 1250。

问：藤田贤二关于滤料层厚度与有效粒径的关系研究？

答：日本学者藤田贤二研究指出，现在各国的大多数滤池所采用的滤料层厚度 L 与滤料有效粒径 d_{10}之比值约为 1000；他从过滤时的沉淀作用和接触凝聚作用两方面论证了 L/d_{10} 是滤床组成中很重要的参数，是滤池除浊能力的重要标志，如果两座滤池的 L/d_{10} 相同，则其除浊能力也大致相同。但是，当 L/d_{10} 值确定后，L 与 d_{10} 的组合是无限的。在过滤中，我们不仅关心浊度的去除率，而且关心过滤的持续时间。d_{10} 是滤料对过滤水流产生阻力的有效粒径，任何非均匀滤料只要 d_{10} 相同，过滤时产生的阻力就几乎相同，而与其余部分的粒径组成无关。然而 d_{10} 仅仅表示水力学效力的意义，用它显然不能全面反映与滤料总表面有关的除浊效力。因此，藤田贤二采用调和平均粒径（即当量粒径 d）是比较合理的。他指出，对于过滤混凝沉淀后的水，滤池的 L/d_{10}=800 左右是十分安全的。

问：滤料层厚度与粒径比 L/D？

答：对于一般经凝聚处理的天然水或凝聚沉淀水，在滤速为 10m/d～300m/d 的范围内，为确保 60%～90%的浊度去除率，所需 L/D 只要在 800 以上即可。在此 D 为调和平均粒径（即我国的当量粒径）。若以有效粒径 D_e 为准，则相当于 L/D_e=1000 左右。

——井出哲夫. 水处理工程理论与应用 [M]. 张自杰，刘馨远，李圭白，等译. 北京：中国建筑工业出版社，1986.

9.5.6 除滤池构造和运行时无法设置初滤水排放设施的滤池外，滤池宜设有初滤水排放设施。

问：滤池宜设有初滤水排放设施？

答：滤池在反冲洗后，滤层中积存的冲洗水和滤池滤层以上的水较为浑浊，因此在冲洗完成开始过滤时的初滤水水质较差、浊度较高，尤其是存在致病原生动物如贾第鞭毛虫和隐孢子虫的几率较高。因此，从提高滤后水卫生安全性考虑，初滤水宜排放。

9.5.7 光照充沛、气温较高的地区，砂滤池宜设棚。

Ⅱ 滤速及滤料组成

9.5.8 滤池应按正常情况下的滤速设计，并以检修情况下的强制滤速校核。

问：滤速及强制滤速？

答：3.1.70 滤速：单位过滤面积在单位时间内的滤过水量。其计量单位通常以 m/h 表示。

3.1.71 强制滤速：部分滤格因进行检修或翻砂而停运时，在总过滤水量不变的情况下其他运行滤格的滤速。

问：滤池按滤速快慢划分？

答：滤池按滤速划分：

慢滤池：$v<5$m/h；

快滤池：$v=5$m/h～15m/h；

高速滤池：$v=25$m/h～50m/h。

问：等速过滤与变速过滤？

答：等速过滤：滤池过滤速度保持不变，即滤池流量保持不变时，称“等速过滤”。虹吸滤池和无阀滤池即属于等速过滤的滤池。等速过滤状态下，水头损失随时间而逐渐增加，滤池中水位逐渐上升，当水位上升至最高允许水位时，过滤停止进行冲洗。

变速过滤：滤速随过滤时间而逐渐减小的过滤称“变速过滤”，也称“减速过滤”。移动罩滤池属于变速过滤的滤池。

9.5.9 滤池滤速及滤料组成应根据进水水质、滤后水水质要求、滤池构造等因素，通过试验或参照相似条件下已有滤池的运行经验确定，宜按表 9.5.9 采用。

滤池滤速及滤料组成 **表 9.5.9**

滤料种类	滤料组成			正常滤速（m/h）	强制滤速（m/h）
	有效粒径（mm）	不均匀系数	厚度（mm）		
单层细砂滤料	石英砂 $d_{10}=0.55$	$K_{80}<2.0$	700	7～9	9～12
双层滤料	无烟煤 $d_{10}=0.85$	$K_{80}<2.0$	300～400	8～12	12～16
	石英砂 $d_{10}=0.55$	$K_{80}<2.0$	400		
均匀级配粗砂滤料	石英砂 $d_{10}=0.9～1.2$	$K_{60}<1.4$	1200～1500	6～10	10～13

注：滤料的相对密度为：石英砂 2.50～2.70，无烟煤 1.40～1.60，实际采购的滤料粒径与设计粒径的允许偏为±0.05mm。

问：滤池滤速选择的影响因素？

答：滤池滤速选择的影响因素：

1. 滤池出水水质：相同的滤速通过不同的滤料组成会得到不同的滤后水水质。滤池出水水质主要取决于滤速和滤料组成。

2. 滤池的滤料组成：相同的滤料组成、在不同的滤速下运行，也会得到不同的滤后水水质。

因此，滤速和滤料组成是滤池设计的最重要参数，是保证出水水质的根本所在。为此，在选择与出水水质密切相关的滤速和滤料组成时，应首先考虑通过不同滤料组成、不同滤速的试验以获得最佳的滤速和滤料组成的结合。

9.5.10 当滤池采用大阻力配水系统时，其承托层材料、粒径与厚度宜按表 9.5.10 采用。

大阻力配水系统承托层材料、粒径与厚度 **表 9.5.10**

层次（自上而下）	材料	粒径（mm）	厚度（mm）
1	砾石	2～4	100
2	砾石	4～8	100
3	砾石	8～16	100
4	砾石	16～32	本层顶面应高出配水系统孔眼 100

9.5.11 采用滤头配水（气）系统时，承托层可采用粒径 2mm～4mm 粗砂，厚度不宜小于 100mm。

Ⅲ 配水、配气系统

9.5.12 滤池配水、配气系统，应根据滤池形式、冲洗方式、单格面积、配气配水的均匀性等因素考虑选用。当采用单水冲洗时，可选用穿孔管、滤砖、滤头等配水系统；当采用气水冲洗时，可选用长柄滤头、塑料滤砖、穿孔管等配水、配气系统；配水、配气干管（渠）顶应设排气管，排出口应在滤池运行水位以上。

问：滤池配水、配气系统的选用原则？

答：滤池配水、配气系统的选用原则：

采用单水冲洗时，大阻力、中阻力、小阻力配水、配气系统均适用，一般可选用穿孔管、滤砖、滤头等；气水冲洗时，一般采用中阻力和小阻力配水、配气系统，包括长柄滤头、塑料滤砖、穿孔管、面包形布水布气管。

国内单水冲洗快滤池绝大多数使用大阻力穿孔管配水系统，滤砖是使用较多的中阻力配水系统，小阻力滤头配水系统则用于单格面积较小的滤池。

当前国内设计的 V 型滤池基本上都采用长柄滤头配气、配水系统。气水反冲洗采用塑料滤砖仅在少数水厂使用（北京、大庆等）。气水反冲洗采用穿孔管（气水共用或气、水分开）配水、配气的则不多。

问：长柄滤头和短柄滤头的应用区别？

答：短柄滤头用于单独水冲滤池，长柄滤头用于气水反冲洗滤池。

问：常用的配水、配气系统？

答：常用的配水、配气系统见表 9.5.12。

常用的配水、配气系统 **表 9.5.12**

配水系统名称	常见配水形式	开孔比（%）	通过池内配水、配气系统的水头损失（m）
大阻力	带有干管（渠）和穿孔支管的“丰”字形配水系统	0.20～0.28	>3.0

续表

配水系统名称	常见配水形式	开孔比（%）	通过池内配水、配气系统的水头损失（m）
中阻力	1. 滤球式； 2. 管板式； 3. 二次配水滤砖； 4. 三角形内孔的二次配水（气）滤砖	0.6～0.8	0.5～3.0
小阻力	1. 豆石滤板； 2. 格栅式； 3. 平板孔式； 4. 三角槽孔板式； 5. 滤头； 6. 面包形布水布气管	1.25～2.00	<0.5

9.5.13 大阻力穿孔管配水系统孔眼总面积与滤池面积之比为0.20%～0.28%；中阻力滤砖配水系统孔眼总面积与滤池面积之比为0.6%～0.8%；小阻力滤头配水系统缝隙总面积与滤池面积之比为1.25%～2.00%。

问：小阻力配水系统的开孔比？

答：小阻力滤头国内使用的有英国式的，其缝隙宽分别为0.5mm、0.4mm、0.3mm，缝长34mm，每只均36条，其缝隙面积各为612 mm^2、489.6 mm^2 和367.2 mm^2，按每平方米设33只计，其缝隙总面积与滤池面积之比各为2.0%、1.6%、1.2%；还有法国式的，其缝隙宽为0.4mm，缝隙面积为288 mm^2，每平方米设50只，其缝隙总面积与滤池面积之比为1.44%；国产的缝隙宽为0.25mm，缝隙面积为250 mm^2，每平方米设50只，其开孔比为1.25%。据此将小阻力滤头的开孔比定为1.25%～2.00%。

9.5.14 大阻力配水系统应按冲洗流量，根据下列要求通过计算确定：

1 配水干管（渠）进口处的流速为1.0m/s～1.5m/s；

2 配水支管进口处的流速为1.5m/s～2.0m/s；

3 配水支管孔眼出口流速为5.0m/s～6.0m/s。

问：为什么大阻力配水系统干管（渠）顶上宜设排气管？

答：配水总管（渠）顶设置排气装置是为了排除配水系统可能积存的空气。

问：大阻力配气系统的设计参数、压力损失计算？

答：大阻力配气系统的设计宜采用以下参数：

1. 干管和支管进口处的空气流速采用10m/s左右；

2. 孔眼空气流速采用30m/s～35m/s，孔眼间距70mm～100mm，孔眼向下45°交错布置。

大阻力配气系统的压力损失按下式计算：

$$h = 1.5v^2$$

式中：h——空气通过大阻力配气系统时的压力损失（Pa）；

v——孔眼空气流速（m/s）。

——摘自《给水排水设计手册》P612

9.5.15 长柄滤头配气配水系统应按冲洗气量、水量，根据下列数据通过计算确定：

1 配气干管进口端流速宜为10m/s～15m/s；

2 配水（气）渠配气孔出口流速宜为10m/s左右；

3 配水干管进口端流速宜为 1.5m/s 左右；

4 配水（气）渠配水孔出口流速宜为 1m/s～1.5m/s。

配水（气）渠顶上宜设排气管，排出口需在滤池水位以上。

问：长柄滤头配气配水系统图示?

答：长柄滤头配气配水系统图示见图 9.5.15-1。

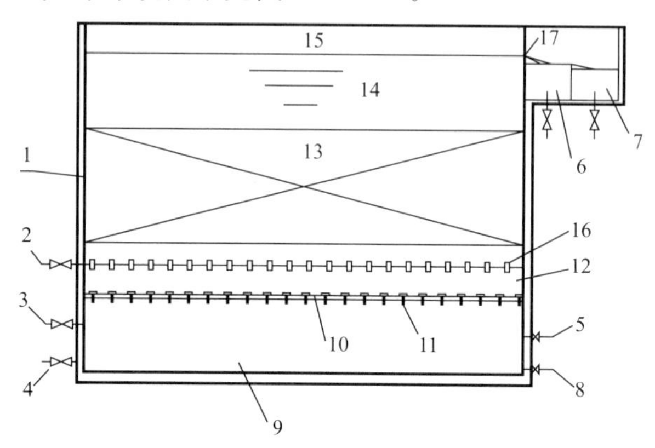

图 9.5.15-1 典型陶粒滤料滤池长柄滤头配气配水系统图示

1—滤池池体；2—曝气管；3—反冲洗进气管；4—进水管；5—反冲洗进水管；6—反冲洗排水槽（渠）；7—出水槽（渠）；8—放空管；9—缓冲配水区；10—承托层和滤板；11—长柄滤头；12—承托层；13—陶粒滤料层；14—清水区；15—超高区；16—单孔膜空气扩散器；17—出水堰

问：长柄滤头配水配气工作过程?

答：长柄滤头配水配气工作过程：滤头由具有缝隙的滤帽和滤柄（滤柄是具有外螺纹的直管）组成。滤头分长柄滤头和短柄滤头。短柄滤头用于单独水冲滤池，长柄滤头用于气水反冲洗滤池（见图 9.5.15-2)。

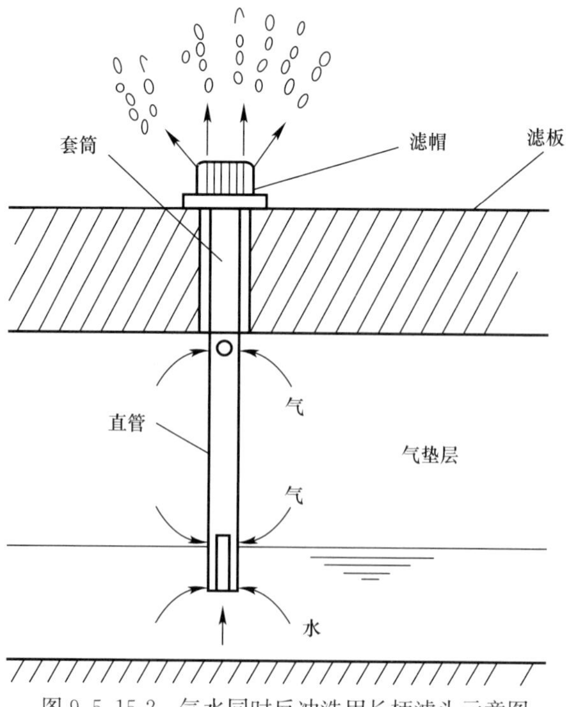

图 9.5.15-2 气水同时反冲洗用长柄滤头示意图

滤帽上有许多缝隙，缝隙宽度在 0.25mm～0.4mm 范围内以防滤料流失。直管上部开 1～3 个小孔，下部有一条直缝。当气水同时反冲洗时，在混凝土滤板下面的空间内，上部为气，形成气垫，下部为水（见图 9.5.15-3）。气垫厚度与气压有关。气压愈大，气垫厚度愈大。气垫中的空气先由直管上部小孔进入滤头，气量加大后，气垫厚度相应增大，部分空气由直管下部的直缝上部进入滤头，此时气垫厚度基本停止增大。反冲洗水则由滤柄下端及直缝上部进入滤头，气和水在滤头内充分混合后，经滤帽缝隙均匀喷出，使滤层得到均匀反冲洗。滤头布置数量一般为 50 个/m^2～60 个/m^2。开孔比在 1.5%左右。

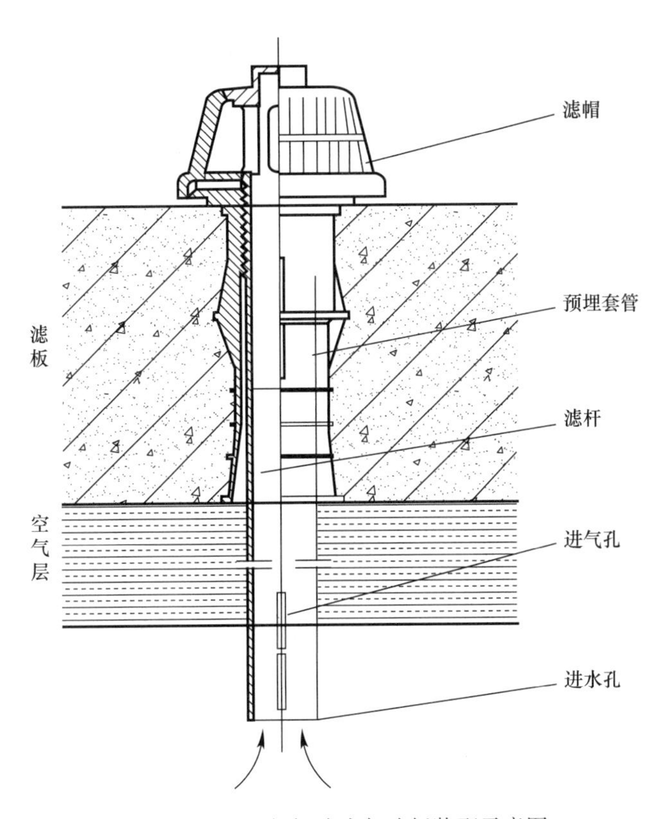

图 9.5.15-3　长柄滤头与滤板装配示意图

Ⅳ　冲　　洗

9.5.16　滤池冲洗方式的选择应根据滤料层组成、配水配气系统形式，通过试验或参照相似条件下已有滤池的经验确定，并宜按表 9.5.16 选用。

滤池冲洗方式和程序　　　　**表 9.5.16**

滤料组成	冲洗方式、程序
单层细砂级配滤料	1. 水冲 2. 气冲—水冲
单层粗砂均匀级配滤料	气冲—气水同时冲—水冲
双层煤、砂级配滤料	1. 水冲 2. 气冲—水冲

问：滤池按冲洗方法分类？

答：滤池按冲洗方法分类见表 9.5.16-1。

滤池按冲洗方法分类 **表 9.5.16-1**

按冲洗方法分类	水反冲洗	小阻力
		中阻力
		大阻力
	气、水反冲洗	气冲一水冲
		气冲一气水同时冲—水冲
		气水同时冲—水冲
	水反冲洗与表面扫洗	

9.5.17 单水冲洗滤池的冲洗强度及冲洗时间宜按表 9.5.17 采用。

单水冲洗滤池的冲洗强度、滤料膨胀率及冲洗时间（水温 20℃ 时） **表 9.5.17**

滤料组成	冲洗强度［L/(m^2·s)］	膨胀率（%）	冲洗时间（min）
单层细砂级配滤料	12～15	45	7～5
双层煤、砂级配滤料	13～16	50	8～6

注：1. 当采用表面冲洗设备时，冲洗强度可取低值。
2. 应考虑由于全年水温、水质变化因素，有适当调整冲洗强度的可能。
3. 选择冲洗强度应考虑所用混凝剂品种的因素。
4. 膨胀率数值仅作设计计算用。
5. 当增设表面冲洗设备时，表面冲洗强度宜采用 2L/(m^2·s)～3L/(m^2·s)（固定式）或 0.50L/(m^2·s)～0.75L/(m^2·s)（旋转式），冲洗时间均为 4min～6min。

9.5.18 气水冲洗滤池的冲洗强度及冲洗时间，宜按表 9.5.18 采用。

气水冲洗滤池的冲洗强度及冲洗时间 **表 9.5.18**

滤料种类	先气冲洗		气水同时冲洗			后水冲洗		表面扫洗	
	强度［L/(m^2·s)］	时间（min）	气强度［L/(m^2·s)］	水强度［L/(m^2·s)］	时间（min）	强度［L/(m^2·s)］	时间（min）	强度［L/(m^2·s)］	时间（min）
单层细砂级配滤料	15～20	3～1	—	—	—	8～10	7～5	—	—
双层煤、砂级配滤料	15～20	3～1	—	—	—	6.5～10	6～5	—	—
单层粗砂均匀级配滤料	13～17（13～17）	2～1（2～1）	13～17（13～17）	3～4（1.5～2）	4～3（5～4）	4～8（3.5～4.5）	8～5（8～5）	1.4～2.3	全程

注：1. 表中单层粗砂均匀级配滤料中，无括号的数值适用于无表面扫洗的滤池；括号内的数值适用于有表面扫洗的滤池。
2. 不适用于翻板滤池。

9.5.19 单水冲洗滤池的冲洗周期，当为单层细砂级配滤料时，宜采用 12h～24h；气水冲洗滤池的冲洗周期，当为粗砂均匀级配滤料时，宜采用 24h～36h。

V 滤池配管（渠）

9.5.20 滤池应有下列管（渠），其管径（断面）宜根据表 9.5.20 所列流速通过计算确定。

各种管渠和流速（m/s） **表 9.5.20**

管（渠）名称	流速
进水	0.8～1.2
出水	1.0～1.5
冲洗水	2.0～2.5
排水	1.0～1.5
初滤水排放	3.0～4.5
输气	10～20

Ⅵ 普通快滤池

9.5.21 单层、双层滤料滤池冲洗前水头损失宜采用 2.0m～2.5m。

9.5.22 滤层表面以上的水深宜采用 1.5m～2.0m。

9.5.23 单层滤料快滤池宜采用大阻力或中阻力配水系统，双层滤料滤池宜采用中阻力配水系统。

9.5.24 冲洗排水槽的总平面面积不应大于滤池面积的 25%，滤料表面到洗砂排水槽底的距离应等于冲洗时滤层的膨胀高度。

9.5.25 滤池冲洗水的供给可采用水泵或高位水箱（塔）。

当采用高位水箱（塔）冲洗时，高位水箱（塔）有效容积应按单格滤池冲洗水量的 1.5 倍计算，水箱（塔）及出水管路上应设置调节冲洗水量的设施。

当采用水泵冲洗时，宜设 1.5 倍～2.0 倍单格滤池冲洗水量的冲洗水调节池；水泵的能力应按单格滤池冲洗水量设计；水泵的配置应适应冲洗强度变化的需求，并应设置备用机组。

问：滤池冲洗出水多少 NTU 可认为冲洗结束？

答：《城镇供水厂运行、维护及安全技术规程》CJJ 58—2009，第 4.8.1 条第 8 款：普通快滤池冲洗结束时，排水的浑浊度不宜大于 10NTU。

问：滤池进水浊度？

答：《城镇供水厂运行、维护及安全技术规程》CJJ 58—2009。

4.8.1-9 普通快滤池进水浑浊度宜控制在 3NTU 以下。

4.8.2-5 V 型滤池进水浑浊度宜控制在 3NTU 以下。

问：普通快滤池构造剖视图和进水系统图？

答：普通快滤池构造剖视图见图 9.5.25-1、普通快滤池进水系统图见图 9.5.25-2。

Ⅶ V 型滤池

9.5.26 V 型滤池冲洗前的水头损失可采用 2.0m～2.5m。

9.5.27 滤层表面以上的水深不应小于 1.2m。

9.5.28 V 型滤池宜采用长柄滤头配气、配水系统。

问：V 型滤池宜采用长柄滤头配气、配水系统？

答：V 型滤池采用气水反冲洗，根据一般布置，气、水经分配干渠由气、水分配孔眼进入有一定高度的气水室。在气水室形成稳定的气垫层，通过长柄滤头均匀地将气、水分配于整个滤池面积。目前应用的 V 型滤池均采用长柄滤头配气、配水系统，使用效果良好。

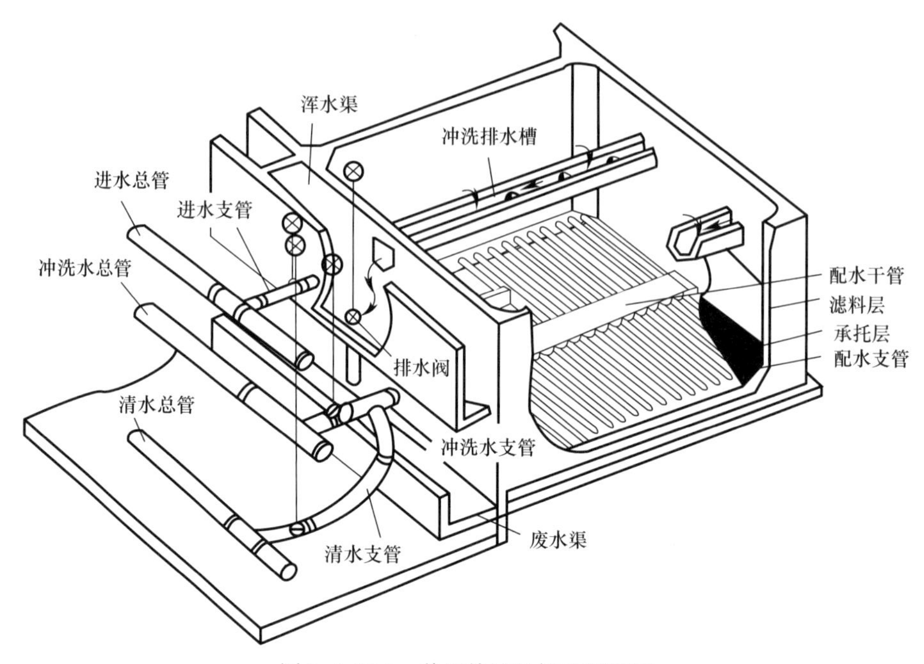

图 9.5.25-1　普通快滤池构造剖视图

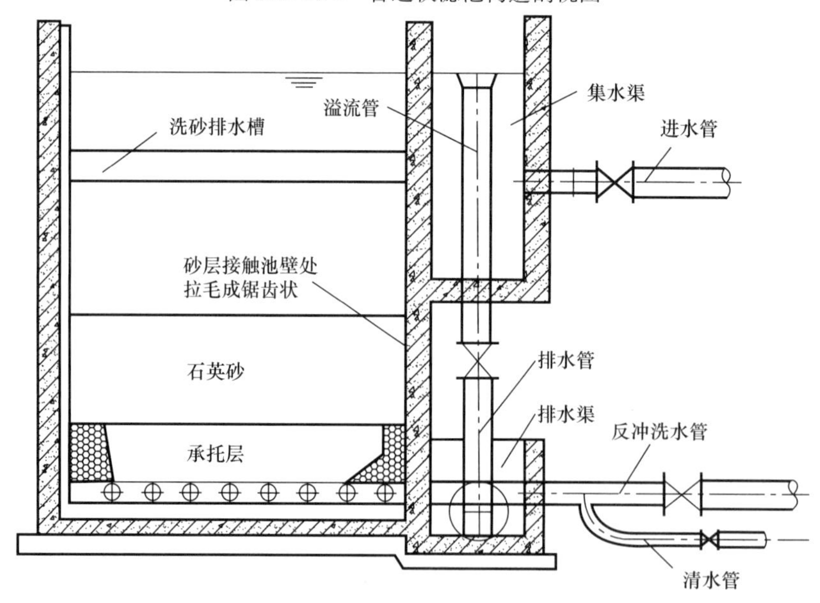

图 9.5.25-2　普通快滤池进水系统图

9.5.29　V 型滤池冲洗水的供应应采用水泵，并应设置备用机组；水泵的配置应适应冲洗强度变化的需求。

问：V 型滤池的冲洗？

答：V 型滤池冲洗水的供给，一般都采用水泵直接自滤池出水渠取水。若采用水箱供应，因冲洗时水箱水位变化，将影响冲洗强度，不利于冲洗的稳定性。同时，采用水泵直接冲洗还能适应气水同时冲洗的水冲强度与单水漂洗强度不同的灵活变化。水泵的能力和配置可按单格滤池气水同时冲洗和单水漂洗的冲洗水量设计，当两者水量不同时，一般水泵宜配置两用一备。

为了适应不同冲洗阶段对冲洗水量的要求，冲洗水泵宜采用两用一备组合，单泵流量按气水同时冲洗时的水冲强度确定，在单水冲洗阶段可采用两台水泵并联供水。

9.5.30 V型滤池冲洗气源的供应应采用鼓风机，并应设置备用机组。

问：V型滤池冲洗气源的供应？

答：冲洗空气一般可由鼓风机或空气压缩机与贮气罐组合两种方式来供应。鼓风机直接供气的效率比空气压缩机与贮气罐组合供气的效率高，气冲时间可任意调节。大、中型水厂或单格滤池面积大时，宜用鼓风机直接供气。

鼓风机常用的有罗茨风机和多级离心风机，国内在气水反冲洗滤池中都有使用，两者都可正常工作。罗茨风机的特性是风量恒定，压力变化幅度大；而离心风机的特性曲线与离心水泵类似。

9.5.31 V型滤池两侧进水槽的槽底配水孔口至中央排水槽边缘的水平距离宜在3.5m以内，不得大于5m。表面扫洗配水孔的纵向轴线应保持水平。

9.5.32 V型进水槽断面应按非均匀流满足配水均匀性要求计算确定，其斜面与池壁的倾斜度宜采用45°～50°。

9.5.33 V型滤池的进水系统应设置进水总渠，每格滤池进水应设可调整高度的进水堰；每格滤池出水应设调节阀并宜设可调整堰板高度的出水堰，滤池的出水系统宜设置出水总渠。

9.5.34 反冲洗空气总管的管底应高于滤池的最高水位。

问：反冲洗空气总管的管底应高于滤池的最高水位？

答：气水反冲洗滤池的反冲洗空气总管的高程必须高于滤池的最高水位，否则就有可能产生滤池水倒灌进入风机。

9.5.35 V型滤池长柄滤头配气配水系统的设计，应采取有效措施，控制同格滤池所有滤头滤帽或滤柄顶表面在同一水平高程，其误差允许范围应为±5mm。

9.5.36 V型滤池的冲洗排水槽顶面宜高出滤料层表面500mm。

问：V型滤池的主要特点？

答：采用较粗滤料、较厚滤层以增加过滤周期。由于反冲洗时滤层不膨胀，故整个滤层在深度方向的粒径分布基本均匀，不发生水力分级现象，即所谓"均质滤料"，使滤层含污能力提高。一般采用砂滤料，有效粒径d_{10}＝0.95mm～1.50mm，不均匀系数K_{60}＝1.2～1.5，滤层厚约0.95m～1.5m。

问：V型滤池剖面图？

答：V型滤池剖面图见图9.5.36。

Ⅷ 虹吸滤池

9.5.37 虹吸滤池的最少分格数，应按滤池在低负荷运行时，仍能满足一格滤池冲洗水量的要求确定。

问：虹吸滤池的最少分格数？

答：虹吸滤池每格滤池的反冲洗水量来自其余相邻滤格的滤后水量，一般冲洗强度约为滤速的5倍～6倍，当滤池运行水量降低时，这一倍数将相应增加。因此，为保证滤池有足够的冲洗强度，滤池应有与这一倍数相应的最少分格数。

虹吸滤池一般是由6格～8格组成一个整体，称为"一组滤池"或"一座滤池"。根据水量大小，水厂可建一组滤池或多组滤池。

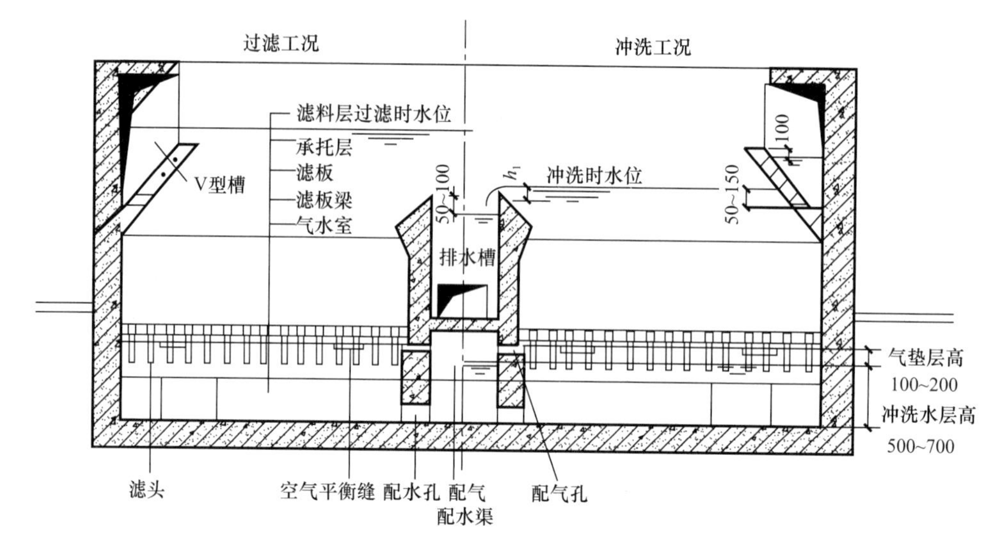

图 9.5.36　V 型滤池剖面图

9.5.38　虹吸滤池冲洗前的水头损失，可采用 1.5m。

9.5.39　虹吸滤池冲洗水头应通过计算确定，宜采用 1.0m～1.2m，并应有调整冲洗水头的措施。

9.5.40　虹吸进水管和虹吸排水管的断面积宜根据下列流速通过计算确定：

1　进水管：0.6m/s～1.0m/s；

2　排水管：1.4m/s～1.6m/s。

问：虹吸滤池剖面图？

答：虹吸滤池剖面图见图 9.5.40。

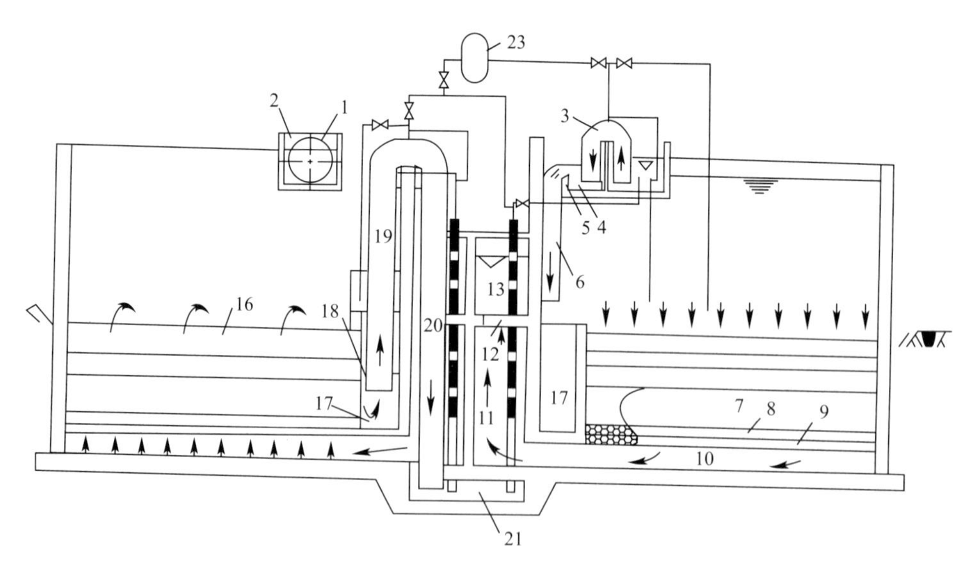

图 9.5.40　虹吸滤池剖面图（一）

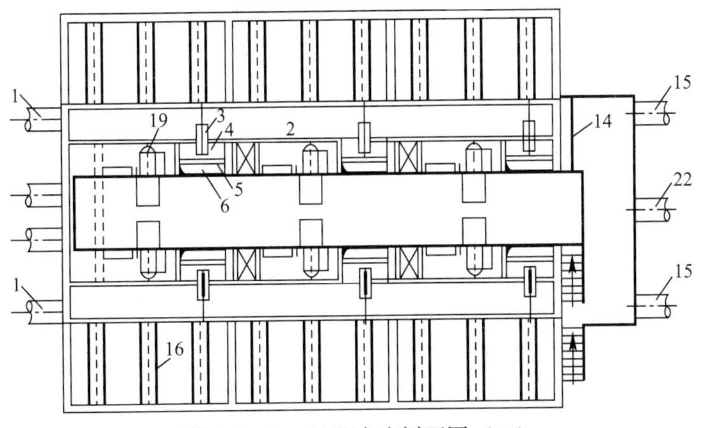

图 9.5.40　虹吸滤池剖面图（二）

1—进水管；2—进水渠；3—进水虹吸管；4—单格滤池进水槽；5—进水堰；6—单格滤池进水管；7—滤层；8—承托层；9—配水系统；10—底部集水区；11—清水室；12—出水孔洞；13—清水集水渠；14—出水堰；15—清水出水管；16—排水槽；17—反冲洗废水集水渠；18—防涡栅；19—虹吸上升管；20—虹吸下降管；21—排水渠；22—排水管；23—真空系统

Ⅸ　重力式无阀滤池

9.5.41　无阀滤池的分格数宜采用 2 格～3 格。

问：无阀滤池分格数？

答：无阀滤池一般适用于小规模水厂，其冲洗水箱设于滤池上部，容积一般按冲洗一次所需水量确定。通常每座无阀滤池都设计成数格合用一个冲洗水箱。实践证明，在一格滤池冲洗即将结束时，虹吸破坏管口刚露出水面不久，由于其余各格滤池不断向冲洗水箱大量供水，使管口又被上升水位所淹没，致使虹吸破坏不彻底，造成滤池持续不停地冲洗。滤池格数越多，问题越突出，甚至虹吸管口不易外露，虹吸不被破坏而延续冲洗。为保证能使虹吸管口露出水面，破坏虹吸及时停止冲洗，因此合用水箱的无阀滤池一般宜取 2 格，不宜多于 3 格。

9.5.42　每格无阀滤池应设单独的进水系统，进水系统应有防止空气进入滤池的措施。

问：每格无阀滤池应设单独的进水系统？

答：无阀滤池是变水头、等滤速的过滤方式，各格滤池如不设置单独的进水系统，因各格滤池过滤水头的差异，势必造成各格滤池进水量的相互影响，也可能导致滤格发生同时冲洗现象。故规定每格滤池应设单独的进水系统。在滤池冲洗后投入运行的初期，由于滤层水头损失较小，进水管中水位较低，易产生跌水和带入空气。因此规定要有防止空气进入的措施。

9.5.43　无阀滤池冲洗前的水头损失可采用 1.5m。

9.5.44　过滤室内滤料表面以上的直壁高度，应等于冲洗时滤料的最大膨胀高度再加保护高度。

9.5.45　无阀滤池的反冲洗应设有辅助虹吸设施，并应设置调节冲洗强度和强制冲洗的装置。

问：无阀滤池的反冲洗应设有辅助虹吸设施？

答：为加速冲洗形成时虹吸作用的发生，反冲洗虹吸管应设有辅助虹吸设施。为避免实际的冲洗强度与理论计算的冲洗强度有较大的出入，应设置可调节冲洗强度的装置。为使滤池能在未达到规定的水头损失之前，进行必要的冲洗，需设有强制冲洗装置。

问：重力无阀滤池过滤过程示意图？

答：重力无阀滤池过滤过程示意图见图 9.5.45。

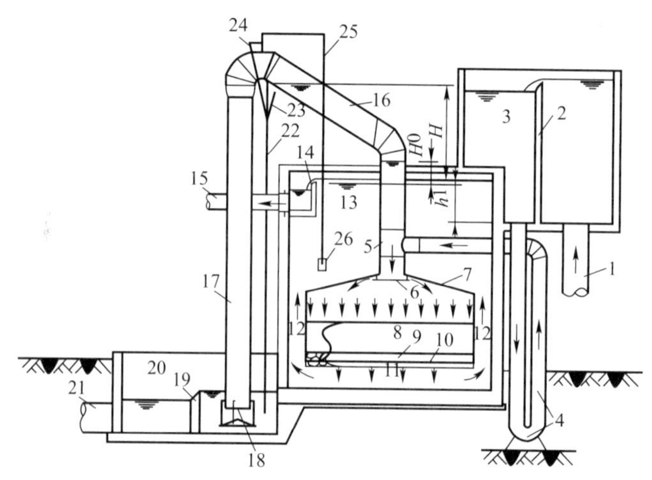

图 9.5.45　重力无阀滤池过滤过程示意图

1—进水管；2—进水堰；3—进水分配槽；4—U 形进水管；5—三通；6—挡板；7—顶盖；8—滤料；9—承托层；10—配水系统；11—底部集水区；12—连通渠；13—冲洗水箱；14—出水堰；15—出水管；16—虹吸上升管；17—虹吸下降管；18—冲洗强度调节器；19—排水堰；20—排水井；21—排水管；22—虹吸辅助管；23—强制冲洗器；24—抽气管；25—虹吸破坏管；26—虹吸破坏斗

X　翻 板 滤 池

9.5.46　翻板滤池冲洗前的水头损失可采用 2.0m～2.5m。

9.5.47　滤层表面以上的水深宜采用 1.5m～2.0m。

9.5.48　翻板滤池可采用适合气水联合反冲的专用穿孔管或滤头配水、配气系统；采用专用穿孔管配水、配气时，承托层的顶面应高出横向布水布气管顶部配气孔 50mm 以上，承托层的级配可按本标准表 9.5.10 或通过试验确定；采用滤头配水、配气时，承托层可按本标准第 9.5.11 条确定。

9.5.49　翻板滤池冲洗方式的选择应根据滤料种类及分层组成，通过试验或参照相似条件下已有滤池的经验确定，气冲强度宜为 15L/(m^2 · s)～17L/(m^2 · s)，气水同时冲洗下的水冲强度宜为 2.5L/(m^2 · s)～3L/(m^2 · s)，单水冲下的水冲强度宜为 15L/(m^2 · s)～17L/(m^2 · s)。

9.5.50　翻板滤池冲洗水的供应可采用水泵，也可采用高位水箱。当采用水泵冲洗时，宜设有 1.5 倍～2.0 倍单格滤池冲洗水量的冲洗调节池；水泵的能力应按单格滤池冲洗水量的 1.5 倍计算，水箱（塔）及出水管路上应设置调节冲洗水量的设施。

9.5.51　翻板滤池冲洗气源的供应应采用鼓风机，并应设置备用机组。

9.5.52　翻板滤池的池宽不宜大于 6m，不应大于 8m；翻板滤池的池长不应大于 15m。

9.5.53　翻板滤池的进水系统应设置进水总渠；每格滤池进水应设可调整堰板高度的进水堰；每格滤池出水应设调节阀并宜设可调整堰板高度的出水堰；滤池的出水系统宜设置出水总渠；翻板滤池的排水系统应设置分阶段开启的翻板阀及排水总渠。

9.5.54　滤层表面以上临时储存冲洗废水区域高度不应小于 1.5m。

9.5.55　翻板阀底距滤层顶垂直距离不应小于 0.30m。

9.5.56　反冲洗空气总管的管底应符合本标准第 9.5.34 条的规定。

9.5.57　采用穿孔管配水、配气系统时，宜采用竖向配水、配气总渠（管）结合横向布水、布气支管的基本构架，横向布水、布气支管应在不同高度分别设置气孔和水孔，气孔和水孔的孔径与数量应确保布水、布气均匀。配水、配气系统宜按下列数据通过计算确定：

1 竖向配水管流速：1.5m/s～2.5m/s；

2 竖向配气管流速：15m/s～25m/s；

3 横向布水、布气管水孔流速：1.0m/s～1.5m/s，气孔流速：10m/s～20m/s。

9.5.58 穿孔管配水、配气系统的材料选用应符合涉水卫生标准的要求，宜采用 PE 管或不低于 S304 材质的不锈钢管。

9.5.59 穿孔管配水、配气系统，横向布水、布气单根管，水平误差允许范围应为±3mm，同格滤池相互水平误差允许范围应为±10mm；竖向配水管、配气管应保证垂直，下端管口的水平误差允许范围应为±2mm。

问：翻板阀滤池结构图？

答：水力自动翻板阀运转原理：当水压力对支承铰的力矩大于阀门自重对支承铰的力矩与支承铰的摩阻力矩之和时，阀门自动开启；当阀门自重对支承铰的力矩大于水压力对支承铰的力矩与支承铰的摩阻力矩之和时，阀门自动关闭，即自动翻到原来位置。利用水位变化而引起的不同水压力，使水力自动翻板阀实现自动启闭，在结构上应满足以下几点：铰座必须是多铰的，铰的数目由运转计算决定，阀门的重心低一些较为有利。因此，面板的上段采用槽形板，板肋在背水面，下段采用矩形板。其他如支腿可采用预制带双悬臂之实腹框架，支墩为预制的钢筋混凝土构件。

翻板阀滤池结构图见图 9.5.59-1。

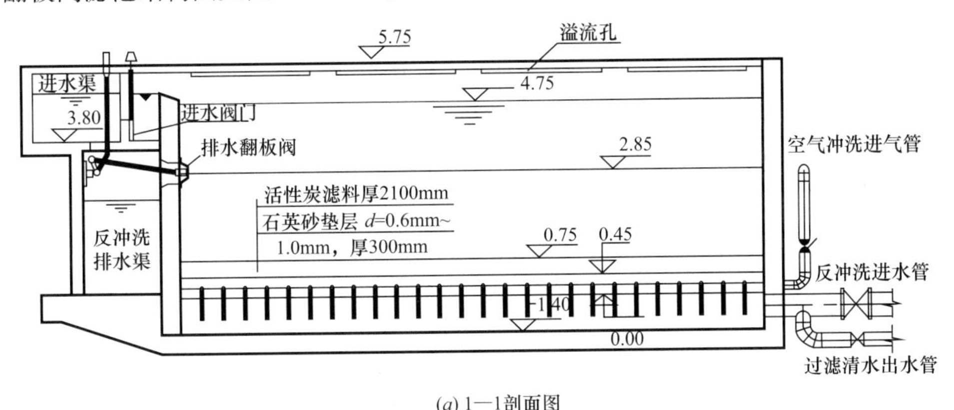

(a) 1—1剖面图

(b) 2—2剖面图

图 9.5.59-1 翻板阀滤池结构图（一）

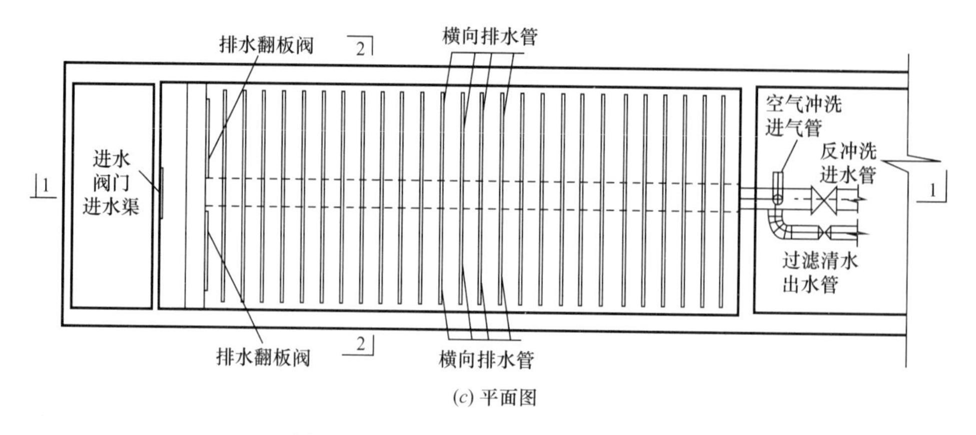

(c) 平面图

图 9.5.59-1　翻板阀滤池结构图（二）

问：翻板阀（泥水舌阀）开启示意图?

答：翻板阀（泥水舌阀）开启示意图见图 9.5.59-2。水力自动翻板阀侧视图见图 9.5.59-3。

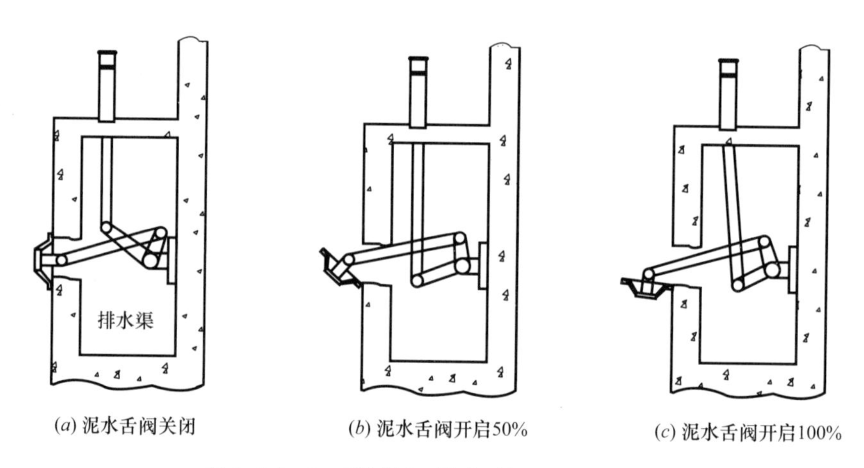

(a) 泥水舌阀关闭　　(b) 泥水舌阀开启50%　　(c) 泥水舌阀开启100%

图 9.5.59-2　翻板阀（泥水舌阀）开启示意图

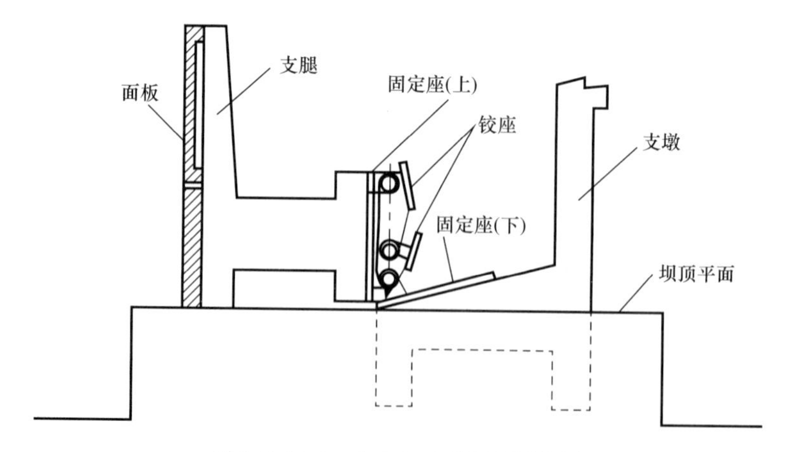

图 9.5.59-3　水力自动翻板阀侧视图

9.6 地下水除铁和除锰

Ⅰ 工艺流程选择

9.6.1 生活饮用水的地下水水源中铁、锰含量超过生活饮用水卫生标准规定时，或生产用水水源的铁、锰含量超过工业用水的规定要求时，应进行除铁、除锰处理。

问：什么条件下地下水需要除铁、除锰？

答：含铁、锰地下水在我国分布较广。铁和锰可共存于地下水中，但铁的含量高于锰的含量，我国地下水的含铁量一般在5mg/L～15mg/L，有的达20mg/L～30mg/L，超过30mg/L的较少见。含锰量多在0.5mg/L～2.0mg/L之间，个别地方含锰量超过2.0mg/L，个别高达5mg/L～10mg/L。我国部分地区地下水铁、锰含量可参见《给水排水设计手册第3册：城镇给水》(第三版) P755，表15-1。

水中的铁以+2或+3价氧化态存在；锰以+2、+3、+4、+6、+7价氧化态存在，其中+2和+4价锰较不稳定，但+4价锰的溶解度低，所以，溶解度高的+2价锰为处理对象。地下水或湖泊和蓄水库的深层水中，由于缺少溶解氧，以致+3价铁和+4价锰还原成为溶解性的+2价铁和+2价锰，因而铁、锰含量较高，须加以处理。

当地下水铁、锰含量超过《生活饮用水卫生标准》GB 5749—2006中对铁、锰的限值(铁0.3mg/L；锰0.1mg/L）时，要除铁、除锰。地下水一般先除铁再除锰。原水碱度低于2.0mmol/L，尤其是低于1.5mmol/L时，将明显影响铁、锰的去降。

微量的铁和锰是人体必需的元素，但饮用水中含有超量的铁和锰，会产生异味和色度。当水中含铁量小于0.3mg/L时无任何异味；含铁量为0.5mg/L时，色度可达30度以上；含铁量达1.0mg/L时便有明显的金属味。水中含有超量的铁和锰，会使衣物、器具洗后染色。含锰量大于1.5mg/L时会使水产生金属涩味。锰的氧化物能在卫生洁具和管道内壁逐渐沉积，产生锰斑。当管中水流速度和水流方向发生变化时，沉积物泛起会引起“黑水”现象。因此，《生活饮用水卫生标准》GB 5749—2006规定，饮用水中铁的含量不应超过0.3mg/L，锰的含量不应超过0.1mg/L。

生产用水，由于水的用途不同，对水中铁和锰含量的要求也不尽相同。纺织、造纸、印染、酿造等工业企业，为保证产品质量，对水中铁和锰的含量有严格的要求。软化、除盐系统对处理水中铁和锰的含量亦有较严格的要求。但有些工业企业用水对水中铁和锰含量并无严格要求或要求不一。因此，对工业企业用水中铁、锰含量不宜作出统一的规定，设计时应根据工业用水系统的用水要求确定。

问：地表水是否需要除铁、除锰？

答：地表水中含有溶解氧，铁、锰主要以不溶解的$Fe(OH)_3$和MnO_2状态存在，所以铁、锰含量不高。

问：地下水中铁、锰为什么能够共存？

答：铁、锰的化学性质相近，所以常共存于地下水中，但铁的氧化还原电位低于锰，容易被O_2氧化，相同pH值时二价铁比二价锰的氧化速率快，以致影响二价锰的氧化，因此，地下水除锰比除铁困难。

9.6.2 地下水除铁、除锰工艺流程的选择及构筑物的组成，应根据原水水质、处理后水质要求、除铁、除锰试验或参照水质相似水厂运行经验，通过技术经济比较确定。

问：地下水中溶解状态铁的存在形式？

答：1. 以 Fe^{2+} 或水合离子形式 $FeOH^{+}$ ～ $Fe(OH)_3^-$ 存在的二价铁。水的总碱度高时，Fe^{2+} 主要以重碳酸盐的形式存在。

2. Fe^{2+} 或 Fe^{3+} 形成的络合物。铁可以和硅酸盐、硫酸盐、腐殖酸、富里酸等相络合而形成无机或有机络合铁。

在设计除铁工艺之前，除了总铁含量须测定外，还须知道铁的存在形式，因此须现场采取代表性水样进行详细分析。地下水中如有铁的络合物会增加除铁难度。一般当水中的含铁总量超过按 pH 值和碱度的理论溶解度值时，可认为有铁的络合物存在。

问：含铁原水的分类？

答：含铁原水的分类见表 9.6.2。

含铁原水的分类　　表 9.6.2

Ⅰ	Fe^{2+} <5mg/L，Mn^{2+} <0.5mg/L 的地下水质称为低浓度铁、锰地下水
Ⅱ	Fe^{2+} >5mg/L，Mn^{2+} >0.5mg/L 的地下水质称为高浓度铁、锰地下水
Ⅲ	当含铁、锰地下水中同时又含有氨氮时称为伴生氨氮铁、锰地下水

9.6.3　当原水中二价铁小于 5mg/L，二价锰小于 0.5mg/L 时，工艺流程应为：原水→曝气溶氧装置→除铁、除锰滤池→出水。

问：什么是接触氧化法除铁？

答：2.0.84　接触氧化除铁：利用接触催化作用，加快低价铁氧化速度而使之去除的处理方法。

问：接触过滤氧化法除铁原理？

答：地下水除铁技术有接触过滤氧化法、曝气氧化法、药剂氧化法等。工程中最常用的也是最经济的工艺是接触过滤氧化法。

除铁的过程是使 Fe^{2+} 氧化生成 $Fe(OH)_3$，再将其悬浮的 $Fe(OH)_3$ 粒子从水中分离出去，进而达到除铁目的。而 Fe^{2+} 氧化生成 $Fe(OH)_3$ 粒子的性状，取决于原水水质。水中可溶性硅酸含量对 $Fe(OH)_3$ 粒子性状影响颇大。溶解性硅酸能与 $Fe(OH)_3$ 表面进行化学结合，形成趋于稳定的高分子，分子量在 10^4 以上。所以溶解性硅酸含量越高，生成的 $Fe(OH)_3$ 粒子直径就越小，凝聚就越困难。经许多学者试验与工程实践表明，原水中可溶解性硅酸浓度超过 40mg/L 时就不能应用曝气氧化法除铁工艺，而应采用接触过滤氧化法工艺。

接触过滤氧化法是以溶解氧为氧化剂，以羟基氧化铁（FeOOH）为触媒的自催化氧化法。反应生成物是催化剂，本身不断地披覆于滤料表面，在滤料表面进行接触氧化除铁反应。曝气只是为了充氧，充氧后应立即进入滤层，避免滤前生成 Fe^{3+} 胶体粒子穿透滤层。设计时应使曝气后的水至滤池的中间停留时间越短越好。实际工程中，在 3min～5min 之内，不会影响处理效果。

9.6.4　当原水中二价铁大于 5mg/L，二价锰大于 0.5mg/L 时，可采用本标准第 9.6.3 条中工艺流程，除铁、除锰滤池滤层应适当加厚，也可采用两级过滤流程。采用一级过滤或是两级过滤，设计时应根据具体情况对工程的经济性和水质风险进行全面评估来决定。两级过滤工艺流程应为：原水→曝气溶氧装置→除铁滤池→除锰滤池→出水。

问：高浓度铁、锰地下水去除工艺选择？

答：标准状态下，O_2 的氧化还原电位为 0.82V，铁的氧化还原电位为 0.2V，锰的氧化还原电位为 0.6V。O_2 与锰的氧化还原电位相差 0.22V，O_2 与铁的氧化还原电位相差 0.62V。所以在地下水 pH 值呈中性的条件下，Fe^{2+} 可以被溶解氧直接氧化，当存在触媒时可迅速氧化。但 Fe 与 Mn 的氧化还原电位相差 0.4V。在一定基质浓度下，Fe^{2+} 与 Mn^{4+} 会发生氧化还原反应，Mn^{4+} 将 Fe^{2+} 氧化成 Fe^{3+}，而 Mn^{4+} 还原为 Mn^{2+}。据北京工业大学和中国市政工程东北设计研究总院有限公司的科学研究成果和工程生产实验，当滤层进水中 $Fe^{2+}>5mg/L$ 时，就会发生 Fe^{2+} 与 Mn^{4+} 的氧化还原反应，此时应采用厚滤料滤池或采用两级过滤流程。

9.6.5 当含铁锰水中伴生氨氮，且氨氮大于 1mg/L 时，宜采用两级曝气两级过滤工艺：原水→曝气溶氧装置→除铁滤池→曝气溶氧装置→除锰滤池→出水。

问：伴生氨氮铁锰地下水去除工艺？

答：Fe^{2+} 的氧化当量为 $0.143mgO_2/mgFe^{2+}$，Mn^{2+} 的氧化当量为 $0.29mgO_2/mgMn^{2+}$，氨氮（NH_4^+-N）的氧化当量为 $4.57mgO_2/mgNH_4^+$-N。所以当原水中含有氨氮时，除铁、除锰、氨的滤层耗氧量大增。当含铁、锰水中伴生氨氮且 NH_4^+-N>1mg/L，宜采用两级曝气过滤流程。

Ⅱ 曝气装置

9.6.6 曝气装置应根据原水水质和工艺对溶解氧的需求来选定，可采用跌水、淋水、喷水、射流曝气、压缩空气、板条式曝气塔、接触式曝气塔或叶轮式表面曝气装置。

问：为什么除铁、除锰曝气装置根据原水水质和对溶解氧的需求来选定？

答：含铁、锰地下水是在还原环境下存在的，水中溶解氧为零。为进行 Fe^{2+}、Mn^{2+} 的氧化反应必须进行充氧。除铁和除锰在地下水 pH 值为 6.0～6.5 的条件下均可顺利进行，也不受溶解性硅酸的影响。曝气只是为了充氧，不必刻意散失 CO_2。故曝气装置的选择只根据原水需氧量来选择。同时曝气又是除铁、锰水厂重要的动力消耗单元，在满足溶解氧需求条件下，宜选择简单节能的曝气装置，跌水与淋水是除铁、锰首选曝气装置。

喷水、板条式曝气塔、接触式曝气塔能耗较高、投资较大。叶轮式表面曝气装置有动力设备，增加了维护工作量。在一定条件下也可以选用。

9.6.7 采用跌水装置时，跌水级数可采用 1 级～3 级，每级跌水高度宜为 0.5m～1.0m，单宽流量宜为 $20m^3/(m·h)$～$50m^3/(m·h)$。

问：不同跌水级数，水中溶解氧浓度？

答：跌水曝气的溶氧效果，受水的饱和溶解氧浓度限制，随着跌水级数和跌水高度的增大是有限度的。生产实践调研表明，一级跌水高度在 0.5m 之上，水中溶解氧浓度可达 4.0mg/L～4.5mg/L，三级跌水高度达 5.0mg/L～5.5mg/L，已能满足除铁、除锰工艺的要求，故跌水级数为 1 级～3 级，每级跌水高度以 0.5m～1.0m 为宜。

跌水堰单宽流量小，跌水水舌下真空度亦小，吸入空气量少；单宽流量大，随水舌下真空度增强，吸入空气量大，但水舌变厚后，单位水量中溶入空气量反而变小。生产实践调研表明，单宽流量以 $20m^3/(m·h)$～$50m^3/(m·h)$ 为宜。

9.6.8 采用淋水装置（穿孔管或莲蓬头）时，孔眼直径可采用 4mm～8mm，孔眼流速宜为 1.5m/s～2.5m/s，安装高度宜为 1.5m～2.5m。当采用莲蓬头时，每个莲蓬头的服务面积宜为 1.0m^2～1.5m^2。

9.6.9 采用喷水装置时，每 10m^2 集水池面积上宜装设 4 个～6 个向上喷出的喷嘴，喷嘴处的工作水头宜采用 7m。

问：每个喷嘴的服务面积？

答：每 10m^2 集水池面积上宜装设 4 个～6 个向上喷出的喷嘴，实际相当于每个喷嘴的服务面积约为 1.7m^2～2.5m^2。

9.6.10 采用射流曝气装置时，其构造应根据工作水的压力、需气量和出口压力等通过计算确定。工作水可采用全部、部分原水或其他压力水。

问：射流曝气的应用？

答：实践证明，原水经射流曝气后溶解氧饱和度可达 70%～80%，但 CO_2 散除率一般不超过 30%，pH 值无明显提高，故射流曝气装置适用于原水铁、锰含量较低，对散除 CO_2 和提高 pH 值要求不高的场合。

9.6.11 采用压缩空气曝气时，每立方米水的需气量（以 L 计）宜为原水二价铁含量（以 mg/L 计）的 2 倍～5 倍。

9.6.12 采用板条式曝气塔时，板条层数可为 4 层～6 层，层间净距宜为 400mm～600mm。

9.6.13 采用接触式曝气塔时，填料层层数可为 1 层～3 层，填料宜采用 30mm～50mm 粒径的焦炭块或矿渣，每层填料厚度为 300mm～400mm，层间净距不宜小于 600mm。

问：接触式曝气塔填料的清理周期？

答：接触式曝气塔运行一段时间后，填料层易被堵塞。原水含铁量愈高，堵塞愈快。一般 1 年～2 年就应对填料层进行清理。为方便清理，层间净距不宜小于 600mm。

9.6.14 淋水装置、喷水装置、板条式曝气塔和接触式曝气塔的淋水密度，可采用 5m^3/(m^2 · h)～10m^3/(m^2 · h)。淋水装置接触水池容积，宜按 30min～40min 处理水量计算。接触式曝气塔底部集水池容积，宜按 15min～20min 处理水量计算。

9.6.15 采用叶轮式表面曝气装置时，曝气池容积可按 20min～40min 处理水量计算，叶轮直径与池长边或直径之比可为 1：6～1：8，叶轮外缘线速度可为 4m/s～6m/s。

9.6.16 当跌水、淋水、喷水、板条式曝气塔、接触式曝气塔或叶轮式表面曝气装置设在室内时，应考虑通风设施。

Ⅲ 除铁、除锰滤池

9.6.17 除铁、除锰滤池的滤料可选择天然锰砂、石英砂和无烟煤等。

问：除铁、除锰的熟砂滤料指什么？

答：用作除铁、除锰的滤料（石英砂、无烟煤等）需要一定的成熟期，成熟后的滤料被铁或锰化合物覆盖，表面形成锈疤或褐色的活性滤膜，对除铁具有接触氧化作用，因此不同滤料在成熟后，除铁、除锰效果没有明显差别。

问：除铁工艺及滤料选择？

答：除铁、除锰滤料除了应满足作为滤料的一般要求有足够的机械强度、有足够的化学稳定性、不含毒质、对除铁水质无不良影响外，还应具有对铁、锰有较大的吸附容量和较短的“成熟”期。除铁工艺及滤料选择见表 9.6.17-1。

除铁工艺及滤料选择 **表 9.6.17-1**

工艺类型	滤料选择
空气直接氧化法除铁	滤池滤料一般采用石英砂和无烟煤
接触氧化法除铁	石英砂、无烟煤、天然锰砂 天然锰砂滤料对水中二价铁离子的吸附容量较大，过滤出气出水水质较好

问：水处理用天然锰砂滤料的技术要求？

答：水处理用天然锰砂滤料的技术要求见《水处理用天然锰砂滤料》CJ/T 3041—1995。

本标准适用于生活饮用水的地下水除铁除锰过滤用天然锰砂滤料及锰矿承托料。用于工业用水的天然锰砂滤料和锰矿承托料，亦可参照使用。

3 天然锰砂滤料的技术要求

3.1 用于地下水除铁和除锰的天然锰砂滤料，其锰的形态应以氧化锰为主。含锰量（以 MnO_2 计，下同）不应小于 35%的天然锰砂滤料，既可用于地下水除铁，又可用于地下水除锰；含锰量为 20%～30%的天然锰砂滤料，只宜用于地下水除铁；含锰量小于 20%的锰矿砂则不宜采用。宜优先采用经过科学试验或生产使用证明能获得良好除铁和除锰效果的天然锰砂品种作滤料。

3.2 天然锰砂滤料的平均密度一般在 $3.2g/cm^3$～$3.6g/cm^3$ 范围内。使用中对密度有特殊要求者除外。

3.3 天然锰砂滤料的盐酸可溶率不应大于 3.5%（百分率按质量计，下同）。

3.4 天然锰砂滤料的破碎率和磨损率之和不应大于 3%。

3.5 天然锰砂滤料应不含肉眼可见泥土、页岩和外来碎屑，含泥量不应大于 2.5%。

3.6 滤料的水浸出液应不含对人体有毒、有害物质。

3.7 天然锰砂滤料的粒径

3.7.1 天然锰砂滤料的粒径范围，最小粒径为 0.5mm～0.6mm，最大粒径为 1.2mm～2.0mm。当对天然锰砂滤料的有效粒径和不均匀系数有特殊要求时，可按要求来选择滤料的粒径范围。

3.7.2 在各种粒径范围的天然锰砂滤料中，小于指定下限粒径的不应大于 3%，大于指定上限粒径的不应大于 2%。

4 锰矿承托料的技术要求

4.1 锰矿承托料与天然锰砂滤料应为同一产地的矿石，两者的密度应基本相同。

4.2 锰矿承托层应不含肉眼可见泥土、页岩和外来碎屑。承托料含泥量不应大于 1%。

4.3 承托料的水浸出液应不含对人体有毒、有害物质。

4.4 锰矿承托料的粒径

4.4.1 锰矿承托料的粒径范围为 2mm～4mm、4mm～8mm、8mm～16mm。

4.4.2 在各种粒径范围的锰矿承托料中，小于指定下限粒径的及大于指定上限粒径的均不应大于 5%。

几种天然锰砂的参数见表 9.6.17-2。

几种天然锰砂的参数　　表 9.6.17-2

天然锰砂	MnO_2 含量（%）	相对密度	堆积密度（kg/m^3）	孔隙度（%）	备注
锦西锰砂	32	3.2	1600	50	
湘潭锰砂	42	3.4	1700	50	对水中二价锰的吸附容量较大，过滤初期出水水质较好，且滤料的“成熟”期较短，宜优先选用
马山锰砂	53	3.6	1800	50	
乐平锰砂	56	3.7	1800	50	

问：铁的半衰期公式？

答：铁的半衰期公式：

$$t_{1/2}=\frac{\lg 2}{\lg\dfrac{[Fe^{2+}]_0}{[Fe^{2+}]}}t$$

式中　$[Fe^{2+}]_0$——原水含铁量（mg/L）；

$[Fe^{2+}]$——处理后水的含铁量（mg/L）；

t——二价铁氧化反应时间（min）。

——崔玉川. 给水厂处理设施设计计算（第二版）[M]. 北京：化学工业出版社，2013：227.

9.6.18　除铁、除锰滤池滤料的粒径：石英砂宜为 $d_{min}=0.5$mm，$d_{max}=1.2$mm；锰砂宜为 $d_{min}=0.6$mm，$d_{max}=1.2$mm～2.0mm；厚度宜为 800mm～1200mm。滤速宜为 5m/h～7m/h。

9.6.19　除铁、除锰滤池宜采用大阻力配水系统，其承托层可按本标准表 9.5.10 选用。当采用锰砂滤料时，承托层的顶面两层应改为锰矿石。

9.6.20　除铁、除锰滤池的冲洗强度、膨胀率和冲洗时间可按表 9.6.20 采用。

除铁、除锰滤池冲洗强度、膨胀率、冲洗时间　　表 9.6.20

序号	滤料种类	滤料粒径（mm）	冲洗方式	冲洗强度 [$L/(m^2 \cdot s)$]	膨胀率（%）	冲洗时间（min）
1	石英砂	0.5～1.2	水冲洗	10～15	30～40	>7
2	锰砂	0.6～1.2	水冲洗	12～18	30	10～15
3	锰砂	0.6～1.5	水冲洗	15～18	25	10～15
4	锰砂	0.6～2.0	水冲洗	15～18	22	10～15

注：表中所列锰砂滤料冲洗强度原来按滤料相对密度在 3.4～3.6 之间，且冲洗水温为 8℃时的数据。

问：除铁、除锰改造技术？

答：以下内容摘自《城镇供水设施建设与改造技术指南实施细则（试行）》（中国城镇供水排水协会主编）。

5.5　除铁除锰

5.5.1　地下水除铁除锰包括曝气法、接触氧化法和生物过滤法。

5.5.2　曝气法通过曝气使空气中的氧溶于水，用溶解氧将水中的 Fe^{2+} 氧化为 Fe^{3+} 后形成氢氧化物，然后通过沉淀和过滤去除铁锰。当地下水中铁、锰含量均超标、含铁量低于 2.0mg/L～5.0mg/L（北方地区低于 2.0mg/L、南方地区低于 5.0mg/L）、含锰量低于 1.5mg/L 时，可采用多级串联的曝气接触氧化过滤；地下水中存在氨氮超标时，可采用分步或同步除氨氮除铁锰。

5.5.3　接触氧化法除铁时，pH 值宜在 6.0 以上，除锰时 pH 值宜在 7.5 以上。除铁滤池宜采用天然锰砂或石英砂，宜采用大阻力配水系统；采用锰砂滤料时，承托层上部两层应为锰矿石。滤池的滤速宜为 6m/h～10m/h。

5.5.4　生物过滤法通过建立生物滤层，利用滤层内具有铁、锰氧化能力的细菌等微生物，将铁、锰进行氧化，生成物被滤层截留，从而达到除铁锰的目的。滤料可采用石英砂、无烟煤、陶粒和活性炭等。滤池的滤速宜为 5m/h～7m/h，工作周期可为 8h～24h。滤池启动初期，反冲洗强度宜为 6L/(m^2 · s)～12L/(m^2 · s)。

5.5.5　地表水除铁除锰可不设单独的除铁除锰滤池，宜在水厂已有处理工艺的基础上采取投加氧化剂和强化过滤等除铁除锰措施。

5.5.6　以地表水为水源的水厂存在铁锰超标问题时，应重点考虑强化常规处理；必要时宜设置固定的氧化剂投加设施。

5.5.7　采用强化过滤除铁除锰时，可将石英砂更换为锰砂滤料，或强化现在滤池的生物除铁除锰功能。

5.5.8　根据当地社会经济发展水平、原水水质和处理规模等，可采用氯氧化法、石灰或石灰-苏打法、离子交换法、碱化除锰法、光化学氧化法等除铁除锰。

除铁除锰双层滤池见图 9.6.20。

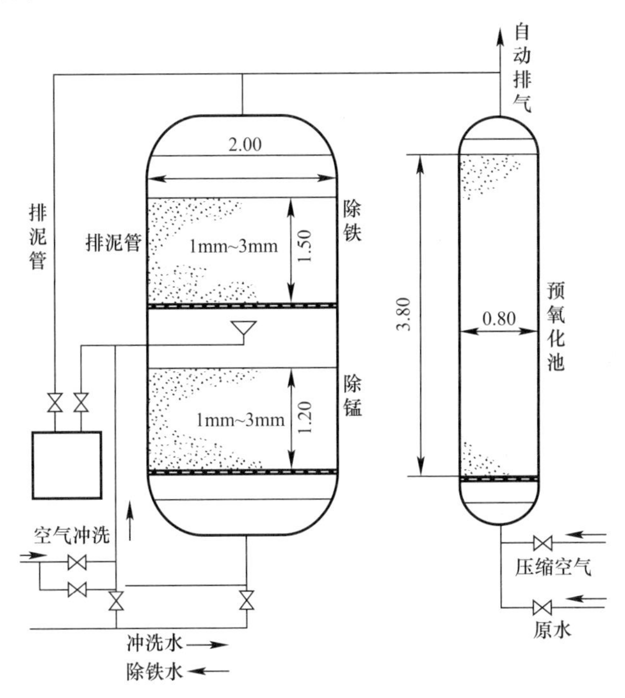

表 9.6.20　除铁除锰双层滤池

9.7　除　　氟

Ⅰ　一 般 规 定

9.7.1　当原水氟化物含量超过现行国家标准《生活饮用水卫生标准》GB 5749 的规定时，应进行除氟。

问：地下水为什么要除氟？

答：人体中的氟主要来自饮用水。氟对人体健康有一定的影响。长期过量饮用含氟高的水可引起慢性中毒，特别是对牙齿和骨骼。当水中含氟量在 0.5mg/L 以下时，可使龋齿增加，大于1.0mg/L时，可使牙齿出现斑釉。我国《生活饮用水卫生标准》GB 5749—2006和《生活饮用水水质卫生规范》规定了饮用水中的氟化物含量应小于1.0mg/L。

氟化物含量过高的原水往往偏碱性，pH值常大于7.5。

9.7.2 饮用水除氟可采用混凝沉淀法、活性氧化铝吸附法、电渗析法、反渗透法等。本标准除氟工艺适用于原水含氟量1mg/L～10mg/L、含盐量小于10000mg/L、悬浮物小于5mg/L、水温5℃～30℃。

问：除氟方法总结？

答：除氟的方法有很多，如活性氧化铝吸附法、反渗透法、电渗析法、混凝沉淀法、离子交换法、电凝聚法、骨碳法等，本规范仅对常用的前4种除氟方法作了有关技术规定。

饮用水除氟的原水主要为地下水，在我国的华北和西北存在较多的地下水高氟地区，一般情况下高氟地下水中氟化物含量在1.0mg/L～10mg/L范围内。若原水中的氟化物含量大于10mg/L，可采用增加除氟流程或投加熟石灰预处理的方法。悬浮物量和含盐量是设备的基本要求，当含盐量超过10000mg/L时，除氟率明显下降，原水若超过限值，应采用相应的预处理措施。

问：除氟方法的比较？

答：除氟方法应根据水质、规模、设备和材料来源经过技术经济比较后确定。目前常用的方法有活性氧化铝吸附法、电渗析法和混凝沉淀法。这三种方法的比较见表9.7.2。

除氟方法比较 **表9.7.2**

除氟方法	处理水量	原水含盐量	出水含盐量	pH值	水利用率
活性氧化铝吸附法	大	无要求	不变	6.0～7.0	高
电渗析法	小	50mg/L～10000mg/L	＞200mg/L	无要求	低
混凝沉淀法	小	含量低	增高	6.5～7.5	高

当处理水量较大时，宜选择活性氧化铝吸附法；当除氟的同时要求去除水中的氯离子和硫酸根离子时，宜选用电渗析法。混凝沉淀法适合于含氟量偏低的除氟处理，这是由于除氟所需的絮凝剂投加量远大于除浊要求的投加量，容易造成氯离子或硫酸根离子超过《生活饮用水卫生标准》GB 5749—2006的规定。

9.7.3 除氟过程中产生的废水及泥渣排放应符合国家现行标准的有关规定。

问：除氟废水、泥渣的排放要求？

答：除氟过程中产生的废水，其排放应符合现行国家标准《污水综合排放标准》GB 8978的规定。泥渣按其去向进入垃圾填埋场的应符合现行国家标准《生活垃圾填埋场污染控制标准》GB 16889的规定，进入农田的应符合现行国家标准《农用污泥污染物控制标准》GB 4284的规定。

Ⅱ 混凝沉淀法

9.7.4 混凝沉淀法宜用于含氟量小于4mg/L的原水，投加的药剂宜选用铝盐。

问：混凝沉淀法除氟？

答：2.0.85 混凝沉淀法除氟：采用在水中投加具有凝聚能力或与氟化物产生沉淀的物质，形成大量胶体物质或沉淀，氟化物也随之凝聚或沉淀，再通过过滤将氟从水中除去的过程。

问：混凝沉淀法除氟的原理及适用条件？

答：混凝沉淀法主要是通过絮凝剂形成的絮体吸附水中的氟，经沉淀或过滤后去除氟化物。混凝沉淀法适用于含氟量小于 4mg/L 的原水。当原水中含氟量大于 4mg/L 时不宜采用混凝沉淀法，否则处理水中会增加 SO_4^{2-}、Cl^- 等物质，影响饮用水质量。

药剂一般以采用铝盐去除效果较好，可选择氯化铝、硫酸铝、碱式氯化铝等。

9.7.5 药剂投加量（以 Al^{3+} 计）应通过试验确定，宜为原水含氟量的 10 倍～15 倍。

问：混凝沉淀法除氟药剂投加量的影响因素？

答：絮凝剂投加量受原水含氟量、温度、pH 值等因素影响，其投加量应通过试验确定。一般投加量（以 Al^{3+} 计）宜为原水含氟量的 10 倍～15 倍（质量比）。

9.7.6 工艺流程宜选用：原水—混合—絮凝—沉淀—过滤。

9.7.7 混合、絮凝和过滤的设计参数应符合本标准第 9.3 节～第 9.5 节的规定，投加药剂后水的 pH 值应控制在 6.5～7.5。

9.7.8 沉淀时间应通过试验确定，宜为 4h。

Ⅲ 活性氧化铝吸附法

9.7.9 活性氧化铝的粒径应小于 2.5mm，宜为 0.5mm～1.5mm。

问：活性氧化铝除氟？

答：2.0.86 活性氧化铝除氟：采用活性氧化铝滤料吸附、交换氟离子，将氟化物从水中除去的过程。

问：活性氧化铝除氟粒径的规定？

答：活性氧化铝的粒径越小吸附容量越高，但粒径越小强度越差，而且粒径小于 0.5mm 时，反冲洗造成的滤料流失较大。粒径 1mm 的滤料耐压强度一般能达到 9.8N/粒。

问：活性氧化铝的分类？

答：《工业活性氧化铝》HG/T 3927—2007。

活性氧化铝的分子式为：$Al_2O_3 \cdot nH_2O$（$n<1$）。

工业活性氧化铝分为六类：

吸附剂——通用型，用于各种烃类气体、天然气、石油裂解气等的吸附、脱水等。

除氟剂——用于饮用水、工业水的除氟。

再生剂——用于蒽醌法生产双氧水。

脱氯剂——用于各种气体及黏性树脂等液体的脱氯。

催化剂截体——用作各种催化剂载体。

空分干燥剂——空分专用干燥剂。

问：工业活性氧化铝的指标要求？

答：工业活性氧化铝的指标要求见表 9.7.9。

工业活性氧化铝的指标要求　　表 9.7.9

项目	指标					
	吸附剂	除氟剂	再生剂	脱氯剂	催化剂载体	空分干燥剂
三氧化二铝质量分数（%）≥	90	90	92	90	93	88
灼烧失量（%）≤	8	8	8	8	8	9
振实密度（g/cm^3）≥	0.65	0.70	0.65	0.60	0.50	0.60
比表面积（m^2/g）≥	280	280	200	300	200	300

续表

项目		指标					
		吸附剂	除氟剂	再生剂	脱氯剂	催化剂载体	空分干燥剂
孔容（cm^3/g）≥		0.35	0.35	0.40	0.35	0.40	0.35
静态吸附量（60%湿度）/（%）≥		12	12	—	10	—	17
吸水率（%）≥		—	—	50	—	40	—
磨耗率（%）≤		0.5	0.5	0.4	0.5	1	0.5
抗压强度（N/颗）≥	粒径 0.5mm～2mm	10					
	粒径 1mm～2.5mm	35					
	粒径 2mm～4mm	50					
	粒径 3mm～5mm	100					
	粒径 4mm～6mm	130					
	粒径 5mm～7mm	150					
	粒径 6mm～8mm	200					
	粒径 8mm～10mm	250					
粒度合格率（%）≥		90					

注：本表摘自《工业活性氧化铝》HG/T 3927—2007。

9.7.10 原水接触滤料之前，宜采用投加硫酸、盐酸、醋酸等酸性溶液或投加二氧化碳气体等调整 pH 值在 6.0～7.0。

问：活性氧化铝除氟为什么要调整 pH 值？

答：活性氧化铝是一种白色颗粒状多孔吸附剂，除氟用的活性氧化铝属于低温态，由氧化铝的水化物在约 400℃下焙烧产生。其具有很大的表面积，耐酸性强。活性氧化铝是两性物质，等电点约在 9.5，当水的 pH 值小于 9.5 时可吸附阴离子，大于 9.5 时可去除阳离子，因此，在酸性溶液中活性氧化铝为阴离子交换剂，对氟有极大的选择性。

活性氧化铝使用前可用硫酸铝溶液活化，使其转化为硫酸盐型，反应如下：

$$(Al_2O_3)_n \cdot 2H_2O + SO_4^{2-} \longrightarrow (Al_2O_3)_n \cdot H_2SO_4 + 2OH^-$$

除氟时的反应为：

$$(Al_2O_3)_n \cdot H_2SO_4 + 2F^- \cdot (Al_2O_3)_n \cdot 2HF + SO_4^{2-}$$

活性氧化铝失去除氟能力后，可用 1%～2%浓度的硫酸铝溶液再生：

$$(Al_2O_3)_n \cdot 2HF + SO_4^{2-} \cdot (Al_2O_3)_n \cdot H_2SO_4 + 2F^-$$

pH 值与除氟效果的关系见图 9.7.10。

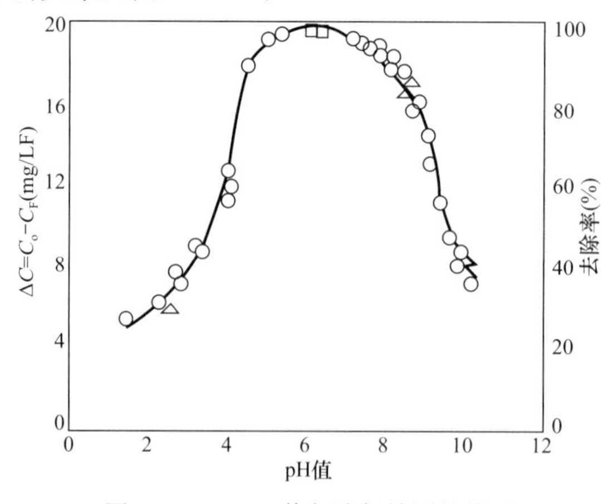

图 9.7.10　pH 值与除氟效果的关系

问：pH 值对活性氧化铝除氟量的影响？

答：一般含氟量较高的地下水其碱度也较高（pH 值大于 8.0，偏碱性），而 pH 值对活性氧化铝的吸附容量影响很大。经试验，进水 pH 值在 6.0～6.5 时，活性氧化铝吸附容量一般可为 $4g(F^-)/kg(Al_2O_3)$～$5g(F^-)/kg(A1_2O_3)$；进水 pH 值在 6.5～7.0 时，活性氧化铝吸附容量一般可为 $3g(F^-)/kg(Al_2O_3)$～$4g(F^-)/kg(Al_2O_3)$；若不调整 pH 值，活性氧化铝吸附容量仅在 $lg(F^-)/kg(Al_2O_3)$ 左右。

9.7.11 吸附滤池的滤速和运行方式可按下列规定采用：

1 当滤池进水 pH 值大于 7.0 时，应采用间断运行方式，其滤速宜为 2m/h～3m/h，连续运行时间 4h～6h，间断 4h～6h；

2 当滤池进水 pH 值小于 7.0 时，宜采用连续运行方式，其滤速宜为 6m/h～8m/h。

9.7.12 滤池滤料厚度宜按下列规定选用：

1 当原水含氟量小于 4mg/L 时，滤料厚度宜大于 1.5m；

2 当原水含氟量大于或等于 4mg/L 时，滤料厚度宜大于 1.8m。

9.7.13 滤池滤料再生处理的再生液宜采用氢氧化钠溶液，也可采用硫酸铝溶液。

9.7.14 采用氢氧化钠再生时，再生过程可采用“反冲→再生→二次反冲→中和”四个阶段；采用硫酸铝再生时，可省去中和阶段。

问：活性氧化铝再生方法？

答：首次反冲滤层膨胀率宜采用 30%～50%，反冲时间宜采用 10min～15min，冲洗强度一般可采用 $12L/(m^2 \cdot s)$～$16L/(m^2 \cdot s)$。

再生溶液宜自上而下通过滤层。采用氢氧化钠再生，浓度可为 0.75%～1%，消耗量可按每去除 1g 氟化物需要 8g～10g 固体氢氧化钠计算，再生液用量容积为滤料体积的 3 倍～6 倍，再生时间为 1h～2h，流速为 3m/h～10m/h；采用硫酸铝再生，浓度可为 2%～3%，消耗量可按每去除 1g 氟化物需要 60g～80g 固体硫酸铝计算，再生时间为 2h～3h，流速为 1.0m/h～2.5m/h。

再生后滤池内的再生溶液必须排空。

二次反冲强度宜采用 $3L/(m^2 \cdot s)$～$5L/(m^2 \cdot s)$，反冲时间 1h～3h。采用硫酸铝再生，二次反冲终点出水的 pH 值应大于 6.5；采用氢氧化钠再生，二次反冲后应进行中和，中和宜采用 1%硫酸溶液调节进水 pH 值至 3 左右，进水流速与正常除氟过程相同，中和时间为 1h～2h，直至出水 pH 值降至 8～9 时为止。

活性氧化铝再生工艺流程见图 9.7.14。

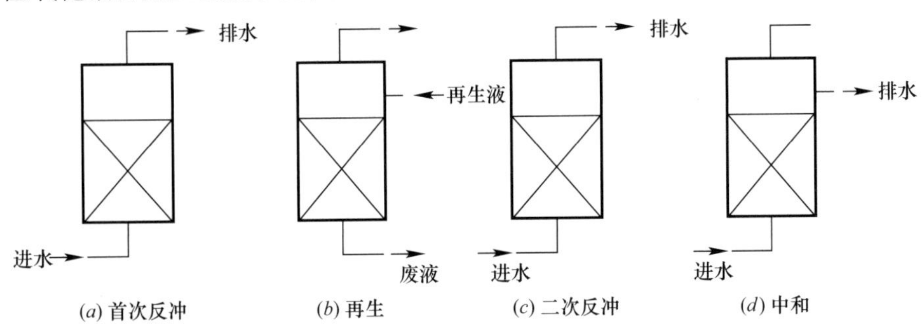

图 9.7.14 活性氧化铝再生工艺流程

Ⅳ 反渗透法

9.7.15 反渗透装置宜由保安过滤器、高压泵、反渗透膜组件、清洗系统、控制系统等组成。

问：反渗透装置的组成？

答：除氟的反渗透装置一般包括保安过滤器、反渗透膜元件、压力容器、高压泵、清洗系统、加药系统以及水质检测仪表、控制仪表等控制系统。

保安过滤器的滤芯使用时间不宜过长，一般可根据前后压差来确定调换滤芯，压差不宜大于 0.1MPa。宜采用 $14m^3/(m^2 \cdot h)$～$15m^3/(m^2 \cdot h)$ 滤速过滤。使用中应定时反洗、酸洗，必要时杀菌。

反渗透膜应根据不同的原水情况及工程要求来选取。反渗透系统产水能力在 $3m^3/h$ 以下时，宜选用直径为 101.6mm 的膜元件；反渗透系统产水能力在 $3m^3/h$ 以上时，宜选用直径为 203.2mm 的膜元件。

反渗透膜壳建议采用优质不锈钢或玻璃钢。膜的支撑材料、密封材料、外壳等应无不纯物渗出，能耐 H_2O_2 等化学药品的氧化及腐蚀等，一般可采用不锈钢材质。管路部分高压可用优质不锈钢，低压可用国产 ABS 或 UPVC 工程塑料。产水输送管路可用不锈钢。

高压泵可采用离心泵、柱塞泵、高速泵或变频泵，其出口应装止回阀和闸阀；高压泵前应设低压保护开关，高压泵后及产水侧应设高压保护开关。

应设置监测进水的 FI、pH 值、电导率、游离氯、温度等以及产水的电导率、DO、颗粒、细菌、COD 等的水质检测仪表。

进水侧应设高温开关及高、低 pH 值开关；浓水侧应设流量开关；产水侧应设电导率开关。整个系统应有高低压报警、加药报警、液位报警、高压泵入口压力不足报警等报警控制装置。

9.7.16 进入反渗透装置原水的污染指数（FI）应小于 4。若原水不能满足膜组件的进水水质要求时，应采取相应的预处理措施。

问：进入反渗透装置原水水质和预处理的规定？

答：污染指数表示的是进水中悬浮物和胶体物质的浓度和过滤特性，是表征进水对微孔滤膜堵塞程度的一个指标。微量悬浮物和胶状物一旦堵塞反渗透膜，膜组件的产水量和脱盐率会明显降低，甚至影响膜的寿命，因此反渗透装置对污染指数这个指标有严格要求。

原水中除了悬浮物和胶体物质外，微生物、硬度、氯含量、pH 值及其他对膜有损害的物质，都会直接影响到膜的使用寿命及出水水质，关系到整个净化系统的运行及效果。一般膜组件生产厂家对其产品的进水水质会提出严格要求，当原水水质不符合膜组件的要求时，就必须进行相应的预处理。

9.7.17 反渗透预处理水量可按下式计算：

$$Q = (Q_d + Q_n)\alpha \tag{9.7.17}$$

式中 Q——预处理水量（m^3/h）；

Q_d——淡水流量（m^3/h）；

Q_n——浓水流量（m^3/h）；

α——预处理设备的自用水系数，可取 1.05～1.10。

9.7.18 反渗透装置设计时，设备之间应留有足够的操作和维修空间，设备不能设置在多尘、高温、震动的地方，装置宜放置在室内且避免阳光直射；当环境温度低于4℃时，应采取防冻措施。

问：除氟改造技术？

答：除氟改造技术见《城镇供水设施建设与改造技术指南实施细则（试行）》（中国城镇供水排水协会主编）5.3除氟。

5.3.1 除氟一般可采用吸附法和混凝法，供水规模小于1000m^3/d且有脱盐要求时宜选用电渗析法、反渗透或纳滤法。

5.3.2 混凝法除氟适用于供水规模大于1000m^3/d、原水氟含量低于2mg/L的情况。混凝剂一般为铝盐和铁盐，铝盐除氟效果优于铁盐，效率高低取决于加药量多少，混凝最佳pH值为6.4～7.2；铁盐主要用于高氟水除氟，且需配合$Ca(OH)_2$在较高的pH值条件下（pH＞9）使用，操作工艺复杂。

5.3.3 吸附法可采用羟基磷灰石、沸石等天然矿物或活性氧化铝、铝铈复合金属氧化物、原位负载铝基复合氧化物等人工合成材料作为吸附剂；宜采用吸附固定床，设计参数应根据氟化物浓度、吸附剂类型、设计再生周期等确定。

5.3.4 电渗析和反渗透可以截留水中的大部分离子，出水氟含量较低，适用于供水规模小于1000m^3/d，原水氟含量高且有脱盐要求的情况。电渗析法采用的电极可以是高纯石墨电极、钛涂钌电极等，应定期进行倒极操作，倒极周期不宜超过4h。反渗透膜应定期进行化学清洗。

5.3.5 采用纳滤时，原水污染指数（SDI）大于5应采取预处理措施；采用反渗透时，SDI大于3应采取预处理措施；纳滤膜和反渗透膜应定期进行化学清洗。

5.3.6 原水pH值对除氟效果影响较大，当原水pH值大于7.5时，可投加硫酸、盐酸或通入二氧化碳气体将pH值调节至6.5～7.0，以提高除氟效果。

5.3.7 原水氟化物与砷同时超标时，可通过吸附法、反渗透法等将砷与氟同时去除；原水氟化物与铁或锰同时超标时，应在前端设置除铁除锰工艺；原水氟化物与溶解总固体、硬度、硫酸盐、氯化物等同时超标时，可采用除氟与脱盐结合的组合工艺。

问：除硝酸盐的方法？

答：《生活饮用水卫生标准》GB 5749—2006，硝酸盐（以N计）限值：10mg/L，地下水源限制时为20mg/L。

除硝酸盐的方法见《城镇供水设施建设与改造技术指南实施细则（试行）》（中国城镇供水排水协会主编）5.4除硝酸盐。

5.4.1 原水NO_3^--N浓度大于10mg/L时，应优先采取更换水源或不同水源勾兑的方法降低硝酸盐浓度；缺乏合适水源的地区，应采取硝酸盐去除措施，并根据原水中硝酸盐含量与处理规模，采用离子交换、电渗析、反渗透和生物反硝化等方法。

5.4.2 离子交换法适用于处理规模小于1000 m^3/d的供水设施。水中同时存在硬度超标时，可设置阳离子交换床或采用阴阳离子混合床进行处理；原水SO_4^{2-}浓度较低时，可采用阴离子交换树脂；原水SO_4^{2-}与NO_3^-的摩尔比大于2.5时，宜选用硝酸盐选择性树脂。

5.4.3 生物反硝化法包括硫自养反硝化和氢自养反硝化，适用于冬季具备保温措施的供水设施。北方地区生物反硝化应保证冬季室温在15℃以上，生物反硝化水力停留时间（HRT）为1h～3h，原水NO_3^--N浓度高、北方地区、规模较小情况下均应取高值。采用生物反硝化法时宜优先采用硫自养反硝化；当原水SO_4^{2-}浓度大于100mg/L时，可考虑硫自养反硝化与氢自养反硝化组合，硫段与氢段HRT之比为1∶1～5∶1。出水应进行曝气复氧，气水比大于1，水中颗粒物与微生物可由微絮凝、直接过滤和消毒去除，滤料可选石英砂、无烟煤、陶粒等，滤速范围为6m/h～8m/h。

5.4.4 反渗透法适用于规模小于1000m^3/d，或有脱盐处理要求的供水设施。常用的反渗透膜有醋酸纤维素膜、聚酰胺膜和复合膜。采用电渗析法和反渗透法时，应符合本细则其他部分相关要求。

9.8 除 砷

Ⅰ 一般规定

9.8.1 当生活饮用水的原水中砷含量超过现行国家标准《生活饮用水卫生标准》GB 5749的规定时，应采取除砷处理。

问：生活饮用水对砷的限值？

答：生活饮用水对砷的限值见表9.8.1。

生活饮用水对砷的限值 **表9.8.1**

《生活饮用水卫生标准》GB 5749—2006对砷的限值	
表1 水质常规指标及限值	毒理指标砷：限值<0.01mg/L
表4 小型集中式供水和分散式供水部分水质指标及限值	毒理指标砷：限值<0.05mg/L

9.8.2 饮用水除砷方法应根据出水水质要求、处理水量、当地经济条件等，通过技术经济比较后确定。可采用铁盐混凝沉淀法，也可采用离子交换法、吸附法、反渗透或低压反渗透（纳滤）法等。

9.8.3 含砷水处理应先采用氯、臭氧、过氧化氢、高锰酸钾或其他锰化合物将水中三价砷氧化成五价砷，然后再采用本标准第9.8.2条的方法加以去除。

问：三价砷氧化成五价砷的方法？

答：除砷方法对As^{3+}的去除效果较差，而对As^{5+}的去除效果较好，因此对于As^{3+}的去除要首先预氧化成As^{5+}，再加以去除。As^{3+}氧化成As^{5+}的方法有：化学氧化法和生物氧化法。

9.8.4 除砷过程中产生的浓水或泥渣等排放应符合国家现行标准的有关规定。

问：除砷废水的排放要求？

答：除砷过程中产生的废水，其排放应符合现行国家标准《污水综合排放标准》GB 8978的规定。泥渣按其去向进入垃圾填埋场的应符合现行国家标准《生活垃圾填埋场污染控制标准》GB 16889的规定，进入农田的应符合现行国家标准《农用污泥污染物控制标准》GB 4284的规定，也可外运至危险废物处置中心集中处理处置。砷在各标准中的限值见表9.8.4。

砷在各标准中的限值 **表 9.8.4**

标准	砷的限值
《污水综合排放标准》GB 8978—1996	总砷：最高允许排放浓度 0.5mg/L
《生活垃圾填埋场污染控制标准》GB 16889—2008	砷：浸出液污染物浓度限值 0.3mg/L
《农用污泥污染物控制标准》GB 4284—2018	总砷（以干基计）：A 级污泥产物<30mg/kg；B 级污泥产物<75mg/kg

注：A 级污泥产物允许使用于：耕地、园地、牧草地；B 级污泥产物允许使用于：园地、牧草地、不种植食用农作物的耕地。

Ⅱ 铁盐混凝沉淀法

9.8.5 铁盐混凝沉淀法除砷宜用于含砷量小于 1mg/L、pH 值 6.5～7.8 的原水。对含有三价砷的原水，应先预氧化后，再处理。

9.8.6 铁盐混凝沉淀法除砷可采用下列工艺流程（见图 9.8.6）。

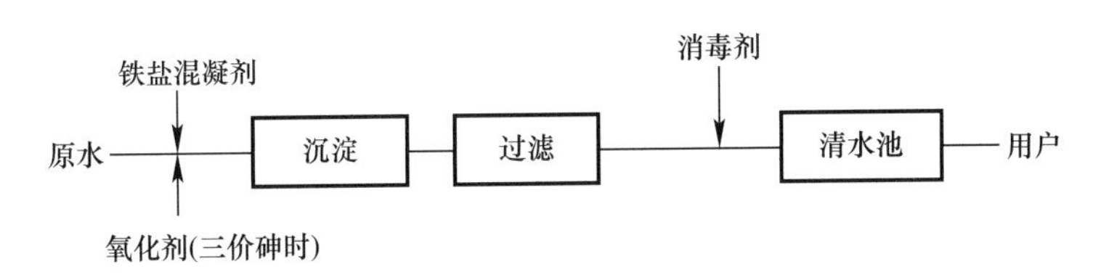

图 9.8.6 铁盐混凝沉淀法除砷工艺流程

9.8.7 投加的药剂宜选用聚合硫酸铁、三氯化铁或硫酸亚铁。药剂投加量宜为 20mg/L～30mg/L，可通过试验确定。

9.8.8 沉淀宜选用机械搅拌澄清池，混合时间宜为 1min，混合搅拌转速宜为 100r/min～400r/min；絮凝区水力停留时间宜为 20min。

9.8.9 过滤可采用多介质过滤器过滤或微滤。选用多介质过滤器过滤时，滤速宜为 4m/h～6m/h，空床接触时间宜为 2min～5min。选用微滤过滤时，微滤膜孔径宜选用 0.2μm。

9.8.10 当地下水砷超标不多、悬浮物浓度较低时，可采用预氧化、铁盐微絮凝直接过滤的工艺。

问：各类地下水中砷浓度限值？

答：各类地下水中砷浓度限值见表 9.8.10。

各类地下水中砷浓度限值 **表 9.8.10**

地下水类别	Ⅰ类	Ⅱ类	Ⅲ类	Ⅳ类	Ⅴ类
砷（As）限值（mg/L）	≤0.001	≤0.001	≤0.01	≤0.05	>0.05

注：1. 砷限值摘自《地下水质量标准》GB/T 14848—2017。
2. 本条所指地下水砷超标不多，指砷超标 1 倍左右。

Ⅲ 离子交换法

9.8.11 离子交换法除砷宜用于含砷量小于 0.5mg/L、pH 值 6.5～7.5 的原水。对 pH 值不在此范围内的原水，应先调节 pH 值后，再处理。

9.8.12 离子交换法除砷可采用下列工艺流程（见图 9.8.12）。

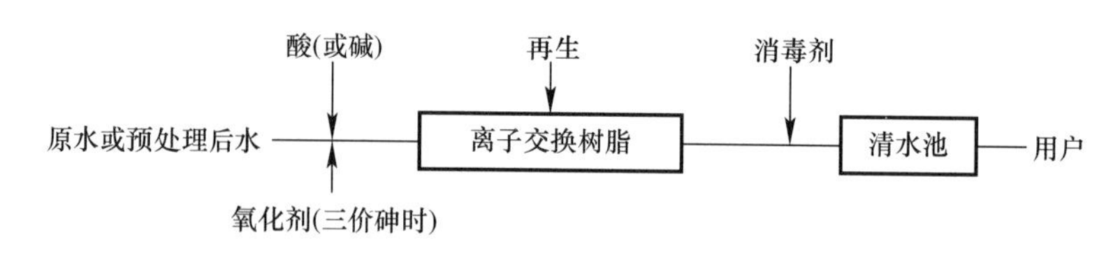

图 9.8.12　离子交换法除砷工艺流程

9.8.13　离子交换树脂宜选用聚苯乙烯阴离子树脂。接触时间宜为 1.5min～3.0min，层高宜为 1m。

9.8.14　离子交换树脂的再生宜采用氯化钠再生法。聚苯乙烯树脂宜采用最低浓度不小于 3%的氯化钠溶液再生。

9.8.15　用氯化钠溶液再生时，用盐量宜为 87kg/m^{3}树脂，树脂再生可使用 10 次。

9.8.16　含砷的废盐溶液可投加三氯化铁除砷，投加量宜为 39kg$FeCl_3$/kgAs。

Ⅳ　吸　附　法

9.8.17　吸附法除砷宜用于含砷量小于 0.5mg/L、pH 值 5.5～6.0 的原水。对 pH 值不在此范围内的原水，应先调节 pH 值后，再处理。

9.8.18　吸附剂宜选用活性氧化铝。再生时可采用氢氧化钠或硫酸铝溶液。

9.8.19　吸附法除砷可采用下列工艺流程（见图 9.8.19)。

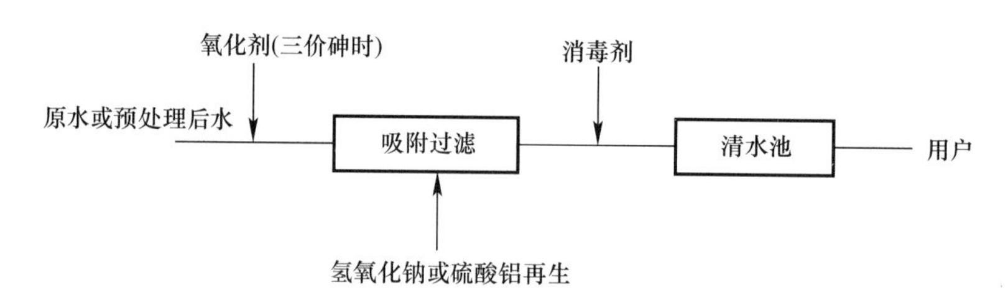

图 9.8.19　吸附法除砷工艺流程

9.8.20　当选用活性氧化铝吸附时，活性氧化铝的粒径应小于 2.5mm，宜为 0.5mm～1.5mm，层高宜为 1.5m，空床流速宜为 5m/h～10m/h。

问：活性氧化铝的吸附顺序？

答：由于活性氧化铝在近中性水中其选择性吸附顺序为 $OH^- > H_2AsO_4^- > H_3AsO_4 > F^- > SO_4^{2-} > HCO_3^- > Cl^- > NO_3^-$，所以吸附床所需的高度可稍小于氟吸附床的高度。

9.8.21　当选用活性氧化铝吸附时，可用 1.0mol/L 的氢氧化钠溶液再生，所用体积应为 4 倍床体积；用 0.2mol/L 的硫酸淋洗，所用体积应为 4 倍床体积；每次再生会损耗 2%的三氧化二铝。

Ⅴ　反渗透或低压反渗透（纳滤）法

9.8.22　反渗透或低压反渗透（纳滤）法除砷工艺宜用于处理砷含量较高的地下水或地表水。可根据不同水质，采用反渗透或低压反渗透（纳滤)。

9.8.23　反渗透或低压反渗透（纳滤）法除砷可采用下列工艺流程（见图 9.8.23)。

9.8.24　反渗透或低压反渗透（纳滤）法装置的进水水质要求、技术工艺等宜按本标准第 9.7.15 条～第 9.7.18 条执行。

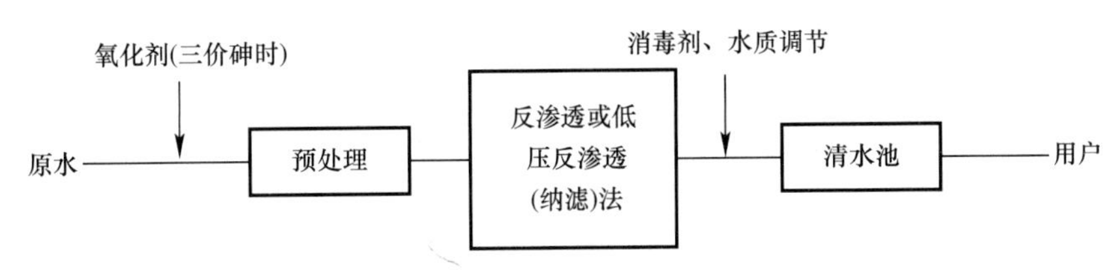

图 9.8.23 反渗透或低压反渗透（纳滤）法除砷工艺流程

9.9 消 毒

Ⅰ 一般规定

9.9.1 消毒工艺的选择应依据处理水量、原水水质、出水水质、消毒剂来源、消毒剂运输与储存的安全要求、消毒副产物形成的可能、净水处理工艺等，通过技术经济比较确定。消毒工艺可选择化学消毒、物理消毒以及化学与物理组合消毒，并应符合下列规定：

1 常用的化学消毒工艺应包括氯消毒、氯胺消毒、二氧化氯消毒、臭氧消毒等，物理消毒工艺应为紫外线消毒；

2 当使用液氯和液氨在运输和储存方面受到较多限制时，经技术经济比较和安全评估后，可采用次氯酸钠和硫酸铵；

3 液氯或次氯酸钠供应不便、消毒剂量需不大的偏远地区小型水厂或集中式供水装置可采用漂白粉、漂白精等稳定型消毒剂，或是采用现场制备二氧化氯、次氯酸钠消毒剂的设备；

4 采用紫外线消毒作为主消毒工艺时，后续应设置化学消毒设施。

问：生活饮用水卫生标准中的常规指标和非常规指标？

答：《生活饮用水卫生标准》GB 5749—2006。

3.3 常规指标：能反映生活饮用水水质基本状况的水质指标。常规指标共 42 项，包括：

1. 微生物指标 4 项：总大肠菌群、耐热大肠菌群、大肠埃希氏菌、菌落总数。

2. 毒理指标 15 项：砷、镉、铬（六价）、铅、汞、硒、氰化物、氟化物、硝酸盐（以 N 计）、三氯甲烷、四氯化碳、溴酸盐（使用臭氧时）、甲醛（使用臭氧时）、亚氯酸盐（使用二氧化氯消毒时）、氯酸盐（使用复合二氧化氯消毒时）。

3. 感官性状和一般化学指标 17 项：色度（铂钴色度单位）、浑浊度（散射浑浊度单位）、臭和味、肉眼可见物、pH 值、铝、铁、锰、铜、锌、氯化物、硫酸盐、溶解性总固体、总硬度（以 $CaCO_3$ 计）、耗氧量（COD_{Mn}法，以 O_2 计）、挥发酚类（以苯酚计）、阴离子合成洗涤剂。

4. 放射性指标 2 项：总 α 放射性、总 β 放射性。

5. 饮用水中消毒剂常规指标 4 项：氯气及游离氯制剂（游离氯）、一氯胺（总氯）、臭氧（O_3）、二氧化氯（ClO_2）。

3.4 非常规指标：根据地区、时间或特殊情况需要的生活饮用水水质指标。非常规指标共 64 项，包括：

1. 微生物指标 2 项：贾第鞭毛虫、隐孢子虫。

2. 毒理指标 59 项：锑、钡、铍、硼、钼、镍、银、铊、氯化氰、一氯二溴甲烷、二氯一溴甲烷、二氯乙酸、1，2-二氯乙烷、二氯甲烷、三卤甲烷（三氯甲烷、一氯二溴甲烷、二氯一溴甲烷、三溴甲烷的总和）、1，1，1-三氯乙烷、三氯乙酸、三氯乙醛、2，4，6-三氯酚、三溴甲烷、七氯、马拉硫磷、五氯酚、六六六（总量）、六氯苯、乐果、对硫磷、灭草松、甲基对硫磷、百菌清、呋喃丹、林丹、毒死蜱、草甘膦、敌敌畏、莠去津、溴氰菊酯、2，4-滴、滴滴涕、乙苯、二甲苯、1，1-二氯乙烯、1，2-二氯乙烯、1，2-二氯苯、1，4-二氯苯、三氯乙烯、三氯苯（总量）、六氯丁二烯、丙烯酰胺、四氯乙烯、甲苯、邻苯二甲酸二（2-乙基己基）酯、环氧氯丙烷、苯、苯乙烯、苯并（α）芘、氯乙烯、氯苯、微囊藻毒素-LR。

3. 感官性状和一般化学指标 3 项：氨氮（以 N 计）、硫化物、钠。

问：生活饮用水中对两虫的限值？

答：《城市供水水质标准》CJ/T 206—2005 和《生活饮用水卫生标准》GB 5749—2006 中水质非常规指标及限值：贾第鞭毛虫（个/10L）<1；隐孢子虫（个/10L）<1。

问：贾第鞭毛虫和隐孢子虫图片？

答：贾第鞭毛虫和隐孢子虫图片见图 9.9.1-1、图 9.9.1-2。

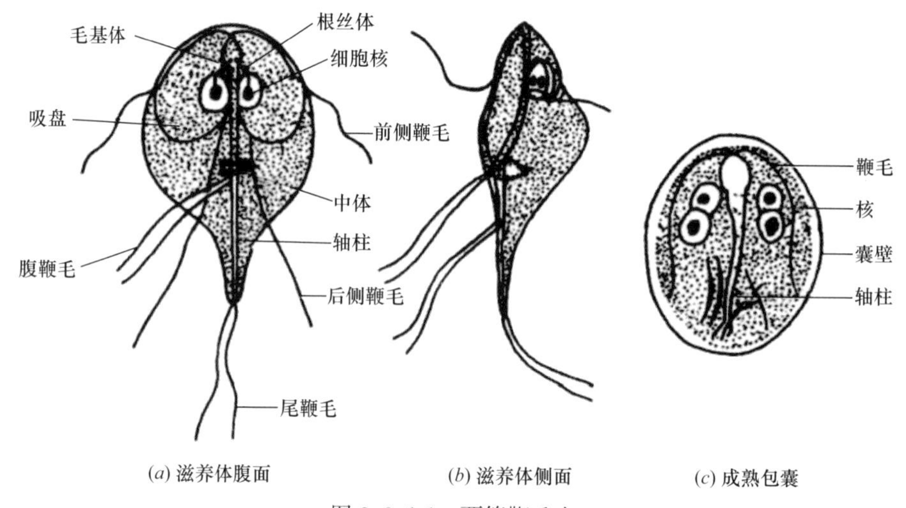

图 9.9.1-1　贾第鞭毛虫

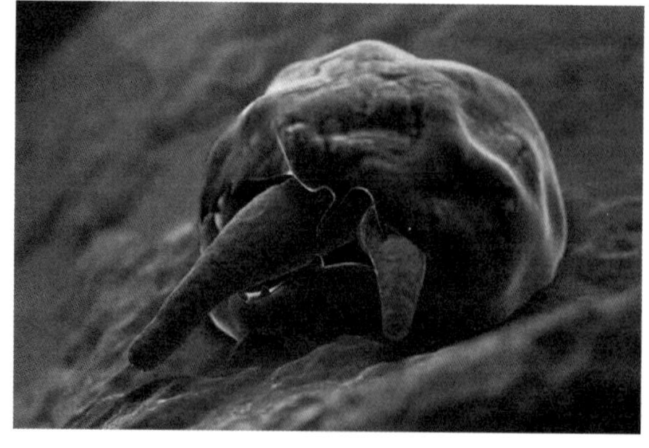

图 9.9.1-2　隐孢子虫电子显微照片

问：水的色度及检测方法？

答：

水的颜色：改变透射可见光光谱组成的光学性质。分“表面颜色”和“真实颜色”，简称“表色”和“真色”。

真色：指去除浊度后水的颜色。测定真色时，如水样浑浊，应放置澄清后，取上清液或用 0.45μm 滤膜过滤，也可经离心后再测定。没有去除悬浮物的水所具有的颜色，包括了溶解性物质及不溶解的悬浮物所产生的颜色，称为“表观颜色”，测定未经过滤或离心的原始水样的颜色即“表观颜色”。对于清洁水或浊度很低的水，表色和真色相近。

水的色度单位是“度”，即每升溶液中含有 2mg 六水合氯化钴（Ⅱ）（相当于 0.5mg 钴）和 1mg 铂（以六氯铂（Ⅳ）酸的形式）时产生的颜色为 1 度。

测定较清洁的、带有黄色色调的天然水和饮用水的色度，用铂钴标准比色法，以度数表示结果。

对受工业废水污染的地表水和工业废水，可用文字描述颜色的种类和深浅程度，并以稀释倍数法测定色的强度。

铂钴标准溶液的配制：称取 1.246g 氯铂酸钾（$K_2P_tCl_6$）（相当于 500mg 铂）及 1.000g 氯化钴（$CoCl_2 \cdot 6H_2O$）（相当于 250mg 钴），溶于 100mL 水中，加 100mL 盐酸，用水定容至 1000mL。此溶液色度为 500 度，保存在密塞玻璃瓶中，放于暗处。

$$色度(度)=\frac{A\times 50}{B}$$

式中 A——稀释后水样相当于铂钴标准色列的色度；

B——水样的体积（mL）。

——国家环境保护总局，水和废水监测分析方法编委会. 水和废水监测分析方法（第四版）[M]. 北京：中国环境科学出版社，2002.

问：臭强度等级？

答：臭强度等级见表 9.9.1-1。

臭强度等级 **表 9.9.1-1**

等级	强度	说明
0	无	无任何气味
1	微弱	一般饮用者难于察觉，嗅觉敏感者可以察觉
2	弱	一般饮用者刚能察觉
3	明显	已能明显察觉，不加处理，不能饮用
4	强	有很明显的臭味
5	很强	有强烈的恶臭

问：消毒方法总结？

答：消毒方法包括氯消毒、氯胺消毒、二氧化氯消毒、臭氧消毒、紫外线消毒，也可采用上述方法的组合。此外，还有电场消毒、固相接触消毒、超声波消毒、光催化氧化消毒等新型消毒方法。

问：消毒效率和消毒持久性排列关系？

答：消毒效率和消毒持久性排列关系如下：

对大肠杆菌和病原体的消毒效率由高到低依次为：$O_3>ClO_2>Cl_2>$氯胺。

对大肠杆菌和病原体的消毒持久性由高到低依次为：氯胺$>ClO_2>Cl_2>O_3$。

问：消毒剂的消毒机理？

答：消毒剂对微生物的作用机理包括：

1. 破坏细胞壁，使其通透性增加，导致细胞内物质的漏出；

2. 损害细胞膜的生化活性，影响其吸收与保留作用；

3. 对细胞的重要代谢功能造成损害，破坏酶的活性，例如将亚铁血红素转变为氯化高铁血红素（含有亚铁血红素的蛋白，如细胞色素、过氧化氢酶和过氧化物酶等，普遍存在于各种细菌体内，它们对细胞的许多功能是不可缺少的）；

4. 损坏核酸组分；

5. 改变有机体的RNA、DNA；

6. 改变原生质的胶体性质等。

氧化型消毒剂，如氯、二氧化氯、臭氧等，通过氧化以多种途径产生灭活作用。紫外照射能使RNA中相邻的胸腺嘧啶或DNA中相邻的尿嘧啶形成共价的二聚体，破坏复制过程，从而使生物体不能再繁殖，以致灭活。

加热可以使细胞蛋白变性，失去原生质的胶体性质，产生致死效应。

问：三大类肠道病原生物对消毒剂的耐受能力？

答：三大类肠道病原生物按照其对消毒剂的耐受能力从强到弱的排序为：肠道原虫包囊、肠道病毒、肠道细菌。这三类微生物的大小约相差3个数量级，细菌比病毒大10倍多，原虫包囊比细菌大约10倍。其表面性质和生理特征也大不相同。原虫包囊对不利环境的耐受能力很强。病毒结构中无细胞膜，也无复杂的酶系统。这些因素以及它们的生活与繁殖方式，对它们在环境中的生存和对消毒剂的耐受能力均有影响。

饮用水化学消毒技术可以杀灭绝大部分的肠道细菌和肠道病毒。但肠道原虫包囊对氯的耐受能力很强，常规的饮用水加氯消毒不能将其杀灭。这类包囊类病原微生物可以通过过滤来去除，肠道包囊原虫的尺寸较大，贾第鞭毛虫包囊为卵形，大小约（8～12）μm×（7～10）μm，隐孢子虫的卵囊为球形，直径约4μm～6μm，处于过滤的有效去除范围内。紫外线消毒是控制贾第鞭毛虫和隐孢子虫的有效手段。

问：水受粪便污染的验证？

答：进入输配水系统的饮用水可能含有非寄生的阿米巴原虫和各种异养细菌的环境品系以及真菌。在适宜的条件下，阿米巴原虫和异养细菌，包括柠檬酸杆菌、肠杆菌和克雷伯杆菌，可能在输配水系统中生长并形成生物膜。现在还不能证明在生物膜上的大多数微生物（军团菌例外，其能在建筑给水系统中繁殖）会通过饮用水对一般人群的健康产生不良作用。

输配水系统中的温度和营养物浓度一般不会达到能支持生物膜上大肠埃希氏菌（或肠道病原菌）的生长。因此，大肠埃希氏菌的存在是新近受到粪便污染的证明。

已证明加入氯胺能成功控制长距离管线的沉积物中和水中的福氏耐格里阿米巴原虫，并可能减少建筑物内军团菌再生长。

人类是病原性环孢子虫和内变形虫的唯一储藏，所以为减少DBPs浓度可采纳的基本策略是：

1. 改变处理工艺条件（包括在处理前预先去除前体物）；

2. 使用与水源水反应较少生成消毒副产物的其他化学消毒剂；

3. 使用非化学消毒方式；

4. 在供水前去除消毒副产物。

问：WHO 对消毒剂的分类？

答：世界卫生组织（WHO）将消毒剂分为五种类型，见表 9.9.1-2。

WHO 对消毒剂的分类 **表 9.9.1-2**

类别		药剂名称	特性
第一类	氯系	氯气、次氯酸钠、次氯酸钙、电解产生氯、二氯异氰尿酸钠、三氯异氰尿酸盐	氧化性，有残余性
第二类	二氧化氯	二氧化氯	氧化性，有短残余性
第三类	溴系	溴气、次溴酸钠、溴氯海因	氧化性，有残余性
第四类	臭氧/紫外线	臭氧、紫外线	氧化性/非氧化性，无残余性
第五类	其他	铜银离子、阳离子	非氧化性，有残余性

9.9.2 消毒工艺位置设置应根据原水水质、工艺流程和消毒方法等，并适当考虑水质的变化确定。采用化学消毒工艺时，消毒剂可在过滤后单点投加，也可在工艺流程中多点投加。采用紫外线消毒工艺时，应设在滤后。

问：关于消毒剂投加点选择的规定？

答：不同消毒剂和不同的原水水质，其投加点不尽相同。根据对目前几十个城市调查的反馈情况，大多采用氯消毒，水源水质较好的净水厂多数采用混凝前和滤后两点加氯。

问：为什么水源水质较好的净水厂多数采用混凝前和滤后两点加氯？

答：在加混凝剂时同时加氯，可氧化水中的有机物，提高混凝效果。用硫酸亚铁作为混凝剂时，可以同时加氯，将亚铁氧化成三价铁，促进硫酸亚铁的凝聚作用。这些氯化法称为滤前加氯或预氯化。预氯化还能防止水厂内各类构筑物中滋生青苔和延长氯胺消毒的接触时间，使加氯量维持在 AH 段即折点加氯的第 2 区（见图 9.9.2）。而对于受污染的水源（水源水质不好），为避免消毒副产物的产生，滤前加氯或预氯化应尽量取消。

——严煦世，范瑾初. 给水工程（第四版）[M]. 北京：中国建筑工业出版社，1999：363.

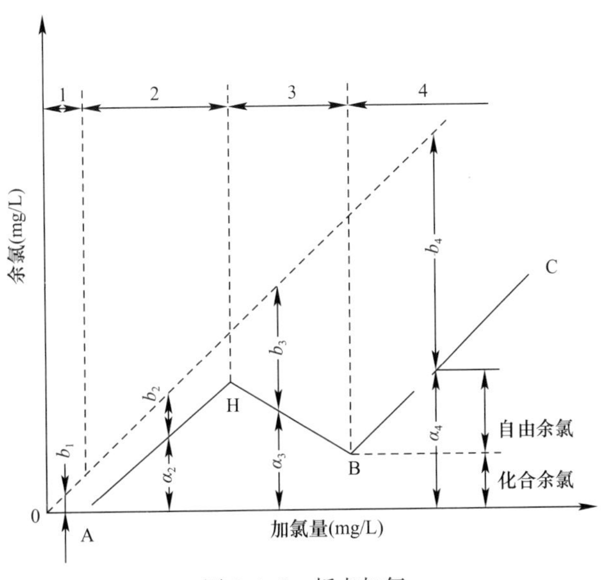

图 9.9.2 折点加氯

问：管网中途补氯点的选取？

答：当城市管网延伸较长，管网末梢的余氯难以保证时，需要在管网中途补充加氯。这样既能保证管网末梢的余氯，又不致使水厂附近管网中的余氯过高。管网中途加氯的位置一般都设在加压泵站或水库泵站内。

——严煦世，范瑾初. 给水工程（第四版）[M]. 北京：中国建筑工业出版社，1999：364.

9.9.3 化学消毒剂的设计投加量和紫外线设计剂量，宜通过试验并根据相似条件水厂运行经验按最大用量确定，出厂水消毒剂剩余浓度和消毒副产物应符合现行国家标准《生活饮用水卫生标准》GB 5749 的有关规定。

问：生活饮用水中消毒剂常规指标及要求？

答：生活饮用水中消毒剂常规指标及要求见表 9.9.3-1。

生活饮用水中消毒剂常规指标及要求　　表 9.9.3-1

消毒剂名称	与水接触时间	出厂水中限值(mg/L)	出厂水中余量(mg/L)	管网末梢水中余量(mg/L)
氯气及游离氯制剂（游离氯）	≥30min	4	≥0.3	≥0.05
一氯胺（总氯）	≥120min	3	≥0.5	≥0.05
臭氧（O_3）	≥12min	0.3	—	0.02 如加氯，总氯≥0.05
二氧化氯（ClO_2）	≥30min	0.8	≥0.1	≥0.02

注：本表摘自《生活饮用水卫生标准》GB 5749—2006。

问：二次供水设施紫外线消毒的剂量？

答：《二次供水设施卫生规范》GB 17051—1997，第 7.2.1 条：必测项目、选测项目的标准见 GB 5749。紫外线强度大于 70μW/cm^2。

问：消毒剂量的测定？

答：《二次供水设施卫生规范》GB 17051—1997 附录 A　紫外线强度测量方法。

1. 物理学方法：采用中心波长为 253.7nm 的紫外线强度计测量。在测量时必须采用国家计量部门标定有效期内的强度计，在灯管中心垂直距离测定照射剂量。在实际应用时，应按消毒物体与灯的实际距离计算照射剂量。

2. 生物学方法：采用载体定量试验，10^5 个菌/片～10^6 个菌/片。在紫外线灯开启 5min 后，用 8 个染菌片，照射 4 个不同时间，取双份样片，在洗脱液中（洗脱液为 1%吐温 80，1%蛋白胨生理盐水）振打 80 次，37℃，48h 作活菌计数，计算杀灭率。判定标准：杀灭率大于 99.9%。

问：生活饮用水消毒剂消毒副产物限值？

答：生活饮用水消毒剂消毒副产物限值见表 9.9.3-2。

生活饮用水消毒剂消毒副产物限值　　表 9.9.3-2

消毒剂	消毒副产物	消毒副产物限值（mg/L）
氯	三卤甲烷（三氯甲烷、一氯二溴甲烷、二氯一溴甲烷、三溴甲烷的总和）	该类化合物中各种化合物的实测浓度与其各自限值的比值之和不超过 1
	三氯甲烷	0.06
	一氯二溴甲烷	0.1
	二氯一溴甲烷	0.06
	三溴甲烷	0.1

续表

消毒剂	消毒副产物	消毒副产物限值（mg/L）
二氧化氯	亚氯酸盐	0.7
复合二氧化氯	氯酸盐	0.7
臭氧	甲醛	0.9
	溴酸盐	0.01

问：消毒副产物的防治措施？

答：所有的化学消毒剂都会产生令人关注的有机或无机的消毒副产物问题。由于对类似腐殖酸等天然存在的有机前体物的氯化作用，三卤甲烷类（THMs）、卤乙酸类（HAAs）、卤代酮类和卤乙腈类物质是加氯消毒产生的主要消毒副产物（DBPs）。与自由氯相比，氯胺消毒产生较少的THMs；但会形成其他的消毒副产物，如氯化氰。（在控制消毒副产物浓度的过程中，首先要保证消毒效率不受影响以及在整个管网系统中残余消毒剂可以保持在一个合适的浓度水平。）

臭氧和自由氯都可以氧化溴化物产生次卤酸，次卤酸进一步和前体物反应生成溴代三卤甲烷。同时包含醛类以及羧酸类在内的很多其他消毒副产物也可能由此过程生成。其中由溴化物氧化生成的溴酸盐危害非常大。虽然溴酸盐也可能随次氯酸盐进入水体，但是这样来源的溴酸盐在最终出水中的浓度水平都低于准则值。

亚氯酸盐和氯酸盐是使用二氧化氯消毒产生的主要消毒副产物，是不可避免的分解产物。次氯酸盐也会在放置一段时间后转化为氯酸盐。

为减少DBPs浓度可采取的基本策略是：

改变处理工艺条件（包括在处理前预先去除前体物）；

使用与水源水反应较少生成消毒副产物的其他化学消毒剂；

使用非化学消毒方式；

在供水前去除消毒副产物。

1. 改变处理工艺条件

通过在与氯接触之前去除前体物的方式例如设置混凝装置或强化混凝（通常采用加大混凝剂投加量或降低混凝时水的pH值的方式），可有效控制氯化过程中生成的THMs。在不影响消毒效率的前提下，减少加氯量也可以减少消毒副产物的生成。

加氯接触过程中水的pH值影响氯化消毒副产物的分布情况。降低pH值会降低THMs的浓度，但会增加HAAs的生成。反之，升高pH值可降低HAAs的量，但会增加THMs的生成。

臭氧氧化过程中形成的溴酸盐与水中溴化物的浓度、臭氧的浓度以及pH值等因素有关。从原水中除去溴化物是不切实际的，同时想要去除已经形成的溴酸盐也是比较困难的，尽管某些文献指出在特定的情况下颗粒活性炭滤池可有效地去除溴酸盐。采用降低臭氧投加量、降低接触时间以及降低残余臭氧浓度等方式可以尽可能地减少溴酸盐的形成。在较低pH值下（如pH为6.5）进行臭氧接触并在接触后提高pH值以及加氨也可有效降低溴酸盐的形成。臭氧氧化过程中投加过氧化氢既可能增加又可能减少溴酸盐的形成，这取决于投加的实际以及当地的处理工艺条件。

2. 更换消毒剂

更换消毒剂是一种潜在可行的实现消毒副产物准则值的途径。此方法可行的程度取决于原水的水质和已使用的处理工艺（如对前体物的去除）。

用氯胺取代氯可能是有效的方式。氯胺可以在管网系统中提供有效的余氯量，减少 THMs 的生成以及抑制管网系统中消毒剂和有机物的进一步作用。尽管氯胺可以保证管网系统中有稳定的余氯残留，但氯胺消毒能力较弱，不应作为主要的消毒剂使用。

尽管二氧化氯不能如自由氯一样产生余氯，其仍可考虑作为自由氯以及臭氧消毒的潜在替代品。二氧化氯消毒的主要问题在于较低的二氧化氯剩余浓度以及亚氯酸盐、氯酸盐消毒副产物问题。控制加入处理设备中的二氧化氯剂量可解决这些问题。

3. 非化学消毒方式

紫外线照射（UV）以及膜处理工艺是可用来替代化学消毒的工艺。UV 可以良好地灭活对自由氯消毒有较强抵抗能力的隐孢子虫。由于上述两者均没有残留消毒效应，一般认为可再添加小剂量作用持久的消毒剂，如氯或氯胺，以在供水过程中起防护作用。

4. 供水前去除消毒副产物

供水前去除消毒副产物在技术上是可行的，但这是在控制消毒副产物浓度上最不得已的选择。消毒副产物的控制方式包括源头控制、前体物去除和选择其他的消毒剂。消毒副产物的去除方式包括吹脱、活性炭、紫外线照射以及高级氧化。但这样的工艺后还需进一步的消毒来消除微生物污染以及保证管网系统中有足够的残余消毒剂。

9.9.4 采用化学消毒时，消毒剂与水应充分混合接触，接触时间应根据消毒剂种类和消毒目标以满足 *CT* 值的要求确定；水厂有条件时，宜单独设立消毒接触池。兼用于消毒接触的清水池，内部廊道总长与单宽之比宜大于 50。

紫外线消毒应保证充分照射的条件，并选用使用寿命内稳定达到设计剂量的紫外线消毒设备。

问：什么是 *CT* 值？

答：化学法消毒工艺的一条实用设计准则为接触时间 T(min)×接触时间结束时消毒剂残留浓度 C(mg/L)，被称为 *CT* 值。消毒接触一般采用接触池或利用清水池。由于其水流不能达到理想的推流状态，所以部分消毒剂在水池内的停留时间低于水力停留时间 t，故接触时间 T 需采用保证 90%的消毒剂能达到的停留时间即 T_{10} 进行计算。T_{10} 为水池出流 10%消毒剂的停留时间。T_{10}/t 值与消毒剂混合接触效率有关，该值越大，接触效率越高。影响清水池 T_{10}/t 值的主要因素有清水池水流廊道长宽比、水流弯道数目和形式、池型以及进、出口布置等。一般清水池的 T_{10}/t 值多低于 0.5，因此应采取措施提高接触池或清水池的 T_{10}/t 值，保证必要的接触时间。

对于一定温度和 pH 值的待消毒处理水，不同消毒剂对粪便大肠菌、病毒、蓝氏贾第鞭毛虫、隐孢子虫灭活的 *CT* 值也不同。

以下摘自美国地表水处理规则（SWTR），达到灭活 1-log（90%灭活率）蓝氏贾第鞭毛虫和在 pH 值 6～9 时 2-log、3-log 灭活达到（99%、99.9%灭活率）肠内病毒的 *CT* 值，参见表 9.9.4-1、表 9.9.4-2。

灭活 1-log 蓝氏贾鞭毛虫的 *CT* 值 **表 9.9.4-1**

消毒剂	pH 值	在不同水温下的 *CT* 值					
		0.5℃	5℃	10℃	15℃	20℃	25℃
2mg/L 的游离残留氯	6	49	39	29	19	15	10
	7	70	55	41	28	21	14
	8	101	81	61	41	30	20
	9	146	118	88	59	44	29
臭氧	6～9	0.97	0.63	0.48	0.32	0.24	0.16
二氧化氯	6～9	21	8.7	7.7	6.3	5	3.7
氯胺（预生成的）	6～9	1270	735	615	500	370	250

在 pH 值 6～9 时灭活肠内病毒的 *CT* 值 **表 9.9.4-2**

消毒剂	灭活 log	在不同水温下的 *CT* 值					
		0.5℃	5℃	10℃	15℃	20℃	25℃
游离残留氯	2	6	4	3	2	1	1
	3	9	6	4	3	2	1
臭氧	2	0.9	0.6	0.5	0.3	0.25	0.15
	3	1.4	0.9	0.8	0.5	0.4	0.25
二氧化氯	2	8.4	5.6	4.2	2.8	2.1	1.4
	3	25.6	17.1	12.8	8.6	6.4	4.3
氯胺（预生成的）	2	1243	857	643	428	321	214
	3	2063	1423	1067	712	534	356

问：为什么要求有条件的水厂宜单独设置消毒接触池？

答：各种消毒剂与水的接触时间应参考对应的 *CT* 值，并留有一定的安全系数加以确定。

由于清水池的主要功能是平衡水厂制水与供水的流量，利用清水池消毒存在着因其水位经常变化而影响消毒效果的可能，同时参考国际上发达国家较为普遍地采用设置专用消毒接触池的做法，提出了有条件时宜设置消毒接触池的规定。

问：如何保证清水池内消毒剂与水的接触时间？

答：消毒剂与水的接触时间是消毒剂消毒效果的保证。

消毒剂与水要充分混合接触，接触时间应根据消毒剂的种类和消毒目标，以满足 *CT* 值（*C* 为剩余消毒剂的浓度，mg/L；*T* 为清水池名义水力停留时间，min）的要求来确定，并留有一定的安全余量。在给水厂中一般利用清水池来满足加入消毒剂后的接触时间。由于清水池中的水流不能达到理想的推流状态，部分水流在清水池中的停留时间小于平均水力停留时间。在清水池设计中，一般要求消毒接触时间的保证率大于 90％，即保证 90％以上的水流在清水池中的停留时间能够满足 *CT* 值对消毒接触时间的要求。因此在消毒计算中，校核 *CT* 值的消毒接触时间应该采用 90％保证率的接触时间 T_{10}，而不是池子的名义水力停留时间。

T_{10} 可以由示踪试验获得。例如 $T=0$ 时在清水池进水口处瞬时投加示踪剂，然后记录出口处的示踪剂浓度，得到出口处的浓度变化曲线和累计示踪剂流出量曲线。对应于 10％累计示踪剂流出量的停留时间，就是该清水池的 90％保证率的接触时间 T_{10}，为了保证最不利条件下的消毒效果，T_{10} 示踪试验应在清水池的低位和大流量条件下进行。由于清水池中存在短流死角等，T_{10}要远小于名义水力停留时间。

清水池的 T_{10} 与水力停留时间 t 的关系可以用下式表示：

$$T_{10}=\beta t=\beta \frac{V}{Q}$$

式中：T_{10}——清水池 90%保证率的接触时间（min）；

β——有效系数；

t——清水池的名义水力停留时间（min）；

V——清水池的容积（m^3）；

Q——流量（m^3/min）。

对于内部设有多道导流墙、推流状态较好的清水池，β=0.65～0.85；对于没有导流墙或只有1～2道导流墙的清水池，β值在0.5以下，由于短流现象严重，消毒效果不好。对于相同水力停留时间的清水池，通过增加导流墙，提高流道总长度与廊道单宽的比值，可以改善推流状态，减少短流，以提高β值。从而可以在相同的消毒剂投加量和清水池池容的条件下，通过提高 T_{10} 来实现更大的 CT 值，获得更好的消毒效果。

——张晓健，黄霞．水与废水物化处理的原理与工艺［M］．北京：清华大学出版社，2011：215.

问：清水池提高 T_{10}/t 的意义？

答：T_{10}/t 是衡量清水池设计优劣的重要参数。

$$\ln \frac{N}{N_0}=-ACt$$

式中 N——t 时刻微生物的个数；

N_0——消毒开始时微生物的个数；

A——比灭活常数；

t——消毒时间（min）；

C——消毒剂浓度（mg/L）。

1. 采用 T_{10} 的意义：理想反应器是完全混合式反应器（CSTR）和理想反应器（PFR）。在反应器入口加入化学试剂（如氯）后，如果是 PFR 则在某一时刻加入的化学试剂将都经过水力停留时间 V/Q 后同时从出口出来。如果是 CSTR 则由于加入后立即混合，因此一部分立即从出口出来，另一部分很长时间才出来，也即同一时刻加入的试剂是经历不同的反应时间出来的。而一般的清水池是介于 PFR 和 CSTR 之间。

为保证消毒效果，理论上希望某一时刻加入的氯与水中的微生物接触时间都为 t。但实际上是不现实的，因为实际的清水池由于流体力学的原因不可能达到理想推流，所以部分消毒剂在清水池内的停留时间低于水力停留时间 t。所以美国采用保证 90%的消毒剂能达到停留时间 t，也即测定在某一时刻加入的消毒剂中首先从清水池出来的 10%的量的停留时间是多少（高峰供水时段），这就是美国规定清水池设计以 T_{10} 为计算依据的原因。一般实际的清水池 T_{10}/t 介于 0.1～1 之间，根据隔板设置而有不同，绝大多数低于 0.5（见表 9.9.4-3）。中国过去设计清水池时注重清水池的储存容积作用，而没有类似概念，所以在以前即使设隔板也未考虑这个因素。

美国清水池 T_{10}/t 范围（US EPA） 表 9.9.4-3

隔板条件	T_{10}/t	隔板设置说明
无	0.1	无隔板，混合型，极小的长宽比，进出水流速很高
差	0.3	单个或多个无导流板的进口和出口，无池内隔板
一般	0.5	进口或出口处有导流板，有少量池内隔板
好	0.7	进口穿孔导流板，折流式或穿孔式池内隔板，出口堰
理想推流	1.0	极大的长宽比，进口、出口穿孔导流板，折流式池内隔板

2. 对于 T_{10}/t 应达到多少，美国并没有专门的规定，那为什么研究和实践要提高 T_{10}/t？这是因为美国颁布的消毒和消毒副产物法（D/DBPsRule）规定，在消毒达到控制微生物的同时要减少消毒副产物的产生量。这里存在一个矛盾，要提高消毒效果，那可以增加 CT 值，但因此会增加 DBPs 的产生。因此，就要优化清水池的设计和消毒。因为 CT 的 T 以 T_{10} 表示，因此，同样体积的清水池能提高 T_{10}/t 则可以减少氯的用量，如果新建清水池则可以减少清水池体积（当然前提是清水池的调节容积没问题）。

例如：一个没有隔板的清水池 T_{10}/t 为 0.2，氯消毒对贾第鞭毛虫在 10℃、pH 为 6～9 时，3-log 灭活的 CT 值为 104mg/(L・min)。如果余氯为 2mg/L，则 T_{10} 需要 52min。水力停留时间为 52×(1/0.2)=260min，即 4.3h。如果将 T_{10}/t 提高到 0.8，则水力停留时间为52×(1/0.8)=65min，水力停留时间只是前面的 1/4。如果是同一清水池，即水力停留时间一定，在 T_{10}/t 从 0.2 提高到 0.8 后，余氯可以是以前的 1/4，即 0.5mg/L，因此可以大幅度减少消毒副产物产生，提高水质，意义重大。

问：清水池有效水力停留时间的影响因素？

答：清水池有效水力停留时间的影响因素：

衡量清水池水力特性的评价指标是有效水力停留时间 t_{10} 与平均水力停留时间 t_{av} 的比值 t_{10}/t_{av}。

1. 清水池总长宽比是影响清水池 t_{10}/t_{av} 的主要因素，二者在半对数坐标系中呈线性关系。金俊伟的中试研究结论为：

$$t_{10}/t_{av} = 0.185\ln(L/W) - 0.044$$

式中：L——增加导流墙后水流通道的总长度；

W——水流通道的宽度。

2. 总长宽比相同时，一定范围内的流速变化对清水池 t_{10}/t_{av} 的影响不大；拐角宽度与廊道宽度的比值（d/W_{ch}）为 0.8～1.0 时，清水池 t_{10}/t_{av} 值取得最大值；拐角数目越多，清水池 t_{10}/t_{av} 值越小。

图 9.9.4 中设置 3 个导流板。L_c 为导流板设置方向的清水池模型长度；d 为拐角处的过流宽度；W_{ch} 为廊道宽度。为研究导流板长度的影响，选定 d/W_{ch} 作为衡量指标。

当 $d/W_{ch}=0.8$ 左右时，t_{10}/t_{av} 取得最大值；当 $d/W_{ch}>1.5$ 时，当 d/W_{ch} 增大会使 t_{10}/t_{av} 显著减小；当 $d/W_{ch}<0.8$ 时，d/W_{ch} 的减小也会使 t_{10}/t_{av} 产生较小幅度的减小。当 d 相对于 W_{ch} 较大时，在拐角处会形成较大面积的死区；当 d 相对于 W_{ch} 较小时，拐角处的混合作用增强，流态偏离推流。这 2 种效应都会导致 t_{10}/t_{av} 的减小，因此 d/W_{ch} 存在最优值，且在 0.8～1.0 之间。

——杜志鹏，刘文君，张素霞，等．清水池有效水力停留时间的影响因素 [J]．清华大学学报（自然科学版），2007，47（12）：2139-2141.

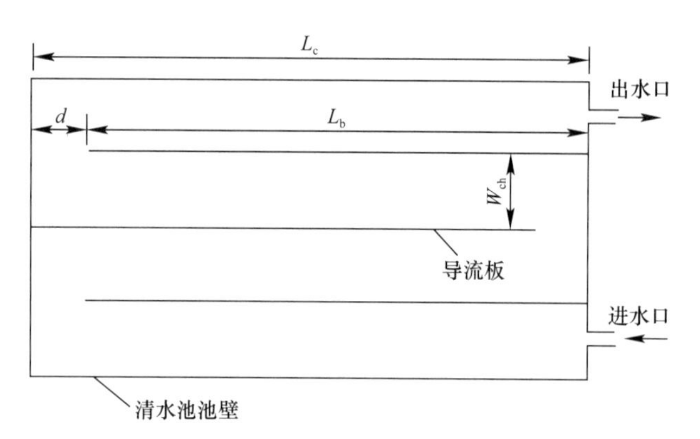

图 9.9.4　三个导流板结构的清水池平面布置示意图

另据张硕等人的研究，流道的长宽比与 t_{10}/t_{av} 的对应关系见表 9.9.4-4。

流道长宽比与 t_{10}/t_{av}　　　　**表 9.9.4-4**

流道长宽比	9	17	26	38	150
t_{10}/t_{av}	0.263	0.27	0.496	0.537	0.7

问：清水池中水与消毒剂实际接触时间？

答：《给水与排水计算手册》P276。

在混合池、清水池和其他处理单元中，供水公司要通过示踪法或主管部门（美国环保局）提供的其他方法来确定接触时间，然后计算 CT 值。

各处理单元的接触时间并不是由流量直接除以容积来计算，只有一部分部门认为在没有导流墙的接触池中会发生短路。计算接触时间的指导方法从指南手册（USEPA，1989a）附录 C 中可以查到。

导流是为了最大程度地利用水池的容积，增加水池中的推流区域，减少短路。一些导流板安装在水池的入口和出口处及水池中，以使水流均匀地流经水池并延长接触时间。

问：如何计算消毒接触时间？

答：清水池兼作消毒接触池时，应保证消毒剂与水充分混合接触，采用氯消毒时接触时间不少于 0.5h，采用氯胺消毒时接触时间不少于 2h。计算接触时间不应包括：供水调节储量和自用水调节储量，而以消防用水储量和安全储量为基础。

例子：已知设计供水量 $q=8\times10^4\text{m}^3/\text{d}=3333.3\text{m}^3/\text{h}$，消毒有效接触时间 $T\geqslant0.5\text{h}$，清水池座数 $n=2$，单座清水池尺寸 $L\times B\times H=50.7\text{m}\times39\text{m}\times4.8\text{m}$，最大水深即消防储水深度 $H_2=1.02\text{m}$，导流墙间距 $B=3.9\text{m}$，流道长度 $L=507\text{m}$。

设计计算：

1. 消防储水容积：$V=nLBH_2=2\times50.7\times39\times1.02=4033.692\text{m}^3$。

2. 消防水位时水力停留时间：$t=\dfrac{V}{Q}=\dfrac{4033.692}{3333.3}=1.21\text{h}$。

3. 有效停留时间与水力停留时间的比值：

$$T_{10}/t=0.185\ln(L/W)-0.044=0.185\ln(507/3.9)-0.044=0.86。$$

4. 有效接触时间：

$T_{10}=0.86t=0.86\times1.21=1.04\text{h}>0.5\text{h}$，满足消毒有效接触时间的要求。如果 T_{10} 不满足要求，则应缩小清水池导流墙间距，提高接触时间，必要时增加消防储水深度。

5. *CT* 值：清水池出水余氯控制在 0.4mg/L，则 $CT=0.4\times1.04\times60=25.0$ mg·min/L。

——崔玉川. 给水厂处理设施设计计算（第二版）[M]. 北京：化学工业出版社，2013：305.

9.9.5 消毒设备应适应水质、水量变化对消毒剂量变化的需要，并能在设计变化范围内精确控制剂量。消毒设备应有备用。

9.9.6 消毒系统中所有与化学物接触的设备与器材均应有良好的密封性和耐腐蚀性，所有可能接触化学物的建筑结构、构件和墙地面均应做防腐处理。

Ⅱ 液氯消毒、液氯和液氨氯胺消毒

9.9.7 液氯消毒或液氯与液氨的氯胺消毒系统设计应包括液氯（液氨）瓶储存、气化、投加和安全等方面。

问：消毒术语？

答：《给水排水工程基本术语标准》GB/T 50125—2010。

3.1.83 液氯消毒：液氯气化后加入水中生成次氯酸的消毒方式。

3.1.84 氯胺消毒：将氯和氨反应生成一氯胺和二氯胺等的消毒方式。

3.1.85 二氧化氯消毒：利用二氧化氯氧化杀菌的消毒方式。

3.1.86 漂白粉消毒：将漂白粉投入水中的消毒方式。

3.1.87 臭氧消毒：将臭氧投入水中的消毒方式。

3.1.88 紫外线消毒：利用紫外线光照射灭活致病微生物的消毒方式。

饮用水的氯消毒，将液氯气化后通过加氯机将氯气投入待处理水中，形成次氯酸（HOCl）和次氯酸根（OCl^-），统称游离性有效氯（FAC）。在 25℃、pH=7.0 时，两种成分约各占 50%。游离性有效氯有杀菌消毒及氧化作用。

氯胺又称化合性有效氯（CAC），在处理水中通常按一定比例投加氯气和氨气，当 pH=7～10 时，稀溶液很快合成氯胺。氯胺消毒较氯消毒可减少三卤甲烷（THMs）的生成量，减轻氯酚味；并可增加余氯在供水管网中的持续时间，抑制管网中细菌生成。故氯胺消毒常用于原水中有机物多和清水输水管道长、供水区域大的净水厂。

问：漂白粉（漂白精）成分？

答：漂白粉（漂白精）消毒作用同液氯。漂白粉是氢氧化钙、氯化钙、次氯酸钙的混合物，其主要成分为次氯酸钙，含有效氯 30%～38%；漂白精（$Ca(OCl)_2$）又称高效漂白粉，主要成分为次氯酸钙，含有效氯 60%～70%。由于漂白粉不稳定，在光线和空气中二氧化碳影响下易发生水解，使有效氯减少，故设计时有效氯一般按 20%～25%计算，通常用于小水厂或临时性给水消毒。

问：游离性氯消毒原理？

答：氯加入到水中后立即发生如下反应：

$$Cl_2+H_2O\leftrightarrows HOCl+H^++Cl^-$$

所生成的次氯酸（HOCl）是弱酸，在水中部分电离成次氯酸根（OCl^-）和氢离子（H^+）：

$$HOCl\leftrightarrows OCl^-+H^+$$

平衡常数公式为：

$$K_i = \frac{[H^+][OCl^-]}{[HOCl]}$$

不同温度下次氯酸的离解平衡常数见表 9.9.7。

不同温度下次氯酸的离解平衡常数　　**表 9.9.7**

温度（℃）	0	5	10	15	20	25
$K_i \times 10^{-8}$（mol/L）	2.0	2.3	2.6	3.0	3.3	3.7

水中 HOCl 和 OCl^- 的比例与水的 pH 值和温度有关，可计算。

水的 pH 值高时，OCl^- 较多，当 pH>9 时，OCl^- 接近 100%；水的 pH 值低时，HOCl 较多，当 pH<6 时，HOCl 接近 100%；水的 pH=7.54 时，HOCl 和 OCl^- 大致相等。如图 9.9.7 所示。

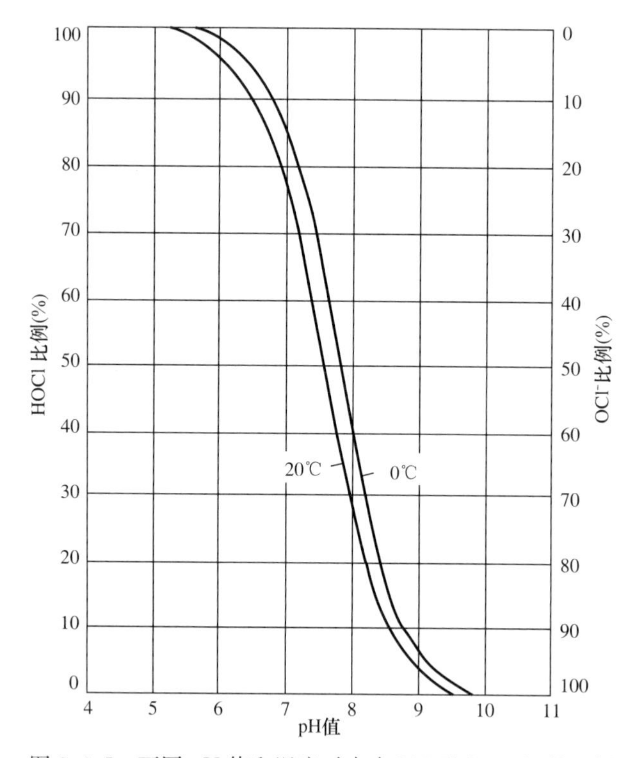

图 9.9.7　不同 pH 值和温度时水中 HOCl 和 OCl^- 的比例

氯的消毒作用，一般认为主要由次氯酸（HOCl）起作用，HOCl 为很小的中性分子，只有它才能扩散到带负电的细菌表面，并通过细菌的细胞壁穿透到细菌内部。当 HOCl 分子到达细菌内部时，能起氧化作用破坏细菌的酶系统而使细菌死亡。OCl^- 虽也有杀菌能力，但是带负电，难于接近带负电的细菌表面，杀菌能力比 HOCl 差得多。生产实践表明，pH 值越低消毒作用越强，证明 HOCl 是消毒的主要因素。

9.9.8　当采用液氯与液氨的氯胺消毒时，氯与氨的投加比例应通过试验确定，可采用重量比为 3∶1～6∶1。

问：采用氯胺消毒氯与氨的投加比例？

答：氯胺又称化合性有效氯（CAC），主要是利用一氯胺的消毒作用。由于在水处理中同时投加氯气和氨气后，水中首先形成一氯胺，随着氯和氨投加比例的不断增加逐步形成二氯胺、三氯胺（三氯化氮），最后过折点而形成自由氯。因此应合理控制氯和氨的投加比例才能实现真正意义的氯胺消毒。

虽然形成一氯胺的理论比例在3∶1～5∶1，但考虑到水中还存在一定的耗氧还原性物质，故规定比例可为3∶1～6∶1。

问：氯与氨的投加顺序？

答：氯与氨的反应过程包括一氯胺、二氯胺、三氯胺的生成。采用氯胺消毒时，一般先加氨，待其与水充分混合后再加氯，这样可减少氯臭，特别是当水中含酚时，这种投加顺序可避免产生氯酚恶臭。但当管网较长，主要目的是为了维持余氯较为持久，可先加氯后加氨。有的以地下水为水源的水厂，可采用进厂水加氯消毒，出厂水加氨减臭并稳定余氯。氯和氨也可同时投加。有资料认为，氯和氨同时投加比先加氨后加氯，可减少有害产物（如三卤甲烷、卤乙酸等）的生成。

$$Cl_2+H_2O \rightarrow HClO+HCl$$

$$NH_4^+ +HClO \rightarrow H_2O+H^+ +NH_2Cl$$（一氯胺）

$$NH_2Cl+HClO \rightarrow H_2O+NHCl_2$$（二氯胺）

$$NHCl_2+HClO \rightarrow H_2O+NCl_3$$（三氯氨/三氯化氮）

问：氯胺消毒方式的选择？

答：消毒方式有“先氯后氨”和“先氨后氯”两种。当一般当原水中有机物含量较多或含有酚时，前加氯宜采用先氨后氯方式生成氯胺，一方面解决了原水的氧化问题、杀菌问题，另一方面也在一定程度上减少了不良副产物及氯酚臭味的产生，同时也能利用水处理过程中的停留时间，基本满足氯胺消毒所需要的长时间。当原水中氨氮含量较多时也可不用加氨。后加氯一般采用先氯后氨的方式生成氯胺，以保障出厂水能较长时间维持余氯。第二种药剂需在前种药剂与水充分混合后再加入。

问：生活饮用水中氯胺的限值？

答：氯胺，诸如一氯胺、二氯胺和三氯胺（三氯化氮）都是氨和氯反应的产物。氯胺中一氯胺是唯一有效的消毒剂，而氯胺消毒系统的操作也受到控制以减少二氯胺和三氯胺的生成。氯胺浓度的增加（尤其是三氯胺）很可能会引起用户对于味道和气味的投诉，除非氯胺的浓度很低。浓度在0.5mg/L～1.5mg/L的一氯胺不会引起嗅或味的问题。但是，根据已有报道，在这一范围可有轻微的感官效应，其嗅、味阈值分别为0.65mg/L、0.48mg/L。对于二氯胺浓度在0.1mg/L～0.5mg/L之间感官性状被发现是“轻微”和“可接受的”。报道称二氯胺的嗅阈值和味阈值分别为0.15mg/L和0.13mg/L。有报道称三氯胺的嗅阈值为0.02mg/L，并被描述为“天竺葵”。

一氯胺准则值3mg/L。

二氯胺目前所掌握的资料不足，不能确定出基于健康的准则值。

三氯胺目前所掌握的资料不足，不能确定出基于健康的准则值。

1. 一氯胺

尽管在一些体外研究中，一氯胺显示出一定的致突变性，但在体内研究中未显示遗传毒性。IARC将氯胺划为第3组（现有的证据不能对人类致癌性进行分类）。NTP对两种物种的氯胺毒性进行了生物鉴定，雌性小鼠的单核细胞白血病发病率增加，但对于其他肿瘤类型，无明显证据表明有影响。IPCS 并没有将上述白血病发病率增加作为考虑。

2. 二氯胺和三氯胺

二氯胺和三氯胺没有被广泛研究，两者现有的研究资料均不足以推导基于健康的准则值。不过，如果氯胺的含量没有控制得当，这些化合物会造成水的味道与气味问题。

9.9.9 水与氯、氨应充分混合，氯消毒有效接触时间不应小于 30min，氯胺消毒有效接触时间不应小于 120min。

问：氯消毒和氯胺消毒的 *CT* 值？

答：按现行国家标准《生活饮用水卫生标准》GB 5749—2006 和《城市供水水质标准》CJ/T 206—2005 的要求，与水接触 30min 后，出厂水游离余氯应大于 0.3mg/L（即氯消毒 *CT* 值≥9mg·min/L），或与水接触 120min 后，出厂水总余氯大于 0.6mg/L（即氯胺消毒 *CT* 值≥72mg·min/L）。

对于无大肠杆菌和大肠埃希氏菌的地下水，可利用配水管网进行消毒接触。对污染严重的地表水，应使用较高的 *CT* 值。

世界卫生组织（WHO）认为由原水得到无病毒出水，需满足下列氯消毒条件：出水浊度≤1.0NTU，pH<8，接触时间 30min，游离余氯>0.5mg/L。

问：氯胺消毒与氯氨消毒有何区别？

答：首先注意：氯胺消毒与氯氨消毒是两种不同的消毒方法，其区别见表 9.9.9。

氯胺消毒与氯氨消毒区别 **表 9.9.9**

氯氨消毒	折点氯化法的水的氯味较大，并且因游离氯分解速度较快，在管网中保持时间有限，因此一些水厂，特别是一些大型、超大型的自来水管网系统，常采用先加氯后加氨的氯化消毒方法，即先对滤池出水按折点氯化法加氯进行消毒处理，在清水池中保证足够的接触时间，再在自来水出厂前在二级泵房处对水中加氨，一般采用液氨瓶加氨，Cl_2 与 NH_3 的质量比为 3∶1～6∶1，使水中游离性余氯转化为化合性氯，以减少氯味和余氯的分解速度。此法为先氯后氨的氯化消毒法，也称为氯氨消毒法，其消毒的主要过程仍是通过游离氯来消毒，是游离氯消毒法的一种改进方法。 该方法的优点是游离氯消毒效果好，管网中氯胺浓度保持时间较长，水的氯味小。不足之处是加氨前在清水池中大部分消毒副产物已经生成
氯胺消毒	尽管氯胺的消毒作用比游离氯缓慢，但氯胺消毒也具有一定的优点：氯胺的稳定性好，可以在管网中维持较长时间，特别适合大型或超大型管网。氯胺消毒氯嗅味和氯酚味小（当水中含有有机物，特别是酚时，游离氯消毒的氯酚味很大）。氯胺产生的三卤甲烷、卤乙酸等消毒副产物少；在游离氯的替代消毒剂中（二氧化氯、臭氧等），氯胺消毒法的费用最低。 氯胺的消毒能力低于游离氯，但是当接触时间足够长时也可以满足消毒的杀菌要求，有关规定中氯胺消毒的有效接触时间应不小于 2h。由于自来水厂清水池的停留时间一般都远大于 2h，满足这一要求在工程上并不产生额外问题。不足之处是氯胺消毒效果不如游离氯。 因此，对于氨氮浓度较高的原水，在实践中一些水厂也有采用化合性氯进行消毒的做法（在加氯曲线的第二区）。即使是对于一些水源较好，原水中氨氮浓度很低的水，也可以在消毒时同时投加氯和氨，采用氯胺（化合性氯）进行消毒，可以减少加氯量（氯胺的衰减速度远低于游离氯），并大大减少了氯化消毒副产物的生成量

9.9.10 水厂宜采用全自动真空加氯系统，并应符合下列规定：

1 系统宜包括氯瓶岐管（气相或液相）、工作和待命氯瓶岐管切换装置、蒸发器（必要时）、真空调节器、真空加氯机、氯气输送管道、投加水射器和水射器动力水系统。

2 氯库内在线工作氯瓶和在线待命氯瓶的连接数量均不宜大于 4 个，岐管切换装置与真空调节器宜设置在氯库内。

3 当加氯量大于 40kg/h 时，系统中应设置蒸发器或采取其他安全可靠的增加气化量的措施；设置蒸发器时，氯瓶岐管应采用液相岐管，蒸发器与真空调节器应设在专设的蒸发器间内。

4 投加水射器应安装在氯投加点处；加氯机与水射器之间的氯气输送管道长度不宜大于 200m；水射器动力水宜经专用泵自厂用水管网或出厂总管上抽取加压供给，供水压力应满足水射器加注的需求，管道布置上应满足不间断供水要求。

5 加氯机宜采用一对一加注的方式配置；当 1 台加氯机服务 1 个以上加注点时，每个加注点的设计加注量应一致，水射器后的管道宜同程布置，同时服务的加注点不宜超过 2 个。

6 加氯机及其管道应有备用；当配有不同规格加氯机时，至少应配置 1 套最大规格的公共备用加氯机。

7 加氯机应能显示瞬间投加量。

问：为什么氯瓶内液氯不能用尽？

答：氯气在干燥的时候，化学性质不活泼，不会燃烧。但在遇水或受潮后对金属有严重的腐蚀性，化学性质十分活泼。因此，在氯气的使用过程中，特别要注意盛氯钢瓶不能进水，以免钢瓶腐蚀，发生事故。所以使用时，钢瓶内的液氯不宜全部用光，要留 10kg～15kg。更不宜抽空，以防止漏入空气和带进水而产生腐蚀和发生事故。

各类加氯机均应具备指示瞬间投加量的流量仪表和防止水倒灌氯瓶的措施。在线氯瓶下应至少有一个校核氯量的电子秤或磅秤。

问：氯气瓶应剩余的安全余量？

答：《氯气安全规程》GB 11984—2008。

本标准适用于氯气的生产、使用、贮存和运输等单位。本标准所指氯气系液氯或气态氯。

6.1.3 充装量为 50kg 和 100kg 的气瓶，使用时应直立放置，并有防倾倒措施；充装量为 500kg 和 1000kg 的气瓶，使用时应卧式放置，并牢靠定位。

6.1.4 使用气瓶时，应有称重衡器；使用前和使用后均应登记重量，瓶内液氯不能用尽；充装量为 50kg 和 100kg 的气瓶应保留 2kg 以上的余氯，充装量为 500kg 和 1000kg 的气瓶应保留 5kg 以上的余氯。使用氯气系统应装有膜片压力表（如采用一般压力表时，应采取硅油隔离措施）、调节阀等装置。操作中应保持气瓶内压力大于瓶外压力。

9.9.11 采用漂白粉或漂粉精消毒时，应先配制成浓度为 1%～2%的澄清溶液，再通过计量泵加注。原料储存、溶液配制及加注系统可按本标准第 9.3 节的有关规定执行。

9.9.12 水厂宜采用全自动真空加氨系统。除可不设蒸发器外，系统的基本组成、配置与布置要求与全自动真空加氯系统相同。当水射器动力水硬度大于 50mg/L 时，应采取防止和消除投加口结垢堵塞的措施。

采用直接压力投加氨气时，投加设备的出口压力应小于 0.1MPa；当原水硬度大于 50mg/L 时，应采取消除投加口结垢堵塞的措施。

问：加氨投加口防结垢方法？

答：当水厂处理水硬度超过 50mg/L 时，通常会在投加点产生结垢堵塞而影响正常投加，故应采取防止和消除投加点的结垢措施。

真空加氨系统，通常可采用软化水射器动力水或加氨点设置可定时临时加氯的方法；

对于压力加氨系统，则可采用在加氨点设置可定时临时加氯的方法。

9.9.13 加氯间和氯库、加氨间和氨库的布置应设置在水厂最小频率风向的上风向，宜与其他建筑的通风口保持一定的距离，并远离居住区、公共建筑、集会和游乐场所。

问：加氯间和氯库、加氨间和氨库与建筑的通风口的距离？

答：《工业企业设计卫生标准》GBZ 1—2010 规定，产生并散发化学和生物等有害物质的车间，宜位于相邻车间当地全年最小频率风向的上风向。英国《供水》（第六版）规定，加氯间及氯库与其他建筑的任何通风口相距不少于 25m，贮存氯罐、气态氯瓶和液态氯瓶的氯库应与其他建筑边界相距不少于 20m、40m、60m。

9.9.14 所有连接在加氯岐管上的氯瓶均应设置电子秤或磅秤；采用温水加温氯瓶气化时，设计水温应低于 40℃；氯瓶、氨瓶与加注设备之间应设置防止水或液氯倒灌的截止阀、逆止阀和压力缓冲罐。

问：液氯贮罐及氯瓶气化温度控制？

答：《氯气安全规程》GB 11984—2008。

5.1.4 气瓶瓶体温度超过 40℃不应充装。

5.3.1 充装液氯贮罐时，应先缓慢打开贮罐的通气阀，确认进入罐车内的干燥空气或气化氯的压力高于贮罐内的压力时，方可充装。

5.3.2 采用液氯气化法向贮罐压送液氯时，要严格控制气化器的压力和温度，液氯气化器应用热水加热，不应用蒸汽加热，进口水温不应超过 40℃，气化压力不应超过 1MPa。

6.1.5 不应使用蒸汽、明火直接加热气瓶，可采用 40℃以下的温水加热。

9.9.15 氯库的室内温度应控制在 40℃ 以内。氯（氨）库和加氯（氨）间的室内采暖应采用散热器等无明火方式，散热器不应邻近氯（氨）瓶和投加设备布置。

9.9.16 加氯（氨）间及氯（氨）库和氯蒸发器间应采取下列安全措施：

1 氯库不应设置阳光直射氯（氨）瓶的窗户。氯库应设置单独外开的门，不应设置与加氯间和氯蒸发器间相通的门。氯库大门上应设置人行安全门，其安全门应向外开启，并能自行关闭。

2 加氯（氨）间、氯（氨）库和氯蒸发器间必须与其他工作间隔开，并应设置直接通向外部并向外开启的门和固定观察窗。

3 加氯（氨）间、氯（氨）库和氯蒸发器间应设置低、高检测极限的泄漏检测仪和报警设施。

4 氯库、加氯间和氯蒸发器间应设置事故漏氯吸收处理装置，处理能力按 1h 处理 1 个满瓶漏氯量计，处理后的尾气应符合现行国家标准《大气污染物综合排放标准》GB 16297 的有关规定。漏氯吸收装置应设在邻近氯库的单独的房间内，氯库、加氯间和氯蒸发器间的地面应设置通向事故漏氯吸收处理装置的吸气地沟。

5 氯库应设置专用的空瓶存放区。

6 加氨间和氨库的建筑均应按防爆建筑要求进行设计，房间内的电气设备应采用防爆型设备。

问：泄氯吸收装置的要求？

答：《城镇供水厂运行、维护及安全技术规程》CJJ 58—2009。

4.4.7 泄氯吸收装置应符合下列规定：

1 当采用氢氧化钠溶液中和时，浓度应保持在12%以上，并保证溶液不结晶结块。

2 用氯化亚铁进行还原的溶液中应有足够的铁件。

3 吸收系统采用探测报警、溶液泵、风机联动时应先启动溶液泵再启动风机。

4 风机风量应满足气体循环次数8次/h～12次/h。

5 泄氯报警仪设定值应在0.1mg/L。

6 泄氯报警仪探头应保持整洁、灵敏。

7 泄氯吸收装置应定期联动一次。

9.9.17 加氯（氨）间、氯（氨）库和氯蒸发器间的通风系统设计应符合下列规定：

1 加氯（氨）间、氯（氨）库和氯蒸发器间应设每小时换气8次～12次的通风系统。

2 加氯（氨）间、氯（氨）库和氯蒸发器间的通风系统应设置高位新鲜空气进口和低位室内空气排至室外高处的排放口。

3 加氨间及氨库的通风系统应设置低位进口和高位排气口。

4 氯（氨）库应设有根据氯（氨）气泄漏量启闭通风系统或漏氯吸收处理装置的自动切换控制系统。

问：氯气作业场所通风及安全报警装置？

答：《氯气安全规程》GB 11984—2008。

3.9 对于半敞开式氯气生产、使用、贮存等厂房结构，应充分利用自然通风条件换气；不能采用自然通风的场所，应采用机械通风，但不宜使用循环风。对于全封闭式氯气生产、使用、贮存等厂房结构，应配套吸风和事故氯气吸收处理装置。

3.10 生产、使用氯气的车间（作业场所）及贮氯场所应设置氯气泄漏检测报警仪，作业场所和贮氯场所空气中氯气含量最高允许浓度为1mg/m^3。

问：作业场所氯气/氨气安全操作？

答：《氯气安全规程》GB 11984—2008。

1. 机械通风的设置：设置机械通风的目的为改善微漏气时使用场所的环境空气质量，即环境空气中氯气、氨气浓度处于预报值与警报值之间时进行机械通风。英国等规定通风系统设计换气次数每小时不应小于10次，并在微泄漏量时工作，泄漏量大时关闭。

2. 机械通风开启：当室内环境空气中氯含量达到0.5mg/m^{3}或氨含量达到15mg/m^{3}时，应自动开启通风装置并同时进行预报警。

3. 机械通风关闭：当室内环境空气中氯含量达到1.0mg/m^{3}时，应进行报警和关闭通风装置，同时启动漏氯吸收装置；当室内环境空气中氨含量达到30mg/m^{3}时，应进行报警并应及时采取应急处理措施。

9.9.18 加氯（氨）间、氯（氨）库和氯蒸发器间外部应设有室内照明和通风设备的室外开关以及防毒护具、抢救设施和抢修工具箱等。

9.9.19 加氯、加氨管道及配件应采用耐腐蚀材料。输送氯和氨的有压管道应采用特殊厚壁无缝钢管，加氯（氨）间真空管道及氯（氨）水溶液管道及取样管等应采用塑料等耐腐蚀管材。

9.9.20 氯瓶和氨瓶应分别存放在单独的仓库内，且应与加氨间（或氯蒸发器间）和加氨间毗连。

液氯（氨）瓶库应设置起吊机械设备，起重量应大于满瓶重量的一倍以上。

液氯（氨）库的储备量应按当地供应、运输等条件确定，城镇水厂一般可按最大用量的7d～15d计算。

问：什么是固定储备量、周转储备量？

答：固定储备量：是指由于非正常原因导致药剂供应中断，而在药剂仓库内设置的在一般情况下不准动用的储备量，应按水厂的重要性来决定。据调查，一般设计中均按最大用量的7d～15d计算。周转储备量：是指考虑药剂消耗与供应时间之间的差异所需的储备量，可根据当地货源和运输条件确定。

问：生活饮用水中余氯？

答：生活饮用水采用氯化法消毒时，与加入水中的消毒剂接触一定时间后，余留在水中的氯量称为余氯。余氯是自由余氯与结合性余氯的总和。自由余氯是指水中以游离形态存在的余氯，包括HOCl、OCl^-、Cl_2。实验证明，接触作用30min游离余氯在0.3mg/L以上时，对肠道致病菌、钩端螺旋体、布氏杆菌等有杀灭作用。氯易与水中的氨氮反应，生成氯胺类化合物，其中一氯胺、二氯胺具有一定的消毒作用。通常水中的自由余氯和水中的一氯胺、二氯胺合称为总余氯。实际上水中Cl_2含量很少，通常不予考虑，而HOCl、OCl^-浓度大小根据pH值而定，pH值越低HOCl所占百分比越高，消毒效果越好，一般当pH$>$7.5时消毒效果会降低。氯在杀死水中病菌的同时，由于其强氧化性，还会与水中的有机物反应产生许多有毒的氯化有机物。余氯在管网中沿程减少，并随温度的升高而下降。

Ⅲ　二氧化氯消毒

问：为什么二氧化氯被称为广谱消毒剂？

答：二氧化氯是世界卫生组织（WHO）和世界粮农组织（FAO）向全世界推荐的AI级广谱、安全和高效的消毒剂。目前在欧、美发达国家的净水厂多有采用。

参考美国、日本的净水厂设计手册，二氧化氯通常作为净水厂前加氯的代用预氧化剂。因其不同于氯，不产生三卤甲烷（THMs），不氧化三卤甲烷的前体物，不与氨或酚类反应，杀菌效果随pH值增加而增加，所以二氧化氯应用于含酚、含氨、pH值高的原水的预氧化和消毒较有利。

9.9.21　二氧化氯应采用化学法现场制备后投加。二氧化氯制备宜采用盐酸还原法和氯气氧化法。

问：为什么二氧化氯宜采用化学法现场制备？

答：因为二氧化氯与空气接触易爆炸，不易运输，所以二氧化氯一般采用化学法现场制备。国外多采用高纯型二氧化氯发生器，有以氯溶液与亚氯酸钠为原料的氯法制备方法和以盐酸与亚氯酸钠为原料的酸法制备方法。国内有以盐酸（氯）与亚氯酸钠为原料的高纯型二氧化氯和以盐酸与氯酸钠为原料的复合二氧化氯两种形式，可根据原水水质和出水水质要求，本着技术上可行、经济上合理的原则选型。

在密闭的发生器中生成二氧化氯，其溶液浓度为10g/L。由于生成二氧化氯的主要材料固体（亚氯酸钠、氯酸钠）属一、二级无机氧化剂，贮运操作不当有引起爆炸的危险；原材料盐酸与固体亚氯酸钠相接触也易引起爆炸；原料调制浓度过高（32%HCl和24%

$NaClO_2$）反应时也将发生爆炸。二氧化氯泄漏时，空气中二氧化氯（ClO_2）含量为14mg/L时，人可察觉；45mg/L时明显刺激呼吸道；空气中浓度大于11%和水中浓度大于30%时易发生爆炸。鉴于上述原因，其贮存、调制、反应过程中有潜在的危险，为确保二氧化氯安全地制备和在水处理中使用，其现场制备的设备应是成套设备，并必须有相应有效的各种安全措施。

问：二氧化氯的制取方法?

答：二氧化氯的制取方法根据其化学原理可分为还原法、氧化法和电化学法（电解法），见表9.9.21。净水处理中常用还原法中的盐酸法（RS法）和氧化法中的氯气法来制备二氧化氯。

二氧化氯的制取方法 　　**表9.9.21**

二氧化氯的制取方法	制取过程
1. 氯气法	$Cl_2+H_2O \rightarrow HOCl+HCl$ $HOCl+HCl+2NaClO_2 \rightarrow 2ClO_2+2NaCl+H_2O$ 总反应式：$Cl_2+2NaClO_2 \rightarrow 2ClO_2+2NaCl$ 本法理论上1mol氯和2mol亚氯酸钠反应可生成2mol二氧化氯。但实际上，为加快反应速度，投氯量往往超过理论值，所以，产品中往往含有部分自由氯（Cl_2）。 二氧化氯的制取是在1个内填瓷环的圆柱形发生器中进行。由加氯机出来的氯溶液和用泵抽出的亚氯酸钠稀溶液共同进入ClO_2发生器，约1min的反应，便得ClO_2水溶液，像加氯一样直接投入水中。发生器上设置1个透明管，通过观察，出水若呈黄绿色即表明ClO_2生成。 反应时应控制混合液的pH值和浓度
2. 盐酸法	$4HCl+2NaClO_3 \rightarrow 2ClO_2\uparrow+Cl_2\uparrow+2NaCl+2H_2O$ 本法系统封闭，反应残留物主要是氯化钠，可以经电解再生氯酸钠，生产成本低。但一次性投资大、效率低、电耗大、产品中含有较多的氯气
3. 氯酸钠+硫酸+过氧化氢法	$2H_2SO_4+2NaClO_3+H_2O_2 \rightarrow 2ClO_2\uparrow+2NaHSO_4+2H_2O+O_2$ 此反应，二氧化氯纯度高，可达95%以上，转化率高达92%以上，无氯气，投加的是纯二氧化氯
4. 亚氯酸钠+盐酸法	$4HCl+5NaClO_2 \rightarrow 4ClO_2\uparrow+5NaCl+2H_2O$ 注：亚氯酸钠价格高

9.9.22 二氧化氯设计投加量的确定应保证出厂水的亚氯酸盐或氯酸盐浓度不超过现行国家标准《生活饮用水卫生标准》GB 5749规定的限值。

问：生活饮用水中亚氯酸盐或氯酸盐限值?

答：《生活饮用水卫生标准》GB 5749—2006：使用二氧化氯消毒时亚氯酸盐限值为0.7mg/L；使用复合二氧化氯消毒时氯酸盐限值为0.7mg/L。

9.9.23 二氧化氯消毒系统应采用包括原料调制供应、二氧化氯发生、投加的成套设备，发生设备与投加设备应有备用，并应有相应有效的各种安全设施。二氧化氯消毒系统中的储罐、发生设备和管材均应有良好的密封性和耐腐蚀性。在设置二氯化氯消毒系统设备的建筑内，所有可能与原料或反应生成物接触的建筑构件和墙地面应做防腐处理。

9.9.24 二氧化氯与水应充分混合，有效接触时间不应少于30min。

9.9.25 制备二氧化氯的原材料氯酸钠、亚氯酸钠和盐酸、氯气等严禁相互接触，必须分别贮存在分类的库房内，贮放槽应设置隔离墙。

9.9.26 二氧化氯发生与投加设备应设在独立的设备间内，并应与原料库房毗邻且设置观

察原料库房的固定观察窗。

9.9.27 二氧化氯消毒系统的各原料库房与设备间应符合下列规定：

1 各个房间应相互隔开，室内应互不连通；

2 各个房间均应设置直接通向外部并向外开启的门，外部均应设室内照明和通风设备的室外开关以及放置防毒护具、抢救设施和抢修工具箱等；

3 氯酸钠、亚氯酸钠库房建筑均应按防爆建筑要求进行设计；

4 原料库房与设备间均应有保持良好通风的设备，每小时换气应为8次～12次，室内应备用快速淋浴、洗眼器；氯酸钠、亚氯酸钠库房应有保持良好干燥状态的设备，盐酸库房内应设置酸泄漏的收集槽，氯瓶库房设计应符合本标准第9.9.14条～第9.9.18条的有关规定；

5 二氧化氯发生与投加设备间应配备二氧化氯泄漏的低、高检测极限检测仪和报警设施，且室内应设喷淋装置。

9.9.28 二氧化氯制备的原材料库房储存量可按不大于最大用量10d计算。

问：什么是复合二氧化氯？

答：《化学法复合二氧化氯发生器》GB/T 20621—2006。

复合二氧化氯：以氯酸钠和盐酸为主要原料经化学反应生成二氧化氯和氯气等混合溶液。

有效氯：有效氯是衡量含氯消毒剂氧化能力的标志，是指与含氯消毒剂氧化能力相当的氯量（非指消毒剂所含氯量），本标准特指发生器出口溶液中反应生成的二氧化氯和氯气全部按氧化价态换算成氯气的质量。

问：含氯化合物中实际及有效氯百分数？

答：含氯化合物中实际及有效氯百分数见表9.9.28-1。

含氯化合物中实际及有效氯百分数 **表9.9.28-1**

含氯的化合物	相对分子质量	氯当量	实际氯（%）	有效氯（%）
Cl_2	71	1	100	100
Cl_2O	87	2	81.7	163.4
ClO_2	67.5	5	52.6	263
CaClO	127	1	56	56
$Ca(ClO)_2$	143	2	49.6	99.2
HClO	52.2	2	67.7	135.4
$NaClO_2$	90.5	4	39.2	156.9
NaClO	74.5	2	47.7	95.4
$NHCl_2$	86	2	82.5	165
NH_2Cl	51.5	2	69	138

“实际氯”和“有效氯”百分数可以用来比较含氯化合物的有效性。

“实际氯”百分数可计算如下：$(Cl_2)_{实际}\%=\frac{化合物中氯质量}{化合物相对分子质量}\times100\%$。

“有效氯”用以比较氯化物的“氧化能力”。氯的氧化能力系根据化合物中氯化物的原子价被还原为－1价的能力，例如：$HClO+H^{+}+2e\rightarrow Cl^{-}+H_2O$，电子交换为2。

有效氯百分数按下式得出：$(Cl_2)_{有效}\%=Cl当量\times[(Cl_2)_{实际}\%]$。

因此，对于 HClO，氯的实际百分数为：

$$(Cl_2)_{实际}\%=\frac{化合物中氯质量}{化合物相对分子质量}\times100\%=\frac{35.5}{1+35.5+16}\times100\%=67.7\%。$$

有效氯百分数则为：$(Cl_2)_{有效}\%=Cl当量\times[(Cl_2)_{实际}\%]=2\times67.7\%=135.4\%$。

问：什么是稳定性二氧化氯？

答：由于二氧化氯的不稳定性，一般需要现场制备，使用上不够方便。因而人们研究将高纯度的二氧化氯稳定在稳定剂中，使用时以活化剂活化释放出二氧化氯供用户使用。液态稳定性二氧化氯是采用稳定剂将二氧化氯气体吸收在惰性溶液中而制得，制备的关键是选择稳定剂，主要的稳定剂有碳酸盐、过碳酸盐、硼酸盐、过硼酸盐等，目前以碳酸盐最常用。

稳定性二氧化氯的标准含量不小于 2%，不具有杀菌能力，只有通过活化反应使溶液中的二氧化氯重新释放出来才具有强烈杀菌能力。常见的活化剂有盐酸、磷酸等强酸和缓效活化剂柠檬酸等。活化后的溶液不稳定，存放一天二氧化氯含量即可下降 80%，因而宜现配现用。

稳定性二氧化氯运输方便，使用简单，但价格较高，在饮用水净化方面仅适合在经济条件好的地区小规模使用，在城市供水系统中大规模推广存在难度。

《稳定性二氧化氯溶液》GB/T 20783—2006。

本标准适用于稳定性二氧化氯溶液。该产品主要用于生活饮用水、工业用水、废水和污水处理。也可用于医疗卫生行业、公共环境、食品加工、畜牧与水产养殖、种植业等领域的杀菌、灭藻、消毒及保鲜。分子式 ClO_2，相对分子质量 67.45。

3.1　稳定性二氧化氯溶液：运用稳定化技术将二氧化氯气体（ClO_2）(纯度>98%）稳定在无机稳定剂水溶液中，并且通过活化技术又能将 ClO_2 重新释放出来的水溶液。

4　产品分类

稳定性二氧化氯溶液按用途分为两类。

Ⅰ类：生活饮用水及医疗卫生、公共环境、食品加工、畜牧与水产养殖、种植业等领域用。

Ⅱ类：工业用水、废水和污水处理用。

5.3　稳定性二氧化氯溶液应符合表 1 要求（见表 9.9.28-2)。

稳定性二氧化氯溶液指标　　　　表 9.9.28-2

项目	指标	
	Ⅰ类	Ⅱ类
二氧化氯（ClO_2）的质量分数（%）	≥2.0	≥2.0
密度（20℃)(g/cm^3)	1.020～1.060	1.020～1.060
pH 值	8.2～9.2	8.2～9.2
砷（As）的质量分数（%）	≤0.0001	≤0.0003
铅（Pb）的质量分数（%）	≤0.0005	≤0.002

稳定性二氧化氯溶液的贮存期为 12 个月。

问：化学法复合二氧化氯发生器？

答：《化学法复合二氧化氯发生器》GB/T 20621—2006，3.1 化学法复合二氧化氯发生器：以氯酸钠和盐酸为主要原料经化学反应生成二氧化氯和氯气等混合溶液的发生装置。

Ⅳ 次氯酸钠氯消毒、次氯酸钠与硫酸铵氯胺消毒

9.9.29 采用次氯酸钠溶液消毒时，经技术经济比较后，可采用商品次氯酸钠溶液或采用次氯酸钠发生器通过电解食盐现场制取；采用硫酸铵溶液加氨进行氯胺消毒时，宜采用商品硫酸铵溶液，氯和氨的投加比例及消毒接触时间应按本标准第 9.9.8 条和第 9.9.9 条执行。

9.9.30 商品次氯酸钠溶液原液浓度约 10%（有效氯）时，储存浓度宜按 5%（有效氯）考虑，储备量宜按储存浓度和最大用量的 7d 左右计算。商品硫酸铵溶液可采用 7%～8%（有效氨）原液储存和直接投加；当投加量较小时，可进行 1∶1～1∶3 稀释后储存并投加，储备量可按储存浓度和最大用量的 7d～15d 计算。

问：药剂次氯酸钠的保存期？

答：《城镇给水膜处理技术规程》CJJ/T 251—2017，4.2.8 条文说明：次氯酸钠保存期通常不宜超过一周，否则其有效浓度会下降很多而造成浪费。

问：为什么自来水厂改氯消毒为次氯酸钠消毒？

答：次氯酸钠属于高效的含氯消毒剂，就消毒杀菌而言，它还是具有明显优势的。次氯酸钠一般由电解冷的稀食盐溶液或由漂白粉与纯碱作用后滤去碳酸钙而制得。作为一种真正高效、广谱、安全的强力灭菌、杀病毒药剂，它同水的亲和性很好，能与水以任意比互溶，它不存在液氯、二氧化氯等药剂的安全隐患，且其消毒杀菌效果被公认为和氯气相当。也正因这一特点，所以它消毒效果好，投加准确，操作安全，使用方便，易于储存，对环境无毒害，不存在跑气泄漏，可以任意环境工作状况投加。

因城市发展，水厂在居民区附近的状况越来越多，已有一些水厂以次氯酸钠代替氯作为水消毒剂，在技术经济合理的前提下改善了氯的储运使用等安全问题。如上海长桥水厂。

同济大学的李述茂以上海 2 个净水厂实际生产工艺考察了液氯和次氯酸钠 2 种消毒剂的消毒效果，对于其在微生物消毒效果、消毒副产物生成和对氮磷及有机物去除方面进行了比较分析。研究发现，2 种消毒方式对微生物的杀菌效率基本相同，但是次氯酸钠消毒出水中三氯甲烷和卤乙酸含量均比液氯消毒低，而且其在 NH_3-N、TP 和 COD_{Mn}的去除方面也具有更好的处理效果，上海交通大学的白晓慧也得到了相同的结论。

问：次氯酸钠的现场制备？

答：次氯酸钠现场制备是利用钛阳极电解食盐水产生次氯酸钠。

$$NaCl+H_2O \rightarrow NaClO+H_2\uparrow$$

问：次氯酸钠消毒杀菌原理？

答：次氯酸钠消毒杀菌原理：

1. 首先，次氯酸钠消毒杀菌最主要的作用方式是通过它的水解作用形成次氯酸，次氯酸再进一步分解形成新生态氧[O]，新生态氧的极强氧化性使菌体和病毒的蛋白质变性，从而使病原微生物致死。根据化学测定，次氯酸钠的水解会受 pH 值的影响，当 pH 值超过 9.5 时就会不利于次氯酸的生成，而对于 mg/L 级浓度的次氯酸钠在水里几乎是完

全水解成次氯酸，其效率高于99.99%。其过程可用化学方程式简单表示如下：

$$NaClO + H_2O = HClO + NaOH$$

$$HClO \rightarrow HCl + [O]$$

其次，次氯酸在杀菌、杀病毒过程中，不仅可作用于细胞壁、病毒外壳，而且因次氯酸分子小、不带电荷，还可渗透入菌体（病毒）内与菌体（病毒）蛋白、核酸和酶等发生氧化反应或破坏其磷酸脱氢酶，使糖代谢失调而致细胞死亡，从而杀死病原微生物。

$$R-NH-R + HClO \rightarrow R_2NCl + H_2O$$（细菌蛋白质）

次氯酸钠的浓度越高，杀菌作用越强。

同时，次氯酸产生出的氯离子还能显著改变细菌和病毒体的渗透压，使其细胞丧失活性而死亡。

2. 影响次氯酸钠消毒杀菌作用的因素：

（1）pH值：pH值对次氯酸钠消毒杀菌作用影响最大。pH值愈高，在碱性环境下次氯酸钠以次氯酸根的形态存在，其消毒杀菌作用愈弱，pH值降低，其消毒杀菌作用增强。

（2）浓度：在pH值、温度、有机物等不变的情况下，有效氯浓度增加，杀菌作用增强。

（3）温度：在一定范围内，温度的升高能增强杀菌作用，此现象在浓度较低时较明显。

（4）有机物：有机物能消耗有效氯，降低其杀菌效能。

（5）水的硬度：水中的Ca^{2+}、Mg^{2+}等离子对次氯酸盐溶液的杀菌作用没有任何影响。

（6）氨和氨基化合物：在含有氨和氨基化合物的水中，游离氯的杀菌作用大大降低。

（7）碘或溴：在氯溶液中加入少量的碘或溴可明显增强其杀菌作用。

（8）硫化物：硫代硫酸盐和亚铁盐类可降低氯消毒剂的杀菌作用。

问：次氯酸钠随时间的衰减？

答：成品溶液分解损失较快，特别是当气温较高时，分解速度更快，具体如图9.9.30所示。

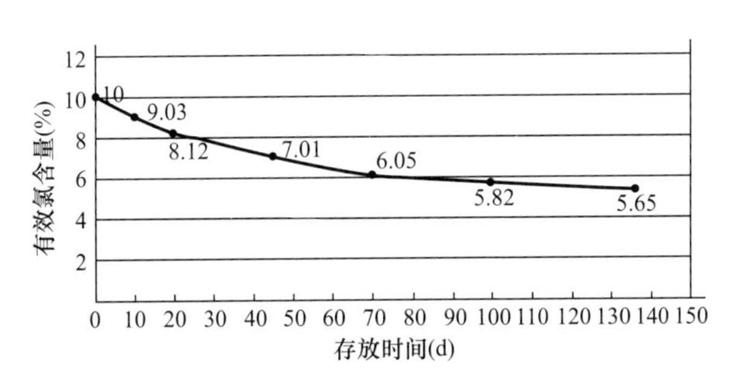

图9.9.30 次氯酸钠随时间的衰减

当溶液的有效氯浓度达到10%左右时，存放20d，可下降接近20%，这无形中将成品溶液的成本提高接近20%。

——刘文凯，邵享文. 浅析次氯酸钠消毒在水厂消毒中的应用[J]. 云南城镇供水，2017.

问：次氯酸钠消毒的消毒副产物？

答：刘丽君调研发现，在次氯酸钠储存过程，其会发生分解。在三个水厂进行测试，结果显示，次氯酸钠分解产物一种分解变成氯化钠和氧气，另一种发生歧化反应产生氯酸盐。

$$2NaClO \rightarrow 2NaCl + O_2 \uparrow$$

$$3NaClO \rightarrow 2NaCl + NaClO_3$$

刘丽君研究结果：

1. 无论10%的成品次氯酸钠还是现场发生器制备的0.8%的次氯酸钠，都存在氯酸盐副产物问题。

2. 成品次氯酸钠中氯酸盐的含量取决于进厂原液中的浓度、储存时间、储存条件以及使用方式，使用时尽可能一罐用完之后再加新的进行，不要循环往里加，尽量减少储存时间。

3. 现场发生器制备的次氯酸钠中氯酸盐含量取决于发生器的性能、电解条件、储存时间及储存条件。

4. 次氯酸钠中氯酸盐含量随储存时间呈线性增加，温度越高，增加速度越快。

几点有效建议：

1. 水厂采购成品次氯酸钠，除了按照现行标准来测有效氯和重金属杂质以外，还应检测氯酸盐含量，新购10%成品次氯酸钠中氯酸钠浓度建议控制在2000mg/L以下。

2. 次氯酸钠应避光储存在阴凉干燥的环境中，尤其应避免阳光直射，夏天的存放时间不要超过10d。

3. 储罐中的次氯酸钠应尽量在用完后再添加新的药剂，避免残液因储存时间过长不断分解产生氯酸盐副产物。

4. 现场制备的时候，应控制好反应温度等条件，尽量降低次氯酸中氯酸盐的含量，建议现制现用。氯酸盐/有效氯比值控制在5%以下。

5. 正在修订的GB 5749对采用次氯酸钠消毒的饮用水，也要求进行氯酸盐检测，并执行0.7mg/L的限值。

问：次氯酸钠消毒液对微生物的杀灭效果？

答：次氯酸钠消毒液对微生物的杀灭效果见表9.9.30-1。

次氯酸钠消毒液对微生物的杀灭效果　　表9.9.30-1

消毒液作用浓度（以有效氯含量计）(mg/L)	作用时间(min)	杀灭微生物指标
100	10[a]	对大肠杆菌（8099）、金黄色葡萄球菌(ATCC6538）的杀灭对数值≥5
200	10	对铜绿假单胞菌（ATCC15442）的杀灭对数值≥5 对白色念球菌（ATCC10231）的杀灭对数值≥4
200	20[a]	对脊髓灰质炎病毒-Ⅰ型疫苗株的杀灭对数值≥4
500	60	对枯草杆菌黑色变种芽孢（ATCC9372）的杀灭对数值≥5

[a] 杀菌试验用有机干扰物质浓度为0.3%。

注：本表摘自《次氯酸钠发生器安全与卫生标准》GB 28233—2011。

问：次氯酸钠发生器发生的次氯酸钠消毒液使用方法？

答：次氯酸钠发生器发生的次氯酸钠消毒液使用方法见表9.9.30-2。

次氯酸钠发生器发生的次氯酸钠消毒液使用方法　　表 9.9.30-2

使用范围	允许使用浓度（以有效氯含量计）(mg/L)	作用时间 (min)	使用方法
一般物体表面	100～250	10～30	对各类清洁物体表面擦试、浸泡、冲洗消毒
	400～700	10～30	对各类非清洁物体表面擦试、浸泡、冲洗、喷洒消毒。喷洒量以喷湿为度
食饮具	按照 GB 14934 执行		对去残渣、清洗后器具进行浸泡消毒；消毒后应将残留消毒剂冲净
	400	20	消毒传染病人使用后的污染器具时，可以先去残渣、清洗后再进行浸泡消毒，浸泡时间不得低于 30min，消毒后应将残留消毒剂冲净
	500～800	30	对去残渣、未清洗后器具进行浸泡消毒；消毒后应将残留消毒剂冲净
果蔬	100～200	10	将果蔬先清洗、后消毒；消毒后用生活饮用水将残留消毒剂冲净
织物	250～400	20	消毒时将织物全部浸没在消毒液中，消毒后用生活饮用水将残留消毒剂冲净
生活饮用水	2～4	30	消毒后应符合 GB 5749 管网末梢水余氯量≥0.05mg/L
血液、黏液等体液污染物品	5000～10000	≥60	对各类传染病病原体污染物品、物体表面覆盖、浸泡消毒
排泄物	10000～20000	≥120	按照 1 份消毒液、2 份排泄物混合搅拌后静置 120min 以上

注：本表摘自《次氯酸钠发生器安全与卫生标准》GB 28233—2011。

9.9.31　次氯酸钠和硫酸铵溶液的溶液池可兼作投加池，不宜少于 2 个；次氯酸钠和硫酸铵溶液池均应做防腐处理，有条件时，可按本标准第 9.3.4 条的规定采用化学储罐作为溶液池。当次氯酸钠和硫酸铵溶液可在室内或室外储存时，应单独储存；当次氯酸钠和硫酸铵溶液储存在同一建筑内时，应分别设在不同的房间内，且储液池（罐）放空系统不应相通，并应各自接至室外独立的废液处理井；当在室外储存时，两种溶液的储液池不应共用公共池壁，应单独设储液池（罐）且不应相邻布置，放空系统不应相通，并应各自接至独立的废液处理井；气温较高地区宜设置在室内或室外地下。

问：为什么次氯酸钠和硫酸铵应单独储存？

答：次氯酸钠为强氧化剂且其溶液呈强碱性，而硫酸铵为还原剂且其溶液呈强酸性，当两种溶液相遇时会发生较强烈的氧化还原反应，且当两者达到一定的比例时可能产生极不稳定和易爆炸的三氯化氮，上海在使用这两种溶液时曾发生此类事件。因此无论室内还是室外设置，两种溶液不应同处一室或一处，放空及废液处理系统的井不应连通。

9.9.32　次氯酸钠和硫酸铵溶液投加系统的设计可按本标准第 9.3.6 条的第 1 款～第 3 款执行。当投加设备处在同一建筑内时，应分别设在不同的房间内，且室内加注管道不应在同一管槽或空间内敷设。

9.9.33　次氯酸钠和硫酸铵溶液的投加间、储存间应设置每小时换气 8 次～12 次的机械通风设备，室内可能与次氯酸钠和硫酸铵溶液接触的建筑构件和墙地面应做防腐处理，在房间出入口附近应至少设置一套快速淋浴、洗眼器。

9.9.34 次氯酸钠发生投加系统的设计应采用包括盐水调配、盐水储存、次氯酸钠发生、投加、储存、风机等的成套设备，并应有相应有效的各种安全设施。

问：次氯酸钠发生装置？

答：《电解海水次氯酸钠发生装置技术条件》GB/T 22839—2010。

9.9.35 对于大型或重要性较高的水厂，在采用制用次氯酸钠时，原盐溶解和次氯酸钠发生系统宜设置2组以上，宜有20%～30%的富余能力。次氯酸钠制成溶液储存容量宜按12h～48h最大用量设置。

问：次氯酸钠的技术要求？

答：次氯酸钠的技术要求见表9.9.35。

次氯酸钠的技术要求 **表9.9.35**

项目	型号规格					
	A			B		
	Ⅰ	Ⅱ	Ⅲ	Ⅰ	Ⅱ	Ⅲ
	指标					
有效氯（以Cl计）w（%）≥	13.0	10.0	5.0	13.0	10.0	5.0
游离碱（以NaOH计）w（%）	0.1～1.0			0.1～1.0		
铁（Fe）w（%）≤	0.005			0.005		
重金属（以Pb计）w（%）≤	0.001			—		
砷（As）w（%）≤	0.0001			—		

注：1. A型适用于消毒、杀菌及水处理等。B型仅适用于一般工业用。
2. 本表摘自《次氯酸钠》GB 19106—2013。

9.9.36 次氯酸钠发生系统的原料储备量可按平均投加量的5d～10d计算；贮藏面积计算时，堆放高度可按1.5m～2.0m计；次氯酸钠发生系统的盐水每日配制次数不宜大于2次，并宜采用自动化程度配置较高的装置。

9.9.37 次氯酸钠发生器上部应设密封罩收集电解产生的氯气，罩顶应设专用高位通风管直接伸至户外，且出风口应远离火种、不受雷击。次氯酸钠发生器所在建筑的屋顶不得有吊顶、梁顶无通气孔的下翻梁。

9.9.38 次氯酸钠发生器及制成液储存设施的所在房间应设置每小时换气8次～12次的高位通风的机械通风设备，在房间出入口附近应至少设置一套快速淋浴、洗眼器。

9.9.39 食用盐储存间内的起重设备、电气设备、门窗等均应采取耐高盐度的防腐措施。

Ⅴ 紫外线消毒

9.9.40 紫外线消毒工艺的采用应根据原水水质特征、水处理工艺特点及出水水质要求，经技术经济比较后确定。

问：紫外线相关术语？

答：紫外线（简称为UV）：波长在100nm～380nm的电磁波，其中具有消毒能力的紫外线波段为200nm～280nm。

紫外线消毒：病原微生物吸收波长在200nm～280nm之间的紫外线能量后，其遗传物质（核酸）发生突变导致细胞不再分裂繁殖，达到消毒杀菌的目的，即为紫外线消毒。

紫外线强度：单位时间与紫外线传播方向垂直的单位面积上接收到的紫外线能。在本标准中紫外线强度被用来描述紫外线消毒设备的紫外线能。单位常用 mW/cm^2。

紫外线穿透率（简称为 UVT）：波长为 253.7nm 的紫外线在通过 1cm 比色皿水样后，未被吸收的紫外线与输出总紫外线之比

紫外线剂量：单位面积上接收到的紫外线能量，常用单位为毫焦每平方厘米（mJ/cm^2）或焦每平方米（J/m^2）。

设备紫外线平均剂量（简称为 AD）：将紫外灯简化为点光源，然后用点光源累加法计算消毒器内的平均紫外光强，再乘以平均曝光时间得到的剂量。平均剂量为紫外线消毒设备的理论剂量，由于这一剂量常用 UVDis 计算软件计算得到，因此有时也称为 UVDis 剂量。

设备紫外线有效剂量（简称为 ED）：紫外线消毒设备所能实现的微生物灭活紫外线剂量，或称之为紫外线消毒设备的生物验定剂量，统称为设备紫外线有效剂量。

紫外线剂量-响应曲线：反映了某种微生物的灭活程度或消毒程度与其接收到的紫外线剂量之间的关系。灭活程度在图中通常以 $\log_{10}(N)$ 或 $\log_{10}(N/N_0)$ 表示，N_0 为紫外线照射前微生物的含量，N 为紫外线照射后微生物的含量。

问：电磁波范围？

答：电磁波范围见图 9.9.40-1。

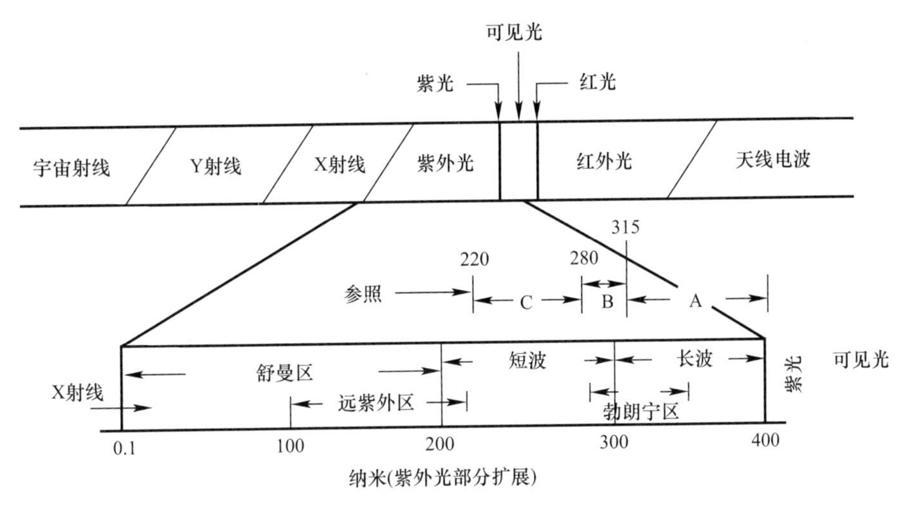

图 9.9.40-1　电磁波范围

问：紫外线消毒图谱？

答：紫外线是波长范围在 100nm～400nm 的不可见光，在光谱中的位置介于 X 射线与可见光之间，其最长波长邻接可见光中的最短波长紫光，而最短波长邻接 X 射线的最长波长。

紫外线的波长范围内又可分为几个波段：

A 波段——长波紫外段，简称 UV-A 波段，波长 320nm～400nm；

B 波段——中波紫外段，简称 UV-B 波段，波长 275nm～320nm；

C 波段——短波紫外段，简称 UV-C 波段，波长 200nm～275nm；

D 波段——真空紫外段，简称 UV-D 波段，波长 100nm～200nm。

其中具有消毒效果的主要是C波段的紫外线。D波段的紫外线可以在空气中生成臭氧。A波段和B波段可使皮肤产生黑斑（色素沉着）或红斑（晒伤效应），但杀菌消毒效果不强。如图9.9.40-2所示。

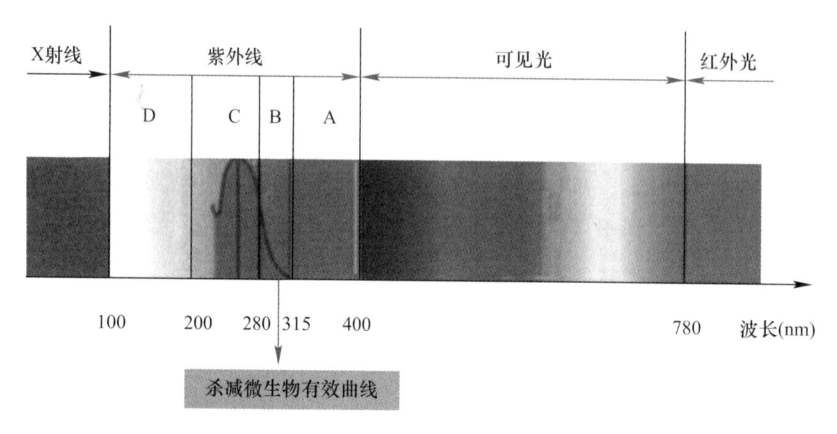

图9.9.40-2　紫外线消毒图谱

问：紫外线按照波长划分？

答：根据生物效应的不同，将紫外线按照波长划分为四个波段：

UV-A波段，波长320nm～400nm，又称为长波黑斑效应紫外线。它有很强的穿透力，可以穿透大部分透明的玻璃以及塑料。日光中含有的长波紫外线有超过98%能穿透臭氧层和云层到达地球表面，UV-A可以直达肌肤的真皮层，破坏弹性纤维和胶原蛋白纤维，将我们的皮肤晒黑。360nm波长的UV-A紫外线符合昆虫类的趋光性反应曲线，可制作诱虫灯。300nm～420nm波长的UV-A紫外线可透过完全截止可见光的特殊着色玻璃灯管，仅辐射出以365nm为中心的近紫外光，可用于矿石鉴定、舞台装饰、验钞等场所。

UV-B波段，波长275nm～320nm，又称为中波红斑效应紫外线。中等穿透力，它的波长较短的部分会被透明玻璃吸收，日光中含有的中波紫外线大部分被臭氧层所吸收，只有不足2%能到达地球表面，在夏天和午后会特别强烈。UV-B紫外线对人体具有红斑作用，能促进体内矿物质代谢和维生素D的形成，但长期或过量照射会令皮肤晒黑，并引起红肿脱皮。紫外线保健灯、植物生长灯就是使用特殊透紫玻璃（不透过254nm以下的光）和峰值在300nm附近的荧光粉制成的。

UV-C波段，波长200nm～275nm，又称为短波灭菌紫外线。它的穿透能力最弱，无法穿透大部分的透明玻璃及塑料。日光中含有的短波紫外线几乎被臭氧层完全吸收。短波紫外线对人体的伤害很大，短时间照射即可灼伤皮肤，长期或高强度照射还会造成皮肤癌。紫外线杀菌灯发出的就是UV-C短波紫外线。

UV-D波段，波长100nm～200nm，又称为真空紫外线。

问：UV_{254}的含义？

答：UV_{254}指在254nm波长下水样的紫外吸光度。试验采用紫外分光光度计，水样经0.45μm滤膜过滤，测定波长为254nm，比色皿厚度为1cm。芳香族化合物或具有共轭双键的化合物在紫外区有吸收峰。紫外吸收对于测量水中天然有机物如腐殖质等有重要意义，因为这类物质含有一部分芳香环，又是天然水体中主要的有机物质。UV_{254}可作为

TOC及三卤甲烷THMs前体物的代用参数，且测定简单，便于应用。

——王占生，刘文君. 微污染饮用水水源处理［M］. 北京：中国建筑工业版社，2001：28.

9.9.41 当紫外线消毒作为主要消毒工艺时，紫外线有效剂量不应小于40mJ/cm²。

问：生活饮用水或饮用净水消毒紫外线有效剂量?

答：紫外线消毒作为生活饮用水主要消毒手段时，紫外线消毒设备在峰值流量和紫外灯运行寿命终点时，考虑紫外灯套管结垢影响后所能达到的紫外线有效剂量不应低于40mJ/cm²，紫外线消毒设备应提供有资质的第三方用同类设备在类似水质中所做紫外线有效剂量的检验报告。

问：城市污水再生利用消毒紫外线有效剂量?

答：紫外线消毒作为城市杂用水主要消毒手段时，紫外线消毒设备在峰值流量和紫外灯运行寿命终点时，考虑紫外灯结垢影响后所能达到的紫外线有效剂量不应低于80mJ/cm²，紫外线消毒设备应提供有资质的第三方用同类设备在类似水质中所做紫外线有效剂量的检验报告。

问：紫外灯寿命、老化系数?

答：紫外灯运行寿命：紫外灯有效输出的连续或累计运行时间。紫外线消毒设备中的低压灯和低压高强灯连续运行或累计运行寿命不应低于12000h；中压灯连续运行或累计运行寿命不应低于3000h。

新紫外灯：初始运行100h经过稳定磨合后的紫外灯。

紫外灯老化系数C_{LH}：紫外灯运行寿命终点时的紫外线输出功率与新紫外灯的紫外线输出功率之比。

紫外灯套管结垢系数C_{JG}：使用中的紫外灯套管的紫外线穿透率与洁净紫外灯套管的紫外线穿透率之比。

紫外线消毒设备验证：紫外线消毒设备的实际消毒性能，应由紫外线有效剂量、紫外灯老化系数、紫外灯套管结垢系数的有关实验来验证。

紫外灯老化系数通过有资质的第三方验证后，可使用验证通过的老化系数计算设备紫外线有效剂量。若紫外灯老化系数没有通过有资质的第三方验证，应使用0.5的默认值作为紫外灯老化系数，来计算设备紫外线有效剂量。

9.9.42 紫外线消毒设备应采用管式消毒设备。

问：紫外线消毒设备的组成?

答：紫外线消毒设备有明渠式紫外线消毒设备、压力式管道紫外线消毒设备。管式适用于饮用水消毒，渠式则适应于中水和污水消毒。

明渠式紫外线消毒设备应包括紫外灯模块组、模块支架、配电中心、系统控制中心、水位探测及控制装置等。

压力式管道紫外线消毒设备应包括紫外线消毒器、配电中心、系统控制中心及紫外线剂量在线监测系统等。

9.9.43 紫外线消毒工艺应设置于过滤后，且应设置超越系统。

问：紫外线消毒工艺对水质的要求?

答：紫外线消毒对进水水质要求较高，消毒效果受进入紫外线消毒设备的待消毒水的温度、pH 值、浊度、紫外线穿透率（UVT）等因素的影响。为充分发挥紫外线消毒工艺的消毒效果，紫外线消毒工艺应设置于清水池进水之前。

紫外线消毒工艺设计前，应实测待消毒水的水质情况，如没有条件可按下列情况取值：

1. 设计进水水温宜为 3℃～30℃，pH 值宜取 6.5～8.5。

2. 设计进水浊度宜小于 1NTU。

3. 设计进水紫外线穿透率（UVT）：对于使用传统混凝—沉淀—过滤的地表水厂，设计 UVT 取值以不高于 90%为宜。对于以无污染地下水为水源的水厂或使用膜过滤的水厂，UVT 取值以不高于 95%为宜。对于使用紫外线作为滤池反冲洗水消毒的水厂，建议反冲洗水进入紫外线消毒设备前，先进行沉淀处理，UVT 取值以 70%～80%为宜。

问：为什么紫外线消毒工艺应设置超越系统？

答：设置紫外线消毒工艺的超越系统，可使水厂水质较好时实现超越紫外线消毒工艺，达到节约制水成本的目的。

9.9.44 应根据待消毒水的处理规模、用地条件、原水水质特征、进入紫外线消毒设备的进水水质、经济性、合理性、管理便利性等情况，合理确定紫外灯类型、紫外线消毒设备的数量和备用方式。

问：紫外灯的类型？

答：低压灯：水银蒸气灯在 0.13Pa～1.33Pa 的内压下工作，输入电功率约为每厘米弧长 0.5W，杀菌紫外能输出功率约为每厘米弧长 0.2W，杀菌紫外能在 253.7nm 波长单频谱输出。

低压高强灯：水银蒸气灯在 0.13Pa～1.33Pa 的内压下工作，输入电功率约为每厘米弧长 1.5W，杀菌紫外能输出功率约为每厘米弧长 0.6W，杀菌紫外能在 253.7nm 波长单频谱输出。

中压灯：水银蒸气灯在 0.013MPa～1.330MPa 的内压下工作，输入电功率约为每厘米弧长 50W～150W，杀菌紫外能输出功率约为每厘米弧长 7.5W～23W，杀菌紫外能在 200nm～280nm 杀菌波段多频谱输出。

高压灯：高压汞灯在水处理中应用较少。这种灯在总压力高达10^6Pa（10atm）下工作，发射出连续光谱，不太适合专门的应用，如水消毒或具体的光化学反应。

问：低压高强、中压紫外灯应用比较？

答：低压高强、中压紫外灯应用比较见表 9.9.44-1。

低压高强、中压紫外灯应用比较 **表 9.9.44-1**

项目	低压高强灯	中压灯
紫外光波长	在 253.7nm 波长单频谱输出	在 200nm～280nm 杀菌波段多频谱输出
杀菌广谱性	具有杀菌广谱性	更具杀菌广谱性
连续运行或累计运行寿命	一般不低于 12000h	一般不低于 5000h～9000h
电光转化率	高于中压灯	低于低压高强灯
相同条件下运行能耗	低于中压灯	高于低压高强灯
相同水质条件下紫外光穿透能力	低于中压灯	高于低压高强灯
相同管径、处理水量下	有效剂量低于中压灯、 灯管数多于中压灯	有效剂量高于低压高强灯、 灯管数少于低压高强灯

续表

项目	低压高强灯	中压灯
相同过程水头损失下	通常采用放大消毒设备管径或配置更多数量的同管径消毒设备	
应用	一般中小型水厂采用	大中型水厂或用地条件紧张的水厂采用

紫外线消毒设备的紫外灯类型有低压灯、低压高强灯、中压灯三种类型。目前用于水处理的主要为低压高强灯和中压灯。

问：紫外线消毒设备根据紫外灯类型分类？

答：紫外线消毒设备根据紫外灯类型分类见表 9.9.44-2。

紫外线消毒设备根据紫外灯类型分类　　表 9.9.44-2

设备类型	系统特点	应用
低压灯系统	单根紫外灯的紫外能输出为 30W～40W，紫外灯运行温度在 40℃左右	适用于小型水处理厂或低流量水处理系统采用
低压高强灯系统	单根紫外灯的紫外能输出为 100W 左右，紫外灯运行温度在 100℃左右	低压高强灯系统的紫外能输出可根据水流和水质的变化进行调节，从而优化电耗和延长紫外灯寿命，低压高强灯系统适用于中型水处理厂采用
中压灯系统	单根紫外灯的紫外能输出在 420W 以上，紫外灯运行温度在 700℃左右	中压灯系统的紫外能输出是所有紫外灯中最强的，对水体的穿透力强，消毒能力高。中压灯系统适用于大型水处理厂和高悬浮物、紫外线穿透率（UVT）低的水处理系统

9.9.45 管式消毒设备的选型应根据适用的流速与消毒效果，结合水头损失综合考虑确定。管式消毒设备本身水头损失宜小于 0.5m，管路系统的设计流速宜采用 1.2m/s～1.6m/s。

9.9.46 管式消毒设备间的设计应符合下列规定：

1 平面布置可平行布置，也可交错布置，水平间距应满足紫外灯管抽检的要求；

2 高程布置宜避免局部隆起积气；

3 消毒设备前后宜保持一定长度的直管段，前部直管段长度不应小于消毒设备管径的 3 倍，后部直管段长度宜大于消毒设备管径的 3 倍；

4 每台消毒设备前后直管段上应设置隔离阀门，前部管段的高点应设置排气阀；

5 每台消毒设备前宜设置流量计；

6 设备间宜设置起重机。

9.9.47 紫外线灯套管的清洗方式应根据水质情况、使用寿命、维护管理等选择化学、机械或两者结合的方式。

问：紫外灯清洗？

答：紫外灯清洗方式有人工清洗、在线机械清洗、在线机械加化学清洗等。在污水处理应用中，宜采用在线机械加化学清洗。清洗频率在 1 次/500h～1 次/h 之间。清洗头刮擦片寿命应保证使用 3 年以上。地下水硬度高，部分地区铁锰含量高，极易导致紫外线灯套管结垢并影响紫外线消毒效果，因此，应根据水质情况选择合适的套管清洗方式，当进水硬度大于 120mg/L 时宜选择在线化学自动清洗方式。

9.10 臭氧氧化

Ⅰ 一般规定

9.10.1 臭氧氧化工艺的设置应根据其净水工艺不同的目的确定，并宜符合下列规定：

1 以去除溶解性铁、锰、色度、藻类，改善臭味以及混凝条件，替代前加氯以减少氯消毒副产物为目的的预臭氧，宜设置在混凝沉淀（澄清）之前；

2 以降解大分子有机物、灭活病毒和消毒或为其后续生物氧化处理设施提高溶解氧为目的的后臭氧，宜设置在沉淀、澄清后或砂滤池后。

9.10.2 臭氧氧化工艺设施的设计应包括气源装置、臭氧发生装置、臭氧气体输送管道、臭氧接触池，以及臭氧尾气消除装置。

问：臭氧在水中的溶解度？

答：臭氧在水中的溶解度见表9.10.2。

臭氧在水中的溶解度 **表9.10.2**

水温（℃）	溶解度（$L_{气}/L_{水}$）	水温（℃）	溶解度（$L_{气}/L_{水}$）
0	0.640	27	0.270
11.8	0.500	40	0.117
15	0.450	55	0.031
19	0.381	60	0

问：预臭氧、后臭氧？

答：3.1.90 预臭氧：设置在混凝沉淀或澄清之前的臭氧净水过程。

3.1.91 后臭氧：设置在过滤之前或过滤之后的臭氧净化过程。

臭氧在净水工艺流程中的投加点见图9.10.2。

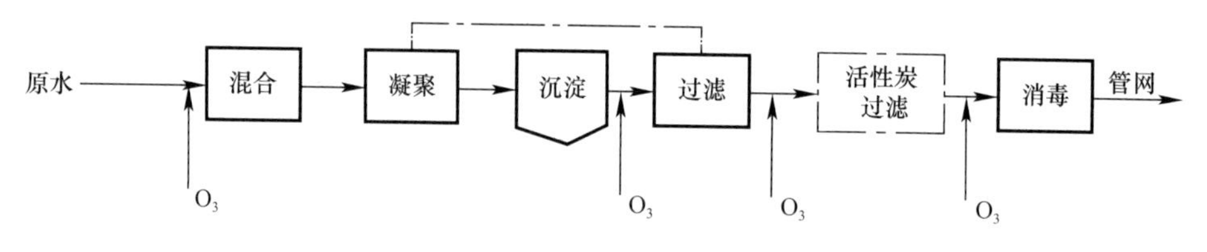

图9.10.2 臭氧在净水工艺流程中投加点示意图

9.10.3 臭氧设计投加量宜根据待处理水的水质状况并结合试验结果确定，也可参照相似水质条件下的经验选用，预臭氧宜为0.5mg/L～2.0mg/L。

当原水溴离子含量较高时，臭氧投加量的确定应考虑防止出厂水溴酸盐超标，必要时，尚应采取阻断溴酸盐生成途径或降低溴酸盐生成量的工艺措施。

问：采用臭氧消毒对溴酸盐的控制？

答：正常情况下水中不含溴酸盐，但普遍含有溴化物，浓度一般为10μg/L～1000μg/L。当用臭氧对水消毒时，溴化物与臭氧反应会生成溴酸盐，有研究认为当原水中溴化物浓度＜20μg/L时，经臭氧处理一般不会形成溴酸盐，当溴化物浓度在50μg/L～100μg/L时，有可能形成溴酸盐。现行国家标准《生活饮用水卫生标准》GB 5749规定采用臭氧处理工艺时，出厂水溴酸盐限值为0.01mg/L。对溴酸盐副产物的控制可通过加氯、降低pH值和优化臭氧投加方式等实现。

原水溴离子浓度高于 100μg/L，采用臭氧氧化时，可采取投加过氧化氢、控制臭氧投加量、优化投加点等措施抑制溴酸盐产生；必要时，应采取溴酸盐去除措施。

——摘自《城镇供水设施建设与改造技术指南实施细则（试行）》(中国城镇供水排水协会主编）

臭氧氧化过程中形成的溴酸盐与水中溴化物的浓度、臭氧的浓度以及 pH 值等因素有关。从原水中除去溴化物是不切实际的，同时想要去除已经形成的溴酸盐也是比较困难的，尽管某些文献指出在特定的情况下颗粒活性炭滤池可有效地去除溴酸盐。采用降低臭氧投加量、降低接触时间以及降低残余臭氧浓度等方式可以尽可能地减少溴酸盐的形成。在较低 pH 值下（如 pH 为 6.5）进行臭氧接触并在接触后提高 pH 值以及加氨也可有效降低溴酸盐的形成。臭氧氧化过程中投加的过氧化氢既可能增加又可能减少溴酸盐的形成，这取决于投加的实际以及当地的处理工艺条件。

——世界卫生组织. 饮用水水质准则（第四版）[M]. 上海市供水调度监测中心，上海交通大学译. 上海：上海交通大学出版社，2014.

9.10.4　臭氧净水系统中必须设置臭氧尾气消除装置。

问：为什么臭氧净水系统中必须设置臭氧尾气消除装置?

答：从臭氧接触池排气管排入环境空气中的气体仍含有一定的残余臭氧，这些气体被称为臭氧尾气。由于空气中一定浓度的臭氧对人的机体有害。人在含臭氧百万分之一的空气中长期停留，会引起易怒、感觉疲劳和头痛等不良症状。而在更高的浓度下，除这些症状外，还会增加恶心、鼻子出血和眼黏膜发炎等症状。经常受臭氧的毒害会导致严重的疾病。因此，出于对人体健康安全的考虑，提出了此强制性规定。通常情况下，经尾气消除装置处理后，要求排入环境空气中的气体所含臭氧浓度小于 0.1μg/L。

9.10.5　所有与臭氧气体或溶解有臭氧的水体接触的材料应耐臭氧腐蚀。

问：臭氧气体适用的材料选择?

答：由于臭氧的氧化性极强，对许多材料具有强腐蚀性，因此要求臭氧处理设施中臭氧发生装置、臭氧气体输送管道、臭氧接触池以及臭氧尾气消除装置中所有可能与臭氧接触的材料能够耐受臭氧的腐蚀，以保证臭氧净水设施的长期安全运行和减少维护工作。据调查，一般的橡胶、大多数塑料以及普通的钢、铁、铜、铝等材料均不能用于臭氧处理系统。适用的材料主要包括 316 号和 305 号不锈钢、玻璃、氯磺烯化聚乙烯合成橡胶、聚四氟乙烯以及混凝土。

《水处理用臭氧发生器》CJ/T 322—2010，第 5.2.4 条：臭氧发生器连接用的密封圈、垫片等接触臭氧部件应使用聚四氟乙烯（PTFE）、聚偏二氟乙烯（PVDF）、全氟橡胶等耐臭氧化材料，或者其他已经证明同样适用的材料。

Ⅱ　气 源 装 置

9.10.6　臭氧发生装置的气源品种及气源装置的形式应根据气源成本、臭氧发生量、场地条件以及臭氧发生的综合成本等因素，经技术经济比较后确定。

问：臭氧发生装置的气源品种及气源质量要求?

答：对气源品种的规定是基于臭氧发生的原理和对目前国内外所有臭氧发生器气源品

种的调查。由于供给臭氧发生器的各种气源中一般均含有一定量的一氧化二氮，气源中过多的水分易与其生成硝酸，从而导致对臭氧发生装置及臭氧输送管道的腐蚀损坏，因此必须对气源中的水分含量作出规定，露点就是代表气源水分含量的指标。据调查，目前国内外绝大部分运行状态下的臭氧发生器的气源露点均低于－60℃，有些甚至低于－80℃。一般情况下，空气经除湿干燥处理后，其露点可达到－60℃以下，制氧机制取的气态氧气露点也可达到－60℃～－70℃之间，液态氧的露点一般均在－80℃以下，因此，规定气源露点应低于－60℃。

此外，气源中的碳氧化合物、颗粒物、氮以及氩等物质的含量对臭氧发生器的正常运行、使用寿命和产气能耗等也会产生影响，且不同臭氧发生器的厂商对这些指标要求各有不同，故本条文只作原则规定。

9.10.7 臭氧发生装置的气源可采用空气或氧气，氧气的气源装置可采用液氧储罐或制氧机。所供气体的露点应低于－60℃，其中的碳氧化合物、颗粒物、氮以及氩等物质的含量不能超过臭氧发生装置的要求。

9.10.8 气源装置的供气量及供气压力应满足臭氧发生装置最大发生量时的要求，且气源装置应邻近臭氧发生装置设置。

9.10.9 供应空气的气源装置中的主要设备应有备用。

问：供应空气的气源装置中主要设备备用的规定?

答：供应空气的气源装置一般应包括空压机、储气罐、气体过滤设备、气体除湿干燥设备及消声设备。供应空气的气源装置除了应具有供气能力外，还应具备对所供空气进行预处理的功能，所供气体不仅在量上而且在质上均需满足臭氧发生装置的用气要求。空压机作为供气的动力设备，用以满足供气气量和气压的要求，一般要求采用无油润滑型；储气罐用于平衡供气压力和气量；过滤设备用于去除空气中的颗粒和杂质；除湿干燥设备用于去除空气中的水分，以达到降低供气露点的目的；消声设备则用于降低气源装置在高压供气时所产生的噪声。由于供应空气的气源装置需要常年连续工作，且设备系统较复杂，通常情况下每个装置可能包括多个空压机、储气罐，以及过滤、除湿干燥和消声设备，为保证在某些设备组件发生故障或需要正常维修时气源装置仍能正常供气，要求气源装置中的主要设备应有备用。

9.10.10 液氧储罐供氧装置的液氧储存量应根据场地条件和当地的液氧供应条件综合考虑确定，不宜少于最大日需氧量的3d用量，液氧气化装置宜有备用。

问：液氧储罐供氧装置液氧储存量的规定?

答：液氧储罐供氧装置一般应包括液氧储罐、蒸发器、添加氮气或空气的设备以及液氧储罐压力和罐内液氧储存量的显示及报警设备等。液态氧可通过各种商业渠道采购而来，其温度极低，在使用现场需要专用的隔热和耐高压储罐储存。为节省占地面积，储罐一般都是立式布置。进入臭氧发生装置的氧必须是气态氧，因此需要设置将液态氧蒸发成气态氧的蒸发器，蒸发需要的能量一般来自环境空气的热量（特别寒冷的地区可采用电、天然气或其他燃料进行加热蒸发）。通过各种商业渠道所采购的液态氧的纯度很高（均在99%以上），而提供给臭氧发生装置的最佳氧气浓度通常在90%～95%，且要求含有少量的氮气。因此，液氧储罐供氧装置一般应配置添加氮气或空气（空气中含有大量氮气）的设备。通常采用的设备有氮气储罐或空压机，并配备相应的气体混配器。储存在液氧储罐中的液态氧在使用中逐步消耗，其罐内的压力和液面将发生变化，为了随时了解其变化情况和提前做好补充液态氧的准备，须设置液氧储罐的压力和液位显示及报警设备。

采购的液态氧由液氧槽罐车运输到现场，然后用专用车载设备加入到液氧储罐中。液氧槽罐车一般吨位较大，在厂区内行驶对交通条件要求较高，储存量越大，则对厂区的交通条件要求越高。另外，现场液氧储罐的大小还受消防要求的制约。因此，液氧储存量不宜过大，但储存太少将增加运输成本，带来采购液态氧成本的增加。因此，根据相关的调查，本条文只作出最小储存量的规定。

9.10.11 制氧机供氧装置应设有备用液氧储罐，其备用液氧的储存量应满足制氧设备停运维护或故障检修时的氧气供应量，不宜少于 2d 的用量。

问：制氧机供氧装置设备的基本配置以及备用能力的规定?

答：制氧机供氧装置一般应包括制氧设备、供气状况的检测报警设备、备用液氧储罐、蒸发器以及备用液氧储罐压力和罐内液氧储存量的显示及报警设备等。空气中 98%以上的成分为氮气和氧气。制氧机就是通过对环境空气中氮气的吸附来实现氧气的富集。一般情况下，制氧机所制取的氧气中氧的纯度在 90%～95%，其中还含有少量氮气。此外，制氧机还能将所制氧气的露点和其他有害物质降低到臭氧发生装置所需的要求。为了保证能长期正常工作，制氧机需定期停运维护保养，同时考虑到设备可能出现故障，因此制氧机供氧装置必须配备备用液氧储罐及其蒸发器。根据大多数制氧机的运行经验，每次设备停运保养和故障修复的时间一般不会超过 2d，故对备用液氧储罐的最小储存量提出了不应少于 2d 氧气用量的规定。虽然备用液氧储罐启用时其所供氧气纯度不属最佳，但由于其使用机会很少，为了降低设备投资和简化设备系统，一般不考虑备用加氮气或空气设备。

9.10.12 以空气或制氧机为气源的气源装置应设在室内，并应采取隔声降噪措施；以液氧储罐为气源的气源装置宜设置在露天。

除臭氧发生车间外，液氧储罐、制氧站与其他各类建筑的防火距离应符合现行国家标准《氧气站设计规范》GB 50030 的有关规定；液氧储罐四周宜设栅栏或围墙，不应设产生可燃物的设施，四周地面和路面应按现行国家标准《氧气站设计规范》GB 50030 规定的范围设置非沥青路面层的不燃面层。

采用液氧储罐或制氧机气源装置时，厂区应有满足液氧槽车通行、转弯和回车要求的道路和场地。

问：臭氧制取气源的选择影响因素?

答：臭氧制取气源的选择影响因素：

1. 就制取臭氧的电耗而言，以空气为气源最高，制氧机供氧气其次，液氧最低。

2. 就气源装置的占地而言，以空气为气源的较以氧气为气源的大。就臭氧发生的浓度而言，以空气为气源的只有以氧气为气源的 1/5～1/3。

3. 就臭氧发生管、输送臭氧气体的管道、扩散臭氧气体的设备以及臭氧尾气消除装置规模而言，以空气为气源的比以氧气为气源的大很多。

4. 就设备投资和日常管理而言，空气气源装置均需由用户自行投资和管理，而氧气气源装置通常可由用户向大型供气商租赁并委托其负责日常管理。虽然氧气气源装置较空气气源装置具有较多优点，但其设备的租赁费、委托管理费以及氧气的采购费也很高，且设备布置受到消防要求的限制。

5. 一般情况下，空气气源适合于较小规模的臭氧发生量，液氧气源适合于中等规模的臭氧发生量，制氧机气源适合于较大规模的臭氧发生量。

因此，采用何种供气气源和气源装置必须综合上述多方面的因素，作技术经济比较后确定。

Ⅲ 臭氧发生装置

问：水处理用臭氧发生器的行业标准？

答：《水处理用臭氧发生器》CJ/T 322—2010。

本标准规定了水处理用臭氧发生器的分类和规格、结构和材料、要求、检验规则、标志、包装、运输和贮存。

本标准适用于生活饮用水、再生水、污水处理用的臭氧发生器。化工氧化、造纸漂白及食品工业消毒杀菌等应用的臭氧发生器可参照执行。

9.10.13 臭氧发生装置应包括臭氧发生器、供电及控制设备、冷却设备以及臭氧和氧气泄漏探测及报警设备。

问：臭氧发生装置最基本的组成？

答：臭氧发生器的供电及控制设备，一般都作为专用设备与臭氧发生器配套制造和供应。冷却设备用以对臭氧发生器及其供电设备进行冷却，既可以配套制造供应，也可以根据不同的冷却要求进行专门设计配套。臭氧和氧气泄漏探测及报警设备，用于监测设置臭氧发生装置处环境空气中可能泄漏出的臭氧和氧气的浓度，并对泄漏状况作出指示和报警，其设置数量和位置应根据设置臭氧发生装置处具体环境条件确定。

问：臭氧发生装置为什么加冷却设备？

答：生产每千克臭氧的理论耗电量为 0.82kWh（或每千瓦时的理论臭氧得率为 1.22kg）；但实际生产实践中臭氧的耗电量一般为 10kWh/kgO_3～12kWh/kgO_3 以上，即 95%以上输入的电能转变成了其他形式的能量，主要为热量。因此，臭氧发生装置需装设冷却设备。

问：臭氧发生装置按臭氧发生单元的结构形式划分？

答：臭氧发生装置按臭氧发生单元的结构形式分为管式和板式。

问：臭氧发生装置按供电频率的划分？

答：臭氧化气的浓度和产率与输入电流的频率有关，频率增高则浓度和产率都增高。臭氧发生装置按供电频率一般分为低频（50Hz，60Hz）、中频（100Hz～1000Hz）、高频（1000Hz 以上）三类。

问：臭氧发生装置按气源划分？

答：臭氧发生装置按气源分为空气型和氧气型。

问：臭氧发生装置按冷却方式划分？

答：臭氧发生装置按冷却方式分为水冷和空气冷却。

直接冷却臭氧发生器的冷却水应满足以下条件：pH 值不小于 6.5 且不大于 8.5，氯化物含量不高于 250mg/L，总硬度（以 $CaCO_3$ 计）不高于 450mg/L，浑浊度（散射浑浊度单位）不高于 1NTU。

大型臭氧发生器宜采用闭式循环冷却系统。

问：臭氧发生装置按臭氧产量划分？

答：臭氧发生装置按臭氧产量分为小型（5g/h～100g/h）、中型（100g/h～1000g/h）、大型（>1000g/h）。

问：臭氧发生装置产气影响因素？

答：臭氧发生装置产气影响因素：

1. 变电压特性：臭氧发生器的工作气压和气量不变时，产生的臭氧化气中臭氧浓度、产量和比电耗随臭氧发生器工作电压的变化而改变。

2. 变气压特性：臭氧发生器的工作电压和气量不变时，产生的臭氧化气中臭氧浓度、产量和比电耗随臭氧发生器工作气压（绝对压力）的变化而改变。

3. 变气量特性：臭氧发生器的工作电压和气压不变时，产生的臭氧化气中的臭氧浓度、产量和比电耗随臭氧发生器工作气量的变化而改变。

4. 产率与空气湿度的关系：臭氧发生器的臭氧产率随着空气湿度的增大而下降。因此要求对原料空气进行深度干燥处理，使其露点达到－50℃以下（含湿量相应为0.032g水/m^3气）。

5. 产率与冷却水温的关系：臭氧发生器的臭氧产率与冷却水的出水温度有关。温度越高，产率越低。

9.10.14 臭氧发生装置的产量应满足最大臭氧加注量的要求。

问：臭氧发生装置产量及备用能力设置的规定？

答：为了保证臭氧处理设施在最大生产规模和最不利水质条件下的正常工作，臭氧发生装置的产量应满足最大臭氧加注量的需要。

用空气制得的臭氧气体中的臭氧浓度一般为2%～3%，且臭氧浓度调节较困难。当某台臭氧发生器发生故障时，很难通过提高其他臭氧发生器的产气浓度来维持整个臭氧发生装置的产量不变。因此，要求以空气为气源的臭氧发生装置中应设置硬备用的臭氧发生器。

用氧气制得的臭氧气体中的臭氧浓度一般为8%～14%，且臭氧浓度调节非常容易。当某台臭氧发生器发生故障时，既可以通过启用已设置的硬备用臭氧发生器来维持产量不变，也可以通过提高无故障臭氧发生器的产气浓度来维持产量不变。采用硬备用方式，可使臭氧发生器正常工作时的产气浓度和氧气的消耗量处于较经济的状态，但设备的初期投资将增加。采用软备用方式，设备的初期投资可减少，但当台数较少时，有可能会使装置正常工作时产气浓度不处于最佳状态，且消耗的氧气将增加。因此，需通过技术经济比较来确定。

《水处理用臭氧发生器》CJ/T 322—2010，6.9调节性能：对于大、中型臭氧发生器，臭氧产量的调节和控制范围应为10%～100%。

9.10.15 采用空气源时，臭氧发生器应采用硬备用配置；采用氧气源时，经技术经济比较后，可选择采用软备用或硬备用配置；采用软备用配置时，臭氧发生器的台数不宜少于3台。

问：设备硬备用和软备用的区别？

答：硬备用：指一台设备损坏维修或检修，按最大一台设备备用。

软备用：指工作设备的工作范围比平时经常运行参数要大，平时在正常工作参数下运行，当一台设备损坏维修或检修时，提高其工作参数，以满足生产使用要求。

问：臭氧发生器的硬备用和软备用？

答：臭氧发生器的硬备用和软备用见表 9.10.15。

臭氧发生器的硬备用和软备用 **表 9.10.15**

制备臭氧的气源	臭氧发生器备用形式
空气气源	硬备用：用空气制得的臭氧气体中臭氧浓度一般为 2%～3%，且臭氧浓度调节较困难。当某台臭氧发生器发生故障时，很难通过提高其他臭氧发生器的产气浓度来维持整个臭氧发生装置的产量不变。因此，要求以空气为气源的臭氧发生装置中应设置硬备用的臭氧发生器。采用硬备用方式，可使臭氧发生器的产气浓度和氧气的消耗量始终处于较经济状态，但设备的初期投资将增加
氧气气源	软备用：用氧气制得的臭氧气体中的臭氧浓度一般为 8%～14%，且臭氧浓度调节非常容易。当某台臭氧发生器发生故障时，既可以通过启用已设置的硬备用臭氧发生器来维持产量不变，也可以通过提高无故障臭氧发生器的氧气进气量与降低产气中的臭氧浓度来维持产量不变。采用软备用方式，设备的初期投资可减少，但当有臭氧发生器发生故障退出工作时，短期内，会使在工作的臭氧发生装置的产气浓度不处于最佳状态。氧气用量大于臭氧发生器无故障时的量。因此需通过技术经济比较确定备用形式

9.10.16 臭氧发生器内循环水冷却系统宜包括冷却水泵、热交换器、压力平衡水箱和连接管路。与内循环水冷却系统中热交换器换热的外部冷却水水温不宜高于 30℃；外部冷却水源应接自厂自用水管道；当外部冷却水水温不能满足要求时，应采取降温措施。

9.10.17 臭氧发生装置应尽可能设置在离臭氧用量较大的臭氧接触池较近的位置。

问：臭氧发生装置的设置地点及设置环境的规定？

答：臭氧的腐蚀性极强，泄漏到环境中对人体、设备、材料等均会造成危害，其通过管道输送的距离越长，出现泄漏的潜在危险越大。此外，臭氧极不稳定，随着环境温度的提高将分解成氧气，输送距离越长，其分解的比例越大，从而可能导致到投加点处的浓度达不到设计要求。因此，要求臭氧发生装置应尽可能靠近臭氧接触池。当净水工艺中同时设有预臭氧和后臭氧接触池时，考虑到节约输送管道的投资，其设置地点除了应尽量靠近各用气点外，更宜靠近用气量较大的臭氧接触池。据调查，在某些工程中，当预臭氧和后臭氧接触池相距较远时，也有分别就近设置两套臭氧发生装置的做法，但这种方式将大为增加工程的投资，一般不宜采用。

根据臭氧发生装置设置的环境要求，规定必须设置在室内。虽然臭氧发生装置中配有专用的冷却设备，但其工作时仍将产生较多的热量，可能使设置臭氧发生装置的室内环境温度超出臭氧发生装置所能承受的限度。因此，应根据具体情况设置通风设备或空调设备，以保证室内环境温度维持在臭氧发生装置所要求的环境温度以下。

9.10.18 臭氧发生装置应设置在室内。室内空间应满足设备安装维护的要求；室内环境温度宜控制在 30℃以内，必要时，可设空调装置。

9.10.19 臭氧发生间的设置应符合下列规定：

1 臭氧发生间内应设置每小时换气 8 次～12 次的机械通风设备，通风系统应设置高位新鲜空气进口和低位室内空气排至室外高处的排放口；

2 应设置臭氧泄漏低、高检测极限的检测仪和报警设施；

3 车间入口处的室外应放置防护器具、抢救设施和工具箱，并应设置室内照明和通风设备的室外开关。

问：臭氧发生间室内环境空气中臭氧检测报警浓度?

答：《工作场所有害因素职业接触限值第 1 部分：化学有害因素》GBZ 2.1—2007 规定，室内环境空气中臭氧的最高允许浓度（MAC）不得超过 0.3mg/m^3。因此臭氧发生间内应设置臭氧泄漏检测仪和报警设施，且臭氧泄漏检测仪的检测下限应低于 0.15mg/m^3，检测上限则至少应大于 0.3mg/m^3。当室内环境空气中臭氧含量达到 0.15mg/m^3 时，应自动开启机械通风装置同时进行预报报警；当室内环境臭氧含量达到 0.3mg/m^3 时，应进行报警并应及时关闭臭氧发生装置。

臭氧和氧气泄漏探测及报警设备通常设置在臭氧发生间内，用以监测设置臭氧发生装置处室内环境空气中可能泄漏出的臭氧和氧气的浓度，并对泄漏状况做出指示和报警，并根据泄漏量关闭臭氧发生装置。

问：室内空气中臭氧最高允许浓度?

答：1.《室内空气中臭氧卫生标准》GB/T 18202—2000。

本标准规定了室内空气中臭氧的最高容许浓度和监测检验方法。本标准适用于室内空气的监测和评价，不适于生产性场所的室内环境。

本标准以平均浓度表示，1h 内平均最高容许浓度为 0.1mg/m^3。

2.《公共浴场给水排水工程技术规程》CJJ 160—2011。

经过臭氧消毒的浴池水进入公共浴池时，其水中臭氧的剩余量不应大于 0.05mg/L。

0.05mg/L 的计算依据：臭氧在空气中的分压是水中的 1/10，即臭氧在空气中的浓度为 0.05ppm × 1/10 = 0.005ppm。臭氧在水中 1ppm = 1mg/L，臭氧在空气中 1ppm = 2.14mg/m^3。则 0.005ppm×2.14=0.01mg/m^3<0.1mg/m^3。

3.《臭氧发生器安全与卫生标准》GB 28232—2011。

6.4.2.6　臭氧水生成机工作时，在人呼吸带（距地面 1.2m～1.5m），臭氧浓度应≤0.16mg/m^3

4.《环境空气质量标准》GB 3095—2012。

臭氧浓度限值（1h 平均），一级标准为 0.16mg/m^3，二级标准为 0.20mg/m^3。

Ⅳ　臭氧气体输送管道

9.10.20　输送臭氧气体的管道直径应满足最大输气量的要求，管道设计流速不宜大于 15m/s。管材应采用 316L 不锈钢。

问：净水厂加药管线材质选择?

答：根据净水工艺，水厂内的加药管道，例如加矾管、加氯管、加氨管、加酸管、加碱管等，均需从药剂制备间敷设到投加点。由于不同药剂可能造成不同的腐蚀影响，因此在管材选用上要注意防腐的要求，一般多选用塑料管。臭氧具有很强的氧化性，除金和铂外，臭氧化空气几乎对所有金属都有腐蚀作用。铝、铅、锌与臭氧接触都会被强烈氧化，但含铬铁合金基本不受臭氧腐蚀。基于此，生产上常使用含铬 25%的铬铁合金（不锈钢）来制造臭氧发生设备和加注设备中直接与臭氧接触的部件。在臭氧发生设备和计量设备中，不能用普通橡胶作密封材料，必须采用耐腐蚀能力强的聚四氟乙烯等。

9.10.21 臭氧气体输送管道敷设可采用架空、埋地或管沟。在气候炎热地区，设置在室外的臭氧气体管道宜外包绝热材料。

以氧气为气源发生的臭氧气体输送管道的敷设设计可按现行国家标准《氧气站设计规范》GB 50030 中的有关氧气管道的敷设规定执行。

问：输送臭氧气体的埋地管敷设和室外管隔热防护的规定？

答：由于臭氧泄漏到环境中危害很大，为了能在输送臭氧气体的管道发生泄漏时迅速查找到泄漏点并及时修复，输送臭氧气体的埋地管一般不应直接埋在土壤或结构构造中，而应设在专用的管沟内，管沟上设活动盖板，以方便查漏和修复。

输送臭氧气体的管道均采用不锈钢管，管材的导热性很好，因此，在气候炎热的地区，设在室外的管道（包括设在管沟内）很容易吸收环境空气中的热量，导致管道中的臭氧分解速度加快。因此，要求在这种气候条件下对室外管道进行隔热防护。

V 臭氧接触池

9.10.22 臭氧接触池的个数或能够单独排空的分格数不宜少于 2 个。

问：臭氧接触池最少个数？

答：在运行过程中，臭氧接触池有时需要停池清洗或检修。为不致造成水厂停产，故规定了臭氧接触池的个数或能够单独排空的分格数不宜少于 2 个。

9.10.23 臭氧接触池的接触时间应根据不同的工艺目的和待处理水的水质情况，通过试验或参照相似条件下的运行经验确定。当无试验条件或可参照经验时，可按本标准第 9.10.26 条、第 9.10.27 条的规定选取。

问：臭氧接触池的接触时间？

答：工艺目的和待处理水的水质情况不同，臭氧接触池所需接触时间也不同。一般情况下，设计采用的接触时间应根据对工艺目的、待处理水的水质情况进行分析，通过一定的小型或中型试验或参照相似条件下的运行经验来确定。

9.10.24 臭氧接触池应全密闭。池顶应设置臭氧尾气排放管和自动双向压力平衡阀，池内水面与池内顶宜保持 0.5m～0.7m 距离，接触池入口和出口处应采取防止接触池顶部空间内臭氧尾气进入上下游构筑物的措施。

问：臭氧接触池的构造要求以及尾气排放管和自动气压释放阀设置？

答：为了防止臭氧接触池中少量未溶于水的臭氧逸出后进入环境空气而造成危害，臭氧接触池必须采取全封闭的构造。

注入臭氧接触池的臭氧气体除含臭氧外，还含有大量的空气或氧气。这些空气或氧气绝大部分无法溶解于水而从水中逸出。其中还含有少量未溶于水的臭氧，这部分逸出的气体也就是臭氧接触池尾气。在全密闭的臭氧接触池内，要保证来自臭氧发生装置的气体连续不断地注入并避免将尾气带入到后续处理设施中而影响正常工作，必须在臭氧接触池顶部设置尾气排放管。为了在臭氧接触池水面上形成一个使尾气集聚的缓冲空间，池内顶宜与池水面保持 0.5m～0.7m 的距离。

随着臭氧加注量和处理水量的变化，注入臭氧接触池的气量及产生的尾气也将发生变化。当出现尾气消除装置的抽气量与实际产生的尾气量不一致时，将在臭氧接触池内形成一定的附加正压或负压，从而可能对结构产生危害和影响臭氧接触池的水力负荷，因此，必须在池顶设自动气压释放阀，用于在产生附加正压时自动排气和产生附加负压时自动进气。

9.10.25 臭氧接触池水流应采用竖向流，并应设置竖向导流隔板将接触池分成若干格。导流隔板净距不宜小于0.8m，隔板顶部和底部应设置通气孔和流水孔。接触池出水宜采用薄壁堰跌水出流。

问：臭氧接触池水流形式、导流隔板设置以及出水方式？

答：由于制取臭氧的成本很高，为使臭氧能最大限度地溶于水中，臭氧接触池水流宜采用竖向流形式，并设置竖向导流隔板。在处于下向流的区格的池底导入臭氧，从而使气水作相向混合，以保证高效的溶解和接触效果。在与池顶相连的导流隔板顶部设置通气孔是为了让集聚在池顶上部的尾气从排放管顺利排出。在与池底相连的导流隔板底部设置流水孔是为了清洗臭氧接触池之用。

虽然臭氧接触池内的尾气可通过尾气排放管排出，但水中仍会含有一定数量的过饱和溶解的空气或氧气。该部分气体随水流进入后续处理设施会自水中逸出并造成不利影响，如在沉淀或澄清中产生气浮现象或在过滤中产生气阻现象。因此，臭氧接触池的出水一般宜采用薄壁堰跌水出流的方式，以使水中过饱和溶解的气体在跌水过程中吹脱，并随尾气一起排出。

9.10.26 预臭氧接触池应符合下列规定：

1 接触时间为2min～5min；

2 臭氧气体应通过水射器抽吸后注入设于接触池进水管上的静态混合器，或经设在接触池的射流扩散器直接注入接触池内；

3 抽吸臭氧气体水射器的动力水，可采用沉淀（澄清）后、过滤后或厂用水，不宜采用原水；动力水应设置专用动力水增压泵供水；

4 接触池设计水深宜采用4m～6m；

5 导流隔板间净距不宜小于0.8m；

6 接触池顶部应设置尾气收集管；

7 接触池出水端水面处宜设置浮渣排除管。

问：臭氧接触池接触时间要求？

答：根据臭氧净水的机理，在预臭氧阶段拟去除的物质大多能迅速与臭氧反应，去除效率主要与臭氧的加注量有关，接触时间对其影响很小。据调查国外的相关应用实例，接触时间大多数采用2min左右。若工艺设置是以除藻为主要目的，则接触时间一般应适当延长到5min左右或通过一定的试验确定。

9.10.27 后臭氧接触池应符合下列规定：

1 接触池宜由二段到三段接触室串联而成，由竖向隔板分开；

2 每段接触室应由布气区格和后续反应区组成，并应由竖向导流隔板分开；

3 总接触时间应根据工艺目的确定，宜为6min～15min之间，其中第一段接触室的接触时间宜为2min～3min；

4 臭氧气体应通过设在布气区格底部的微孔曝气盘直接向水中扩散，微孔曝气盘布置应满足该区格臭氧气体在±25%的变化范围内仍能均匀布气，其中第一段布气区格的布气量宜占总布气量的50%左右；

5 接触池的设计水深宜采用5.5m～6m，布气区格的深度与水平长度之比宜大于4；

6 每段接触室顶部均应设置尾气收集管。

问：后臭氧接触池设计参数？

答：1. 后臭氧接触池根据其工艺需要，一般至少由二段接触室串联而成。其中第一段接触室主要是为了满足能与臭氧快速反应物质的接触反应需要，以及保持其出水中含有能继续杀灭细菌、病毒、寄生虫和氧化有机物所必需的臭氧剩余量的需要。后续接触室数量的确定则应根据待处理水的水质状况和工艺目的来考虑。当以杀灭细菌和病毒为目的时，一般宜再设一段。当以杀灭寄生虫和氧化有机物（特别是农药）为目的时，一般宜再设两段。

2. 每段接触室包括布气区格和后续反应区，并由竖向导流隔板分开，是目前国内外较普遍的布置方式。

3. 规定后臭氧接触池的总接触时间宜控制在6min～15min之间，是基于对国内外的应用实例的调查所得，可作为设计参考。当条件许可时，宜通过一定的试验确定。规定第一段接触室的接触时间宜为2min～3min也是基于对有关的调查和与预臭氧相似的考虑所得出的。

4. 接触池设计水深范围的规定是基于对有关的应用实例调查所得出的。对布气区格的深度与长度之比作出专门规定是基于对均匀布气的考虑，其比值也是参照了相关的调查所得出的。

5. 一般情况下，进入后臭氧接触池的水中的悬浮固体大部分已去除，不会对微孔曝气装置造成堵塞，同时考虑到后臭氧处理的对象主要是溶解性物质和残留的细菌、病毒和寄生虫等，处理对象的浓度和含量较低，为保证臭氧在水中均匀高效地扩散溶解和与处理对象的充分接触反应，臭氧气体一般宜通过设在布气区格底部的微孔曝气盘直接向水中扩散。每个曝气盘在一定的布气量变化范围内可保持其有效作用范围不变。考虑到总臭氧加注量和各段加注量变化时，曝气盘的布气量也将相应变化。因此，曝气盘的布置应经过对各种可能的布气设计工况进行分析来确定，以保证从最大布气量到最小布气量变化过程中的布气均匀。由于第一段接触室需要与臭氧反应的物质含量最多，故规定其布气量宜占总布气量的50%左右。

6. 一池多段投加臭氧，提出每一段反应区顶部均应设置尾气收集管，可使池顶尾气排除通畅。

9.10.28 臭氧接触池内壁应强化防裂、防渗措施。

Ⅵ 臭氧尾气消除装置

9.10.29 臭氧尾气消除装置一般应包括尾气输送管、尾气中臭氧浓度监测仪、尾气除湿器、抽气风机、剩余臭氧消除器，以及排放气体臭氧浓度监测仪及报警设备等。

问：臭氧尾气消除装置设备基本组成的规定？

答：一般情况下，这些设备应是最基本的。其中尾气输送管用于连接剩余臭氧消除器和接触池尾气排放管；尾气中臭氧浓度监测仪用于检测尾气中的臭氧含量和考核接触池的臭氧吸收效率；尾气除湿器用于去除尾气中的水分，以保护剩余臭氧消除器；抽气风机为尾气的输送和处理后排放提供动力；排放气体臭氧浓度监测仪及报警设备用于监测尾气是否能达到排放标准和尾气消除装置工作状态是否正常。

9.10.30 臭氧尾气消除可采用电加热分解消除、催化剂接触分解消除或活性炭吸附分解消除等方式，以氧气为气源的臭氧处理设施中的尾气不应采用活性炭消除方式。

问：臭氧尾气中剩余臭氧消除方式？

答：臭氧尾气中剩余臭氧消除方式：电加热分解消除、催化剂接触分解消除或活性炭吸附分解消除等。

电加热分解消除是目前国际上应用较普遍的方式，其对尾气中剩余臭氧的消除能力极高。虽然其工作时需要消耗较多的电能，但随着热能回收型的电加热分解消除器的产生，其应用价值在进一步提高。

催化剂接触分解消除，与前者相比可节省较多的电能，设备投资也较低，但需要定期更换催化剂，生产管理相对较复杂。

活性炭吸附分解消除目前主要在日本等国家有应用，设备简单且投资也很省，但也需要定期更换活性炭且存在生产管理相对复杂等问题。此外，由于以氧气为气源时尾气中含有大量氧气，吸附到活性炭之后，在一定的浓度和温度条件下容易产生爆炸，因此，规定在这种条件下不应采用活性炭消除方式。

9.10.31 臭氧尾气消除装置的设计气量应与臭氧发生装置的最大设计气量一致。抽气风机应可根据臭氧发生装置的实际供气量适时调节抽气量。

问：臭氧尾气消除装置最大设计气量和对抽气量进行调节的规定？

答：臭氧尾气消除装置最大处理气量理论上略小于臭氧发生装置最大供气量，其差值随水质和臭氧加注量的不同而不同。但从工程实际角度出发，两者最大设计气量宜按一致考虑。抽气风机设置抽气量调节装置，并要求其根据臭氧发生装置的实际供气量适时调节抽气量，是为了保持接触池顶部的尾气压力相对稳定，以避免气压释放阀动作过于频繁。

9.10.32 臭氧尾气消除装置应有备用。

9.10.33 臭氧尾气消除装置设置应符合下列规定：

1 可设在臭氧接触池池顶，也可另设他处；另设他处时，臭氧尾气抽送管道的最低处应设凝结水排除装置；

2 电加热分解装置应设在室内；催化剂接触或活性炭吸附分解装置可设在室内，也可设置在室外，室外设置时应设防雨篷；

3 室内设尾气消除装置时，室内应有强排风设施，必要时可加设空调设备。

问：电加热臭氧尾气消除装置的设置地点及设置条件？

答：由于电加热臭氧尾气消除装置长期处于高温（250℃～300℃）状态下工作，会向室内环境散发大量热量，造成室内温度过高。因此应在室内设有强排风措施，必要时应设空调设备，以降低室温。

9.11 颗粒活性炭吸附

问：活性炭分类？

答：活性炭按制造原材料和产品形状分类见表 9.11-1；分类符号见表 9.11-2、表 9.11-3；不同类型活性炭主要用途见表 9.11-4。

活性炭按制造原材料和产品形状分类表 **表 9.11-1**

制造原材料分类	产品形状分类
煤质活性炭	柱状煤质颗粒活性炭
	破碎状煤质颗粒活性炭
	粉状煤质活性炭
	球形煤质颗粒活性炭
木质活性炭	柱状木质颗粒活性炭
	破碎状木质颗粒活性炭
	粉状木质活性炭
	球形木质颗粒活性炭
合成材料活性炭	柱状合成材料颗粒活性炭
	破碎状合成材料颗粒活性炭
	粉状合成材料活性炭
	球形活性炭
	球形合成材料颗粒活性炭
	布类合成材料活性炭（炭纤维布）
	毡类合成材料活性炭（炭纤维毡）
其他类活性炭[a]	沥青基微球活性炭

[a] 除上述三种类型活性炭外，由其他原材料（如煤沥青、石油焦等）制备的活性炭。

活性炭按制造材料分类符号 **表 9.11-2**

活性炭制造材料类别		分类符号
煤质活性炭		C
木质活性炭	木屑类活性炭	W_S
	果壳类活性炭	W_P
	椰壳类活性炭	W_C
	生物质类活性炭	W_B
合成材料活性炭		M_S
其他类活性炭		O

活性炭按形状分类符号 **表 9.11-3**

活性炭形状类别		分类符号
柱状活性炭		E
破碎状活性炭	木质破碎活性炭	G_W
	原煤破碎活性炭	G_R
	压块破碎活性炭（煤质）	G_B
	柱状破碎活性炭（煤质）	G_E
粉状活性炭		P
球形活性炭		S
布类浸粉活性炭（炭纤维布）		W
毡类浸粉活性炭（炭纤维毡）		F
成形活性炭[a]		M

[a] 由活性炭和其他材料加工而成的滤芯、滤棒、蜂窝活性炭和炭雕等活性炭的再加工产品。

不同类型活性炭主要用途　　表 9.11-4

制造原材料分类	产品类型	用途
煤质活性炭	柱状煤质颗粒活性炭	气体分离与精制、溶剂回收、烟气净化、脱硫脱硝、水质净化、污水处理、催化剂载体等
	破碎状煤质颗粒活性炭	气体净化、溶剂回收、水体净化、污水处理、环境保护等
	粉状煤质活性炭	水污染应急处理、垃圾焚烧、化工脱色、烟气净化等
	球形煤质颗粒活性炭	炭分子筛、催化剂载体、防毒面具、气体分离与精制、军用吸附等
木质活性炭	柱状木质颗粒活性炭	气体分离与精制、黄金提取、水质净化、食品饮料脱色等
	破碎状木质颗粒活性炭	净化空气、溶剂回收、水质净化、味精精制、乙酸乙烯合成触媒等
	粉状木质活性炭	水体净化、注射针剂脱色、糖液脱色、味精及饮料脱色、药用等
	球形木质颗粒活性炭	炭分子筛、血液净化、饮料精制、气体分离、提取黄金等

问：颗粒活性炭与粉末活性炭的划分？

答：活性炭：含炭物质经过炭化、活化处理制得的具有发达孔隙结构和巨大比表面积的碳吸附剂。

煤质（基）活性炭：制造碳吸附剂时所用的基材为煤的活性炭。

颗粒活性炭：颗粒尺寸在 80 目（0.18mm）筛网以上的活性炭。

粉末活性炭：颗粒尺寸在 80 目（0.18mm）筛网以下的活性炭。

Ⅰ　一 般 规 定

9.11.1 颗粒活性炭吸附或臭氧-生物活性炭处理工艺可适用于降低水中有机、有毒物质含量或改善色、臭、味等感官指标。

问：给水处理常用的吸附剂？

答：给水处理常用的吸附剂主要有粉末活性炭（PAC）、硅藻土、二氧化硅、活性氧化铝、沸石、黏土。

问：活性炭能有效去除的水中有机物？

答：活性炭属于多孔疏水性吸附剂，具有发达的细孔和巨大的比表面积，有机物的极性与分子大小是影响活性炭吸附的主要因素。溶解度小、亲水性差、极性弱、分子不大的有机物较易被活性炭吸附。活性炭吸附主要用于饮用水的深度处理。研究发现，活性中小分子量有机物有较强的吸附能力，因而对 AOC、BDOC 有着良好的去除作用。Hu 等人的研究表明，GAC 对烷烃类有机物的去除效率最高，其次是苯类、硝基苯类、多环芳烃类和卤代烃类，对醇类、酮类、酚类的去除效果较弱。活性炭与臭氧联用或长期使用形成生物碳后，生物降解作用将会进一步提高。吴红伟发现新活性炭单元因其吸附作用对 AOC 的去除效果稳定在 30%左右，如与臭氧联用，去除效果能提高到 50%以上。

问：给水中氨氮去除方法？

答：活性炭吸附是强化常规处理工艺去除水中有机污染物最成熟的方法之一。但难以去除氨氮且对优先污染物名单中绝大多数的有机物，特别是危害较大的卤代烃的吸附效果较差。目前，国内外采用生物预处理方法去除氨氮。依靠吸附在生物填料表面的微生物来降解水中的有机物及氨氮。水与生长在好氧生物填料表面的生物膜接触，由于水与生物膜之间的分子扩散和物质传递，以及好氧微物的吸附作用，使水中的溶解性有机物质通过细菌所吸收，在胞内完成生物氧化过程。生物预处理主要有生物接触氧化池、曝气生物滤池、生物流化床和生物转盘等。

生物预处理技术是微生物去除原水中氨氮和有机污染物的一种有效方法。在环境温度适宜的条件下，氨氮去除率可以达到80%以上，并对耗氧量、铁、锰和酚等污染指标均有较好的去除效果。我国深圳东深水库水的生物硝化处理站，处理水量 400 万 m^3/d。上海周家渡水厂深度水处理技术改造工程、宁波梅林水厂斜管沉淀池改生物接触氧化池工程、合肥四水厂平流沉淀池改生物接触氧化池工程及蚌埠市淮河水生物预处理工程都取得了良好效果。

问：活性炭易吸附和难吸附有机物汇总?

答：活性炭易吸附和难吸附有机物汇总见表 9.11.1。

活性炭易吸附和难吸附有机物汇总 **表 9.11.1**

活性炭易吸附的有机物	活性炭难吸附的有机物
芳香族溶剂类 苯、甲苯、硝基苯等 氯化芳香烃 多氯联苯、氯苯、氯萘 酚与氯酚类 多核芳香烃类 苊、苯比芘等 除虫剂和除莠剂等农药 DDT、艾氏剂、氯丹、六六六、七氯等 氯化非芳香烃类 四氯化碳、氯烷基醚、六氯丁二烯等 高分子量烃类 染料、汽油、胺类、腐殖质等	醇类 低分子量酮、酸和醛 糖类和淀粉 极高分子量或胶体有机物 低分子量脂肪类

问：活性炭的吸附特性?

答：活性炭的吸附特性包括对有机物和无机物的选择性吸附。

1. 活性炭能去除原水中部分有机微污染物，常见的去除有机物吸附特性如下：

(1) 腐殖酸：腐殖酸是天然水中最常见的有机物，虽然对人类的健康危害不大，但可与其他有机物一起在氯化消毒过程中产生氯仿、四氯化碳等有害的有机氯化物。活性炭能有效去除水中的腐殖酸，水体 pH 值对其吸附性能几乎没有影响。

(2) 异臭：活性炭对下列异臭的处理有效：植物性臭（藻臭和青草臭）、鱼腥臭、霉臭、土臭、芳香臭（苯酚臭和氨臭）。活性炭除臭范围较广，几乎对各种发臭的原水都有很好的处理效果。

2-甲基异莰醇和土臭素是天然水中的两种主要发臭物质，当水中土臭素含量为 0.1μg/L 时，1g 活性炭对其的吸附量为 0.54mg，约是 2-甲基异莰醇的 2 倍。但当发臭物质与其他有机物同时存在时，活性炭对发臭物质的吸附性能会有所下降。

当臭氧和活性炭联用时，对异臭的去除更为有效。

（3）色度：活性炭对由水生植物和藻类繁殖产生的色度具有良好的去除效果，根据已有资料，去除率至少50%。

（4）农药：氯化的农药经混凝沉淀和过滤只能被极微量的去除，但能被活性炭有效去除。

（5）烃类有机物：活性炭对烃类等石油产品具有明显的吸附作用。

（6）有机氯化物：活性炭对氯化消毒过程中产生的有机氯化物的去除情况不尽相同，其中对四氯化碳的去除效果要比对三氯甲烷的去除效果好。

（7）洗涤剂：活性炭对水中洗涤剂的去除效果：当滤速为17m/h时，去除率为50%，当滤速为12m/h时；去除率为100%。

（8）由于活性炭对致突变物质及氯化致突变物质前体物具有良好的吸附能力，因而可进一步降低出水致突变活性。

三卤甲烷（THMs）对人体健康有危害。产生三卤甲烷的前体物主要指天然腐殖质和污水处理中新陈代谢的高分子有机物。因而倾向于将THMs的前体物在加氯前去除，以避免THMs的生成。需要注意的是，这些物质的分子量通常介于1000～4000之间。用活性炭处理时，活性炭的孔隙要大，否则难以吸附或速度太慢。

2. 活性炭能去除水中部分无机污染物。

（1）重金属：活性炭对某些重金属及其化合物有很强的吸附能力，如对锑（Sb）、铋（Bi）、六价铬（Cr^{6+}）、锡（Sn）、银（Ag）、汞（Hg）、钴（Co）、锆（Zr）、铅（Pb）、镍（Ni）、钛（Ti）、钒（V）、钼（Mo）等均有良好的去除效果。但活性炭吸附重金属的效果与它们的存在形式和水的pH值有很大关系。

（2）余氯：活性炭可以脱除水处理中剩余的氯和氯胺。活性炭脱除氯和氯胺并不是单纯的吸附作用，而是活性炭表面上一种化学反应。

（3）氰化物：若炭床中通入空气，则炭可起催化作用，将有毒的氰化物氧化为无毒的氰酸盐。

（4）放射性物质：某些地下水中含有放射性元素，如碘、钍、铀、钴等，浓度极低，危害很大，可用活性炭吸附去除。

（5）氨氮：活性炭对NH_3-N几乎没有去除效果，但若与臭氧联合使用，当$NH_3:O_3>1$时效果很差，当$NH_3:O_3<1$时效果显著。

9.11.2 颗粒活性炭吸附池的设计参数应通过试验或参照相似条件下的运行经验确定。

9.11.3 颗粒活性炭吸附或臭氧-生物活性炭处理工艺在水厂工艺流程中的位置，应经过技术经济比较后确定；颗粒活性炭吸附工艺宜设在砂滤之后，臭氧-生物活性炭处理工艺可设在砂滤之后或砂滤之前；当颗粒活性炭吸附或臭氧-生物活性炭处理工艺设在砂滤之后时，其进水浊度宜小于0.5NTU；当臭氧-生物活性炭处理工艺设在砂滤之前，且前置工艺投加聚丙烯酰胺时，应慎重控制投加量；当水厂因用地紧张而难以同时建设砂滤池和碳吸附池，且原水浊度不高和有机污染较轻时，可采用在下向流颗粒活性炭吸附池炭层下增设较厚的砂滤层的方法，形成同时除浊除有机物的炭砂滤池。

问：为什么规定炭吸附池进水浊度？

答：活性炭吸附的主要目的不是为了截留悬浮固体。因此，要求混凝、沉淀、过滤处理先去除悬浮固体，然后再进入炭吸附池。在正常情况下，要求炭吸附池进水浊度小于

1NTU，否则将造成炭床堵塞，缩短吸附周期。

9.11.4 颗粒活性炭吸附池的过流方式应根据其在工艺流程中的位置、水头损失和运行经验等因素确定，可采用下向流（降流式）或上向流（升流式）。当颗粒活性炭吸附池设在砂滤之后且其后续无进一步除浊工艺时，应采用下向流；当颗粒活性炭吸附池设在砂滤之前时，宜采用上向流。

问：评价活性炭吸附性能的指标？

答：表征活性炭吸附量的指标有很多，针对饮用水处理的自身特点，比较适用的吸附量指标主要有碘值、亚甲蓝值、丁烷值、四氯化碳值、糖蜜值、单宁酸值，这几项指标分别代表活性炭对不同分子量有机物的吸附能力，其中以碘值、亚甲蓝值是最经常使用的。一般当碘值小于600mg/g或亚甲蓝值小于85mg/g时，活性炭需要再生。

1. 碘吸附量（mg/g炭，即碘值）是指在一定浓度的碘溶液中，在规定的条件下，每克炭吸附碘的毫克数。碘值用以鉴定活性炭对半径小于2nm吸附质分子的吸附能力，且由此值的降低来确定活性炭的再生周期。

碘值与活性炭对小分子物质的吸附能力密切相关。它可以用于估算活性炭的比表面积（m^2/g炭）和相对表征活性炭的孔隙结构。在实际应用中，对于以碘（分子量254）为代表的分子量在250左右、非极性和分子对称的物质来说，碘值可以表征活性炭对这部分物质的吸附能力。

2. 亚甲蓝值是指在一定浓度的亚甲蓝溶液中，在规定的条件下，每克炭吸附亚甲蓝的毫克数。亚甲蓝值用以鉴定活性炭对半径为2nm～100nm吸附质分子的吸附能力。亚甲蓝值越高，对中等分子的吸附能力越强，表明活性炭的中孔量越大。

亚甲蓝值在表示活性炭液相吸附性能时，主要反映活性炭的脱色能力，一般此值越高，表示活性炭吸附性能越好。相对应的，对于以亚甲蓝分子（分子量374）为代表的分子量在370左右、极性和线性结构的显色物质来说，亚甲蓝值可以表征活性炭对此类物质的吸附能力。亚甲蓝值与碘值相类似，也反映了活性炭的孔隙结构，特别是微孔的数量。

3. 糖蜜值是以大分子量的焦糖作为吸附质，活性炭作为吸附剂来测定的，它主要表征了活性炭对大分子有机物，特别是水源中的高分子量有机物的去除能力。由于焦糖分子量较大，因此难以进入活性炭的微孔结构中，只是被活性炭的大孔、中孔等吸附，因此可以反映出活性炭孔隙结构中大孔、中孔的比例。

4. 单宁酸（分子量322）值是表示吸附有机分子能力的指标，往浓度一定的单宁酸溶液中加入活性炭，使单宁酸溶液浓度低于某个确定值所需要活性炭的量即单宁酸值。因此，此值越低表示活性炭吸附性能越好。单宁酸的性质与天然有机物（NOM）中的代表物质腐殖酸十分相近。糖蜜值和单宁酸值，两指标相互配合，能够很好地判断出活性炭孔隙结构中的大孔、中孔的比例，较好地反映出活性炭对天然大分子有机物的去除能力。

——摘自《给水排水设计手册》P721

问：活性炭脱色、臭氧脱色、气浮脱色比较？

答：1. 活性炭吸附法在印染废水处理中的应用：活性炭对染料是有选择地进行吸附的。其对阳离子染料、直接染料、酸性染料、活性染料等水溶性染料废水有很好的吸附性能。但对硫化染料、还原染料等不溶性染色废水，则吸附时间需很长，吸附能力很差。处理染色废水一般采用粒状活性炭。如果采用生物活性炭处理染色废水，由于利用微生物所分泌的胞外酶渗入到炭的细孔内，使被吸附的有机物陆续分解成二氧化碳和水或合成新细胞，然后渗出活性炭的结构而被去除。这样可延长活性炭的再生周期。

2. 臭氧氧化法在印染废水处理中的应用：臭氧能将含活性染料、阳离子染料、酸性染料、直接染料等水溶性染料的废水几乎完全脱色，对不溶于水的分散染料也能获得良好的脱色效果，但对硫化染料、还原染料、涂料等不溶于水的染料，脱色效果较差。

3. 气浮法在印染废水处理中的应用：直接染料、硫化染料、还原染料经过混凝—气浮物化处理有较高的去除率。还原染料为非离子型疏水性染料，在水中溶解度小，主要以悬浮微粒形态存在，稳定性较差；直接染料是具有磺酸基或羧基的偶氮染料，能溶于水，且在水溶液中有较大的聚积倾向；活性染料的特点是分子中含有一个或几个活性基，以单偶氮型为主，易溶于水。气浮脱色主要采用混凝—气浮工艺。

问：净水用活性炭标准?

答：净水用活性炭标准：

1.《木质净水用活性炭》GB/T 13803.2—1999。

本标准适用于以木质为原料生产的无定形颗粒活性炭，主要用于饮用水、酒类、各种清凉饮料用水的净化处理。

本标准不适用于经特殊加工的净水用活性炭，如载银的净水用活性炭。

2.《煤质颗粒活性炭净化水用煤质颗粒活性炭》GB/T 7701.2—2008。

本标准适用于工业用水的脱氯、除油、净化，生活饮用水和污水的深度净化处理以及水源突发污染的净化处理用煤质颗粒活性炭。

3.《生活饮用水净水厂用煤质活性炭》CJ/T 345—2010。

本标准规定了生活饮用水净水厂用煤质活性炭的要求、试验方法、检测规则、标志、包装、运输和贮存。

本标准适用于生活饮用水净化以及水源突发污染的净化处理用煤质活性炭。

9.11.5 颗粒活性炭吸附池分格数及单池面积应根据处理规模和运行管理条件比较确定。分格数不宜少于4个。

问：臭氧-活性炭工艺?

答：臭氧-活性炭工艺：由臭氧化处理和活性炭相结合而构成的工艺，也称臭氧化-生物活性炭。此工艺利用臭氧的强氧化作用改变大分子有机物的性质和结构，以利于活性炭微孔的吸附，并保证滤床中细菌所需的溶解氧。

如果在流入滤床的水中提供充足的溶解氧，则可使细菌的浓度增加10倍～100倍，这种情况下，活性炭的使用寿命可延长5倍以上。微生物大小在1μm以上时，不能进入作为活性炭主要吸附基础的微孔内，因此不是微生物直接吸附的有机物，而是由微生物分泌出来的胞外酶（10Å左右）进入微孔内，与孔内吸附位上的有机物反应形成酶-基质复合体进一步反应，加速了有机物的生物降解速度。因此臭氧-活性炭工艺是吸附物理化学过程＋微生物生物分解相结合的过程。

问：活性炭吸附装置的选择?

答：1. 悬浮吸附装置

使用粉末活性炭时采用悬浮吸附方法，将PAC投加到原水中，经过混合、搅拌，使活性炭表面与介质充分接触，达到吸附去除污染物的目的。其反应池大致可分为两种类型，一种是搅拌混合型，一般设于沉淀单元之前。其工作方式类似于絮凝反应池，采用搅拌器在整个池内进行快速搅拌，保持活性炭与原水充分接触。另一种是泥浆接触型，类似于澄清池。采用这种池型，一方面可以延长活性炭在池内的停留时间，使活性炭接近达到吸附平衡，提高去除效率。另一方面还可以增强反应器的缓冲能力，在原水浓度和流量发生变化时，不需频繁调整活性炭投加量就能得到稳定的处理效果。通常泥浆接触型反应池多直接借用澄清池，将吸附单元与固液分离单元结合起来。

污水深度处理中采用泥浆接触型反应池时，活性炭对有机物质的吸附量比一次式搅拌混合型反应池增加30%，并能发挥相当于1.5个搅拌吸附池的能力。在这种池内又分为固液接触部分、凝聚部分以及固液分离部分。活性炭浆在池内循环的同时，与连续流入的原水相接触，逐渐趋于达到吸附平衡。为了防止活性炭流失，通常使用高分子混凝剂或硫酸铝、铁盐等无机混凝剂来提高固液分离效果。粉末活性炭在絮凝过程中还能形成絮凝体的骨核，对提高絮凝体的沉淀性能产生积极的作用。对粉末活性炭进行再生并重复使用时，为了控制灰分的增加，最好使用高分子混凝剂。通常采用阳离子型高分子混凝剂比较适合，对某些种类的污水也可采用非离子型的混凝剂，对不同的废水应通过试验来选择适宜的混凝剂。泥浆接触反应池内的炭浆浓度要保持在10%～20%之间。在浓缩区积存的活性炭要定期排出，可利用螺杆泵把活性炭输送到脱水装置中。

2. 滤床吸附装置

在活性炭吸附装置中，使用最多的就是滤床吸附装置。滤床吸附装置可分为固定床、移动床和流动床等，固定床的构造、工作方式、反冲洗方式等都与普通快滤池十分相似，只是把砂滤层换成了颗粒活性炭。移动床和流动床的工作方式则类似于用于水质软化的离子交换装置。

9.11.6 颗粒活性炭吸附池的池型应根据处理规模确定。除设计规模较小时可采用压力滤罐外，宜采用单水冲洗的普通快滤池、虹吸滤池或气水联合冲洗的普通快滤池、翻板滤池等形式。

9.11.7 活性炭应采用吸附性能好、机械强度高、化学稳定性高、粒径适宜和再生后性能恢复好的煤质颗粒活性炭。

活性炭粒径及粒度组成应根据颗粒活性炭吸附池的作用、过流方式和位置，按现行行业标准《生活饮用水净水厂用煤质活性炭》CJ/T 345 的规定选择或通过选炭试验确定。下向流、砂滤后的可选用ϕ1.5mm、8目×30目、12目×40目或试验确定的规格，上向流的宜选用30目×60目或试验确定的规格。

问：生活饮用水净水厂用煤质活性炭技术指标？

答：生活饮用水净水厂用煤质活性炭技术指标见表9.11.7。

生活饮用水净水厂用煤质活性炭技术指标 **表9.11.7**

序号	项目	指标要求		
		颗粒活性炭		粉末活性炭
1	孔容积（mL/g）	≥0.65		≥0.65
2	比表面积（m^2/g）	≥950		≥900
3	漂浮率（%）	柱状颗粒活性炭	≤2	—
		不规则形状颗粒活性炭	≤3	

续表

序号	项目			指标要求	
				颗粒活性炭	粉末活性炭
4	水分（%）			≤5	≤10
5	强度（%）			≥90	—
6	装填密度（g/L）			≥380	≥200
7	pH 值			6～10	6～10
8	碘吸附值（mg/g）			≥950	≥900
9	亚甲蓝吸附值（mg/g）			≥180	≥150
10	酚值（mg/g）			≤25	≤25
11	2-甲基异莰醇吸附值（μg/g）			—	≥4.5
12	水溶物（%）			≤0.4	≤0.4
13	粒度（%）	ϕ1.5mm	>2.50mm	≤2	≤200 目①
			1.25mm～2.50mm	≥83	
			1.00mm～1.25mm	≤14	
			<1.00mm	≤1	
		8 目×30 目	>2.50mm	≤5	
			0.60mm～2.50mm	≥90	
			<0.60mm	≤5	
		12 目×40 目	>1.60mm	≤5	
			0.45mm～1.60mm	≥90	
			<0.45mm	≤5	
		30 目×60 目	>0.60mm	≤5	
			0.25mm～0.60mm	≥90	
			<0.25mm	≤5	
14	有效粒径			0.35～1.5②	—
15	均匀粒径			≤2.1②	—
16	锌（Zn）（μg/g）			<500	<500
17	砷（As）（μg/g）			<2	<2
18	镉（Cd）（μg/g）			<1	<1
19	铅（Pb）（μg/g）			<10	<10

①200 目尺寸为 75μm，通过筛的产品大于或等于 90%；
②适用于降流式固定床使用的不规则形状颗粒活性炭。

9.11.8 颗粒活性炭吸附池高程设计时，应根据设计选定的活性炭膨胀度曲线，校核排（出）水槽底和出水堰顶的高程是否满足不同设计水温时，设计水量和冲洗强度下的炭床膨胀高度的要求。

问：为什么校核颗粒活性炭吸附池是否满足不同水温时炭床膨胀高度的要求？

答：不同水温时水的黏滞度不同，导致活性炭在相同水流上升流速的条件下出现不同的膨胀度，水温越低，膨胀度越高。因此在确定上向流颗粒活性炭吸附池的滤速（上升流速）和颗粒活性炭吸附池的反冲洗强度以及进行颗粒活性炭吸附高程设计时，根据设计选一定的活性炭规格与设计水温、滤速和反冲洗强度，结合由活性炭供应商提供的或由第三方测定得出的该规格的活性炭膨胀度曲线，核算各种设计条件下滤池高程布置是否满足活性炭膨胀充分和不跑炭，是保障所设计的活性炭吸附池能稳定运行的一项关键设计工作。

9.11.9 室外设置的颗粒活性炭吸附池应采取隔离或防护措施，管廊池壁宜设有观察窗；采用臭氧-生物活性炭工艺时，室内设置的炭吸附池池面上部建筑空间应采取防止臭氧泄漏和强化通风措施，上部建筑空间应具备便于观察、技术测定、更换炭需要的高度。

9.11.10 颗粒活性炭吸附池内壁与颗粒活性炭接触部位应强化防裂防渗措施。

9.11.11 颗粒活性炭吸附池装卸炭宜采用水力输送，整池出炭、进炭总时间宜小于24h。水力输炭管内流速应为0.75m/s～1.5m/s，输炭管内炭水体积比宜为1∶4。输炭管的管材应采用不锈钢或硬聚氯乙烯（UPVC）管。输炭管道转弯半径应大于5倍管道直径。

问：输炭管内流速选择的原则？

答：炭粒在水力输送过程中，既不沉淀、又不致遭受磨损的最佳流速为0.75m/s～1.5m/s。

Ⅱ 下向流颗粒活性炭吸附池

9.11.12 处理水与活性炭层的空床接触时间宜采用6min～20min，炭床厚度宜为1.0m～2.5m，空床流速宜为8m/h～20m/h。炭床最终水头损失应根据活性炭粒径、炭层厚度和空床流速确定。

9.11.13 经常性的冲洗周期宜采用3d～6d。

采用单水冲洗时，常温下经常性冲洗强度宜采用11L/(m^2·s)～13L/(m^2·s)，历时宜为8min～12min，膨胀率为15%～20%；定期大流量冲洗强度宜采用15L/(m^2·s)～18L/(m^2·s)，历时宜为8min～12min，膨胀率为25%～35%。

采用气水联合冲洗时，应采用先气冲后水冲的模式；气冲强度宜采用15L/(m^2·s)～17L/(m^2·s)，历时宜为3min～5min，常温下水冲强度宜采用7L/(m^2·s)～12L/(m^2·s)，历时宜为8min～12min，膨胀率为15%～20%。

冲洗水应采用颗粒活性炭吸附池出水或滤池出水，采用滤池出水时，滤池进水不宜投加氯；水冲洗宜采用水泵供水，水泵配置应适应不同水温时冲洗强度调整的需要；气冲应采用鼓风机供气。

问：炭吸附池的冲洗水？

答：臭氧-生物活性炭处理工艺宜采用炭滤池出水冲洗，并考虑初滤水排除措施。如冲洗水采用滤后水时，必须控制滤后水浊度小于3NTU，一般不宜含氯。

为调整反冲洗强度，在反冲洗水管上宜设调节和计量装置。

定期冲洗的主要目的是冲掉附着在炭粒上和炭粒间的黏着物，一般可按30d考虑，实际运行时可根据需要调整。

另外，水温影响水的黏度。当水温较低时，应调整反冲洗强度弥补温度差异的影响。

问：炭吸附池的配水配气系统？

答：炭吸附池若采用中阻力配水（气）系统可采用滤砖；若采用小阻力配水（气）系统，配水孔眼面积与炭吸附池面积之比可采用1%～1.5%。当只用水冲洗时，可用短柄滤头；如采用气水反冲，可采用长柄滤头。

经工程实践验证，承托层粒径级配（五层承托层）如采用表9.11.13的数据，可达到冲洗均匀，冲洗后炭层表面平整。

承托层粒径级配　　表 9.11.13

层次（自上而下）	粒径（mm）	承托层厚度（mm）
1	8～16	50
2	4～8	50
3	2～4	50
4	4～8	50
5	8～16	50

9.11.14　采用单水冲洗时，宜采用中阻力滤砖配水系统；采用气水联合冲洗时，宜采用适合于气水冲洗的专用穿孔管或小阻力滤头配水配气系统；滤砖配水系统承托层宜采用砾石分层级配，粒径宜为 2mm～16mm，厚度不宜小于 250mm；专用穿孔管配水配气系统承托层可按本标准表 9.5.9 采用；滤头配水配气系统承托层可按本标准表 9.5.11 条执行。

9.11.15　设在滤后的颗粒活性炭吸附池宜设置初滤水排放设施。

9.11.16　炭砂滤池砂滤料的厚度与级配可通过试验确定或参照本标准第 9.5 节的有关规定，冲洗强度应经过试验确定或参照相似工程经验，并应满足两种滤料冲洗效果良好和冲洗不流失的要求。

Ⅲ　上向流颗粒活性炭吸附池

9.11.17　处理水与活性炭层的空床接触时间宜采用 6min～10min，空床流速宜为 10m/h～12m/h，炭床厚度宜为 1.0m～2.0m。炭层最终水头损失应根据活性炭粒径、炭层厚度和空床流速确定。

9.11.18　最高设计水温时，活性炭层膨胀率应大于 25%；最低设计水温时，正常运行和冲洗时炭层膨胀面应低于出水槽底或出水堰顶。

9.11.19　出水可采用出水槽和出水堰集水，溢流率不宜大于 $250m^3/(m \cdot d)$。

9.11.20　经常性的冲洗周期宜采用 7d～15d。冲洗可采用先气冲后水冲，冲洗强度应满足不同水温时炭层膨胀度限制要求，冲洗水可采用滤池进水或产水。

9.11.21　配水配气系统宜采用适合于气水冲洗的专用穿孔管或小阻力滤头。专用穿孔管配水配气系统承托层可按本标准表 9.5.10 采用或通过试验确定，滤头配水配气系统承托层可按本标准第 9.5.11 条执行。

问：活性炭再生的判定方法？

答：活性炭再生以保证出水水质合格为前提条件。

活性炭是否需要再生的判定方法：

1. 出水水质判定

当活性炭不能保证出水水质合格时，就需要进行再生。目前我国有部分净水厂采用此方法判断活性炭是否需要再生，这种方法比较直观。

2. 时间判定

此方法根据活性炭的使用时间，定期定量再生活性炭吸附池中活性炭的 1/4～1/3。

3. 取样检测

此方法反映的不是活性炭的真实情况。活性炭从水中吸附的污染物中有相当一部分是具有挥发性的，比如：上海黄浦江水源中含有四氯化碳，这种物质很易被活性炭吸附，但在温度升高时，又极易脱附，当测定活性炭的碘值和亚甲蓝值时，样品的制备必须进行加热，因此测出的活性炭孔容积是这些物质脱附后的孔容积，所以它不是真实的孔容积

——蒋仁甫，王占生. 生活饮用水净水厂用煤质活性炭选用指南［M］. 北京：中国建筑工业出版社，2013.

问：活性炭再生周期及失效指标？

答：活性炭再生周期及失效指标：

1. 再生周期

当原水中有机物的主要成分是可吸附但非生物降解物质时，由于生物活性难以发挥作用，活性炭的使用周期根据有机物含量的不同，一般约为 4 个月～6 个月，甚至更短。

当原水中有机物是可生物降解或经臭氧化转化为可生物降解时，与臭氧联用的炭滤池中的活性炭的使用周期则可达 2 年～3 年，甚至更长。

2. 失效指标

根据运行经验，当活性炭碘值指标小于 600mg/g 或亚甲蓝指标小于 85mg/g 时，应进行再生。

当采用臭氧-生物活性炭处理工艺时，也可采用COD_{Mn}、UV_{254}的去除率作为判断活性炭运行是否失效的参考指标。

部分水厂以固定的使用年限（一般为 3 年）作为活性炭更换的时间节点。

针对生物活性炭失效判定的依据建议采用：碘值作为基本判定参数、机械强度作为限制性参数、生物量和生物活性作为辅助参数。具体数值需各水厂结合各自实际水质状况及运行情况分别予以确定。

——刘成，杨瑾涛，李聪聪，等. 生物活性炭在应用过程中的变化规律及其失效判定探讨［J］. 给水排水，2019，45（2）：9-16.

活性炭再生周期的确定亦应考虑活性炭装运和更换所需时间等因素。

问：去除水中溶解性有机物的最有效方式？

答：臭氧-生物活性炭工艺，利用臭氧氧化电位高的特点，将许多不易生物降解的有机物分解成许多易生物降解的较小分子的有机物，从而改变了有机物的结构形态和性质，使其易被活性炭吸附去除。而被吸附的溶解性有机物为活性炭床中的微生物提供营养源，使活性炭的吸附能力得到恢复，而活性炭的吸附作用又使微生物获得丰富的养料和氧气，两者相互促进，形成相对稳定状态，延长活性炭的再生周期。

现在活性炭是完善常规处理工艺去除有机污染物最成熟有效的方法之一。活性炭是多孔疏水吸附剂，对水中有机物的去除受到活性炭本身的特性和水中有机物性质的影响，对 TOC 等综合性有机指标的去除随运行时间的变化较大。

问：臭氧氧化去除的物质？

答：臭氧是一种强氧化剂，它对水中病毒的灭活十分有效，同时臭氧的使用可改善混凝效果，氧化部分溶解性有机物，对紫外光有强吸收的大分子往往被氧化成小分子。这些小分子物质在后续过程中易形成一些有毒有害的副产物。研究表明，臭氧对水中一些常见优先污染物如三氯甲烷、四氯化碳、多氯联苯等物质的氧化性很差。在含溴离子的水中，臭氧氧化可产生 THMs、溴代卤乙酸、溴酸根等，臭氧还会与水中腐殖质反应生成醛类、酮类及有机酸。可见，臭氧氧化增加了水中生物可同化有机碳（AOC）和生物可降解溶解

性有机碳（BDOC）浓度，导致了氧化后的生物稳定性较差。因此，臭氧很少单独使用，而是与其他工艺如活性炭等同时使用，以达到去除有机物的目的。

活性炭吸附是强化常规处理工艺以去除水中有机污染物最成熟的方法之一。PAC便于投加，投资省，见效快。研究表明，活性炭对微量有机污染物的吸附作用有独特之处，而且对絮凝过程具有助凝作用，但难以去除氨氮，且对优先污染物名单中绝大多数的极性有机物特别是危害较大的卤代烃的吸附效果较差。由于粉末活性炭参与混凝沉淀过程，残留于污泥中，目前还没有很好的回收再生利用方法，所以处理费用较高，难于推广使用。黏土类吸附剂虽然价格便宜且有较好的吸附性能，但大量的黏土投入到混凝剂中增加了沉淀池的排泥量，给生产运行带来一定困难。

——白晓慧，孟明群. 城市供水管网水质安全保障技术［M］. 上海：上海交通大学出版社，2012.

9.12 中空纤维微滤、超滤膜过滤

Ⅰ 一般规定

9.12.1 中空纤维微滤、超滤膜过滤处理工艺应采用压力式膜处理工艺或浸没式膜处理工艺。膜处理工艺系统应包括过滤、物理清洗、化学清洗、完整性检测及膜清洗废液处置等基本子系统，系统主要设计参数应通过试验或根据相似工程的运行经验确定。

问：给水膜处理技术相关术语？

答：《城镇给水膜处理技术规程》CJJ/T 251—2017。

2.0.1 内压力式中空纤维膜：在压力驱动下待滤水自膜丝内过滤至膜丝外的中空纤维膜。

2.0.2 外压力式中空纤维膜：在压力驱动下待滤水自膜丝外过滤至膜丝内的中空纤维膜。

注：外压式由于驱动压力（压力泵及真空泵）来源不同，分为外压正压式和外压负压式（即浸没式）。

2.0.3 压力式膜处理工艺：由正压驱动待滤水进入装填中空纤维膜的柱状压力容器进行过滤的膜处理工艺。

2.0.4 浸没式膜处理工艺：中空纤维膜置于待滤水水池内并由负压驱动膜产水进行过滤的膜处理工艺。

2.0.5 死端过滤：全部待滤水经过膜滤的过滤方式。

2.0.6 错流过滤：部分待滤水经过膜滤和部分待滤水仅流经膜表面的过滤方式。

2.0.7 膜完整性检测：膜破损程度的定期检测。

2.0.8 膜组：压力式膜处理工艺系统中由膜组件、支架、集水配水管、布气管以及各种阀门构成的可独立运行的过滤单元。

2.0.9 膜池：浸没式膜处理工艺系统中可独立运行的过滤单元。

2.0.10 膜箱：膜池中带有膜组件、支架、集水管和布气管的基本过滤模块。

2.0.11 压力衰减测试：基于泡点原理，通过监测膜系统气压衰减速率检测膜系统完整性的方法。

2.0.12　泄漏测试：基于泡点原理，通过气泡定位膜破损点的方法。

2.0.13　设计通量：设计水温条件下，系统内所有膜组（膜池）均处于过滤状态时的膜通量。

2.0.14　最大设计通量：设计水温条件下，系统内最少数量的膜组（膜池）处于过滤状态时的膜通量。

2.0.15　设计跨膜压差：设计水温和设计流量条件下，系统内所有膜组（膜池）均处于过滤状态时的跨膜压差。

2.0.16　最大设计跨膜压差：设计水温和设计流量条件下，系统内最大允许数量的膜组（膜池）处于未过滤状态时的跨膜压差。

问：膜处理工艺比较？

答：膜处理工艺比较见表 9.12.1。

膜处理工艺比较　　**表 9.12.1**

膜类别	膜孔径范围	操作压力（MPa）	主要分离物质
微滤（MF）	0.22μm～10μm	0.1～0.2	悬浮物、细菌、胶体物质
超滤（UF）	5nm～0.1μm	0.1～1.0	胶体、病毒、细菌、相对分子质量在 500 以上的有机物
纳滤（NF）	2nm～5nm	0.5～1.0	病毒、细菌、相对分子质量在 30 以上的有机物
反渗透（RO）	2nm～3nm	2.0～7.0	粒径大于 1nm 的无机离子及小分子量有机物

超滤、微滤，不作为深度处理技术，只作为过滤技术。超滤、微滤以去除颗粒物为目标，纳滤和反渗透以去除溶解性有机物为目标，美国教科书这样规定。

——张玉先，邓慧萍，张硕. 现代给水处理构筑物与工艺系统设计计算［M］. 北京：化学工业出版社，2010.

问：超滤膜处理水的机理？

答：超滤膜的截留分子量为 500Da～1000000Da，对应的孔径在 0.01μm～0.1μm 之间，这时的渗透压很小，可以忽略。因而超滤膜的操作压力较小，一般为 0.1MPa～0.3MPa 或靠负压抽吸。超滤主要用于截留去除水中的悬浮物、胶体、微粒、细菌和病毒等大分子物质。因此，超滤过程除了物理筛分作用外，还应考虑这些物质与膜材料之间的相互作用所产生的物化影响。

微滤膜的结构为筛网型，孔径范围在 0.1μm～1μm，因而微滤过程满足筛分机理，可去除 0.1μm～10μm 的物质及尺寸相近的其他杂质，如悬浮物（浑浊度）、细菌、藻类等。操作压力一般小于 0.3MPa，典型操作压力为 0.01MPa～0.2MPa。

9.12.2　中空纤维膜应选用化学性能好、无毒、耐腐蚀、抗氧化、耐污染、酸碱度适用范围宽的成膜材料，并应符合现行国家标准《生活饮用水输配水设备及防护材料的安全性评价标准》GB/T 17219 的有关规定。中空纤维膜的平均孔径不宜大于 0.1μm。

问：如何利用膜孔径控制饮用水中病毒和常规化学消毒无法有效杀灭的两虫？

答：《城镇给水膜处理技术规程》CJJ/T 251—2017。

3.1.5　中空纤维膜的平均孔径不宜大于 0.1μm。

3.1.5　条文说明：按现行国家标准《膜分离技术术语》GB/T 20103 的定义，微滤膜的截留性能以膜平均孔径来表征，膜平均孔径大于或等于 0.01μm。超滤膜的截留性能应以某一已知分子量物质达到 90%截留率的切割分子量表征，切割分子量范围从几百到几百万。

根据我国现行生活饮用水卫生标准微生物控制指标，虽然理论上全部膜孔径小于 3μm 的微滤或超滤膜均能实现对常规化学消毒无法有效杀灭的两虫的有效去除，但考虑到各种膜的孔径分布不尽相同，平均孔径不能显示最大孔径，故结合国内外已运行案例的应用情况规定膜平均孔径不宜大于 0.1μm。

由于饮用水中已知病毒的最小尺寸不小于 0.02μm，虽然我国现行生活饮用水卫生标准中未对病毒提出控制要求，但如果希望出水中病毒有较严格控制时，膜平均孔径也可按不大于 0.02μm 来控制。

9.12.3 膜过滤的正常设计水温与最低设计水温应根据年度水质、水温和供水量的变化特点，经技术经济比较后选定。正常设计水温不宜低于 15℃，最低设计水温不宜低于 2℃。

问：膜工艺对温度的要求?

答：在相同压力条件下，由于单位面积的中空纤维膜产水量随水温的下降会有非常明显的下降。因此，与传统的砂滤设计产水量不需要考虑水温的影响不同，膜处理系统必须确定设计水温，才能使工程设计既满足工程实际需求，又能做到经济合理。本条规定的正常设计水温和最低设计水温是基于我国不同地域不同季节的水温差异而提出的。设计中允许结合当地条件和工程需求做一定调整。对于夏季和冬季供水量变化不大的地区，也可将最低设计水温作为正常设计水温。

9.12.4 在正常设计水温条件下，膜过滤系统的设计产水量应达到工程设计规模；在最低设计水温条件下，膜处理系统的产水量可低于工程设计规模，但应满足实际供水量要求。

问：温度对膜工艺产水量的影响?

答：《城镇给水膜处理技术规程》GJJ/T 251—2017。

3.3.1 条文说明：由于水温变化会导致膜的孔径和水的黏滞度变化，而膜的通量会随水的黏滞度升高而降低。因此，与传统的砂滤设计产水量不需要考虑水温的影响不同，膜过滤设计产水量必须考虑水温因素。

通常夏季水厂供水量大于冬季，从节约工程投资考虑，可允许采用膜处理工艺的水厂在不同水温时有不同的产水量，即夏季产水量应满足水厂正常设计规模要求，冬季可根据水温酌情降低产水量，但应满足实际供水量要求，故规定了正常设计水温参考值。考虑到我国地域广阔，各地冬季水温有一定的差异，不同厂家膜的产水性能也会有差异，故在此不给出最低设计水温的参考值，设计人员可根据水厂的具体设计要求和所选用膜的性能自行确定最低设计水温。对于夏季和冬季供水量变化不大的地区，也可将最低设计水温作为正常设计水温。

9.12.5 膜过滤系统的水回收率不应小于 90%。

问：为什么膜过滤系统的水回收率不应小于 90%?

答：《城镇给水膜处理技术规程》CJJ/T 251—2017，3.3.3 条文说明：相对于传统的砂滤，膜处理系统运行时物理清洗的频率和消耗的冲洗水量相对较高，水回收率一般在 90%左右，故从节约工程投资和节省水资源角度出发作出此规定。

9.12.6 当膜过滤前处理工艺投加聚丙烯酰胺时，膜进水中聚丙烯酰胺残余量不得超过膜产品的允许值。

问：膜系统对聚丙烯酰胺的要求？

答：《城镇给水膜处理技术规程》CJJ/T 251—2017。

3.2.6　膜前预处理投加聚丙烯酰胺时，其出水中聚丙烯酰胺残余量不得超过膜产品的允许值。

3.2.6　条文说明：由于聚丙烯酰胺具有胶水性质，进入膜系统中容易导致膜孔产生无法恢复的堵塞，故作出规定。

9.12.7　过滤系统应由多个膜组或膜池及其进水、出水和排水系统组成，并应符合下列规定：

1　应满足各种设计工况条件下膜系统的通量和跨膜压差不大于最大设计通量和最大跨膜压差；

2　膜组或膜池数量不宜小于4个。

9.12.8　物理清洗系统应包括冲洗水泵、鼓风机（或空压机）、管道与阀门等，并应符合下列规定：

1　气冲洗和水冲洗强度宜按不同产品的建议值并结合水质条件确定；

2　冲洗水泵与鼓风机宜采用变频调速；

3　冲洗水泵与鼓风机（或空压机）应设备用；

4　反向水冲洗应采用膜过滤后水。

问：膜清洗条件要求？

答：当膜系统或装置出现以下症状时，需要进行清洗：①在正常给水压力下，产水量较正常值下降10%～15%；②为维持正常的产水量，经温度校正后的给水压力增加10%～15%；③产水水质降低10%～15%，透盐率增加10%～15%；④给水压力增加10%～15%；⑤系统各段之间压差明显增加。

9.12.9　化学清洗系统应包括药剂的储存、配制、加热、投加、循环设施及配套的药剂泵、搅拌器和管道与阀门等，并应符合下列规定：

1　化学清洗应包括低浓度化学清洗和高浓度化学清洗；

2　低浓度化学清洗药剂宜采用次氯酸钠、柠檬酸，高浓度化学清洗药剂宜采用次氯酸钠、盐酸、柠檬酸和氢氧化钠等；

3　清洗周期应通过试验或根据相似工程的运行经验确定；

4　加药泵应设备用；

5　化学药剂的储存量不应小于1次化学清洗用药量，次氯酸钠的储存天数不宜大于1周；

6　清洗药剂应满足饮用水涉水产品的卫生要求。

问：膜化学冲洗常用药剂？

答：《城镇给水膜处理技术规程》CJJ/T 251—2017。

4.1.7　条文说明：低浓度化学清洗过程较为简单且所需时间不长，一般药剂浓度较低且不需加热药剂，清洗时通过药剂在膜系统中的几次循环来实现对膜系统的日常维护和保养，常用药剂为次氯酸钠。

高浓度化学清洗过程则相对复杂且所需时间较长，一般药剂浓度较高且有时需要加热药剂，清洗时通过药剂在膜系统中的多次循环甚至浸泡来实现对膜系统的强化清洗，以尽量恢复膜通量，常用药剂有次氯酸钠、盐酸、柠檬酸和氢氧化钠等。通常发生有机物污染时采用碱洗，发生无机物污染时采用酸洗，发生生物污染时采用次氯酸钠清洗，发生综合性污染时则需要采用几种药剂交替清洗。经调查，各种药剂的不同清洗步骤具有各自特点和效果，且存在较大的差异，故不对清洗步骤作规定。

典型的清洗程序是先在低 pH 值范围的情况下进行清洗，去除矿物质垢污染物，然后再进行高 pH 值清洗，去除有机物。有些清洗溶液中加入了洗涤剂以帮助去除严重的生物和有机碎片垢，同时，可用其他药剂如 EDTA 螯合物来辅助去除胶体、有机物、微生物及硫酸盐垢。需要慎重考虑，如果选择了不适当的化学清洗方法和药剂，污染情况会更加恶化。

——潘涛，田刚. 废水处理工程技术手册 [M]. 北京：化学工业出版社，2010：310.

问：膜清洗液的选择？

答：膜清洗液的选择见表 9.12.9-1。

常规清洗液配方（以 100gal，即 379L 为基准） **表 9.12.9-1**

清洗液	主要组分	药剂量	清洗液 pH 值	最高清洗液温度
1	柠檬酸（100%粉末）	7.7kg	用氨水调节 pH 值至 3.0～4.0	40℃
2	盐酸（HCl）	1.8L	缓慢加入盐酸调节 pH 值至 2.5，调高 pH 值用氢氧化钠	35℃
3	氢氧化钠（100%粉末或 50%液体）	0.38kg	缓慢加入氢氧化钠调节 pH 值至 11.5，调低 pH 值用盐酸	30℃

常规清洗液介绍：

1. 2.0%柠檬酸（$C_6H_8O_7$）低 pH 值（pH 值 3.0～4.0）清洗液。对于除无机盐（如碳酸钙、硫酸钙、硫酸钡、硫酸锶垢等）、金属氧化物/氢氧化物（铁、锰、铜、镍、铝等）及无机胶体十分有效。

2. 0.5%盐酸低 pH 值（pH 值 2.5）清洗液。对于去除无机盐垢（如碳酸钙、硫酸钙、硫酸钡、硫酸锶垢等）、金属氧化物/氢氧化物（铁、锰、铜、镍、铝等）及无机胶体十分有效。这种清洗液比柠檬酸溶液要强烈些，因为盐酸是强酸。

3. 0.1%氢氧化钠高 pH 值（pH 值 11.5）清洗液。用于去除聚合硅垢，该清洗液是一种较为强烈的碱性清洗液。

——潘涛，田刚. 废水处理工程技术手册 [M]. 北京：化学工业出版社，2010：310.

问：膜系统化学清洗药剂用量及成本表？

答：膜运行过程中，药剂主要用于化学清洗。碱洗用的是 10%的次氯酸钠溶液以及氢氧化钠溶液，酸洗用的是柠檬酸。根据原设计，在清洗废液的中和过程中，需用亚硫酸氢钠对次氯酸钠进行还原，但在实际运行过程中，发现并不需要使用，因此，实际并没有用到亚硫酸氢钠。膜化学清洗药剂用量及成本见表 9.12.9-2。

膜化学清洗药剂用量及成本表 **表 9.12.9-2**

药剂名称	年消耗量（t）	单价（元/t）	药剂成本（元/m^3）
柠檬酸	25.2	7980	0.00243
次氯酸钠	141.4	1595	0.00272
氢氧化钠	56.4	1260	0.00086

柠檬酸系有机酸，除 pH 值低外，其化学耗氧量的当量值很高，经碱中和处理后仅能控制其 pH 值达标，而无法降低其化学耗氧量当量。由于其用量较少，因此也可外运至专门的处理机构进行处理。

问：膜清洗加次氯酸钠的作用及作用原理？

答：次氯酸钠是一种氧化性杀生剂，其杀生机理与液氯相似。工业循环水中一般用次氯酸钠溶液。次氯酸钠可在短时间内迅速提高余氯量。同时还能使循环水的 pH 值有所提高。因此，在以液氯为杀菌剂的循环水体系中，余氯难以达到要求，且 pH 值也下降严重的情况下，用较大剂量的次氯酸钠冲击投加，可缓解矛盾，使余氯和 pH 值指标都能得到保证。

高浓度的次氯酸钠（100mg/L～1000mg/L）可作黏泥剥离剂。

问：亚硫酸氢钠还原次氯酸钠的反应机理？

答：亚硫酸氢钠具有强还原性，在给水处理中作为脱氯剂使用。

亚硫酸氢钠还原次氯酸钠的反应机理：$ClO^- + HSO_3^- = Cl^- + SO_4^{2-} + H^+$。

《城镇给水膜处理技术规程》CJJ/T 251—2017，7.1.4 条文说明：膜化学清洗废水中和药剂中常用的还原剂有：亚硫酸钠、亚硫酸氢钠、硫代硫酸钠等，与次氯酸钠氧化剂发生反应时，反应物比例和生成物各不相同，在选择还原剂种类和计算其投加量时，应根据试验并经技术经济比较后确定。

问：膜清洗的方法？

答：膜清洗是膜法分离工艺的重要环节，主要分为化学清洗、物理清洗，见表 9.12.9-3。

膜清洗方法 **表 9.12.9-3**

物理清洗	等压清洗法	即关闭超滤水阀门，打开浓缩水出口阀门，靠增大流速冲洗表面，该方法对去除膜表面上大量松软的杂质有效	注：化学清洗即利用化学药品与膜面杂质进行化学反应来达到清洗膜的目的。选择化学药品的原则： 1. 不能与膜及组件的其他材质发生任何化学反应； 2. 选用的药品避免二次污染
	高纯水清洗法	由于水的纯度增高，溶解能力加强。清洗时可先利用超滤水冲去膜面上松散的污垢，然后利用纯水循环清洗	
	反向清洗法	即清洗水从膜的超滤口进入并透过膜，冲向浓缩口一边，采用反向冲洗法可以有效地去除覆盖层，但反冲洗时应特别注意防止超压，避免把膜冲破或者破坏密封粘接面	
化学清洗	酸溶液清洗	常用的酸溶液有盐酸、柠檬酸、草酸等，调配溶液的 pH 值为 2～3，利用循环清洗或者浸泡 0.5h～1h 后循环清洗，对无机杂质去除效果较好	
	碱溶液清洗	常用的碱溶液主要有 NaOH，调配溶液的 pH 值为 10～12 左右，利用水循环操作清洗或浸泡 0.5h～1h 后循环清洗，可有效去除杂质及油质	
	氧化性清洗剂	利用 1%～3%H_2O_2、500～1000mg/LNaClO 等水溶液清洗超滤膜，可以去除污染垢，杀灭细菌。H_2O_2 和 NaClO 为常用的杀菌剂	
	加酶洗涤剂	如 0.5%～1.5%胃蛋白酶、胰蛋白酶等，对去除蛋白质、多糖、油脂类污染物质有效	

9.12.10 化学药剂间布置应符合下列规定：

1 应单独设置，并宜靠近膜组或膜池；

2 药剂间各类药剂应分开储存、配制和投加；

3 应设防护设备及冲洗与洗眼设施；

4 酸、碱和氧化剂等药剂储罐下部应设泄漏药剂收集槽；

5　应设置通风设备。

9.12.11　膜完整性检测系统应包括空压机、进气管路、压力传感器或带气泡观察窗等，并应符合下列规定：

1　应采用压力衰减测试或与泄漏测试相结合的检测方法；

2　检测最小用气压力应能测出不小于 3μm 的膜破损，最大用气压力不应导致膜破损；

3　空压机应采用无油螺杆式空压机或带除油装置的空压机。

问：膜系统的完整性检测包括哪几项?

答：《城镇给水膜处理技术规程》CJJ/T 251—2017，4.1.8 条文说明：膜系统完整性检测包括直接检测和间接检测两种方式。直接检测通常有压力衰减测试、泄漏测试和声纳测试等方法；间接检测可通过对产水的浊度、颗粒数和生物量的检测来实现。由于直接检测能提前发现膜系统的完整性缺陷和具体位置，因此一般都采用直接检测作为膜系统完整性检测的手段，其中压力衰减测试和泄漏测试由于方法简单和结果准确而被普遍采用。

问：膜检测气压的要求?

答：过低的用气压力无法有效测出 3μm 的膜破损而可能导致"两虫"的泄漏，从而使完整性检测失去作用。而过高的用气压力虽然能测出小于 3μm 的膜破损，甚至更细微的膜破损，但可能会导致膜的损伤。由于膜材料、结构及使用条件的不同，用气压力范围及变化幅度较大，最低可至 30kPa，最高可达 200kPa。

问：膜检测对空压机的要求?

答：完整性检测的用气若含油珠，极易堵塞膜孔，因此应采用无油螺杆式空压机或带除油装置的空压机作为完整性检测的供气装置。

9.12.12　物理清洗废水应收集于废水池或水厂排泥水系统。

问：膜池反冲洗废水悬浮物含量?

答：《城镇给水膜处理技术规程》CJJ/T 251—2017，6.2.4 条文说明：滤池反冲洗废水中悬浮物的含量较高，平均约为 400mg/L，因此膜处理系统的膜通量宜选用低值。

Ⅱ　压力式膜处理工艺

9.12.13　设计通量宜为 30L/(m^2·h)～80L/(m^2·h)，最大设计通量不宜大于 100L/(m^2·h)；设计跨膜压差宜小于 0.10MPa，最大设计跨膜压差不宜大于 0.20MPa；物理清洗周期宜大于 30min，清洗历时宜为 1min～3min。

问：膜系统的跨膜压差?

答：《城镇给水膜处理技术规程》CJJ/T 251—2017。

4.2.3　压力式膜处理工艺设计跨膜压差宜小于 0.10MPa，最大设计跨膜压差不宜大于 0.20MPa。

5.2.3　浸没式膜处理工艺设计跨膜压差宜小于 0.03MPa，最大设计跨膜压差不宜大于 0.06MPa。

5.2.3　条文说明：浸没式膜处理工艺因为采用真空负压出水方式，其驱动压力为不变的环境大气压。因此，相同条件下其跨膜压差应低于压力式膜处理工艺。

问：大型饮用水压力膜处理系统长期运行效果研究总结?

答：1. 膜系统长期运行效果表明，膜对有机物和氨氮基本没有去除效果，但是对浊度和微生物具有很强的去除效果，其出水浊度平均在0.02NTU，出水大肠菌群数＜1MPN/100mL。

2. 膜系统采用气水联合反冲洗并结合EFM清洗及CIP清洗，有效地控制了膜污染，系统运行近4年来，跨膜压差、渗透率等主要控制指标均没有明显上升。

3. 膜系统运行中，总运行费用0.062元/m^3，其中电耗占90.32%，药耗占9.68%。

——朱建文. 大型饮用水压力式膜处理系统长期运行效果研究［J］. 给水排水，2017（11）：10-12.

问：膜滤池进水与出水浊度？

答：《城镇给水膜处理技术规程》CJJ/T 251—2017，6.2.3条文说明：基于国内已有工程案例的经验，膜处理系统的进水浊度宜小于或等于15NTU。

9.12.14 膜组件可采用内压力式或外压力式中空纤维膜，内压力式中空纤维膜的过滤方式可采用死端过滤或错流过滤，外压力式中空纤维膜应采用死端过滤。

问：压力膜过滤方式？

答：压力式膜处理工艺因其膜组件装填在封闭的壳体内且通量相对较高，发生污堵可能性和洗脱污堵的难度相对较高，某些情况下（进水悬浮物浓度高）采用死端过滤的方式将使上述不良状况加剧。同时由于其泵压进水的方式和组件的结构特点，采用内压力式中空纤维膜时，可实现防污性能较好的错流过滤方式。

9.12.15 进水系统宜包括吸水井、供水泵、预过滤器、进水母管及阀门等。

9.12.16 供水泵应采用变频调速，供水泵及其变频器的配置应满足任何设计条件下进水流量和系统压力的要求，且应设备用。

问：压力膜供水泵采用变频泵的理由？

答：供水泵采用变频泵是为了适应运行过程中过膜流量和压差的变化，并节能降耗。同时也可有效降低水泵的启闭时对膜系统产生的水锤压力，延长系统寿命。

9.12.17 吸水井的有效容积不宜小于最大一台供水泵30min的设计水量。

9.12.18 预过滤器应具有自清洗功能，过滤精度宜为100μm～500μm，并应设备用。

问：不同膜过滤方式对预过滤器的精度要求不同？

答：对于内压力式中空纤维膜，预过滤器的过滤精度一般不超过200μm。对于外压力式中空纤维膜，预过滤器的过滤精度一般不超过500μm。

9.12.19 出水系统应由出水母管、阀门及出水总堰或其他控制出水压力稳定的设施组成。

9.12.20 排水系统应包括排水支管（渠）和总管（渠），且宜采用重力排水方式。

9.12.21 膜组应设在室内，可单排布置，也可多排布置；各个膜组间应配水均匀；每个膜组连接的膜组件数量不得影响各个膜组件间配水均匀性；相邻膜组件的间距应满足膜组件维护拆装的要求。

9.12.22 膜组设置区域的布置应符合下列规定：

1 应设置至少一个通向室外、可搬运最大尺寸设备的大门；

2 室内高度应满足设备安装、维修和更换的要求；

3 膜组上部可设起吊设备，起吊能力应按最大起吊设备的重量要求配置；

4 未设起吊设备时，每排膜组一侧宜设置适合轻型运输车通向大门的通道；

5 每个膜组周围应设检修通道。

9.12.23 化学清洗系统应设置防止化学药剂进入产水侧的自动安全措施。

问：防止化学清洗药剂进入产水侧的安全措施？

答：化学药剂一旦进入产水侧将会引起严重的水质事故，因此应设置自动安全隔离设施，通常在化学清洗系统与膜产水侧连接处采取设双自动隔离阀的措施。

Ⅲ 浸没式膜处理工艺

9.12.24 设计通量宜为 20L/(m² · h)～45L/(m² · h)，最大设计通量不宜大于 60L/(m² · h)；设计跨膜压差宜小于 0.03MPa，最大设计跨膜压差不宜大于 0.06MPa；物理清洗周期宜大于 60min，清洗历时宜为 1min～3min；气冲洗强度应按膜池内膜箱或膜组件投影面积计算。

9.12.25 膜组件应采用外压力式中空纤维膜，过滤方式应采用死端过滤。

问：为什么浸没式膜处理工艺只能采用外压力式中空纤维膜和死端过滤方式？

答：《城镇给水膜处理技术规程》CJJ/T 251—2017，5.1.3 条文说明：由于浸没式膜处理工艺采用产水侧负压驱动出水，相同条件下膜通量较压力式低，膜表面的污堵相对容易洗脱，且膜组件上所有膜丝外壁完全裸露并直接与膜池内的待滤水接触。因此，其出水驱动方式、运行状况和膜组件结构决定了只能采用外压力式中空纤维膜和死端过滤。

问：浸没式膜处理工艺形成负压驱动的方法？

答：《城镇给水膜处理技术规程》CJJ/T 251—2017，5.1.4 条文说明：在膜产水侧形成负压驱动是浸没式膜处理工艺的最主要特点。通常是膜产水侧通过水泵抽吸形成负压驱动出水，并为出水流至下游设施提供克服管道阻力的动力。当膜池内的水位与下游设施进水水位高差足以克服过膜阻力（最大跨膜压差）和出水流至下游设施的所有管道阻力时，也可采用虹吸自流出水方式。当膜系统日常运行流量变幅较大时，也可采用泵吸与虹吸自流相结合的方式，即流量大时采用泵吸出水，流量小时切换成虹吸自流出水以节约水泵运行能耗。

9.12.26 进水系统应包括进水总渠（管）、每个膜池的进水闸（阀）和堰等。

9.12.27 出水系统应包括每个膜池中连接膜箱或膜组件的集水支管、集水总管、阀门、出水泵和汇集膜池集水总管的出水总渠（管）等。出水方式可采用泵吸出水或虹吸自流出水。

问：浸没式膜出水方式的选择？

答：浸没式膜处理工艺的最主要特点是在膜产水侧形成负压驱动出水。通常是膜产水侧通过水泵抽吸形成负压驱动出水，并为出水流至下游设施提供克服管道阻力的动力。

当膜池内的水位与下游设施进水水位高差足以克服过膜阻力（最大跨膜压差）和出水流至下游设施的所有管道阻力时，也可采用虹吸自流出水方式。

当膜系统日常运行流量变幅较大时，也可采用泵吸与虹吸自流相结合的方式，即流量大时采用泵吸出水，流量小时切换成虹吸自流出水以节约水泵运行能耗。

9.12.28 采用泵吸出水时，应符合下列规定：

1 出水泵应有较小的必需汽蚀余量；

2 出水泵应采用变频调速；

3 水泵启动的真空形成与控制装置应设在水泵管路最高点。

问：对出水泵的要求？

答：出水泵具有较小的必需汽蚀余量有利于快速、有效和稳定地形成真空。采用变频调速是为了适应运行过程中过膜流量和压差的变化，并节约能耗。同时也可有效降低水泵全速启闭时对膜系统产生的水锤压力，延长系统寿命。

9.12.29 采用虹吸自流出水时，应符合下列规定：

1 膜池集水总管上应设调节阀门，宜设水封堰；

2 真空控制装置应设在集水总管最高点。

问：虹吸自流出水对真空控制装置的要求？

答：真空控制装置的作用是真空形成、维持和破坏的指示以及真空泵与真空破坏阀启停的触发机构。

由于浸没式膜处理工艺采用真空负压出水方式，其驱动压力为不变的环境大气压，为了适应运行过程中过膜流量和压差的变化，需要通过其产水侧的阀门施加阻力来实现，故应设置可调节型的控制阀门。而在集水总管出口设置水封是防止产水侧真空破坏的必要措施。

真空控制装置设在水系统的最高处可确保真空最不利点的真空度满足要求，避免出现假真空或未完全真空的不利现象，保障出水的稳定性。

9.12.30 排水系统应包括每个膜池的排水管和闸（阀）及汇集膜池排水管的排水总渠（管）等。

问：设置排水管的作用？

答：设置排水管的作用是排除清洗废水或废液，同时具有排空膜池和排除池底积泥的功能。

9.12.31 膜池可采用单排或双排布置，并宜布置在室内；膜池室外布置应加盖或加棚，室内布置时应设置通风设施；每个膜池的产水侧应至少设一处人工取样口；膜池一侧应设置室内管廊，出水总渠（管）、出水泵和真空形成与维持装置应布置在管廊内，冲洗泵及化学清洗加药循环泵宜布置在管廊内。

问：膜池的布置要求？

答：膜池的水力过程与传统的砂滤池相似，故其排列的总体布局要求与砂滤池基本一致。膜池设在室外时应加盖或加棚，主要是为了防止阳光直射膜组件和高温季节滋生微生物。室内布置采取通风措施主要是考虑到膜在进行高浓度化学清洗时的化学药剂的挥发会在室内空气中积聚而对人员和设施造成伤害。

9.12.32 膜池深度应根据膜箱或膜组件高度及其底部排水区高度、顶部浸没水深、膜池超高确定。膜箱或膜组件底部排水区高度和顶部浸没水深不宜小于300mm，膜池超高不宜小于500mm。

9.12.33 膜池内膜箱或膜组件的数量及布置应满足集水及清洗系统均匀布气、布水的要求。膜箱或膜组件宜紧凑布置，并应有防止进水冲击膜丝的措施。膜池应设有排水管和防止底部积泥的措施，膜池排水总渠（管）应设可排至废水收集池或化学处理池的切换装置。

问：膜池体的要求？

答：膜池内各个膜箱或膜组件间的配水、配气均匀是保障膜处理系统内所有膜箱或膜组件负荷均等和系统稳定运行的关键条件。

由于膜丝直接裸露在池内，因此防止进水冲刷膜丝是保持膜系统完整性的有效措施。

膜箱或膜组件布置紧凑将使膜池的面积利用率提高，减少无效空间和清洗时的水耗与药耗，节约土建工程投资和运行成本。

9.12.34 采用异地高浓度化学清洗方式时，独立化学清洗池不宜少于2个，并宜设置在每排膜池的一端。采用异地高浓度化学清洗方式的化学清洗池内壁和采用就地高浓度化学清洗方式的膜池内壁应做防腐处理，池顶四周应设置围栏和警示标志，并宜设防护设备及冲洗与洗眼设施。

问：化学清洗池的要求？

答：化学清洗池与膜池相邻并布置在每排膜池的一端将缩短进行异地高浓度化学清洗的膜箱或膜组件在膜池与化学清洗池之间的吊运距离，方便维护。在异地高浓度化学清洗的化学清洗池和就地高浓度化学清洗的膜池的池顶四周应设置围栏、警示标志、防护设备及冲洗与洗眼设施是为了保护工作人员安全和不慎发生与化学品接触事故后的应急自救。

9.12.35 膜池顶部四周应设走道和检修平台。检修平台应满足临时堆放不小于一个膜箱的空间要求，并应设置完整性检测气源接口和冲洗与排水设施。

问：设置检修平台的目的？

答：设置检修平台的目的是便于膜箱或膜组件的安装和维护；设接气点是为了在检修平台上对拆自膜池的有完整性缺陷的膜箱或膜组件进行具体破损点位置的确定性检测；设冲洗与排水设施是为了方便在检修平台上对拆自膜池的膜组件进行清洗，排除清洗废水和防止清洗废水进入膜池。

9.12.36 膜池上部应设置起吊设备，起吊设备的吊装范围应包括膜池、化学清洗池、走道和检修平台。

Ⅳ 废 水 池

9.12.37 收集膜物理清洗废水的废水池可单独设置，并宜靠近膜处理设施。

9.12.38 废水池有效容积不应小于膜处理系统物理清洗时最大一次排水量的1.5倍，且宜分为独立的2格。

9.12.39 废水池出水提升设备应满足后续回用或排放处理设施连续均匀进水的要求，并应设备用。

Ⅴ 化学处理池

9.12.40 化学清洗废水及化学清洗结束后的物理清洗废液应收集于化学处理池。化学处理池应靠近膜处理设施，也可与膜处理设施合并布置。

问：化学处理池的设置位置？

答：因化学处理池系膜处理系统专用设施，故宜邻近膜处理系统设置，以减少池深和管道距离。

9.12.41 化学处理池的有效容积不宜小于膜处理系统一次化学清洗最大废液量的2倍，且宜分为独立的2格。

问：化学处理池的分格要求？

答：当老厂改造场地受限制时，也可不分格。

9.12.42 化学处理池应有混合设施，可采用池内搅拌器混合，也可采用泵循环混合；当化学处理池采用水泵排水时，排水泵可兼作循环混合泵，水泵数量不宜小于2台，并应设备用泵。

问：化学处理池的混合设施？

答：为保证化学药剂处理的反应效果，应设置混合设施。通常可采用池内设潜水搅拌器或利用水泵进行循环混合。

9.12.43 化学处理池内壁应做防腐处理，池内与清洗废液接触的设备应采用耐腐材料；化学处理池边宜设防护设备及冲洗与洗眼设施。

9.13 水质稳定处理

9.13.1 城镇给水系统的水质稳定处理应包括原水的化学稳定性处理和出厂水的化学稳定性与生物稳定性处理。

问：水质稳定处理？

答：2.0.100 水质稳定处理：使水中碳酸钙和二氧化碳浓度达到平衡状态的处理过程，又称水质平衡。（既不由于碳酸钙沉淀而结垢，也不由于其溶解而产生腐蚀的处理过程。）

问：水质化学稳定性的评价标准？

答：水质化学稳定性的评价标准见表9.13.1-1。

水质化学稳定性的评价标准 **表9.13.1-1**

指数	判定标准
I_L（饱和指数）	$I_L>0$，结垢；$I_L=0$，稳定；$I_L<0$，腐蚀
AI（侵蚀指数）	$AI\geqslant 12$，不侵蚀；$AI=10\sim 12$，中等侵蚀；$AI<10$，严重侵蚀
LR（拉森指数）	$LR>1$，腐蚀；$LR\leqslant 1$，不腐蚀
I_R（稳定指数）	$I_R=4.5\sim 5.0$，严重结垢；$I_R=5.0\sim 6.0$，轻度结垢；$I_R=6.0\sim 7.0$，稳定；$I_R=7.0\sim 7.5$，轻度腐蚀；$I_R=7.5\sim 9.0$，严重腐蚀；$I_R>9.0$，极严重腐蚀
CCPP（碳酸钙沉淀势）	CCPP>10mg/L，严重结垢；CCPP=4mg/L～10mg/L，保护性结垢；CCPP=0mg/L～4mg/L，基本稳定；CCPP=－5mg/L～0mg/L，轻度腐蚀；CCPP=－10mg/L～－5mg/L，中度腐蚀；CCPP<－10mg/L，严重腐蚀

I_L饱和指数（Langelier饱和指数）从热力学平衡角度出发，认为在某一水温下，水中溶解的碳酸钙达到饱和状态时，存在一系列的动态平衡。以化学质量平衡为基础，此时水的pH值是个定值。$I_L=0$时，水质稳定；$I_L<0$时，碳酸盐未饱和，二氧化碳过量，有腐蚀倾向；$I_L>0$时，碳酸盐过饱和，有结垢倾向。pH_s值受很多因素影响，除了主要与水的重碳酸盐碱度、钙离子浓度和水温有关外，还受到水中含盐量、钙缔合离子对其他能形成碱度的成分等多种因素的影响。

I_L饱和指数的算法最常用的有两种方法：

1. 一种是美国公众健康协会（APHA）和美国供水协会（AWWA）合编的《Standard Methods for Examination of Water and Wastewater》中的计算方法。

2. pH_s的另一种常用计算方法是查表法，根据水的总碱度、钙硬度、总溶解固体和水温，查表得到相应的常数（见表9.13.1-2），按下式计算：

$$pH_s = 9.3 + N_s + N_t + N_h + N_a$$

式中 N_s——溶解固体常数；

N_t——温度常数；

N_h——钙硬度（以 $CaCO_3$ 计，mg/L）常数；

N_a——总碱度（以 $CaCO_3$ 计，mg/L）常数。

pH_s 计算的常数表 **表 9.13.1-2**

溶解性总固体（mg/L）	N_s	水温（℃）	N_t	钙硬度（mg/LCaCO₃）	N_h	总碱度（mg/LCaCO₃）	N_a
50	0.07	0～2	2.6	10～11	0.6	10～11	1.0
75	0.08	2～6	2.5	12～13	0.7	12～13	1.1
100	0.10	6～9	2.4	14～17	0.8	14～17	1.2
200	0.13	9～14	2.3	18～22	0.9	18～22	1.3
300	0.14	14～17	2.2	23～27	1.0	23～27	1.4
400	0.16	17～22	2.1	28～34	1.1	28～34	1.5
600	0.18	22～27	2.0	35～43	1.2	35～43	1.6
800	0.19	27～32	1.9	44～55	1.3	44～55	1.7
1000	0.20	32～37	1.8	56～69	1.4	56～69	1.8
		37～44	1.7	70～87	1.5	70～87	1.9
		44～51	1.6	88～110	1.6	88～110	2.0
		51～55	1.5	111～138	1.7	111～138	2.1
		55～64	1.4	139～174	1.8	139～174	2.2
		64～72	1.3	175～220	1.9	175～220	2.3
		72～82	1.2	230～270	2.0	230～270	2.4
				280～340	2.1	280～340	2.5
				350～430	2.2	350～430	2.6
				440～550	2.3	440～550	2.7
				560～690	2.4	560～690	2.8
				700～870	2.5	700～870	2.9
				880～1000	2.6	880～1000	3.0

Ryznar 稳定指数判别水质化学稳定性情况表 **表 9.13.1-3**

稳定指数	水质化学稳定性
4.5～5.0	严重结垢
5.0～6.0	轻度结垢
6.0～7.0	基本稳定
7.0～7.5	轻度腐蚀
7.5～9.0	严重腐蚀
9.0 以上	极严重腐蚀

Ryznar 稳定指数判别水质的化学稳定性（见表 9.13.1-3），在某些情况下较饱和指数接近实际，但它仍然是以pH_s为计算基础，因而同样存在局限性。通常将 Langelier 饱和指数与 Ryznar 稳定指数配合使用，来判断供水水质的化学稳定性。

问：CCPP（碳酸钙沉淀势）？

答：$CCPP=100([Ca^{2+}]_i-[Ca^{2+}]_{eq})$

式中：CCPP——碳酸钙沉淀势（$mg/LCaCO_3$）；

$[Ca^{2+}]_i$——原来水中钙离子浓度（mol/L）；

$[Ca^{2+}]_{eq}$——碳酸钙平衡后钙离子浓度（mol/L）；

100——mol/L 换算成 mg/L 的换算系数。

Langelier 饱和指数和 Ryznar 稳定指数只能给出有关水质化学稳定性的定性概念。对于结垢性或者腐蚀性的水来说，究竟每升水中应该沉淀或溶解多少碳酸钙才能使水质稳定，饱和指数和稳定指数都是无能为力的。CCPP（碳酸钙沉淀势）则能给出碳酸钙的沉淀或溶解量的数值，因而是个更好的水质化学稳定性指数。

问：*AI*（侵蚀指数）？

答：*AI*（侵蚀指数）是用来鉴定水质对石棉水泥管侵蚀性的稳定性指数。对于石棉水泥材质的管材，水对其侵蚀作用，不能只简单考虑碳酸钙溶解平衡。

$$AI=pH+\lg(Ca\cdot Alk)$$

式中 Ca 和 Alk 分别表示水样的钙硬度和总碱度，单位均为 $mg/LCaCO_3$。当 $AI<10$ 时，水对石棉水泥管有高度侵蚀性；当 $AI=10\sim12$ 时，水对石棉水泥管有中等侵蚀性；当 $AI\geqslant12$ 时，水对石棉水泥管无侵蚀性。

问：水质稳定指数的应用？

答：水质稳定指数的应用见表 9.13.1-4。

水质稳定指数的应用 **表 9.13.1-4**

指数	应用
I_L（饱和指数） I_R（稳定指数）	国内一般采用饱和指数和稳定指数共同分析评价水质化学稳定性。但这两个指数只能定性判断水质是否化学稳定，用饱和指数判别水质的腐蚀或结垢倾向，用稳定指数判别水质的腐蚀或结垢程度。对于腐蚀性或者结垢性的水来说，究竟每升水中应该沉淀或溶解多少碳酸钙才能使水质稳定，饱和指数和稳定指数都无能为力。提出饱和指数的初衷只是用于评价钢管、铸铁管、镀锌钢管等无内防腐铁质金属管道的水质化学稳定性
LR（拉森指数）	一定条件下，氯离子、硫酸根离子等阴离子能增加水的导电性，破坏金属管道内壁的钝化膜、腐蚀瘤和穿透非金属管材，降低水质化学稳定性。*LR*（拉森指数）能够评价氯离子、硫酸根离子等阴离子对水质化学稳定性的影响
AI（侵蚀指数）	*AI*（侵蚀指数）能更准确地评价石棉管、水泥管及水泥浆衬里金属管材的水质化学稳定性
CCPP （碳酸钙沉淀势）	CCPP（碳酸钙沉淀势）能给出碳酸钙沉淀或溶解量的数值，它从定量的角度来分析水质化学稳定性

注：对于无内防腐的金属管材，用 CCPP（碳酸钙沉淀势）和 *LR*（拉森指数）来分析；对于水泥管、水泥砂浆衬里的金属管材，用 *AI*（侵蚀指数）和 *LR*（拉森指数）来分析。国内目前仍以 I_L（饱和指数）和 I_R（稳定指数）为主。

9.13.2 原水、出厂水与管网水的化学稳定性中水-碳酸钙系统的稳定处理，宜按其水质饱和指数 I_L 和稳定指数 I_R 综合考虑确定：

1 当 $I_L>0.4$ 和 $I_R<6$ 时，酸化处理工艺应通过试验和技术经济比较确定；

2 当 $I_L<-1.0$ 和 $I_R>9$ 时，宜加碱处理；

3 碱剂的品种及用量，应根据试验资料或相似水质条件的水厂运行经验确定；可采用石灰、氢氧化钠或碳酸钠；

4 侵蚀性二氧化碳浓度高于15mg/L时，可采用曝气法去除。

问：水质稳定性处理措施？

答：水中水-碳酸钙系统的水质稳定性一般用饱和指数和稳定指数鉴别：

$$I_L = pH_0 - pH_s$$

$$I_R = 2(pH_s) - pH_0$$

式中 I_L——饱和指数，$I_L>0$ 有结垢倾向，$I_L<0$ 有腐蚀倾向；

I_R——稳定指数，$I_R<6$ 有结垢倾向，$I_R>7$ 有腐蚀倾向；

pH_0——水的实测pH值；

pH_s——水在碳酸钙饱和平衡时的pH值。

全国多座城市自来水公司的水质稳定判断和中南地区数十座水厂水质稳定性研究均使用上述两个指数。水中 $CaCO_3$ 平衡时的 pH_s，可根据水质化验分析或通过查索 pH_s 图表求出。

在城市自来水管网水中，I_L 较高和 I_R 较低会导致明显结垢，一般需要水质稳定处理。加酸处理工艺应根据试验用酸量等资料，确定技术经济可行性。

防止结垢的处理主要方法有：

1. 软化法：用化学或物理化学方法减少或除去水中含的钙、镁离子，如采用石灰软化法、石灰苏打法、苛性钠-苏打法、离子交换法、膜分离法等。

2. 加酸法：把酸加入水中，控制pH值，使水中的碳酸氢钙不转化为溶解度小的碳酸钙，而转化为溶解度较大的钙盐。如向水中加硫酸，生成硫酸钙。

3. 加二氧化碳法：把 CO_2 加入水中，往往是利用经过洗涤除尘的烟道气中的 CO_2，使下式的化学反应向左进行，防止有碳酸钙析出：$Ca(HCO_3)_2 \leftrightarrow CaCO_3 + H_2O + CO_2$。

4. 药剂法：把阻垢剂加入水中，通过整合作用、分散作用或晶格畸变作用，使碳酸钙悬浮于水中，不形成硬垢。阻垢剂可分为天然阻垢剂、无机阻垢剂和有机阻垢剂三类。天然阻垢剂有丹宁、木质素、藻酸盐、纤维素、淀粉等，无机阻垢剂有聚磷酸盐、六偏磷酸钠等，有机阻垢剂有聚丙烯酸钠、聚甲基丙烯酸钠、聚顺丁烯二酸、有机磷酸酯、磷羧酸、磺化聚苯乙烯等。

$I_L<-1.0$ 和 $I_R>9$ 的管网水一般具有腐蚀性，宜先加碱处理。广州、深圳等地水厂一般加石灰，国内水厂也有加氢氧化钠、碳酸钠的实例。日本有很多大中型水厂采用加氢氧化钠。

中南地区地下水和地面水水厂资料表明，当侵蚀性二氧化碳浓度大于15mg/L时，水呈明显腐蚀性。敞口曝气法可去除侵蚀性二氧化碳，小水厂一般采用淋水曝气塔。

9.13.3 出厂水与管网水的化学稳定性中铁的稳定处理，宜按其水质拉森指数 LR 考虑确定。对于内壁裸露的铁制管材，当 LR 值较高时，铁腐蚀和管垢铁释放控制处理工艺应通过试验和技术经济比较确定。

问：城市给水管道铁稳定性判断？

答：国内很多城市为多水源供水，水源切换过程中，无机离子浓度变化特别是氯离子、硫酸根离子、碱度、硬度等水质变化，会对裸露的金属管道内壁和管壁腐蚀产物产生影响，发生管道内铁稳定性破坏，管道受到腐蚀，用户龙头水出现浊度、色度以及铁超标的现象，即“黄水”问题。

城市给水管道的铁稳定性一般用拉森指数 LR 进行鉴别：

$$LR=\frac{2[SO_4^{2-}]+[Cl^-]}{[HCO_3^-]}$$

式中 $[SO_4^{2-}]$——硫酸根离子活度（mol/L）；

$[Cl^-]$——氯离子活度（mol/L）；

$[HCO_3^-]$——碳酸氢根离子活度（mol/L）。

LR 指数通常的判别标准为：$LR>1.0$，铁制管材会严重腐蚀；$LR=0.2\sim1.0$，水质基本稳定，有轻微腐蚀；$LR<0.2$，水质稳定，可忽略腐蚀性离子对铁制管材的腐蚀影响。

水源切换时管网水质化学稳定性还与管壁腐蚀产物的性质相关，而管壁腐蚀产物的性质与原通水水质相关。国内有研究机构提出了水质腐蚀性判断指数 WQCR（water quality corrosion index），可结合 LR，评判水源切换时不同地区管网发生“黄水”的风险性，制定合理的水质稳定处理方案：

$$\text{WQCR}=\frac{[SO_4^{2-}]+[NO_3^-]+[Cl^-]}{[HCO_3^-]\times[\text{溶解氧十余氯}]}$$

其中各项指标均为管网原通水水质指标，各离子浓度均以 mol/L 计。

WQCR 指数通常的判别标准为：WQCR>1，原管道管壁腐蚀产物相对脆弱，水源切换之后无机离子变化可能产生“黄水”的风险较大；WQCR<1，原管道管壁腐蚀产物相对坚固，水源切换之后无机离子变化可能产生“黄水”的风险较小。

国家“十五”重大科技专项“水污染控制技术与治理工程”和国家“十一五”科技重大专项“水体污染控制与治理”等研究，针对配水管网管垢的铁释放问题，确定了几种主要的处理工艺：

1. 水源调配技术：根据拉森指数，通过试验，结合配水管网管垢性质（例如 WQCR），合理制定水源切换的调配计划。

2. 加碱调节控制技术：调节 pH 值和调节碱度是应对高氯化物引发配水管网铁不稳定的有效控制技术，可投加氢氧化钠等碱性药剂进行调节。水质调节可参考以下原则进行：调节 pH 值使 I_L 大于 0，总碱度和总硬度之和不低于 100mg/L（$CaCO_3$ 计）。

3. 氧化还原调节控制技术：高氧化还原电位能够有效控制配永管网铁不稳定问题，可根据实际情况选择氧化还原电位更高的消毒剂或更换优质水源，适当增加出厂水中余氯和溶解氧浓度。对二次供水设施补氯等措施维持管网水高余氯浓度，以保障管网水质铁稳定性。

4. 缓蚀剂投加控制技术：六偏磷酸盐和三聚磷酸盐等缓蚀剂能够有效控制因氯离子和硫酸根离子造成的管网“黄水”问题，投加量为 0.1mg/L～0.5mg/L（以 P 计），可作为应急控制对策。

问：给水管道缓蚀剂？

答：六偏磷酸钠（$(NaPO_3)_6$，别名：格来汉氏盐）、三聚磷酸钠（$Na_5P_3O_{10}$，别名：磷酸五钠）。

聚磷酸盐是使用最早、最广泛而且最经济的冷却水缓蚀剂之一。最常用的有聚磷酸、六偏磷酸钠和三聚磷酸钠。从缓蚀效果来看，六偏磷酸钠优于三聚磷酸钠，因此六偏磷酸钠使用更为广泛。聚磷酸盐除作为缓蚀剂外，还可作为阻垢剂使用。

聚磷酸盐属于阴极沉淀膜型缓蚀剂。与水中的 Ca^{2+}、Mg^{2+}、Zn^{2+}、Fe^{2+} 等二价金属离子形成胶溶状态的络合离子，依靠腐蚀电流沉积于金属阴极表面形成电沉积层保护膜，抑制阴极反应来降低腐蚀速度而起到缓蚀作用。

问：腐蚀性的表征？

答：目前已经制定的许多关于水的可腐蚀能力的指标主要基于以下假设：易于在金属表面沉积碳酸钙垢的水，其腐蚀性是比较小的。朗格利尔指数（Langelier index）是指水体实测的 pH 值与其“饱和值”之间的差，其中“饱和 pH 值”是指具有相同碱度和钙硬度的水与固体碳酸钙保持平衡时的 pH 值。朗格利尔指数为正值的水能够从溶液中将碳酸钙沉积为水垢。

目前还没有对所有材料都适用的腐蚀性指标。而不同的腐蚀性指标，尤其是那些与饱和碳酸钙有关的指标，给出了并非一致的结果。严格来说，与碳酸钙饱和状态有关的各种参数是表明沉积或溶解碳酸钙（方解石）程度的指标，而不是水的“腐蚀性”指标。例如，许多朗格利尔指数是负值的水实际没有腐蚀性，而许多朗格利尔指数是正值的水却有腐蚀性。虽然如此，仍然有许多文献报道将饱和指数用于对腐蚀控制的依据类似在铁质水管内附着一层像“鸡蛋壳”大小的方解石保护层。总体而言，具有较高 pH 值、钙硬度以及碱度的水腐蚀性较低，而这些条件都与正值的朗格利尔指数有关。但是，对于铜管系统，这些基于碳酸盐沉积的指标并不能合理地预测腐蚀性规律，建议不予使用。

氯化物和硫酸盐浓度与碳酸氢盐浓度比（Larsonratio，拉森比率）可用于评估水对铸铁和钢的腐蚀作用。与上述方法类似，特纳图解法（Turnerdiagram）可用于研究黄铜零配件中锌溶解现象。

——世界卫生组织. 饮用水水质准则（第四版）[M]. 上海市供水调度监测中心，上海交通大学译. 上海：上海交通大学出版社，2014.

问：控制腐蚀的水处理技术？

答：管网系统中最常用来控制腐蚀的方法包括：调节 pH 值，增加碱度、硬度或添加腐蚀抑制剂（如聚磷酸盐、硅酸盐和正磷酸盐）。使用的添加物的品质和最大投加量必须满足用于水处理的化学物质标准。虽然调节 pH 值是一种重要的控制腐蚀的方法，但必须考虑调节后对饮用水处理工艺其他方面（包括消毒）的影响。

所有的指标不太可能同时达到它们的理想值，例如，无法使硬水的 pH 值提高很多，否则水就会开始软化。对软水可使用石灰和二氧化碳，使钙浓度和碱度都有增加，至少可达到 40mg/L（以碳酸钙表示）。

问：给水管网中黄水产生过程？

答：在腐蚀的铁管中，铁释放的原因可能是：①铁管的腐蚀；②腐蚀瘤成分的溶解；③管道水力条件发生变化；④微生物的作用。

对于刚投入使用无内衬的铁制管材，铁管的腐蚀是铁释放的主要原因。而对于使用一定年限、已生长腐蚀瘤的铁管，腐蚀瘤成分的溶解、管道水力条件的变化以及微生物的作用是铁释放的主要原因。对于已腐蚀的钢管在死水和缺氧条件下进行铁释放的研究，发现铁的释放主要是由 Fe（Ⅱ）的溶解造成的。铁的释放分两个阶段：①铁的持续腐蚀引起腐蚀瘤内亚铁离子浓度的升高。亚铁离子在腐蚀瘤内核层的水溶液中与微溶的 Fe（Ⅱ）固体（如 $FeCO_3$、$Fe(OH)_2$ 等）达到溶解平衡。亚铁离子也可能形成 Fe（Ⅱ）化合物溶于溶液中。溶液中的 Fe（Ⅱ）可能被直接氧化成 Fe（Ⅱ）和 Fe（Ⅲ）共存态的绿垢或 Fe（Ⅲ）固体。绿垢在某些条件下，可以局部被氧化成 Fe（Ⅲ）固体。②腐蚀瘤中的 Fe（Ⅱ）穿透腐蚀瘤的硬壳层释放到水中形成黄水，管网中铁释放及红水产生见图 9.13.3-1、图 9.13.3-2。

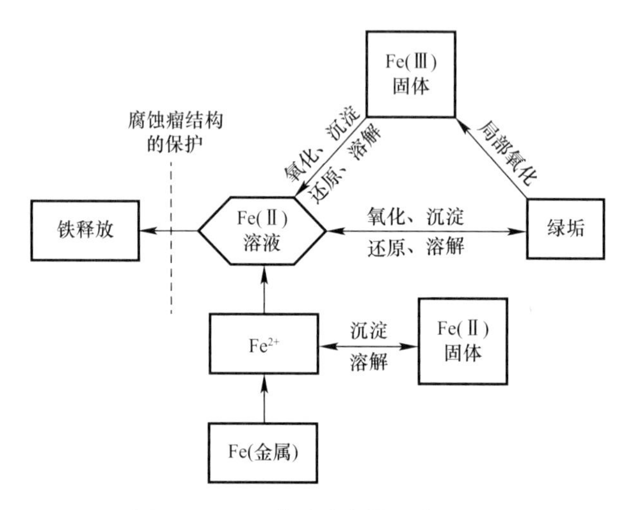

图 9.13.3-1　腐蚀瘤内铁释放过程图

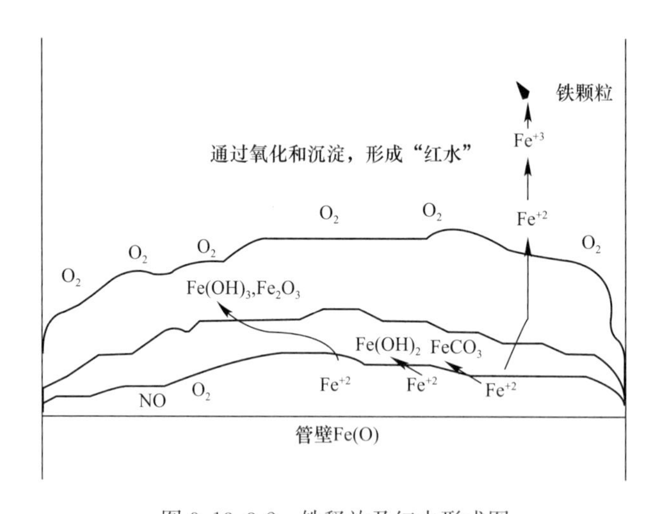

图 9.13.3-2　铁释放及红水形成图

问：给水管网中铁释放的影响因素？

答：铁释放的影响因素见表 9.13.3。

9.13.4　出厂水与管网水的生物稳定处理，宜根据出厂水中可同化有机碳（AOC）和余氯综合考虑确定。应根据原水水质条件，选择合适的水处理工艺，使出厂水 AOC 小于 150μg/L，余氯量大于 0.3mg/L。

问：水中总有机碳的划分？

答：水中总有机碳的划分见表 9.13.4。

铁释放的影响因素 **表 9.13.3**

影响因素	影响过程
溶解氧	当腐蚀瘤生长到完整覆盖管道表面时，溶解氧进入腐蚀瘤内将十分困难，腐蚀瘤内的溶解氧浓度将随着深度增大而不断降低。当管道中的水由流动变为停滞时，水中和腐蚀瘤内的溶解氧逐渐耗尽。管道中水流再由停滞变为流动状态时，容易发生铁释放现象，引发红水问题。 Kuch 为解释这一现象，提出了 Kuch 机理：在缺氧条件下，腐蚀瘤内的 γ-FeOOH 固体能代替氧气作为电子受体和金属铁反应生成亚铁离子，使得腐蚀反应继续下去。 由于二价铁化合物的溶解度远大于三价铁化合物，因此腐蚀瘤内的二价铁化合物能大量溶解、扩散至管网水中。当管网水再次流动时，水流带入的溶解氧将二价铁化合物氧化成三价铁化合物，造成红水问题
pH 值	pH 值升高有助于降低给水管网中铁的释放。pH 值在 7.0～8.0 之间时，较高的 pH 值可能会提高二价铁化合物的氧化速率，生成的三价铁化合物能够强化腐蚀瘤的物理结构，从而抑制腐蚀瘤内铁的释放。模拟管网研究发现，pH 值在 7.5～9.5 范围内升高时，铸铁管内铁的浓度下降
碱度	碱度增加会降低 $FeCO_3$ 的溶解度，使水溶液中溶解的二价铁化合物浓度降低，从而减缓了给水管网中铁的释放。碱度增加的同时，水体的缓冲强度也增大。有学者认为碱度对给水管网铁释放的抑制作用也可能与缓冲强度的提高有关。水体的缓冲强度较高时，腐蚀瘤的结构得到强化，从而降低了给水管网中铁的释放。当水中总碱度大于 80mg/L$CaCO_3$ 时，管网中铁的释放明显减少。在模拟管网实验研究中发现，水中总碱度相对较高时，管网中铁的浓度相对较低
消毒剂	氯消毒会导致 pH 值下降、碱度降低、氯离子浓度升高。反应生成的 HOCl 是一种强氧化剂，当水中存在有机物时它会氧化这些物质，并导致碱度进一步降低、氯离子浓度进一步升高，管网水的化学稳定性也变差，腐蚀性增强。 氯胺消毒对 pH 值和碱度的影响要小得多。 用二氧化氯消毒时，由于二氧化氯溶于水，但它几乎不与水发生化学反应，故对水 pH 值的影响很小，对管网水质化学稳定性的影响相对较小

水中总有机碳的划分 **表 9.13.4**

TOC（总有机碳）	按有机物形态划分	POC（颗粒态）
		COC（胶体态）
		DOC（溶解态）
	按有机物能否被微生物利用，将 DOC（溶解性有机碳）划分	BDOC（可生物降解）
		NBDOC（不可生物降解）

目前，国际普遍以 AOC（BDOC 中能被细菌利用合成细胞体的有机物称为生物可同化有机碳）和 BDOC 作为饮用水生物稳定性的评价指标。AOC 主要与低分子量有机物有关，它是微生物极易利用的基质，是细菌获得酶活性并对有机物进行代谢最重的基质。BDOC 是饮用水中有机物里可被细菌分解成二氧化碳或合成细胞体的部分。一般认为 BDOC 含量可代表水样的可生化性，并与产生的氯化消毒副产物量呈正相关性。只有控制出厂水中的 AOC 与 BDOC 的含量达到一定的限值，才能有效防止管网中细菌的再生长。

问：出厂水与管网水的生物稳定性？

答：1. 实现管网水生物稳定性，结合目前净水厂处理工艺水平，需要 AOC＝50μg/L，并且余氯量＞0.3mg/L。当出厂水中 AOC＜150μg/L、余氯量在 0.3mg/L～0.5mg/L 时，可有效控制管道内生物膜的生长。

2. 原水耗氧量≤6mg/L 时，“预氧化＋常规处理＋臭氧活性炭”工艺可保证出水耗氧量去除率在 50%以上，AOC 去除率在 80%以上；原水耗氧量＞6mg/L 时，“预氧化＋常规处理＋臭氧活性炭”工艺难以保证耗氧量和 AOC 的较高去除率，可在预氧化后接生物预处理单元以强化组合工艺对生物稳定性的控制。

问：饮用水生物稳定性的评价指标？

答：生物可降解有机碳（BDOC）可以被微生物分解利用。作为细菌营养基质的 BDOC 以往被当作是评价饮用水中生物稳定性的标准，但是 BDOC 被完全利用需要一个月的时间，而饮用水在供水系统中存留的时间一般不超过 3d，用它作为评价生物稳定性的指标并不准确。所以目前使用 BDOC 中可以被微生物快速利用并转化为细胞成分的那部分，即生物可同化有机碳（AOC）作为评价生物稳定性的指标。AOC 成分复杂，包括多种小分子有机物，如醋酸、甲酸、丙酮酸、草酸等有机酸，甲醛、乙醛、乙二醛、甲基乙二醛、丙醛、二甲基乙二醛等醛类，2-丁酮等酮类。这些含 2 个～3 个碳原子的小分子有机物，是可以被微生物迅速利用并转化为细胞成分的物质。大分子有机物不能被微生物直接利用，需要一定的时间来生物降解，成为小分子才能利用，所以利用 AOC 作为水质稳定性指标比 BDOC 更有效。

AOC 是水中可生物降解有机物中可被细菌转化成细胞体的部分，表征饮用水中细菌增殖的能量。因为 AOC 与异养菌生长潜力有较好的相关性，目前大部分研究者将其作为评价管网水中细菌生长潜力的首要指标。现在不少国家规定了出水中 AOC、BDOC 及高锰酸盐指数的上限值，以抑制管网中细菌的生长、繁殖。

通常，AOC＜10μg/L 乙酸碳被认为是生物稳定水。管网水中 AOC＜50μg/L 乙酸碳，细菌生长受到限制，故美国建议标准为 AOC＜5μg/L～100μg/L 乙酸碳，我国近期目标 AOC＜200μg/L 乙酸碳，远期目标 AOC＜100μg/L 乙酸碳。

《生活饮用水卫生标准》GB 5749—2006：耗氧量（COD_{Mn}法，以 O_2 计）限值 3mg/L；小型集中式供水和分散式供水部分水质指标及限值：耗氧量（COD_{Mn}法，以 O_2 计）限值 5mg/L。

问：生物可降解有机碳（BDOC）的测定方法？

答：目前测 BDOC 的方法主要有两种：

1. 悬浮培养法：将待测水样经膜过滤去除微生物，然后接种一定量的同源细菌（也可称为土著细菌，即在与待测水样相同的水源环境中生长的细菌）。在恒温条件下，（一般为 20℃）培养 28d，测定培养前后 DOC（溶解性有机碳）的差值即为 BDOC。

2. 生物膜循环法：原理是让待测水样不断循环通过具有生物活性的颗粒载体，使水中可被生物降解的有机物充分分解，直至反应器出水的 DOC 值保持恒定或达到最低值，在此过程中在一定时间间隔里测水样的 DOC 值，最初的 DOC 值与最低的 DOC 值之差即为 BDOC。

悬浮培养法的好处是可以测定多个水样，而生物膜循环法一次只能测定一个水样，但其对于评价水源中有机物的可生物降解性和是否采用生物处理技术有重要的意义。

问：常规工艺处理出水能确保水质的生物稳定性吗？

答：常规处理工艺主要去除分子量＞10000Da 的有机物，而 AOC 主要与分子量小于 1000Da 的有机物有关，因此，常规工艺处理出水难以确保水质的生物稳定性。

问：加氯与不加氯饮用水的生物稳定性指标？

答：刘文君等人的研究表明，不同水源水、出厂水和管网水中 AOC/BDOC 的比值变化较大，但从平均值来看，AOC浓度约为BDOC的1/3，说明AOC是BDOC的一部分，证明采用BDOC作为异养菌在管网中的生长潜力也是可以的。AOC＜10μg/L乙酸碳时异养菌几乎不能生长，饮用水生物稳定性很好。当AOC＜50μg/L乙酸碳时，大肠杆菌不能生长。目前国际上认为：不加氯时，AOC＜10μg/L乙酸碳时，饮用水为生物稳定水；加氯时，AOC在50μg/L～100μg/L乙酸碳时，饮用水为生物稳定水。

Joret研究认为，BDOC＜0.1mg/L时，大肠杆菌不能在水中生长。Dukan等人通过动态模型计算出管网中BDOC低于0.2mg/L～0.25mg/L时能达到水质生物稳定。

问：如何降低AOC提高生物稳定性？

答：Volk等人的研究表明，低pH值下的强化混凝使DOC与BDOC的去除均得到了改善，DOC与BDOC含量的减少可使消毒过程中副产物生长量减少；但对AOC的去除没有影响，这可能是因为AOC由小分子的非腐殖质物质组成。强化过滤是通过改换滤料或采用多层滤料，让滤料既能去除浊度、氨氮和亚硝态氮，又能降解有机物，其关键是选择滤料，并使滤料的微环境有利于生物膜生长。Milhier研究认为，生物过滤对DOC的去除率为13%～41%，对BDOC、AOC的去除率达90%以上。因此，强化过滤可提高对小分子有机物的去除效果。

强化混凝和强化过滤是在现有工艺基础上进行改造，不用增加构筑物，改造费用和运转费用增加很少，是改善净水处理效果较为经济可行的方法，但也存在一定局限性。

问：供水管网中生物膜？

答：水中悬浮微生物一旦形成生物膜，其对消毒剂的抵抗能力比悬浮状态要高好几倍，因此更难以去除。一般饮用水供水管网中水质检测以检测悬浮细菌为主，对于附着于管壁的生物，国内至今仍无规范化。管壁生物膜生长易引起管道腐蚀，促进管网水中细菌生长，生物膜不定期的老化脱落还会引起水的色度、浊度上升及水中悬浮细菌数的增加，造成水中具有臭味及色度，甚至引发水媒传染病等问题。

问：供水管网中生物膜的结构特征及形成机制？

答：生物膜是由微生物、微生物代谢产物和微生物碎屑以及被吸附的有机物在有机或无机表面沉积而形成的微生物复合体，微生物的这种生存状态是自然环境下微生物在微环境中的重要存在形式。供水系统属于严格的贫营养生长环境，在寡养性的环境中，营养物质通常富集于固液的接触面上，一旦细菌附着在固液接触面上，它就会产生胞外聚合物（EPS）来帮助其撷取营养物质。消毒剂的投加在一定程度上可以有效控制管网中悬浮细菌的再生长，但是对于生物膜的控制效果却非常有限。在供水管网中，生物膜的存在不但增加饮用水的浊度、色度，出现臭味、腐蚀管道，还会消耗水中的余氯，为（条件）致病菌提供更易于存活的环境。相对于悬浮细菌而言，管网生物膜为膜内细菌提供了更适宜生长的环境。如：降低消毒剂的伤害、获取营养源以及共同的代谢等。

问：合格的出厂水，在供水管网和用户端水质会有多大变化呢？

答：城市供水存在的水质问题，主要表现为管网末梢龙头水的浑浊度、色度、嗅味和微生物等指标超标。原因是：①水源污染加重，常规水质净化工艺难以去除水中的有机物，从而增加了管网中微生物增长的风险；②电化学作用，水中微量的溶解性离子在管道这个特殊的反应器中沉淀析出并结垢。以上两方面造成出厂水在管网中的生物稳定性、化学稳定性下降。此外，管网输配水系统和二次供水设施设计维护不当、管网漏失、负压抽吸等，还会造成末端用户出水中存在各种微小动物如红虫等无脊椎动物污染现象。

上海市水质资料分析结果表明，管网水水质与出厂水相比：浊度平均增加 0.15NTU，色度平均增加 2 度，铁平均增加 0.01mg/L。经二次供水设施后，居民龙头水水质与管网水相比：浊度平均增加 0.57NTU，色度平均增加 4 度，铁平均增加 0.1mg/L。

问：有效控制二次污染的措施？

答：供水管网：采用带防腐内衬的管材及非金属管材。对老旧管材进行刮管涂料，刮管可采用高压冲洗、机械刮管等方法，涂料可根据管径大小、长短采用喷涂水泥砂浆、环氧树脂或穿套软管等方法。

二次供水设施：采用环保卫生的二次供水设备及设施。定期冲洗消毒、维护管理到位。

问：什么是城市供水管网信息化综合平台？

答：将 GIS（地理信息系统）、SCADA 系统（城市供水管网数据监控与采集系统）、营业收费系统、水力模型以及水质模型集一起。利用各种工具真实模拟管网状况，并对管网进行分析、预测，实现管网水质数字调控。将数字化信息技术和最新的管网水质监测技术相结合，通过构建供水管网水质数字信息化收集系统、管网水质信息在线数字评估系统和管网水力水质模型有利于实现对管网水质的快速、准确调控，确保管网末端水质安全。

问：内分泌紊乱物的污染？

答：经研究分析已确定的内分泌紊乱物有 50 多种。主要是杀虫剂、除草剂、杀菌剂等农药，其中多数是多氯联苯等有机氯化物、阿特拉津类、烷基苯酚、邻苯酸酯类等。用于食品保鲜的化学物质、各种塑料和树脂的原材料和洗涤剂的化学物质也会导致内分泌失调。这类近似于生物激素结构的化学物质可引起生物分泌紊乱，导致癌症、不育症、甲状腺机能失调、神经系统障碍和生殖器官畸形等疾病。

问：供水管网中细菌生长的限制因子？

答：1996 年，Miettinen 等人在《Nature》杂志发文指出，当管网水中有机物含量相对较高时，磷会取代有机物成为细菌再生长的限制因子。有文献表明，管网水中细菌生长所需的 C∶P＝100∶(1.7～2)。虽然细菌对有机碳的需求大大高于磷，但水源水中磷含量本身就处于较低水平，并且磷元素一般是与分子有机物结合或以胶体状态存在，常规制水工艺对磷的去除非常有效，去除率可达 90%以上，而对可生物降解有机碳的去除效果并不显著，这样就可能形成出厂水中磷源相对缺乏的状况，使磷成为管网水中细菌再生长和生物稳定性的限制因子。

9.13.5 水质稳定处理所使用的药剂含量不得对环境或工业生产造成不良影响。

10 净水厂排泥水处理

10.1 一般规定

10.1.1 水厂排泥水处理对象应包括沉淀池（澄清池）排泥水、气浮池浮渣、滤池反冲洗废水及初滤水、膜过滤物理清洗废水等。

问：城镇给水厂工艺水的处理要求？

答：《城镇给水排水技术规范》GB 50788—2012。

3.5.5 城镇给水厂的工艺排水应回收利用。

3.5.5 条文说明：城镇给水厂的工艺排水一般主要有滤池反冲洗排水和泥浆处理系统排水。滤池反冲洗排水量很大，要均匀回流到处理工艺的前点，但要注意其对水质的冲击。泥浆处理系统排水，由于前处理投加的药物不同，而使得各工序排水的水质差别很大，有的尚需再处理才能使用。

注：水质突发污染时紧急排空水不包括在内。

问：水厂排水管线？

答：水厂排水管线包括三部分：

1. 雨水排水管线：收集道路、屋面雨水，按当地降雨强度和重现期设计排水管径和坡度。雨水排除方法一般用水泥管排入附近雨水管道后排入附近河流，或用水泵抽提到河道中。

2. 生活用水排水管线：应直接排入污水处理厂或水厂自行设置的小型污水处理装置，经生化、消毒达到污水排放标准后排入河道。生活污水管多用水泥管、PVC 管。

3. 生产废水排水管线：即絮凝池、沉淀池排泥水、滤池反冲洗水管线，一般单独收集、浓缩、脱水，上清液回用或外排，多用低压或重力流钢筋混凝土管、塑料管等。

问：水厂浑水管线、沉淀水管线、清水管线？

答：水厂浑水管线、沉淀水管线、清水管线：

1. 水厂浑水管线：从水源到混合絮凝（或澄清）池或从水源到预处理池再到沉淀（澄清）池之间的管线。

2. 沉淀水管线：从沉淀池或澄清池到滤池之间的管线。

3. 清水管线：从滤池到清水池或从砂滤池到活性炭滤池再到清水池之间的管线。

10.1.2 水厂排泥水排入河道、沟渠等天然水体的水质应符合现行国家标准《污水综合排放标准》GB 8978 的有关规定。排入城镇排水系统时，应在该排水系统排入流量的承受能力之内。

问：净水厂排泥水水质排放要求？

答：净水厂排泥水水质排放要求见表 10.1.2。

10.1.3 水厂排泥水处理系统的污泥处理系统设计规模应按设计处理干泥量确定，水力系统设计应按设计处理流量确定。设计处理干泥量应满足多年 75%～95%日数的全量完全处理要求。

净水厂排泥水水质排放要求 **表 10.1.2**

排放方向	排放要求
排入地表水体	《污水综合排放标准》GB 8978—1996 4.1.1 排入 GB 3838 中Ⅲ类水域（划定的保护区和游泳区除外）和排入 GB 3097 中二类海域的污水，执行一级标准。 4.1.2 排入 GB 3838 中Ⅳ、Ⅴ类水域和排入 GB 3097 中三类海域的污水，执行二级标准。 4.1.3 排入设置二级污水处理厂的城镇排水系统的污水，执行三级标准。 4.1.4 排入未设置二级污水处理厂的城镇排水系统的污水，必须根据排水系统出水受纳水域的功能要求，分别执行 4.1.1 和 4.1.2 的规定。 4.1.5 GB 3838 中Ⅰ、Ⅱ类水域和Ⅲ类水域中划定的保护区，GB 3097 中一类海域，禁止新建排污口，现有排污口应按水体功能要求，实行污染物总量控制，以保证受纳水体水质符合规定用途的水质标准
排入城镇下水道	《污水排入城镇下水道水质标准》GB/T 31962—2015 4.2.1 根据城镇下水道末端污水处理厂的处理程度，将控制项目限值分为 A、B、C 三个等级，见表 1。 a. 采用再生处理时，排入城镇下水道的污水水质应符合 A 级的规定。 b. 采用二级处理时，排入城镇下水道的污水水质应符合 B 级的规定。 c. 采用一级处理时，排入城镇下水道的污水水质应符合 C 级的规定。 4.2.2 下水道末端无城镇污水处理设施时，排入城镇下水道的污水水质，应根据污水的最终去向符合国家和地方现行污染物排放标准，且应符合 C 级规定

问：水厂排泥水全量完全处理保证率 75%～95%规定原则？

答：水厂排泥水处理规模由设计处理干泥量确定。设计处理干泥量又主要取决于设计浊度取值，设计浊度的取值与河流的流量、水位一样，是某一概率下的统计数值，不同保证率的河流流量和水位是不同的，同样，不同保证率下的原水浊度也是不同的。排泥水全量完全处理保证率等于多年全量完全处理的日数与总日数的比值，设计处理干泥量应满足多年日数的全量完全处理要求，就是全量完全处理保证率应达到 75%～95%。要求全量完全处理保证率越高，设计处理干泥量越大，相应设计浊度的取值就越高，工程规模就越大。

全量完全处理保证率应根据当地的社会环境和自然条件确定。对于大城市和以水库为水源的工程，超量污泥不能排入水库，又没有其他受体，原则上每一日的排泥水均应全量完全处理，全量完全处理保证率应达到 95%及以上。本标准定为 75%～95%，最高达到 95%，主要是考虑原水浊度变化幅度特别大的水源，短时浊度很高，一年中最高浊度可能只有几日，则脱水设备一年中只有几日满负荷运行，大部分时间闲置。因此把全量完全处理保证率上限定为 95%。实际上，当原水浊度小于设计浊度时，全量完全处理保证率大于 95%。在短时高浊度时段，可采用在沉淀池、排池泥和平衡池储存超量污泥，在高浊度过去后，再分期分批排出，送入脱水系统处理，即使通过临时存储还不能完全消化超量污泥，但排入天然水体的超量污泥大为减少。因此全量处理保证率达到 95%，采取临时存储等措施，削去了短时高浊度的峰值，有可能将全量完全处理保证率提升到 100%，达到零排放。

目前，日本要求全量完全处理的日数达到总数的 95%。我国一些地区如西南地区的一些河流，一年中有几个月时间都是高浊度，如果全量完全处理保证率采用 95%，则设计浊度很高，要处理的干泥量很大，排泥水处理工程规模大，其投资和日常运行费用有可能超过水厂，对于一些小厂来说不堪重负。而对于一些河流雨季流量大，原水浊度高，水深流急，混合稀释能力强，环境容量大，把一部分排泥水排入其中，不会造成淤积，因此把全量污泥处理保证率下限放宽到75%。

10.1.4 设计处理干泥量可按下式计算：

$$S_0 = (k_1 C_0 + k_2 D) \times k_0 Q_0 \times 10^{-6} \tag{10.1.4}$$

式中：S_0——设计处理干泥量（t/d）；

C_0——原水浊度设计取值（NTU）；

k_1——原水浊度单位NTU与悬浮固体单位mg/L的换算系数，应经过实测确定；

D——药剂投加量（mg/L），当投加几种药剂时，应分别计算后叠加；

k_2——药剂转化成干泥量的系数，当投加几种药剂时，应分别取不同的转化系数计算后叠加；

Q_0——水厂设计规模（m^3/d）；

k_0——水厂自用水量系数。

问：公式（10.1.4）中各字母含义？

答：S_0设计处理干泥量，是个随机变量，不同的全量污泥处理保证率得出不同的设计处理干泥量S_0，全量完全处理保证率越高，设计处理干泥量S_0越大。95%的保证率设计处理干泥量比75%的保证率的设计处理干泥量大很多。

C_0原水浊度设计取值不是单凭实测方法得出的，而是通过多年的系列实测浊度资料根据全量完全保证率采用数理统计方法推算得出的。一般净水厂以浊度（NTU）为常规测定项目，而对悬浮物含量（SS）一般不测，因此干泥量计算时，需将浊度换算为悬浮固体值。根据国内外相关资料NTU与SS比值在0.7～2.2之间。从目前一些水厂的资料来看，不同的水源、不同的浊度范围，其NTU与SS比值相差也较大，因此各水厂可根据自身水源进行测定，以取得实际的换算值。设计前期，需收集该水厂近2年～3年（尽可能长）的原水浊度、色度、加药量的数据资料进行频率统计，然后根据概率统计结果进行取值。

Q_0水厂设计规模。对于低浊高色度原水，还要实测当日的色度和铁、锰以及其他溶解性固体含量。由于公式（10.1.4）采用水厂设计规模，即最高日流量，计算得出的设计处理干泥量有一定的余量，能抵消色度和铁、锰以及其他溶解性固体含量对干泥量的贡献。

问：干泥量的计算类型？

答：干泥量的计算一般有两种类型，第一种类型：计算净水厂设计处理干泥量，用以确定排泥水处理的规模；第二种类型：计算某一日的干泥量，一般用于科学研究和水厂的日常管理。

计算设计处理干泥量时，采用水厂设计规模，即最高日流量；计算某一日的干泥量时，不仅要实测当日的原水浊度，而且要实测水厂当日的进水流量，不能套用水厂设计规模，因为有可能当日的流量没有达到设计规模。

问：药剂的泥量转化量？

答：公式（10.1.4）中D代表药剂投加量，当投加多种药剂时，应分别取不同的转化系数计算后叠加，可看成$\sum k_{2i} D_i$，包括各种添加剂，如粉末活性炭和黏土，转化成干泥量的系数为1。若粉末活性炭等添加剂只是临时应急投加且投加时间很短，可酌情考虑不计。若粉末活性炭等添加剂需要季节性投加时，则应计入这部分干泥量。

问：SS 一定比 NTU 大吗？

答：排泥水中污泥总量计算都是以水中 SS 含量计算的，不同水源、不同季节（潮汐河流）的不同浊度都可能影响其与 SS 的相关性。表 10.1.4 是不同水厂原水 SS 与浊度的相关关系。

不同水厂原水 SS 与浊度的相关关系 **表 10.1.4**

水厂名称	SS∶NTU
杭州祥符水厂（苕溪水）	1.5∶1
上海闵行水厂（黄浦江水）<80NTU	1.97∶1
上海月浦水厂（陈行水库）<40NTU	0.6∶1
上海川少城镇水厂（川杨河）100NTU～800NTU	0.8∶1
福州西区水厂<50NTU	2.0∶1

从以上数据可以看出，根据试验得出准确数据非常必要，否则结果相差太多。

问：净水厂排泥水量占处理水量多少？

答：《城市给水工程项目建设标准》建标 120—2009，第四十条条文说明：对采取远距离引水的缺水地区以及滤池反冲洗水量大的水厂，为节约水资源和运行成本，可考虑设置废水回收利用装置。净水厂排泥水一般占制水量的 3%～7%。国内一些水厂已经采取措施，充分利用水资源，回用滤池反冲洗水。

10.1.5 原水浊度设计取值应按全量完全处理保证率达到 75%～95%，采用数理统计方法确定。当原水浊度系列资料不足时，可按下式计算：

$$C_0 = K_p \overline{C} \tag{10.1.5}$$

式中 $\overline{C}$——原水多年平均浊度（NTU）；

K_p——取值倍数，可按表 10.1.5 采用。

不同保证率的取值倍数 **表 10.1.5**

保证率	95%	90%	85%	80%	75%
K_p	4.00	2.77	2.20	1.63	1.39

10.1.6 水厂排泥水处理系统的设计应分别计算分析水量的平衡和干泥量的平衡。

问：排泥水处理系统水量和泥量平衡？

答：由于排泥水处理系统中的构筑物包含了处理和调蓄设施，处理设施对排泥水的浓缩倍数和污泥的回收率（捕获率）均存在一定的局限性，不同排泥水进入处理系统的时机、持续时间、瞬时流量和水质特性相差较大，从而使排泥水处理系统中污泥浊度和水量不断变化，但其在系统中的总量仍应保持不变。因此为了合理确定排泥水处理系统各单元的设计水力负荷与固体负荷、调蓄容量和设备选型，在排水处理工艺和系统构成确定后，应进行系统的水量和泥量的平衡计算。

在进行水量和泥量平衡计算分析时，水量应按各构筑物的设计或实际运行排水量计，泥量可按下列原则计算得出：

1. 沉淀（澄清）池排泥水的固体平均浓度可按 0.5%计；

2. 气浮池泥渣中的固体平均浓度可按 1%计；

3. 砂滤池反洗废水中的悬浮固体SS平均含量可按300mg/L～400mg/L计；

4. 初滤水和炭吸附池反洗废水中的固体量则可忽略不计。

10.1.7 除脱水机分离水外，排泥水处理系统产生的其他分离水，经技术经济比较可回用或部分回用，并应符合下列规定：

1 水质应符合回用要求，且不应影响水厂出水水质；

2 回流水量应均匀；

3 应回流到混合设备前，与原水及药剂充分混合；

4 当分离水水质不符合回用要求时，经技术经济比较，可经处理后回用。

问：除脱水机分离水外，排泥水处理系统产生的其他分离水回用的要求？

答：排泥水经排泥水处理系统的浓缩和脱水处理后，系统最终会产生浓缩分离水、脱水分离水和一定含水率的脱水污泥三种产物，其中浓缩分离水的容量最大。因此为减少外排水和充分利用水资源，对尚具有一定回用价值和回用风险较小的浓缩分离水，在经过技术经济比较后可考虑全部或部分回用，并应按本条规定的要求执行。

根据充分利用水资源和节约水资源的要求，滤池反冲洗水可以加以回收利用。20世纪80年代以来，不少水厂采用了回收利用的措施，取得了一定的技术经济效果。但随着人们对水质要求的日益提高，对回用水中的锰、铁等有害物质的积聚，特别是近年来国内外关注的贾第鞭毛虫和隐孢子虫的积聚，对由此产生的水质风险应予重视并做必要的评估。因此在考虑回用时，要避免有害物质和病原微生物的积聚而影响出水水质，采取必要措施。必要时，经技术经济比较，也可采取适当处理后再回用，以达到既能节约水资源又能保证水质的目的。

发生于1993年美国密尔沃基市的严重的隐孢子虫水质事故，引起各国密切关注。事故的原因之一是回用了滤池冲洗废水。为此美国等国家制定了滤池反冲洗水回用条例。加州、俄亥俄州等对回流水量占总进水量的比例做了规定。因此本标准规定滤池反冲洗水回用应尽可能均匀。

10.1.8 排泥水处理系统应具有一定的安全余量，并应设置应急超越系统和排放口。

问：为什么排泥水处理系统应设置应急超越系统和排放口？

答：因原水浊度一年四季是变化的，且排泥水处理系统的设计保证率最大为95%，因此当实际发生的排水量或干泥量超出排泥水处理系统的设计负荷时，为保障排泥水处理系统的正常稳定运行，排泥水处理系统设计应留有一定的处理超量泥水的富余能力，并在系统中设置应急超越设施和排放口。

10.1.9 排泥水处理各类构筑物的个数或分格数不宜少于2个，应按同时工作设计，并能单独运行，分别泄空。

问：为什么排泥水处理各类构筑物的个数或分格数不宜少于2个？

答：对排泥水处理构筑物个数或分格数做一定的规定，主要是满足处理构筑物维修和清洗时的排泥水处理系统能维持一定规模的运行能力。

10.1.10 排泥水处理系统的平面位置宜靠近沉淀池。当水厂有地形高差可利用时，宜尽可能位于净水厂地势较低处。

问：排泥水处理系统的平面位置？

答：由于排泥水处理系统所处理的泥量主要来自沉淀池排泥，而沉淀池排泥水多采用重力流入排泥池，如果排泥水处理系统离沉淀池太远，会造成排泥池埋深很大，因此排泥水处理系统应尽可能靠近沉淀池。当水厂地形有高差可利用时，为减少管道埋深，宜尽可能位于地势较低处。

10.1.11 当净水厂面积受限制而排泥水处理构筑物需在厂外择地建造时，应将排泥池和排水池建在水厂内。

问：为什么排泥池和排水池应建在水厂内？

答：一些水厂净化构筑物先建成投产，排泥水处理系统后建，厂内未预留排泥水处理用地，需在厂外择地新建。厂外择地不仅离沉淀池远，而且还有可能地势较高。因此应尽可能把调节构筑物建在水厂内，以保证沉淀池排泥水和滤池反冲洗废水能重力流入调节池，使排泥池和排水池的埋深不至于因距离远而埋深太大。

10.1.12 排泥水处理系统回用水中的丙烯酰胺含量应符合现行国家标准《生活饮用水卫生标准》GB 5749 的有关规定。

问：生活饮用水卫生标准对丙烯酰胺含量的要求？

答：《生活饮用水卫生标准》GB 5749—2006，丙烯酰胺单体限值：0.0005mg/L。

10.2 工艺流程

10.2.1 水厂排泥水处理工艺流程应根据水厂所处环境、自然条件及净水工艺确定，并应由调节、浓缩、平衡、脱水及泥饼处置的工序或其中部分工序组成。

问：水厂排泥水处理工艺流程的确定？

答：目前国内外排泥水处理工艺流程一般由调节、浓缩、平衡、脱水、泥饼处置等基本工序组成。根据各水厂所处的社会环境、自然条件及净水厂沉淀池排泥浓度，其排泥水处理系统可选择其中一道或全部工序组成。例如，一些小水厂所处的社会环境是小城镇，附近有大河流，水环境容量较大，处理工艺可相对简单一些。当沉淀池排泥浓度达到含固率3%时，则可不设浓缩池，沉淀池排泥水经调节后，可直接进入脱水工序，如北京市第三水厂沉淀池选型采用高密度沉淀池，高密度沉淀池排泥水经调节后进入离心脱水机前的平衡池。

10.2.2 调节、浓缩、平衡、脱水及泥饼处置各工序的工艺选择（包括前处理方式）应根据总体工艺流程及各水厂的具体条件确定。

问：排泥水处理工序的工艺选择？

答：尽管水厂排泥水处理系统所采用的基本工序相同，但由于各水厂排泥水的性状差别很大，各水厂采用的脱水机种类不同，各工序的子工艺也不尽相同。如果脱水机选用板框压滤机，则脱水前处理即浓缩和脱水工序的子工艺可相对简单，可以采用一般加药前处理，甚至无加药前处理方式。如果选用带式压滤机，前处理方式要相对复杂一些，除了投加高分子絮凝剂外，可能还要投加石灰。对于排泥水性状是难以浓缩和脱水的亲水性泥渣，在国外，还需要在浓缩池前投加硫酸进行酸处理。因此各工序的子工艺应根据工程具体情况，通过试验并进行技术经济比较后确定。

10.2.3 当沉淀池排泥水平均含固率大于或等于3%时，经调节后可直接进入平衡工序而不设浓缩工序。

问：不设浓缩工序的条件？

答：沉淀池排泥平均含固率（排泥历时内平均排泥浓度）大于或等于3%时，一般能满足大多数脱水机械的最低进机浓度要求，因此可不设浓缩工序。但调节工序应采用分建式，不得采用综合排泥池，因为含固率较高的沉淀池排泥水被流量大、含固率低的滤池反冲洗废水稀释后，满足不了脱水机械最低进机浓度的要求。若采用浮动槽排泥池，则效果更好。

10.2.4 当水厂排泥水送往厂外处理时，水厂内应设调节工序，将排泥水匀质、匀量送出。

问：排泥水送往厂外处理时，在厂内设调节工序的优点？

答：排泥水送往厂外处理时，在厂内设调节工序有以下优点：

1. 由于沉淀池排泥水和滤池反冲洗废水均为间歇性排放，峰值流量大，而在厂内设调节工序后，可均质、均量连续排出，减小排放流量，从而减小排泥管管径和排泥泵流量。若采用天然沟渠输送，由于间歇性排放峰值流量大，有可能造成现有沟渠壅水、淤积而堵塞。

2. 若考虑滤池反冲洗废水回用，则只需将沉淀池排泥水调节后，均质、均量输出。

10.2.5 当水厂排泥水送往厂外处理时，其排泥水输送可设专用管渠或用罐车输送。

10.2.6 当浓缩池上清液回用至净水系统且脱水分离液进入排泥水处理系统进行循环处理时，浓缩和脱水工序使用的各类药剂必须满足涉水卫生要求。

问：浓缩和脱水工序使用的各类药剂必须满足涉水卫生要求？

答：通常排泥水处理系统的分离水多采用外排方式，浓缩设施所用的混凝剂或高分子凝聚剂不一定满足饮用水涉水卫生要求。此外，为提高脱水污泥的含固率，脱水设备所用的高分子凝聚剂一般为不能用于饮用水的阳离子或非离子型。因此当回用至净水系统时，浓缩和脱水工序使用的各类药剂必须满足涉水卫生要求。

10.2.7 气浮池浮渣宜采取消泡措施后再处理或直接以浓缩脱水一体机处理。

10.3 调 节

Ⅰ 一 般 规 定

10.3.1 排泥水处理系统的排水池和排泥池宜分建；当排泥水送往厂外处理，且不考虑废水回用，或排泥水处理系统规模较小时，可合建。

问：排泥水处理系统的排水池和排泥池分建与合建的考虑因素？

答：调节构筑物按组合形式分为分建式与合建式，分建式是排泥池与排水池分开建设，即单独设排泥池接纳和调节沉淀池排泥水，单独设排水池接纳和调节滤池反冲洗废水等。合建式是排泥池与排水池合建，也称综合排泥池，既接纳和调节沉淀池排泥水，又同时接纳和调节反冲洗废水，两者在池中混掺。由于沉淀池排泥水含固率比反冲洗废水高很多，混掺后沉淀池排泥水被反冲洗废水稀释，大幅度降低了进入浓缩池的排泥水浓度，影响浓缩效果。

排泥水回收利用主要是回收滤池反冲洗废水，反冲洗废水含固率低，水质比沉淀池排泥水好，原水所携带的有害物质主要浓缩在沉淀池排泥水里，分建式有利于反冲洗废水回收利用。因此一般推荐采用分建式。

10.3.2 调节池（排水池、排泥池）出流流量应均匀、连续。

问：调节池（排水池、排泥池）出流流量应均匀、连续的原因？

答：调节池（包括排水池和排泥池）出流流量应尽可能均匀、连续，主要有以下几个原因：

1. 排泥池出流一般流至下一道工序重力连续式浓缩池，重力连续式浓缩池要求调节池出流连续、均匀。

2. 排泥水处理系统生产废水（包括经排水池调节后的滤池反冲洗废水）回流至水厂重复利用时，为了避免冲击负荷对净水构筑物的不利影响，也要求调节池出流连续、均匀。

10.3.3 当调节池对入流流量进行匀质、匀量时，池内应设匀质防淤设施；当只进行量的调节时，池内应分别设沉泥和上清液取出设施。

问：调节池的设计？

答：调节池按其调节功能又可分为匀质、调量调节池和调量调节池，匀质、调量调节池的池中应设置扰流设施，如潜水搅拌器，对来水进行均质，利用池容对间歇来水进行调量，形成连续均匀出水。调量调节池可不设扰流设施，只有利用池容进行调量的功能。由于没有扰流设施，池中泥渣产生沉淀，因此应设置沉泥取出设施，如刮泥机，规模较小的，可设泥斗；其上清液则应经水面溢流取出。

10.3.4 调节池位置宜靠近沉淀池和滤池。有条件时，宜采用重力流入调节池的收集方式。

问：调节池的设置位置？

答：调节池靠近沉淀池和滤池，可缩短收集管长度并为排泥水的重力流入创造有利条件。当重力流入不会导致调节池埋设过大时，采用重力流入方式，可减少系统中提升环节和水厂维护工作量。

10.3.5 调节池应设置溢流口，并宜设置放空设施。

问：调节池溢流口及放空设施？

答：当调节池出流设备发生故障时，为避免泥水溢出地面，应设置溢流口。设置放空设施的目的是便于清洗调节池。当高程允许时，可采用放空管；当高程不足时，可在池底设抽水坑，用移动排水设备放空。

Ⅱ 排 水 池

10.3.6 排水池调节容积应在水厂净水和排泥水处理系统设计或生产运行工况的条件下，通过24h为周期的各时段入流和出流的流量平衡分析，考虑一定的安全余量后确定，且不应小于接受的最大一次排水量。

问：排水池调节容积确定？

答：排水池的入流来自滤池反洗水，出流对象可以是浓缩、回用（水质许可时）或排放（水质许可时），其入流和出流的时机、持续时间和流量变化较大。通常情况下，水厂滤池冲洗计划均以日为周期来设计或安排。因此应结合水厂净水和排泥水处理系统的设计或生产运行工况，进行24h为周期的各时段入流和出流的流量平衡计算分析，并考虑一定的余量后确定。对于新建水厂可按设计运行工况计算分析，对于已建水厂则宜按实际生产运行工况计算分析。

水厂如有初滤水排放，当滤池反洗水水质符合直接回用要求时，初滤水可纳入反洗水排水池；当滤池反洗水水质不符合直接回用要求时，则应单独设置初滤水排水池。

10.3.7 当排水池废水用排水泵排出时，排水泵的设置应符合下列规定：

1 排水泵的流量、扬程应按受纳对象的要求经计算确定；

2 当排水池废水回流至水厂生产系统时，排水泵的流量应连续、均匀，流量、扬程应满足后续净水处理设施的进水流量和压力的要求；

3 应具有超量排水的能力；

4 应设置备用泵。

问：排水池排水泵的设置？

答：由于出流对象可以是浓缩、回用（水质许可时）或排放（水质许可时），在采用水泵排出时，按不同出流对象的入流条件和要求来配置水泵设备和设置一定的备用能力，可保证水厂净水和排泥水处理系统的稳定运行。此外，为适应短时或应急超量废水的排放要求，水泵配置上应考虑这部分的能力。

Ⅲ 排 泥 池

10.3.8 排泥池调节容积应在水厂净水和排泥水处理系统设计或运行工况的条件下，通过24h为周期的各时段入流和出流的流量平衡分析，考虑一定的安全余量后确定，且不应小于接受的最大一次排泥量。

问：排泥池调节容积确定？

答：排泥池的入流来自沉淀池排泥水，出流对象则是浓缩池，其入流和出流的时机、持续时间和流量变化较大。通常情况下，水厂沉淀池排泥计划均以日为周期来设计或安排。因此应结合水厂净水和排泥水处理系统的设计或生产运行工况，进行24h为周期的各时段入流和出流的流量平衡计算分析，并考虑一定的余量后确定。对于新建水厂可按设计运行工况计算分析，对于已建水厂则宜按实际生产运行工况计算分析。

10.3.9 当排泥池出流不具备重力流条件时，排泥泵设置应符合下列规定：

1 排泥泵的流量、扬程应按受纳对象的要求经计算确定；

2 应具有高浊期超量排泥的能力；

3 应设置备用泵。

问：排泥池排泥泵的设置？

答：由于出流对象可以是浓缩或排放（水质许可时），在采用水泵排出时，按不同出流对象的入流条件和要求来配置水泵设备和设置一定的备用能力，可保证水厂净水和排泥水处理系统的稳定运行。此外，为适应短时或应急超量泥水的排放要求，水泵配置上应考虑这部分的能力。

Ⅳ 浮动槽排泥池

10.3.10 当调节池采用分建时，排泥池可采用浮动槽排泥池进行调节和初步浓缩。

问：浮动槽排泥池？

答：排泥池与排水池分建，主要原因之一是避免沉淀池排泥水被反冲洗废水稀释，以提高进入浓缩池的初始浓度，提高浓缩池的浓缩效果。当调节池采用分建式时，可采用浮动槽排泥池对沉淀池排泥水进行初步浓缩，进一步提高进入浓缩池的初始浓度。虽然多了浮动槽，但提高了排泥池和浓缩池的浓缩效果。

10.3.11 浮动槽排泥池设计应符合下列规定：

1 池底污泥应连续、均匀排入浓缩池；上清液应由浮动槽连续、均匀收集；

2 池体容积应按满足调节功能和重力浓缩要求中容积大者确定；

3 调节容积应符合本标准第10.3.8条的规定，池面积、有效水深、刮泥设备及构造应按本标准第10.4节重力浓缩池的规定执行；

4 浮动槽浮动幅度宜为1.5m；

5 宜设置固定溢流设施。

问：浮动槽排泥池的设计？

答：浮动槽排泥池是分建式排泥池的一种形式，以接纳和调节沉淀池排泥水为主，因此其调节容积计算原则同本标准第10.3.8条。由于采用浮动槽收集上清液，上清液连续、均匀排出，使液面负荷均匀稳定。因此这种排泥池如果既在容积上满足调节要求，又在平面面积及深度上满足浓缩要求，则具有调节和浓缩的双重功能。一般来说，按面积和深度满足了浓缩要求，其容积也能满足调节要求。因此池面积和深度可先按重力浓缩池设计，然后再核对是否能满足调节要求。目前国内北京市第九水厂和深圳市笔架山水厂采用这种池型。

设置固定式溢流设施的目的是当浮动槽发生故障时，作为上清液的事故溢流口。

10.3.12 上清液排放应设置上清液集水井和提升泵。

问：浮动槽排泥池上清液的排放？

答：由于浮动槽排泥池具有调节和浓缩的双重功能，因此浓缩后的底泥与澄清后的上清液必然要分开，底泥由主流程排泥泵输往浓缩池，上清液应另设集水井和水泵排出。

Ⅴ 综合排泥池

10.3.13 排水池和排泥池合建的综合排泥池调节容积应按本标准第10.3.6条、第10.3.8条计算所得排水池和排泥池调节容积之和确定。

10.3.14 池中应设匀质防淤设施。

问：综合排泥池防淤设施？

答：综合排泥池中设扰流设备，如潜水搅拌机、水下曝气等，用以防止池底积泥。

10.4 浓　缩

10.4.1 排泥水浓缩宜采用重力浓缩，经过技术经济比较后，也可采用离心浓缩或气浮浓缩。

问：排泥水浓缩方式的选择？

答：目前，在排泥水处理中，大多数采用重力浓缩池。重力浓缩池的优点是日常运行费低，管理较方便；另外，由于池容大，对负荷的变化，特别是冲击负荷有一定的缓冲能力，适应原水高浊度的能力较强。目前，国内重力浓缩池用得最多，其中又以辐流式浓缩池应用最广，另一种形式高效斜板浓缩池在占地面积紧张的情况下也可以采用。

当排泥水悬浮固体含量较小且沉降性能较好时，可采用离心浓缩。当排泥水悬浮固体含量较小且沉降性能较差时，可采用气浮浓缩。

10.4.2 浓缩后污泥的含固率应满足选用脱水机械的进机浓度要求，且不低于2%。

问：浓缩后污泥的含固率要求？

答：每一种类型的脱水机械对进机浓度都有一定的要求，低于这一浓度，脱水机不能适应。例如，板框压滤机进机浓度可要求低一些，但含固率一般不能低于2%。又如，带式压滤机则要求大于3%，含固率太低，泥水有可能从滤带两侧挤出来。对于离心脱水机，如果浓缩设备不够完善，进机浓度达到含固率3%的保证率较低，则脱水机应适当选大一些，样本上提供的产率是一个范围，宜取低限或小于低限，大马拉小车，使脱水机在低负荷下工作，这样可适当提高离心脱水机内堰板高度，增加泥水在脱水机内的停留时间，来提高固体的回收率和泥饼的含固率。增加泥水在脱水机内的停留时间，相当于对泥水进行了预浓缩，但会增加脱水机的台数，增加日常耗电，应进行技术经济比较。

10.4.3 重力浓缩池宜采用圆形或方形辐流式浓缩池，当占地面积受限制时，通过技术经济比较，可采用斜板（管）浓缩池。

问：重力浓缩池的形式选择？

答：国内外重力浓缩池一般多采用面积较大的中心进水辐流式浓缩池。虽然斜板浓缩池占地面积小，但斜板需要更换，容积小，缓解冲击负荷的能力较低。因此本条规定仍以辐流式浓缩池作为重力浓缩池的主要池型。

10.4.4 重力浓缩池面积可按固体通量计算，并按液面负荷校核。

问：重力浓缩池面积设计与校核？

答：重力浓缩池面积一般按通过单位面积上的固体量即固体通量确定。但在入流泥水浓度太低时，还要用液面负荷进行校核，以满足泥渣沉降的要求。

10.4.5 固体通量、液面负荷宜通过沉降浓缩试验，或按相似排泥水浓缩数据确定。当无试验数据和资料时，辐流式浓缩池的固体通量可取0.5kg干固体/(m^2·h)～1.0kg干固体/(m^2·h)，液面负荷不宜大于1.0m^3/(m^2·h)。

问：重力浓缩池固体通量、液面负荷的取值？

答：固体通量、液面负荷、停留时间与入流污泥的性质、浓缩池形式等因素有关。因此原则上固体通量、液面负荷及停留时间应通过沉降浓缩试验确定，或者按相似工程运行数据确定。泥渣停留时间一般不小于24h，这里所指的停留时间不是水力停留时间，而是泥渣浓缩时间，即泥龄。大部分水完成沉淀过程后，上清液从溢流堰流走，上清液停留时间远比底流泥渣停留时间短。由于排泥水从入流到底泥排出，浓度变化很大，例如，排泥水入流浓度为含水率99.9%，经浓缩后，底泥浓度含水率达97%。这部分泥的体积变化很大，因此泥渣停留时间的计算比较复杂，需通过沉淀浓缩试验确定。一般来说，满足固体通量要求，且池边水深有3.5m～4.5m，则其泥渣停留时间一般能达到不小于24h。

对于斜板（斜管）浓缩池固体负荷、液面负荷，由于与排泥水性质、斜板（斜管）形式有关，各地所采用的数据相差较大，因此宜通过小型试验，或者按相似排泥水、同类型斜板数据确定。

10.4.6 辐流式浓缩池设计应符合下列要求：

1 池边水深宜为3.5m～4.5m；

2 宜采用机械排泥，当池子直径或正方形边长较小时，也可采用多斗排泥；

3 刮泥机上宜设置浓缩栅条，外缘线速度不宜大于2m/min；

4 池底坡度宜为 8%～10%，超高宜大于 0.3m；

5 浓缩泥水排出管管径不应小于 150mm。

10.4.7 当重力浓缩池为间歇进水和间歇出泥时，可采用浮动槽收集上清液提高浓缩效果。

问：上清液及分离液的处置？

答：排泥水在浓缩过程中将产生上清液，在脱水过程中将产生分离液。一般来说，浓缩池上清液水质较好。当上清液符合排放水域的排放标准时，可直接排放；如不影响净水厂出水水质，也可考虑回用或部分回用。分离液中悬浮物浓度较高，一般不符合排放标准，故不宜直接排放，可回流至浓缩池。

10.5 平　　衡

10.5.1 脱水工序之前应设置平衡池，平衡池不宜少于 2 个（格）。

问：污泥平衡池？

答：通常情况下，浓缩池排泥与脱水设备的工作时机、持续时间、出流和入流流量并不一致。此外，浓缩池排泥一次排泥周期内的浓度也会有一定的变化，因此在浓缩池排泥与脱水设备之间设置平衡池，可起到平衡流量和稳定脱水设备的进泥浓度的作用。

10.5.2 平衡池的容积应在排泥水处理系统设计运行工况的条件下，通过 24h 为周期的各时段入流和出流的流量平衡分析，考虑一定的超过设计保证率的超量泥量和安全余量后确定。

问：平衡池容积的确定？

答：平衡池的入流来自浓缩池排泥，出流对象则是脱水设备，其入流和出流的时机、持续时间和流量变化较大。通常情况下，浓缩池排泥和脱水设备工作时机与持续时间是以日为周期来设计。因此应按浓缩池排泥和脱水设备设计运行工况，进行 24h 为周期的各时段入流和出流的流量平衡计算分析，并考虑一定的余量后确定。根据目前国内外已建净水厂排泥水处理设施的情况，若采用重力浓缩池进行浓缩，调节容积相对较大，应付原水浊度及水量变化的能力较强，平衡池的容积可小一些；若采用调节容积较小的斜板浓缩或离心浓缩，则平衡池容积宜大一些。

10.5.3 平衡池宜采用圆形或方形，池内应设置匀质防淤设施。

问：平衡池设计？

答：采用圆形或方形有利于匀质防淤设备的合理布置。池中设潜水或立式搅拌机等匀质防淤设备，主要用以保持浓缩污泥的浓度稳定和防止池底积泥。

10.5.4 平衡池的进、出泥管管径不应小于 150mm。当无法满足时，应设管道冲洗设施。

问：平衡池进、出泥管管径的确定？

答：排泥管管径的确定应满足不淤流速的要求。当排泥水处理规模较小时，为满足不淤流速要求，所选管径可能小于本条规定的最小管径，为防止出现因管径过小而淤塞管道，应设置管道冲洗设施。通常可采用厂用水作为冲洗水源。

10.6 脱　　水

Ⅰ　一 般 规 定

10.6.1 污泥脱水宜采用机械脱水，有条件的地方也可采用干化场。

问：污泥脱水方式的选择？

答：目前国内外泥渣脱水大多采用机械脱水。当气候条件比较干燥，周围又有荒地可供利用时，规模较小的水厂也可采用干化场脱水。

10.6.2 脱水机械的选型应根据浓缩后泥水的性质、最终处置对脱水泥饼的要求，经技术经济比较后选用。可采用板框压滤机、离心脱水机，对于一些易于脱水的泥水，也可采用带式压滤机。

问：脱水机械选型的原则？

答：脱水机械的选型既要适应前一道工序排泥水浓缩后的特性，又要满足下一道工序泥饼处置的要求。由于每一种类型的脱水机械对进机浓度都有一定的要求，低于这一浓度，脱水机难以适应，因此浓缩工序的泥水含水率是脱水机械选型的重要因素。例如，浓缩后泥水含固率仅为2%，则宜选择板框压滤机。另外，下一道处理工序也影响机型选择。例如，为防止污染要求前一道工序不能加药，则应选用无加药脱水机械（如长时间压榨板框压滤机）等。

用于水厂泥渣脱水的机械目前主要采用板框压滤机和离心脱水机。带式压滤机国内也有使用，但对进机浓度和前处理的要求较高。因此本标准提出对于一些易于脱水的泥水，也可采用带式压滤机。

10.6.3 脱水机的产率及对进机含固率的要求宜通过试验或按相同机型、相似排泥水性质的运行经验确定，并应考虑低温对脱水机产率的不利影响。

问：脱水机的产率的影响？

答：脱水机的产率和对进机浓度的要求不仅与脱水机本身的性能有关，而且还与排泥水的特性（如含水率、泥渣的亲水性等）有关。进机含水率越高，泥渣的亲水性越高，脱水后泥饼的含固率越低，脱水机的产率就越低。因此脱水机的产率及对进机浓度要求一般宜通过对拟采用的机型和拟处理的排泥水进行小型试验后确定。脱水机样本提供的相关数据的范围可作为参考。

受温度的影响，脱水机的产率冬季与夏季区别很大，冬季产率较低，在确定脱水机的产率时，应适当考虑这一因素。

10.6.4 脱水机的台数应根据所处理的干泥量、脱水机的产率及设定的运行时间确定，但不宜少于2台。

问：脱水机台数的选择？

答：所需脱水机的台数应根据所处理的干泥量、每台脱水机单位时间所能处理的干泥量（即脱水机的产率）及每日运行班次确定，正常运行时间可按每日1班～2班考虑，脱水机可不设备用。当脱水机发生故障检修时，可用增加运行班次解决。但总台数一般不宜少于2台。

10.6.5 脱水前化学调质时，药剂种类及投加量宜由试验或按相同机型、相似排泥水性质的运行经验确定。

问：为什么脱水机械前应设平衡池？

答：实践证明，脱水机进料泵不宜直接从浓缩池中抽泥，宜设置平衡池。脱水机进料泵从平衡池中吸泥送入脱水机；浓缩池排泥泵从浓缩池中吸泥送入平衡池。

平衡池中设扰流设备，以防止泥渣沉淀。

平衡池的容积可根据脱水机的运行工况及排泥水浓缩方式确定。根据目前国内外已建净水厂排泥水处理设施的情况，若采用重力浓缩池进行浓缩，则调节容积较大，应付原水浊度及水量变化的能力较强，平衡池的容积可小一些。若采用调节容积较小的斜板浓缩和离心浓缩，则平衡池容积宜大些，甚至按 1d～3d 的湿泥量容积计算。

问：泥水在脱水前进行化学调质的加药量？

答：泥水在脱水前进行化学调质，由于泥渣性质及脱水机型的差别，药剂种类及投加量宜由试验或按相同机型、相似排泥水运行经验确定。若无试验资料和上述数据时，当采用聚丙烯酰胺作药剂时，板框压滤机可按干固体质量的 2‰～3‰，离心脱水机可按干固体质量的 3‰～5‰计算加药量。

问：净水厂污泥调理用高分子聚丙烯酰胺的选择？

答：有机高分子絮凝剂是目前水厂污泥调理中最常用的药剂，其效果比无机盐好，加注量少，但价格较贵。

应用最广的有机高分子絮凝剂为聚丙烯酰胺，按照其所带电荷，可分为阳离子型、阴离子型和非离子型三大类。就其分子量来说，阳离子型分子量比阴离子型、非离子型小，但阳离子型絮凝剂的电荷密度接近 100%。有资料认为，用于污泥调理的有机高分子絮凝剂，分子量大小较所带电荷类型及其密度更为重要。一般阳离子型用于有机物含量高的污泥调理，对净水厂的无机污泥，阳离子型、阴离子型都适用，但阳离子型絮凝剂价格较贵，约比阴离子型贵一倍，所以目前净水厂污泥调理多采用阴离子型。

即使都是阴离子型，但由于分子量、丙烯酰胺含量、水解度等存在差异，对污泥的调理效果亦不一致，应对处理对象（污泥）进行絮凝剂等实验筛选试验和最佳投药量研究。从调理效果（上清液清浊、絮凝体沉降速度、固液分离程度）、加注量、价格等各方面进行综合评价，从中选出适合的最佳品牌。

10.6.6 机械脱水间的布置除应考虑脱水机械及附属设备外，尚应考虑泥饼运输设施和通道。

10.6.7 脱水间内泥饼的运输方式及泥饼堆置场的容积应根据所处理的泥量、泥饼出路及运输条件确定，泥饼堆积容积可按 3d～7d 泥饼量确定。

问：脱水间内泥饼的运输方式选择？

答：机械脱水间内泥饼的运输方式有三种：

第一种方式是脱水泥饼经输送带（如皮带运输机或螺旋运输器）先送至泥饼堆置间，再用铲车等装载机将泥饼装入运泥车运走；

第二种方式是泥饼经传送带先送到具有一定容量的泥斗储存，然后从泥斗下滑到运泥车；

第三种方式是泥饼在泥斗中不储存，泥斗只起收集泥饼和通道作用，运泥车直接在泥斗下面接运泥饼。

这三种方式应根据处理泥量的多少、泥饼的出路及运输条件确定。当泥量大、泥饼出路不固定、运输条件不太好时，宜采用第一种方式。例如，雨、雾天，路不好走或运输只能晚上通行时，泥饼可临时储存在泥饼堆置间。

10.6.8 脱水机间和泥饼堆置间地面应设能完全排除脱水机冲洗和地面清洗时的地面积水的排水系统。排水管应能方便清通管内沉积泥沙。

10.6.9 机械脱水间应考虑通风和噪声消除设施。

10.6.10 脱水机间宜设置分离水回收井，分离水应经调节后均匀排出。

10.6.11 输送浓缩泥水的管道应适当设置管道冲洗注水口和排水口，其弯头宜易于拆卸和更换。

10.6.12 脱水机房应尽可能靠近浓缩池。

Ⅱ 板框压滤机

10.6.13 污泥进入板框压滤机前的含固率不宜小于2%，脱水后的泥饼含固率不应小于30%，固定回收率不应小于95%。

10.6.14 板框压滤机宜配置高压滤布清洗系统。

10.6.15 板框压滤机宜解体后吊装，起重量可按板框压滤机解体后部件的最大重量确定。脱水机不吊装时，宜结合更换滤布需要设置单轨吊车。

10.6.16 滤布的选型宜通过试验确定。

问：滤布选型的规定？

答：滤布应具有强度高、使用寿命长、表面光滑、便于泥饼脱落等特性。由于各种滤布对不同性质泥渣及所投加的药剂的适应性有一定的差别，因此，滤布的选择应对拟处理排泥水投加不同药剂进行试验后确定。

10.6.17 板框压滤机投料泵宜选用容积式泵，宜采用自灌式启动。

问：板框压滤机投料泵配置的规定？

答：板框压滤机投料泵配置的规定：

1. 为了在投料泵的输送过程中，使化学调质所形成的絮体不被打碎，宜选择容积式水泵。

2. 由于投料泵启、停频繁，且浓缩后的泥水浓度大，因此宜采用自灌式启动。

Ⅲ 离心脱水机

10.6.18 离心脱水机选型应根据浓缩泥水性状、泥量多少、运行方式确定，宜选用卧式离心沉降脱水机。

问：离心脱水机选型？

答：离心脱水机有离心过滤、离心沉降和离心分离三种类型。净水厂及污水处理厂的污泥浓缩和脱水，其介质是一种固相和液相重度相差较大、含固量较低、固相粒度较小的悬浮液，适用于离心沉降类脱水机。离心沉降类脱水机又分立式和卧式两种，净水厂污泥脱水通常采用卧式离心沉降脱水机，也称转筒式离心脱水机。

10.6.19 离心脱水机进泥含固率不宜小于3%，脱水后泥饼含固率不应小于20%，固体回收率不应小于90%。

10.6.20 离心脱水机的产率、分离因数与转速、转差率及堰板高度的关系宜通过拟选用机型和拟脱水的排泥水的试验或按相似机型、相近泥水运行数据确定。在缺乏上述试验和数据时，离心脱水机的分离因数不宜小于3000。

10.6.21 离心脱水机房应采取降噪措施，离心脱水机房内外的噪声应符合现行国家标准《工业企业噪声控制设计规范》GB/T 50087的有关规定。

问：各类工作场所噪声限值？

答：各类工作场所噪声限值见表 10.6.21。

各类工作场所噪声限值 **表 10.6.21**

工作场所	噪声限值［dB（A）］
生产车间	85
车间内值班室、观察室、休息室、办公室、实验室、设计室室内背景噪声级	70
正常工作状态下精密装配线、精密加工车间、计算机房	70
主控室、集中控制室、通信室、电话总机室、消防值班室、一般办公室、教室、会议室、设计室、实验室室内背景噪声级	60
医务室、教室、值班宿舍室内背景噪声级	55

注：1. 生产车间噪声限值为每周工作 5d，每天工作 8h 等效声级；对于每周工作 5d，每天工作时间不是 8h，需计算 8h 等效声级；对于每周工作日不是 5d，需计算 40h 等效声级。

2. 室内背景噪声级指室外传入室内的噪声级。

3. 本表摘自《工业企业噪声控制设计规范》GB/T 50087—2013。

10.6.22 离心脱水机前宜设置污泥切割机，脱水机应设冲洗装置，分离液排出管宜设空气排除装置。

问：离心脱水机分离液排出管宜设空气排除装置？

答：离心脱水机分离液排出管宜设空气排除装置。由于从高速旋转体内分离出来的液体中含有大量空气，并可见到气泡，若不将气体排出，将影响分离液排出管道的过水能力。

Ⅳ 干 化 场

10.6.23 污泥干化场面积可按下式计算：

$$A=\frac{S\times T}{G} \tag{10.6.23}$$

式中 A——污泥干化场面积（m^2）；

S——日平均的干泥量（kg 干固体/d）；

G——干泥负荷（kg 干固体/m^2）；

T——干化周期（d）。

10.6.24 干化场的干化周期、干泥负荷宜根据小型试验或根据泥渣性质、年平均气温、年平均降雨量、年平均蒸发量等因素，参照相似地区经验确定。

10.6.25 干化场的单床面积宜为 $500m^2$～$1000m^2$，床数不宜少于 2 个。

10.6.26 进泥口的个数及分布应根据单床面积、布泥均匀性综合确定。

问：干化场进泥口的布置？

答：布泥的均匀性是干化床运作好坏的重要因素，而布泥的均匀性又与进泥口的个数及分布密切相关。当干化场面积较大时，要布泥均匀，需设置的固定布泥口个数太多，因此，宜设置桥式移动进泥口。

10.6.27 干化场排泥深度宜采用 0.5m～0.8m，超高宜为 0.3m。

10.6.28 干化场宜设人工排水层，人工排水层下设不透水层。不透水层应坡向排水设施，坡度宜为1%～2%。

10.6.29 干化场应在四周设上清液排出装置。当上清液直接排放时，其悬浮物含量应符合现行国家标准《污水综合排放标准》GB 8978的有关规定。

问：干化场上清液的排除？

答：干化场运作的好坏，迅速排除上清液和降落在上面的雨水是一个非常重要的方面。因此，干化场四周应设上清液及雨水排除装置。排出上清液时，一部分泥渣会随之流失，而可能超过国家的排放标准，因此在排入厂外排水管道前应采取一定措施，如设沉淀池等。

问：《污水综合排放标准》GB 8978对直接排放的污水的悬浮物要求？

答：《污水综合排放标准》GB 8978—1996。

4.1.1 排入GB 3838中Ⅲ类水域（划定的保护区和游泳区除外）和排入GB 3097中二类海域的污水，执行一级标准。

4.1.2 排入GB 3838中Ⅳ、Ⅴ类水域和排入GB 3097中三类海域的污水，执行二级标准。

4.1.3 排入设置二级污水处理厂的城镇排水系统的污水，执行三级标准。

4.1.4 排入未设置二级污水处理厂的城镇排水系统的污水，必须根据排水系统出水受纳水域的功能要求，分别执行4.1.1和4.1.2的规定。

直接排放的污水悬浮物要求见表10.6.29。

直接排放的污水悬浮物要求 **表10.6.29**

建成年份		一级标准	二级标准	三级标准
1997年12月31日前建设的单位	悬浮物（mg/L）其他排污单位	70	200	400
1998年1月1日后建设的单位		70	150	400

10.7 排泥水回收利用

Ⅰ 一般规定

10.7.1 水厂排泥水中初滤水可直接回用至混合设施前。滤池、炭吸附池反冲洗废水及浓缩池上清液根据排泥水水质，经技术经济比较后可直接回用、弃用或经过处理后回用，并应符合下列规定：

1 不应影响水厂出水水质；

2 当采用直接回用时，应回流到水厂最前端处理设施前；当采用处理后回用时，根据处理后的水质可回流至混凝沉淀（澄清）池、滤池、颗粒活性炭吸附池或经消毒后直接进入清水池；

3 回流水量应在时空上均匀分布，不应对净水构筑物产生冲击负荷。最大回流量不宜超过水厂设计流量的5%。

问：水厂排泥水回用？

答：1. 当排泥水只是悬浮物含量高时，可直接回流至混合设备前，与原水及药剂充分混合后进入沉淀、过滤等水处理环节，去除悬浮物；

2. 当排泥水除悬浮物含量高外，一些有害指标也超标时，如不经处理直接回用，会造成铁、锰及有害生物指标藻类、两虫的循环往复而富集，并堵塞滤池，影响净水厂出水水质。排泥水经处理后，根据处理程度，可进入混凝沉淀（澄清）池、滤池、颗粒活性炭吸附池，或经消毒后直接进入清水池。例如，北京第九水厂滤池反冲洗废水和浓缩池上清液经膜处理后，送入颗粒活性炭吸附池。

3. 排泥水是否回用，特别是排泥水水质较差，需处理才能回用时，要经技术经济比较后确定，如果当地水源充足，经过处理后再回用，经济上不合算，也可弃掉。

问：回流水量在时空上均匀分布指什么？

答：回流水量在时空上均匀分布是指在时间上尽可能 24h 连续均匀回流，在空间上均匀分布是要求回流水量不能集中回流到某一期或某一点，即要求全部回流水量与全部原水水量均匀混合。应避免集中时段回流对水厂稳定运行带来不利影响。

10.7.2 排水池可同时接纳和调节滤池反冲洗废水和初滤水，当滤池反冲洗废水需处理后回用时，应单设排水池接纳和调节反冲洗废水，另设排水池接纳和调节初滤水。

问：什么情况下滤池反冲洗废水和初滤水要分设排水池？

答：当滤池反冲洗废水和初滤水水质相差很大，反冲洗废水水质不符合直接回用要求，需要处理后再回用时，则应分别设排水池进行调节。以避免两者混合后再行处理的不经济做法。

10.7.3 回流管路上应安装流量计。

问：回流管路上安装流量计的目的？

答：回流管路上安装流量计，可实现对回流比和投药量的合理控制。

10.7.4 用于回流的水泵台数不宜少于 2 台，并应设置备用泵。水泵宜设置调速装置。

问：回流泵设置调速装置的目的？

答：回流泵采用变频调速可以根据水厂实际处理流量对回流量和回流比进行合理控制。保障水厂在各种运行流量下均能稳定运行。

Ⅱ 膜处理滤池反冲洗废水

10.7.5 原水有机物和氨氮含量低且藻类较少的滤池反冲洗废水可经膜处理后回用。

问：膜处理滤池反冲洗废水的选择？

答：由于微滤或超滤膜对水中有机物、氨氮和藻源性有机物几乎无去除能力，为防止回用过程中有害物的富集，在原水有机物、氨氮和藻含量较高时不主张采用膜法用于水厂滤池反冲洗废水的回用处理。

10.7.6 膜处理工艺前应采取混凝或混凝沉淀等预处理措施，预处理后的出水浊度指标应通过试验或参照相似工程的运行经验确定。

问：膜处理工艺进水浊度要求？

答：滤池反冲洗废水中主要含有悬浮物，采用适度的混凝或混凝沉淀预处理，将有助于提高膜处理系统的处理效率。预处理后的出水浊度指标应通过试验或参照相似工程的运行经验确定，基于国内已有工程案例的经验，预处理后的出水浊度宜小于或等于 15NTU。

10.7.7 滤池反冲洗废水在进入膜处理系统前应在排水池设提升水泵。提升水泵的配置除应满足膜处理工艺流程所需的流量和压力外，尚应满足膜处理系统连续均衡进水的要求。

问：膜滤池反冲洗废水的提升？

答：排水池的进水是间歇和不均匀的，经排水池调节后出水是连续和均匀的，这符合膜处理系统进水的要求。排水池的调节容积按大于最大一次反冲洗水量确定。如果排水池与膜处理反冲洗废水同步建成，则排水池可作为膜处理系统进水的调节池，排水泵可作为进入膜处理的提升泵。如果是后建，是否新建调节池视具体情况而定。北京市第九水厂膜处理反冲洗废水另设进水调节池，调节容积按最大一次反冲洗水量的1.5倍设计。

10.7.8 滤池反冲洗废水宜采用浸没式膜处理工艺，膜处理系统的工艺设计参数选择和布置、基本组成与形式应符合本标准第9.12节的有关规定，膜通量宜选用低值。

问：滤池反冲洗废水采用浸没式膜处理采用低膜通量值的理由？

答：《城镇给水膜处理技术规程》CJJ/T 251—2017。

2.0.4 浸没式膜处理工艺：中空纤维膜置于待滤水水池内并由负压驱动膜产水进行过滤的膜处理工艺。

5.2.2 设计通量宜为20L/(m^2·h)～45L/(m^2·h)，最大设计通量不宜大于60L/(m^2·h)。

滤池反冲洗废水中悬浮物的含量较高，平均约300mg/L～400mg/L，因此，滤池反冲洗废水进入膜处理之前即使经过了预处理，膜通量仍应选用低值。

10.7.9 膜系统出水经消毒后可进入清水池；当水厂净水工艺中有颗粒活性炭吸附或臭氧生物活性炭设施时，膜系统出水宜进入这些设施再处理。

问：滤池反冲洗废水经膜处理后出水应消毒处理后才能进入清水池？

答：考虑到水厂清水池中的水已经消毒，因此膜系统出水须经消毒后才可进入清水池。由于微滤或超滤膜无法有效去除水中微量有机物或嗅味物质，所以当水厂净水工艺中具有能够有效去除这些物质的颗粒活性炭吸附或臭氧生物活性炭设施时，同时对水厂出水的微量有机物含量或嗅味有较高要求时，膜系统出水宜进入这些设施再处理。

Ⅲ 气浮处理滤池反冲洗废水

10.7.10 当滤池反冲洗废水、浓缩池上清液中有机物、铁、锰及藻类、隐孢子虫、贾第鞭毛虫等有害生物指标较高时，可采用气浮处理后回用。

问：滤池反冲洗废水采用气浮处理的理由？

答：由于微滤或超滤膜对水中有机物、氨氮和藻源性有机物几乎无去除能力，为防止回用过程中有害物的富集，在原水有机物、氨氮和藻含量较高时不主张采用膜法对滤池反冲洗废水进行回用处理，可采用气浮工艺处理滤池反冲洗废水。

10.7.11 气浮工艺前应有混凝沉淀预处理措施，沉淀设备可采用同向流斜板、上向流斜管等高效处理设备。

问：气浮工艺前加预处理的理由？

答：由于气浮适用于原水浊度小于100mg/L，而反冲洗废水悬浮物含量一般大于100mg/L，因此，气浮工艺前应有混凝沉淀等预处理设施。

10.7.12 排水池出水可根据地形采用排水泵提升或重力流连续均匀流入气浮工艺系统。

10.7.13 气浮池出水应均匀回流到净水工艺混合设备前，与原水及药剂充分混合。

10.8 泥饼处置和利用

10.8.1 脱水后的泥饼处置可采用地面填埋和有效利用等方式。有条件时，应有效利用。

问：脱水后的泥饼处置方式?

答：目前，国内净水厂排泥水处理的脱水泥饼，基本上都是采用地面填埋的方式处置。由于地面填埋需要占用大量土地，还有可能造成新的污染。此外，因泥饼含水率太高，受压后强度不够，有可能造成地面沉降。因此有效利用才是未来泥饼处置的方向。

10.8.2 当采用填埋方式处置时，渗滤液不得对地下水和地表水体造成污染。

10.8.3 当填埋场规划在远期有其他用途时，填埋泥饼的性状不得影响远期规划用途。

问：填埋泥饼的性状不得影响远期规划用途?

答：当泥饼填埋场远期规划有其他用途时，填埋应能适用该规划目标。例如规划有建筑物时，应考虑填埋后如何提高场地的地耐力，对泥饼的含水率及结构强度应有一定的要求。如果规划为公园绿地，则填埋后泥土的性状不应妨碍植物生长。

10.8.4 有条件时，泥饼可送往城市垃圾卫生填埋场与垃圾混合填埋。如果采用单独填埋，泥饼填埋深度宜为3m～4m。

问：脱水后的泥饼处置?

答：对于泥饼的处置，国外有单独填埋和混合填埋两种方式。国内水厂脱水泥饼处置目前大多数采用单独填埋，其原因是泥饼含水率太高，难以压实。如果条件具备，如泥饼含水率很低，能承受一定的压力，满足城市垃圾填埋场的要求，宜送往垃圾填埋场与城市垃圾混合填埋。

11　应急供水

11.1　一般规定

11.1.1　城镇给水系统应对水源突发污染的应急处置应包括应急水源和应急净水等设施。

问：应急水源、应急供水、备用水源？

答：2.0.46　应急供水：当城市发生突发性事件，原有给水系统无法满足城市正常用水需求，需要采取适当减量、减压、间歇供水或使用应急水源和备用水源的供水方式。

2.0.47　备用水源：应对极端干旱气候或周期性咸潮、季节性排涝等水源水量或水质问题导致的常用水源可取水量不足或无法取用而建设，能与常用水源互为备用、切换运行的水源，通常以满足规划期城市供水保证率为目标。

2.0.48　应急水源：为应对突发性水源污染而建设，水源水质基本符合要求，且具备与常用水源快速切换运行能力的水源，通常以最大限度地满足城市居民生存、生活用水为目标。

《城市给水工程规划规范》GB 50282—2016。

2.0.10　应急供水：当城市发生突发性事件，给水系统无法满足城市正常用水需求，需要采取减量、减压、间歇供水或使用应急水源和备用水源的供水方式。

2.0.11　应急水源：在紧急情况下（包括城市遭遇突发性供水风险，如水质污染、自然灾害、恐怖袭击等非常规事件过程中）的供水水源，通常以最大限度满足城市居民生存、生活用水为目标。

2.0.12　备用水源：以提高城市供水保证率为目标，以解决城市水资源相对短缺，或现有主要水源相对单一且受到周期性咸潮或断流影响，或季节性排污影响，建设并具备与现有水源互为备用、切换运行的水源。

11.1.2　应急供水可采用原水调度、清水调度和应急净水的供水模式，也可根据具体条件，采用三者相结合的应急供水模式。

当采用原水调度应急供水时，应急水源应有与常用水源或给水系统快速切换的工程设施。当采用清水调度应急供水时，城镇配水管网系统应有满足应急供水期间的应急水量调入的能力。当采用应急净水应急供水时，给水系统应具有应急净水的相应设施。

11.1.3　水源存在较高突发污染风险、原水输送设施存在外界污染隐患、供水安全性要求高的集中水源工程和重要水厂，应设有应对水源突发污染的应急净化设施。当具备条件时，应充分利用自水源到水厂的管渠（渠）、调蓄池以及水厂常用净化设施的应急净化能力。

11.1.4　应急供水期间的供水量除应满足城市居民基本生活用水需求，尚应根据城市特性及特点确定其他必要的供水量要求。

问：城市应急供水量原则及指标？

答：《城市给水工程规划规范》GB 50282—2016。

9.0.4 应急供水量应首先满足城市居民基本生活用水要求。城市应急供水期间，居民生活用水指标不宜低于80L/(人·d)，并应根据城市性质及特点，确定工业用水及其他用水的压缩量。

9.0.4 条文说明：应急供水状态下，原有供需平衡被打破，应遵循“先生活、后生产”的原则，对居民生活用水、其他非生产用水采用降低标准供应，同时限制或暂停用水大户及高耗水行业的用水。

应急供水时的生活用水量，应根据城市应急供水居民人数、基本生活用水标准和应急供水天数合理确定。

根据现行国家标准《城市居民生活用水量标准》GB/T 50331—2002对居民家庭生活用水人均日用水量调查统计，居民家庭日常生活用水主要分为以下几类：饮用、厨用、冲厕、淋浴、洗衣、卫生、浇花等用水。当发生突发性水污染事故时，需保证居民基本生活用水，包括：饮用、厨用、冲厕、淋浴，这部分用水按照拘谨型压缩后约为80L/(人·d)。因此，在保障基本生活的拘谨型用水条件下，居民生活用水量可压缩平均日用水量的30%～40%，但不宜低于80L/(人·d)。若极端情况下，仅保证居民基本生命用水，包括饮用和厨用，则压缩后为20L/(人·d)～25L/(人·d)。

对于综合生活用水量，可按照公共设施用水量在综合生活用水量中所占比例推测公共设施的用水量。对南方某城市的有关研究表明，应急供水量的综合生活用水量可采用100L/(人·d)。

问：城市应急供水时，工业压缩水量先后顺序及压缩水量？

答：《城市给水工程规划规范》GB 50282—2016。

9.0.4 条文说明：应急供水时，各地工业用水量的压缩比例对于城市应急供水规模起到至关重要的作用，尤其对于重工业城市，在保障城市支柱产业的前提下，应根据各行业用水的特点，合理选择不同压缩比例。而对于工业用水量所占比例较小的城市，应根据各工业企业的重要性确定其压缩比例。

首先，压缩不影响居民生活的工业（如一般加工制造业），压缩比例最高可达100%；其次，压缩依赖城市供水的工业企业（如钢铁、冶金等），压缩比例可根据城市情况确定；再次，压缩影响居民生活的粮食、蔬菜和副食品生产用水，压缩比例根据城市具体情况确定。重要生命线工程（医院、电力、消防、通信等）尽量不压缩。

问：居民家庭生活用水分类及统计表？

答：《城市居民生活用水量标准》GB/T 50331—2002。

3.0.1 条文说明：为进一步掌握居民不同用水设施、居住条件的用水情况，编制组组织了有关人员对一些用水器具、洗浴频率、用水内容进行了跟踪写实调查，在此基础上进行了用水量推算，以此对统计调查的数据作进一步的印证分析。调查情况见表4（见表11.1.4）。

居民家庭生活人均日用水量调查统计表［L/(人·d)］ **表 11.1.4**

分类	拘谨型	(%)	节约型	(%)	一般型	(%)
冲厕	30	34.8	35	32.1	40	29.1
淋浴	21.8	25.3	32.4	29.7	39.6	28.8

续表

分类	拘谨型	(%)	节约型	(%)	一般型	(%)
洗衣	7.23	8.4	8.55	7.8	9.32	6.8
厨用	21.38	24.80	25	23	29.6	21.5
饮用	1.8	2.1	2	1.8	3	2.2
浇花	2	2.3	3	2.8	8	5.8
卫生	2	2.3	3	2.8	8	5.8
其他						
合计［L/(人·d)］	86.21	100	108.95	100	137.52	100
m^3/(户·月)	7.86		9.94		12.54	

注：1. 平均月日数：30.4d/月。
2. 家庭平均人口按3人/户计算。

11.2 应急水源

11.2.1 应急水源的建设应考虑城市近、远期应急供水需求，为远期城市发展留有余地，并应协调与城市常用供水源的关系。

11.2.2 应急水源宜本地建设，也可异地应急调水。

问：应急水源建设？

答：当城市本身水资源贫乏，不具备应急水源建设条件时，应考虑域外建设应急水源，考虑几个城市之间的相互备用。当城市采用外域应急水源或几个城市共用一个应急水源时，应根据区域或流域范围的水资源综合规划和专项规划进行综合考虑，以满足整个区域或流域内的城市用水需求平衡。

11.2.3 应急水源可选用地下水或地表水。可取水量应满足应急供水量的需求。

11.2.4 水源水质不宜低于常用水源水质，或采取应急处理后水厂处理工艺可适应的水质。

问：应急水源水质？

答：由于水源保护的要求不同，应急水源水质可能和常用水源存在一定差异，其水质如能与常用水源相近、水量可满足应急供水期间的需求或水质能经过水厂应急处理实现基本达标，则供水风险期进行水源切换后，可有效保证水厂出水水质基本达标的要求。

《城市给水工程规划规范》GB 50282—2016。

9.0.3 应急水源和备用水源的水质宜符合国家现行有关标准的规定。对于水源水质不符合标准要求的，应根据应急供水量及水质要求，采取预处理或深度处理等有效措施，确保水厂出水水质达标。

9.0.3 条文说明：应急水源和备用水源水质宜符合国家现行标准《地表水环境质量标准》GB 3838、《地下水质量标准》GB/T 14848和《生活饮用水水源水质标准》CJ 3020的要求。当应急水源和备用水源水质不符合标准要求时，在水厂的常规处理工艺前或后应设置预处理或深度处理措施，确保水厂出水水质达标。

问：水厂应急处理设施？

答：《城市给水工程规划规范》GB 50282—2016。

9.0.6 水厂应具备应急供水时水质保障措施，并根据可能出现的供水风险增加应急处理设施用地。

9.0.6 条文说明：以江、河为水源的水厂常会受到上游的突发性水质污染，水厂也是应急处理的最后一道防线。因此，水厂建设时需考虑应急处理设施的布置。应急处理设施包括活性炭吸附技术、化学沉淀技术、化学氧化技术及强化消毒等。因此，对此类水厂的用地应适当增加。

11.3 应急净水

11.3.1 应急净水设施应根据水源突发污染和给水系统的特点，经过技术经济比较后，采取充分利用或适度改造现有设施以及新建工程等方法。

11.3.2 应急净水技术根据特征污染物的种类，可按下列条件选用：

1 应对可吸附有机污染物时，可采用粉末活性炭吸附技术；

2 应对金属、非金属污染物时，可采用化学沉淀技术；

3 应对还原性污染物时，可采用化学氧化技术；

4 应对挥发性污染物时，可采用曝气吹脱技术；

5 应对微生物污染时，可采用强化消毒技术；

6 应对藻类爆发引起水质恶化时，可采用综合应急处理技术。

问：城市应急净水技术？

答：《城市供水系统应急净水技术指导手册（试行）》。

《城市供水系统应急净水技术指导手册》主要内容：是城市供水系统应对水源受到不同类型突发性污染时的应急净水技术，根据污染物特性、应急处理技术要求，将应急处理体系分为以下五类关键技术，并分章节论述。

1. 应对可吸附污染物的活性炭吸附技术，通过采用具有巨大比表面积的粉末活性炭、颗粒活性炭等吸附剂，将水中的污染物转移到吸附剂表面从水中去除，可用于处理大部分有机污染物。

2. 应对金属和非金属污染物的化学沉淀技术，通过投加药剂（包括酸碱调整 pH 值、硫化物等），在适合的条件下使污染物形成化学沉淀，并借助混凝剂形成的矾花加速沉淀，可用于处理大部分金属和部分非金属等无机污染物。

3. 应对还原性污染物的化学氧化技术，通过投加氯、高锰酸盐、臭氧等氧化剂，将水中的还原性污染物氧化去除，可用于硫化物、氯化物和部分有机污染物。

4. 应对微生物污染的强化消毒技术，通过增加前置预消毒延长消毒接触时间，加大主消毒的消毒剂量，强化对颗粒物、有机物、氨氮的处理效果，提高出厂水和管网剩余消毒剂等措施，在发生微生物污染和传染病爆发的情况下确保城市供水安全。

5. 应对藻类爆发引起水质恶化的综合应急处理技术，通过针对不同的藻类代谢产物和腐败产物采取相应的应急处理技术，并强化除藻处理措施，保障以湖泊、水库为水源的水厂在高藻期的供水安全。

放射性污染物的处理需要由辐射防护和处理的专业人员进行。受到污染的水体一般不能继续使用，可采用化学沉淀等方法将污染物富集分离，水体可采用大量供水稀释的方法降低污染风险。在本书中不作专门讨论。

各种污染物的水质标准和推荐的应急处理技术汇总在附录 1 中。表中共列出了 179 种污染物指标（包括藻类、硫醇硫醚等 6 种非标准污染物），其中有 153 种属于有毒有害物质，需应急处理；另外 26 种属于非应急项目，包括感官和综合指标、混凝剂残余指标、消毒剂指标和放射性指标。

153 种应急处理项目中除硼、硝酸盐、总氮、氨氮之外均提出了应急处理技术。112 种应急处理项目进行了研究测试，未研究测试的 41 种多属于地表水环境质量标准，供水行业很少开展，测试方法尚未建立。在测试的项目中，有 101 种污染物可以被有效应急处理，并给出了相关工艺参数；有 11 种污染物的应急处理效果很差，有待进一步研究其他可行的技术，同时也需要严加防范。

11.3.3 采用粉末活性炭吸附时，应符合下列规定：

1 当取水口距水厂有较长输水管道或渠道时，粉末活性炭的投加设施宜设在取水口处；

2 不具备上述条件时，粉末活性炭的投加点应设置在水厂混凝剂投药点处；

3 粉末活性炭的设计投加量可按 20mg/L～40mg/L 计，并应留有一定的安全余量。

问：粉末活性炭吸附可去除的污染物？

答：粉末活性炭吸附技术可以去除农药、芳香族和其他有机物等一些污染物。粉末活性炭吸附技术可以去除饮用水相关标准中农药、芳香族和其他有机物等 61 种污染物。农药类：滴滴涕、乐果、甲基对硫、磷、对硫磷、马拉硫磷、内吸磷、敌敌畏、敌百虫、百菌清、莠去津（阿特拉津）、2，4-滴、灭草松、林丹、六六六、七氯、环氧七氯、甲草胺、呋喃丹、毒死蜱。芳香族：苯、甲苯、乙苯、二甲苯、苯乙烯、一氯苯、1，2-二氯苯、1，4-二氯苯、三氯苯（以偏三氯苯为例）、挥发酚（以苯酚为例）、五氯酚、2，4，6-三氯苯酚、2，4-二氯苯酚、四氯苯、六氯苯、异丙苯、硝基苯、二硝基苯、2，4-二硝基甲苯、2，4，6-三硝基甲苯、硝基氯苯、2，4-二硝基氯苯、苯胺、联苯胺、多环芳烃、苯并芘、多氯联苯。其他有机物：五氯丙烷、氯丁二烯、六氯丁二烯、阴离子合成洗涤剂、邻苯二甲酸二（2-乙基己基）酯、邻苯二甲酸二丁酯、邻苯二甲酸二乙酯、石油类、环氧氯丙烷微囊藻毒素、土臭素、2-甲基异莰醇、双酚 A、松节油、苦味酸。

问：取水口投加粉末活性炭的流程？

答：当取水口距离水厂有一定距离时，可在取水口投加粉末活性炭，利用原水在管道的输送时间完成活性炭对污染物的吸附去除过程。当原水进入水厂后通过水厂的混凝、沉淀、过滤常规工艺去除粉末活性炭。取水口投加粉末活性炭主要限制因素是取水口与净水厂之间的距离，这个距离最好满足 1h～2h 以上的输水时间。如取水口到水厂的输水时间小于 30min，需要增加粉末活性炭的投加量。取水口投加粉末活性炭的流程见图 11.3.3-1。

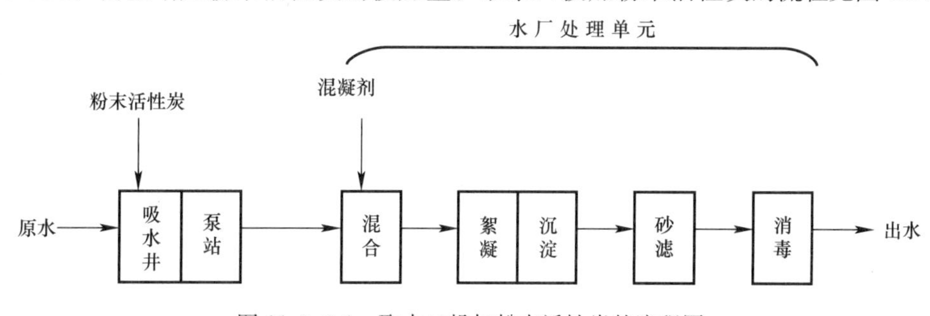

图 11.3.3-1　取水口投加粉末活性炭的流程图

问：水厂投加粉末活性炭的流程？

答：水厂内投加粉末活性炭可作为不能在取水口投加粉末活性炭的一种替代措施。水厂内投加粉末活性炭可以在混合设备中进行，与混凝剂同时投加，利用混合絮凝时间与污染物接触，达到吸附去除污染物的效果。吸附了污染物的粉末活性炭可以在沉淀、过滤单元去除。水厂投加粉末活性炭的流程见图 11.3.3-2。

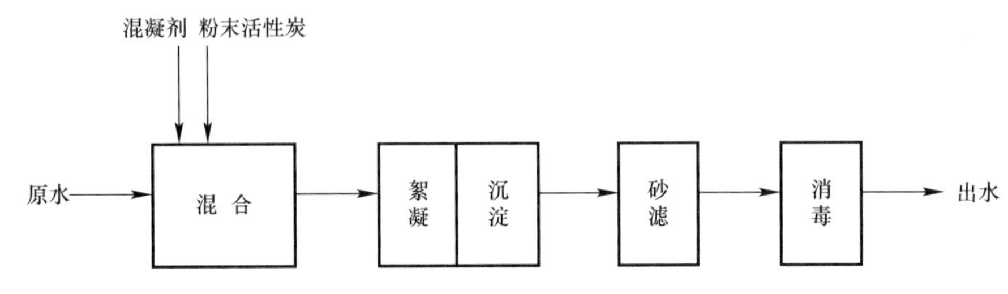

图 11.3.3-2 水厂投加粉末活性炭的流程图

经粉末活性炭吸附硝基苯试验研究表明：混凝剂形成的矾花对粉末活性炭吸附硝基苯的传质没有明显影响，但由于受到混凝工艺的限制，总的吸附时间一般在半小时之内，虽然这个时间处于粉末活性炭吸附硝基苯的“主要吸附作用期”，但由于其后矾花将其包裹沉降与水流主体分离，难以继续发挥吸附硝基苯的能力，最终只发挥了总吸附能力的 60%～80%。因此，如果条件限制只能在水厂内投加粉末活性炭来吸附去除硝基苯，需根据实际条件适当增加粉末活性炭的投加量，一般可为取水口投加量的 1.5 倍～2 倍。

问：粉末活性炭的选择方法？

答：粉末活性炭根据其粒径大小有 100 目、200 目、325 目等不同规格，不同粒径的粉末活性炭价格差异不大。市场上粉末活性炭有木质、煤质两种，由于原料价格差异，一般木质炭的价格较高。

粉末活性炭的吸附性能参数一般用碘值、亚甲蓝值等参数表示，选择粉末活性炭应首先考察其碘值、亚甲蓝值而不是材质。

粉末活性炭的粒径对吸附性能影响不大。选炭时可以考虑实际水力条件和混凝沉淀工艺对不同粒径粉末活性炭的分离去除效果来选用适当粒径的粉末活性炭。

问：粉末活性炭的投加量？

答：粉末活性炭的颗粒很细，直径多在几十微米，可以像药剂一样直接投入水中使用，吸附污染物后再从水中借助混凝沉淀工艺分离，含污染物的粉末活性炭可随水厂污泥一起处理处置。受粉面料投加设备、炭末对过滤工艺影响等条件的限制，粉末活性炭的最大投加能力为 80mg/L，应急投加量一般采用 10mg/L～40mg/L。

问：粉末活性炭投加点的选取？

答：粉末活性炭投加点的选取：

1. 氯与粉末活性炭能相互作用，粉末活性炭投加点必须尽可能远离氯和二氧化氯的投加点。通常在投加时不进行预氯化处理。对于必须设置预氯化的水厂，加氯量要适当增加。

2. 混凝剂能吸附在粉末活性炭表面，降低其吸附作用，不宜将混凝剂与粉末活性炭同时投加。

3. 对于常规的混凝、沉淀、过滤水处理工艺，粉末活性炭的投加点常有以下几种选择：

（1）加于原水吸水井或进水管：一般情况下，吸水井投加能较充分地发挥粉末活性炭的吸附作用，但存在与后续混凝工艺竞争去除有机物的问题。如吸附与混凝竞争严重，将降低粉末活性炭的作用，造成投加量增加，处理费用增加。通常只有在原水浊度低的情况下（如受有机物污染的井水等），在吸水井投加粉末活性炭的优势才能体现出来。

（2）混凝前端投加：理论上分析认为投加混凝剂后，在絮凝池中形成的微小絮体尺度发展到与粉末活性炭颗粒尺度相近时的位置，应作为最佳投加点。在该点投加粉末活性炭，既可以在一定程度上避免竞争吸附，又可使絮体对粉末活性炭颗粒包裹作用最小，可充分发挥粉末活性炭的吸附作用。

工程中可通过计算确定投加点位置：

（1）采用无机盐类混凝剂时，当原水与混凝剂充分混合后大约经过 30s，无机盐类混凝剂在水中的水解、缩聚过程可以完成。所以，微小絮体形成阶段应为混凝剂与原水充分混合后，经过 40s～50s 流程长度的位置作为粉末活性炭的投加点较为合适。

（2）采用高分子絮凝剂时，一般条件下，原水与高分子絮凝剂充分混合后，经过 20s～30s 流程长度的位置可作为粉末活性炭的投加点。

（3）滤前投加：不存在吸附与混凝竞争问题，应该是粉末活性炭发挥作用的最佳位置。但应注意粉末活性炭进入滤池后，会堵塞滤料层使工作周期显著缩短；此外，粉末活性炭有穿透滤层现象。

（4）多点投加：粉末活性炭也可以分别在两个不同的投加点投加，以减少粉末活性炭用量，具有经济性。

4. 通常粉末活性炭加入水中后，前 30min 吸附能力最大。因此，经常使用粉末活性炭的水厂，可考虑单独设置接触池。接触时间 30min。原有水厂，可将粉末活性炭投加在原水泵房的水泵吸水口处，利用原水输水管、沉砂池等设施作为粉末活性炭的吸附设施。

问：粉末活性炭投加方式？

答：《城镇供水设施建设与改造技术指南实施细则（试行）》（中国城镇供水排水协会主编）：粉末活性炭投加主要采用干式投加、湿式投加、简易投加和移动式投加等方式。可以根据投加量的多少、场地条件以及习惯选取适当的方式（见表 11.3.3）。

粉末活性炭投加方式 **表 11.3.3**

投加方式	适用条件
干式投加	利用水射器将粉末活性炭投入水中，该方式受水射器的压力和流量限制，适用于小型水厂
湿式投加	将粉末活性炭配制成悬乳液后，采用螺杆泵定量输送至投加点，该方式使用广泛
简易投加	主要用于没有投加设施或小型水厂的应急投加
移动式投加	采用专用移动式粉末活性炭投加装置投加，可用于 10 万 m^3/d 以下规模的水厂

问：粉末活性炭应急处理的应用？

答：粉末活性炭吸附需要一定的吸附时间（通常在 30min 以上），吸附时间越长，粉末活性炭的吸附性能发挥得越充分，吸附效果越好。根据吸附速率曲线，吸附过程可分为快速吸附、基本饱和、吸附平衡三个阶段。以粉末活性炭对硝基苯的吸附为例，快速吸附约30min，可达70%的吸附容量；2h可以基本达到饱和，达最大吸附容量的95%以上。

因此，粉末活性炭最佳投加方案是水源地取水口处投加，充分利用取水口到净水厂的输水时间进行吸附，尽可能延长吸附时间。对于取水口距净水厂距离很近的情况，也可以在净水厂内与混凝剂同时投加。但是混凝反应时间一般不到30min，由于吸附时间短，粉末活性炭不能充分发挥吸附能力，故此需加大粉末活性炭投加量。

问：粉末活性炭应急处理技术经济分析？

答：一般情况下，一套粉末活性炭投加设备价值几十万元到百万元，加上基建等费用，吨水投资在几元钱之内，而现在新建水厂吨水投资则需要800元～1000元，建设成本仅增加千分之几，一般新建水厂和水厂改造均可承受。

粉末活性炭的价格约5000元/t～6000元/t，每10mg/L投加量的药剂成本约0.05元/m^3水～0.06元/m^3水。

11.3.4 采用化学沉淀技术时，根据污染物的具体种类，可按下列条件选择：

1 弱碱性化学沉淀法，适用于镉、铅、锌、铜、镍等金属污染物；

2 弱酸性铁盐沉淀法，适用于锑、钼等污染物；

3 硫化物化学沉淀法，适用于镉、汞、铅、锌等污染物；

4 预氧化化学沉淀法，适用于铊、锰、砷等污染物；

5 预还原化学沉淀法，适用于六价铬污染物。

问：化学沉淀法的应用？

答：弱碱性化学沉淀法适用于镉、铅、锌、铜、镍等金属污染物。在水厂混凝剂投加处加碱（液体氢氧化钠），调整水的pH值至弱碱性，生成不溶于水的沉淀物，通过混凝沉淀过滤去除，再在过滤后加酸（盐酸或硫酸）调整至中性。混凝剂可以采用铝盐或铁盐，在较高pH值条件下运行应优先采用铁盐，以防止出水铝超标。水厂需设置相应的酸、碱药剂投加设备和pH值监测控制系统，其中加碱设备的容量一般按pH值最高调整到9.0考虑，加酸设备按回调pH值至原出厂水pH值考虑。

弱酸性铁盐沉淀法适用于锑、钼等污染物。混凝剂采用铁盐（聚合硫酸铁或三氯化铁），在水厂混凝剂投加处加酸（对应为盐酸或硫酸），调整水的pH值至弱酸性，在弱酸性条件下用氢氧化铁矾花吸附污染物，通过混凝沉淀去除，再在过滤前加碳酸钠，调整至中性，以保持水质的化学稳定性。当高投加量混凝剂带入杂质二价锰较多时，需在过滤前增加氯化除锰措施。水厂需设置相应的酸、碱药剂投加设备和pH值监测控制系统，其中加酸设备的容量一般按pH值最低调整到5.0考虑，加碱设备按回调pH值至原出厂水pH值考虑。

硫化物化学沉淀法适用于镉、汞、铅、锌等污染物。沉淀剂采用硫化钠，投加点设在混凝剂投加处，把水中污染物生成难溶于水的化合物，在后续的混凝沉淀过滤中去除，多余的硫化物在清水池中用氯分解成无害的亚硫酸根和硫酸根。水厂需设置硫化钠投加设施，最大投加量一般按1.0mg/L设计。

预氧化化学沉淀法适用于铊、锰、砷等污染物。预氧化剂采用高锰酸钾、氯或二氧化氯，投加点设在混凝剂投加处，把水中的一价铊氧化为三价铊、二价锰氧化为四价锰，从而生成难溶于水的化合物，在后续的混凝沉淀过滤中去除。除砷必须采用铁盐混凝剂，原水中的三价砷需先氧化为五价砷，如原水中的砷主要为五价砷可以不用预氧化。水厂需设置预氧化的氧化剂投加设施，高锰酸钾最大投加量一般按 1.0mg/L 设计。

预还原化学沉淀法适用于六价铬污染物。还原剂可采用硫酸亚铁、亚硫酸钠、焦亚硫酸钠等。投加点设在混凝剂投加处。把六价铬还原成难溶于水的三价铬，在混凝沉淀过滤中去除。

应急处置时，应根据现场情况进行实验验证，确定运行的工艺条件和药剂投加量。

问：为什么弱碱性化学沉淀法在较高 pH 值条件下运行混凝剂应优先采用铁盐？

答：对于需要调节 pH 值进行混凝沉淀的应急处理，还必须注意所用混凝剂的 pH 值适用范围。铁盐混凝剂适用范围为 pH=5～11，硫酸铝适用范围为 pH=5.5～8，聚合铝适用范围为 pH=5～9。特别要注意的是，铝盐混凝剂在 pH 值过高（pH≥9.5）条件下使用会产生溶于水的偏铝酸根，可能会产生滤后水铝超标问题（生活饮用水限值为 0.2mg/L）。

问：调整 pH 值酸碱药剂的选择？

答：调整 pH 值的碱性药剂可以采用氢氧化钠（烧碱）、石灰、碳酸钠（纯碱）。调整 pH 值的酸性药剂可以采用硫酸或盐酸。由于饮用水处理，必须采用饮用水处理级或食品级的酸碱性药剂。碱性药剂中，氢氧化钠可采用液体药剂，便于投加和精确控制，劳动强度小，价格适中，因此推荐在应急处理中采用。石灰虽然最便宜，但沉渣多，投加劳动强度大，不便自动控制。纯碱的价格较高，除特殊情况外，一般不采用。与盐酸相比，硫酸的有效浓度高，价格便宜，腐蚀性弱，为首选的酸性药剂。

11.3.5 存在氰化物、硫化物等还原性污染物风险的水源，可采用化学氧化技术。氧化剂可采用氯（液氯或次氯酸钠）、高锰酸钾、过氧化氢等。设有臭氧氧化工艺或水厂二氧化氯消毒工艺的水厂也可采用臭氧或二氧化氯作氧化剂。

11.3.6 存在难于吸附或氧化去除的卤代烃类等挥发性污染物等的水源，可采用曝气吹脱技术。曝气吹脱技术可通过在取水口至水厂的取水、输水管（渠）道或调蓄设施设置应急曝气装置实施。

曝气装置宜由鼓风机、输气管道和布气装置组成。

问：氯代烃吸附去除的技术可行性？

答：氯代烃是卤代烃中最为重要的一类，可以看作烃分子中的氢原子被氯取代的产物，根据烃基的不同，可分为脂肪卤代烃（包括饱和与不饱和卤代烃）、芳香卤代烃等。氯代脂肪烃属于较难被活性炭吸附去除的一类物质，这是由于氯代烃一般是极性较强、分子量较小的物质，难以被弱极性的活性炭从水相中吸附分离出来。氯代烃吸附去除率见表 11.3.6。

氯代烃吸附去除率 **表 11.3.6**

污染物名称	吸附去除率（%）	技术可行性
1，1-二氯乙烯	63	可行但结果一般，投炭量大
1，2-二氯乙烯	53	
1，1，1-三氯乙烷	66	
1，1，2-三氯乙烷		
三氯乙烯	57	
四氯乙烯	55	
四氯化碳	60	

续表

污染物名称	吸附去除率（%）	技术可行性
氯乙烯	40	不可行
二氯甲烷	15	
1，2-二氯乙烷	26	

氯代烃挥发性好，可以通过曝气吹脱的方法从水中去除。

三氯甲烷、一溴二氯甲烷、二溴一氯甲烷、三溴甲烷挥发性好，可通过曝气吹脱法从水中去除。

11.3.7 存在微生物污染风险的水源，可采用加大消毒剂量和多点消毒（预氯化、过滤前、过滤后、出厂水）的强化消毒技术，但应控制消毒副产物含量。

问：应急强化消毒药剂选择？

答：应急强化消毒药剂首选氯。氯胺消毒的效果较弱，应急处理中不建议采用。二氧化氯、臭氧、紫外线消毒需现场制备，除非水厂已有运行，否则应急处理中难以采用。为增加消毒接触时间，建议增大预氯化或前加氯的加氯量。

11.3.8 存在藻类爆发风险的水源，藻类爆发综合应急处理技术根据污染物的具体种类，可按下列条件选择：

1 除藻时，可采用预氧化（高锰酸钾、臭氧、氯、二氧化氯等）、强化混凝、气浮、加强过滤等；

2 除藻毒素时，可采用预氯化、粉末活性炭吸附等；

3 除藻类代谢产物类致嗅物质时，可采用臭氧、粉末活性炭吸附；当水厂有臭氧氧化工艺时，也可采用臭氧预氧化；

4 除藻类腐败致嗅物质时，宜采用预氧化技术；

5 同时存在多种特征污染物的情况，应综合采用上述技术。

问：生活饮用水中藻毒素、藻类代谢产物类致嗅物质的限值？

答：世界各地25%～70%的蓝藻水华可产生毒素，在有毒性的7个属的蓝藻中，主要产毒的是微囊藻、鱼腥藻、束丝藻属中的某些藻种，其中微囊藻毒素就是一类分布最广泛且与人类关系最为密切的七肽单环肝毒素，是强烈的肝脏肿瘤促进剂。微囊藻毒素通常大部分存在于藻细胞内，当细胞破裂或衰老时毒素释放进入水中，国内外已有大量文献报道证明湖泊、水库及饮用水中发现微囊藻毒素。生活饮用水中藻毒素、藻类代谢产物类致嗅物质的限值见表11.3.8。

生活饮用水中藻毒素、藻类代谢产物类致嗅物质的限值　　表11.3.8

藻毒素、致嗅物质	《生活饮用水卫生标准》GB 5749—2006的限值
微囊藻产生微囊藻毒素	微囊藻毒素-LR限值：0.001mg/L
鱼腥藻、硅藻、放线菌等产生土臭素（二甲基萘烷醇）、2-甲基异莰醇等致嗅物质	土臭素（二甲基萘烷醇）、2-甲基异莰醇限值：0.00001mg/L

11.3.9 水源存在油污染风险的水厂，应在取水口处储备拦阻浮油的围栏、吸油装置，并应在取水口或水厂内设置粉末活性炭投加装置。

11.3.10 水厂应急处置的加药设施宜结合常用加药设施统筹布置，并应符合本标准第9

章的有关规定。

11.3.11 设有应急净水设施的水厂，当排泥水处理系统设有回用系统时，回用系统应设置应急排放设施。

问：国家供水应急救援配套设施建设？

答：住房城乡建设部办公厅关于印发《国家供水应急救援能力配套设施建设要求》的通知（建办城函［2017］720号）。

辽宁省、江苏省、山东省、湖北省、广东省、四川省、陕西省、新疆维吾尔自治区住房城乡建设厅：

依据《国家发展改革委关于国家供水应急救援能力建设项目初步设计方案和投资概算的批复》（发改投资［2015］2266号），在山东济南、江苏南京、辽宁抚顺、湖北武汉、广东广州、四川绵阳、陕西西安、新疆乌鲁木齐8个城市建立国家应急供水救援中心。为加强国家应急供水救援能力配套设施建设管理，保障应急救援装备的安全使用、日常养护等，提高城镇供水应急救援水平，我部组织制定了《国家供水应急救援能力配套设施建设要求》，现印发给你们，请指导督促本地区国家应急供水救援中心的相关建设单位及城市住房城乡建设（城市供水）主管部门，加快建设进度，按时保质完成国家供水应急救援能力配套设施建设。

问：突发性水污染事故有效应对措施？

答：以微滤-超滤作为前处理的纳滤膜处理系统，其投资和运行费用总和与混凝-砂滤体系相比基本持平。该套系统也被推荐为突发性水污染事故发生时的有效应对措施。

问：应急供水车？

答：应急供水车（见图11.3.11）净水装置在工艺上采用了“超滤＋反渗透”双膜法，能够处理包括高藻水、苦咸水、高浊水、污染地表水以及低温低浊水等在内的各种复杂水质，出水符合国家标准《生活饮用水卫生标准》GB 5749的要求，并且产水量大，可达$5m^3/h$，即使在水源水质最不利的条件下，亦可达到该设计水量，可以应对地震、泥石流、洪水等绝大多数自然灾害引发的缺水情况。

图11.3.11 应急供水车

12 检测与控制

12.1 一般规定

12.1.1 给水工程检测与控制设计应根据工程规模、工艺流程特点、取水及输配水方式、净水构筑物组成、生产管理运行要求等确定。

问：生活饮用水涉及的安全性评价、卫生检测汇总表？

答：生活饮用水涉及的安全性评价、卫生检测汇总表见表12.1.1-1。

生活饮用水涉及的安全性评价、卫生检测汇总表　　　表12.1.1-1

编号	内容	适用标准
1	水源水质	采用地表水为生活饮用水水源时应符合《地表水环境质量标准》GB 3838的要求；采用地下水为生活饮用水水源时应符合《地下水质量标准》GB/T 14848的要求
2	输配水设备、防护材料、水处理材料	生活饮用水的输配水设备、防护材料和水处理材料不应污染生活饮用水，应符合《生活饮用水输配水设备及防护材料的安全性评价标准》GB/T 17219的要求
3	化学处理药剂	生活饮用水采用的絮凝、助凝、消毒、氧化、吸附、pH值调节、防锈、阻垢等化学处理剂不应污染生活饮用水，应符合《饮用水化学处理剂卫生安全性评价》GB/T 17218的要求
4	水质检测采样点、频率、合格率	城市集中式供水单位水质检测的采样点选择、检验项目和频率、合格率计算应按《城市供水水质标准》CJ/T 206执行
		村镇集中式供水单位水质检测的采样点选择、检验项目和频率、合格率计算按《村镇供水单位资质标准》SL 308执行
5	水质卫生要求及检测指标及限值	城乡各类集中式供水和分散式供水的生活饮用水水质检测项目及限值应按《生活饮用水卫生标准》GB 5749执行
6	水质检测监督部门	供水单位水质检测结果应定期报送当地卫生行政部门
7	水质检验标准	生活饮用水水质检验应按《生活饮用水标准检验方法》GB 5750.1～GB 5750.13执行
8	城镇生活饮用水水质	城镇给水中生活饮用水的水质必须符合国家现行《生活饮用水卫生标准》GB 5749的要求

问：城市水质检验采样点的选择？

答：《城市供水水质标准》CJ/T 206—2005。

6.6　采样点的选择

采样点的设置要有代表性，应分别设置在水源取水口、水厂出水口和居民经常用水点及管网末梢。管网的水质检验采样点数，一般应按供水人口每两万人设一个采样点计算。供水人口在20万以下，100万以上时，可酌量增减。

问：城市水质检验项目和检验频率？

答：城市水质检验项目和检验频率见表12.1.1-2。

问：城市水质检验项目合格率？

答：城市水质检验项目合格率见表12.1.1-3。

城市集中式供水单位水质检验项目和检验频率　　表 12.1.1-2

水样类别	检验项目	检验频率
水源水	浑浊度、色度、臭和味、肉眼可见物、COD_{Mn}、氨氮、细菌总数、总大肠菌群、耐热大肠菌群	每日不少于一次
	GB 3838 中有关水质检验基本项目和补充项目共 29 项	每月不少于一次
出厂水	浑浊度、色度、臭和味、肉眼可见物、余氯、细菌总数、总大肠菌群、耐热大肠菌群、COD_{Mn}	每日不少于一次
	表 1 常规检验项目、表 2 非常规检验项目中可能含有的有害物质	每月不少于一次
	表 2 非常规检验项目中全部项目	以地表水为水源：每半年检测一次；以地下水为水源：每一年检测一次
管网水	浑浊度、色度、臭和味、余氯、细菌总数、总大肠菌群、COD_{Mn}（管网末梢点）	每月不少于两次
管网末梢水	表 1 常规检验项目全部项目，表 2 非常规检验项目中可能含有的有害物质	每月不少于一次

注：1. 当检验结果超出表 1、表 2 中水质指标限值时，应立即重复测定，并增加检验频率。水质检验结果连续超标时，应查明原因，采取有效措施，防止对人体健康造成危害。

2. 表 1 常规检验项目、表 2 非常规检验项目见《城市供水水质标准》CJ/T 206—2005。

水质检验项目合格率　　表 12.1.1-3

水样检验项目	综合	出厂水	管网水	常规检验项目	非常规检验项目
合格率（%）	95	95	95	95	95

注：1. 综合合格率为：表 1 中 42 个检验项目的加权平均合格率。

2. 出厂水检验项目合格率：浑浊度、色度、臭和味、肉眼可见物、余氯、细菌总数、总大肠菌群、耐热大肠菌群、COD_{Mn}共 9 项的合格率。

3. 管网水检验项目合格率：浑浊度、色度、臭和味、余氯、细菌总数、总大肠菌群、COD_{Mn}共 7 项的合格率。

4. 综合合格率按加权平均进行统计

计算公式：

(1) 综合合格率（%）$=\dfrac{\text{管网水 7 项各单项合格率之和}+\text{42 项扣除 7 项后的综合合格率}}{7+1}\times 100\%$；

(2) 管网水 7 项各单项合格率（%）$=\dfrac{\text{单项检验合格次数}}{\text{单项检验总次数}}\times 100\%$；

(3) 42 项扣除 7 项后的综合合格率（35 项）(%) $=\dfrac{\text{35 项加权后的总检验合格次数}}{\text{各水厂出厂水的检验次数}\times 35\times\text{各水厂供水区分布的取水点数}}\times 100\%$。

5. 表 1、表 2 检验项目见《城市供水水质标准》CJ/T 206—2005。

问：村镇供水单位分类？

答：村镇供水单位按实际日供水量可分为五类，具体见表 12.1.1-4。

村镇供水单位分类　　表 12.1.1-4

单位类别	Ⅰ	Ⅱ	Ⅲ	Ⅳ	Ⅴ
实际日供水量 Q（m^3/d）	$Q>10000$	$5000<Q\leqslant 10000$	$1000<Q\leqslant 5000$	$200\leqslant Q\leqslant 1000$	$Q<200$

问：村镇供水水质采样点？

答：《村镇供水单位资质标准》SL 308—2004，第 5.1.4 条：水质采样点应选在水源取水口、水厂（站）出水口、水质易受污染的地点、管网末梢等部位。管网末梢采样点数应按供水人口每 2 万人设 1 个；人口在 2 万以下时，应不少于 1 个。

问：村镇供水水质检验项目及检测频率？

答：村镇供水水质检验项目及检测频率见表 12.1.1-5

村镇供水水质检验项目及检测频率　　表 12.1.1-5

水源		检验项目	供水单位类别				
			Ⅰ	Ⅱ	Ⅲ	Ⅳ	Ⅴ
水源水	地下水	感官性状指标、pH值	每周1次	每周1次	每周1次	每月2次	每月1次
		细菌学指标	每月2次	每月2次	每月2次	每月1次	每月1次
		特殊项目	每周1次	每周1次	每周1次	每月2次	每月2次
		全分析	每季1次	每年2次	每年1次	每年1次	每年1次
	地表水	感官性状指标、pH值	每日1次	每日1次	每日1次	每日1次	每日1次
		细菌学指标	每周1次	每周1次	每月2次	每月1次	每月1次
		特殊项目	每周1次	每周1次	每周1次	每周1次	每周1次
		全分析	每月1次	每季1次	每年2次	每年2次	每年2次
出厂水		感官性状指标、pH值	每日1次	每日1次	每日1次	每日1次	每日1次
		细菌学指标	每日1次	每日1次	每日1次	每周1次	每月2次
		消毒控制指标	每班1次	每班1次	每日1次	每日1次	每日1次
		特殊项目	每日1次	每日1次	每日1次	每日1次	每日1次
		全分析	每月1次	每季1次	每年2次	每年1次	每年1次
末梢水		感官性状指标、pH值	每月2次	每月2次	每月2次	每月2次	每月1次
		细菌学指标	每月2次	每月2次	每月2次	每月2次	每月1次
		消毒控制指标	每月2次	每月2次	每月2次	每月2次	每月1次
		全分析	每季1次	每年2次	每年1次	每年1次	视情况确定

注：1. 感官性状指标包括浑浊度、肉眼可见物、色、臭和味四项。
2. 细菌学指标包括细菌总数、总大肠菌群两项。
3. 消毒控制指标：采用氯消毒时，为余氯；采用氯胺消毒时，为总氯；采用二氧化氯消毒时，为二氧化氯余量；采用其他消毒措施时，为相应检验消毒控制指标。
4. 特殊项目是指水源水中氟化物、砷、铁、锰、溶解性总固体或COD_{Mn}等超标且有净化要求的项目。
5. 全分析每年2次的，应为丰水期、枯水期各1次；全分析每年1次的，应为枯水期。
6. 水质变化较大时，应根据需要适当增加检验项目和检测频率。

问：村镇供水水质检测合格率？

答：村镇供水出厂水水质检测单项合格率应符合表 12.1.1-6 的要求。

村镇供水出厂水水质检测单项合格率　　表 12.1.1-6

检验项目	供水单位类别				
	Ⅰ	Ⅱ	Ⅲ	Ⅳ	Ⅴ
浑浊度、细菌总数、总大肠菌群、消毒控制指标	98%	98%	95%	93%	93%

问：CJ/T 141—2018 与 GB 5750 的应用选择？

答：《城镇供水水质标准检验方法》CJ/T 141—2018。本标准规定了城镇供水水质检验方法的术语和定义、总则、无机和感官性状指标、有机物指标、农药指标、致嗅物质指标、消毒剂与消毒副产物指标、微生物指标和综合指标的检验方法。本标准适用于城镇供水及其水源水的水质检测。

《生活饮用水标准检验方法》GB 5750.1。本标准规定了生活饮用水水质检验的基本原则和要求。本标准适用于生活饮用水水质检验，也适用于水源水和经过处理、储存和输送的饮用水的水质检验。

CJ/T 141—2018 与 GB 5750 的应用选择见表 12.1.1-7。

CJ/T 141—2018 与 GB 5750 的应用选择 **表 12.1.1-7**

<table>
<tr><th colspan="2">GB/T 5750，共 142 项指标</th><th colspan="2">CJ/T 141—2018，共 80 项指标</th></tr>
<tr><td>GB/T 5750.4
感官性状和物理指标</td><td>1 色度
2 浑浊度
3 臭和味
4 肉眼可见物
5 pH 值
6 电导率
7 总硬度
8 溶解性总固体
9 挥发酚类
10 阴离子合成洗涤剂</td><td rowspan="2">5 无机和感官性状指标</td><td rowspan="2">5.1 臭
5.2 氰化物
5.3 硫化物
5.4 挥发酚
5.5 阴离子合成洗涤剂
5.6 二氧化硅</td></tr>
<tr><td>GB/T 5750.5
无机非金属指标</td><td>1 硫酸盐
2 氯化物
3 氟化物
4 氰化物
5 硝酸盐氮
6 硫化物
7 磷酸盐
8 硼
9 氨氮
10 亚硝酸盐氮
11 碘化物</td></tr>
<tr><td>GB/T 5750.6
金属指标</td><td>1 铝
2 铁
3 锰
4 铜
5 锌
6 砷
7 硒
8 汞
9 镉
10 铬（六价）
11 铅
12 银
13 钼
14 钴
15 镍
16 钡
17 钛
18 钒
19 锑
20 铍
21 铊
22 钠
23 锡
24 四乙基铅</td><td></td><td></td></tr>
<tr><td>GB/T 5750.7
有机物综合指标</td><td>1 耗氧量
2 生化需氧量
3 石油
4 总有机碳</td><td></td><td></td></tr>
</table>

续表

GB/T 5750，共142项指标		CJ/T 141—2018，共计80项指标	
GB/T 5750.8 有机物指标	1 **四氯化碳** 2 1，2-二氯乙烷 3 **1，1，1-三氯乙烷** 4 **氯乙烯** 5 **1，1-二氯乙烯** 6 **1，2-二氯乙烯** 7 **三氯乙烯** 8 **四氯乙烯** 9 苯并（α）芘 10 **丙烯酰胺** 11 己内酰胺 12 邻苯二甲酸二（2-乙基己基）酯 13 **微囊藻毒素** 14 乙腈 15 丙烯腈 16 丙烯醛 17 **环氧氯丙烷** 18 **苯** 19 **甲苯** 20 **二甲苯** 21 **乙苯** 22 异丙苯 23 **氯苯** 24 二氯苯 25 **1，2-二氯苯** 26 **1，4-二氯苯** 27 **三氯苯** 28 四氯苯 29 硝基苯 30 三硝基甲苯 31 二硝基苯 32 硝基氯苯 33 二硝基氯苯 34 氯丁二烯 35 **苯乙烯** 36 三乙胺 37 苯胺 38 二硫化碳 39 水合肼 40 松节油 41 吡啶 42 苦味酸 43 丁基黄原酸 44 六氯丁二烯	6 有机物指标	6.1 **氯乙烯** 6.2 **1，1，1-三氯乙烷** 6.3 1，1，2-三氯乙烷 6.4 **四氯化碳** 6.5 1，2-二氯乙烷 6.6 **1，1-二氯乙烯** 6.7 **1，2-二氯乙烯** 6.8 **三氯乙烯** 6.9 **四氯乙烯** 6.10 六氯丁二烯 6.11 **苯** 6.12 **甲苯** 6.13 **二甲苯** 6.14 **乙苯** 6.15 **苯乙烯** 6.16 **氯苯** 6.17 **1，2-二氯苯** 6.18 **1，4-二氯苯** 6.19 **三氯苯** 6.20 **六氯苯** 6.21 **环氧氯丙烷** 6.22 **丙烯酰胺** 6.23 **微囊藻毒素-LR** 6.24 **微囊藻毒素-RR** 6.25 苯酚 6.26 4-硝基酚 6.27 3-甲基酚 6.28 2，4-二氯酚 6.29 萘 6.30 荧蒽 6.31 苯并（b）荧蒽 6.32 苯并（k）荧蒽 6.33 苯并（a）芘 6.34 苯并（ghi）苝 6.35 茚并［1，2，3-c，d］芘
GB/T 5750.9 农药指标	1 滴滴涕 2 六六六（六氯环己烷） 3 林丹（γ-666） 4 **对硫磷** 5 **甲基对硫磷** 6 内吸磷 7 **马拉硫磷** 8 **乐果** 9 百菌清	7 农药指标	7.1 **敌敌畏** 7.2 **乐果** 7.3 **对硫磷** 7.4 **甲基对硫磷** 7.5 **2，4-滴** 7.6 **七氯** 7.7 **毒死蜱** 7.8 **灭草松** 7.9 **马拉硫磷**

续表

GB/T 5750，共142项指标		CJ/T 141—2018，共计80项指标	
GB/T 5750.9 农药指标	10 **甲萘威** 11 **溴氰菊酯** 12 **灭草松** 13 **2，4-滴** 14 **敌敌畏** 15 **呋喃丹** 16 **毒死蜱** 17 **莠去津** 18 **草甘膦** 19 **七氯** 20 **六氯苯** 21 **五氯酚**	7 农药指标	7.10 **莠去津** 7.11 **呋喃丹** 7.12 **溴氰菊酯** 7.13 **五氯酚** 7.14 **草甘膦** 7.15 敌百虫
GB/T 5750.10 消毒副产物指标	1 **三氯甲烷** 2 **三溴甲烷** 3 **二氯一溴甲烷** 4 **一氯二溴甲烷** 5 **二氯甲烷** 6 甲醛 7 乙醛 8 三氯乙醛 9 **二氯乙酸** 10 **三氯乙酸** 11 氯化氰 12 **2，4，6-三氯酚** 13 亚氯酸盐 14 溴酸盐	9 消毒剂与消毒副产物指标	9.1 **臭氧** 9.2 **二氧化氯** 9.3 **三氯甲烷** 9.4 **三溴甲烷** 9.5 **一溴二氯甲烷** 9.6 **二溴一氯甲烷** 9.7 **二氯甲烷** 9.8 **二氯乙酸** 9.9 **三氯乙酸** 9.10 一氯乙酸 9.11 一溴乙酸 9.12 一氯一溴乙酸 9.13 二溴乙酸 9.14 一溴二氯乙酸 9.15 一氯二溴乙酸 9.16 三溴乙酸 9.17 **2，4，6-三氯酚**
GB/T 5750.11 消毒剂指标	1 游离余氯 2 氯消毒剂中有效氯 3 氯胺 4 **二氧化氯** 5 **臭氧** 6 氯酸盐		
GB/T 5750.12 微生物指标	1 菌落总数 2 总大肠菌群 3 耐热大肠菌群 4 大肠埃希氏菌 5 **贾第鞭毛虫** 6 **隐孢子虫**	10 微生物指标	10.1 **贾第鞭毛虫** 10.2 **隐孢子虫** 10.3 粪性链球菌 10.4 亚硫酸盐还原厌氧菌（梭状芽孢杆菌）孢子
GB/T 5750.13 放射性指标	1 总α放射性 2 总β放射性		
		8 致嗅物质指标	8.1 土臭素 8.2 2-甲基异莰醇
		11 综合指标	11.1 城镇供水的致突变物

注：1. 表中黑体字为GB/T 5750和CJ/T 141—2018都有的检测指标。
2. CJ/T 141—2018是对GB/T 5750的补充，当同一项指标有两个或两个以上的检验方法时，可根据设备及技术条件选择适用的方法。

12.1.2 自动化仪表及控制系统应保证给水系统安全可靠，提高和保障供水水质，且应便于运行，节约成本，改善劳动条件。

问：净（配）水厂化验设备的配置要求？

答：《城市给水工程项目建设标准》建标120—2009。

第六十六条　净（配）水厂化验设备的配置，应以保证正常生产需要、能够分析规定的常规水质项目为原则。一、二类城市有多座水厂时，可设一个中心化验室，除规定项目的常规化验设备外，宜配置满足现行供水水质标准检测项目的设备，部分检测项目可委托检测。其他水厂应满足常规水质分析的需要，不必全套设置。

第六十六条条文说明：本条规定了净（配）水厂化验设备的配置原则。对于一、二类城市有多个水厂时，有一个中心化验室可以配备一些高精度的化验设备，一般水厂只配备常规化验设备，强调相互协作，中心化验室可以设置在自来水公司或某一水厂内。三类城市的水厂应满足常规水质检测项目的检测。

高精度化验设备的配置以满足现行供水水质标准的检测项目为准，常规化验项目设备的配置按照水质分析方法选择合适的化验设备。所有化验设备的配置要首先满足供水水质标准中基本项目的要求。

问：净（配）水厂水质化验常规设备的配置要求？

答：《城市给水工程项目建设标准》建标120—2009，第六十六条条文说明：水质化验的常规设备可参照《城镇给水厂附属建筑和附属设备设计标准》CJJ 41的规定选用。对城市供水水质中心检测机构的大型检测仪器可参照住房城乡建设部供水规划的要求逐步配置，具体内容见附表3（见表12.1.2）。（注：《城镇给水厂附属建筑和附属设备设计标准》CJJ 41已作废）

水质中心检测机构大型检测仪器基本配置要求　　表12.1.2

仪器名称	一级标准	二级标准	三级标准
紫外分光光度仪	1	1	1
荧光分光光度仪	1	—	—
原子吸收分光光度仪	1	1	1
原子荧光光谱仪	1	1	—
气相色谱仪	2	1	1
气相色谱-质谱联机	1	1	—
液相色谱仪	1	1	1
离子色谱仪	1	1	—
总有机碳测定仪	1	1	—
总有机卤测定仪	1	1	—
低本底α、β放射测定仪	1	1	1
生物显微镜	2	1	1
荧光生物显微镜	1	—	—
颗粒计数仪	1	—	—
电感耦合等离子体质谱仪	1	—	—
液相色谱-质谱联机	1	—	—
流动注射分析仪	2	1	—

附表3（即表12.1.2）中一级、二级、三级标准主要对应一类、二类、三类中心化验室或中心检测机构。化验设备的配置主要根据水质检测项目的要求确定，一般应当结合当

地的经济条件逐步实现。

所有城市水厂的水质化验，除基本项目外，可委托检测，避免增加投资、管理及技术上的困难。

12.1.3 计算机控制管理系统应满足企业生产经营的现代化科学管理要求，宜兼顾现有、新建及规划发展的要求。

12.2 在线检测

问：水质监测术语?

答：《城镇供水水质在线监测技术标准》CJJ/T 271—2017。

2.0.1 水质在线监测系统：通过分流或原位的在线监测方式，实时或连续地对水质指标进行测定的系统。水质在线监测系统主要由检测单元和数据处理与传输单元组成。

2.0.2 原位监测：水样不经输送直接在线监测的方式。

2.0.3 分流监测：水样经管道输送一定距离至在线监测仪进行监测的方式。

12.2.1 水源在线检测设置应符合下列规定：

1 河流型水源应检测 pH 值、浊度、水温、溶解氧、电导率等水质参数。水源易遭受污染时应增加氨氮、耗氧量或其他可实现在线检测的特征污染物等项目。

2 湖库型水源应检测 pH 值、电导率、浑浊度、溶解氧、水温、总磷、总氮等水质参数。水体存在富营养化可能时，应增加叶绿素 a 等项目；水源易遭受污染时，应增加氨氮、耗氧量或其他可实现在线检测的特征污染物等项目。

3 地下水水源应检测 pH 值、电导率、浊度等水质参数，当铁、锰、砷、氟化物、硝酸盐或其他指标存在超标现象时，应增加色度、溶解氧等项目。

4 水源存在咸潮影响风险时，应增加氯化物检测。

5 对规模较大、污染风险较高的水源可增加在线生物毒性检测。

6 水源存在重金属污染风险时，应对可能出现的重金属进行在线检测。

7 应对水源水位、取水泵站出水流量和压力在线检测。当水泵电动机组功率较大时，应检测轴温、电动机绕组温度、工作电流、电压与功率。

问：水源水质在线检测?

答：水源水质在线检测见《城镇供水水质在线监测技术标准》CJJ/T 271—2017，4.1 水源。

12.2.2 水厂在线检测设置应符合下列规定：

1 应检测进水水压（水位）、流量、浊度、pH 值、水温、电导率、耗氧量、氨氮等。

2 每组沉淀池（澄清池）应检测出水浊度，并可根据需要检测池内泥位。

3 每组滤池应检测出水浊度，并视滤池形式及冲洗方式检测水位、水头损失、冲洗流量等相关参数。除铁除锰滤池应检测进水溶解氧、pH 值。

4 臭氧制备车间应检测氧气压力、氧气质量和臭氧发生器产出的臭氧浓度、压力与流量，臭氧接触池应检测尾气臭氧浓度和处理后的尾气臭氧浓度。

5 药剂投加系统检测项目及检测点位置应根据投加药剂性质和控制方式确定。

6 回收水系统应检测水池液位及进水流量。

7 清水池应检测水位。

8 排泥水处理系统应根据系统设计及构筑物布置和操作控制的要求设置相应检测装置。

9 中空纤维微滤、超滤膜过滤的在线检测仪表配置应符合下列规定：

1）进水总管（渠）应配置浊度仪、水温仪及可能需要的其他水质仪；

2）出水总管（渠）应配置浊度仪，且宜配置颗粒计数仪；

3）排水总管宜配置流量仪；

4）冲洗用气或用水总管应配置流量仪及压力仪；

5）每个膜组应配置进水流量仪、跨膜压差检测仪、完整性检测压力仪、出水浊度仪、进水压力仪；

6）每个膜池应配置膜池运行水位液位仪、跨膜压差的液位-压力组合检测仪、完整性检测压力仪、出水浊度仪。

10 出水应检测流量、压力、浊度、pH 值、余氯等水质参数。

问：水厂水质在线检测？

答：《城镇供水水质在线监测技术标准》CJJ/T 271—2017。

4.2.1 进厂原水水质在线监测应选取对水厂后续生产可能产生影响的指标。

4.2.2 水厂净化工序出水水质在线监测指标应根据工序运行管理的需要确定，并应符合下列规定：

1 应监测浑浊度、酸碱度（pH）和消毒剂余量等指标，根据工艺运行管理需要可增加耗氧量、紫外（UV）吸收、颗粒数量及其他指标；

2 臭氧活性炭及膜处理工艺出水宜增加颗粒数量指标，砂滤后可增加颗粒数量指标。

4.2.3 出厂水水质在线监测指标应包括浑浊度、消毒剂余量及酸碱度（pH）等，根据需要可增加耗氧量、紫外（UV）吸收及其他指标。

4.2.4 水厂水质在线监测点布局应符合下列规定：

1 选择的监测点应覆盖进厂原水、主要净化工序出水和出厂水；

2 采用深度处理工艺的水厂应根据需要增设监测点。

4.2.5 水厂水质在线监测频率应满足水厂运行工艺调控的时间要求，浑浊度和消毒剂余量监测频率不宜小于 12 次/h。

12.2.3 输水系统在线检测内容应根据输水方式、距离等条件确定，并应符合下列规定：

1 长距离输水时，除应检测输水起端、分流点、末端流量、压力外，尚应增加管线中间段检测点；

2 泵站应检测吸水井水位及水泵进、出水压力和电机工况，并应有检测水泵出水流量的措施；真空启动时应检测真空装置的真空度。

12.2.4 配水管网在线检测的设置应符合下列规定：

1 配水管网在线检测应包括水力和水质状态的检测；

2 水力检测应满足配水管网的运行和管理要求，选择流量、压力和水位的部分或全部进行在线检测；

3 水质检测应满足配水管网在线监测点设置要求，在线监测点的数量应符合现行行业标准《城镇供水水质在线监测技术标准》CJJ/T 271 的有关规定；检测项目至少包括余氯、浊度，并可根据需要检测 pH 值、电导率等；

4　配水管网检测应纳入城市供水调度与水质监测系统。

问：管网水质在线检测？

答：《城镇供水水质在线监测技术标准》CJJ/T 271—2017。

4.3.1　管网水质在线监测指标应包括浑浊度和消毒剂余量，可增加酸碱度（pH）、电导率、水温、色度及其他指标。

4.3.2　管网水质在线监测点布局应符合下列规定：

1　在线监测点的位置和数量应能保证准确、及时、全面地反映管网水质。

2　供水干管、不同水厂供水交汇区域、较大规模加压泵站等重要区域或节点应设置在线监测点，管网末梢可根据需要增设在线监测点。

3　监测点数量应根据供水服务人口确定。50万人以下，在线监测点不应小于3个；50万人～100万人，不应小于5个；100万人～500万人，不应小于20个；500万人以上，不应小于30个。

4.3.3　管网水质在线监测频率应满足水质预警的要求，浑浊度和消毒剂余量监测频率不宜小于4次/h。

问：城市配水管网水质在线实时监测点的设置？

答：《城市给水工程项目建设标准》建标120—2009，第六十二条：一座城市有几个水厂时，应建立中心调度室，应在城市配水管网的主要特征控制点设置自动测压、测流装置以及水质监测设施，及时了解管网运行情况，进行平衡调度，保证安全供水。水质分析项目可视具体情况在线监测余氯、浑浊度等。有条件的城市可每$10km^2$设置1个水质在线实时监测点。

12.2.5　机电设备应检测工作与事故状态下的运行参数。

12.3　控　　制

12.3.1　数据采集和监控（SCADA）系统应根据规模、控制和节能要求配置，并应能实现取水、输水、水处理过程及配水的自动化控制和现代化管理。

12.3.2　应有自控系统故障时手动紧急切换装置。应能保证自控系统故障时，在电动情况下工艺设备正常运行。

12.3.3　地下水取水井群及水源地取水泵站应根据用水量、出水压力、水质指标控制水泵运行数量。宜采用遥测、遥控系统。应根据当地的各类信号状况、通信距离、带宽要求和运营成本，确定选用移动通信网络或无线电台及光纤通信技术。

12.3.4　净水厂自动控制宜采用可编程序控制器。模拟量及调节控制量较多的大、中型规模水厂可采用集散型微机控制系统。水厂进水，重力流宜根据流量、压力调节阀门开度进行控制；压力流除应调节进水阀门外，也可调节控制上一级泵站水泵运行台数和转速。加药量应根据处理水量、水质与处理后的水质进行控制。对于沉淀池，宜根据原水浊度和温度控制排泥时间。滤池宜根据滤层压差或出水浊度控制反冲洗周期、反冲洗时间和强度。对于臭氧接触池，宜根据出水余臭氧含量控制臭氧投加量。水厂出水，重力流送水时应根据出水流量调节阀门开度控制水量，压力流时应根据出水压力、流量控制送水泵运行台数或调节送水泵转速。

12.3.5　净水厂中空纤维膜微滤或超滤系统应符合下列规定：

1 膜处理系统的监控系统应包括独立的工艺检测与自动控制子系统；

2 膜处理系统的自动控制系统应设有向水厂总体监控系统传送运行参数和接收其操作指令的设施；

3 膜处理系统的自动控制系统宜采用可编程控制器（PLC）和集散控制系统（DCS）；

4 膜系统的进水、出水、物理清洗、化学清洗系统应自动控制。配置预过滤器、真空系统时，也应自动控制。

12.3.6 配水管网中二次泵站应根据末端用户或泵站出口管网的压力调节水泵运行台数和转速。

12.4 计算机控制管理系统

12.4.1 计算机控制管理系统应有信息收集、处理、控制、管理及安全保护功能，宜采用信息层、控制层和设备层三层结构。

12.4.2 计算机控制管理系统设计应符合下列规定：

1 应合理配置监控系统的设备层、控制层、管理层；

2 网络结构及通信速率应根据工程具体情况，经技术经济比较确定；

3 操作系统及开发工具应稳定运行、易于开发、操作界面方便；

4 根据企业需求及相关基础设施，对企业信息化系统作出功能设计。

12.4.3 厂级中控室应就近设置电源箱，供电电源应为双回路；直流电源设备应安全、可靠。

12.4.4 厂、站控制室的面积应视其使用功能设定，并考虑今后的发展。

12.5 监控系统

12.5.1 水厂和大型泵站的周界宜设电子围栏和视频监控系统。

12.5.2 水厂和大型泵站的重要出入口通道应设置门禁系统。

12.6 供水信息系统

12.6.1 供水信息系统应满足对整个给水系统的数据实时采集整理、监控整个城市供水、合理和快速调度城市供水以及供水企业管理的要求。

12.6.2 供水信息系统可为城镇信息中心的一个子集，并应与水利、电力、气象、环保、安全、城市建设、规划等管理部门信息互通。

附录A 管道沿程水头损失水力计算参数（n、C_h、Δ）值

A.0.1 管道沿程水头损失水力计算参数值应符合表A.0.1的规定。

管道沿程水头损失水力计算参数（n、C_h、Δ）值 **表A.0.1**

管道种类		粗糙系统 n	海曾-威廉系数 C_h	当量粗糙度 Δ（mm）
钢管、铸铁管	水泥砂浆内衬	0.011～0.012	120～130	—
	涂料内衬	0.0105～0.0115	120～130	—
	旧钢管、旧铸铁管（未做内衬）	0.014～0.018	90～100	—
混凝土管	预应力混凝土管（PCP）	0.012～0.013	100～130	—
	预应力钢筒混凝土管（PCCP）	0.011～0.0125	120～140	—
矩形混凝土管道	—	0.012～0.014	—	—
塑料管材（聚乙烯管、聚氯乙烯管、玻璃纤维增强树脂夹砂管等），内衬塑料的管道	—	—	140～150	0.010～0.030

本标准用词说明

1 为便于在执行本标准条文时区别对待，对要求严格程度不同的用词说明如下：

1）表示很严格，非这样做不可的用词：

正面词采用“必须”，反面词采用“严禁”。

2）表示严格，在正常情况下均应这样做的用词：

正面词采用“应”，反面词采用“不应”或“不得”。

3）表示允许稍有选择，在条件许可时首先应这样做的用词：

正面词采用“宜”，反面词采用“不宜”。

4）表示有选择，在一定条件下可以这样做的用词，采用“可”。

2 条文中指明应按其他有关标准执行的写法为：“应符合……的规定”或“应按……执行”。

补 充 问 题

一、修　　复

问：修复的相关标准？

答：《城镇供水管网抢修技术规程》CJJ/T 226—2014；《城镇给水管道非开挖修复更新工程技术规程》CJJ/T 244—2016；《埋地钢质管道管体缺陷修复指南》GB/T 36701—2018。

问：城镇供水管道接口填料损坏的修复方法？

答：接口修复方法可用于管道接口填料损坏的修复，具体见表 1。

城镇供水管道接口填料损坏的修复方法　　　　表 1

<table>
<tr><th>接口类型</th><th>接口修复方法《城镇供水管网抢修技术规程》CJJ/T 226—2014，4.2　接口修复方法</th></tr>
<tr><td>刚性接口</td><td>4.2.2　刚性填料接口修复应符合下列规定：
1　填充油麻的深度应根据密封材料确定；填充前，应将原填料剔除并露出油麻或橡胶圈，且应将填充处淋湿；填充时，应将承口、插口清洗干净，环形间隙应均匀，填充油麻应密实。
2　水泥强度等级不应低于 42.5MPa；石棉应选用机选 4F 级温石棉；填充前石棉和水泥应充分拌合，其中水、石棉和水泥的质量比应为 1∶3∶7，拌合后的材料应在初凝前用完。
3　膨胀水泥砂浆宜在使用地点随用随拌，膨胀水泥砂浆应分层填入，捣实不得用锤敲打。
4　填充后的接口养护时间应符合填充物的性能要求。
5　当地下水对水泥有侵蚀作用时，应在接口表面采取防腐措施。
6　刚性接口填充后，不得碰撞、振动及扭曲。
4.2.2　条文说明：刚性接口一般用于铸铁管道、混凝土管道的连接口。部分刚性接口填料的做法见表 4.2.2。

部分刚性接口填料的做法　　　　表 4.2.2
<table>
<tr><th colspan="2">内层填料</th><th colspan="2">外层填料</th></tr>
<tr><td>材料</td><td>填打深度</td><td>材料</td><td>填打深度</td></tr>
<tr><td>油麻</td><td>约占承口总深度的 1/3，不超过承口水线里缘</td><td>石棉水泥</td><td>约占承口深度的 2/3，表面平整一致，凹入端面 2mm</td></tr>
<tr><td>橡胶圈</td><td>填打至插口小台或距插口端 10mm</td><td>石棉水泥</td><td>填打至橡胶圈，表面平整一致，凹入端面 2mm</td></tr>
</table>
刚性接口修复可采用石棉水泥、纯水泥、自应力水泥砂浆、石膏水泥、掺添氯化钙的石棉水泥等填料进行修复。带膨胀性质的刚性材料现常用的是膨胀水泥砂浆。采用的接口材料为：麻—膨胀水泥砂浆、胶圈—膨胀水泥砂浆。膨胀水泥砂浆不必打口，填塞密实即可，操作省力。此外，膨胀水泥砂浆作为填料与管壁的粘结力也比石棉水泥好。
膨胀水泥能够在水化过程中体积膨胀。膨胀的结果，一是密度减小，体积增大，提高了水密性和管壁的连接；另一是产生微小的封闭性气孔，使水不易渗漏。接口用膨胀性填料一般由硅酸盐水泥、矾土水泥和石膏组成。硅酸盐水泥为强度的组成部分，矾土水泥和石膏为膨胀的组成部分。膨胀水泥砂浆及石膏水泥填料，操作强度低，务必填嵌后能提出浆液，否则要引发二次膨胀，胀坏承口。掺添氯化钙的石棉水泥填料可快速凝固，提前通水。
刚性接口故障的修复，不同于新管道刚性接口的制作，若管道接口部位的管材质量良好，应剔除接口内的旧填料，再制作新的刚性接口</td></tr>
<tr><td>柔性接口</td><td>4.2.3　柔性接口修复应符合下列规定：
1　橡胶圈外观应光滑平整，不得有接头、毛刺、裂缝、破损、气孔、重皮等缺陷；
2　橡胶圈填塞时，应将承口、插口清洗干净，沿一个方向依次均匀压入承口凹槽；
3　润滑剂应符合现行国家标准《生活饮用水输配水设备及防护材料的安全性评价标准》GB/T 17219 的有关规定，不得使用石油制成的润滑剂</td></tr>
<tr><td>法兰接口</td><td>4.2.4　法兰接口修复应符合下列规定：
1　法兰连接应保持同轴度，螺栓应能自然穿入；
2　垫片表面应平整，无翘曲变形，边缘切割应整齐；
3　螺栓应对称拧紧，紧固后的螺栓与螺母宜齐平；
4　法兰连接宜选用有止水带的橡胶垫片；
5　密封垫龟裂、脱落时应更换</td></tr>
</table>

续表

接口类型	接口修复方法《城镇供水管网抢修技术规程》CJJ/T 226—2014，4.2　接口修复方法
内胀圈接口	4.2.5　内胀圈接口修复应符合下列规定： 1　密封带、内胀圈应符合现行国家标准《生活饮用水输配水设备及防护材料的安全性评价标准》GB/T 17219的有关规定； 2　管道接口清理、填充时，内胀圈与管内壁应紧贴； 3　待修接口应处于密封带中间部位，内胀圈应放置在密封带的环槽内，内胀圈的开口宜置入管道的内侧下方； 4　内胀圈应固定牢固，受力均匀。 4.2.5　条文说明：内胀圈法工艺是利用专用液压设备对不锈钢胀圈施压，将特制高强度密封止水带安装固定在接口两侧，对管道接口进行软连接，使管道恢复原设计承压能力。实施该技术后，经过试压验收，修复达到了预期目的。内胀圈法修复工艺可用于管径为600mm～3000mm的铸铁管道、钢质管道和混凝土管道等的修复。 管道接口填充前，应把接口残余灰渣、泥沙及其他污物人工清理干净。在内胀圈安装以前，用混合砂浆对需要填充的接口进行填充，将整个间隙填满并确保与管道内壁平齐。 密封带定位要确保其位置在待修部位正上方，并使待修管口处于密封带中间部位。 内胀圈定位后，可用专用液压工具对内胀圈的保持带施加压力。压力达到时，将圆弧形的不锈钢楔插入缝隙，使内胀圈固定

问：城镇供水管道接口脱开、断裂和孔洞的修复方法？

答：城镇供水管道接口脱开、断裂和孔洞的修复方法见表2。

城镇供水管道接口脱开、断裂和孔洞的修复方法　　表2

修复方法	修复的应用
管箍法在管壁外部用管箍对管道漏水处进行修复的方法	用于管道接口脱开、断裂和孔洞的修复
焊接法电焊焊接（补）管道的修复方法	用于钢制管道焊缝开裂、腐蚀穿孔的修复
粘结法用粘结材料对泄漏处进行修复的方法	用于管道裂缝、孔洞的修复
更换管段法用新的管段替换原已破损管道的修复方法	用于整段管道破损或其他方法修复困难的管道修复

问：不同材质城镇供水管道的修复方法？

答：不同材质城镇供水管道的修复方法见表3。

不同材质城镇供水管道的修复方法　　表3

管道材质	修复方法
钢质管道	5.3.1　钢质管道修复可采用焊接法和管箍法。对于大面积腐蚀且管壁减薄的管道，应采用更换管段法修复。 5.3.1　条文说明：对于局部穿孔的管壁，若漏点较小，可以垫上胶皮后用管箍堵漏法修复。采用焊接堵漏法时，若焊接开裂，一般可先用垫子使焊缝漏水量减少，再焊接一块钢板止水。更换局部管道法修复时，一般可采用两个柔性接口外加一段短管修复
铸铁管道	5.4.1　铸铁管道穿孔、承口破裂或裂缝漏水可采用管箍法修复。对于严重破裂的管道，应采用更换管段法修复。 5.4.1　条文说明：铸铁管道能承受一定的水压力，耐腐蚀性强，但其属于脆性材料，韧性较差。铸铁管道一般包含球墨铸铁管道和灰口铸铁管道。铸铁管道接口形式有承插式和法兰式两种。承插式接口常由于种种原因，填料被局部冲走发生漏水。采用管箍堵漏法时，如果漏点较小可以直接填口。如果接口处漏水，可以往接口内填料捻口，也可用卡盘压紧胶圈止水。 5.4.2　管道砂眼漏水时，可在漏水孔处钻孔攻丝堵漏。 5.4.2　条文说明：铸铁管道砂眼漏水时，可在漏水孔处先钻孔攻丝，然后拧紧塞头，达到堵漏的目的。 5.4.3　管道裂缝漏水时，应在裂缝两端钻止裂孔，并应采用管箍法修复。 5.4.3　条文说明：裂缝漏水，应在裂缝两头钻小孔，以防裂缝继续发展，并把裂缝处管壁打磨平整，再采用管箍法修复

续表

管道材质	修复方法
钢筋混凝土管道及预应力混凝土管道	5.5.1　钢筋混凝土管道及预应力混凝土管道接口漏水、管体局部断裂可采用管箍法修复。对于不能采用管箍法修复的管道，应采用更换管段法修复，且破损管道应整根更换。 5.5.1　条文说明：钢筋混凝土管道多为承插式接口。这种管道接口漏水的情况较多，采用管箍法时，应采取补麻等措施止水。如果纵向产生裂纹不长，可先把裂纹再剔大些，深度到钢筋，用环氧树脂打底，再用环氧树脂水泥腻子补平。预应力混凝土管道多为平口，接口一般用水泥套环连接。漏水点一般发生在接口处，可用管箍堵漏法修复。 管材爆裂或纵向裂缝较长时，也可采取钢制管节包嵌整根管材，现场焊成管箍，两端填充膨胀水泥填料，钢制管节与混凝土管道间开孔注满水泥砂浆，钢制管节下方作混凝土基础，两侧相邻段胸膛嵌垫混凝土，作刚、柔接口间的过渡处理。倘若采取有效措施，切除破损管道可避免其邻近接口胶圈回弹，亦可用更换管段法修复。 5.5.2　管道砂眼渗水或裂缝渗水时，可采用环氧树脂砂浆或加玻璃纤维布修复
预应力钢筒混凝土管道	5.6.1　预应力钢筒混凝土管道可采用管箍法、焊接法和更换管段法修复。采用管箍法时，应采用补丁式管箍修复
玻璃钢管道	5.7.1　玻璃钢管道可采用粘结法、管箍法和更换管段法修复
硬聚氯乙烯管道及聚乙烯管道	5.8.1　硬聚氯乙烯管道、聚乙烯管道可采用焊接法、粘结法和管箍法修复。大面积损坏时应采用更换管段法修复

注：本表内容整理自《城镇供水管网抢修技术规程》CJJ/T 226—2014。

问：城镇供水管道附件的修复方法？

答：城镇供水管道附件的修复方法见表 4。

城镇供水管道附件的修复方法　　表 4

管道附件	修复方法
阀门	1. 阀门更换宜选用相同规格的阀门； 2. 阀门从管道间取出时，应采取措施防止管道松动； 3. 阀杆或阀板发生故障时，可更换阀杆或阀板； 4. 管道水流方向应与阀门指示方向一致
进排气阀	进排气阀漏水时，可采取清除杂物、更换浮球或胶垫方式进行修复
消火栓和阀门阀体	消火栓和阀门阀体等出现裂纹漏水或受到破坏时，应止水更换

问：城镇供水管道漏水修复实例？

答：城镇供水管道漏水修复实例见图 1、图 2。

图 1　*DN*600 球墨铸铁管承口漏水修复

图 2　*DN*600 混凝土管承口漏水修复

二、工程模式

问：PPP、EPC、PMC、DB、DBB、CM、BOT 概念及优缺点？

答：PPP、EPC、PMC、DB、DBB、CM、BOT 概念及优缺点见表 5。

PPP、EPC、PMC、DB、DBB、CM、BOT 概念及优缺点　　表 5

1　PPP	
概念	PPP（Public Private-Partnership）即公共部门与私人企业合作模式。具体是指政府、私人企业基于某个项目而形成的相互间合作关系的一种特许经营项目融资模式。由该项目公司负责筹资、建设与经营。政府通常与提供贷款的金融机构达成一个直接协议，该协议不是对项目进行担保，而是政府向借贷机构做出的承诺，将按照政府与项目公司签订的合同支付有关费用。这个协议使项目公司能比较顺利地获得金融机构的贷款。而项目的预期收益、资产以及政府的扶持力度将直接影响贷款的数量和形式。采取这种融资形式的实质是，政府通过给予民营企业长期的特许经营权和收益权来换取基础设施加快建设及有效运营
优点	1. 公共部门和私人企业在初始阶段就共同参与论证，有利于尽早确定项目融资可行性，缩短前期工作周期，节省政府投资； 2. 可以在项目初期实现风险分配，同时由于政府分担一部分风险，使风险分配更合理，减少了承建商与投资商风险，从而降低了融资难度； 3. 参与项目融资的私人企业在项目前期就参与进来，有利于私人企业一开始就引入先进技术和管理经验； 4. 公共部门和私人企业共同参与建设和运营，双方可以形成互利的长期目标，更好地为社会和公众提供服务； 5. 使项目参与各方整合组成战略联盟，对协调各方不同的利益目标起关键作用； 6. 政府拥有一定的控制权
缺点	1. 对于政府来说，如何确定合作公司给政府增加了难度，而且在合作中要负有一定的责任，增加了政府的风险负担； 2. 组织形式比较复杂，增加了管理上协调的难度； 3. 如何设定项目的回报率可能成为一个颇有争议的问题
2　EPC	
概念	EPC（Engineering Procurement Construction）即工程总承包模式，又称设计、采购、施工一体化模式。是指在项目决策阶段以后，从设计开始，经招标委托一家工程公司对设计-采购-建造进行总承包。在这种模式下，按照承包合同规定的总价或可调总价，由工程公司负责对工程项目的进度、费用、质量、安全进行管理和控制，并按合同约定完成工程。EPC 有很多种衍生和组合，例如 EP+C、E+P+C、EPCm、EPCs、EPCa 等
优点	1. 业主把工程的设计、采购、施工和开工服务工作全部托付给工程总承包商负责组织实施，业主只负责整体的、原则的、目标的管理和控制，总承包商更能发挥主观能动性，能运用其先进的管理经验为业主和承包商自身创造更多的效益；提高了工作效率，减少了协调工作量； 2. 设计变更少，工期较短； 3. 由于采用的是总价合同，基本上不用再支付索赔及追加项目费用；项目的最终价格和要求的工期具有更大程度的确定性

续表

缺点	1. 业主不能对工程进行全程控制； 2. 总承包商对整个项目的成本工期和质量负责，加大了总承包商的风险，总承包商为了降低风险获得更多的利润，可能通过调整设计方案来降低成本，可能会影响长远意义上的质量； 3. 由于采用的是总价合同，承包商获得业主变更令及追加费用的弹性很小
3　PMC	
概念	PMC（Project Management Consultant）即项目管理承包。指项目管理承包商代表业主对工程项目进行全过程、全方位的项目管理，包括进行工程的整体规划、项目定义、工程招标、选择 EPC 承包商，并对设计、采购、施工、试运行进行全面管理，一般不直接参与项目的设计、采购、施工和试运行等阶段的具体工作。 PMC 模式体现了初步设计与施工图设计的分离，施工图设计进入技术竞争领域，只不过初步设计是由 PMC 完成的
优点	1. 可以充分发挥管理承包商在项目管理方面的专业技能，统一协调和管理项目的设计与施工，减少矛盾； 2. 有利于建设项目投资的节省； 3. 该模式可以对项目的设计进行优化，可以实现在项目生存期内达到成本最低； 4. 在保证质量优良的同时，有利于承包商获得对项目未来的契股或收益分配权，可以缩短施工工期，在高风险领域，通常采用契股这种方式来稳定队伍
缺点	1. 业主参与工程的程度低，变更权利有限，协调难度大； 2. 业主方很大的风险在于能否选择一个高水平的项目管理公司； 3. 该模式通常适用于：项目投资在 1 亿美元以上的大型项目；缺乏管理经验的国家和地区的项目，引入 PMC 可确保项目的成功建成，同时帮助这些国家和地区提高项目管理水平；利用银行或国外金融机构、财团贷款或出口信贷而建设的项目；工艺装置多而复杂，业主对这些工艺不熟悉的庞大项目
4　DB	
概念	DB（Design And Build）即设计-建造模式，在国际上也称交钥匙模式（Turn-Key-Operate）。在中国称设计-施工总承包模式（Design-Construction）。是在项目原则确定之后，业主选定一家公司负责项目的设计和施工。这种方式在投标和订立合同时是以总价合同为基础的。设计-建造总承包商对整个项目的成本负责，他首先选择一家咨询设计公司进行设计，然后采用竞争性招标方式选择分包商，当然也可以利用本公司的设计和施工力量完成一部分工程。 DB 避免了设计和施工的矛盾，可显著降低项目的成本和缩短工期。然而，业主关心的重点是工程按合同竣工交付使用，而不在乎承包商如何去实施。同时，在选定承包商时，把设计方案的优劣作为主要的评标因素，可保证业主得到高质量的工程项目
优点	1. 和承包商密切合作，完成项目规划直至验收，减少了协调的时间和费用； 2. 承包商可在参与初期将其材料、施工方法、结构、价格和市场等知识和经验融入设计中； 3. 有利于控制成本，降低造价。国外经验证明：实行 DB 模式，平均可降低造价 10%左右； 4. 有利于进度控制，缩短工期； 5. 责任单一。从总体来说，建设项目的合同关系是业主和承包商之间的关系，业主的责任是按合同规定的方式付款，总承包商的责任是按时提供业主所需的产品，总承包商对于项目建设的全过程负有全部的责任
缺点	1. 对最终设计和细节控制能力较低； 2. 承包商的设计对工程经济性有很大影响，在 DB 模式下承包商承担了更大的风险； 3. 质量控制主要取决于业主招标时功能描述时的质量标准，而且总承包商的水平对设计质量有较大影响； 4. 时间较短，缺乏特定的法律、法规约束，没有专门的险种； 5. 方式操作复杂，竞争性较小
5　DBB	
概念	DBB（Design-Bid-Build）即设计-招标-建造模式，它是一种在国际上比较通用且应用最早的工程项目发包模式之一。指由业主委托建筑师或咨询工程师进行前期的各项工作（如进行机会研究、可行性研究等），待项目评估立项后再进行设计。在设计阶段编制施工招标文件，随后通过招标选择承包商；而有关单项工程的分包和设备、材料的采购一般都由承包商与分包商和供应商单独订立合同并组织实施。在工程项目实施阶段，工程师则为业主提供施工管理服务。这种模式最突出的特点是强调工程项目的实施必须按照 D-B-B 的顺序进行，只有一个阶段全部结束另一个阶段才能开始

续表

优点	优点表现在管理方法较成熟，各方对有关程序都很熟悉，业主可自由选择咨询设计人员，对设计要求可控制，可自由选择工程师，可采用各方均熟悉的标准合同文本，有利于合同管理、风险管理和减少投资
缺点	1. 项目周期较长，业主与设计、施工方分别签约，自行管理项目，管理费较高； 2. 设计的可施工性差，工程师控制项目目标能力不强； 3. 不利于工程事故的责任划分，由于图纸问题产生争端多索赔多等。该管理模式在国际上最为通用，以世行、亚行贷款项目和国际咨询工程师联合会（FIDIC）的合同条件为依据的项目均采用这种模式。中国目前普遍采用的“项目法人责任制”、“招标投标制”、“建设监理制”、“合同管理制”基本上参照世行、亚行和FIDIC的这种传统模式
6　CM模式	
概念	CM（Construction Management Approach）即施工管理承包方式。CM模式是由业主委托CM单位，以一个承包商的身份，采取有条件的“边设计、边施工”，着眼于缩短项目周期，也称快速路径法。即以Fast Track的生产组织方式来进行施工管理，直接指挥施工活动，在一定程度上影响设计活动，而它与业主的合同通常采用“成本＋利润”方式的一种承发包模式。此方式通过施工管理商来协调设计和施工的矛盾，使决策公开化。 其特点是由业主和业主委托的工程项目经理与工程师组成一个联合小组共同负责组织和管理工程的规划、设计和施工。完成一部分分项（单项）工程设计后，即对该部分进行招标，发包给一家承包商，无总承包商，由业主直接按每个单项工程与承包商分别签订承包合同。 这是近年在国外广泛流行的一种合同管理模式，这种模式与过去那种设计图纸全都完成之后才进行招标的连续建设生产模式不同。 CM模式的两种实现形式：CM单位的服务分代理型和风险型。 代理型CM（“Agency”CM）：以业主代理身份工作，收取服务酬金。 风险型CM（“At-Risk”CM）：以总承包身份，可直接进行分发包，直接与分包商签合同，并向业主承担保证最大工程费用GMP，如果实际工程费超过了GMP，超过部分由CM单位承担
优点	1. 在项目进度控制方面，由于CM模式采用分散发包，集中管理，使设计与施工充分搭接，有利于缩短建设周期； 2. CM单位加强与设计方的协调，可以减少因修改设计而造成的工期延误； 3. 在投资控制方面，通过协调设计，CM单位还可以帮助业主采用价值工程等方法向设计提出合理化建议，以挖掘节约投资的潜力，还可以大大减少施工阶段的设计变更。如果采用了具有GMP的CM模式，CM单位将对工程费用的控制承担更直接的经济责任，因而可以大大降低业主在工程费用控制方面的风险； 4. 在质量控制方面，设计与施工的结合和相互协调，在项目上采用新工艺、新方法时，有利于工程施工质量的提高； 5. 分包商的选择由业主和承包人共同决定，因而更为明智
缺点	1. 对CM经理以及其所在单位的资质和信誉的要求都比较高； 2. 分项招标导致承包费可能较高； 3. CM模式一般采用“成本加酬金”合同，对合同范本要求比较高
7　BOT	
概念	BOT（Build-Operate-Transfer）即建造-运营-移交模式。是指一国财团或投资人为项目的发起人，从一个国家的政府获得某项目基础设施的建设特许权，然后由其独立式地联合其他方组建项目公司，负责项目的融资、设计、建造和经营。在整个特许期内，项目公司通过项目的经营获得利润，并用此利润偿还债务。在特许期满之时，整个项目由项目公司无偿或以极少的名义价格移交给东道国政府。 BOT模式的最大特点是由于获得政府许可和支持，有时可得到优惠政策，拓宽了融资渠道。BOOT、BOO、DBOT、BTO、TOT、BRT、BLT、BT、ROO、MOT、BOOST、BOD、DBOM和FBOOT等均是标准BOT操作的不同演变方式，但其基本特点是一致的，即项目公司必须得到政府有关部门授予的特许权。该模式主要用于机场、隧道、发电厂、港口、收费公路、电信、供水和污水处理等一些投资较大、建设周期长和可以运营获利的基础设施项目
优点	1. 可以减少政府主权借债和还本付息的责任； 2. 可以将公营机构的风险转移到私营承包商，避免公营机构承担项目的全部风险； 3. 可以吸引国外投资，以支持国内基础设施的建设，解决了发展中国家缺乏建设资金的问题； 4. BOT项目通常都由外国的公司来承包，这会给项目所在国带来先进的技术和管理经验，既给本国的承包商带来较多的发展机会，也促进了国际经济的融合

续表

缺点	1. 在特许权期限内，政府将失去对项目所有权和经营权的控制； 2. 参与方多，结构复杂，项目前期过长且融资成本高； 3. 可能导致大量的税收流失； 4. 可能造成设施的掠夺性经营； 5. 在项目完成后，会有大量的外汇流出； 6. 风险分摊不对称等。政府虽然转移了建设、融资等风险，却承担了更多的其他责任与风险，如利率、汇率风险等

三、塑料给水管道

问：埋地塑料给水管道？

答：《埋地塑料给水管道工程技术规程》CJJ 101—2016。

2.1.1 埋地塑料给水管道：由高分子材料或高分子材料与金属材料复合制成，用于埋地方式输送给水的管道的总称。

本规程中的埋地塑料给水管道品种包括：聚乙烯（PE）管道、聚氯乙烯（PVC）管道和钢塑复合（PSP）管道三类。聚乙烯（PE）管道分为PE80管和PE100管；聚氯乙烯（PVC）管道分为硬聚氯乙烯（PVC-U）管和抗冲改性聚氯乙烯（PVC-M）管；钢塑复合（PSP）管道分为钢骨架聚乙烯塑料复合管、孔网钢带聚乙烯复合管和钢丝网骨架塑料（聚乙烯）复合管。

3.4.3 埋地塑料给水管材、管件不宜长期存放。管材从生产到使用的存放时间不宜超过18个月。管件从生产到使用的存放时间不宜超过24个月。超过上述期限，宜对管材、管件的物理力学性能重新进行抽样检验，合格后方可使用。

4.1.2 管道应按管土共同工作的模式进行内力分析。

4.1.3 管道设计使用年限不应低于50年，结构安全等级不应低于二级。

4.1.4 管道结构设计应采用以概率理论为基础的极限状态设计法，以可靠指标度量管道结构的可靠度。除对管道验算整体稳定外，尚应采用分项系数设计表达式进行计算。

问：为什么埋地塑料给水管道不应采用刚性管基基础？

答：《埋地塑料给水管道工程技术规程》CJJ 101—2016。

4.1.5 管道不应采用刚性管基基础。对设有混凝土保护外壳结构的塑料给水管道，混凝土保护结构应承担全部外荷载。

4.1.5 条文说明：埋地塑料给水管道依靠管土共同作用对抗荷载。如果采用刚性管座基础将破坏围土的连续性。从而引起管壁应力的突变。并可能超出管材的极限拉伸强度导致破坏。混凝土包封结构是为了弥补塑料给水管的强度或刚度的不足，凡采用混凝土包封结构的管段，包封结构应按承担全部的外部荷载，或采用全管段连续包封，消除管壁应力集中的问题。

问：塑料管与热力管道的最小水平净距？

答：《埋地塑料给水管道工程技术规程》CJJ 101—2016。

4.2.5 管道与热力管道之间的水平净距和垂直净距，应符合表4.2.5-1和表4.2.5-2的规定（见表6和表7），并应确保给水管道周围土温度不高于40℃。当直埋蒸汽热力管道保温层外壁温度低于60℃时，水平净距可减半。

管道与热力管道之间的水平净距（m）　　表 6

直埋热力管	热水	≥1.0
	蒸汽	≥2.0
热力管沟		≥1.0（至沟外壁）

管道与热力管道之间的垂直净距（m）　　表 7

给水管在热力直埋管上方	≥0.5（加套管，从套管外壁计）
给水管在热力直埋管下方	≥1.0（加套管，从套管外壁计）
给水管在热力管沟上方	≥0.1 或≥0.2（加套管，从套管外壁计）
给水管在热力管沟下方	≥0.3（加套管，从套管外壁计）

管道与其他管线及建（构）筑物之间的水平净距和垂直净距，应符合现行国家标准《室外给水设计规范》GB 50013 的有关规定（注：《室外给水设计规范》GB 50013 现行版本为《室外给水设计标准》GB 50013）。

4.2.5　条文说明：由于塑料管道对温度极为敏感，因此，埋地塑料给水管道与热力管道之间的水平净距和垂直净距，参照现行行业标准《埋地塑料排水管道工程技术规程》CJJ 143 和《聚乙烯燃气管道工程技术规程》CJJ 63 相关条款制定，并根据热源在土壤中的温度场分布，采用传热学中的源汇法，经计算和绘制的热力管的温度场分布图确定的。计算表明，保证热力管道外壁温度不高于 60℃条件下，距热力管道外壁水平净距 1m 处的土壤温度低于 40℃。东北某城市对不同管径、不同热水温度的热力管道周围土壤温度实测数据也表明，距热力管道外壁水平净距 1m 处的土壤温度远低于 40℃。当然，有条件的情况下，塑料给水管道与供热管道的水平净距应尽量加大一些，以避免各种不可预见的问题发生（注：《聚乙烯燃气管道工程技术规程》CJJ 63 现行版本为《聚乙烯燃气管道工程技术标准》CJJ 63）。

问：埋地塑料给水管道的回填？

答：《埋地塑料给水管道工程技术规程》CJJ 101—2016。

5.5.15　管道沟槽回填土压实系数与回填材料等应符合设计要求，设计无要求时，应符合表 5.5.15 的规定（见表 8）。

沟槽回填土压实系数与回填材料　　表 8

填土部位		压实系数（%）	回填材料
管道基础	管底基础	85～90	中砂、粗砂
	管道有效支撑角范围	≥95	
管道两侧		≥95	中砂、粗砂、碎石屑，最大粒径小于 40mm 的砂砾或符合要求的原土
管顶以上 0.5m 内	管道两侧	≥90	
	管道上部	85±2	
管顶 0.5m 以上		≥90	原土

注：回填土的压实系数，除设计要求用重型击实标准外，其他皆以轻型击实标准试验获得最大干密度为 100%。

5.5.15　条文说明：沟槽回填土压实系数与回填材料示意见图 1（见图 3）。

问：聚乙烯（PE）管、聚氯乙烯（PVC）管和钢塑复合管温度对压力折减系数（f_t）？

答：温度对压力折减系数：管道在 20℃以上工作温度下连续使用时，其工作压力与在 20℃时工作压力相比的系数。聚乙烯（PE）管、聚氯乙烯（PVC）管和钢塑复合管温度对压力折减系数见表 9～表 11。

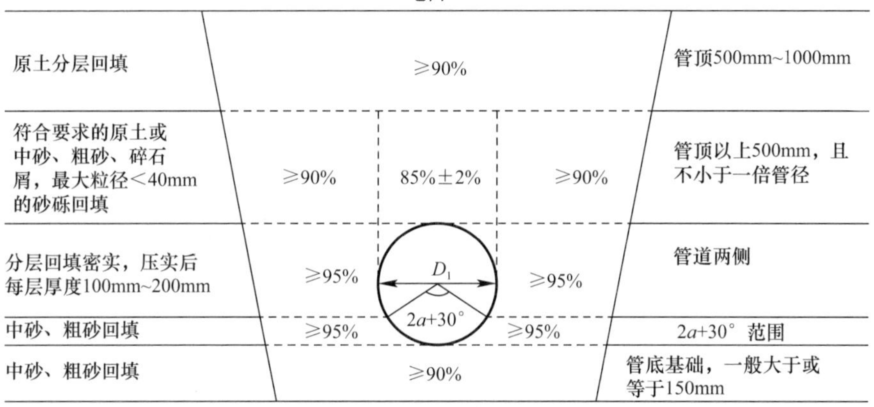

图 3　沟槽回填土压实系数与回填材料示意图

注：2a 为设计计算基础支承角

聚乙烯（PE）管温度对压力折减系数　　　　**表 9**

温度 T（℃）	0≤T≤20	20<T≤25	25<T≤30	30<T≤35	35<T≤40
压力折减系数 f_t	1.00	0.93	0.87	0.80	0.71

聚氯乙烯（PVC）管温度对压力折减系数　　　　**表 10**

温度 T（℃）	0≤T≤25	20<T≤35	35<T≤40
压力折减系数 f_t	1.00	0.80	0.63

钢塑复合管温度对压力折减系数　　　　**表 11**

温度 T（℃）	0≤T≤20	20<T≤30	30<T≤40	40<T≤50
压力折减系数 f_t	1.00	0.95	0.90	0.86

问：不同管材的弹性模量？

答：不同管材的物理化学性能不同，弹性模量也不同。钢管 214000MPa、铸铁管 160000MPa、钢筋混凝土管 28000MPa、UPVC 管 3000MPa、PE 管 800MPa～1000MPa。

问：不同塑料管的连接方式？

答：《埋地塑料给水管道工程技术规程》CJJ 101—2016，第 5.3.2 条：不同种类管道的常用连接方式可按表 5.3.2 的规定采用（见表 12）。其他连接方式在安全可靠性得到验证后，也可使用。

不同种类管道的常用连接方式　　　　**表 12**

管道类型		柔性连接	刚性连接				
		承插式密封圈连接	胶粘剂连接	热熔对接连接	电熔连接	法兰连接	钢塑转换接头连接
聚乙烯（PE）管	PE80	√①	—	√	√	√	√
	PE100						

续表

<table>
<tr><th colspan="2" rowspan="2">管道类型</th><th>柔性连接</th><th colspan="5">刚性连接</th></tr>
<tr><th>承插式密封圈连接</th><th>胶粘剂连接</th><th>热熔对接连接</th><th>电熔连接</th><th>法兰连接</th><th>钢塑转换接头连接</th></tr>
<tr><td rowspan="2">聚氯乙烯（PVC）管</td><td>硬聚氯乙烯（PVC-U）管</td><td rowspan="2">√</td><td rowspan="2">√②</td><td rowspan="2">—</td><td rowspan="2">—</td><td rowspan="2">√</td><td rowspan="2">—</td></tr>
<tr><td>抗冲改性聚氯乙烯（PVC-M）管</td></tr>
<tr><td rowspan="3">钢塑复合（PSP）管</td><td>钢骨架聚乙烯塑料复合管</td><td rowspan="2">—</td><td rowspan="2">—</td><td rowspan="2">—</td><td rowspan="2">√</td><td rowspan="2">√</td><td rowspan="2">—</td></tr>
<tr><td>孔网钢带聚乙烯复合管</td></tr>
<tr><td>钢丝网骨架塑料（聚乙烯）复合管</td><td>—</td><td>—</td><td>—</td><td>√③</td><td>√</td><td>—</td></tr>
</table>

注：1. 表中“√”表示可采用；“—”表示不推荐采用。
2. 表中①承口端需采用刚度加强，且仅适用于公称直径 90mm～315mm 的管道。
3. 表中②胶粘剂连接仅适用于公称直径不大于 225mm 的聚氯乙烯管道。
4. 表中③一般场合可单独采用电熔连接，特殊场合需热熔对接连接＋电熔连接。

问：给水用塑料管材的相关规范及适用范围?

答：1.《给水用高性能硬聚氯乙烯管材及连接件》CJ/T 493—2016。

本标准适用于水温不大于 45℃的室外埋地及管廊内给水用高性能硬聚氯乙烯管材及连接件的制造和检验。

2.《给水用钢丝网增强聚乙烯复合管道》GB/T 32439—2015。

本标准适用于输送介质温度不超过 40℃的给水用钢丝网增强聚乙烯复合管道。

钢丝网增强聚乙烯复合管材（SRCP）：以聚乙烯为基体，以粘结树脂包覆处理后的钢丝左右连续螺旋缠绕成型的网状骨架为增强体，用粘结树脂将增强体与基体紧密连接成一体，通过熔融复合成型的复合管材（管材结构示意图见图 4，粘结树脂颜色与聚乙烯基体不同）。

3.《给水用聚乙烯（PE）管道系统》GB/T 13663 分为五个部分：

《给水用聚乙烯（PE）管道系统　第 1 部分：总则》GB/T 13663.1—2017；

《给水用聚乙烯（PE）管道系统　第 2 部分：管材》GB/T 13663.2—2018；

《给水用聚乙烯（PE）管道系统　第 3 部分：管件》GB/T 13663.3—2018；

《给水用聚乙烯（PE）管道系统　第 4 部分：阀门》GB/T 13663.4—2018；

《给水用聚乙烯（PE）管道系统　第 5 部分：系统适用性》GB/T 13663.5—2018。

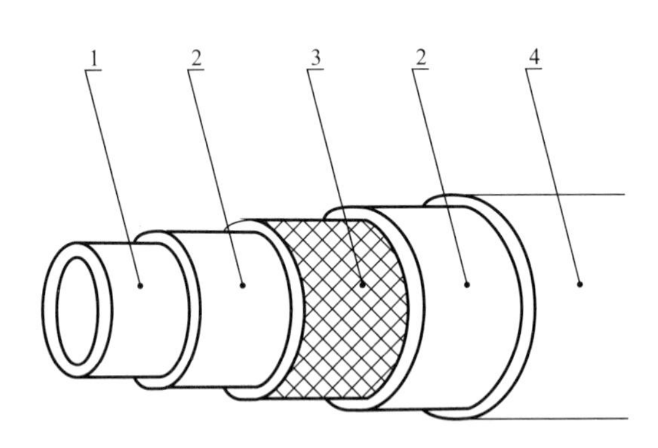

图 4　管材结构示意图

1—聚乙烯内层；2—粘结树脂层；3—钢丝网骨架；4—聚乙烯外层

四、水　　质

问：生活饮用水溶解性总固体限值?

答：《生活饮用水卫生标准》GB 5749—2006，溶解性总固体限值 1000mg/L。通常情况下，溶解性总固体（TDS）含量低于 600mg/L 时水的口感较好；当 TDS 大于 1000mg/L

时，饮用水的口感明显变差。高浓度的 TDS 也会令用户反感，因为其会使水管、加热器、锅炉及家电中产生过多的水垢。

问：生活饮用水的硬度限值？

答：《生活饮用水卫生标准》GB 5749—2006，总硬度（以 $CaCO_3$ 计）限值 450mg/L。

饮用水中硬度的浓度不足以对健康产生影响，可能会影响饮用水的可接受性。由钙离子和镁离子引起的硬度，通常可通过肥皂浮垢的沉淀情况来衡量，也可以通过清洁时是否需要大量肥皂来判断。用户很可能会注意到硬度的变化。在不同地区公众对于水硬度的可接受度差异很大。钙离子的味阈值在 100mg/L～300mg/L 之间变动，取决于和钙离子结合的阴离子；而镁离子的味阈值则很可能要低于钙离子。在一些情况下，用户可忍受的水硬度甚至能超过 500mg/L。

硬度取决于其他因素的相互作用，如 pH 值和碱度，当水的硬度高于约 200mg/L 时可导致水厂、输配水系统、管网和建筑储水罐积垢。这也会导致高肥皂消耗和随后“浮垢”的形成。加热时，硬水会形成碳酸钙垢的沉积。而硬度低于 100mg/L 的软水（不一定是离子交换处理后的软水），由于其缓冲能力低，所以对管道的腐蚀性更大。

尚未制订饮用水中硬度的健康准则值。

——世界卫生组织. 饮用水水质准则（第四版）[M]. 上海市供水调度监测中心，上海交通大学译. 上海：上海交通大学出版社，2014.

问：生活饮用水可接受的色度？

答：《生活饮用水卫生标准》GB 5749—2006，色度（铂钴色度单位）限值 15。

饮用水理应无色透明。饮用水的色泽常由于土壤腐殖质成分中带色有机物（主要是腐殖酸和富里酸）的存在而产生。水的颜色也受存在铁或其他金属的强烈影响，无论其是天然杂质还是腐蚀产物。水体有颜色也可能是受工业废水污染造成，且可能是发生有害情况的第一个迹象。应该对饮用水供水中颜色的来源进行调查，尤其是当其发生实质性改变时。

将水放在玻璃杯中，大部分人能够觉察大于 15 真色单位（TCU）的颜色。而低于 15TCU 的水通常可为用户所接受。由天然有机碳（如腐殖质）造成的高色度也表明了消毒过程有很高的生成副产物的倾向。尚未提出饮用水中颜色的健康准则值。

问：饮用水中存在的水平不影响健康的化学物质？

答：氯化物、硬度、硫化氢、pH、钠、总溶解性固体、硫酸盐、锌。其中氯化物、锌、钠、硫酸盐、硫化氢可能影响饮用水的可接受性。

——世界卫生组织. 饮用水水质准则（第四版）[M]. 上海市供水调度监测中心，上海交通大学译. 上海：上海交通大学出版社，2014.

问：饮用水中存在考虑作为致癌物的汇总？

答：丙烯酰胺、甲草胺、苯、苯并（α）芘、溴酸盐、一溴二氯甲烷、1，2-二溴-3-氯丙烷、1，2-二溴乙烷、二氯乙酸盐、1，2-二氯乙烷、1，3-二氯丙烯、1，4-二氧己环、五氯酚、2，4，6-三氯酚、氯乙烯。

——世界卫生组织. 饮用水水质准则（第四版）[M]. 上海市供水调度监测中心，上海交通大学译. 上海：上海交通大学出版社，2014.

问：脱氯剂？

答：经过消毒的废水在排放前，可以用硫化物（二氧化硫 SO_2、焦亚硫酸钠

$Na_2S_2O_5$、亚硫酸氢钠 $NaHSO_3$、亚硫酸钠 $NaSO_3$)、活性炭、过氧化氢、氨水等去除余氯。

自由氯:

$$SO_2+2H_2O+Cl_2 \Rightarrow H_2SO_4+2HCl$$

$$SO_2+H_2O+HOCl \Rightarrow 3H^+ + Cl^- + SO_4^{2-}$$

$$Na_2S_2O_5+2Cl_2+3H_2O \Rightarrow 2NaHSO_4+4HCl$$

$$NaHSO_3+H_2O+Cl_2 \Rightarrow NaHSO_4+2HCl$$

氯胺:

$$SO_2+2H_2O+NH_2Cl \Rightarrow NH_4^+ + 2H^+ + Cl^- + SO_4^{2-}$$

$$3Na_2S_2O_5+2NH_3+6Cl_2+9H_2O \Rightarrow 6NaHSO_4+10HCl+2NH_4Cl$$

$$3NaHSO_3+3H_2O+NH_3+3Cl_2 \Rightarrow 3NaHSO_4+5HCl+NH_4Cl$$

活性炭吸附:

$$C+2H_2O+2Cl_2 \Rightarrow 4HCl+CO_2$$

$$C+H_2O+NH_2Cl \Rightarrow NH_4^+ + Cl^- + CO$$

$$CO+2NH_2Cl \Rightarrow N_2+2HCl+H_2O+C$$

最常用的脱氯剂是硫化物，尤其是二氧化硫气体、亚硫酸氢盐或者亚硫酸盐的水溶液。脱氯剂的用量取决于出水的余氯量、最终余氯量标准和所选用脱氯剂的类型。理论上，中和 1mg/L 氯需要二硫化硫（气体）、亚硫酸氢钠和焦亚硫酸钠的量分别为 0.09mg/L、1.46mg/L 和 1.34mg/L。理论值一般用于脱氯设备体积的估算，但需要较好的混合条件才能吻合。设计值一般要比理论值大 10%。然而，剩余的二氧化硫将会消耗水体中的溶解氧（DO），每多余 1mgSO_2 最多将消耗 0.25mgDO。因为 SO_2 会和余氯迅速反应，所以不需要延长接触时间。脱氯工艺能去除出水中所有余氯引起的有毒物质。

问：臭和味限值如何判定？

答：《城市供水系统应急净水技术指导手册（试行）》P94，人能感知的土臭素浓度为 10ng/L。

“臭阈值”：闻出臭气的最低浓度称为“臭阈浓度”，水样稀释到闻出臭气浓度的稀释倍数称为“臭阈值”。

$$臭阈值=\frac{A+B}{A}$$

式中　A——水样体积（mL）；

　　　B——无臭水体积（mL）。

蓝藻代谢产物为 2-甲基异莰醇、土臭素等。

微囊藻会产生毒性很强的微囊藻毒素（国标限值：0.001mg/L）。

鱼腥藻、硅藻、放线菌等会产生土臭素、2-甲基异莰醇等致嗅物质。

土臭素（二甲基萘烷醇）国标限值：0.00001mg/L。

藻类正常生长会分泌这些代谢产物，而在藻体破坏时更是会大量释放。除藻工艺的选择必须兼顾藻体、藻毒素、异嗅物质的综合控制，采用投加氧化剂（高锰酸钾、液氯、二氧化氯等）除藻时，要加强对藻毒素的检测，采取有效措施，切实防止因投加氧化剂导致藻体内藻毒素释放超出饮用水标准的情况发生。

1. 最大限度地发挥常规处理工艺的水质净化能力。化学处理剂、投加量、水力停留时间及 pH 值等工艺参数要进行科学优化。

给水处理厂常见单元工艺对胞内、胞外藻毒素的去除情况见表 13。

水处理工艺对藻毒素的去除特性 **表 13**

处理工艺	理想去除率（%）				评价
	胞内藻毒素	胞外藻毒素	胞内致嗅物质	胞外致嗅物质	
混凝—沉淀—过滤	>90	<10	较高	几乎没有	只有藻毒素、嗅味物质在胞内，且藻细胞不被破坏时方可使用
慢砂过滤	≈99	可能很高	可能很高	几乎没有	胞内藻毒素、嗅味物质因藻被高效截留而得到有效去除，而砂层中的微生物膜会降解胞外藻毒素。对胞外嗅味物质一般无效
气浮	>90	<20	很高	较高	只有藻毒素、致嗅物质在胞内，且藻细胞不被破坏时方可使用
粉末活性炭（PAC）	可以忽略	>90	可以忽略	>90	粉末活性炭投加量大于 20mg/L 时有效，溶解性有机碳（DOC）竞争将降低粉末活性炭的吸附容量
颗粒活性炭（GAC）	>60	>80	很高	很高	空床接触时间要合适，DOC 竞争会降低吸附量
生物活性炭（BAC）	>60	>90	很高	很高	生物活性炭将强化去除氯，延长炭床使用周期
预臭氧	对强化混凝非常有效	难以评价	会引起胞内致嗅物质释放	有一定氧化效果	低投加量有助于混凝，需要检测释放的藻毒素和后续处理工艺
二氧化氯预氧化	对强化混凝非常有效	>70	会引起胞内致嗅物质释放	很难氧化降解，会引起胞外致嗅物质释放	可用于强化藻细胞的去除，低投加量可减少胞内藻毒素的释放，利于胞外藻毒素的去除
高锰酸钾预氧化	对强化混凝非常有效	>80	会引起胞内致嗅物质释放	很难氧化降解，会引起胞外致嗅物质释放	可用于强化藻细胞的去除，对胞外和胞内藻毒素的去除有效
臭氧-活性炭	≈100	≈100	会引起胞内致嗅物质释放	很高	如果 DOC 含量适宜，可高效快速去除胞外和胞内藻毒素

2. 氧化剂的投加量选择要十分慎重，要防止藻细胞的破裂、藻毒素和致嗅物质的大量释放，以及消毒副产物的形成。为此强化混凝时可以选择低投加量的预氧化剂，而在后续处理中，由于大量藻类被去除，再选用高投加量的氧化剂用以去除溶解性藻毒素就比较安全了。如果致嗅物质浓度较高，为减少藻体细胞破裂的风险，则不应使用氧化剂，而是用大剂量投加粉末活性炭和混凝剂来处理。

3. 颗粒活性炭吸附可高效去除藻毒素。较长的空床接触时间（EBCT）或臭氧-活性炭联用时藻毒素的去除效果更为显著，生物活性炭和粉末活性炭也有很好的藻毒素去除能力。

4. 预氧化处理可以强化常规工艺。优先推荐臭氧和二氧化氯。液氯预氧化要慎重采用。

5. 土地处理（地渗）、慢砂过滤、活性炭滤池、微滤、气浮等物理除藻办法应推荐使用。一是可以“无破坏性”除藻，二是土层、砂层或炭层中的微生物可以有效去除溶解性藻毒素。

6. 饮用水源的水质预警及给水处理厂的快速应变将确保饮用水安全。为此，加大水质监测频率和制定水厂应急处理预案是十分必要的。

7. 选择组合工艺。在强化常规工艺基础上，根据场地、资金及水源水质状况等各种因素选择土地处理、气浮、微滤、臭氧氧化等预处理方式，或选择臭氧-活性炭、生物活性炭过滤等深度处理方式是高效安全的水质净化工艺组合。

传统工艺对土臭素、2-甲基异莰醇基本上没有任何去除效果。相反，由于胞内致嗅物质的释放，滤后含量增加，出现了与微囊藻毒素同样的“滤池积累”问题。而二氧化氯工艺则显示出对致嗅物质强烈的去除效果，在混凝阶段即可去掉大部分的致嗅物质，沉淀和滤后出水土臭素和2-甲基异莰醇已被全部去除。

问：pH 值回调位置？

答：pH 值回调应在过滤之后进行。

——《城市供水系统应急净水技术指导手册（试行）》P34

采用碱性化学沉淀法时，pH 值调整范围最高为 9.0，加碱泵的投加量一般采用 20mg/L～40mg/L，药剂为食品级液体氢氧化钠（含量 32%），处理后需加酸回调 pH 值至中性，所用药剂为食品级浓硫酸（含量 98%）或食品级盐酸（含量 32%）。因盐酸的挥发性和腐蚀性较强，应优先选用浓硫酸。

——《城镇供水设施建设与改造技术指南实施细则（试行）》(中国城镇供水排水协会主编)

食品级浓硫酸参见《食品安全国家标准　食品添加剂　硫酸》GB 29205—2012，浓硫酸按其含量分 92 酸，含硫酸≥92.5%；98 酸，含硫酸≥98.0%。

食品级盐酸参见《食品安全国家标准　食品添加剂　盐酸》GB 1886.9—2016。

食品级氢氧化钠参见《食品安全国家标准　食品添加剂　氢氧化钠》GB 1886.20—2016。

问：饮用水应急处理调整 pH 值的酸、碱药剂？

答：调整 pH 值的碱性药剂可以采用氢氧化钠（烧碱）、石灰或碳酸钠（纯碱）。调整 pH 的酸性药剂可以采用硫酸或盐酸。由于饮用水处理，必须采用饮用水处理级或食品级的酸碱药剂。碱性药剂中，氢氧化钠可采用液体药剂，便于投加和精确控制，劳动强度小，价格适中，因此推荐在应急处理中采用。石灰虽然最便宜，但沉渣多，投加劳动强度大，不便自动控制。纯碱的价格较高，除特殊情况外，一般不采用。与盐酸相比，硫酸的有效浓度高，价格便宜，腐蚀性弱，为首选的酸性药剂。

五、其　　他

问：水中杂质分类？

答：水中杂质分类见表 14。

水中杂质分类　　　　**表 14**

杂质	颗粒尺寸	分辨工具	水的外观
溶解物（低分子、离子）	0.1nm～1nm	电子显微镜可见	透明
胶体	10nm～100nm	超显微镜可见	浑浊

续表

杂质	颗粒尺寸	分辨工具	水的外观
悬浮物	1μm～10μm	显微镜可见	浑浊
	100μm～1mm	肉眼可见	

表中颗粒尺寸系按球形计，且各类杂质的尺寸界限只是大体的概念，而不是绝对的。如悬浮物和胶体之间的尺寸界限，根据颗粒形状和密度不同而略有变化。一般来说，粒径在 100nm～1μm 之间属于胶体和悬浮物的过渡阶段。小颗粒悬浮物往往也具有一定的胶体特征，只有当粒径大于 10μm 时，才与胶体有明显差别。

悬浮物尺寸较大，易于在水中下沉或上浮。如果密度小于水，则可上浮到水面。易于下沉的一般是大颗粒泥沙及矿物质废渣等。能够上浮的一般是体积较大而密度较小的某些有机物。

胶体颗粒尺寸很小，在水中长期静置也难下沉。水中所存在的胶体通常有黏土、某些细菌及病毒、腐殖质及蛋白质等。有机高分子物质通常也属于胶体一类。

悬浮物和胶体是饮用水处理的主要去除对象。粒径大于 0.1mm 的泥砂去除较易，通常在水中可很快自行下沉。而粒径较小的悬浮物和胶体杂质，须投加混凝剂方可去除。

——严煦世，范瑾初. 给水工程（第四版） [M]. 北京：中国建筑工业出版社，1999.

问：可持续发展的概念及水资源可持续利用?

答：1987 年，联合国发起的世界环境与发展委员会发表了布伦特兰（G. H. Brundtland）撰写的题为《我们共同的未来》的报告，提出了现在公认的“可持续发展”概念。可持续发展是既满足当代人的需求，又不对后代人满足其需求的能力构成危害的发展。

水资源可持续利用（sustainable water resources utilization）是按照对社会可持续发展的解释，把既能满足当代人的需求，同时又不对满足后代人需求构成危害所进行的水资源开发利用称为水资源可持续利用（葛吉琦，1998）。它是为保证人类社会、经济和生存环境可持续发展对水资源实行永续利用的原则。可持续发展的观点是 20 世纪 80 年代在寻求解决环境与发展矛盾的出路中提出来的，并在可再生的自然资源领域相应提出可持续利用问题。其基本思路是在自然资源的开发中，为保持这种平衡就应遵守供饮用水源和土地得到保护的原则。

问：不同管径水表在不同压力下出流量?

答：各管径水表在不同压力下出流量（L/s）见表 15。

各管径水表在不同压力下出流量（L/s） **表 15**

压力（MPa）	*DN*50	*DN*70	*DN*80	*DN*100	*DN*150
0.10	2.8	8.1	11.4	19.8	47.2
0.15	3.5	9.9	14.0	24.2	57.8
0.20	4.0	11.5	16.2	28.0	66.7
0.25	4.5	12.8	18.1	31.2	74.6
0.30	4.9	14.1	19.8	34.2	81.7

续表

压力（MPa）	*DN*50	*DN*70	*DN*80	*DN*100	*DN*150
0.35	5.3	15.2	21.4	37.0	88.3
0.40	5.7	16.2	23.0	38.5	94.3
0.45	6.0	17.2	24.3	41.9	100.0
0.50	6.3	18.1	25.6	44.2	105.5

——张小红. 给水设计中贸易结算水表表径的计算及计量方式的选择［J］. 城镇给水，2019（1）：60.

问：大用户水表的选择原则？

答：大用户接入管网时，应根据核定的常用流量选择水表形式和规格；用水量变化大且超出水表常用流量的，应加装控流装置。

问：二次供水系统中出现的无脊椎动物？

答：无脊椎动物是人们容易发现的投诉较多的微生物。所谓无脊椎动物（Invertebrata）是指背侧没有脊柱的动物，种类占动物总种类数的95%。它们是动物的原始形式。

二次供水中出现无脊椎动物的因素：

1. 穿透性：来自水源地的具有较好的运行性和穿透性的无脊椎动物不易被过滤等给水处理工艺所去除，并迁移至二次供水系统中蓄水池等水流相对静止的部位后进行繁殖。

2. 供水管网系统的设计问题：如供水管网因负压而吸入含有无脊椎动物的污水，给水管网上“盲肠管”和消火栓等处的死水区也是红虫易于栖身的场所。

3. 二次供水系统的设计问题：如水箱里有多余的隔离墙，拐角等处也容易积泥藏垢，如排空管和进水管位置不当、消防水管与生活水池连通、未采取防倒流措施、蓄水池中的静水区等都为无脊椎动物的繁殖创造了条件。

4. 管理问题：二次供水水池长期未经消毒清洗或消毒清洗不规范。水池池底积泥、池壁挂污，甚至苔藓滋生，这种环境适宜于红虫滋生繁殖。水池（箱）人孔、气孔、溢流孔等没有加盖或密封不严，或没有防蚊虫网等防护措施。

5. 事故：管道爆裂抢修、暗漏、低水压或意外停水时，管外带虫卵等脏物被吸到管内。

6. 许多无脊椎动物抗氯消毒能力强，常规氯消毒并不能保证灭活。

7. 二次供水系统中管材等腐蚀不仅能引起“黄水”问题，而且能为无脊椎动物的定居和繁殖创造良好条件。

目前，报道主要集中在摇蚊幼虫等肉眼可见的红虫，供水管网和二次供水系统中其他种类的无脊椎动物未见系统报道和研究。

问：无脊椎动物对供水水质的影响？

答：世界卫生组织及一些卫生学专家对供水系统中无脊椎动物污染的卫生学意义均有一些专门的论述和评估。

无脊椎动物的卫生学意义主要表现在两个方面：

1. 无脊椎动物本身引起的直接健康风险，例如有些无脊椎动物本身就是寄生虫，又如大多数摇蚊幼虫体内的血色素是人类过敏原，可造成过敏症加重；

2. 与无脊椎动物有关的间接风险，如无脊椎动物保护致病性细菌免受消毒剂影响，以及无脊椎动物对饮用水感官质量的影响，如肉眼可见的红虫。

问：二次供水水质和管网水相比水质下降多少？

答：据上海市的资料，水厂水浊度虽逐年降低，但对水质资料的分析结果表明：管网水质与出厂水相比，浊度平均增加 0.15NTU，色度平均增加 2 度，铁平均增加 0.01mg/L。经过二次供水设施供水，居民龙头水水质与管网水相比，浊度平均增加 0.57NTU，色度平均增加 4 度，铁平均增加 0.1mg/L。

铁是人体不可缺少的微量元素，人体内所需要的铁主要来源于食物和饮水。然而水中含铁量过多，也会造成危害。当水中含铁的浓度超过一定限度，就会产生红褐色的沉淀物，生活上，能在白色织物或用水器皿、卫生器具上留下黄斑，同时还容易使铁细菌繁殖堵塞管道。饮用水中铁过多，会引起身体不适。据美国、芬兰科学家研究证明，人体中铁过多对心脏有影响，甚至比胆固醇更危险。

我国《生活饮用水卫生标准》GB 5749—2006 规定，铁含量≤0.3mg/L。因此，高铁水必须经过净化处理才能饮用。

含铁废水分布及特点：溶解于天然淡水中的铁含量变化很大，从每升几微克到几百微克，甚至超过 1mg。这主要取决于水的氧化还原性质和 pH 值。在还原性条件下，二价铁占优势；在氧化性条件下，三价铁占优势。二价铁的化合物溶解度大。二价铁进入中性的氧化性条件的水中，就逐渐氧化为三价铁。三价铁的化合物溶解度小，可水解为不溶的氢氧化铁沉淀。三价铁只有在酸性水中溶解度才会增大，或者在碱性较强而部分地生成络离子如 Fe（OH）时，溶解度才有增加的趋势。因此，在 pH 值约为 6～9 的天然水中，铁的含量不高。只有在地下水中和主要由地下水补给的河段中，以及在湖泊底层水中才有高含量的铁。海洋中铁的平均值为 2μg/L。工厂排放的含铁废水酸性很强时，铁含量很高；含铁废水排入天然水体，往往由于酸性降低，产生三价的氢氧化铁沉淀。新生成的胶体氢氧化铁有很强的吸附能力，在河流中能吸附多种其他污染物，而被水流带到流速减慢的地方，如湖泊、河口等处，逐渐沉降到水体底部。在水体底部的缺氧条件下，由于生物作用，三价铁又被还原为易溶的二价铁，其他污染物随铁的溶解而重新进入水中。

问：管网水质存在的主要问题？

答：城市供水中存在的水质问题，主要表现在管网末梢龙头水的浑浊度、色度、嗅味和微生物等指标超标。一方面由于水源污染加剧引起常规净水工艺难以完全去除水中有机物，从而增加了管网中微生物增长的风险；另一方面由于电化学作用，水中微量的溶解性离子在管道这个特殊反应器中沉淀析出并结垢。以上两方面因素造成出厂水的生物稳定性、化学稳定性下降。

此外，由于管网输配水系统和二次供水设施维护不当、管网漏失、负压抽吸等，末端用户还存在各种微小动物如红虫等无脊椎动物的污泥现象。

问：水处理中的几个参数的含义及表示符号？

答：TOC：总有机碳，作为总有机物的替代参数。

有机物按形态大小分为颗粒有机碳 POC、胶体态有机碳 COC 和溶解态有机碳 DOC。

溶解性有机碳 DOC 按能否被微生物利用分为生物可降解溶解性有机碳 BDOC 和生物不可降解性有机碳 NBOC，BDOC 中能被细菌利用合成细胞体的有机物称为生物可同化有机碳 AOC。

国际上普遍以 AOC 和 BDOC 作为生物稳定性的评价指标。AOC 主要与低分子量有机物有关，它是微生物极易利用的基质，是细菌获得酶活性并对有机物进行共代谢最重要的基质。BDOC 是指饮用水中有机物里可被细菌分解成二氧化碳和水或合成细胞体的部分。一般认为 BDOC 的含量可代表水样的可生化性，并与产生氯化消毒副产物量呈正相关性。只有控制出厂水中 AOC 与 BDOC 的含量达到一定的限值，才能有效防止管网中细菌再生长。

问：什么是微污染水？

答：《城镇给水微污染水预处理技术规程》CJJ/T 229—2015，2.0.1 微污染水：集中式生活饮用水地表水源水质受到以有机物、氨氮为主的轻度污染时，在采用预处理、强化常规处理、深度处理等单独或组合工艺处理后，出水能够达到生活饮用水卫生标准水质要求的原水。

问：色度与分子量的关系？

答：不同水源水中色度与有机物分子量的关系呈现共性，形成色度的物质主要是分子量大于 1000 的有机物。在过滤中发现过滤完水样后的分子量＞3000 的超滤膜上有一层淡黄色的胶黏物，说明形成色度的有机物主要是胶体有机物和尺寸更大的有机物，而一般大于 1000 的有机物主要是腐殖质类（腐殖酸和富里酸）有机物，富里酸分子量一般小于 2000，在水中呈真溶液，因此，腐殖酸是主要的成色物质。

——王占生，刘文君，张锡辉. 微污染饮用水水源处理 [M]. 北京：中国建筑工业出版社，2016：47.

有机物分子量与水的色度关系见图 5。

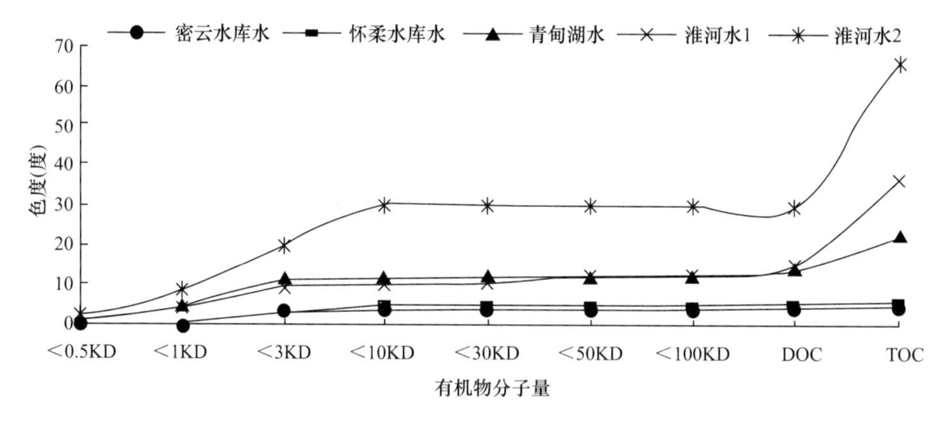

图 5　有机物分子量与水的色度关系

问：不同分子量有机物的紫外吸收特性？

答：常见紫外光谱波长范围为 200nm～400nm，即近紫外区，也称为石英紫外区。一般饱和有机物在近紫外区无吸收，含共轭双键或苯环的有机物在紫外区有明显的吸收或特征峰，含苯环的简单芳香烃主要吸收波长在 250nm～260nm，多环芳烃吸收波长向紫外区长波方向偏移。紫外谱图提供的主要信息是有关该化合物的共轭体系或某些羰基等的存在。常见官能团的紫外吸收特点如下：

1. 化合物在 220nm～400nm，无紫外吸收，说明化合物是饱和脂肪烃、脂环烃或其衍生物（氯化物、醇、醚、羧酸等）；

2. 化合物在220nm～250nm，显示强吸收，说明化合物存在共轭双键（共轭二烯烃、不饱和醛、酮）；

3. 化合物在250nm～290nm，显示中等强度吸收，说明有苯环存在；

4. 化合物在250nm～350nm，显示中低强度吸收，说明有羰基或共轭羰基存在；

5. 在300nm以上有高强度吸收，说明该化合物有较大的共轭体系。

水和废水中的一些有机物如木质素、丹宁、腐殖质和各种芳香族有机化合物都是苯的衍生物，而且是天然水体和污水二级处理出水中的主体有机物（占DOC的40%～60%），因此常用254nm或260nm处的紫外吸收，即UV_{254}和UV_{260}作为它们在水中含量的替代参数。UV_{254}不但与水中有机物含量（TOC或DOC）有关，而且与色度、消毒副产物（THMs等）的前体物有较好的相关性。此外，水中的致突变物质也有明显的紫外吸收，因此紫外吸收可成为了解水质特性的“窗口”，高的紫外吸收意味水质有问题。即单位有机碳的紫外吸收值可以反映水中有机物的芳香构造化程度，简称芳香度。高的UV_{254}/DOC值意味着水中有机物来源于土壤腐殖质或已受到造纸废水的污染，其生态意义为水土流失或水体周围有森林存在，因为水土流失会造成土壤腐殖质的大量流失，而森林地带的腐殖质来源于木质素，木质素有很高的芳香度。来源于水体中的生物群体（水生植物、藻类和细菌）所产生的有机物UV吸收较弱，因此UV_{254}/DOC较低。对前述四种水源水的分析表明：分子量愈大其紫外吸收愈强，特别是分子量大于3000以上的有机物是水中紫外吸收的主体，而小于500的有机物紫外吸收很弱。

——王占生，刘文君，张锡辉. 微污染饮用水水源处理［M］. 北京：中国建筑工业出版社，2016：48.

问：水中不同分子量的有机物的可降解性？

答：可生物降解有机碳（BDOC）主要是小分子量的有机物，其分子量在1000以下，大于1000的有机物可生化性很差。小于1000的有机物尤其是小于500的有机物其芳香度较低，非腐殖酸类有机物占很大成分，而且亲水性强，这部分有机物由亲水酸、蛋白质、氨基酸、低分子糖类组成，因此水源水中可生物降解有机物主要是非腐殖酸类有机物。腐殖质本身是微生物分解形成的相对稳定的化合物，所以一般的生物处理由于接触时间较短，很难去除这部分有机物。此外，由于BDOC主要是分子量低于1000的有机物，因此超滤技术难于去除可生物降解有机物，必须将超滤技术与生物处理技术联用，方可得到良好出水水质，这就是目前流行的生物膜技术的理论依据之一。

——王占生、刘文君，张锡辉. 微污染饮用水水源处理［M］. 北京：中国建筑工业出版社，2016：49.

问：憎水和亲水性有机物按酸、碱及中性分类？

答：水中天然有机物根据化学结构及其与树脂在不同的pH值条件下的相对亲和性可分为酸性、碱性、中性的亲水性或憎水性有机物，Rebhum等人将与混凝有关的有机物进行了分类，见表16。

憎水和亲水性有机物按酸、碱及中性分类　　表16

憎水	酸性	腐殖酸、富里酸、中等和高分子链的烷基羧酸和烷基二羧酸、芳香族酸、酚类、丹宁（鞣酸）、蛋白质、苯胺类、高分子量的烷基胺
	碱性	蛋白质、苯胺类、高分子量的烷基胺
	中性	烃类、醛类、高分子量的甲基酮类、酯类、呋喃、吡咯

续表

亲水	酸性	羟基酸、糖类、磺酸基类、低分子链的烷基羧酸、烷基二羧酸
	碱性	氨基酸、嘌呤、嘧啶、低分子量的烷基胺
	中性	多糖、低分子量的烷基醇、醛、酮

问：不同形态有机物采用不同处理工艺？

答：水中有机物种类繁多，不同形态有机物要采用不同处理工艺加以去除。

1. 以水中有机物分子量为依据进行工艺的选择

一般而言，常规处理主要去除分子量大于10000的有机物，对于分子量10000以下的有机物只能部分去除，对分子量小于1000的有机物基本无去除作用甚至有所增加；颗粒活性炭（GAC）吸附主要去除分子量500～3000的有机物，对更大分子量的有机物由于存在“空间位阻效应”而难以进入GAC的吸附孔道，对分子量500以下的有机物由于其亲水性较强而难以吸附，但是对分子量1000以下有机物中的Ames试验活性组分有良好的去除，研究证明致突变活性物质是一些亲水性不高的组分；生物处理主要去除水中分子量小于1000的亲水性有机物，对更大分子量的有机物由于细胞膜的屏障作用而难以进入细胞内部。生物滤池的生产性试验说明生物滤池对DOC的去除率似乎主要与分子量500以下的有机物占DOC的百分比有关。水中有机物也可划分为悬浮态有机物、胶体态有机物和溶解态有机物。根据能否被微生物去除而划分为可生物降解和不可生物降解的有机物等。水中可生物降解的有机物用生物处理去除，而不可生物降解的有机物则不能用生物处理去除。同时对于悬浮态和胶体态的有机物，采用混凝沉淀方法则有好的去除效果，对于大分子有机物（分子量大于10000）常规处理工艺对其去除效果较好。对分子量小于3000的有机物，亲水性的可生化部分可用生物处理加以去除，憎水及难降解部分用活性炭去除。总之，生物处理、活性炭吸附、常规处理三者呈互补关系。

——王占生、刘文君，张锡辉. 微污染饮用水水源处理［M］. 北京：中国建筑工业出版社，2016：172.

2. 水源水中UV_{254}与工艺选择的关系

目前，自来水中最成问题的有机物是UV_{254}附近发现的有机物，如腐殖质类物质受到氯的作用后生成三氯甲烷等消毒副产物，水中Ames试验的致突变活性物质在紫外区有明显的吸收，因此在水质控制中要对UV_{254}附近发现的有机组分进行处理。在UV_{254}处吸收较弱的组分具有较强的可生化性，对饮用水的生物稳定性有重要影响。因此，在UV_{254}处吸收最弱或不吸收的组分用生物处理，在UV_{254}处发现的高分子组分用混凝处理，在UV_{254}处发现的低分子量组分用活性炭吸附去除，这样就可有效地去除水中这些组分。有机物的紫外吸收与对应的处理方法见表17。

有机物的紫外吸收与对应的处理方法　　表17

有机物	不吸收UV或吸收UV较弱的有机组分	吸收UV的有机组分	
		低分子量	高分子量
溶解态	生物处理	活性炭吸附	
胶体态	常规处理		
悬浮态			

3. 以生物稳定性和"三致"物质的去除为依据进行工艺的选择

生物处理是获得生物稳定饮用水经济有效的工艺，活性炭吸附可有效去除水中的"三致"组分，具有生物活性的活性炭也可获得生物稳定的饮用水。因此，当水的AOC较高（$>100\mu g/L$）且氨氮浓度较高时，应考虑生物处理；当水的AOC较高且"三致"性较强时，应考虑活性炭处理。

4. 微污染水源水处理工艺的选择

良好的水源水质采用常规的水处理工艺即可获得合格的饮用水，常规处理结合活性炭处理工艺则可获得更高质量的水质，在可能的情况下，最好避免使用预氯化工艺。微污染水源水处理工艺的选择更具复杂性，可按水质的不同选择如下工艺：

工艺1：原水→生物预处理→混凝沉淀→过滤→消毒；

工艺2：原水→生物预处理→混凝沉淀→过滤→活性炭吸附→消毒；

工艺3：原水→混凝沉淀→生物处理→过滤→消毒；

工艺4：原水→混凝沉淀→生物处理→过滤→活性炭吸附→消毒。

高的色度或紫外吸收意味着水中大分子有机物较多，而低的色度或紫外吸收则意味着水中大分子有机物较少。因此，当水源水的浊度和色度比较低时，可选择工艺1；如需要更好的水质，可选择工艺2；当水的浊度和色度较高时，可选择工艺3或工艺4。

问：酸雨划分及分布？

答：以下内容摘自《2017中国生态环境状况公报》。

降水酸度　全国降水pH年均值为4.42（重庆大足县）～8.18（内蒙古巴彦淖尔市）。其中，酸雨（降水pH年均值低于5.6）、较重酸雨（降水pH年均值低于5.0）和重酸雨（降水pH年均值低于4.5）的城市比例分别为18.8%、6.7%和0.4%，分别比2016年下降1.0个、0.1个和0.4个百分点。

化学组成　降水中的主要阳离子为钙离子和铵离子，分别占离子总当量的25.9%和15.2%；主要阴离子为硫酸根，占离子总当量的21.1%；硝酸根占离子总当量的9.0%。酸雨类型总体仍为硫酸型。与2016年相比，硫酸根、氟离子和钠离子当量浓度比例有所下降，铵离子、钙离子和镁离子当量浓度比例有所上升，其他离子当量浓度比例保持稳定。如图6所示。

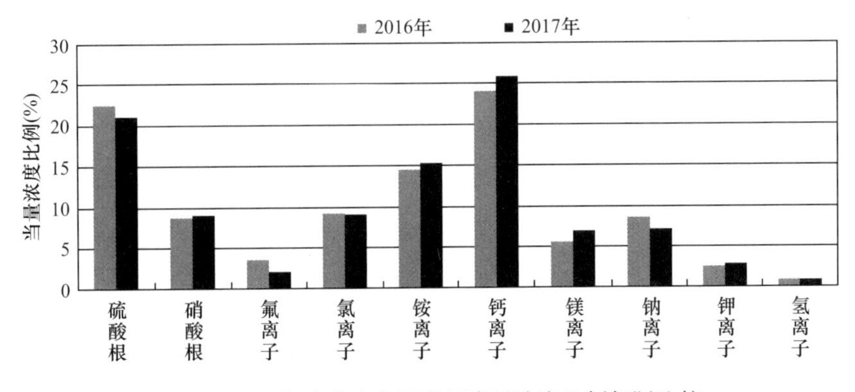

图6　2017年降水中主要离子当量浓度比例年际比较

酸雨分布　酸雨区面积约62万km^2，占国土面积的6.4%，比2016年下降0.8个百分点；其中，较重酸雨区面积占国土面积的比例为0.9%。酸雨污染主要分布在长江以南—云贵高原以东地区，主要包括浙江、上海的大部分地区，江西中北部、福建中北部、湖南中东部、广东中部、重庆南部、江苏南部、安徽南部的少部分地区。

问：为什么选河北省作为水资源费改税试点?

答：水资源费改税试点继河北省之后，选择了9个省市扩大改革试点。其中，北京、天津、山西、内蒙古4个省市位于华北地区，地下水超采严重，水资源供需矛盾较大；河南、山东、四川、陕西、宁夏5个省份分布在东、中、西部，水资源丰枯程度不一、取用水类型多样，具有典型代表性。通过扩大试点，有利于进一步发挥税收杠杆调节作用，有效抑制不合理用水需求，促进水资源节约保护；有利于丰富完善水资源税制度设计，为全面推开水资源税制度积累经验、创造条件。

之所以首选河北省作为水资源费改税试点，是从地域和水资源现状来考虑的。